Springer-Lehrbuch

Springer-Verlag Berlin Heidelberg GmbH

Bruno Klingen

Fouriertransformation für Ingenieur- und Naturwissenschaften

Mit 154 Abbildungen

Springer

Prof. Dr. rer.nat. Bruno Klingen

Fachhochschule Köln
Fachbereich Photoingenieurwesen und Medientechnik
Claudiusstr. 1
50678 Köln

E-mail: bklingen@gauss.fo.fh-koeln.de

ISBN 978-3-540-41095-9

Die Deutsche Bibliothek - CIP-Einheitsaufnahme
Klingen, Bruno: Fouriertransformation für Ingenieur- und Naturwissenschaften / Bruno Klingen -
Berlin; Heidelberg; New York; Barcelona; Hongkong; London; Mailand; Paris; Singapur; Tokio:
Springer, 2001
(Springer-Lehrbuch)
ISBN 978-3-540-41095-9 ISBN 978-3-642-56775-9 (eBook)
DOI 10.1007/978-3-642-56775-9

http://www.springer.de

Originally published by Springer-Verlag Berlin Heidelberg New York in 2001

Satz: Satzerstellung durch Autor
Einband: design & production, Heidelberg
Gedruckt auf säurefreiem Papier SPIN: 10784169 62/3020 hu - 5 4 3 2 1 0 -

Vorwort

Das vorliegende Buch ist aus Vorlesungen hervorgegangen, die seit 1992 regelmäßig im Fachbereich Photoingenieurwesen und Medientechnik der Fachhochschule Köln gehalten werden. In erster Linie ist es dabei das Ziel, die mathematischen Grundlagen für das Verständnis und die Behandlung sowohl von zeitabhängigen Signalen als auch von Bildsignalen zu vermitteln. Darüber hinaus hat sich die Fouriertransformation in zahlreichen weiteren Teilbereichen der Ingenieur- und Naturwissenschaften zu einem unentbehrlichen mathematischen Hilfsmittel entwickelt. Daher ist das inhaltliche und methodische Gesamtkonzept des Buches darauf ausgerichtet, für diese Anwendungen der Fouriertransformation die erforderlichen Kenntnisse und Fertigkeiten bereitzustellen.

Ausgehend von den Voraussetzungen üblicher mathematischer Grundvorlesungen wird die Handhabung der Fouriertransformation auf der Basis von Operationsregeln entwickelt, die als Ergebnisse der Distributionstheorie vorgestellt werden. Für ein pragmatisch geleitetes Einüben in die Anwendung der Fouriertransformation erscheint es nicht erforderlich, die Grundlagen der Distributionstheorie selbst darzustellen.

Die vorbereitenden Kapitel 2 und 5 über Fourierreihen können bei entsprechenden Vorkenntnissen übersprungen werden; es werden allerdings Beispiele und typische Vorgehensweisen hieraus in späteren Kapiteln wieder aufgenommen. Dasselbe gilt auch für Kapitel 4 zu komplexwertigen Funktionen. Abschnitte und Unterabschnitte mit Überschriften in Kursivschrift beinhalten Vertiefungen der jeweiligen Zusammenhänge, die zunächst für das Gesamtverständnis überschlagen werden können.

Mein Dank für die Entstehung des Buches gilt zunächst all den Studentinnen und Studenten, die mit Engagement und auch mit Verbesserungsvorschlägen an den Vorlesungen und Übungen zur Fouriertransformation teilgenommen haben. Besonders danke ich meinem Freund und Kollegen Jörg Gutjahr für zahlreiche wertvolle Anregungen und Hinweise zu diesem Buch. Zu danken habe ich Herrn Dipl. Ing. Michael Knappmann für die sorgfältige Durchsicht des Manuskriptes. Die dem Text beigefügten photographischen Aufnahmen hat Herr Raphael Stötzel hergestellt, dem ich ebenfalls danken möchte. – Für Anregungen und Korrekturhinweise steht die email-Adresse bklingen@gauss.fo.fh-koeln.de zur Verfügung.

Düsseldorf, im November 2000 *Bruno Klingen*

Inhaltsverzeichnis

Teil I

Reelle und komplexwertige Funktionen

1. Reellwertige Funktionen, Vereinbarungen

Wir wollen zunächst eine Reihe elementarer Formulierungen sowie Aussagen über reellwertige Funktionen zusammenstellen, die für die folgenden Entwicklungen grundlegend sind. Hierzu gehören auch verschiedene spezielle Funktionen, die im Zusammenhang mit der Fouriertransformation[1] eine besondere Bedeutung haben.

Übersicht über die verwendeten Symbole und Schreibweisen

$A := B$: A wird durch B definiert; A und B können Symbole, Mengen, Aussagen oder Funktionen sein.

$\mathbb{N}$, $\mathbb{Z}$, $\mathbb{Q}$, $\mathbb{R}$: Die Mengen der natürlichen, ganzen, rationalen, reellen Zahlen.

$\mathbb{N}_0 := \mathbb{N} \cup \{0\}$: Die Menge der nicht negativen ganzen Zahlen.

$\mathbb{Q}^+$, $\mathbb{R}^+$: Die Mengen der positiven rationalen bzw. reellen Zahlen.

$\mathbb{Q}_0^+$, $\mathbb{R}_0^+$: Die Mengen der nicht negativen rationalen bzw. reellen Zahlen.

$\mathbb{Z}^-$, $\mathbb{Q}^-$, $\mathbb{R}^-$: Die Mengen der negativen ganzen, rationalen, reellen Zahlen.

$(a_k)_{k\in\mathbb{N}_0} := a_0, a_1, a_2, \ldots$: (unendliche) Folge der Zahlen a_k, $k \in \mathbb{N}_0$.

$(a_k)_{k\in\mathbb{Z}} := \ldots, a_{-2}, a_{-1}, a_0, a_1, a_2, \ldots$: zweiseitige (unendliche) Folge der Zahlen a_k, $k \in \mathbb{Z}$.

$\exp(x) := \mathrm{e}^x$.

D_f : Definitionsmenge oder Definitionsbereich einer Funktion $f(x)$,

$$D_f := \{x \mid x \in \mathbb{R} \wedge f(x) \text{ ist definiert}\} .$$

$f(a^-) := \lim\limits_{x\to a^-} f(x) = \lim\limits_{h\to 0^-} f(a+h)$: linksseitiger Grenzwert zu der Funktion $f(x)$ an der Stelle $x = a$.

$f(a^+) := \lim\limits_{x\to a^+} f(x) = \lim\limits_{h\to 0^+} f(a+h)$: rechtsseitiger Grenzwert zu der Funktion $f(x)$ an der Stelle $x = a$.

$[a,b]$ bzw. (a,b) mit $a,b \in \mathbb{R}$ und $a < b$: Abgeschlossenes bzw. offenes Intervall.

---

[1] benannt nach Jean–Baptiste Joseph Baron de Fourier, 1768 – 1830, französischer Mathematiker und Physiker

$[a,b) := \{a\} \cup (a,b)$ bzw. $(a,b] := (a,b) \cup \{b\}$: Rechtsoffenes bzw. linksoffenes Intervall.

Für Intervalle schreiben wir auch $I = [a,b]$ und entsprechend für die übrigen Intervallformen. Falls bei bestimmten Aussagen die Art der Intervallbegrenzung unerheblich ist, werden wir einfach von einem Intervall I sprechen. Schließlich erweitern wir den Begriff Intervall auch auf unbegrenzte Intervalle. So entspricht z.B. der Menge $\mathbb{R}_0^+$ bzw. $\mathbb{R}_0^-$ das halboffene Intervall $[0,\infty)$ bzw. $(-\infty,0]$.

Allquantor: Zu einer gegebenen Menge M bedeutet

$$\bigwedge_{x \in M} A(x) : \text{für alle } x \in M \text{ ist } A(x) \text{ eine wahre Aussage.}$$

Existenzquantor: Entsprechend ist vereinbart

$$\bigvee_{x \in M} A(x) : \text{es existiert mindestens ein } x \in M, \text{ für welches } A(x) \text{ eine wahre Aussage ist.}$$

$f \approx g$: Die Funktionswerte der beiden Funktionen f und g sind „näherungsweise" gleich; inhaltlich wird diese Näherungsbeziehung im jeweiligen Fall interpretiert.

Spezielle Funktionen

Rechteckfunktion:

$$\operatorname{rect}(x) := \begin{cases} 1 \text{ für } |x| < \frac{1}{2}\,, \\ \frac{1}{2} \text{ für } |x| = \frac{1}{2}\,, \\ 0 \text{ für } |x| > \frac{1}{2}\,. \end{cases} \tag{1.1}$$

Es ist üblich, den Funktionsgraphen an einer Unstetigkeitsstelle - wie in der Abb. 1.1 - durch eine senkrechte Strecke zu einem zusammenhängende Kurvenzug zu verbinden.

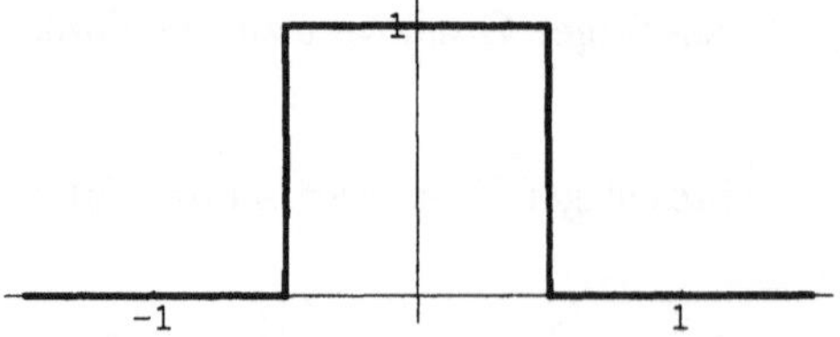

Abb. 1.1. $f(x) = \operatorname{rect}(x)$

Dreieckfunktion (Abb. 1.2):

$$\text{tri}(x) := \begin{cases} 1 - |x| \text{ für } |x| \leq 1\,, \\ 0 \text{ für } |x| > 1\,. \end{cases} \tag{1.2}$$

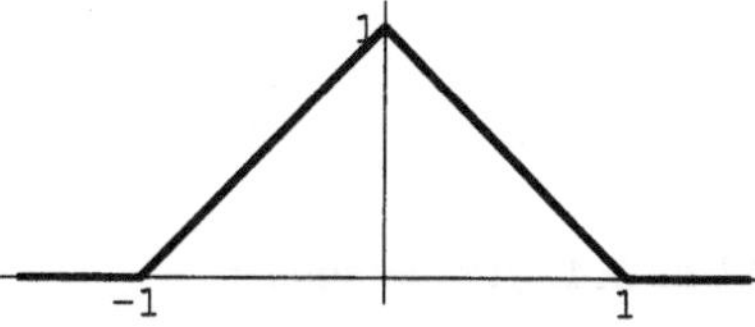

Abb. 1.2. $f(x) = \text{tri}(x)$

step-Funktion (Abb. 1.3):

$$\text{step}(x) := \begin{cases} 0 \text{ für } x < 0\,, \\ \frac{1}{2} \text{ für } x = 0\,, \\ 1 \text{ für } x > 0\,. \end{cases} \tag{1.3}$$

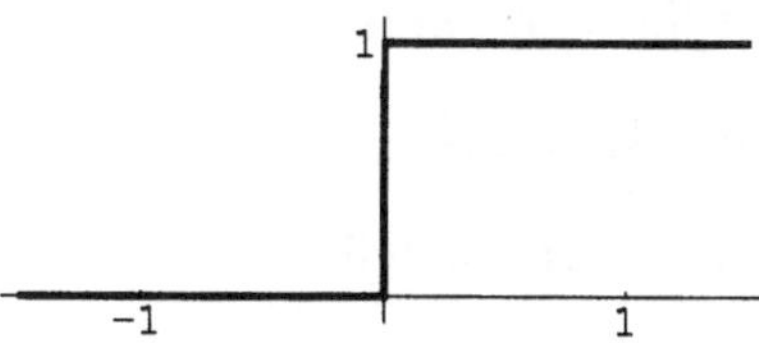

Abb. 1.3. $f(x) = \text{step}(x)$

Die Schreibweisen $\text{tri}(x)$ und $\text{step}(x)$ gehen – soweit feststellbar – auf Gaskill [15] zurück, während sich $\text{rect}(x)$ bei Goodman [16] findet. Die Funktion $\text{step}(x)$ wird in der Nachrichtentechnik meist als „Sprungfunktion" für den sogenannten „Einheitssprung" bezeichnet. Häufig benutzte Notierungen hierfür sind $u(x)$ oder $U(x)$; diese Funktionsbuchstaben sind in unserem Zusammenhang jedoch ungünstig.

Eine besonders große Bedeutung hat im Rahmen der Fouriertransformation die Funktion $(\sin x)/x$, die auch in der elementaren Analysis häufig vorkommt. Es ist zweckmäßig, diese Funktion in der folgenden Form zu definieren und ihr mit dem Namen „sinc-Funktion" eine eigene Bezeichnung zu geben (vgl. Abb. 1.4; der zweite Funktionsgraph gibt den Verlauf in einem größeren Argumentbereich wieder).

$$\text{sinc}(x) := \begin{cases} 1 \text{ für } x = 0\,, \\ \dfrac{\sin(\pi x)}{\pi x} \text{ für } x \neq 0\,. \end{cases} \tag{1.4}$$

Die Notierung $\text{sinc}(x)$ wird nach einem Hinweis von Bracewell [5, S. 62] erstmalig in einer Veröffentlichung von P.M. Woodward aus dem Jahr 1953 benutzt.

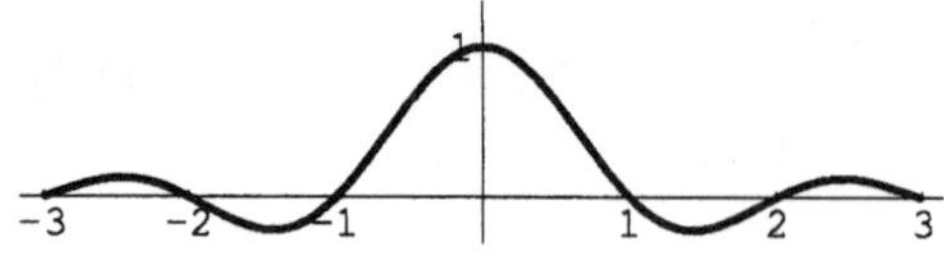

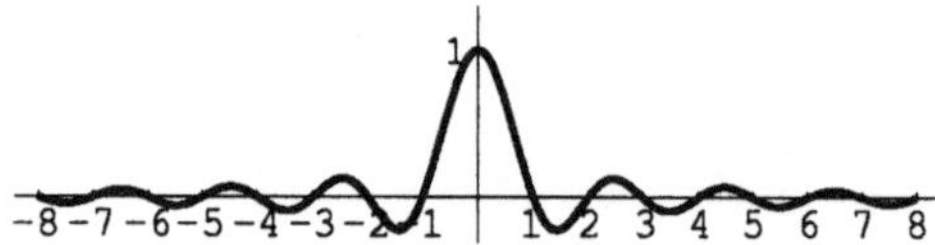

Abb. 1.4. $f(x) = \mathrm{sinc}(x)$

Wegen des bekannten Grenzwertes $\lim\limits_{x\to 0}(\sin x)/x = 1$ ist $\mathrm{sinc}(x)$ stetig in $x = 0$. Außerdem gilt

$$\bigwedge_{j \in \mathbb{Z}\setminus\{0\}} \mathrm{sinc}(j) = 0\,, \tag{1.5}$$

sowie

$$\mathrm{sinc}\left(\frac{k}{2}\right) = \begin{cases} 1 \text{ für } k = 0\,, \\ 0 \text{ für geradzahliges } k \text{ mit } |k| = 2m,\ m \in \mathbb{N}\,, \\ \dfrac{2}{\pi}\dfrac{(-1)^{m-1}}{2m-1} \text{ für } |k| = 2m-1,\ m \in \mathbb{N}\,. \end{cases} \tag{1.6}$$

Die sinc-Funktion läßt sich auch durch die Integraldarstellung

$$\mathrm{sinc}(x) = \int_{-1/2}^{1/2} \cos(2\pi x s)ds \tag{1.7}$$

wiedergeben, von der wir später häufig Gebrauch machen werden (vgl. Aufgabe 10).

Als „Nullfunktion“ bezeichnen wir $f(x)$, falls

$$\bigwedge_{x \in \mathbb{R}} f(x) = 0\,; \tag{1.8}$$

entsprechend heißt $f(x)$ „Einsfunktion“, wenn gilt

$$\bigwedge_{x \in \mathbb{R}} f(x) = 1\,. \tag{1.9}$$

Eigenschaften der verwendeten Funktionen

Im folgenden werden zunächst ausschließlich Funktionen $f(x)$ zu reellwertigem Argument, $x \in \mathbb{R}$, benutzt. Die Funktionsschreibweise wird zur Vereinfachung gelegentlich mit f abgekürzt. Die Definitionsmenge der Funktionen ist – mit Ausnahme der später einzuführenden δ-Funktion sowie der hiermit gebildeten Funktionen – immer die Menge der reellen Zahlen, $D_f = \mathbb{R}$. Singularitäten in der Form von Polstellen mit der Eigenschaft

$$\lim_{h\to 0^-} f(x+h) = \pm\infty \text{ und/oder } \lim_{h\to 0^+} f(x+h) = \pm\infty$$

werden in unserem Zusammenhang nicht vorkommen.

Funktionen mit Unstetigkeitsstellen haben daher immer die Form von „Sprungstellen" im Funktionsverlauf, so wie sie bei der Funktion rect(x) für $x = \pm 1/2$ vorliegen. Genauer ist eine Unstetigkeitsstelle z.B. in x_0 charakterisiert durch:

$$\begin{aligned} &\text{Mit } f(x_0) \in \mathbb{R},\ f(x_0^-) = a \in \mathbb{R},\ f(x_0^+) = b \in \mathbb{R} \\ &\text{gilt } f(x_0) \neq a \vee f(x_0) \neq b\,. \end{aligned} \tag{1.10}$$

Von Funktionen mit einer Unstetigkeitsstelle in x_0 verlangen wir im allgemeinen, daß

$$f(x_0) = \frac{1}{2}\left[f(x_0^-) + f(x_0^+)\right] \tag{1.11}$$

gilt (vgl. die Rechteckfunktion (1.1) bzw. die step-Funktion (1.3)), und wir wollen dabei von dem „Mittelwertverhalten", der „Mittelwertbedingung" oder der „Mittelwerteigenschaft" an einer Unstetigkeitsstelle sprechen. Abweichungen von diesem Mittelwertverhalten kommen gelegentlich vor und werden dann ausdrücklich erwähnt. Für eine in x_0 stetige Funktion f ist (1.11) immer erfüllt.

Weiterhin arbeiten wir nur mit solchen Funktionen f, die in jedem endlichen Intervall höchstens endlich viele Unstetigkeitsstellen haben. Hierfür wird auch die Formulierung benutzt, daß f „stückweise stetig" ist. Somit existiert für diese Funktionen (im Riemannschen Sinne)

$$\int_a^b f(x)\mathrm{d}x, \quad a, b \in \mathbb{R}\,.$$

Die Aussage, daß f in jedem endlichen Intervall nur endlich viele Unstetigkeitsstellen haben darf, läßt sich auch so wiedergeben: Die Menge der Unstetigkeitsstellen zu f hat keinen endlichen Häufungspunkt, bzw. die Unstetigkeitsstellen einer Funktion liegen „isoliert".

Abgesehen von den möglichen Unstetigkeitsstellen kann zu einer Funktion f auch die Ableitungsfunktion f' an isolierten Stellen (ohne endlichen Häufungspunkt) unstetig sein. Wir sagen dann, daß $y = f(x)$ „stückweise glatt" ist (vgl. Abb. 1.5). Das Beispiel der Funktion $f(x) = \sqrt{|x|}$ zeigt, daß zu einer stetigen Funktion f die Ableitung f' sehr wohl eine Singularität von der Art einer Polstelle haben kann (Aufgabe 8); $x = 0$ ist hier nach unserer Vereinbarung *keine* Unstetigkeitsstelle zu $f'(x)$. Diese Funktion f erfüllt daher nicht die Bedingung „stückweise glatt". Wird dagegen von einer Funktion f gesagt, daß sie „überall glatt" ist, dann ist sowohl f als auch f' für alle $x \in \mathbb{R}$ stetig.

Falls die Funktionswerte $f(x)$ rein reellwertig sind, wird hierfür die Bezeichnung reellwertige Funktion f mit der üblichen Notierung $f : \mathbb{R} \to \mathbb{R}$

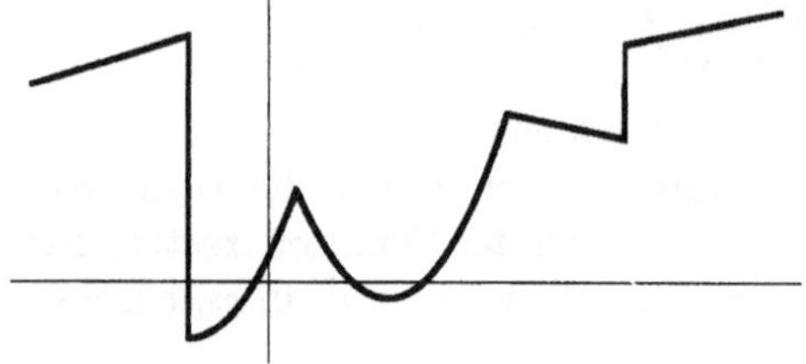

Abb. 1.5. Beispiel einer stückweise glatten Funktion

benutzt; entsprechend bedeutet $f : \mathbb{R} \to \mathbb{R}_0^+$, daß f keine negativen Funktionswerte hat. Wir werden später auch Funktionen mit komplexen Funktionswerten $f(x) \in \mathbb{C}$ verwenden, die als komplexwertige Funktionen bezeichnet werden mit der Notierung $f : \mathbb{R} \to \mathbb{C}$.

Spezielle Arten von Funktionen

Symmetrische Funktionen:

$$f(x) \text{ gerade } := \bigwedge_{x \in \mathbb{R}} f(-x) = f(x)\,, \tag{1.12}$$

$$f(x) \text{ ungerade } := \bigwedge_{x \in \mathbb{R}} f(-x) = -f(x)\,. \tag{1.13}$$

Eine Funktion heißt unsymmetrisch, wenn sie weder gerade noch ungerade ist.

Zu einer beliebigen (z.B. unsymmetrischen) Funktion f gilt (Aufgabe 4):

$$g_1(x) := f(x) + f(-x) \text{ ist eine gerade Funktion,} \tag{1.14}$$

$$g_2(x) := f(x) - f(-x) \text{ ist eine ungerade Funktion.} \tag{1.15}$$

Begrenzte Funktionen:

Wir werden später Funktionen benutzen, die nur jeweils innerhalb eines endlichen Intervalls von Null verschiedene Funktionswerte haben. Solche Funktionen wollen wir „x-begrenzt" bzw. „argumentbegrenzt" nennen[2]:

$$f(x):\ x\text{-begrenzt } := \bigvee_{c \in \mathbb{R}^+} \bigwedge_{|x| \geq c} f(x) = 0 \tag{1.16}$$

[2] In Kap. 3 beziehen wir uns auf die Distributionstheorie, die eine x-begrenzte Funktion als „Funktion mit kompaktem Träger" bezeichnet (vgl. z.B. Doetsch [12, S. 453]). Dieser Begriff ist jedoch nur in Verbindung mit der Theorie der Lebesgueschen Integrale als Verallgemeinerung des Riemannschen Integrals verständlich.

Wir verdeutlichen diese Eigenschaft bei Bedarf durch die Schreibweise $f_c(x)$. Entsprechend bedeutet die Formulierung einer x-unbegrenzten Funktion, daß $f(x) \neq 0$ für beliebig große Argumentwerte $|x|$ gilt. Die Notierung $f_c(x)$ erhält immer aus dem jeweiligen Zusammenhang heraus ihre Bedeutung als x-begrenzte Funktion gemäß (1.16).

Zu einer beliebigen Funktion $f(x)$ ergibt sich mit $f(x)\,\mathrm{rect}(x/b)$ stets eine x-begrenzte Funktion; genauer können wir sagen, daß für $f_c(x) := f(x)\,\mathrm{rect}(x/b)$ die Argumentbegrenzung mit $c > b/2$ erfüllt ist. Gelegentlich bezeichnen wir das Ergebnis der Produktbildung

$$\widehat{f}(x) := f(x)\,\mathrm{rect}\left(\frac{x}{b}\right) \tag{1.17}$$

auch als Ausschnitt- oder Fensterfunktion zu der gegebenen Funktion $f(x)$. So entsteht z.B. die Dreieckfunktion (1.2) durch Ausschnittbildung aus der Funktion $f(x) = 1 - |x|$ mit $b = 2$, d.h. $\mathrm{tri}(x) = (1 - |x|)\,\mathrm{rect}(x/2)$.

Falls die Funktion f stetig an den Stellen $x_0 = \pm b/2$ ist, dann gilt für die Fensterfunktion $f(x)\,\mathrm{rect}(x/b)$ an diesen Stellen die Mittelwerteigenschaft (1.11). Beispiele: $f(x) = \mathrm{tri}(x)$ und $b < 2$ oder $f(x) = \sin x$ und $b \neq k2\pi$, $k \in \mathbb{N}$. Ist f stetig im Intervall $[-b/2\,, b/2]$ und zusätzlich $f(\pm b/2) = 0$, dann ist die Ausschnittfunktion $f(x)\,\mathrm{rect}(x/b)$ stetig in $\mathbb{R}$; Beispiele: $f(x) = \mathrm{tri}(x)$ und $b \geq 2$ oder $f(x) = \sin x$ und $b = k2\pi$, $k \in \mathbb{N}$.

Gleichheit zweier Funktionen

Zwei Funktionen f, g mit $D_f = D_g = \mathbb{R}$ werden durch

$$f = g \;:=\; \bigwedge_{x \in \mathbb{R}} f(x) = g(x) \tag{1.18}$$

als „gleiche Funktionen“ definiert. Gelegentlich nennen wir sie mit Blick auf die zugehörigen Funktionsgraphen auch identisch. Falls der Allquantor in (1.18) sich anstelle von $x \in \mathbb{R}$ nur über ein Intervall I erstreckt, $x \in I$, werden die Funktionen f und g im Intervall I als gleich bezeichnet.

Sind f, g zwei Funktionen, die sich in jedem endlichen Intervall an höchstens endlich vielen Stellen voneinander unterscheiden, dann heißen f und g „fast überall gleich“. Solche Funktionen erfüllen nach den bekannten Eigenschaften des Riemannschen Integrals für alle endlichen Intervalle $[a, b]$ die Bedingung

$$\int_a^b f(x)\mathrm{d}x = \int_a^b g(x)\mathrm{d}x \text{ bzw. } \int_a^b [f(x) - g(x)]\,\mathrm{d}x = 0\,. \tag{1.19}$$

Falls f und g fast überall gleich sind und $f(x_j) \neq g(x_j)$ für $j = 1, \ldots, n$ bzw. $j \in \mathbb{N}$ gilt, dann ist eine der beiden Funktionen in x_j unstetig. Die Punkte x_j liegen daher nach unserer Vereinbarung auf der x-Achse isoliert.

Beispiele:

1. Es sei f stetig in $I = (a, b)$ und $x_0 \in I$. Mit

$$g(x) := \begin{cases} f(x) \text{ für } x \in I \setminus \{x_0\} , \\ c \in \mathbb{R} \wedge c \neq f(x_0) \text{ für } x = x_0 \end{cases} \tag{1.20}$$

sind die beiden Funktion f und g in I fast überall gleich. g ist unstetig in x_0, besitzt hier aber nicht die Mittelwerteigenschaft (1.11).

2. Wenn $f(x)$ fast überall gleich der Nullfunktion ist und an den Unstetigkeitsstellen die Mittelwertbedingung erfüllt, dann ist $f(x) = 0$, d.h. identisch mit der Nullfunktion. Falls dagegen $f(x_0) \neq 0$ für mindestens ein $x_0 \in \mathbb{R}$ ist und f die Mittelwerteigenschaft besitzt, dann gilt: Es existiert ein Intervall $I \subseteq \mathbb{R}$ mit $x_0 \in I$ und

$$\bigwedge_{x \in I} f(x) \neq 0 .$$

Genau genommen gibt es unendlich viele verschiedene Intervall I, die x_0 enthalten und zu denen für alle $x \in I$ die Funktionswerte $f(x)$ von Null verschieden sind.

3. Wir betrachten die Fensterfunktion $\widehat{f}(x) = f(x)\,\mathrm{rect}(x/b)$ in (1.17) zusammen mit einem Intervall $I_c = [-c/2, c/2]$. Dann sind für $b > c$ die Funktionen f und $\widehat{f}$ in I_c gleich; für $b = c$ sind beide Funktionen wegen $\widehat{f}(\pm c/2) \neq f(\pm c/2)/2$ in I_c fast überall gleich.

4. Zusammen mit der Gleichheitsdefinition (1.18) kann die Eigenschaft (1.12) für eine gerade Funktion bzw. (1.13) für eine ungerade Funktion vereinfacht wiedergegeben werden durch

$$f(x) \text{ gerade } : \; f(-x) = f(x) , \tag{1.21}$$

$$f(x) \text{ ungerade } : \; f(-x) = -f(x) . \tag{1.22}$$

Entsprechend beschreibt $f(x) = 0$ bzw. $f(x) = 1$ die Null- bzw. Einsfunktion[3].

Lineare Argumenttransformation

Zu einer gegebenen Funktion $y = f(x)$ bilden wir die Funktion g durch

$$g(x) := f\left(\frac{x-a}{b}\right), \quad a \in \mathbb{R}, \; b \in \mathbb{R} \setminus \{0\} . \tag{1.23}$$

[3] Es muß auf die unterschiedliche Bedeutung der Gleichungen $f(x) = 0$, $f(x) = 1$ oder $f(x) = g(x)$ hingewiesen werden: Als *Bestimmungsgleichung* bedeutet etwa $f(x) = 0$ die Aufforderung, zu der Funktion f die Nullstellen zu berechnen. Wir werden hier solche Gleichungen immer in der Bedeutung entsprechend (1.18), d.h. als *Funktionsgleichungen* verwenden.

Der Funktionsgraph zu g entsteht aus dem zu f durch die folgenden Schritte:

a) Falls b negativ ist: Spiegelung des Graphen an der y- oder Ordinatenachse;
b) Stauchen (für $|b| < 1$) bzw. Strecken (für $|b| > 1$) des Graphen in x- oder Abszissenrichtung um den Faktor $|b|$ mit dem Stauchungs- (Streckungs-) Zentrum in $x = 0$;
c) Verschieben des Graphen in Abszissenrichtung (vorzeichengerecht) um a.

Für den Fall $a = 0$ wird die durch $f(x/b)$ bewirkte Transformation auch als „Argumentskalierung“ bezeichnet; andererseits soll für $b = 1$ der Vorgang $f(x-a)$ „Argumentverschiebung“ genannt werden.

Beispiele zu (1.23) sind in der Abb. 1.6 wiedergegeben und zwar mit der Funktion

$$f(x) = \frac{1}{2} + \operatorname{tri}(x) \operatorname{rect}\left(x + \frac{1}{2}\right) . \tag{1.24}$$

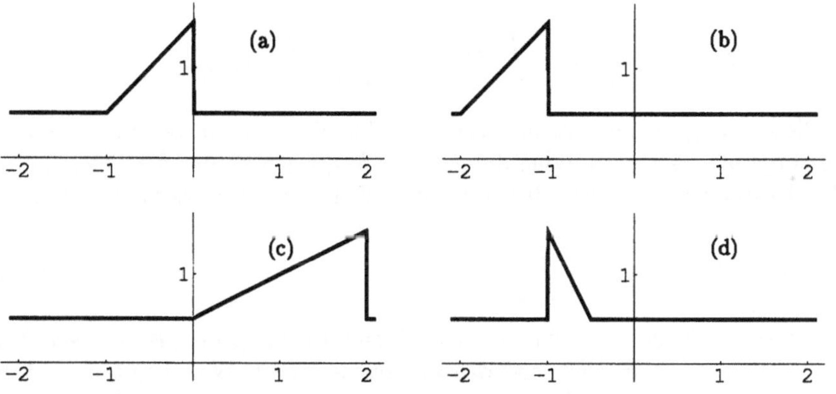

Abb. 1.6. Beispiele zur linearen Argumenttransformation: (**a**) $f(x)$, (**b**) $f(x+1)$, (**c**) $f((x-2)/2)$, (**d**) $f((x+1)/(-0,5))$

Die Funktionsgraphen der Abb. 1.7 geben häufig benutzte Anwendungen von (1.23) auf die Rechteck- und Dreieckfunktion wieder.

Die Form (1.23) der linearen Argumenttransformation läßt den anschaulichen Zusammenhang zwischen f und g besser erkennen als etwa die der üblichen Transformation $h(x) := f(\alpha x + \beta)$. So ist z.B. der Graph der Funktion $g(x) := f(a - x)$ für $a \in \mathbb{R}$ ohne weiteres durch

$$g(x) = f\left(\frac{x-a}{-1}\right)$$

mit den angegebenen Schritten aus $f(x)$ zu gewinnen (vgl. Abb. 1.8).

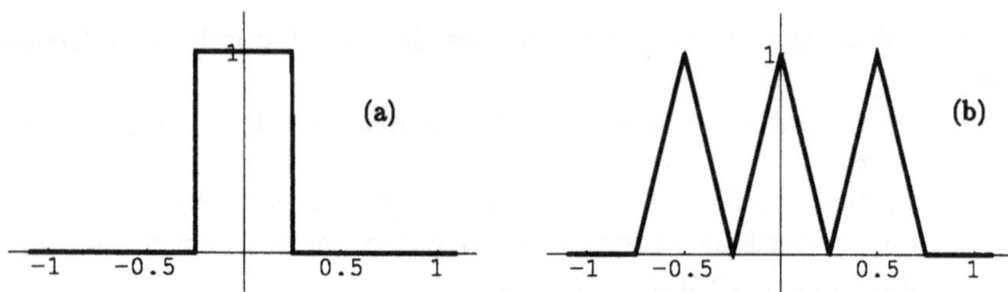

Abb. 1.7. (a) $\mathrm{rect}(x/0,5)$, (b) $\mathrm{tri}((x+0,5)/0,25) + \mathrm{tri}(x/0,25) + \mathrm{tri}((x-0,5)/0,25)$

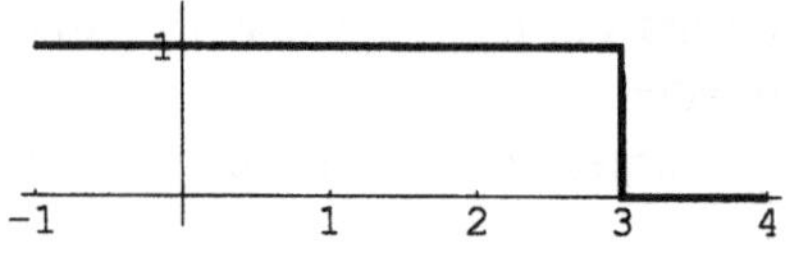

Abb. 1.8. $f(x) = \mathrm{step}(3-x)$

Integralbeispiele, Cauchyscher Hauptwert

Das uneigentliche Integral $\int_{-\infty}^{\infty} f(x)\mathrm{d}x$ ist definiert durch

$$\int_{-\infty}^{\infty} f(x)\mathrm{d}x := \lim_{b_1\to-\infty} \int_{b_1}^{c} f(x)\mathrm{d}x + \lim_{b_2\to\infty} \int_{c}^{b_2} f(x)\mathrm{d}x, \quad c \in \mathbb{R}\,. \tag{1.25}$$

Dieses Integral existiert nur dann, wenn beide Grenzwerte einen endlichen Wert ergeben. Wir verwenden dagegen im folgenden immer den sogenannten „Cauchyschen Hauptwert“ des (uneigentlichen) Integrals, definiert durch

$$\int_{-\infty}^{\infty} f(x)\mathrm{d}x := \lim_{b\to\infty} \int_{-b}^{b} f(x)\mathrm{d}x\,. \tag{1.26}$$

Sofern die Existenz nicht aus dem Zusammenhang heraus eingeschränkt ist, wird immer unterstellt, daß das Integral existiert. Weiter unten wird das Beispiel einer Funktion f angegeben, zu der das uneigentliche Integral (als Cauchyscher Hauptwert) existiert, während (1.25) nicht existiert.

Symmetrische Funktionen lassen die folgenden Integralumformungen zu ($b \in \mathbb{R}$):

$$\int_{-b}^{b} f(x)\mathrm{d}x = 2\int_{0}^{b} f(x)\mathrm{d}x \text{ für eine gerade Funktion } f\,, \tag{1.27}$$

$$\int_{-b}^{b} f(x)\mathrm{d}x = 0 \text{ für eine ungerade Funktion } f\,. \tag{1.28}$$

Entsprechend ergeben die uneigentlichen Integrale

$$\int_{-\infty}^{\infty} f(x)\mathrm{d}x = 2\int_{0}^{\infty} f(x)\mathrm{d}x \text{ für eine gerade Funktion } f\,, \tag{1.29}$$

$$\int_{-\infty}^{\infty} f(x)\mathrm{d}x = 0 \text{ für eine ungerade Funktion } f\,. \tag{1.30}$$

Beispiele:

1. $\displaystyle\int_{-\infty}^{\infty} x\,\mathrm{d}x = 0\,;$

   aber: $\displaystyle\lim_{b_1\to-\infty}\int_{b_1}^{c} x\,\mathrm{d}x + \lim_{b_2\to\infty}\int_{c}^{b_2} x\,\mathrm{d}x$ existiert nicht .

2. $\displaystyle\int_{-\infty}^{\infty} x^2\,\mathrm{d}x = 2\int_{0}^{\infty} x^2\,\mathrm{d}x = 2\lim_{b\to\infty}\int_{0}^{b} x^2\,\mathrm{d}x = \frac{2}{3}\lim_{b\to\infty} b^3 = \infty$

   der Grenzwert bzw. das Integral existiert nicht.

3. $\displaystyle\int_{-\infty}^{\infty} \sin x\,\mathrm{d}x = 0\,.$

4. $$\int_{-\infty}^{\infty} \cos x\,\mathrm{d}x = \lim_{b\to\infty}\int_{-b}^{b} \cos x\,\mathrm{d}x = \lim_{b\to\infty} 2\int_{0}^{b} \cos x\,\mathrm{d}x$$
   $$= \lim_{b\to\infty} 2\sin b \;:\; \text{existiert nicht.}$$

Im zweiten Beispiel wird der nicht existierende Grenzwert $\lim_{b\to\infty} b^3 = \infty$ auch „uneigentlicher Grenzwert“ genannt. Dagegen nimmt die Sinusfunktion im Integralergebnis des Beispiels 4 für beliebig große Werte b immer sämtliche Funktionswerte im Intervall $\sin b \in [-1\,,\,1]$ an, so daß kein eindeutiger Grenzwert vorhanden ist; auch hier heißt es: der Grenzwert bzw. das Integral existiert nicht. Um das Divergenzverhalten des Beispiels 2 zusätzlich von dem des Beispiels 4 sprachlich abzuheben, wird gelegentlich die folgende Unterscheidung benutzt: Eine Funktion vom Typ des Beispiels 2, $f(x) = x^3$, heißt für $x \to \infty$ „bestimmt divergent“; dagegen wird eine Funktion von der Art des Beispiels 4, nämlich $f(x) = \sin x$, die weder konvergent noch bestimmt divergent ist, für $x \to \infty$ „unbestimmt divergent“ genannt.

Der Integralzusammenhang zwischen den Funktionen f und g bei der linearen Argumenttransformation (1.23) läßt sich mit der Substitution $s := (x-a)/b$ herstellen:

$$\int_{\alpha}^{\beta} g(x)\mathrm{d}x = \int_{\alpha}^{\beta} f\left(\frac{x-a}{b}\right)\,\mathrm{d}x = \int_{(\alpha-a)/b}^{(\beta-a)/b} f(s)ds\,.$$

Wir werden diesen Zusammenhang meist als uneigentliches Integral anwenden. Falls die Integrale existieren, lautet das Ergebnis (Aufgabe 11)

$$\int_{-\infty}^{\infty} g(x)\mathrm{d}x = \int_{-\infty}^{\infty} f\left(\frac{x-a}{b}\right)\,\mathrm{d}x = |b|\int_{-\infty}^{\infty} f(x)\mathrm{d}x \tag{1.31}$$

$$\Rightarrow \quad \int_{-\infty}^{\infty} f(x)\mathrm{d}x = \frac{1}{|b|}\int_{-\infty}^{\infty} f\left(\frac{x-a}{b}\right)\mathrm{d}x, \quad b \in \mathbb{R}\setminus\{0\} \,. \tag{1.32}$$

Für spätere Anwendungen notieren wir noch den Mittelwert einer Funktion[4] f im Intervall $I = [a - b/2, a + b/2]$, definiert durch

$$\bar{f}(a,b) := \frac{1}{b}\int_{a-b/2}^{a+b/2} f(x)\mathrm{d}x \,. \tag{1.33}$$

$\bar{f}$ gibt den Durchschnittswert sämtlicher Funktionswerte $y = f(x)$ für $x \in I$ wieder. Unter Verwendung der Ausschnittbildung mit Hilfe der Rechteckfunktion läßt sich auch schreiben:

$$\bar{f}(a,b) = \frac{1}{b}\int_{-\infty}^{\infty} f(x)\,\mathrm{rect}\left(\frac{x-a}{b}\right)\,\mathrm{d}x \,. \tag{1.34}$$

Übungen

1.1 a) Die Rechteckfunktion (1.1) läßt sich unter Verwendung der Funktion $\mathrm{step}(x)$, (1.3), in der Form

$$\mathrm{rect}(x) = a\,\mathrm{step}(x+b) + c\,\mathrm{step}(x+d), \quad a,b,c,d \in \mathbb{R} \,,$$

darstellen. Wie lauten die Zahlenwerte zu a, b, c, d ?

b) Zeigen Sie die Übereinstimmung von (1.7) zur Integraldarstellung der sinc-Funktion mit der Definition (1.4) einschließlich für den Fall $x = 0$.

c) Die „Signumfunktion" ist definiert durch

$$\mathrm{sgn}(x) := \begin{cases} -1 \text{ für } x < 0 \,, \\ 0 \text{ für } x = 0 \,, \\ 1 \text{ für } x > 0 \,. \end{cases} \tag{1.35}$$

Geben Sie die Signumfunktion unter Verwendung der step-Funktion wieder, und kontrollieren Sie die Mittelwerteigenschaft an der Stelle $x = 0$.

[4] Der hier definierte Mittelwert $\bar{f}$ einer Funktion ist nicht zu verwechseln mit dem in der Statistik benutzten Begriff des Mittelwertes. Zu einer stetigen Verteilung mit der Verteilungsfunktion $F(x)$ und der hierzu gehörigen Dichtefunktion $f(x)$ ist in der Statistik der Mittelwert gegeben durch

$$\mu = \int_{-\infty}^{\infty} x\, f(x)\,\mathrm{d}x \,.$$

1.2 a) Ausgehend von den Definitionen (1.1) und (1.2) ist die Symmetrieeigenschaft der Funktionen $\mathrm{rect}(x)$ und $\mathrm{tri}(x)$ nachzuweisen. Hinweis: Verwendung der Definition zur Betragsfunktion $f(x) = |x|$:

$$|x| := \begin{cases} x \text{ für } x \in \mathbb{R}_0^+ , \\ -x \text{ für } x \in \mathbb{R}^- . \end{cases} \tag{1.36}$$

b) Geben Sie die Betragsfunktion unter Verwendung der Signumfunktion (1.35) und umgekehrt die Darstellung der Signumfunktion durch die Betragsfunktion an.

c) Es ist zu zeigen, daß sich die Rechteckfunktion mit Hilfe von $|x|$ bzw. $\mathrm{sgn}(x)$ darstellen läßt durch

$$\mathrm{rect}(x) = \begin{cases} \frac{1}{2}\left[\frac{1+2x}{|1+2x|} + \frac{1-2x}{|1-2x|}\right] \text{ für } x \in \mathbb{R}\backslash\left\{\pm\frac{1}{2}\right\} , \\ \frac{1}{2}\left[\mathrm{sgn}\left(x+\frac{1}{2}\right) - \mathrm{sgn}\left(x-\frac{1}{2}\right)\right] \text{ für } x \in \mathbb{R} . \end{cases} \tag{1.37}$$

Bestätigen Sie, daß die zweite Darstellung auch die Mittelwertbedingung der Rechteckfunktion erfüllt.

1.3 Es seien f, g symmetrische Funktionen; zeigen Sie, daß für die Produktfunktion $h_1(x) := f(x)g(x)$ gilt:

a) Falls die Funktionen f, g beide gerade bzw. beide ungerade sind, ist h_1 gerade;

b) falls eine der beiden Funktionen f, g gerade und die andere ungerade ist, ist h_1 ungerade;

c) wie lauten die entsprechenden Aussagen für die Summenfunktion $h_2(x) := f(x) + g(x)$?

Beispiele: Zu a) $\mathrm{sinc}(x) = 1/(\pi x)\sin(\pi x)$ ist eine gerade Funktion; zu c) $h_2(x) = 1 + x$ ist eine unsymmetrische Funktion.

1.4 Zu einer beliebigen (z.B. unsymmetrischen) Funktion f und $a \in \mathbb{R}$ ist zu zeigen:

$$g_1(x) = f(x-a) + f(-x-a) \text{ ist eine gerade Funktion,} \tag{1.38}$$

$$g_2(x) = f(x-a) - f(-x-a) \text{ ist eine ungerade Funktion.} \tag{1.39}$$

Gleichung (1.14) und (1.15) sind hierzu Spezialfälle für $a = 0$. Skizzieren Sie als Beispiele g_1 und g_2 mit der Funktion f in (1.24) für $a = 1,\ 0,\ -1,\ -2$.

1.5 Gegeben sind die folgenden Funktionen $f_k(x)$, $g_k(x)$, $k = 1, 2, 3$. Skizzieren Sie die Graphen zu diesen Funktionen und zeigen Sie, daß jeweils $f_k(x) = g_k(x)$ gilt:

$$\text{a) } f_1(x) = \mathrm{rect}\left(\frac{x}{10}\right) - \mathrm{rect}\left(\frac{x}{6}\right) ,$$

$$g_1(x) = \operatorname{rect}\left(\frac{x+4}{2}\right) + \operatorname{rect}\left(\frac{x-4}{2}\right),$$

b) $h(x) = \operatorname{tri}(x)\operatorname{step}(x)$,

$$f_2(x) = \operatorname{rect}(0,5\,x) + h(x) + h(-x) + h(x-1) + h(-x-1),$$

$$g_2(x) = 2\operatorname{tri}(0,5\,x),$$

c) $f_3(x) = \operatorname{tri}(x+1) + \operatorname{tri}(x-1)$, $\quad g_3(x) = 2\,[\operatorname{tri}(0,5\,x) - \operatorname{tri}(x)]$.

1.6 Gegeben sind die Funktionen

$$f(x) = \operatorname{tri}(x+2) - \operatorname{tri}(x-2), \quad g(x) = \operatorname{tri}\left(\frac{x+2}{b}\right) - \operatorname{tri}\left(\frac{x-2}{b}\right).$$

Skizzieren Sie die Graphen zu $f(x/b)$ und $g(x)$ für die Werte $b = 1/2$ und $b = 2$.

1.7 Gegeben sind die Funktionen

a) $f_1(x) = \operatorname{rect}\left(\frac{x}{b}\right)\sin x$, b) $f_2(x) = \operatorname{rect}\left(\frac{x}{b}\right)\cos x$,

c) $f_3(x) = \operatorname{rect}\left(\frac{x}{b}\right)\left[a + e^{c|x|}\right]$.

Für welche Werte $b \in \mathbb{R}\setminus\{0\}$ ist $f_1(x)$ bzw. $f_2(x)$ eine in $\mathbb{R}$ stetige Funktion; wie lautet a in Abhängigkeit von $b, c \in \mathbb{R}\setminus\{0\}$, damit $f_3(x)$ stetig in $\mathbb{R}$ ist?

1.8 Zeigen Sie:

a) Die Dreieckfunktion $\operatorname{tri}(x)$ ist in $x = 0$ und $x = \pm 1$ nicht differenzierbar; die Ableitungsfunktion ist hier unstetig. Es gilt für $x \neq 0, \pm b$ und $b \in \mathbb{R}^+$

$$\frac{d}{dx}\operatorname{tri}\left(\frac{x}{b}\right) = \frac{1}{b}\left[\operatorname{rect}\left(\frac{x+b/2}{b}\right) - \operatorname{rect}\left(\frac{x-b/2}{b}\right)\right]. \tag{1.40}$$

Die linke Seite ist in $x = 0$, $x = \pm b$ nicht definiert; die rechte Seite erfüllt dagegen an diesen Stellen die Mittelwertbedingung.

b) $f(x) = \sqrt{|x|}$, $g(x) = \left(1 + \sqrt{|x|}\right)\operatorname{sgn}(x)$ sind stückweise stetige aber nicht stückweise glatte Funktionen. Skizzieren Sie die Graphen zu f, g.

1.9 Der Graph der Abb. 1.4 zu $f(x) = \operatorname{sinc}(x)$ legt die Vermutung nahe, daß die Extrema dieser Funktion (neben $x = 0$) in $x = \pm(2k+1)/2$, $k \in \mathbb{N}$, vorliegen. Zeigen Sie, daß die Bedingung für die Extrema bei dieser Funktion auf die Gleichung $\pi x = \tan(\pi x)$ führt, die durch die genannten x-Werte nicht erfüllt wird; die Vermutung ist also *nicht* richtig. Die Zahlenwerte für $x_{\min}$ und $x_{\max}$ lassen sich durch entsprechende Näherungsverfahren (z.B. Newton-Iteration) oder mit Hilfe eines mathematischen Programpakets (z.B. Mathematica) mit beliebiger Genauigkeit berechnen. Die dem Maximum in $x = 0$ nächstliegenden Minima befinden sich in $x = \pm 1,4302967$.

1.10 Berechnen Sie $\int_{-\infty}^{\infty} f(x)\mathrm{d}x$ für die folgenden (Ausschnitt-) Funktionen (b, β, $\nu \in \mathbb{R}\setminus\{0\}$):

$$\text{a)}\ f(x) = \sin(2\pi\nu x)\,\mathrm{rect}\left(\frac{x}{b}\right)\,, \quad \text{b)}\ f(x) = \cos(2\pi\nu x)\,\mathrm{rect}\left(\frac{x}{b}\right)\,,$$

$$\text{c)}\ f(x) = \exp\left(\left|\frac{x}{\beta}\right|\right)\,\mathrm{rect}\left(\frac{x}{b}\right)\,.$$

Skizzieren Sie die Funktionsgraphen zu den Integrandenfunktionen; geben Sie das Ergebnis zu b) mit Hilfe der Funktion $\mathrm{sinc}(x)$ wieder (vgl. (1.7)).

1.11 a) Beweis zu (1.31);

b) zu $f(x) = \mathrm{e}^{-|x|}$ ist der Wert des Integrals (1.31) in Abhängigkeit von b anzugeben.

2. Fourierreihen I

Im Rahmen der Darstellung reellwertiger Fourierreihen wollen wir uns vorwiegend auf die Eigenschaften und auf das Verhalten von Fourierreihen konzentrieren. Anhand von grundlegenden Beispielen wird u.a. der Zusammenhang zwischen dem Konvergenzverhalten von Fourierreihen und den durch diese Reihen dargestellten Funktionen erarbeitet und verallgemeinert. Dieser Bezug wird später auch bei der Anwendung der diskreten Fouriertransformation von Bedeutung sein. Im ganzen geht es hier vorrangig um das Einüben im Umgang mit Fourierreihen. Als Vorbereitung für die Fouriertransformation periodischer Funktionen sowie für die Analyse und Bearbeitung von Signalen, z.B. von Bildsignalen, ist das Verständnis der Fourierreihen unentbehrlich.

2.1 Unendliche Reihen

Die Behandlung der Fourierreihen erfordert einige grundlegende Kenntnisse über Reihen im allgemeinen. Speziell bei unendlichen Reihen beziehen sich die Fragestellungen vorwiegend auf Konvergenz und Divergenz. Die für unseren Zusammenhang wichtigsten Hilfsmittel zur Behandlung dieser Fragen werden im folgenden zusammengestellt. Beweise zu den angegebenen Sätzen finden sich z.B. bei Dirschmid ([11], Abschn. 15).

Zu gegebenen Summanden a_k, $k = 0, \ldots, N \in \mathbb{N}_0$, betrachten wir zunächst die endliche Reihe

$$s_N := a_0 + a_1 + a_2 + a_3 + a_4 + \ldots + a_N = \sum_{k=0}^{N} a_k,\; N \in \mathbb{N}_0\;, \tag{2.1}$$

mit ihrem Summenwert s_N.

Bekannt ist der Summenwert der geometrischen Reihe

$$\begin{aligned} s_N &= 1 + q + q^2 + q^3 + q^4 + \ldots + q^N \\ &= \sum_{k=0}^{N} q^k = \begin{cases} \dfrac{1-q^{N+1}}{1-q} \text{ für } q \neq 1\,, \\ N+1 \text{ für } q = 1\,. \end{cases} \end{aligned} \tag{2.2}$$

Wir benötigen die folgenden Summenformeln zu den von einem Argument x abhängigen Reihen, die in Kap. 4 unter Verwendung der komplexen Zahlen ohne weiteres gezeigt werden können (es gilt hier jeweils $m \in \mathbb{Z}$):

$$s_N(x) = \sum_{k=0}^{N} \sin(kx)$$

$$= \begin{cases} \dfrac{\sin\left(\frac{N}{2}x\right)\sin\left(\frac{N+1}{2}x\right)}{\sin\left(\frac{x}{2}\right)} \text{ für } x \neq m2\pi , \\ 0 \text{ für } x = m2\pi , \end{cases} \tag{2.3}$$

$$s_N(x) = \sum_{k=0}^{N} \cos(kx)$$

$$= \begin{cases} \dfrac{1}{2} + \dfrac{\sin\left(\frac{2N+1}{2}x\right)}{2\sin\left(\frac{x}{2}\right)} \text{ für } x \neq m2\pi , \\ N+1 \text{ für } x = m2\pi . \end{cases} \tag{2.4}$$

Da diese beiden Reihen aus stetigen Funktionen als Summanden gebildet werden, müssen die jeweils rechts stehenden Formeln an den Stellen $x = m2\pi$, $m \in \mathbb{Z}$, durch stetige Fortsetzung ineinander übergehen (Aufgabe 1).

Als Sonderfall erhalten wir in (2.4) für $x = \pi$ wegen $\cos(k\pi) = (-1)^k$, $k \in \mathbb{Z}$,

$$s_N(\pi) = \sum_{k=0}^{N} \cos(k\pi) = \sum_{k=0}^{N} (-1)^k = \begin{cases} 1 \text{ für } N \text{ gerade,} \\ 0 \text{ für } N \text{ ungerade.} \end{cases} \tag{2.5}$$

Falls zu einer unendlichen Zahlenfolge $(a_k)_{k \in \mathbb{N}_0}$ der Grenzwert der Reihe (2.1),

$$s := \lim_{N \to \infty} s_N \text{ mit } s \in \mathbb{R} , \tag{2.6}$$

existiert, wird die „unendliche Reihe"

$$\sum_{k=0}^{\infty} a_k := \lim_{N \to \infty} \sum_{k=0}^{N} a_k \tag{2.7}$$

konvergent und der Grenzwert s in (2.6) ihr Summenwert genannt. So ist leicht zu sehen, daß die unendliche geometrische Reihe nach (2.2) für $|q| < 1$ konvergent ist mit

$$\sum_{k=0}^{\infty} q^k = \frac{1}{1-q} \text{ für } |q| < 1\,; \tag{2.8}$$

denn für $-1 < q < 1$ gilt $\lim\limits_{N\to\infty} q^N = 0$ und damit auch $\lim\limits_{N\to\infty} q^{N+1} = 0$.

Wenn eine unendliche Reihe nicht konvergiert, dann ist sie divergent. Genauer unterscheiden wir – wie bei Funktionen (vgl. S. 13) – im Falle der Divergenz, daß beispielsweise die Reihe (2.2) für $q = 1$,

$$\sum_{k=0}^{\infty} 1 = \lim_{N\to\infty} (N+1) = \infty \text{ bestimmt divergente Reihe}$$

heißt, während z.B. die unendliche Reihe zu (2.5)

$$\sum_{k=0}^{\infty} \cos(k\pi) = \lim_{N\to\infty} \sum_{k=0}^{N} (-1)^k \text{ unbestimmt divergent}$$

genannt wird.

Allgemein läßt sich zeigen (z.B. Mangoldt-Knopp [24, Bd. 3, S. 518]): Die der Reihe (2.4) entsprechende unendliche Reihe

$$\sum_{k=0}^{\infty} \cos(kx) \text{ ist für } x \neq 2m\pi,\ m \in \mathbb{Z}, \text{ unbestimmt divergent.}$$

Dagegen gilt wegen $\cos(2k\pi) = 1,\ k \in \mathbb{Z}$:

$$\sum_{k=0}^{\infty} \cos(kx) \text{ ist für } x = 2m\pi,\ m \in \mathbb{Z}, \text{ bestimmt divergent.}$$

Insgesamt erhalten wir:

$$\sum_{k=0}^{\infty} \cos(kx) \text{ ist für } x \in \mathbb{R} \text{ divergent.} \tag{2.9}$$

Für die Konvergenz bzw. Divergenz einer unendlichen Reihe ist es offensichtlich unerheblich, wenn wir eine endliche Anzahl von Summanden aus der Reihe entfernen oder ihr hinzufügen. So ist mit der Reihe (2.7) auch die unendliche Reihe $\sum\limits_{k=n}^{\infty} a_k$, $n \in \mathbb{Z}$, konvergent bzw. divergent. Vereinfacht können wir daher vorübergehend eine unendliche Reihe z.B. durch $\sum a_k$ wiedergeben, ohne den Wert für den unteren Summationsindex zu erwähnen.

Gelegentlich lassen sich die Summenwerte unendlicher Reihen mit Hilfe von Taylorreihen bestimmen. Beispielsweise lautet die Taylorreihe zur arctan-Funktion für $|x| \leq 1$

$$\arctan(x) = x - \frac{x^3}{3} + \frac{x^5}{5} - \frac{x^7}{7} \pm \ldots = \sum_{k=1}^{\infty} (-1)^{k-1} \frac{x^{2k-1}}{2k-1}\,. \tag{2.10}$$

Für $x = 1$ ergibt sich hieraus die „Leibnizsche Reihe“[1] zur Darstellung von $\pi/4$:

$$1 - \frac{1}{3} + \frac{1}{5} - \frac{1}{7} \pm \ldots = \sum_{k=1}^{\infty} \frac{(-1)^{k-1}}{2k-1} = \arctan(1) = \frac{\pi}{4}\,. \tag{2.11}$$

Weiterhin haben wir zur Logarithmusfunktion für $-1 < x \leq 1$ die Taylorreihe in der Form

$$\ln(1+x) = x - \frac{x^2}{2} + \frac{x^3}{3} - \frac{x^4}{4} \pm \ldots = \sum_{k=1}^{\infty} (-1)^{k-1} \frac{x^k}{k}\,. \tag{2.12}$$

Diese Reihe führt für den hier ausgeschlossenen Fall $x = -1$ auf die sogenannte „harmonische Reihe“, für die gilt (z.B. Dirschmid [11, S. 376]):

$$1 + \frac{1}{2} + \frac{1}{3} + \frac{1}{4} + \ldots = \sum_{k=1}^{\infty} \frac{1}{k} \text{ ist bestimmt divergent.} \tag{2.13}$$

Dagegen konvergiert für $x = 1$ die Reihe (2.12) mit dem Summenwert

$$1 - \frac{1}{2} + \frac{1}{3} - \frac{1}{4} \pm \ldots = \sum_{k=1}^{\infty} \frac{(-1)^{k-1}}{k} = \ln 2\,. \tag{2.14}$$

Reihen mit wechselnden Vorzeichen zeigen einige Besonderheiten. So macht das letzte Beispiel deutlich, daß etwa eine unendliche Reihe $\sum a_k$ konvergieren kann, während die zugehörige Reihe der Beträge zu den Summanden, $\sum |a_k|$, divergent ist (und zwar dann zwangsläufig bestimmt divergent). Konvergiert dagegen die Reihe $\sum |a_k|$, so nennt man $\sum a_k$ „absolut konvergent“, und es gilt das

Konvergenzkriterium:

$\sum a_k$ absolut konvergent $\Rightarrow$ $\sum a_k$ konvergent.

Daß es sich hierbei um ein hinreichendes, d.h. nicht allgemein umkehrbares Kriterium handelt, wird an der konvergenten Reihe (2.14) deutlich, die wegen (2.13) nicht absolut konvergent ist.

Die Eigenschaft der absoluten Konvergenz ist auch in bezug auf die „Umordnung einer Reihe“ von Bedeutung. Wir sagen, eine Reihe $\sum b_k$ entsteht aus $\sum a_k$ durch Umordnung, wenn beide Reihen dieselben Summanden haben, die Reihenfolge der Summanden jedoch unterschiedlich ist. Es gilt der

Satz 2.1: *Eine absolut konvergente Reihe ändert ihren Summenwert durch Umordnung nicht.*

Die Aussage dieses Satzes ist keineswegs selbstverständlich. Er hat nämlich in der Umkehrung zur Folge, daß sich der Summenwert einer konvergenten,

[1] Gottfried Wilhelm Leibniz, 1646 - 1716.

aber nicht absolut konvergenten Reihe ändern kann, wenn wir die Reihenfolge der Summanden ändern. Dieses Verhalten soll am Beispiel der Reihe (2.14) gezeigt werden. Wir ordnen hierzu die nicht absolut konvergente Reihe so um, daß wir jeweils auf einen positiven zwei negative Summanden der ursprünglichen Reihe folgen lassen. Durch Klammern fassen wir dann immer einen positiven mit dem darauf folgenden negativen Summanden zusammen:

$$\begin{aligned}
&1-\frac{1}{2}-\frac{1}{4}+\frac{1}{3}-\frac{1}{6}-\frac{1}{8}+\frac{1}{5}-\frac{1}{10}-\frac{1}{12}+\frac{1}{7}-\frac{1}{14}-\frac{1}{16}\pm\ldots\\
&=(1-\frac{1}{2})-\frac{1}{4}+(\frac{1}{3}-\frac{1}{6})-\frac{1}{8}+(\frac{1}{5}-\frac{1}{10})-\frac{1}{12}+(\frac{1}{7}-\frac{1}{14})-\frac{1}{16}\pm\ldots\\
&=\frac{1}{2}-\frac{1}{4}+\frac{1}{6}-\frac{1}{8}+\frac{1}{10}-\frac{1}{12}+\frac{1}{14}-\frac{1}{16}\pm\ldots\\
&=\frac{1}{2}\left(1-\frac{1}{2}+\frac{1}{3}-\frac{1}{4}+\frac{1}{5}-\frac{1}{6}+\frac{1}{7}-\frac{1}{8}\pm\ldots\right)\\
&=\frac{1}{2}\sum_{k=1}^{\infty}\frac{(-1)^{k-1}}{k}=\frac{1}{2}\ln 2\,.
\end{aligned}$$

Bei der Umformung zu diesem im Vergleich mit (2.14) überraschenden Ergebnis haben wir den Faktor 1/2 aus sämtlichen Summanden ausgeklammert und dabei von dem folgenden Satz Gebrauch gemacht:

Satz 2.2: *Falls $\sum a_k$ und $\sum b_k$ konvergente Reihen sind, dann gilt $\sum ca_k = c\sum a_k$, $c \in \mathbb{R}$, und $\sum(a_k + b_k) = \sum a_k + \sum b_k$. Mit $\sum a_k$ ist auch $\sum ca_k$ divergent.*

Die Gleichung zu der Summe zweier Reihen ist in diesem Satz wiederum erstaunlich, denn es handelt sich hierbei um das Umordnen einer Reihe, ohne daß dazu die absolute Konvergenz vorausgesetzt wird.

Gelegentlich läßt sich das Verhalten einer unendlichen Reihe durch das folgende Kriterium vereinfacht bestimmen:

Majoranten-/Minorantenkriterium: Falls $|a_k| \le b_k$ für alle $k \ge N \in \mathbb{N}$ gilt, dann folgt aus der Konvergenz der Reihe $\sum b_k$ die absolute Konvergenz der Reihe $\sum a_k$; besteht dagegen die Relation $|a_k| \ge b_k \ge 0$ für alle $k \ge N$, dann ist mit der Reihe $\sum b_k$ auch $\sum |a_k|$ divergent.

Hiernach ist die Reihe (2.11) nicht absolut konvergent. Es läßt sich nämlich zeigen (Aufgabe 2):

$$1+\frac{1}{3}+\frac{1}{5}+\frac{1}{7}+\ldots=\sum_{k=1}^{\infty}\frac{1}{2k-1} \text{ ist divergent.} \tag{2.15}$$

Für das Konvergenzverhalten von Fourierreihen sind die Reihen

$$\sum_{k=1}^{\infty} \frac{1}{k^m}, \quad m \in \mathbb{N}, \tag{2.16}$$

von Bedeutung. Der Fall $m = 1$ führt mit (2.13) auf Divergenz. Für $m = 2$ hat Leonhard Euler[2] erstmals die Konvergenz mit dem Summenwert

$$\sum_{k=1}^{\infty} \frac{1}{k^2} = \frac{\pi^2}{6} \tag{2.17}$$

nachgewiesen (vgl. Fichtenholz [13, Bd. II, S. 694]). Zusammen mit $1/k^m \leq 1/k^2$ $(m \geq 2)$ und dem Majorantenkriterium sind daher die Reihen (2.16) für alle $m \geq 2$ konvergent.

Wir verallgemeinern die Reihe (2.16) dadurch, daß wir zu gegebenen Koeffizienten $a_k \in \mathbb{R}$, $k \in \mathbb{N}$, und einem festen Wert $C \in \mathbb{R}^+$ die Reihe

$$\sum_{k=1}^{\infty} \frac{a_k}{k^m} \text{ mit } |a_k| < C, \; k \in \mathbb{N}, \tag{2.18}$$

bilden. Nach dem Majorantenkriterium, Satz 2.2 und (2.17) sind diese Reihen für $m \geq 2$ absolut konvergent. Der Fall $m = 1$ bereitet Schwierigkeiten. Für $a_k = (-1)^{k-1}$ werden wir beispielsweise auf die konvergente, aber nicht absolut konvergente Reihe (2.14) geführt. Wir wollen hier nur festhalten, daß dieses Verhalten charakteristisch für die Reihen (2.18) mit $m = 1$ ist.

Abschließend erweitern wir noch die Summation und zwar zunächst für die endliche Reihe (2.1), indem wir den Summenindex die Werte $k = -N, \ldots, N$ durchlaufen lassen, so daß wir

$$\begin{aligned}
&a_{-N} + a_{-(N-1)} + \ldots + a_{-1} + a_0 + a_1 + \ldots + a_{N-1} + a_N \\
&= \sum_{k=-N}^{N} a_k = \sum_{k=-N}^{-1} a_k + a_0 + \sum_{k=1}^{N} a_k = \sum_{k=1}^{N} a_{-k} + a_0 + \sum_{k=1}^{N} a_k \\
&= a_0 + \sum_{k=1}^{N} (a_{-k} + a_k), \; N \in \mathbb{N},
\end{aligned}$$

erhalten. Wenn wir hierbei mit einer zweiseitig unendlichen Zahlenfolge $(a_k)_{k \in \mathbb{Z}}$ zur zweiseitig unendlichen Reihe durch $\lim N \to \infty$ übergehen,

$$\sum_{k=-\infty}^{\infty} a_k \, ,$$

dann folgt analog zur Summenbildung von Reihen in Satz 2.2:

[2] Schweizer Mathematiker, 1707 - 1783.

<u>Satz 2.3:</u> *Falls* $\sum_{k=1}^{\infty} a_{-k}$ *und* $\sum_{k=1}^{\infty} a_k$ *konvergente Reihen sind, dann gilt:*

$$\sum_{k=-\infty}^{\infty} a_k = \sum_{k=-\infty}^{-1} a_k + a_0 + \sum_{k=1}^{\infty} a_k = \sum_{k=1}^{\infty} a_{-k} + a_0 + \sum_{k=1}^{\infty} a_k$$

$$= a_0 + \sum_{k=1}^{\infty} (a_{-k} + a_k) \ .$$

Beispiele: Unter Verwendung von (2.14) ergibt sich

1. $$\sum_{\substack{k=-\infty \\ k\neq 0}}^{\infty} \frac{(-1)^{k-1}}{|k|} = \ldots - \frac{1}{4} + \frac{1}{3} - \frac{1}{2} + 1 + 1 - \frac{1}{2} + \frac{1}{3} - \frac{1}{4} \pm \ldots$$

$$= 2\sum_{k=1}^{\infty} \frac{(-1)^{k-1}}{k} = 2 \ln 2 \ ,$$

2. $$\sum_{\substack{k=-\infty \\ k\neq 0}}^{\infty} \frac{(-1)^{k-1}}{k} = \ldots + \frac{1}{4} - \frac{1}{3} + \frac{1}{2} - 1 + 1 - \frac{1}{2} + \frac{1}{3} - \frac{1}{4} \pm \ldots$$

$$= -\sum_{k=1}^{\infty} \frac{(-1)^{k-1}}{k} + \sum_{k=1}^{\infty} \frac{(-1)^{k-1}}{k} = 0 \ .$$

Übungen

2.1.1 Mit Hilfe der Regel von Bernoulli-de l'Hospital ist in (2.3) und (2.4) nachzuweisen, daß die angegeben Summenwerte für $x = 2m\pi$, $m \in \mathbb{Z}$, Grenzwerte zu den Quotientenformeln für $x \neq 2m\pi$ sind.

2.1.2 Mit Hilfe von (2.13), Satz 2.2 und dem Minorantenkriterium ist (2.15) zu zeigen.

2.1.3 Unter Verwendung der Summenformel (2.17) sind die folgenden Formeln zu entwickeln:

$$\text{a)} \sum_{k=1}^{\infty} \frac{1}{(2k-1)^2} = \frac{\pi^2}{8} \ , \quad \text{b)} \sum_{k=1}^{\infty} \frac{(-1)^{k-1}}{k^2} = \frac{\pi^2}{12} \ . \tag{2.19}$$

2.1.4 Es gilt für $N \in \mathbb{N}_0$

a) $$\sum_{k=-N}^{N} q^k = \begin{cases} \dfrac{q^{-N} - q^{N+1}}{1-q} \text{ für } q \neq 1\,, \\ 2N+1 \text{ für } q = 1\,; \end{cases}$$

b) $$\sum_{k=-\infty}^{\infty} q^{|k|} = \frac{1+q}{1-q} \text{ für } |q| < 1\,.$$

2.1.5 Beweisen Sie induktiv

$$\sum_{k=1}^{N-1} kq^k = \begin{cases} \dfrac{q}{(1-q)^2}\left[(N-1)q^N - Nq^{N-1} + 1\right] \text{ für } q \neq 1\,, \\ \dfrac{N(N-1)}{2} \text{ für } q = 1\,. \end{cases} \tag{2.20}$$

Hinweis: Der Beweis läßt sich auch über die Ableitung von (2.2) nach dq durchführen. Diese Vorgehensweise ist jedoch nicht ohne weiteres auf die später benötigte Formel mit komplexwertigem q übertragbar.

2.2 Periodische Funktionen

Die elementaren periodischen Funktionen sind bekanntlich die trigonometrischen Funktionen $\sin x$ und $\cos x$. Diese Funktionen bilden die Grundlage zur Darstellung und Beschreibung beliebiger periodischer Funktionen. Eigentlich würde es genügen, nur eine dieser beiden Funktionen dem System der periodischen Funktionen zugrunde zu legen, da sich durch $\sin(x + \pi/2) = \cos x$, $\cos(x - \pi/2) = \sin x$ jeweils eine der beiden Funktionen auf die andere zurückführen läßt. Es ist daher ausschließlich eine Frage der Zweckmäßigkeit, wenn beide Funktionen gleichberechtigt benutzt werden.

Eine Funktion f ist als periodische Funktion charakterisiert durch:

$$\bigwedge_{x \in \mathbb{R}} f(x+p) = f(x),\ p \in \mathbb{R}^+\,, \tag{2.21}$$

oder mit der Vereinbarung (1.18), S. 9, über die Gleichheit zweier Funktionen kurz durch

$$f(x+p) = f(x)\,. \tag{2.22}$$

Mit $f(x+p) = f(x)$ gilt auch $f(x-p) = f(x)$ (Aufgabe 1); es bedeutet daher keine Beschränkung der Allgemeinheit, wenn wir wie in (2.21) $p > 0$ voraussetzen. Die Zahl p heißt „Periodenlänge", und wir nennen f mit der Eigenschaft (2.22) eine „p-periodische Funktion". Das rechtsoffene Intervall

$$I_p := \left[-\frac{p}{2}, \frac{p}{2}\right)$$

wollen wir als elementares Periodenintervall bezeichnen. So ist bekanntlich

$$\sin(x + 2\pi) = \sin x\,, \tag{2.23}$$

d.h. $\sin x$ ist eine 2π-periodische Funktion mit dem elementaren Periodenintervall $I_{2\pi} = [-\pi\,, \pi)$.

Falls p die kleinste Zahl mit der Eigenschaft (2.22) ist, wird p auch „primitive Periode" von $f(x)$ genannt. Zur Sinus- und Kosinusfunktion ist 2π die primitive Periode, zu $\tan x$ und $\cot x$ ist es die Zahl π.

Eine p-periodische Funktion ist gleichzeitig für jedes $m \in \mathbb{Z}$ auch mp-periodisch, denn zusammen mit (2.22) gilt (Aufgabe 1)

$$f(x + mp) = f(x),\ m \in \mathbb{Z}\,. \tag{2.24}$$

So ist mit (2.23) auch $\sin(x + m2\pi) = \sin x$.

Die Gleichung (2.24) läßt sich entsprechend den Überlegungen zur linearen Argumenttransformation in Kap. 1 auch so interpretieren, daß für jedes $m \in \mathbb{Z}$ der um $-mp$ verschobene Funktionsgraph mit dem Graphen zu $f(x)$ identisch ist.

Mit $f(x)$ ist offensichtlich zu beliebigem $a \in \mathbb{R}$ auch $f(x - a)$ eine p-periodische Funktion. Speziell zu $\sin(x - a)$ bzw. $\cos(x - a)$ wird die Verschiebungsgröße a auch „Phase" oder „Phasenlage" zu sin bzw. cos genannt.

Gegenüber der Argumentverschiebung geht durch eine Argumentskalierung in der Form $g(x) := f(x/b)$, $b \in \mathbb{R}^+$, die p-periodische Funktion f in eine bp-periodische Funktion g über, denn hierfür ist

$$g(x + bp) = f\left(\frac{x + bp}{b}\right) = f\left(\frac{x}{b} + p\right) = f\left(\frac{x}{b}\right) = g(x)\,. \tag{2.25}$$

Für die Sinus- und die Kosinusfunktion erhalten wir durch die Skalierung mit $b = 1/(2\pi)$ die 1-periodischen Funktionen $\sin(2\pi x)$ und $\cos(2\pi x)$. In Verbindung mit den Fourierreihen werden wir diese Form der trigonometrischen Funktionen durchgehend verwenden, so daß das hierzu gehörige elementare Periodenintervall $I_1 = [-1/2, 1/2)$ schlechthin als „Grundintervall" bezeichnet werden soll. Die in diesem Zusammenhang ebenso benutzten Funktionen $\sin(2\pi kx)$ und $\cos(2\pi kx)$, $k \in \mathbb{Z}\setminus\{0\}$, haben die primitive Periode $1/|k|$. Mit (2.24) sind sie daher auch $|m/k|$-periodisch. Insbesondere gehören somit $\sin(2\pi kx)$ und $\cos(2\pi kx)$, $k \in \mathbb{Z}\setminus\{0\}$, zu den 1-periodischen Funktionen (vgl. Abb. 2.1).

Sinus- und Kosinusfunktionen kommen in der Physik bei der mathematischen Beschreibung *harmonischer*, d.h. gleichförmiger Schwingungsvorgänge (z.B. Pendelschwingung, elektrischer Schwingkreis) zur Anwendung. Daher werden sie auch „harmonische Funktionen" oder einfach „Harmonische" genannt. In der Notierung $\sin(2\pi\nu x)$ gibt $\nu \in \mathbb{R}$ die Frequenz oder Anzahl Perioden im Grundintervall I_1 an. Wenn z.B. die Variable x die Zeit mit der Dimension s darstellt, dann ist die Länge des Grundintervalls 1 s und durch $\sin(2\pi\nu x)$ wird ein Schwingungsvorgang mit ν Schwingungen oder Perioden

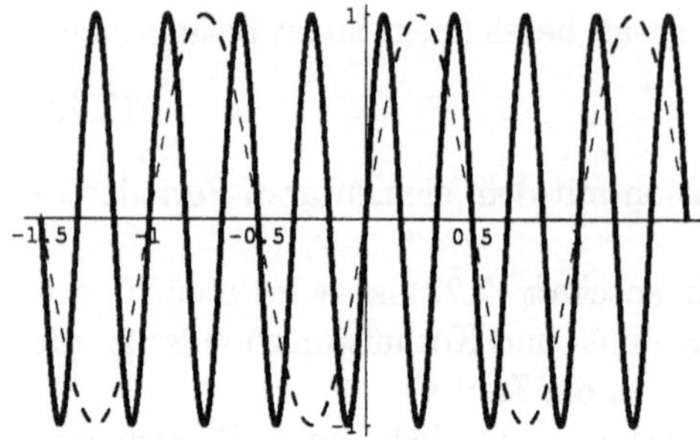

Abb. 2.1. $\sin(2\pi x)$ (*gestrichelt*), $\sin(6\pi x)$ (*durchgezogen*)

pro Sekunde, d.h. mit ν Hz (= Hertz, Dimension s^{-1}) beschrieben. Zusammen mit nicht ganzzahligen Frequenzwerten ν lassen wir formal auch negative Frequenzen zu, obwohl die Frequenz als Zählzahl naturgemäß nur positive Werte annehmen kann.

Die durch die Funktionen $\sin(2\pi\nu x)$ und $\cos(2\pi\nu x)$ wiedergegebenen periodischen Vorgänge werden für $|\nu| = 1$ Grundschwingung und für $|\nu| = 2, 3, 4, \ldots$ Oberschwingungen genannt.

Die Aufzeichnung periodischer Schwingungen führt zu periodischen Signalen, und die genannten Bezeichnungen werden entsprechend auch auf solche Signale angewandt.

Eine mögliche Bildungsvorschrift für p-periodische Funktionen läßt sich nach dem folgenden Verfahren der „periodischen Fortsetzung“ entwickeln. Hierzu gehen wir von einer gegebenen Funktion $f : \mathbb{R} \to \mathbb{R}$ zu der Ausschnittfunktion $\widehat{f}$ mit der Ausschnittbreite $p > 0$,

$$\widehat{f}(x) := f(x) \operatorname{rect}\left(\frac{x}{p}\right), \tag{2.26}$$

über, die die Bedingung $\widehat{f}(x) = 0$ für $|x| > p/2$ erfüllt. Durch

$$\begin{aligned} f_1(x) &:= \widehat{f}(x-p) + \widehat{f}(x) + \widehat{f}(x+p) \\ &= \sum_{k=-1}^{1} \widehat{f}(x+kp) = \sum_{k=-1}^{1} \widehat{f}(x-kp) \end{aligned}$$

wird dann $\widehat{f}(x)$ aus dem Intervall $I_p = [-p/2\,, p/2)$ in das Intervall $I_{3p} = [-3p/2\,, 3p/2)$ fortgesetzt mit der Eigenschaft

$$f_1(x \pm p) = f_1(x) \text{ für } |x| < \frac{p}{2}\,.$$

Entsprechend läßt sich allgemein

$$f_N(x) := \sum_{k=-N}^{N} \widehat{f}(x-kp),\ N \in \mathbb{N}\,, \tag{2.27}$$

bilden, wodurch $\widehat{f}(x)$ in das Intervall $I_{(2N+1)p} = [-(2N+1)p/2\,,\,(2N+1)p/2)$ fortgesetzt wird, und es gilt

$$f_N(x \pm p) = f_N(x) \text{ für } |x| < (2N-1)\frac{p}{2}\,.$$

Die Abbildungen 2.2 a) bis c) deuten den Vorgang am Beispiel der Funktion $f(x) = \arctan(x/0,2)$, $p = 1$ an.

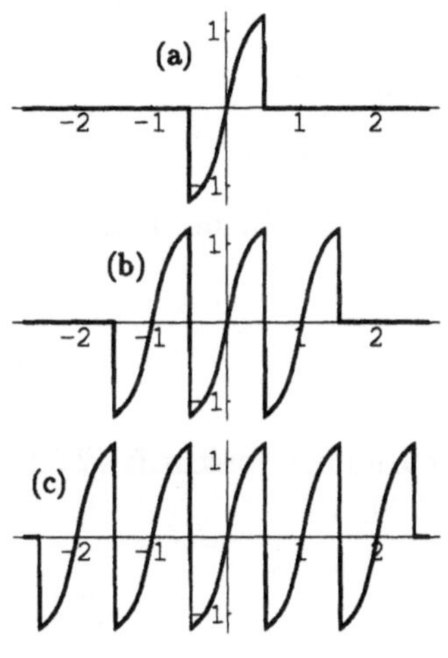

Abb. 2.2. (a) $\widehat{f}(x) = \arctan(x/0,2)\,\mathrm{rect}\,(x)$, (b) $f_1(x)$, (c) $f_2(x)$ gemäß (2.27)

Schließlich entsteht mit

$$\widetilde{f}(x) := \lim_{N\to\infty} f_N(x) = \lim_{N\to\infty} \sum_{k=-N}^{N} \widehat{f}(x-kp) = \sum_{k=-\infty}^{\infty} \widehat{f}(x-kp) \quad (2.28)$$

die sogenannte periodische Fortsetzung (bzw. p-periodische Fortsetzung) von $\widehat{f}(x)$ in $x \in \mathbb{R}$, und die Funktion $\widetilde{f}(x)$ erfüllt die Periodeneigenschaft (2.22). Es gilt nämlich

$$\begin{aligned}\widetilde{f}(x+p) &= \sum_{k=-\infty}^{\infty} \widehat{f}(x+p+kp) = \sum_{k=-\infty}^{\infty} \widehat{f}(x+[k+1]p) \\ &= \sum_{k=-\infty}^{\infty} \widehat{f}(x+kp) = \widetilde{f}(x)\,.\end{aligned}$$

Offensichtlich ist die zweifach unendliche Reihe (2.28) immer konvergent, da in ihr für jedes $x \in \mathbb{R}$ höchstens zwei Summanden von Null verschieden sind.

Bei der durch (2.26) und (2.28) aus $f(x)$ gebildeten periodischen Funktion $\tilde{f}(x)$ ist das Verhalten an den Grenzen $x = \pm p/2$ des elementaren Periodenintervalls I_p näher zu untersuchen. Zunächst ist hier

$$\lim_{h\to 0+} \tilde{f}\left(-\frac{p}{2}+h\right) = \lim_{h\to 0+} f\left(-\frac{p}{2}+h\right) \text{ bzw.}$$

$$\lim_{h\to 0+} \tilde{f}\left(\frac{p}{2}-h\right) = \lim_{h\to 0+} f\left(\frac{p}{2}-h\right)$$

oder mit der in Kap. 1, S. 3, vereinbarten Kurznotierung

$$\tilde{f}\left(-\frac{p}{2}^{+}\right) = f\left(-\frac{p}{2}^{+}\right) \text{ bzw. } \tilde{f}\left(\frac{p}{2}^{-}\right) = f\left(\frac{p}{2}^{-}\right) . \tag{2.29}$$

Da $\tilde{f}$ eine p-periodische Funktion ist, muß für $\tilde{f}$ an der linken Intervallgrenze gelten

$$\tilde{f}\left(-\frac{p}{2}^{-}\right) = \tilde{f}\left(\frac{p}{2}^{-}\right) = f\left(\frac{p}{2}^{-}\right) . \tag{2.30}$$

Weiterhin haben wir mit (2.26) sowie mit der Bildungsvorschrift (2.28) zu $\tilde{f}$ und der Definition der Rechteckfunktion (1.1), S. 4,

$$\tilde{f}\left(-\frac{p}{2}\right) = \tilde{f}\left(\frac{p}{2}\right) = \frac{1}{2}\left[f\left(-\frac{p}{2}\right) + f\left(\frac{p}{2}\right)\right] . \tag{2.31}$$

Unter der Voraussetzung, daß die Funktion f in $x = -p/2$ rechtsseitig und in $x = p/2$ linksseitig stetig ist[3], lassen sich folgende Eigenschaften der Funktion $\tilde{f}(x)$ an der Stelle $x_0 = -p/2$ zeigen, die wegen der Periodeneigenschaft von $\tilde{f}$ auch für $x_0 = -p/2 + mp$, $m \in \mathbb{Z}$, gelten (Aufgabe 5; für die Aussage in Verbindung mit der Ableitung von f wird zur Vereinfachung die Stetigkeit von $f'(x)$ in $x = \pm p/2$ vorausgesetzt):

- $\tilde{f}(x)$ weist in x_0 das Mittelwertverhalten (1.11), S. 7, auf;
- falls f eine unsymmetrische oder ungerade Funktion ist, dann ist $\tilde{f}$ in der Regel unstetig an der Stelle x_0 (z.B. $f(x) = \mathrm{e}^x$, $f(x) = x$, $f(x) = \sin(\beta x)$, $\beta \neq 2k\pi/p$, $k \in \mathbb{Z}$);
- falls $f(-p/2) = f(p/2)$ ist – insbesondere also für den Fall einer geraden Funktion f –, gilt: $\tilde{f}$ ist stetig, aber im allgemeinen nicht differenzierbar in x_0 (z.B. $f(x) = \cos(\beta x)$, $\beta \in \mathbb{R}$);
- falls f eine p-periodische Funktion ist, dann sind $\tilde{f}$ und f identische Funktionen (vgl. $f(x) = \sin(\beta x)$, $\beta = 2k\pi/p$, $k \in \mathbb{Z}$).

[3] Die linksseitige Stetigkeit einer Funktion f in x_0 ist mit $f(x_0) \in \mathbb{R}$ definiert durch $f(x_0) = f(x_0^-)$, die rechtsseitige durch $f(x_0) = f(x_0^+)$. Eine in x_0 stetige Funktion ist an dieser Stelle sowohl linksseitig als auch rechtsseitig stetig. Damit ist die vorausgesetzte rechts-/linksseitige Stetigkeit bei den üblichen Funktionen unserer Anwendungen erfüllt.

Nach dem Verfahren der periodischen Fortsetzung entsteht aus $f(x) = \mathrm{tri}(x/b)$ für $p \geq 2b$ eine Funktion $\widetilde{f}(x)$, die wir periodische Dreieckfunktion nennen wollen (Abb. 2.3, $b = 1, p = 3$); mit $f(x) = \mathrm{rect}(x/b)$ erhalten wir für $p > b$ entsprechend die periodische Rechteckfunktion (Abb. 2.4 $b = 1, p = 2$).

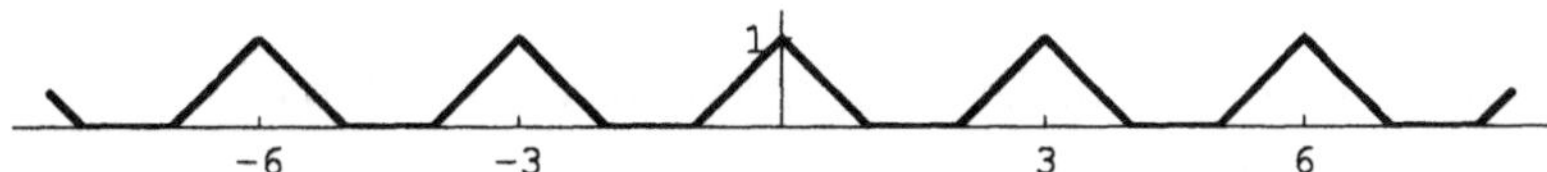

Abb. 2.3. 3-periodische Dreieckfunktion

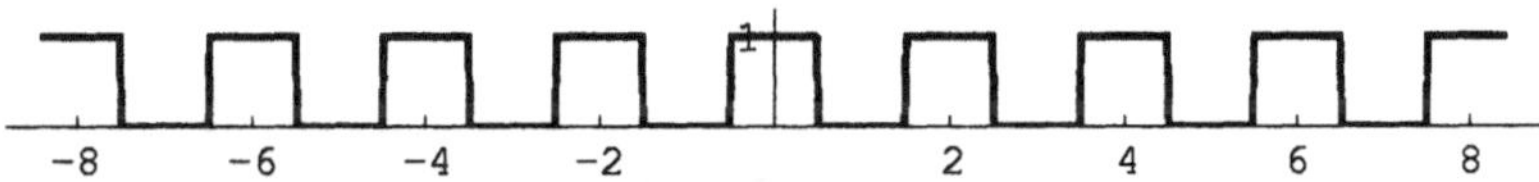

Abb. 2.4. 2-periodische Rechteckfunktion

Übungen

2.2.1 Zu einer p-periodischen Funktion f ist zu zeigen:
a) $f(x+p) = f(x) \ \Rightarrow \ f(x-p) = f(x)$.
b) Induktiver Beweis zu (2.24) für $k \in \mathbb{N}$ und Beweis zu $k \in \mathbb{Z}^-$.
c) Zu beliebigem $a \in \mathbb{R}$ gilt:

$$\int_{a-p/2}^{a+p/2} f(x)\mathrm{d}x = \int_{-p/2}^{p/2} f(x+a)\mathrm{d}x = \int_{-p/2}^{p/2} f(x)\mathrm{d}x\,. \tag{2.32}$$

2.2.2 Sind $f(x)$ und $g(x)$ p-periodische Funktionen, dann gilt
a) $c_1 f(x) + c_2 g(x)$, b) $f(x)g(x)$
sind ebenfalls p-periodische Funktionen.

Hinweis: Falls p primitive Periode zu f und g ist, muß diese Eigenschaft für die Summenfunktion $f+g$ bzw. für die Produktfunktion fg nicht unbedingt zutreffen. Gegenbeispiel: Zu den 1-periodischen Funktionen $f(x) = \sin(2\pi x) + \sin(4\pi x)$, $g(x) = -\sin(2\pi x)$ gehört die 1/2-periodische Summenfunktion $f(x) + g(x) = \sin(4\pi x)$. Gegenbeispiele zur Produktfunktion: $2\sin(2\pi x)\cos(2\pi x) = \sin(4\pi x)$ und $2\cos^2(2\pi x) = 1 + \cos(4\pi x)$ sind 1/2-periodische Funktionen. Verdeutlichen Sie sich das letzte Beispiel durch eine Skizze.

2.2.3 Zu einer p-periodischen Funktion f und einer q-periodischen Funktion g soll das Periodenverhältnis $p/q \in \mathbb{Q}$, d.h. eine rationale Zahl sein. Bestätigen Sie: Falls die rationale Zahl in der Form $p/q = r/s$ mit $r, s \in \mathbb{N}$ wiedergegeben wird, dann besitzt die Summenfunktion $f+g$ die Periodenlänge $p_{ges} = ps = qr$. Beispiel: $\sin(2\pi x/5)+\sin(2\pi x/7)$ ist eine Funktion mit der Periodenlänge 35.

Hinweis: In Abschn. 8.3 wird gezeigt, daß bei einem irrationalen Zahlenverhältnis p/q (d.h. $p/q \in \mathbb{R}\backslash\mathbb{Q}$) die Summenfunktion $f+g$ *nicht* periodisch ist. So gilt also z.B.:

$$\sin(c_1 x) + \sin(c_2 x) \text{ ist für } c_1/c_2 \in \mathbb{R}\backslash\mathbb{Q} \text{ nicht periodisch.}$$

2.2.4 a) Die konstante Einsfunktion ist für jedes $p \in \mathbb{R}^+$ eine p-periodische Funktion;

b) mit $f(x)$ ist auch $f(x)+c$, $c \in \mathbb{R}$, eine p-periodische Funktion.

2.2.5 Beweisen Sie die auf S. 30 zusammengestellten Eigenschaften der p-periodischen Fortsetzung $\widetilde{f}(x)$ in (2.28).

2.3 Endliche und unendliche Fourierreihen

Zu den Besonderheiten der Fourierreihen gehört die Tatsache, daß sich hiermit auch unstetige (periodische) Funktionen oder Funktionen mit unstetiger erster Ableitung darstellen lassen. Mit Hilfe von typischen Beispielen werden u.a. die Zusammenhänge zwischen solchen Funktionseigenschaften und dem Konvergenzverhalten der zughörigen Fourierreihen erarbeitet.

Bezeichnungen und Schreibweisen

Zu gegebenen reellwertigen Koeffizienten $A_k, k = 0,\ldots,N$, und $B_k, k = 1,\ldots,N$, wird die von $x \in \mathbb{R}$ abhängige Summe der harmonischen Funktionen

$$\begin{aligned} f_N(x) &:= A_0 + 2A_1\cos(2\pi x) + 2B_1\sin(2\pi x) + 2A_2\cos(4\pi x) \\ &\quad +2B_2\sin(4\pi x) + 2A_3\cos(6\pi x) + 2B_3\sin(6\pi x) \\ &\quad +\ldots + 2A_N\cos(N2\pi x) + 2B_N\sin(N2\pi x) \\ &= A_0 + 2\sum_{k=1}^{N}\left[A_k\cos(2\pi kx) + B_k\sin(2\pi kx)\right],\ N \in \mathbb{N}, \end{aligned} \tag{2.33}$$

endliche Fourierreihe oder auch trigonometrische bzw. harmonische Reihe genannt. Gelegentlich wird die rechte Seite in (2.33) auch als trigonometrisches Polynom bezeichnet, da sich $\cos(nx)$ und $\sin(nx)$ durch Polynome mit den Funktionen $\cos x$ und $\sin x$ darstellen lassen. A_k, B_k heißen Fourierkoeffizienten zu den Sinus-/Kosinusfunktionen. Die Notierung mit dem Faktor 2 vor der Summe ist im Hinblick auf die später einzuführende komplexe Form der Fourierreihe gewählt.

$f_N(x)$ ist eine 1-periodische Funktion; in der Regel hat sie auch die primitive Periode 1, z.B. für den Fall $A_1 \neq 0 \vee B_1 \neq 0$.

Falls alle $B_k = 0$ sind, nennt man

$$f_N(x) = A_0 + 2\sum_{k=1}^{N} A_k \cos(2\pi kx) \tag{2.34}$$

auch Kosinusreihe, und $f_N(x)$ ist hier eine gerade Funktion (vgl. Abb. 2.5). Entsprechend führt $A_k = 0$, $k = 0, \ldots, N$, auf die Sinusreihe

$$f_N(x) = 2\sum_{k=1}^{N} B_k \sin(2\pi kx) \tag{2.35}$$

mit der ungeraden Funktion $f_N(x)$.

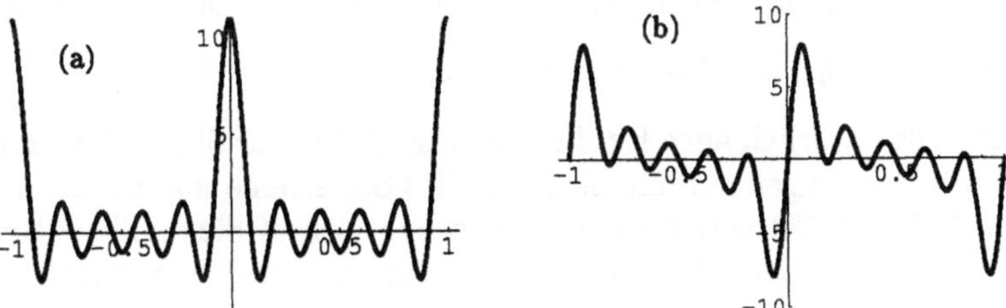

Abb. 2.5. $f_N(x)$, $N = 5$, **(a)** Kosinusreihe, $A_k = 1$, **(b)** Sinusreihe $B_k = 1$

Sämtliche Summanden der Reihe (2.33) sind stetige Funktionen in $x \in \mathbb{R}$; somit ist auch $f_N(x)$ stetig und daher integrierbar in jedem endlichen Intervall, z.B. im Grundintervall $I_1 = [-1/2, 1/2)$. Für den durch (1.33), S. 14, definierten Mittelwert der Funktion $f_N(x)$ in diesem Intervall gilt unabhängig von der Anzahl N (Aufgabe 1):

$$\bar{f}_N = \int_{-1/2}^{1/2} f_N(x)\mathrm{d}x = A_0 \,. \tag{2.36}$$

Der Koeffizient A_0 wird daher in der Elektro- und Nachrichtentechnik auch „Gleichstromanteil" oder „Gleichanteil" genannt.

Mit der Kosinus- und Sinusfunktion ist auch die Funktion $f_N(x)$ beliebig oft differenzierbar. Die n-te Ableitung $f_N^{(n)}(x) = d^n f_N(x)/dx^n$ ist für jedes $x \in \mathbb{R}$ eine stetige und 1-periodische Funktion, die selbst wieder als Fourierreihe eine Darstellung in der Form

$$f_N^{(n)}(x) = 2\sum_{k=1}^{N} \left[A_{k,n} \cos(2\pi kx) + B_{k,n} \sin(2\pi kx)\right], \; n \in \mathbb{N}\,, \tag{2.37}$$

hat; hierin sind die Fourierkoeffizienten $A_{k,n}, B_{k,n}$ in Abhängigkeit von der n-ten Ableitung formelmäßig durch die Koeffizienten A_k, B_k der Reihe (2.33) angebbar (Aufgabe 2).

Durch $\lim\limits_{N\to\infty} f_N(x)$ gehen wir von der endlichen zur unendlichen Fourierreihe über,

$$f(x) := \lim_{N\to\infty} f_N(x) = A_0 + 2\sum_{k=1}^{\infty}[A_k\cos(2\pi kx) + B_k\sin(2\pi kx)] \;. \tag{2.38}$$

Ebenso wie die endliche Fourierreihe (2.33) stellt auch die unendliche Reihe (2.38) eine 1-periodische Funktion $f(x)$ dar. Als Grenzwert der Funktionen $f_N(x)$ nennen wir $f(x)$ auch „Grenzfunktion", als Ergebnis der Summenbildung in (2.38) bezeichnen wir $f(x)$ gelegentlich als „Summenfunktion".

Falls sämtliche $B_k = 0$ $(k \in \mathbb{N})$ sind, geht (2.38) in die (unendliche) Kosinusreihe mit einer geraden Funktion $f(x)$ über. $A_k = 0$ $(k \in \mathbb{N}_0)$ liefert zur (unendlichen) Sinusreihe eine ungerade Funktion $f(x)$ mit der Eigenschaft:

$$A_k = 0,\; k \in \mathbb{N}_0,\; \Rightarrow\; f(m) = f(m - 1/2) = 0 \text{ für } m \in \mathbb{Z}\,. \tag{2.39}$$

Dasselbe gilt natürlich auch für die Funktion $f_N(x)$ zur Sinusreihe (2.35).

Wir werden im folgenden mit dem Begriff Fourierreihe durchgehend die unendliche Reihe (2.38) verbinden und in bezug hierauf die endliche Reihe (2.33) als N-te Teilsumme der Fourierreihe oder auch als Fourierteilsumme bezeichnen.

Von zentraler Bedeutung bei Fourierreihen ist das Konvergenzproblem und – hiermit zusammenhängend – die Frage nach den möglichen Eigenschaften der Grenzfunktion $f(x)$ zur Fourierreihe. Erste Einblicke hierzu geben der folgende Satz (z.B. Körner [22, S. 32]) und die weiter unten aufgeführten Beispiele.

<u>Satz 2.4:</u> *Falls die unendlichen Reihen* $\sum\limits_{k=1}^{\infty} A_k$ *und* $\sum\limits_{k=1}^{\infty} B_k$ *absolut konvergent sind, dann gilt:*

– *Die Fourierreihe (2.38) ist für alle* $x \in \mathbb{R}$ *konvergent;*
– *die Grenzfunktion* $f(x)$ *in (2.38) ist für alle* $x \in \mathbb{R}$ *stetig.*

Außerdem wollen wir noch festhalten:

Sind zu gegebenen A_k, B_k jeweils die Sinusreihe und die Kosinusreihe konvergent, dann können wir nach Satz 2.2, S. 23, umformen:

$$\begin{aligned} f(x) &= A_0 + 2\sum_{k=1}^{\infty}[A_k\cos(2\pi kx) + B_k\sin(2\pi kx)] \\ &= A_0 + 2\sum_{k=1}^{\infty} A_k\cos(2\pi kx) + 2\sum_{k=1}^{\infty} B_k\sin(2\pi kx)\,. \end{aligned} \tag{2.40}$$

Mit derselben Begründung ist es auch möglich, zwei konvergente Fourierreihen summandenweise zu addieren, d.h. mit (2.38) und

$$\tilde{f}(x) = \tilde{A}_0 + 2\sum_{k=1}^{\infty}\left[\tilde{A}_k \cos(2\pi kx) + \tilde{B}_k \sin(2\pi kx)\right]$$

wird

$$\begin{aligned} f(x) + \tilde{f}(x) &= A_0 + \tilde{A}_0 \\ &+2\sum_{k=1}^{\infty}\left[(A_k + \tilde{A}_k)\cos(2\pi kx) + (B_k + \tilde{B}_k)\sin(2\pi kx)\right] . \end{aligned} \tag{2.41}$$

Für die Behandlung der Fourierreihen in unserem Rahmen lassen sich der Grenzwert in (2.38) und das Integral der Mittelwertformel in (2.36) vertauschen, so daß wir mit (2.38) erhalten

$$\bar{f} = \int_{-1/2}^{1/2} f(x)\mathrm{d}x = A_0 . \tag{2.42}$$

Beispiele

1. Die Kosinusreihe mit den Koeffizienten $A_k = 1$ für $k \in \mathbb{N}_0$,

$$1 + 2\sum_{k=1}^{\infty} \cos(2\pi kx) , \tag{2.43}$$

ist wegen (2.9) für alle $x \in \mathbb{R}$ divergent; für die Argumentwerte $x \in \mathbb{Z}$ ist diese Fourierreihe bestimmt divergent (zur 5. Teilsumme, $f_5(x)$, s. Abb. 2.5). Die in (2.38) formal notierte Funktion $f(x)$ existiert nicht, da sie für keinen einzigen Wert $x \in \mathbb{R}$ definiert ist.

2. Wir wählen als Koeffizenten der Kosinusreihe $A_k = b\,\mathrm{sinc}(bk)$:

$$\begin{aligned} f(x) &= b + 2\sum_{k=1}^{\infty} b\,\mathrm{sinc}(bk)\cos(2\pi kx) \\ &= b + \frac{2}{\pi}\sum_{k=1}^{\infty}\frac{\sin(\pi bk)}{k}\cos(2\pi kx) . \end{aligned} \tag{2.44}$$

In der letzten Umformung wird bei dem Faktor $2/\pi$ vor der Summe von Satz 2.2, S. 23, Gebrauch gemacht, wozu die Konvergenz der Reihe vorauszusetzen ist. Dieser Konvergenznachweis wird in Abschn. 5.2 durchgeführt, und es wird dann auch gezeigt, daß zu der Funktion $f(x)$ in (2.44) gilt

$$f(x) = \mathrm{rect}\left(\frac{x}{b}\right) \text{ für } |x| \leq \frac{1}{2} \text{ und } 0 < b \leq 1 . \tag{2.45}$$

Als 1-periodische Funktion liefert die Fourierreihe (2.44) zu $f(x)$ daher die in Abschn. 2.2 eingeführte periodische Rechteckfunktion. (2.42) läßt sich hierzu mit $A_0 = b$ leicht bestätigen. Im Fall $b = 1$ führt die periodische Fortsetzung zu (2.45) auf die konstante Funktion $f(x) = 1$, d.h. auf die Einsfunktion (Aufgabe 3). Wegen (1.5), $\operatorname{sinc}(k) = 0$ für $k \in \mathbb{N}$, ist das auch das Ergebnis der Fourierreihe (2.44) für $b = 1$.

Es ist außerordentlich überraschend, daß die Grenzfunktion $f(x)$ zur Fourierreihe (2.44) Unstetigkeitsstellen, nämlich Sprungstellen in $x = m \pm b/2$, $m \in \mathbb{Z}$, aufweist, während sämtliche Teilsummen $f_N(x)$ überall stetig und sogar beliebig oft differenzierbar sind. Eigenschaften dieser Art sind für Fourierreihen charakteristisch, wie die weiteren Beispiele belegen werden.[4]

Der spezielle Fall $b = 1/2$ führt wegen $\sin(\pi k/2) = 0$ bei geradzahligen Werten k auf

$$f(x) = \frac{1}{2} + \frac{2}{\pi} \sum_{k=1}^{\infty} \frac{\sin(\pi k/2)}{k} \cos(2\pi k x) \tag{2.46}$$

$$= \frac{1}{2} + \frac{2}{\pi} \left[\cos(2\pi x) - \frac{1}{3}\cos(6\pi x) + \frac{1}{5}\cos(10\pi x) - \frac{1}{7}\cos(14\pi x) \pm \ldots \right]$$

$$= \frac{1}{2} + \frac{2}{\pi} \sum_{k=1}^{\infty} \frac{(-1)^{k-1}}{2k-1} \cos([2k-1]\, 2\pi x) = \operatorname{rect}(2x) \text{ für } x \in I_1 \tag{2.47}$$

mit der zugehörigen Abb. 2.6 zur Funktion $f(x)$ [5].

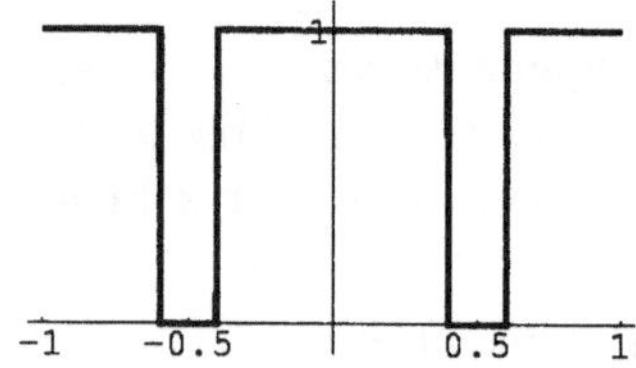

Abb. 2.6. 1-periodische Rechteckfunktion, $b = 4/5$

Der Summenwert der Fourierreihe (2.47) läßt sich zu den Argumenten $x = 0, \pm 1/4, \pm 1/2$ problemlos überprüfen. Mit (2.11) erhalten wir beispielsweise

$$f(0) = \frac{1}{2} + \frac{2}{\pi}\frac{\pi}{4} = 1 = \operatorname{rect}(0)\,.$$

[4] Im Gegensatz zu dieser Eigenschaft der Fourierreihen ist in Erinnerung zu rufen, daß Taylorreihen in einem Intervall, in dem sie konvergieren, immer stetige und beliebig oft differenzierbare Funktionen darstellen (vgl. Fichtenholz [13, Bd. II, S. 465]).

[5] Um die 1-periodische Fortsetzung dieser und der weiteren Funktionen anzudeuten, wurde als Argumentbereich in den folgenden Abbildungen $x \in [-1, 1]$ gewählt.

Die Ergebnisse $f(\pm 1/4) = 1/2 = \text{rect}(\pm 1/2)$ und $f(\pm 1/2) = 0 = \text{rect}(\pm 1)$ sind Gegenstand der Aufgabe 4.

Das anschauliche Verhalten der Teilsummenfunktionen $f_N(x)$ zu (2.47) zeigen die Funktionsgraphen der Abb. 2.7. Die Besonderheit dieser Funktionen liegt in den sogenannten „Überschwingern“ in der Umgebung der Unstetigkeitsstellen zur Grenzfunktion $f(x)$. Es läßt sich zeigen, daß unabhängig von der Wahl des Wertes N, d.h. für *jedes* $N \in \mathbb{N}$, die den Sprungstellen unmittelbar benachbarten Maxima und Minima etwa um den Wert 0,09 von dem entsprechenden Wert der Grenzfunktion in (2.44), $f(x) = \text{rect}(x/b)$ ($|x| \leq 1/2$), abweichen (vgl. Abschn. 7.4). Mit wachsendem N passen sich diese Extrema keineswegs zunehmend dem Verlauf der Funktion $\text{rect}(x/b)$ an, sondern sie „verdichten“ sich immer mehr in der Umgebung der Sprungstellen. Erst im Grenzfall $f(x) = \lim\limits_{N \to \infty} f_N(x)$ ergibt sich der exakte Graph der Rechteckfunktion. Dieses Verhalten der Teilsummenfunktionen $f_N(x)$ ist charakteristisch für unstetige Grenzfunktionen $f(x)$, und es wird als „Gibbssches Phänomen“ bezeichnet[6].

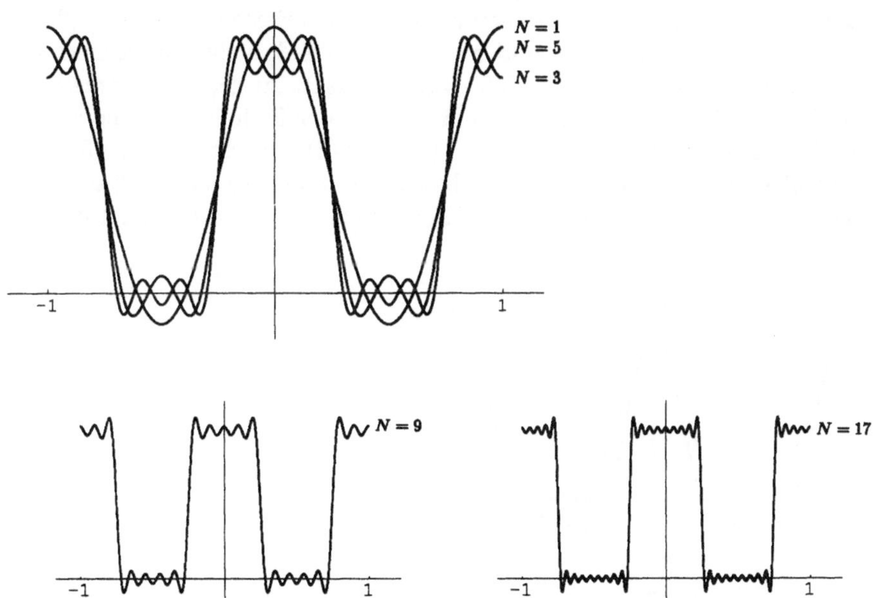

Abb. 2.7. Fourierteilsummen $f_N(x)$ zur periodischen Rechteckfunktion (2.46)

Die Unstetigkeit der Funktion $f(x)$ in (2.44) ergibt zusammen mit Satz 2.4, daß die unendliche Reihe der Fourierkoeffizienten, $\sum b\,\text{sinc}(bk)$, nicht absolut konvergent ist. Für den Sonderfall $b = 1/2$ läßt sich das auch durch die Darstellung (2.47) in Verbindung mit (2.11) und (2.15) begründen.

[6] Josiah Willard Gibbs, amerikanischer Mathematiker, 1839 - 1903.

3. Mit den Koeffizienten $A_k = b\,\mathrm{sinc}^2(bk)$, $k \in \mathbb{N}_0$, zur Kosinusreihe erhalten wir die Fourierreihe

$$\begin{aligned} f(x) &= b + 2\sum_{k=1}^{\infty} b\,\mathrm{sinc}^2(bk)\cos(2\pi kx) \\ &= b + \frac{2}{\pi^2 b}\sum_{k=1}^{\infty}\frac{\sin^2(\pi bk)}{k^2}\cos(2\pi kx)\,. \end{aligned} \tag{2.48}$$

Die Summe der Koeffizienten dieser Reihe ist wegen $\sin^2(\pi bk)/k^2 \leq 1/k^2$ und (2.17) absolut konvergent, so daß $f(x)$ nach Satz 2.4, S. 34, eine überall stetige Funktion sein muß. Hierfür gilt (vgl. Abschn. 5.2, insbesondere Aufgabe 2)

$$f(x) = \mathrm{tri}\left(\frac{x}{b}\right) \quad \text{für } |x| \leq \frac{1}{2} \text{ und } 0 < b \leq \frac{1}{2}\,,$$

und für $x \in \mathbb{R}$ erhalten wir die 1-periodische Fortsetzung hierzu, d.h. die periodische Dreieckfunktion. Als Grenzfunktion der Fourierteilsummen zu (2.48) ist $f(x)$ an den Stellen $x = m$ und $x = m \pm b$, $m \in \mathbb{Z}$, nicht differenzierbar.

Die Abb. 2.8 läßt erkennen, daß – im Gegensatz zu den Teilsummen der Reihe (2.47) – bereits mit wenigen Summanden der Reihe (2.48) eine relativ gute Näherung der Funktion $\mathrm{tri}(x/b)$ ($|x| \leq 1/2$) erreicht wird. Außerdem gibt es hier nicht den Effekt des Gibbsschen Phänomens an den Stellen, in denen die Ableitung der periodischen Fortsetzung zu $\mathrm{tri}(x/b)$ unstetig ist.

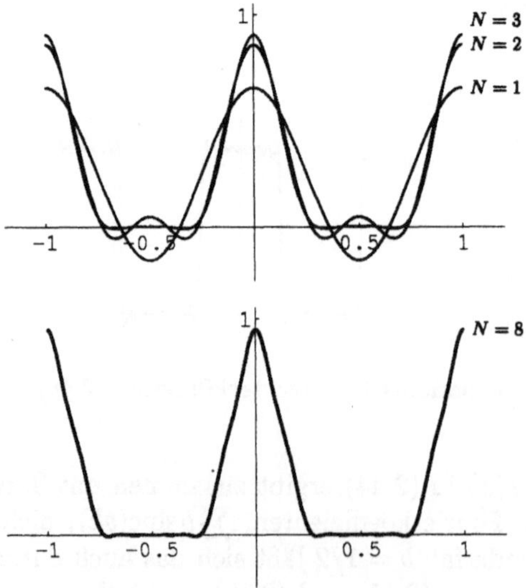

Abb. 2.8. Fourierteilsummen $f_N(x)$ zur periodischen Dreieckfunktion (2.48), $b = 1/4$

Für das konstante Glied liefert (2.42) in Übereinstimmung mit (2.48) $A_0 = b$.

Zu dem Spezialfall $b = 1/2$ verändern wir die Fourierreihe (2.48) für den Bezug zum nächsten Beispiel so, daß der Gleichanteil Null wird, und erhalten

$$\operatorname{tri}(2x) - \frac{1}{2} = 2\sum_{k=1}^{\infty} \frac{1}{2} \operatorname{sinc}^2\left(\frac{k}{2}\right) \cos(2\pi k x) \tag{2.49}$$

$$= \frac{4}{\pi^2}\left[\cos(2\pi x) + \frac{1}{9}\cos(6\pi x) + \frac{1}{25}\cos(10\pi x) + \frac{1}{49}\cos(14\pi x) + \ldots\right]$$

$$= \frac{4}{\pi^2}\sum_{k=1}^{\infty} \frac{1}{(2k-1)^2} \cos([2k-1]\,2\pi x) \text{ für } |x| \le \frac{1}{2}\,. \tag{2.50}$$

Der Summenwert dieser Fourierreihe für $x = 0$, $x = \pm 1/4$ und $x = \pm 1/2$ läßt sich ohne weiteres bestätigen (Aufgabe 5).

4. Wir betrachten als Beispiel für eine Sinusreihe

$$f(x) = 2\sum_{k=1}^{\infty} \frac{\operatorname{sinc}^2(k/2)}{4\pi k} \sin(2\pi k x) \tag{2.51}$$

$$= \frac{2}{\pi^3}\sum_{k=1}^{\infty} \frac{\sin^2(\pi k/2)}{k^3} \sin(2\pi k x)$$

$$= \frac{2}{\pi^3}\left[\sin(2\pi x) + \frac{\sin(6\pi x)}{27} + \frac{\sin(10\pi x)}{125} + \frac{\sin(14\pi x)}{343} + \ldots\right]$$

$$= \frac{2}{\pi^3}\sum_{k=1}^{\infty} \frac{1}{(2k-1)^3} \sin([2k-1]\,2\pi x)\,. \tag{2.52}$$

Wegen $1/(2k-1)^3 \le 1/(2k-1)^2$ für $k \in \mathbb{N}$, (2.19) und dem Majorantenkriterium, S. 23, ist $\sum 1/(2k-1)^3$ absolut konvergent. Daher konvergiert mit Satz 2.4, S. 34, die Fourierreihe (2.52) für jedes $x \in \mathbb{R}$; außerdem ist $f(x)$ in (2.52) überall stetig und eine ungerade Funktion.

Wenn wir jeden Summanden in (2.52) ableiten, werden wir auf die Fourierreihe (2.50) geführt. Das Vertauschen von Summation und Differentiation ist bei der unendlichen Reihe (2.52) zulässig[7], so daß f' zu $f(x)$ in (2.52) lau-

[7] Nach der Summenregel der Differentialrechnung läßt sich die Ableitung $f_n'(x)$ der Summenfunktion einer endlichen Reihe $f_n(x) = \sum_{k=1}^{n} u_k(x)$ durch die Ableitungen der einzelnen Summanden gewinnen: $f_n'(x) = \sum_{k=1}^{n} u_k'(x)$. Soll diese Summenregel auf eine unendliche Reihe angewandt werden, dann muß diese Reihe zusätzliche Konvergenzbedingungen erfüllen; hier spricht man auch vom „gliedweisen Diffe-

tet: $f'(x) = \mathrm{tri}(2x) - 1/2$. Im Grundintervall I_1 gilt daher für f in (2.52) (Aufgabe 6):

$$f(x) = \frac{1}{2}x - x|x| = \begin{cases} \frac{1}{2}x + x^2 \text{ für } -\frac{1}{2} \le x < 0\,, \\ \frac{1}{2}x - x^2 \text{ für } 0 \le x < \frac{1}{2}\,, \end{cases} \tag{2.53}$$

da die Reihe in (2.52) ebenso wie die Funktion in (2.53) für $x = 0$ den Funktionswert 0 liefert.

Außerhalb des Grundintervalls I_1 stellt $f(x)$ die 1-periodische Fortsetzung zu (2.53) dar. Zusammen mit $f(x)$ ist auch die Ableitungsfunktion $f'(x)$ überall stetig in $\mathbb{R}$. Dagegen besitzt die zweite Ableitung $f''(x)$ Unstetigkeitsstellen in $x = m$, $x = m - 1/2$, $m \in \mathbb{Z}$ (Aufgabe 6).

Der Abb. 2.9 können wir entnehmen, daß sich in (2.51) bereits die Fourierteilsumme für $N = 1$, $f_1(x) = 2\sin(2\pi x)/\pi^3$, von der Grenzfunktion $f(x)$ nur geringfügig unterscheidet. Für die maximale Betragsdifferenz der Funktionswerte, $|f(x) - f_1(x)|$ für $x \in \mathbb{R}$, läßt sich der Wert 0,00266 zu x =0,25 berechnen. Eine entsprechende relative Abweichung zwischen f und f_N wird z.B. bei der periodischen Dreieckfunktion (2.49) erst für $N = 9$ erreicht.

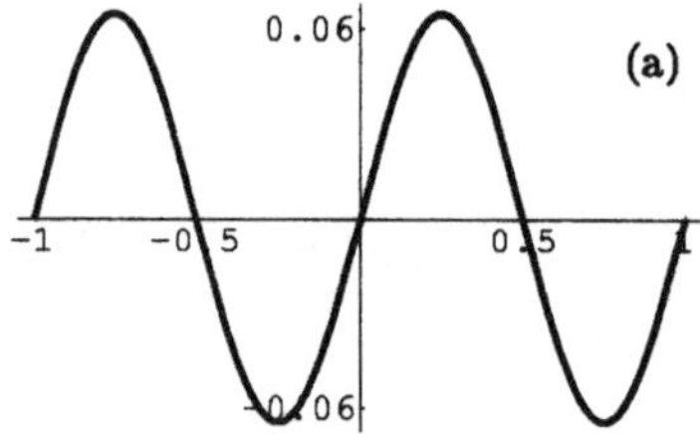

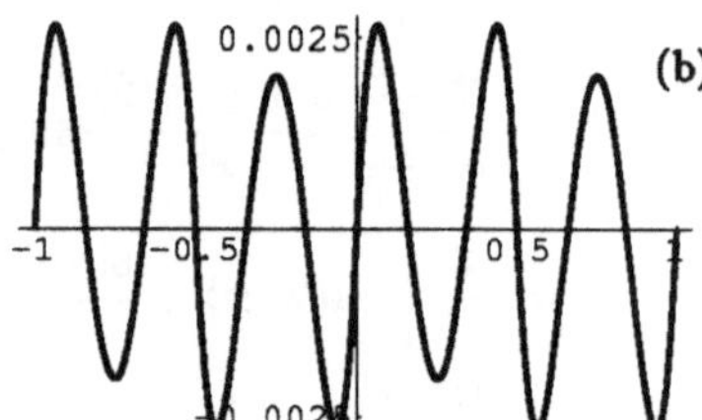

Abb. 2.9. (a) Fourierteilsumme $f_1(x)$ zu (2.51), (b) $f(x) - f_1(x)$

Zusammenfassung der Konvergenzeigenschaften

Um die Systematik der Fourierreihen (2.43) bis (2.52) zu verdeutlichen, betrachten wir zunächst die Reihen (2.48) und (2.50). Wir wollen sagen, daß diese beiden Reihen wegen k^2 bzw. $(2k-1)^2$ im Nenner der Fourierkoeffizienten von der „Konvergenzordnung“ $O(1/k^2)$ sind, ohne daß hier eine mathematisch exakte Definition dieses Begriffs gegeben werden soll; das Konvergenzverhalten der beiden Reihen wird „im wesentlichen“ durch die Potenz des Summationsindex' im Nenner bestimmt. Dabei lassen wir im Fall der Reihe (2.48) unberücksichtigt, daß das Verhalten der Ausdrücke $\sin^2(\pi bk) \le 1$

renzieren einer unendlichen Reihe“ (vgl. Fichtenholz [13, Bd. II, S. 454] und zu dem oben angegebenen Beispiel zusätzlich S. 443).

näher untersucht werden müßte; für die Fourierreihe $\sum_{k=1}^{\infty} \operatorname{sinc}^2(k/2)\cos(2\pi kx)$ genügt es, daß nur jeder zweite Summand von Null verschieden ist, während für geradzahlige Indizes k hier $A_k = 0$ gilt.

In diesem Sinne lassen sich die Beispiele 1 bis 4 durch die folgenden Konvergenzordnungen charakterisieren:

1. Die Fourierreihe (2.43) ist wegen $A_k = 1,\ k \in \mathbb{N}_0$, von der Konvergenzordnung $O(1) = O(1/k^0)$.

2. Die Kosinusreihe (2.44) bzw. (2.47) besitzt die Konvergenzordnung $O(1/k) = O(1/k^1)$.

3. Zu der Reihe (2.48) bzw. (2.50) gehört die Konvergenzordnung $O(1/k^2)$.

4. Die Sinusreihe (2.52) wird durch die Konvergenzordnung $O(1/k^3)$ bestimmt.

Den Zusammenhang zwischen der Konvergenzordnung, dem Konvergenzverhalten der Fourierreihe und den Eigenschaften der Summenfunktion $f(x)$ zur Fourierreihe können wir anhand der vier Beispiele durch die folgende Tabelle wiedergeben:

Tabelle 2.1. Konvergenzordnung, Konvergenz, $f(x)$ und Ableitungen

Konvergenzordnung	Konvergenz*	$f(x)$	$f'(x)$	$f''(x)$
$O(1)$	(a)	–	–	–
$O(1/k)$	(b)	unstetig	–	–
$O(1/k^2)$	(c)	stetig	unstetig	–
$O(1/k^3)$	(c)	stetig	stetig	unstetig

* Konvergenzverhalten der Fourierreihe:
(a): für $x \in \mathbb{R}$ divergent;
(b): für $x \in \mathbb{R}$ konvergent, aber nicht absolut konvergent;
(c): für $x \in \mathbb{R}$ absolut konvergent.

Die Graphen zu den Funktionen $1/x^m$, $m = 0, 1, 2, 3$, in Abb. 2.10 geben einen Eindruck von dem Verlauf der Fourierkoeffizienten zu der Konvergenzordnung $O(1/k^m)$ für die Indizes $k = 1, 2, \ldots, 8$. Hiernach wird anschaulich deutlich, daß mit zunehmendem Wert m in der Konvergenzordnung $O(1/k^m)$ die Fourierkoeffizienten zunehmend schnell für $k \to \infty$ gegen Null konvergieren. Wenn diese Eigenschaft in Verbindung mit den Graphen der Funktionen $f(x)$, $f_N(x)$ zu den angegebenen Beispielen gesetzt wird, dann läßt sich pauschal festhalten:

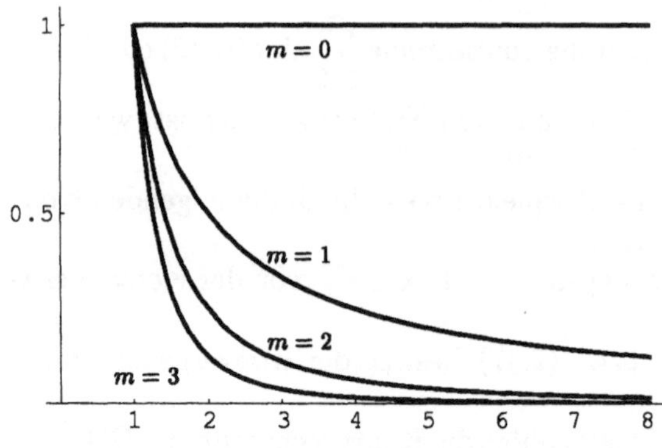

Abb. 2.10. $f(x) = 1/x^m$

Je schneller die Fourierkoeffizienten einer Fourierreihe gegen Null konvergieren,

- desto „gleichmäßiger" ist der Verlauf des Funktionsgraphen zur Grenzfunktion $f(x)$ der Fourierreihe,
- desto weniger Summanden der Fourierteilsummen $f_N(x)$ genügen zu einer „guten" Annäherung von $f_N(x)$ an den Verlauf der Grenzfunktion $f(x)$.

Umgekehrt gilt entsprechend: Je „gleichmäßiger" die Grenzfunktion $f(x)$ einer Fourierreihe verläuft, desto schneller konvergieren die Fourierkoeffizienten gegen Null.

Die mit Hilfe der vier Beispiele dargestellten Zusammenhänge zwischen einer Fourierreihe und der hierzu gehörigen Funktion $f(x)$ gelten im wesentlichen für beliebige Fourierreihen der Konvergenzordnung $O(1/k^m)$ mit $m = 0, 1, 2, 3$ [8].

Eine zusätzliche Besonderheit der Fourierreihen zur Konvergenzordnung $O(1/k)$ mit Unstetigkeitsstellen in der Funktion $f(x)$ soll noch hervorgehoben werden:

Die Übereinstimmung der Funktion $\text{rect}(x/b)$ mit der Grenzfunktion f in (2.44) (für $|x| \leq 1/2$ und $0 < b < 1$) hat zur Folge, daß $f(x)$ an den Unstetigkeitsstellen $x_0 = \pm b/2$ die Mittelwerteigenschaft (1.11) erfüllt. Für den Spezialfall $b = 1/2$ ist die Berechnung dieses Funktionswertes $f(\pm 1/4) = 1/2$ Gegenstand der Aufgabe 4. Diese Mittelwerteigenschaft oder Mittelwertbedingung gilt allgemein, und wir wollen sie in einem Satz festhalten:

<u>Satz 2.5</u>: *Falls die Funktion $f(x)$ zur Fourierreihe (2.38) in x_0 unstetig ist, dann gilt für den Funktionswert $f(x_0)$ die Mittelwerteigenschaft (1.11),*

$$f(x_0) = \frac{1}{2}\left[f(x_0^-) + f(x_0^+)\right] .$$

[8] Ein allgemeiner Zusammenhang über die Stetigkeit der Ableitungen zu $f(x)$ und das Konvergenzverhalten der Fourierkoeffizienten findet sich z.B. bei Mangoldt-Knopp [24, Bd. 3, S. 526].

Als Folge der Mittelwerteigenschaft gilt beispielsweise bei Fourierreihen zu ungeraden Funktionen f in Übereinstimmung mit (2.39) immer $f(m-1/2) = 0$, $m \in \mathbb{Z}$.

Die in den Beispielen 1 bis 4 vorgestellten Fourierreihen legen eine weitere Folgerung nahe. Die Grenzfunktionen f sind von der Art, daß $f(x)$ oder eine ihrer Ableitungen Unstetigkeitsstellen besitzt. Andererseits hatten wir auf S. 33 im Zusammenhang mit (2.37) festgestellt: Die Fourierteilsummen $f_N(x)$ und jede ihrer Ableitungen sind überall stetige Funktionen. Zusammen können wir daher schließen

Satz 2.6: *Falls die Grenzfunktion $f(x)$ in (2.38) oder eine ihrer Ableitung $f^{(n)}(x)$ ($n \in \mathbb{N}$) Unstetigkeitsstellen aufweist, dann sind unendlich viele der Fourierkoeffizienten A_k oder B_k von Null verschieden.*

Beispiel 5

Fourierreihen der Konvergenzordnung $O(1/k)$ nehmen in ihrem Konvergenzverhalten offensichtlich eine Sonderstellung ein. Als zusätzliches Beispiel sowie für spätere Anwendungen soll daher noch die folgende Sinusreihe vorgestellt werden:

$$f(x) = 2\sum_{k=1}^{\infty} b\,\frac{\mathrm{sinc}(bk) - \cos(\pi bk)}{2\pi k}\,\sin(2\pi kx)\,. \tag{2.54}$$

Diese Reihe konvergiert für $x \in \mathbb{R}$ und stellt die 1-periodische Fortsetzung zu der ungeraden Funktion

$$f(x) = x\ \mathrm{rect}\left(\frac{x}{b}\right) \quad \text{für } |x| \leq \frac{1}{2} \text{ und } 0 < b \leq 1 \tag{2.55}$$

dar (Abb. 2.11 und Abschn. 5.2, Aufgabe 2). Wir wollen daher die Funktion $f(x)$ zu (2.54) als „periodischen Geradenausschnitt" bezeichnen. Die Fourierreihe ist von der Konvergenzordnung $O(1/k)$, und $f(x)$ hat Unstetigkeitsstellen in $x = m \pm b/2$, $m \in \mathbb{Z}$. Für $0 < b < 1$ ist hier nach Satz 2.5 die Mittelwertbedingung erfüllt mit $f(m \pm b/2) = \pm b/4$.

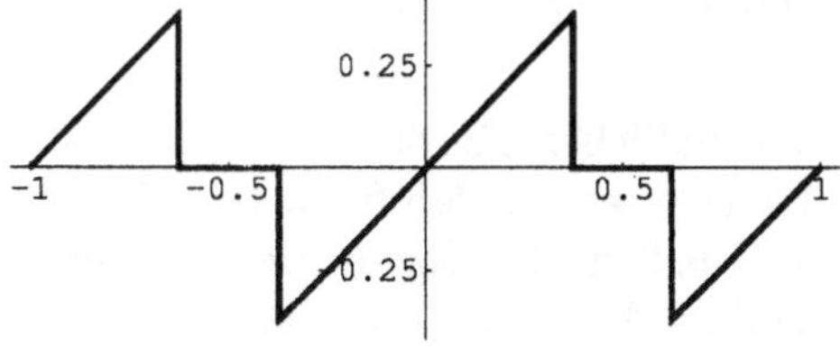

Abb. 2.11. $f(x)$ zu (2.54), $b = 3/4$

Der Fall $b = 1$ führt wegen $\mathrm{sinc}(k) = 0$, $k \in \mathbb{Z}\setminus\{0\}$, auf die Fourierreihe

$$f(x) = -\frac{1}{\pi}\sum_{k=1}^{\infty}\frac{(-1)^k}{k}\sin(2\pi kx)\,. \tag{2.56}$$

In Anlehnung an den Verlauf des Graphen zu $f(x)$ (Abb. 2.12) wird diese Funktion auch als „Sägezahnfunktion“ bezeichnet. Die Unstetigkeitsstellen der Grenzfunktion fallen mit den Grenzen des Grundintervalls I_1 zusammen, und es gilt hier $f(m-1/2)=0$, $m \in \mathbb{Z}$, in Übereinstimmung mit (2.39). Dieses Beispiel zeigt, daß die in Beispiel 1 festgestellten Zusammenhänge auch an den Intervallgrenzen $x = \pm 1/2$ (genauer $x = m - 1/2$, $m \in \mathbb{Z}$) auftreten können: Unstetigkeit der Grenzfunktion, Gibbssches Phänomen, Konvergenzordnung der Reihe ist $O(1/k)$ (vgl. Abb. 2.12). Im Grunde besagt diese Feststellung Selbstverständliches, denn sowohl für die 1-periodische Fortsetzung der Ausschnittfunktion $x\,\mathrm{rect}(x)$ als auch für die Grenzfunktion f der Fourierreihe (2.56) ist das Grundintervall I_1 ein willkürlich (aber zweckmäßig) gewähltes Periodenintervall. Falls dieses durch ein beliebiges Intervall $I = [a-1/2\,,\,a+1/2)$, $a \in \mathbb{R}$, ersetzt wird, dann treten für $a \notin \mathbb{Z}$ die Unstetigkeitsstellen innerhalb des Periodenintervalls auf. Letztlich hat aber der spezielle Fall von Unstetigkeitsstellen an den Grenzen des Periodenintervalls Auswirkungen bis hin zu (Tiefpaß-) Filteroperationen und zur diskreten Fouriertransformation.

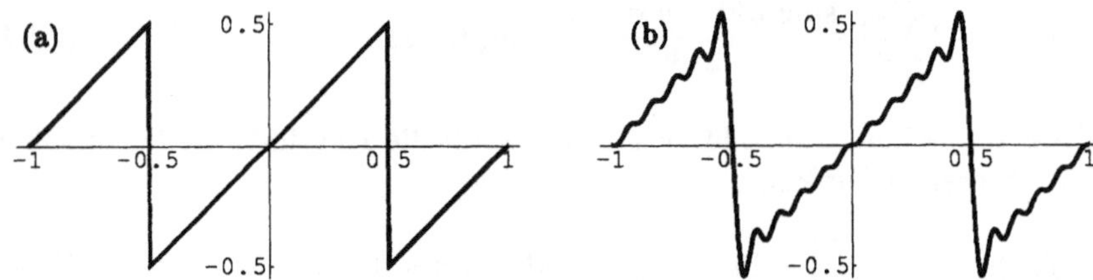

Abb. 2.12. (a) Sägezahnfunktion, (b) Fourierteilsumme $f_{10}(x)$ zur Sägezahnfunktion

Übungen

2.3.1 Zu der Fourierteilsumme $f_N(x)$ in (2.33) ist die Mittelwertformel (2.36) zu entwickeln.

2.3.2 Für die n-te Ableitung (2.37) der endlichen Fourierreihe (2.33) läßt sich $n = 4\mu + \lambda$ mit maximalem $\mu \in \mathbb{N}_0$ ersetzen, so daß für λ nur die vier Werte $\lambda = 0, 1, 2, 3$ vorkommen können. (Die formelmäßige Notierung hierzu lautet $\lambda := n \bmod 4$, gesprochen „n modulo 4“.) Für diese vier Fälle zu λ sind die Fourierkoeffizienten $A_{k,n}, B_{k,n}$ als Formeln abhängig von n, A_k, B_k anzugeben.

2.3.3 Begründen Sie, daß die 1-periodische Fortsetzung zu (2.45), $\mathrm{rect}(x/b)$, für $b = 1$ an den Argumentstellen $x = m - 1/2, m \in \mathbb{Z}$, den Funktionswert 1 liefert.

2.3.4 Zu der Fourierreihe (2.47) sind die Summenwerte $f(\pm 1/4) = 1/2$ und $f(\pm 1/2) = 0$ zu bestätigen. Zu den Argumentwerten $x = m \pm 1/4$, $m \in \mathbb{Z}$, liefern auch sämtliche Fourierteilsummen $f_N(x)$ den Funktionswert 1/2 (vgl. die Funktionsgraphen Abb. 2.7).

2.3.5 Zeigen Sie, daß die Summenfunktion der Fourierreihe (2.50) ergibt: $f(0) = 1/2$, $f(\pm 1/4) = 0$, $f(\pm 1/2) = -1/2$.

2.3.6 Zu der 1-periodischen Fortsetzung der Funktion $f(x)$ in (2.53) ist nachzuweisen:

a) $f'(x) = \mathrm{tri}(2x) - 1/2$ für $|x| \leq 1/2$;

b) für die Argumentwerte $x = m$ und $x = m - 1/2$, $m \in \mathbb{Z}$, sind $f(x)$ und $f'(x)$ stetig, $f''(x)$ ist unstetig.

2.3.7 Es ist der Summenwert der Fourierreihe (2.56) (Sägezahnfunktion) für $x = \pm 1/4$ zu berechnen.

2.4 Manipulation von Fourierreihen

Auf der Grundlage der bisherigen Ergebnisse und Beispiele lassen sich durch verschiedenartige Operationen neue Fourierreihen gewinnen, die in späteren Kapiteln verwendet werden. Ziel dieser Manipulationen ist es außerdem, die Handhabung der Fourierreihen weiter zu vertiefen.

Lineare Argumenttransformation

Die Operation der linearen Argumenttransformation (1.23), $f((x - a)/b)$, und die Auswirkungen auf den Funktionsgraphen einer Funktion f sind in Kap. 1, S. 10, beschrieben worden. Wir wollen hier die beiden darin enthaltenen Schritte getrennt betrachten und zunächst die Folgerung aus der Argumentskalierung $f(x/b)$ bei Fourierreihen feststellen. Wir gehen dazu von der Fourierreihe (2.38),

$$f(x) = A_0 + 2\sum_{k=1}^{\infty} [A_k \cos(2\pi kx) + B_k \sin(2\pi kx)] \ , \tag{2.57}$$

als Darstellung der 1-periodischen Funktion $f(x)$ aus und setzen voraus, daß diese Reihe für jedes $x \in \mathbb{R}$ konvergiert. Durch

$$g(x) := f\left(\frac{x}{p}\right)$$
$$= A_0 + 2\sum_{k=1}^{\infty}\left[A_k \cos\left(\frac{2\pi kx}{p}\right) + B_k \sin\left(\frac{2\pi kx}{p}\right)\right] \tag{2.58}$$

erhalten wir mit (2.25) die Fourierreihe einer Funktion $g(x)$ zu einer beliebigen Periodenlänge $p \in \mathbb{R}^+$. Von Bedeutung in diesem Ergebnis ist, daß der Übergang von einer 1-periodischen zu einer p-periodischen Funktion keinen Einfluß auf die Fourierkoeffizienten A_k, B_k der Reihe hat. Wir können daher die weiteren Entwicklungen vereinfachen, indem wir vorzugsweise die 1-periodische Form (2.57) der Fourierreihen behandeln und nur bei Bedarf auf die Reihe (2.58) übergehen. Außerdem lassen sich die Fourierreihen beliebiger Formelsammlungen (z.B. Bartsch, [3, S. 491]) verwenden, sofern die für unsere Darstellung gewählte Form der Fourierreihe berücksichtigt wird. So wird in der Literatur auch die Schreibweise

$$\frac{1}{2}a_0 + \sum_{k=1}^{\infty}\left[a_k \cos(kx) + b_k \sin(kx)\right] \tag{2.59}$$

benutzt (z.B. Mangoldt-Knopp [24, Bd. 3, S. 518]). Diese Fourierreihe liefert bei Konvergenz eine 2π-periodische Summenfunktion, und durch die Ersetzung der Fourierkoeffizienten mit

$$A_k = \frac{1}{2}a_k,\ k \in \mathbb{N}_0,\ \text{und}\ B_k = \frac{1}{2}b_k,\ k \in \mathbb{N}, \tag{2.60}$$

läßt sich diese Reihe durch (2.58) mit $p = 2\pi$ wiedergeben. Es muß natürlich berücksichtigt werden, daß die Argumentskalierung ein Strecken bzw. Stauchen des Funktionsgraphen zur Folge hat. Werden beispielsweise die Fourierkoeffizienten zur 1-periodischen Rechteckfunktion in der Form (2.47) in die Fourierreihe (2.59) eingesetzt, dann geht die Rechteckbreite $b = 1/2$ über in die Rechteckbreite π.

Als Anwendung der Argumentskalierung gehen wir beispielsweise zu einer Fourierreihe mit der Periodenlänge $p = 1/2$ über:

$$g(x) = A_0 + 2\sum_{k=1}^{\infty}\left[A_k \cos(2\pi 2kx) + B_k \sin(2\pi 2kx)\right] . \tag{2.61}$$

Im Vergleich mit (2.57) können wir aus dieser Reihe folgern, daß in einer 1/2-periodischen Fourierreihe sämtliche Koeffizienten mit ungeradzahligem Index den Wert 0 haben. Diese Aussage läßt sich auf $1/m$-periodische Funktionen ($m \in \mathbb{N}$) verallgemeinern (Aufgabe 1).

Der zweite Teil der linearen Argumenttransformation (1.23), S. 10, bezieht sich auf die Argumentverschiebung $f(x-a)$, $a \in \mathbb{R}$, die nach dem Hinweis auf S. 27 die Periodenlänge p unverändert läßt. Wenn wir das Ergebnis der Verschiebung mit

$$\widetilde{f}(x) := f(x-a) = \widetilde{A}_0 + 2\sum_{k=1}^{\infty}\left[\widetilde{A}_k\cos(2\pi kx) + \widetilde{B}_k\sin(2\pi kx)\right] \tag{2.62}$$

bezeichnen, dann können wir zwischen den Fourierkoeffizienten der Reihe (2.57) und denen der Reihe (2.62) folgende Beziehungen herstellen (Aufgabe 2):

$$\begin{aligned}\widetilde{A}_k &= A_k\cos(2\pi ka) - B_k\sin(2\pi ka),\ k\in\mathbb{N}_0,\\ \widetilde{B}_k &= A_k\sin(2\pi ka) + B_k\cos(2\pi ka),\ k\in\mathbb{N}\,.\end{aligned} \tag{2.63}$$

Hiernach gilt die Gleichung $\widetilde{A}_0 = A_0$ (mit $B_0 = 0$), die sich auch unter Verwendung von (2.32) und (2.42) ergibt.

Die Verschiebung zusammen mit der Addition von Fourierreihen läßt sich anwenden, um neue Fourierreihen zur Darstellung entsprechender periodischer Funktionen zu gewinnen; andererseits kann man hiermit – übungshalber – auch bekannte Fourierreihen bestätigen. Beide Gesichtspunkte werden in den folgenden Beispielen erläutert.

Beispiele

1. Wir verschieben das Argument der Fourierreihe (2.44) (periodische Rechteckfunktion) für $0 < b \leq 1/2$ um $b/2$ und erhalten mit

$$\begin{aligned}\widetilde{f}(x) = b + 2\sum_{k=1}^{\infty} b\,\mathrm{sinc}(bk)\,&[\cos(\pi bk)\cos(2\pi kx)\\ &+\sin(\pi bk)\sin(2\pi kx)]\ ,\end{aligned} \tag{2.64}$$

eine Fourierreihe, die sich im Grundintervall I_1 durch

$$\widetilde{f}(x) = \mathrm{rect}\left(\frac{x-b/2}{b}\right),\ x\in I_1,\ 0<b\leq\frac{1}{2}\,, \tag{2.65}$$

wiedergeben läßt.

Zusammen mit

$$\begin{aligned}\widetilde{f}(-x) = b + 2\sum_{k=1}^{\infty} b\,\mathrm{sinc}(bk)\,&[\cos(\pi bk)\cos(2\pi kx)\\ &-\sin(\pi bk)\sin(2\pi kx)]\end{aligned} \tag{2.66}$$

bilden wir $-\widetilde{f}(x) + \widetilde{f}(-x)$ und erhalten nach (2.65) ($\mathrm{rect}(x)$ ist eine gerade Funktion):

$$\begin{aligned}-\widetilde{f}(x)+\widetilde{f}(-x) &= -\operatorname{rect}\left(\frac{x-b/2}{b}\right)+\operatorname{rect}\left(\frac{-x-b/2}{b}\right)\\ &= -\operatorname{rect}\left(\frac{x-b/2}{b}\right)+\operatorname{rect}\left(\frac{x+b/2}{b}\right),\ x\in I_1\ . \qquad (2.67)\end{aligned}$$

Mit den zugehörigen Fourierreihen (2.64) und (2.66) ergibt sich

$$\begin{aligned}-\widetilde{f}(x)+\widetilde{f}(-x) &= -4\sum_{k=1}^{\infty} b\operatorname{sinc}(bk)\sin(\pi bk)\sin(2\pi kx)\\ &= -\frac{4}{\pi}\sum_{k=1}^{\infty}\frac{\sin^2(\pi bk)}{k}\sin(2\pi kx),\ 0<b\le\frac{1}{2}\ . \qquad (2.68)\end{aligned}$$

Diese Fourierreihe ist von der Konvergenzordnung $O(1/k)$, und der zugehörige Funktionsgraph der Abb. 2.13 bestätigt die Unstetigkeitsstellen, nämlich in $x=m$ und $x=m\pm b$, $m\in\mathbb{Z}$. Es läßt sich zeigen, daß die Reihe (2.68) durch Differenzieren der mit b multiplizierten Reihe (2.48) zur periodischen Dreieckfunktion entsteht; andererseits ist die Funktion auf der rechten Seite von (2.67) aber auch die Ableitung der Funktion $b\operatorname{tri}(x/b)$, $0<b\le 1/2$, ausgenommen an den Stellen $x=0$ bzw. $x=\pm b$ (Aufgabe 4).

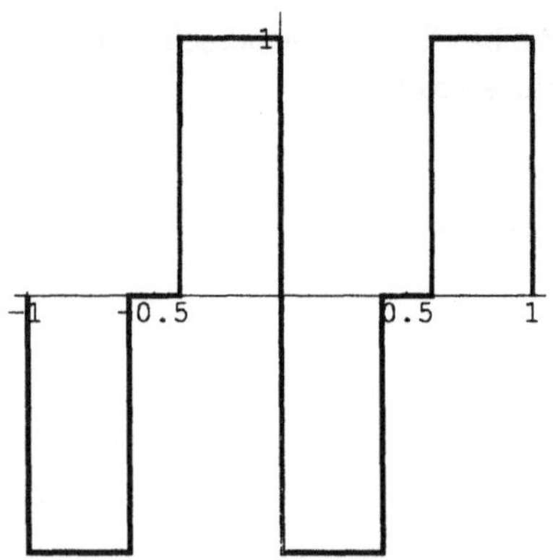

Abb. 2.13. $-\widetilde{f}(x)+\widetilde{f}(-x)$ zu (2.68), b=2/5

2. In dem folgenden Beispiel soll eine Fourierreihe zu der 1-periodischen Funktion $\widetilde{g}(x)$ entwickelt werden, die unter Verwendung der Ausschnittbildung (1.17), S. 9, durch $\widetilde{g}(x)\operatorname{rect}(x)=\operatorname{tri}(x/b)\operatorname{rect}((x-b/2)/b)$, $0<b\le 1/2$, dargestellt werden kann. Für die Beschreibung der Funktion $\widetilde{g}(x)$ wird der Formalismus der periodischen Fortsetzung (2.28) in Erinnerung gerufen. Da $\widetilde{g}(x)\operatorname{rect}(x)$ nur im Grundintervall I_1 von Null verschiedene Funktionswerte annimmt, können wir $\widetilde{g}$ durch

$$\widetilde{g}(x)=\sum_{k=-\infty}^{\infty}\operatorname{tri}\left(\frac{x-k}{b}\right)\operatorname{rect}\left(\frac{x-b/2-k}{b}\right),\ 0<b\le\frac{1}{2}\,, \qquad (2.69)$$

wiedergeben (Abb. 2.14).

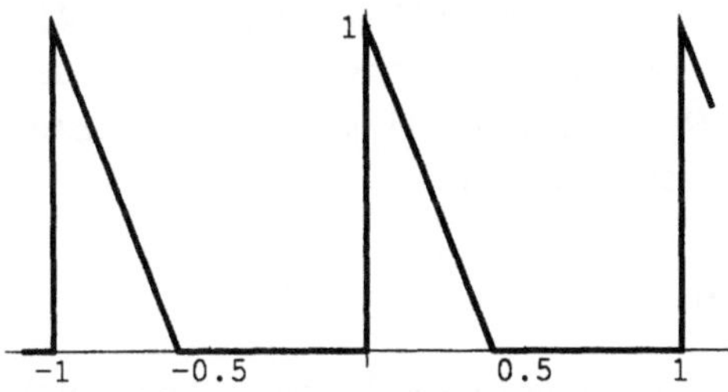

Abb. 2.14. $\widetilde{g}(x)$ zu (2.69), b=2/5

Zunächst bilden wir die Funktion $g(x)$, indem wir zu $f(x)/2$ mit f aus (2.44) (periodische Rechteckfunktion) die Funktion $-f(x)/b$ der Fourierreihe (2.54) (periodischer Geradenausschnitt) addieren:

$$g(x) = \frac{b}{2} + \sum_{k=1}^{\infty} \Big\{ b \operatorname{sinc}(bk) \cos(2\pi kx) - \frac{\operatorname{sinc}(bk) - \cos(\pi bk)}{\pi k} \sin(2\pi kx) \Big\} . \tag{2.70}$$

Hiermit ergibt sich die gesuchte Fourierreihe zu $\widetilde{g}$ durch die Verschiebung $\widetilde{g}(x) = g(x - b/2)$. Für die Fourierkoeffizienten $\widetilde{A}_k$ und $\widetilde{B}_k$ zu $\widetilde{g}$ in (2.62) erhalten wir durch Anwendung von (2.63) mit $a = b/2$ und $k \in \mathbb{N}$:

$$\begin{aligned}
\widetilde{A}_k &= b \operatorname{sinc}(bk) \cos(\pi bk) + \frac{\operatorname{sinc}(bk) - \cos(\pi bk)}{\pi k} \sin(\pi bk) \\
&= b\, \frac{\sin(\pi bk)}{\pi bk} \cos(\pi bk) + b\, \frac{\operatorname{sinc}(bk) \sin(\pi bk)}{\pi bk} - \frac{\cos(\pi bk)}{\pi k} \sin(\pi bk) \\
&= b \operatorname{sinc}^2(bk) \,,
\end{aligned}$$

$$\begin{aligned}
\widetilde{B}_k &= b \operatorname{sinc}(bk) \sin(\pi bk) - \frac{\operatorname{sinc}(bk) - \cos(\pi bk)}{\pi k} \cos(\pi bk) \\
&= \frac{\sin(\pi bk)}{\pi k} \sin(\pi bk) - \frac{\sin(\pi bk) \cos(\pi bk)}{b\pi^2 k^2} + \frac{\cos(\pi bk)}{\pi k} \cos(\pi bk) \\
&= \frac{1}{\pi k} - \frac{\sin(2\pi bk)}{2b\pi^2 k^2} = \frac{1}{\pi k} \left[1 - \operatorname{sinc}(2bk)\right] .
\end{aligned}$$

Die Fourierreihe zu $\widetilde{g}(x)$ in (2.69) lautet daher

$$\widetilde{g}(x) = \frac{b}{2} + 2 \sum_{k=1}^{\infty} \Big\{ \frac{b}{2} \operatorname{sinc}^2(bk) \cos(2\pi kx) + \frac{1}{2\pi k} \left[1 - \operatorname{sinc}(2bk)\right] \sin(2\pi kx) \Big\} . \tag{2.71}$$

Mit diesem Ergebnis läßt sich ohne weiteres die Fourierreihe (2.48) zur periodischen Dreieckfunktion bestätigen (Aufgabe 5). Obwohl die Fourierkoeffizienten $\widetilde{A}_k$ in dieser Reihe wie bei der periodischen Dreieckfunktion (2.48) von der Konvergenzordnung $O(1/k^2)$ sind, ist die Konvergenzordnung der Fourierreihe wegen der Koeffizienten $\widetilde{B}_k$ insgesamt $O(1/k)$, und die Unstetigkeiten in $\widetilde{g}$ bestätigen dieses Konvergenzverhalten.

Fourierreihen und Konturgraphen

Die additive Zusammensetzung der bisher vorgestellten Fourierreihen bietet sich an, um die Konturen einfacher Gegenstände durch periodische Funktionsgraphen darzustellen. Wir können beispielsweise die Rechteck- und die Dreieckfunktion durch $f(x) = c_1 \operatorname{rect}(x/(2b)) + c_2 \operatorname{tri}(x/b)$ $(0 < b \leq 1/2)$ zur Wiedergabe der Konturen eines Hauses mit beliebigen Varianten im Höhen- und Breitenverhältnis zusammenfassen und zusätzlich mit (2.62) in Abszissenrichtung verschieben (Abb. 2.15). Mit der 1-periodischen Fortsetzung der Funktion $f(x)$ gewinnen wir eine funktionale Form zu diesen Konturgraphen durch Fourierreihen, d.h. unter Verwendung harmonischer Funktionen. Dieser Gedanke kommt der ursprünglichen Einführung harmonischer Reihen durch Fourier zur Lösung von Differentialgleichungen nahe[9].

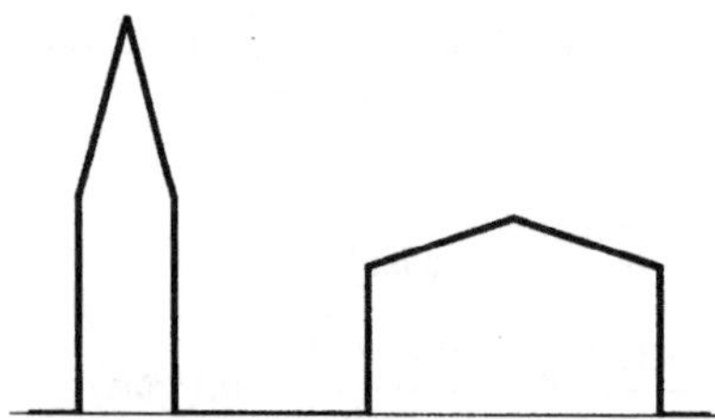

Abb. 2.15. Konturgraphen eines Hauses durch Addition von Rechteck- und Dreieckfunktionen

Voraussetzung für solche Konturgraphen ist allerdings die Eindeutigkeitsbedingung der zugehörigen Funktion $y = f(x)$. So ist es beispielsweise nicht möglich, ein so dargestelltes Haus zusammen mit einem „Fenster" wiederzugeben.

Mit etwas mehr spielerischem Aufwand läßt sich die folgende – stark vereinfachte – Silhouette einer Kirche, z.B. des Kölner Doms, zusammensetzen (Aufgabe 8). Auch hierzu genügen die entsprechend verschobenen und mit einem Höhenfaktor versehenen Fourierreihen der periodischen Dreieck- und Rechteckfunktion sowie die Reihe (2.71) zur Bildung der 1-periodischen Funktion $f_{\mathrm{Dom}}(x)$ (Abb. 2.16 und die Andeutung der periodischen Fortsetzung in Abb. 2.17).

Der Sinn eines solchen Konturgraphen geht jedoch über den spielerischen Ansatz hinaus. Zunächst gewinnen wir hiermit eine äußerst einfache Form

[9] Fourier (1822) Théorie analytique de la chaleur. Paris

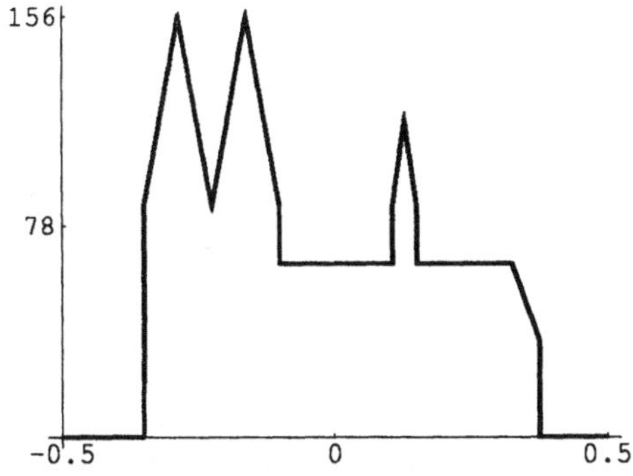

Abb. 2.16. Konturgraph $f_{\text{Dom}}(x)$

eines Bildsignals in der Darstellung durch eine periodische Funktion, die nur von einem einzigen Argument abhängig ist; im Gegensatz hierzu sind „reale" optische Signale als Bildfunktionen immer durch zwei unabhängige Variablen charakterisiert z.B. in der Form[10] $v = g(x, y)$. Durch die Verwendung eines Konturgraphen ergibt sich die Möglichkeit, die Auswirkungen grundlegender Verfahren der optischen Signalverarbeitung (Bildbearbeitung) am Beispiel von Funktionen mit eindimensionalem Argument zu veranschaulichen. Im Vergleich mit der Wiedergabe entsprechender Effekte bei akustischen oder Audiosignalen wird hier das Ergebnis direkt anschaulich dargestellt. So können wir beispielsweise mit der Annäherung der Grenzfunktion $f_{\text{Dom}}(x)$ durch die Teilsumme der Fourierreihe $f_{\text{Dom},N}(x)$ den Effekt der sogenannten „Tiefpaßfilterung" verdeutlichen (Abb. 2.18). Erkennbar wird hierbei, daß einerseits der Gesamteindruck des optischen Signals erhalten bleibt; die „Grobstruktur" des Signals wird durch die „niederfrequenten" Harmonischen der Fourierteilsumme repräsentiert. Andererseits gehen die Details der „Feinstruktur" (etwa Kanten und Ecken) verloren, da diese durch die in $f_N(x)$ nicht enthaltenen „hochfrequenten" Komponenten des Signals $f(x)$ entstehen; zusätzlich wird das Bild in der Umgebung „scharfer Kanten" (d.h. Sprungstellen der Bildfunktion) durch die schon erwähnten „Überschwinger" des Gibbsschen Phänomens verfälscht.

Einem möglichen Mißverständnis muß bei der Reduzierung eines optischen Signals auf einen Konturgraphen allerdings vorgebeugt werden: Der Verlauf der Funktionswerte zu einer Bildfunktion $v = g(x, y)$ etwa der photographischen Abbildung des Kölner Doms S. 53 ist von völlig anderer Art als der Verlauf der Funktionswerte zu dem Konturgraphen von $f_{\text{Dom}}(x)$. Dieser Unterschied läßt sich beispielhaft verdeutlichen an dem Grauwertverlauf einzelner Bildzeilen $v = g(x, y_0)$ zu der Abbildung des Kölner Doms (vgl. die

[10] Beispiel eines solchen optischen Signals ist etwa eine Schwarz-Weiß-Photographie. Zu jedem Koordinatenpaar $(x|y)$ gibt hierbei der Funktionswert $v = g(x, y)$ den „Grauwert" des Punktes $P(x|y)$ wieder. Die Skalierung der Grauwerte ist willkürlich und läßt sich z.B. zwischen 0 für schwarz und 1 für weiß festlegen.

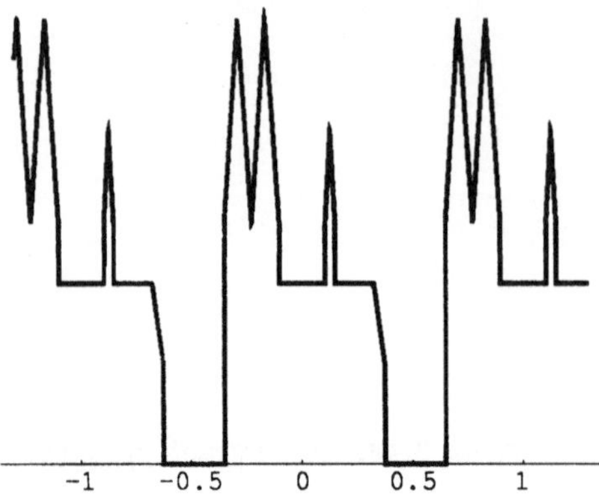

Abb. 2.17. Konturgraph $f_{\mathrm{Dom}}(x)$, periodisch fortgesetzt

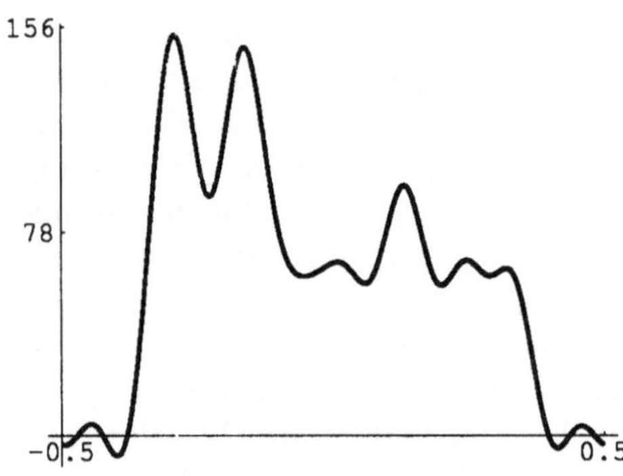

Abb. 2.18. Fourierteilsumme $f_{\mathrm{Dom},N}(x)$, $N = 10$

Abbildungen 2.20; y_0 entspricht in a) etwa der mittleren Höhe im Südfenster des Querschiffs, in b) etwa der mittleren Helmhöhe des Vierungsturms). Von diesem Grauwertverlauf läßt sich kein direkter Bezug zu dem Konturgraphen der Funktion $f_{\mathrm{Dom}}(x)$ herstellen.

Übungen

2.4.1 Wie lautet die Aussage über die Fourierkoeffizienten einer $1/m$-periodischen Funktion ($m \in \mathbb{N}$) in Entsprechung zu der Folgerung aus der Fourierreihe (2.61)?

2.4.2 Bestätigen Sie (2.63).

2.4.3 Unter Verwendung der Fourierreihen (2.64) und (2.66) ist zu zeigen, daß

$$\widetilde{f}(x) + \widetilde{f}(-x) = \operatorname{rect}\left(\frac{x}{2b}\right), \; |x| \leq \frac{1}{2}, \; 0 < b \leq \frac{1}{2},$$

gilt. Wie lautet das Ergebnis der Fourierreihe zu $\widetilde{f}(x) + \widetilde{f}(-x)$ für $b = 1/2$?

Abb. 2.19. Kölner Dom

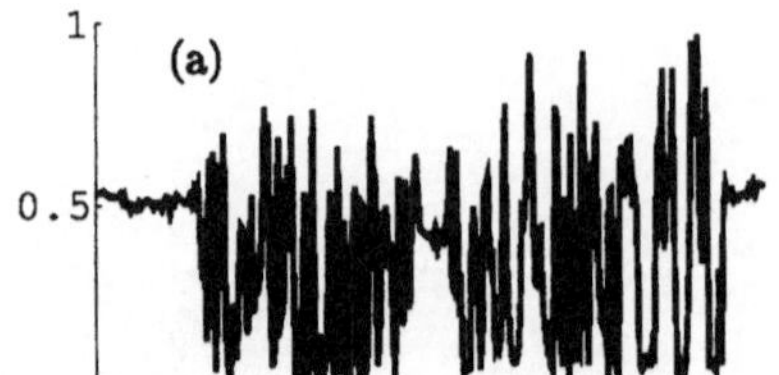

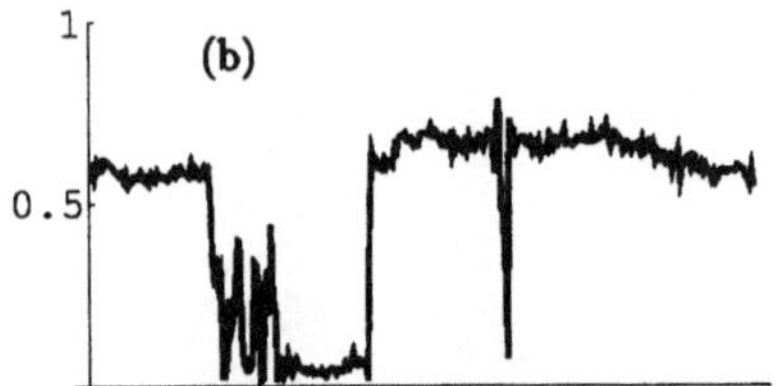

Abb. 2.20. einzelne Bildzeilen aus der photographischen Abbildung des Kölner Doms

2.4.4 Es ist zu bestätigen, daß „gliedweises Differenzieren" der mit b multiplizierten Fourierreihe (2.48) (periodische Dreieckfunktion) auf die Reihe (2.68) führt[11]. Zu dem Zusammenhang zwischen der Ableitung zu $b\,\mathrm{tri}(x/b)$ und der rechten Seite von (2.67) vgl. (1.40) in Aufgabe 8 zu Kap. 1.

2.4.5 Kontrollieren Sie, daß $\widetilde{g}(x)+\widetilde{g}(-x)$ zu (2.71) auf die Fourierreihe (2.48) zur periodischen Dreieckfunktion führt. Nach Satz 2.5, S. 42, über die Mittelwerteigenschaft der Summenfunktion einer Fourierreihe folgt aus (2.71) die Summenformel

$$\frac{b}{2}+b\sum_{k=1}^{\infty}\mathrm{sinc}^2(bk)=\widetilde{g}(0)=\frac{1}{2}\,;$$

hiermit gilt auch $\widetilde{g}(0)+\widetilde{g}(0)=1=\mathrm{tri}(0)$. Schließlich läßt sich für den Gleichanteil der Fourierreihe (2.71) mit (2.42) über die Dreiecksfläche $A_0 = b/2$ bestätigen.

2.4.6 Eine andere Form der Sägezahnfunktion zur Abb. 2.12 läßt sich aus $f(x)$ der Fourierreihe (2.56) dadurch gewinnen, daß man $\widetilde{f}(x) := f(x-1/2)$ bildet (Abb. 2.21). Entwickeln Sie aus (2.56) die Fourierreihe zu $\widetilde{f}(x)$, und kontrollieren Sie die Funktionswerte $\widetilde{f}(\pm 1/4)$ (vgl. Aufgabe 7 zu Abschn. 2.3).

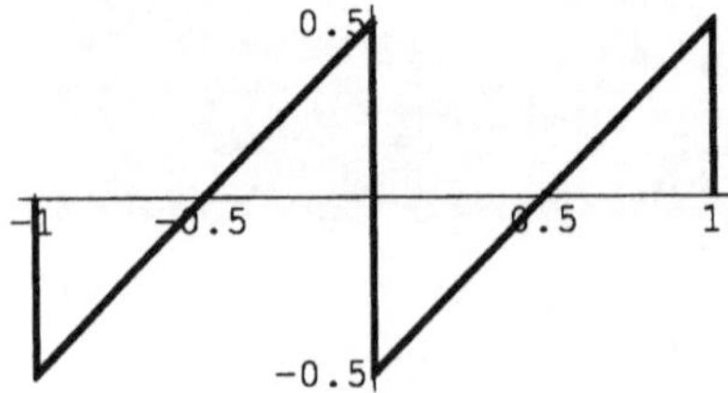

Abb. 2.21. verschobene Sägezahnfunktion $f(x-1/2)$ zu (2.56)

[11] Gliedweises Differenzieren ist bei dieser Fourierreihe erlaubt.

2.4.7 Geben Sie die Fourierreihe (2.68) für den Wert $b = 1/2$ an, und skizzieren Sie den Graphen der Funktion $f(x)$, die durch diese Reihe dargestellt wird. Durch Argumentverschiebung wird hieraus $\tilde{f}(x) := f(x-1/4)$ gebildet. Bestimmen Sie die Fourierreihe zu $\tilde{f}(x)$, und skizzieren Sie den Graphen. Das Ergebnis der Reihe läßt sich wiederum mit (2.47) kontrollieren, da hierfür gilt: $\tilde{f}(x) = 2\,\mathrm{rect}(2x) - 1$.

2.4.8 Falls Sie den Konturgraphen $f_{\mathrm{Dom}}(x)$ der Abb. 2.16 mit Hilfe eines Plotprogramms (z.B. in dem mathematischen Programmpaket „Mathematica") nachbilden möchten, können Sie folgende „Konstruktionsdaten" mit den Parametern a, b, c für $cf((x-a)/b)$ verwenden:

Funktionstyp	a	b	c
1	−0.2250	0.2500	1.2000
2	−0.1625	0.0625	1.0000
2	−0.2875	0.0625	1.0000
1	0.1125	0.4250	0.9000
1	0.3500	0.0500	0.5000
1	0.1300	0.0450	0.3000
2	0.1300	0.0225	0.4500
3	0.3250	0.0500	0.4000

Funktionstyp steht für folgende Funktionen:
1: $f(x) = \mathrm{rect}(x)$, 2: $f(x) = \mathrm{tri}(x)$, 3. $f(x) = \mathrm{tri}(x)\,\mathrm{rect}(x-1/2)$ (vgl. Abb. 2.14). Das Gesamtergebnis ist mit 156/2.2 zu multiplizieren, um auf die Höhe des Kölner Doms mit 156 m zu kommen.

Mit diesen Daten sind auch die Fourierkoeffizienten zu $f_{\mathrm{Dom}}(x)$ bekannt, die auf die Fourierteilsumme der Abb. 2.18 führen.

3. Die Diracsche δ-Funktion

Die Diracsche δ-Funktion, in der Nachrichtentechnik meist Impulsfunktion genannt, ist ohne Zweifel im Zusammenhang mit der Fouriertransformation eine der wichtigsten Funktionen. Dabei ist bereits ihre Bezeichnung als Funktion problematisch; denn eine Funktion, die – unscharf formuliert – für alle Argumentwerte $x \neq 0$ den Wert 0 annimmt und für $x = 0$ unendlich wird, bereitet der Analysis einige Schwierigkeiten. Paul Dirac [10, S. 64] nennt sie daher „improper function", und R. Bracewell [5, S. 70] spricht von einem Symbol („impuls symbol"), da das Umgehen mit dieser Funktion nur im Zusammenhang mit bestimmten Operationen eine Bedeutung bekommt. Laurent Schwartz [28] hat auf der Grundlage der Funktionalanalysis erstmalig zu dieser Funktion – in Verbindung mit der Fouriertransformation – eine mathematisch strenge Theorie entwickelt, die er Distributionstheorie nannte. In diesem Zusammenhang wird anstelle der Bezeichnung δ-Funktion der Begriff „Distribution" benutzt, dessen Bedeutung aber erst aus dem Gesamtkonzept des Schwartzschen Ansatzes verständlich wird. G. Temple [31] und ihm folgend die jüngere Literatur führt daher hierfür die Formulierung „verallgemeinerte Funktion" (generalized function) ein (vgl. z.B. [15, 27]). Wir wollen uns dieser Benennung anschließen, jedoch im normalen Umgang bei dem Wort δ-Funktion bleiben.

Im Rahmen der Distributionstheorie werden auch die Ableitungen der δ-Funktion definiert, die z.B. bei der Lösung von Differentialgleichungen angewendet werden können. Für unsere Zusammenhänge sind diese Ableitungen jedoch nicht erforderlich.

3.1 Vorbereitung und Definition

Bei der Anwendung der δ-Funktion zur Beschreibung physikalischer Zusammenhänge geht man immer von idealisierten Modellvorstellungen aus. Anhand von zwei bekannten Modellen soll hier umgekehrt die Idee zur Bildung der δ-Funktion entwickelt werden.

Beispiele physikalischer Modelle: Mechanik

Das Gravitationsgesetz ist ein bekanntes Beispiel, mit dem der Bezug zur δ-Funktion hergestellt werden kann. In der Formulierung

$$F = G\,\frac{m_1 m_2}{r^2}$$

bedeutet r den Abstand zwischen den Schwerpunkten zweier Massen, und es wird dabei die Vorstellung benutzt und bewiesen, daß die Massen m_1 bzw. m_2 in ihrem jeweiligen Schwerpunkt konzentriert gedacht werden können. Bei dieser Idealisierung führt der Begriff der Massendichte (= Masse/Volumen) auf die δ-Funktion, denn außerhalb des jeweiligen Schwerpunktes nimmt die Massendichte den Wert Null an, während sie im Schwerpunkt „∞" wird (Abb. 3.1). Wie bei dieser Modellvorstellung unterschiedliche Massen, $m_1 \neq m_2$, ausgedrückt werden können, darauf gehen wir weiter unten ein.

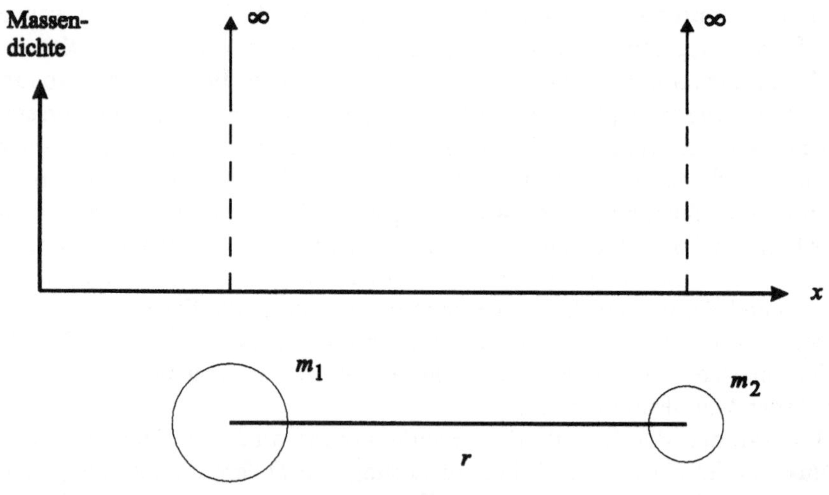

Abb. 3.1. Massenpunkte und δ-Funktion

Optik

Mit einem Beispiel aus der Optik läßt sich der Übergang zur Definition der δ-Funktion einleiten. Wir gehen dazu von dem idealisierten Modell der sogenannten „Gaußschen Optik" aus. Hiernach werden „aus Unendlich" kommende oder parallele Lichtstrahlen, die senkrecht auf eine Sammellinse der Brennweite f auftreffen, im Brennpunkt der Linse ideal fokussiert. Das gängige Experiment, mit Hilfe des Sonnenlichtes und einer Lupe ein Stück Papier im Fokus der Lupe zu entflammen, veranschaulicht diesen Gedanken zwar, ist aber von den Bedingungen der Gaußschen Optik weit entfernt.

Wir unterstellen nun, daß das Experiment durch eine geeignete Versuchsanordnung diesen idealen Bedingungen angepaßt werden kann. Hierzu gehört unter anderem, daß eine Kreisblende in den Strahlengang vor die Linse gebracht wird. Es ist üblich, bei der Darstellung des Strahlenverlaufs in einem dreidimensionalen Koordinatensystem die z-Achse parallel zu den aus Unendlich kommenden Strahlen anzuordnen; die Richtung der z-Koordinate entspricht dabei der Lichtrichtung, so wie es in der Abb. 3.2 für die x-z-Ebene wiedergegeben ist. Bei der Verfolgung des Lichtkegels von der Linse ($z = 0$) zum Brennpunkt ($z = f$) können wir für jede x-y-Ebene senkrecht zur z-Achse folgendes feststellen:

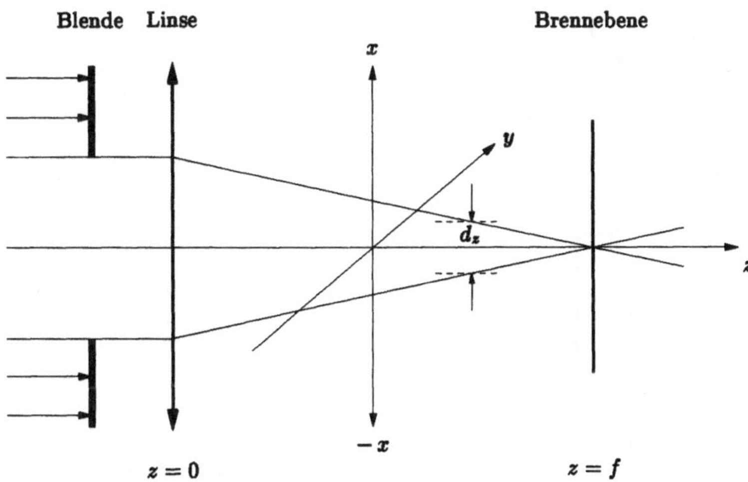

Abb. 3.2. Strahlengang der Gaußschen Optik

- Die Energie des Lichtes bleibt unverändert und zwar gleich der Energie E, die durch die Blende hindurchtritt.
- Die Querschnittsfläche des Kegels nähert sich bei Annäherung an den Brennpunkt dem Wert Null.
- Die Lichtintensität I_z (=Energie/Fläche) im Abstand z von der Linse wächst daher bei Annäherung an den Brennpunkt über alle Grenzen:

$$\lim_{z \to f} I_z = \infty .$$

Schließlich wollen wir noch mit d_z den Kegeldurchmesser in der x-y-Ebene an der Stelle z bezeichnen. Für einen festen Wert z läßt sich dann der Intensitätsverlauf $I(x)$ über die x-Achse ($y = 0$) mit Hilfe der Rechteckfunktion (1.1) beschreiben durch:

$$I(x) = I_z \operatorname{rect}\left(\frac{x}{d_z}\right),$$

d.h. $I(x) = 0$ für $|x| > d_z/2$ und $I(x) = I_z$ für $|x| < d_z/2$.

Mit $\lim\limits_{z \to f} I(x)$ haben wir nun eine anschauliche Vorstellung für den Grenzübergang, mit dem wir die δ-Funktion definieren werden. Wir nehmen dabei den Weg über die Funktionenmenge $(1/|b|)\operatorname{rect}(x/b)$, abhängig von dem Parameter $b \in \mathbb{R} \setminus \{0\}$. Die einzelne Funktion $(1/|b|)\operatorname{rect}(x/b)$ stellt als Funktionsgraph ein Rechteck mit der Breite $|b|$ und der Höhe $1/|b|$ dar (Abb. 3.3).

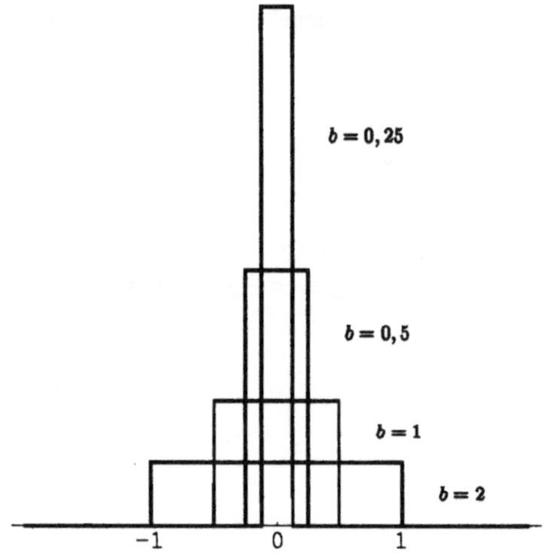

Abb. 3.3. $1/|b|\operatorname{rect}(x/b)$

Definition der δ-Funktion

$$\delta(x) := \lim_{b \to 0} \frac{1}{|b|} \operatorname{rect}\left(\frac{x}{b}\right). \tag{3.1}$$

Die Verwendung der Betragszeichen in dem Quotienten vor der Rechteckfunktion stellt sicher, daß (3.1) als links- und rechtsseitiger Grenzwert zu demselben Ergebnis führt, denn die Funktion $\operatorname{rect}(x)$ ist eine gerade Funktion.

Nach der Definition gilt $\operatorname{rect}(x/b) = 0$ für ein beliebiges, aber festes $x \neq 0$ und sämtliche Werte b mit $0 < |b| < 2|x|$. Damit wird

$$\lim_{b \to 0} \frac{1}{|b|} \operatorname{rect}\left(\frac{x}{b}\right) = \begin{cases} 0 \text{ für } x \neq 0, \\ \lim\limits_{b \to 0} \dfrac{1}{|b|} = \infty \text{ für } x = 0, \end{cases} \tag{3.2}$$

und wir erhalten

$$\delta(x) \begin{cases} = 0 \text{ für } x \neq 0\,, \\ \text{nicht definiert für } x = 0\,, \end{cases} \tag{3.3}$$

eine Aussage, die allerdings nicht hinreichend zur Charakterisierung von $\delta(x)$ ist.

In $x = 0$ ist der Funktionsverlauf *nicht* von der Art einer Unstetigkeitsstelle (vgl. (1.6), S. 7), so daß $\delta(x)$ in $x = 0$ eine Singularität hat.

Allgemeiner läßt sich die in Argumentrichtung um a verschobene δ-Funktion definieren durch

$$\delta(x-a) := \lim_{b \to 0} \frac{1}{|b|} \operatorname{rect}\left(\frac{x-a}{b}\right), \; a \in \mathbb{R}\,, \tag{3.4}$$

mit der Singularitätsstelle in $x = a$. Entsprechend zu (3.3) ist hier

$$\delta(x-a) = 0 \text{ für } x \neq a \in \mathbb{R}\,. \tag{3.5}$$

Damit wird

$$\delta(x-a_1) + \delta(x-a_2) \begin{cases} = 0 \text{ für } x \neq a_1 \;\wedge\; x \neq a_2\,, \\ \text{nicht definiert für } x = a_1 \;\vee\; x = a_2\,. \end{cases}$$

Die Definition (3.1) bzw. (3.4) berücksichtigt noch nicht die physikalische Realität beispielsweise unterschiedlicher Massen im Massenmodell. Hierzu ist die Masse m, konzentriert im Massenschwerpunkt, mit der δ-Funktion zu multiplizieren. Die Massenanordnung der Abb. 3.1 läßt sich daher mit $m_1\,\delta(x)$ bzw. $m_2\,\delta(x-r)$, zusammengefaßt zu

$$m_1\,\delta(x) + m_2\,\delta(x-r)$$

wiedergeben, wenn wir den Massenschwerpunkt von m_1 in $x = 0$ und den von m_2 in $x = r$ annehmen[1]. In dem Produkt $m\,\delta(x-a)$ hat m zusammen mit $m\,\delta(x-a) = 0$ für $x \neq a$ daher die Bedeutung eines Gewichtungsfaktors zur δ-Funktion.

3.2 EIGENSCHAFTEN DER δ-FUNKTION

Mit der Grenzwertdefinition (3.1) haben wir eine Brücke geschlagen zwischen der anschaulichen Interpretation und der mathematischen Formulierung der δ-Funktion. Es ist jedoch nicht möglich, aus dieser Definition unter Verwendung der Grenzwertsätze aus der klassischen Analysis die erforderlichen Eigenschaften zu $\delta(x)$ zu entwickeln. Diese sollen daher im folgenden als Ergebnisse der Distributionstheorie zusammengestellt und durch Beispiele

[1] Laurent Schwartz [28, I, S. 19] bezieht sich ausdrücklich auf diese Vorstellung, indem er δ das „Diracsche Maß“ für die Masse 1 im Ursprung $x = 0$ nennt.

erläutert werden[2]. Hierauf folgen einige Hinweise, mit denen die Schwierigkeiten bei der Behandlung der δ-Funktion z.B. im Rahmen der Ingenieurmathematik verdeutlicht werden sollen. Abschließend wird die Idee der diskreten Signalabtastung vorbereitet.

Zusammen mit der δ-Funktion werden im folgenden auch die üblichen Funktionen etwa der Ingenieurmathematik vorkommen. Die wichtigsten Voraussetzungen über diese Funktionen sind in Kap. 1, insbesondere in dem Absatz „Eigenschaften der verwendeten Funktionen", S. 6, zusammengestellt[3].

Ergebnisse der Distributionstheorie

Graphische Darstellung:

Da sich die δ-Funktion nach der Definition (3.1) nicht als Funktionsgraph wiedergeben läßt, ist es üblich, $b\,\delta(x-a)$ durch einen Pfeil der Länge $|b|$ an der Stelle $x = a$ darzustellen[4]; die Pfeilrichtung entspricht der Ordinatenrichtung und zwar in Abhängigkeit vom Vorzeichen des Wertes b. Die Funktion

$$f(x) = -3\delta(x+1) + 2\delta(x) - \delta(x-1)$$

hat also die Darstellung der Abb. 3.4.

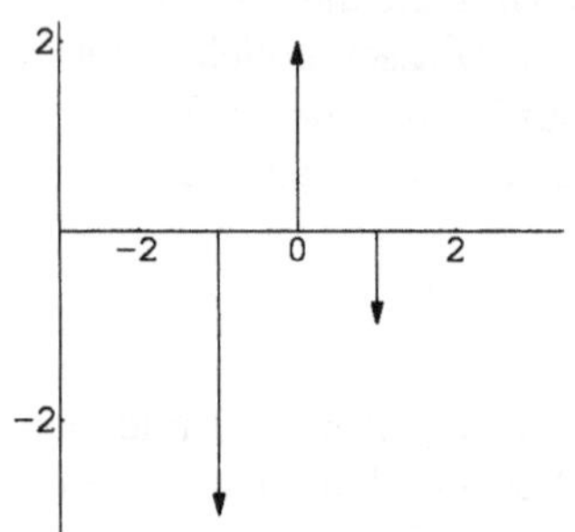

Abb. 3.4. $f(x) = -3\delta(x+1) + 2\delta(x) - \delta(x-1)$

[2] Papoulis gibt im Anhang zu [27] eine kurze Einführung zu Distributionen und zur δ-Funktion als eine spezielle Distribution. In stärkerer Anlehnung an die Entwicklung der Schartzschen Distributionstheorie behandelt Doetsch [12] diese Zusammenhänge.

[3] Im Rahmen der Distributionstheorie werden an diese Funktionen zunächst engere Anforderungen gestellt. In Verbindung mit der Fouriertransformation lassen sich dann die Voraussetzungen mit Hilfe von Grenzwertprozessen weiter fassen. Wir können hier auf diese Entwicklungen nicht eingehen, sondern stellen die Eigenschaften der δ-Funktion so zusammen, daß das Umgehen mit ihr zu formalen Operationen führt. In Einzelfällen wird auf Einschränkungen bei den verwendeten Funktionen ausdrücklich hingewiesen.

[4] Diese Art der graphischen Darstellung wird – soweit feststellbar – zum erstenmal von Papoulis [27, S. 36] benutzt.

Symmetrie:

Die δ-Funktion ist eine gerade Funktion,

$$\delta(-x) = \delta(x) , \tag{3.6}$$

oder allgemeiner

$$\delta(a - x) = \delta(-[a - x]) = \delta(x - a), \; a \in \mathbb{R} . \tag{3.7}$$

Argumentskalierung:

Die übliche Auswirkung der Argumentskalierung $f(x/b)$ auf den Funktionsgraphen einer Funktion $f(x)$ besteht im Strecken oder Stauchen des Graphen in x- bzw. Abszissen-Richtung (vgl. die Erläuterungen zu (1.23) in Kap. 1, S. 11). Dieser Vorgang läßt sich auf die δ-Funktion nicht übertragen. Dagegen gilt hier

$$\delta\left(\frac{x}{b}\right) = |b|\delta(x), \; b \in \mathbb{R}\setminus\{0\} , \tag{3.8}$$

oder allgemeiner

$$\delta\left(\frac{x-a}{b}\right) = |b|\delta(x-a), \; a \in \mathbb{R}, \; b \in \mathbb{R}\setminus\{0\} . \tag{3.9}$$

Gleichung (3.7) läßt sich hiermit für $b = -1$ bestätigen.
Typisch für (3.9) ist z.B. die Anwendung

$$g(x) := \delta(x - a)$$

$$\Rightarrow g\left(\frac{x}{b}\right) = \delta\left(\frac{x}{b} - a\right) = \delta\left(\frac{x - ab}{b}\right) = |b|\delta(x - ab) . \tag{3.10}$$

Produkt mit einer Funktion:

Falls $f(x)$ in $x = a$ stetig ist, gilt

$$f(x)\delta(x-a) = f(a)\delta(x-a) . \tag{3.11}$$

Für eine in $x = a$ unstetige Funktion vereinbaren wir, daß $f(a)$ durch die in Kap. 1 mit (1.11), S. 7, definierte Mittelwerteigenschaft ersetzt wird:

$$f(x)\delta(x-a) = \frac{1}{2}\left[f(a^-) + f(a^+)\right]\delta(x-a) . \tag{3.12}$$

Diese Festlegung wird bestätigt durch die entsprechende spätere Integralformel (3.34); sie ist notwendig, damit die in (3.18) eingeführte Abtastung einer Funktion f auch Unstetigkeiten an den Abtaststellen einschließen kann.

Falls $f(x)$ in $x = a$ stetig ist, gilt $f(a) = (1/2)\left[f(a^-) + f(a^+)\right]$, so daß (3.11) als Spezialfall in (3.12) enthalten ist. Wir werden im folgenden generell

(3.11) benutzen und (3.12) nur dann anwenden, wenn ausdrücklich Unstetigkeit in $x = a$ vorliegt.

Mit (3.9) ergibt sich als Erweiterung zu (3.11)

$$f(x)\,\delta\left(\frac{x-a}{b}\right) = f(x)\,|b|\,\delta(x-a) = f(a)|b|\,\delta(x-a) = f(a)\,\delta\left(\frac{x-a}{b}\right) . \tag{3.13}$$

Beispiele (vgl. Abb. 3.5):

$$x\,[\delta\,(x+1) + \delta\,(x-1)] = -\delta\,(x+1) + \delta\,(x-1) . \tag{3.14}$$

$$\mathrm{rect}\left(\frac{x}{b}\right)\delta\left(x \pm \frac{b}{2}\right) = \frac{1}{2}\,\delta\left(x \pm \frac{b}{2}\right) . \tag{3.15}$$

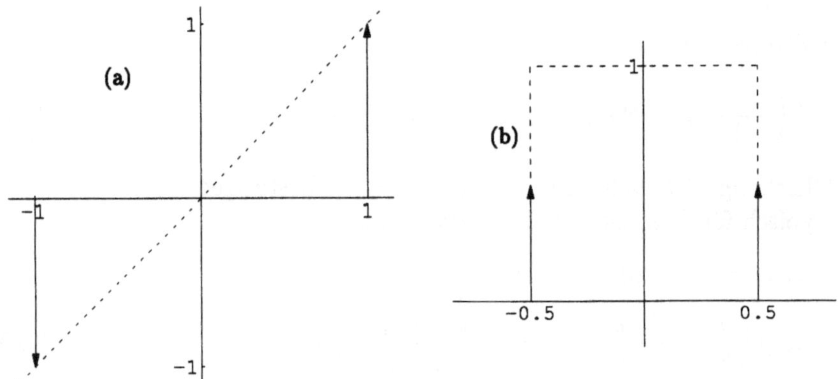

Abb. 3.5. (a) $x\,[\delta\,(x+1) + \delta\,(x-1)]$, (b) $\mathrm{rect}(x)\,[\delta\,(x+1/2) + \delta\,(x-1/2)]$

$$f(x)\,\delta(\beta x + \alpha) = f(x)\,\delta\left(\frac{x+\alpha/\beta}{1/\beta}\right) = f(x)\,\frac{1}{|\beta|}\,\delta\left(x + \frac{\alpha}{\beta}\right) = f\left(-\frac{\alpha}{\beta}\right)\frac{1}{|\beta|}\,\delta\left(x + \frac{\alpha}{\beta}\right) = f\left(-\frac{\alpha}{\beta}\right)\delta(\beta x + \alpha) .$$

$$f\left(\frac{x-a}{b}\right)\delta(x-\alpha) = f\left(\frac{\alpha-a}{b}\right)\delta(x-\alpha) . \tag{3.16}$$

In (3.11) ist der Fall einer Nullstelle zu $f(x)$ in $x = a$ besonders hervorzuheben: Es gilt

$$f(a) = 0 \Rightarrow f(x)\,\delta(x-a) = 0 , \tag{3.17}$$

und zwar in dem Sinne, daß $f(x)\delta(x-a)$ identisch mit der Nullfunktion (1.8), S. 6, ist.

Als Erweiterung des Beispiels (3.14) erhalten wir daher

$$x\,[\delta\,(x+1)+\delta\,(x)+\delta\,(x-1)] = -\delta\,(x+1)+\delta\,(x+1)$$
$$= x\,[\delta\,(x+1)+\delta\,(x-1)]\ .$$

Dieses Beispiel läßt sich verallgemeinern zu

$$g(x) := f(x)\sum_{k=1}^{N}\delta\,(x-bk) = \sum_{k=1}^{N} f(bk)\,\delta\,(x-bk)\ . \qquad (3.18)$$

Die hierdurch definierte Funktion g wird als „Abtastfunktion“ zu der Funktion f bezeichnet, in der die Funktionswerte $f(bk)$ als Gewichtungsfaktoren zu den δ-Funktionen $\delta(x-bk)$ auftreten. Falls f an einzelnen Abtaststellen unstetig ist, muß $f(bk)$ durch die entsprechende Form von (3.12) ersetzt werden.

Abtastbeispiele zu der Funktion $f(x) = \cos(2\pi x)$ sind

$$g(x) = \cos(2\pi x)\sum_{k=1}^{N}\delta\left(x-\frac{k}{2}\right) = \sum_{k=1}^{N}\cos(\pi k)\,\delta\left(x-\frac{k}{2}\right)$$
$$= \sum_{k=1}^{N}(-1)^k\,\delta\left(x-\frac{k}{2}\right)$$

mit dem Abtastabstand $b = 1/2$ bzw. für ein beliebiges b

$$g(x) = \cos(2\pi x)\sum_{k=1}^{N}\delta\,(x-bk) = \sum_{k=1}^{N}\cos(2\pi bk)\,\delta\,(x-bk)$$

(vgl. die Abbildungen 3.6 und 3.7).

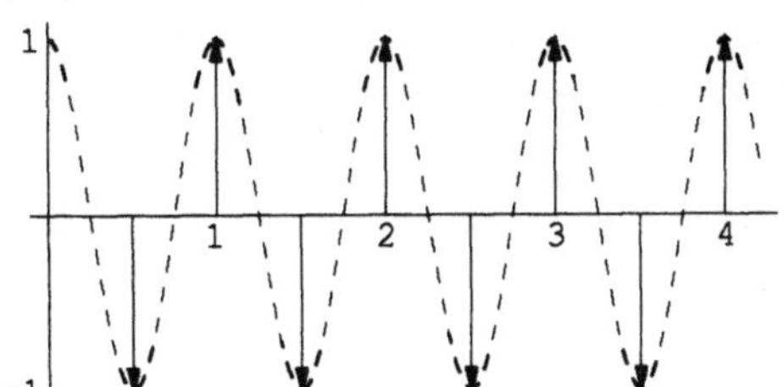

Abb. 3.6. $f(x) = \cos(2\pi x)$, abgetastet für $b = 1/2$, $N = 8$

<u>Produkt mit der δ-Funktion:</u>

Die Aussage der Distributionstheorie lautet hier:

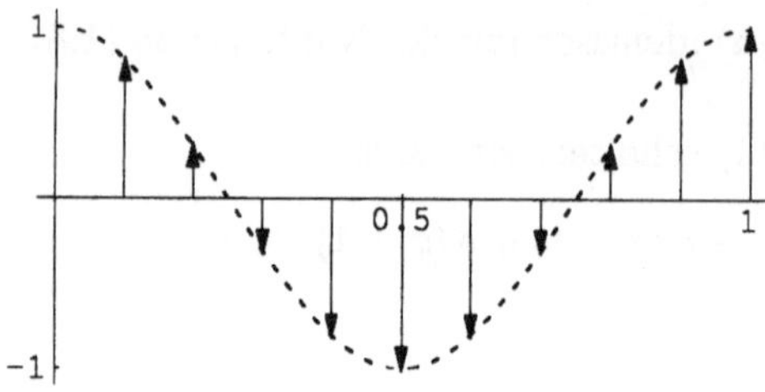

Abb. 3.7. $f(x) = \cos(2\pi x)$, abgetastet für $b = 1/10$, $N = 10$

$$\delta(x-a)\,\delta(x-a) \text{ ist nicht definiert.} \tag{3.19}$$

Dieser Fall ist besonders zu erwähnen, da zu dem Produkt in (3.11) bzw. (3.12) nur die Stetigkeit bzw. Unstetigkeit der Funktion f genannt ist; dagegen sind Singularitätsstellen einer Funktion $f(x)$ in $x = a$ bei der Produktbildung mit der Funktion $\delta(x-a)$ nicht zugelassen. Die zunächst ungewöhnlich erscheinende Aussage (3.19) läßt sich über die Definition der δ-Funktion für $a = 0$ folgendermaßen verdeutlichen: Mit

$$\left[\frac{1}{|b|}\operatorname{rect}\left(\frac{x}{b}\right)\right]^2 = \frac{1}{|b|}\left[\frac{1}{|b|}\operatorname{rect}\left(\frac{x}{b}\right)\right] \quad \text{für } x \in \mathbb{R}\backslash\left\{\pm\frac{b}{2}\right\}$$

würde der Grenzwert $b \to 0$ auf den Gewichtungsfaktor ∞ bei der δ-Funktion führen. Bei Laurent Schwartz [28, I, S. 115] heißt es: „$\delta^2(x)$ hätte die Masse $+\infty$ in $x = 0$."

Andererseits gilt jedoch mit (3.17)

$$\delta(x-a_1)\,\delta(x-a_2) = 0 \text{ für } a_1 \neq a_2\,, \tag{3.20}$$

d.h. dieses Produkt liefert die Nullfunktion.

Integration[5]:

$$\int_{-\infty}^{\infty} \delta(x-a)\mathrm{d}x = 1\,. \tag{3.21}$$

Zusätzlich zu diesem grundlegenden Integralwert gilt: Auf Integrale, deren Integrandenfunktion die δ-Funktion enthält, können die üblichen Integrationsregeln angewendet werden. Mit (3.5) ist daher

$$\int_{-\infty}^{a-c} \delta(x-a)\mathrm{d}x = \int_{a+c}^{\infty} \delta(x-a)\mathrm{d}x = 0,\ c \in \mathbb{R}^+\,. \tag{3.22}$$

Damit wird in Ergänzung zu (3.21)

[5] Es wird weiter unten erläutert, daß wir (3.21) nicht aus der Definition (3.4) schließen können. So wie die δ-Distribution *keine Funktion* im Sinne der klassischen Analysis ist, stellt auch (3.21) *kein Integral* der klassischen Analysis dar. Dieses Integral muß als eine *formale Schreibweise* behandelt werden, zu dem die hier wiedergegebenen Eigenschaften und Folgerungen durch die Distributionstheorie begründet werden.

$$\int_{a-c}^{a+c} \delta(x-a)\mathrm{d}x = 1,\ c \in \mathbb{R}^+ . \tag{3.23}$$

Aus der Symmetrieeigenschaft (3.6) zu $\delta(x)$ läßt sich folgern

$$\int_{-\infty}^{0} \delta(x)\mathrm{d}x = \int_{0}^{\infty} \delta(x)\mathrm{d}x = \frac{1}{2} , \tag{3.24}$$

und durch Substitution ergibt sich hieraus allgemeiner

$$\int_{-\infty}^{a} \delta(x-a)\mathrm{d}x = \int_{a}^{\infty} \delta(x-a)\mathrm{d}x = \frac{1}{2},\ a \in \mathbb{R} . \tag{3.25}$$

Anwendung dieser Gleichung liefert z.B. für $a \in \mathbb{R}^+$ (Aufgabe 2)

$$\int_{-a}^{a} [\delta(x+a) + \delta(x-a)]\,\mathrm{d}x = 1 , \tag{3.26}$$

$$\int_{-a}^{a} [\delta(x+a) - \delta(x-a)]\,\mathrm{d}x = 0 . \tag{3.27}$$

Die Integrationsregel $\int \alpha f(x)\mathrm{d}x = \alpha \int f(x)\mathrm{d}x$, $\alpha \in \mathbb{R}$, führt mit (3.21), (3.23) auf

$$\int_{-\infty}^{\infty} m\delta(x-a)\mathrm{d}x = \int_{a-c}^{a+c} m\delta(x-a)\mathrm{d}x = m,\ c \in \mathbb{R}^+ .$$

Dieses Integral bietet also die Möglichkeit, den Gewichtungsfaktor zur δ-Funktion als Zahlenwert zu isolieren. So wird z.B. mit (3.9)

$$\int_{-\infty}^{\infty} \delta\left(\frac{x-a}{b}\right)\mathrm{d}x = \int_{-\infty}^{\infty} |b|\delta(x-a)\mathrm{d}x = |b| \tag{3.28}$$

in Übereinstimmung mit (1.31), S. 13.

Aus (3.11) folgt für eine in $x = a$ stetige Funktion $f(x)$

$$\begin{aligned}\int_{-\infty}^{\infty} f(x)\delta(x-a)\mathrm{d}x &= \int_{-\infty}^{\infty} f(a)\delta(x-a)\mathrm{d}x \\ &= f(a)\int_{-\infty}^{\infty} \delta(x-a)\mathrm{d}x = f(a) ,\end{aligned}$$

zusammengefaßt zu

$$\int_{-\infty}^{\infty} f(x)\delta(x-a)\mathrm{d}x = f(a) . \tag{3.29}$$

Mit (3.23) ergibt sich entsprechend

$$\int_{a-c}^{a+c} f(x)\delta(x-a)\mathrm{d}x = f(a),\ c \in \mathbb{R}^+ , \tag{3.30}$$

und wegen (3.22)

$$\int_{-\infty}^{a-c} f(x)\delta(x-a)\mathrm{d}x = \int_{a+c}^{\infty} f(x)\delta(x-a)\mathrm{d}x = 0,\ c \in \mathbb{R}^+ . \qquad (3.31)$$

Beispiel: Für die Abtastfunktion $g(x)$ in (3.18) führt das Integral (3.30) mit $0 < \varepsilon < b/2$ auf

$$\begin{aligned}\int_{-\infty}^{\infty} g(x)\mathrm{d}x &= \sum_{k=1}^{N} \int_{-\infty}^{\infty} f(x)\delta(x-b\,k)\mathrm{d}x \\ &= \sum_{k=1}^{N} f(bk) \int_{bk-\varepsilon}^{bk+\varepsilon} \delta(x-b\,k)\mathrm{d}x = \sum_{k=1}^{N} f(bk)\,.\end{aligned}$$

Der Fall $a = 0$ liefert in (3.29)

$$\int_{-\infty}^{\infty} f(x)\delta(x)\mathrm{d}x = f(0) \text{ für } f(x) \text{ stetig in } x = 0. \qquad (3.32)$$

Dieses Ergebnis wird in der Distributionstheorie an den Anfang der Entwicklungen zur δ-Funktion gestellt.

Beispiele:

$$\int_{-\infty}^{\infty} x^2 \left[\delta(x+1) + \delta(x-1)\right] \mathrm{d}x = 2\,.$$

$$\begin{aligned}\int_{-\infty}^{\infty} f(x)\,\delta(\beta x - \alpha)\mathrm{d}x &= \frac{1}{|\beta|} \int_{-\infty}^{\infty} f(x)\delta\left(x - \frac{\alpha}{\beta}\right)\mathrm{d}x \\ &= \frac{1}{|\beta|} f\left(\frac{\alpha}{\beta}\right),\ \beta \in \mathbb{R}\setminus\{0\}\,.\end{aligned}$$

Wenn wir in (3.29) als Integrationsvariable α und anstelle des Parameterbuchstabens a den Buchstaben x schreiben, dann wird

$$\int_{-\infty}^{\infty} f(\alpha)\delta(\alpha - x)\mathrm{d}\alpha = \int_{-\infty}^{\infty} f(\alpha)\delta(x-\alpha)\mathrm{d}\alpha = f(x)\,. \qquad (3.33)$$

Die unterschiedliche Formulierung der im Prinzip identischen Integrale in (3.29) und (3.33) gibt zwei verschiedene Anwendungsmöglichkeiten dieses Integrals wieder. In (3.29) steht der einzelne Funktionswert $f(a)$ zu einem festen Parameterwert a im Vordergrund. Dagegen zielt (3.33) auf die Darstellung der in der Integrandenfunktion enthaltenen Funktion $f(x)$ in ihrer Gesamtheit ab.

Es ist wichtig, darauf hinzuweisen, daß zu einem Integral $\int_{-\infty}^{\infty} f(\alpha)g(\alpha)\mathrm{d}\alpha$ nur die Funktion $g(\alpha) = \delta(x-\alpha)$ allgemein die Eigenschaft (3.33) hat, oder anders formuliert: In der klassischen Analysis existiert keine Funktion $g(\alpha)$, für die zu beliebigem $f(\alpha)$ die Gleichung $\int_{-\infty}^{\infty} f(\alpha)\, g(x-\alpha)\mathrm{d}\alpha = f(x)$ erfüllt ist.

Falls $f(x)$ in $x = a$ eine Unstetigkeitsstelle hat, gilt (vgl. (3.12))[6]

$$\int_{-\infty}^{\infty} f(x)\delta(x-a)\mathrm{d}x = \frac{1}{2}\left[f(a^-) + f(a^+)\right] . \tag{3.34}$$

Auch in dieser Gleichung ist der Fall einer in $x = a$ stetigen Funktion $f(x)$ als Spezialfall eingeschlossen.

Beispiel: In Anpassung an die Notierung (3.33) gilt

$$\int_{-\infty}^{\infty} \mathrm{rect}(\alpha)\delta(x-\alpha)\mathrm{d}\alpha = \mathrm{rect}(x),\ x \in \mathbb{R} ,$$

denn für $x \neq \pm 1/2$ ist $\mathrm{rect}(x)$ stetig, und das Ergebnis folgt mit (3.33). Für $x = \pm 1/2$ ist (3.34) zu benutzen.

Wird das Integral in (3.34) so abgeändert, daß die Unstetigkeitsstelle a gleichzeitig z.B. auch obere Integrationsgrenze ist, dann kann $f(a^+)$ keinen Einfluß auf das Integralergebnis haben. Hier läßt sich (3.12) nicht mehr zur Begründung der Integration verwenden, und es wird daher vereinbart ($a \in \mathbb{R}$, $c \in \mathbb{R}^+$)

$$\int_{-\infty}^{a} f(x)\delta(x-a)\mathrm{d}x = \int_{a-c}^{a} f(x)\delta(x-a)\mathrm{d}x = \frac{1}{2}f(a^-) , \tag{3.35}$$

$$\int_{a}^{\infty} f(x)\delta(x-a)\mathrm{d}x = \int_{a}^{a+c} f(x)\delta(x-a)\mathrm{d}x = \frac{1}{2}f(a^+) . \tag{3.36}$$

Zusammen ergeben diese Integrale wieder (3.34) bzw. (3.30).

<u>Ergänzungen zur Integration:</u>

1. Die Gleichung (3.29) gilt auch für $f(x) = \delta(x)$. Zusammen mit der Folgerung (3.7) aus der Symmetrie der δ-Funktion erhalten wir

$$\int_{-\infty}^{\infty} \delta(x)\delta(x-a)\mathrm{d}x = \int_{-\infty}^{\infty} \delta(x)\delta(a-x)\mathrm{d}x = \delta(a) \text{ für } a \in \mathbb{R} .$$

Dieses Integralergebnis muß gesondert aufgeführt werden, denn für $a = 0$ ist nach (3.19) in Verbindung mit $\delta(-x) = \delta(x)$ die Integrandenfunktion nicht definiert.

Wie in (3.33) können wir hierfür auch schreiben

---

[6] Die Gleichung (3.34) wird als ein Ergebnis der Fouriertransformation gewonnen. Wir nehmen sie schon hier in die Liste der Eigenschaften zur δ-Funktion mit auf und kommen in Abschn. 7.4 darauf zurück. In der Distributionstheorie wird (3.11) für eine in $x = a$ stetige Funktion aus (3.29) gefolgert. Entsprechend läßt sich (3.12) als Konsequenz aus (3.34) angeben.

$$\int_{-\infty}^{\infty} \delta(\alpha)\delta(\alpha - x)\mathrm{d}\alpha = \int_{-\infty}^{\infty} \delta(\alpha)\delta(x - \alpha)\mathrm{d}\alpha = \delta(x), \; x \in \mathbb{R} . \tag{3.37}$$

Hierdurch kommt deutlicher zum Ausdruck, daß beide Integralformeln die δ-Funktion insgesamt darstellen.

2. Wenn wir $f(x) := 0$ (Nullfunktion) und $g(x) := \delta(x)$ wählen, dann gilt mit (3.3) $f(x) = g(x)$ für alle $x \neq 0$. Andererseits ist aber

$$\int_{-\infty}^{\infty} f(x)\mathrm{d}x = 0 \neq \int_{-\infty}^{\infty} g(x)\mathrm{d}x = 1 ,$$

d.h. die Integralbeziehung (1.19), S. 9 (mit $a < 0$ und $b > 0$), ist für diese Funktionen nicht erfüllt. Wir werden daher auf die δ-Funktion <u>nicht</u> die Formulierung anwenden, daß $\delta(x)$ bzw. $\delta(x - a)$ fast überall gleich der Nullfunktion ist. Außerdem erfüllt $g(x) = \delta(x)$ nicht die Voraussetzung $D_g = \mathbb{R}$, die wir in Kap. 1, S. 9, mit dem Begriff fast überall gleicher Funktionen verbunden haben.

<u>Vereinbarungen:</u>

Die Funktion

$$g(x) := \sum_{k=-\infty}^{\infty} A_k \delta(x - x_k) \tag{3.38}$$

mit endlich oder unendlich vielen δ-Summanden wollen wir eine Funktion vom „δ-Typ" nennen. Dabei soll vorausgesetzt sein, daß die Menge der x_k keinen endlichen Häufungspunkt hat bzw. daß die Stellen x_k isoliert sind. In jedem endlichen Intervall $I = [a, b]$, $-\infty < a < b < \infty$, liegen daher höchstens endlich viele der Singularitätsstellen x_k. Die Gleichheit zweier Funktionen g_1, g_2 von der Art (3.38) wird definiert durch

$$g_1 = g_2 \; := \int_a^b g_1(x)\mathrm{d}x = \int_a^b g_2(x)\mathrm{d}x \text{ für beliebige } a, b \in \mathbb{R} . \tag{3.39}$$

Falls f eine von der Nullfunktion verschiedene Funktion ohne Singularitäten ist (also beispielsweise eine beliebige der in den Kapiteln 1 und 2 vorgestellten Funktionen), dann läßt sich prinzipiell zusammen mit g in (3.38) die Summenfunktion $h = f + g$ bilden. Solche Funktionen werden in unserem Zusammenhang nicht vorkommen[7].

[7] Funktionen der genannten Art $f + g$ bilden in der Distributionstheorie allerdings einen wichtigen Funktionstyp zur Interpretation von Distributionen (vgl. Zemanian [35, S. 86]).

Probleme der δ-Funktion aus der Sicht der klassischen Analysis

Die Schwierigkeiten mit der Funktion $\delta(x)$ lassen sich bereits durch den Vergleich der beiden Funktionen $b_1\,\delta(x)$ und $b_2\,\delta(x)$ für $b_1 \neq b_2$ aufzeigen. Wenn $\delta(x)$ nach (3.3) für $x = 0$ nicht definiert ist und $b_1\,\delta(x) = b_2\,\delta(x) = 0$ für alle $x \neq 0$ gilt, dann können sich diese beiden Funktionen nicht unterscheiden. Andererseits liefert jedoch (3.21)

$$\int_{-\infty}^{\infty} b_1\,\delta(x)\mathrm{d}x = b_1 \neq b_2 = \int_{-\infty}^{\infty} b_2\,\delta(x)\mathrm{d}x\,.$$

Es war bereits darauf hingewiesen worden, daß (3.3) die δ-Funktion nicht hinreichend beschreibt, und dieser Vergleich liefert eine Bestätigung hierfür.

Zu der Gleichung (3.17) gibt Bracewell [5, S. 77] folgendes Beispiel an, das sich mit unserer Definition der Rechteckfunktion so beschreiben läßt: Nach (3.17) gilt $x\delta(x) = 0$ (Nullfunktion). Versucht man zu diesem Ergebnis über die Definition (3.1) zu gelangen, dann ist die Funktionenmenge

$$f_b(x) = x\,\frac{1}{|b|}\,\mathrm{rect}\left(\frac{x}{b}\right),\; b \in \mathbb{R}\setminus\{0\}\;,$$

zu bilden. Es sei nun $x = \alpha b$ zu einem festen Wert α mit $0 < \alpha < 1/2$ und $b > 0$ gewählt, so daß sich $\lim\limits_{b\to 0} x = 0$ ergibt. Verfolgt man die Funktionswerte zu $f_b(x)$ für diese x-Werte bei der Grenzwertbildung (3.1), dann erhält man

$$\lim_{b\to 0} f_b(\alpha\, b) = \lim_{b\to 0} \alpha\, b\,\frac{1}{b}\,\mathrm{rect}\left(\frac{\alpha\, b}{b}\right) = \alpha\,\mathrm{rect}(\alpha) = \alpha \neq 0\;,$$

im Widerspruch zu dem Ergebnis von (3.17).

Die Gleichung (3.21) wird häufig so begründet, daß man von der leicht zu zeigenden Beziehung

$$\int_{-\infty}^{\infty} \frac{1}{|b|}\,\mathrm{rect}\left(\frac{x}{b}\right)\mathrm{d}x = 1 \tag{3.40}$$

ausgeht und mit der Definition (3.1) hieraus auch

$$\int_{-\infty}^{\infty} \delta(x)\mathrm{d}x = 1 \tag{3.41}$$

folgert. Nun ist aber das Integral (3.40) im Riemannschen Sinne ein Grenzwert, und der Übergang von (3.40) zu (3.41) führt mit

$$\int_{-\infty}^{\infty} \delta(x)\mathrm{d}x = \int_{-\infty}^{\infty} \lim_{b\to 0} \frac{1}{|b|}\,\mathrm{rect}\left(\frac{x}{b}\right)\mathrm{d}x = \lim_{b\to 0} \int_{-\infty}^{\infty} \frac{1}{|b|}\,\mathrm{rect}\left(\frac{x}{b}\right)\mathrm{d}x$$

auf das Vertauschen zweier Grenzwerte. Wir können hier nicht darauf eingehen, ob diese Operation bei unserem Beispiel zulässig ist. (Das oben genannte

Beispiel zu der Gleichung (3.17) führt übrigens auch auf diese Problematik.) Der Vergleich der Grenzwerte

$$\lim_{a\to 0+} \lim_{x\to 0} |x|^a = \lim_{a\to 0+} 0 = 0, \qquad \lim_{x\to 0} \lim_{a\to 0} |x|^a = \lim_{x\to 0} 1 = 1$$

zeigt aber bereits die Schwierigkeiten beim Vertauschen der Reihenfolge von Grenzwerten[8].

Letztlich ist aber auch der Integralwert (3.41) ein Hinweis darauf, daß die Funktion $\delta(x)$ keine Funktion im Sinne der reellen Analysis sein kann; denn eine Funktion $f(x)$ mit der Eigenschaft $f(x) = 0$ für alle $x \neq 0$ hat nach der Riemannschen Integraldefinition das Ergebnis $\int_{-\infty}^{\infty} f(x)\mathrm{d}x = 0$.

Das zentrale Problem bei den Folgerungen zur δ-Funktion aus der Definition (3.1) liegt darin, daß hier eine Funktion in ihrer Gesamtheit als Grenzwert in einer *Funktionenmenge* gebildet wird. Damit sind wir aber bei dem Hauptgegenstand eines jüngeren Zweiges in der Mathematik, nämlich der „Funktionalanalysis". Demgegenüber befassen sich die Sätze der klassischen Analysis vorrangig mit Grenzwerten in *Zahlenmengen*. Dazu gehören etwa Grenzwerte von der Art $\lim_{x\to a} f(x)$, die z.B. zur Definition des Begriffs Stetigkeit einer Funktion benutzt werden. Der umfassende Ansatz der Funktionalanalysis schließt diese Themen mit ein; im Hinblick auf Funktionen untersucht die Funktionalanalysis vor allem Grenzwertfunktionen in einer Menge von Funktionen und deren analytische Eigenschaften. Die Distributionstheorie von Laurent Schwartz ist ein Teilgebiet hierzu, das die speziellen Probleme der δ-Funktion als verallgemeinerte Funktion und der Fouriertransformation behandelt.

Es soll abschließend noch ein Zugang zur δ-Funktion über die Ableitungsoperation hinzugenommen werden. In der Distributionstheorie wird mit der step-Funktion (1.3), S. 5, die Gleichung

$$\delta(x) = \frac{\mathrm{d}}{\mathrm{d}x}\,\mathrm{step}(x) \tag{3.42}$$

entwickelt. Aus der Sicht der klassischen Analysis bestätigt sich hiermit das Ergebnis (3.3); zusätzlich führt der Grenzwert des Differenzenquotienten an der Unstetigkeitsstelle $x = 0$ auf

$$\lim_{h\to 0} \frac{\mathrm{step}(h) - \mathrm{step}(-h)}{2h} = \lim_{h\to 0} \frac{1}{2h} = \infty\,.$$

Als „distributionelle Ableitung" interpretiert, gibt (3.42) dagegen die Gleichheit zweier (verallgemeinerter) Funktionen in ihrer Gesamtheit wieder, die sich anhand der grundlegenden Integralbeziehung (3.32) überprüfen läßt. Wenn wir mit einer in $x = 0$ stetigen Funktion $f(x)$ die Regel der partiellen Integration anwenden, dann erhalten wir für $\alpha \in \mathbb{R}^+$

---

[8] vgl. z.B. Fichtenholz [13, Bd. I, S. 338].

$$\int_{-\alpha}^{\alpha} f(x)\frac{\mathrm{d}}{\mathrm{d}x}\,\mathrm{step}(x)\mathrm{d}x = f(x)\,\mathrm{step}(x)\Big|_{-\alpha}^{\alpha} - \int_{-\alpha}^{\alpha} f'(x)\,\mathrm{step}(x)\mathrm{d}x$$

$$= f(\alpha) - \int_{0}^{\alpha} f'(x)\mathrm{d}x = f(\alpha) - f(x)\Big|_{0}^{\alpha} = f(\alpha) - [f(\alpha) - f(0)]] = f(0)\,.$$

Da das Ergebnis unabhängig von α ist, gilt es auch für $\alpha \to \infty$.
Gleichung (3.42) läßt sich erweitern zu

$$\delta(x-a) = \frac{\mathrm{d}}{\mathrm{d}x}\,\mathrm{step}(x-a),\ a \in \mathbb{R}\,. \tag{3.43}$$

Als Beispiel können wir mit $\mathrm{rect}(x/b) = \mathrm{step}(x+b/2) - \mathrm{step}(x-b/2)$ (vgl. Kap. 1, Aufgabe 1) bilden

$$\frac{\mathrm{d}}{\mathrm{d}x}\,\mathrm{rect}\left(\frac{x}{b}\right) = \delta\left(x+\frac{b}{2}\right) - \delta\left(x-\frac{b}{2}\right)\,. \tag{3.44}$$

δ-Funktion und Signalabtastung

Die Eigenschaften der δ-Funktion spielen bei der Anwendung in der Fouriertransformation eine herausragende Rolle. Es wird sich zeigen, daß gerade hierdurch die theoretische Grundlegung und Behandlung der digitalen Signaltechnik in übersichtlicher und kompakter Form durchgeführt werden kann. Im Mittelpunkt steht dabei der Begriff der „Abtastung" eines Signals sowie die mathematische Formulierung dieses physikalischen Vorgangs durch eine Funktion vom δ-Typ (vgl. (3.18)):

$$g(x) := f(x)\sum_{k=1}^{N}\delta\,(x-x_k) = \sum_{k=1}^{N} f(x_k)\,\delta\,(x-x_k)\ , \tag{3.45}$$

$$x_k = k\,b,\ b \in \mathbb{R}^+\,.$$

$f(x)$ gibt hierin das analoge (kontinuierliche) Signal wieder, vorstellbar etwa als Spannungsverlauf an einem Mikrophonausgang. x_k sind die (zeitlichen oder räumlichen) Koordinatenstellen, an denen die Abtastung stattfindet. Die Festlegung der Abtaststellen auf die äquidistanten (gleichabständigen) Werte $x_k = b\,k$ ist in technischen Systemen der Regelfall und wird den folgenden Ausführungen zugrundegelegt. Im Gegensatz zu der Funktion f ist die Funktion g in (3.45) vom δ-Typ.

Vergleicht man $g(x)$ in (3.45) mit dem Ergebnis eines realen, insbesondere digitalisierten Abtastvorgangs, so zeigt sich zunächst ein wesentlicher Unterschied: Das reale Abtastresultat liegt als eine Folge einzelner Zahlenwerte

$f(x_k)$ vor[9], die z.B. in einem Speichermedium eines Computers oder auf einer Compact-Disk festgehalten sind[10]. Neben den Zahlenwerten $f(x_k)$ selbst stellt nur noch die Reihenfolge dieser gespeicherten Werte den Zusammenhang mit der ursprünglichen Signalfunktion $f(x)$ sicher. Zusätzlich wird die Übereinstimmung der Abszissenabstände $x_k - x_{k-1} = b$ durch entsprechende Normen bei Aufnahme- und Wiedergabegeräten gewährleistet, die jedoch physikalisch unabhängig von dem Zahlenmaterial der $f(x_k)$ realisiert werden.

Dagegen ist das Abtastergebnis in der mathematischen Form (3.45) nach wie vor eine ***kontinuierliche*** Funktion des Argumentes x als Zeit- oder Raumkoordinate. Nur in dieser Form ist eine analytische Behandlung der Abtast-***Funktion*** $g(x)$ etwa durch das Fourierintegral überhaupt möglich, und nur hiermit lassen sich Zusammenhänge zwischen dem ursprünglichen Signal $f(x)$ und der abgetasteten Version $g(x)$ untersuchen.

Ein weiterer Unterschied wird darin deutlich, daß die Funktion $g(x)$ für sämtliche $x \neq x_k$ den Wert 0 annimmt und in $x = x_k$ Singularitätsstellen aufweist (unscharf also „$g(x_k) = \infty$"), während zu den realen Abtastungen nur die endlichen Werte $f(x_k)$ vorhanden sind. Ein solcher Wert $f(x_k)$ gibt aufgrund des technischen Abtastvorgangs einen Signalausschnitt einer Länge (z.B. β) wieder, für die immer $\beta > 0$ gilt. Mathematisch läßt sich dieser Ausschnitt durch $f(x)\,\mathrm{rect}([x - x_k]/\beta)$ beschreiben, wobei $0 < \beta < b$ (mit b aus (3.45)) ist. Das Ergebnis $f(x_k)$ der realen Abtastung ist der Mittelwert der Signalfunktion innerhalb des Intervalls $[x_k - \beta/2, x_k + \beta/2]$ und zwar in der Form

$$f(x_k) = \int_{x_k-\beta/2}^{x_k+\beta/2} f(x)\mathrm{d}x \,. \tag{3.46}$$

Eine mathematische Idealisierung auf eine punktartige Abtastung, d.h. $\beta = 0$, wäre hiernach schon deswegen unmöglich, weil sich mit (3.46) immer $f(x_k) = 0$ für die Abtastwerte ergeben würde. Die Formulierung entsprechend (3.45) mit $f(x_k)$ als Gewichtungsfaktor zur δ-Funktion ist somit die zwangsläufige Folge im Idealisierungsvorgang einer punktartigen Abtastung. Am Beispiel des Massenmodells in der Form $m\delta(x - a)$ wird das zusätzlich deutlich.

Ein Zusammenhang zwischen den isolierten Folgenwerten $f(x_k)$ und der mathematischen Form $g(x)$ läßt sich dadurch herstellen, daß man die Gewichtungsfaktoren $f(x_k)$ zu den δ-Funktionen losgelöst von der funktionalen Darstellung (3.45) behandelt; der analytische Weg führt mit (3.30) auf die Form

$$\int_{x_k-\varepsilon}^{x_k+\varepsilon} g(x)\mathrm{d}x = f(x_k),\ 0 < \varepsilon < b/2,\ k = 1, \ldots, N \,. \tag{3.47}$$

---

[9] In der verbreiteten englischsprachigen Form wird der Abtastvorgang als *Sampling* und das Abtastergebnis, nämlich die Zahlenfolge $(f(x_k))_k$, als *Sample* bezeichnet.

[10] Bei einer CD muß man sich N als eine Zahl in der Größenordnung von $N = 10^8$ bis 10^9 vorstellen.

Beide Vorstellungen werden später z.B. bei der Behandlung der diskreten Fouriertransformation zur Anwendung kommen.

Übungen

3.2.1 Ersetzen Sie jeweils den x-abhängigen Argumentterm der Funktion f wie in (3.13) bzw. (3.16) durch einen x-unabhängigen Ausdruck:

$$\text{a) } f(x)\delta(-x-a)\,, \qquad \text{b) } f(-x)\delta(a-\beta x)\,,$$
$$\text{c) } f(x-a_1)\delta(x-a_2)\,, \qquad \text{d) } f\Big(\frac{x}{b}\Big)\delta(x+a)\,,$$
$$\text{e) } f\left(\frac{x-a_1}{b_1}\right)\delta\left(\frac{a_2-x}{b_2}\right), \quad \text{f) } f\left(\frac{\beta_1 x-a_1}{b_1}\right)\delta\left(\frac{\beta_2 x-a_2}{b_2}\right).$$

Die Spezialfälle a) bis e) können unter Verwendung des allgemeinen Falles f) überprüft werden.

3.2.2 Begründen Sie (3.26) und (3.27).

3.2.3 Ausgehend von (3.29) sind die folgenden Integrale zu berechnen:

$$\text{a) } \int_{-\infty}^{\infty} f(x)\delta(\beta x+a)\mathrm{d}x\,, \qquad \text{b) } \int_{-\infty}^{\infty} f(a)\delta(\beta x+a)\mathrm{d}a\,,$$
$$\text{c) } \int_{-\infty}^{\infty} f\left(\frac{x}{b}\right)\delta(a-x)\mathrm{d}x\,, \qquad \text{d) } \int_{-\infty}^{\infty} f\left(\frac{a}{b}\right)\delta(a-x)\mathrm{d}a\,,$$
$$\text{e) } \int_{-\infty}^{\infty} f\left(\frac{x-a}{b_1}\right)\delta\left(\frac{a+x}{b_2}\right)\mathrm{d}x\,, \quad \text{f) } \int_{-\infty}^{\infty} f\left(\frac{x-a}{b_1}\right)\delta\left(\frac{a+x}{b_2}\right)\mathrm{d}a\,.$$

3.2.4 Durch Anwendung von (3.35) und (3.36) ist zu zeigen ($a \in \mathbb{R}^+$)

$$\int_{-a}^{a} f(x)\left[\delta(x+a)+\delta(x-a)\right]\mathrm{d}x = \frac{1}{2}\left[f(-a^+)+f(a^-)\right]\,. \tag{3.48}$$

Für eine in $x=-a$ bzw. $x=a$ stetige Funktion f läßt sich in dieser Gleichung $f(-a^+)$ durch $f(-a)$ bzw. $f(a^-)$ durch $f(a)$ ersetzen.

3.2.5 Berechnung der Integrale:

$$\text{a) } \int_{-\infty}^{\infty}\sum_{k=-N}^{N}|x|\delta\left(k-\frac{x}{b}\right)\mathrm{d}x\,, \quad \text{b) } \int_{-\infty}^{\infty}\sum_{k=-N}^{N}\delta\left(\frac{x}{2\pi}-k\right)\cos x\,\mathrm{d}x\,,$$

$$\text{c) } \int_{-\infty}^{\infty}\sum_{k=-N}^{N}\delta\left(\frac{x}{\pi}-\frac{3}{2}-2k\right)\sin x\,\mathrm{d}x\,, \quad \text{d) } \int_{-\infty}^{\infty}\sum_{k=-N}^{N}2^x\,\delta\left(k-\frac{x}{2}\right)\mathrm{d}x\,.$$

3.2.6 Zeigen Sie mit Hilfe von (3.43)

$$\frac{\mathrm{d}}{\mathrm{d}x}\,\mathrm{step}\left(\frac{x-a}{b}\right) = \mathrm{sgn}(b)\delta(x-a)\,. \tag{3.49}$$

Hiernach ist z.B.

$$\frac{\mathrm{d}}{\mathrm{d}x}\,\mathrm{step}\,(-x) = -\delta(x)\,. \tag{3.50}$$

3.3 Die Kammfunktion

Mit der Definition der Funktion $g(x)$ durch (3.18) war der Begriff der Funktionsabtastung eingeführt worden. Gegenüber der endlichen Anzahl von δ-Funktionen in dieser Definition ist die Kammfunktion ein Hilfsmittel, mit dem die Abtastung an unendlich vielen äquidistanten Stellen über die gesamte x-Achse mathematisch beschrieben werden kann. Signale, die den Argumentbereich $(-\infty, \infty)$ ausfüllen, können zwar bei realen technischen Systemen nicht vorkommen; insofern ist die Einführung der Kammfunktion möglicherweise zunächst nicht einsichtig. Im Zusammenhang mit der Fouriertransformation wird sich jedoch zeigen, daß es gerade die besonderen Eigenschaften der Kammfunktion sind, die diese zu einem effektiven Werkzeug machen.

Für die Notierung der Kammfunktion gibt es bisher keine einheitliche Form. Meist wird hierfür kein gesondertes Symbol eingeführt. Bracewell [5, S. 77] stellt einen anschaulichen Bezug zur graphischen Darstellung der Funktion (Abb. 3.8) mit der Wahl des kyrillischen Buchstabens Ш (ausgesprochen: „scha“) her und bezeichnet die Kammfunktion – entsprechend seiner Formulierung vom δ-„Symbol“– als Ш-Symbol. Goodman [16, S. 14] nennt sie mit direktem Wortbezug comb(x). Diese Notierungen erscheinen besonders für handschriftliche Aufzeichnungen nicht besonders geeignet. Es liegt daher nahe, die Kammfunktion als Erweiterung der δ-Funktion mit dem griechischen Buchstaben Δ zu belegen.

Definition und Eigenschaften der Kammfunktion

$$\Delta(x) := \sum_{k=-\infty}^{\infty} \delta(x-k) \tag{3.51}$$

mit der Darstellung durch den Graphen in Abb. 3.8. $\Delta(x)$ ist offensichtlich eine Funktion vom δ-Typ (vgl. S. 70) und wie diese eine „verallgemeinerte Funktion“.

Gelegentlich wird $\Delta(x)$ in der Form

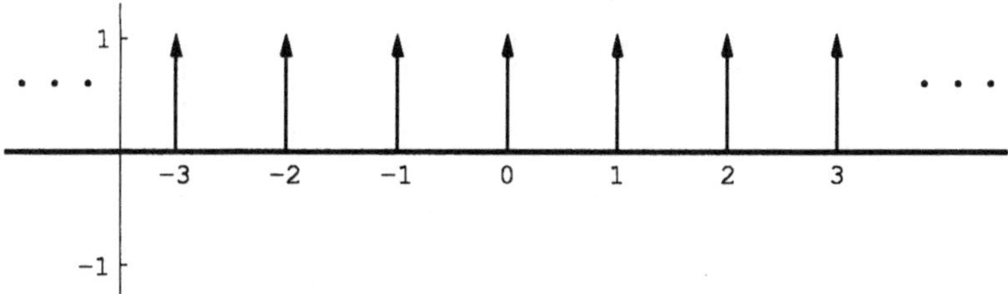

Abb. 3.8. $f(x) = \Delta(x)$

$$\begin{aligned}\Delta(x) &= \sum_{k=-\infty}^{-1} \delta(x-k) + \delta(x) + \sum_{k=1}^{\infty} \delta(x-k) \\ &= \delta(x) + \sum_{k=1}^{\infty} [\delta(x+k) + \delta(x-k)]\end{aligned}$$

benutzt.

Weiterhin läßt sich $\Delta(x)$ auch wiedergeben durch

$$\Delta(x) = \delta(x-k) \text{ für } k-1 < x < k+1,\ k \in \mathbb{Z}\,. \tag{3.52}$$

Die Argumentskalierung der δ-Funktion (3.8) führt bei der Kammfunktion mit (3.10) auf

$$\Delta\left(\frac{x}{b}\right) = \sum_{k=-\infty}^{\infty} \delta\left(\frac{x}{b} - k\right) = |b| \sum_{k=-\infty}^{\infty} \delta(x - bk),\ b \in \mathbb{R}\setminus\{0\}\,. \tag{3.53}$$

In der graphischen Darstellung wird $\Delta(x/b)$ daher durch Pfeile im Abstand $|b|$ mit der Höhe $|b|$ wiedergegeben (Abb. 3.9). Der in Kap. 1 beschriebene Effekt der Argumentskalierung zeigt sich hier – abgesehen von der Ordinatenskalierung – in derselben Weise. Wenn wir z.B. bei der Rechteckfunktion von $\text{rect}\,(x)$ auf $\text{rect}\left(\frac{x}{2}\right)$ übergehen, dann wird im Graphen das Rechteck der Breite 1 (Quadrat) auf ein Rechteck der Breite 2 gestreckt. Ebenso geht der Graph zu $\Delta\left(\frac{x}{2}\right)$ im Vergleich mit $\Delta(x)$ auf den doppelten Abstand der Pfeile über.

Dagegen besteht die Form

$$\frac{1}{|b|}\Delta\left(\frac{x}{b}\right) = \sum_{k=-\infty}^{\infty} \delta(x - bk),\ b \in \mathbb{R}\setminus\{0\}\,. \tag{3.54}$$

aus δ-Funktionen ohne Gewichtungsfaktoren, dargestellt durch Pfeile mit der Höhe 1.

Da der Fall $b \in \mathbb{R}^-$ kaum praktische Bedeutung hat, werden wir im folgenden zunächst vorwiegend positive Werte b benutzen.

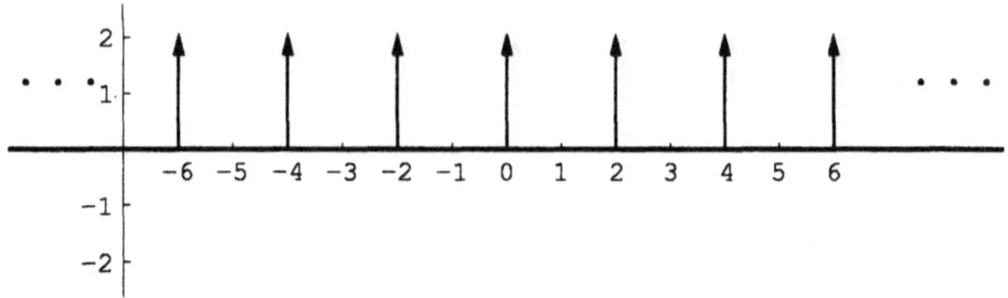

Abb. 3.9. $f(x) = \varDelta(x/2)$

Mit der Verschiebung um a wird entsprechend (3.9)

$$\varDelta\left(\frac{x-a}{b}\right) = b \sum_{k=-\infty}^{\infty} \delta(x-a-bk),\ b \in \mathbb{R}^+ . \tag{3.55}$$

Indem hierin x durch $x+b$ ersetzt wird, ergibt sich

$$\begin{aligned}\varDelta\left(\frac{x+b-a}{b}\right) &= b \sum_{k=-\infty}^{\infty} \delta(x-a-b\,[k-1]) \\ &= b \sum_{k=-\infty}^{\infty} \delta(x-a-bk) = \varDelta\left(\frac{x-a}{b}\right),\ b \in \mathbb{R}^+ .\end{aligned}$$

Damit wird die von der Anschauung her naheliegende Eigenschaft bestätigt (vgl. (2.22), S. 26):

$$\varDelta\left(\frac{x-a}{b}\right),\ a \in \mathbb{R},\ \text{ist eine } b\text{-periodische Funktion.}$$

Für $-b/2 \le a < b/2$ läßt sich $\varDelta((x-a)/b)$ auch als b-periodische Fortsetzung der Funktion $b\,\delta(x-a)$ aus dem Intervall $I_b = [-b/2\,,\ b/2)$ vorstellen (vgl. S. 28). Insbesondere ist damit $\varDelta(x)$ die 1-periodische Fortsetzung zu $\delta(x)$.

Es ist anschaulich unmittelbar einsichtig, daß $\varDelta(x)$ eine gerade Funktion ist. Allgemeiner gilt (Aufgabe 2)

$$\varDelta\left(\frac{x}{b}\right) = \varDelta\left(-\frac{x}{b}\right) \Rightarrow \varDelta\left(\frac{x}{b}\right)\ \text{ist eine gerade Funktion.} \tag{3.56}$$

Schließlich kann die Aufzählung der δ-Summanden in (3.53) anstelle der Reihenfolge $k = -\infty, \ldots, \infty$ (d.h. anschaulich in der Richtung von links nach rechts auf der x-Achse) auch mit $m = \infty, \ldots, -\infty$ (anschaulich von rechts nach links) gebildet werden. In Ergänzung zu (3.53) – und entsprechend in (3.54), (3.55) – gilt also

$$\varDelta\left(\frac{x}{b}\right) = |b| \sum_{k=-\infty}^{\infty} \delta(x-bk) = |b| \sum_{m=-\infty}^{\infty} \delta(x+bm) . \tag{3.57}$$

Multiplikation mit einer Funktion

In der allgemeinen Form führt (3.55) mit (3.11) auf

$$
\begin{aligned}
f(x)\Delta\left(\frac{x-a}{b}\right) &= b\sum_{k=-\infty}^{\infty} f(x)\delta(x-a-bk) \\
&= b\sum_{k=-\infty}^{\infty} f(a+bk)\delta(x-a-bk),\ b\in\mathbb{R}^+ \,. \qquad (3.58)
\end{aligned}
$$

Meistens wird jedoch die Darstellung mit (3.54) benutzt, und wir erhalten in Erweiterung zu der Abtastfunktion (3.18) mit

$$
g(x) := f(x)\,\frac{1}{b}\Delta\left(\frac{x}{b}\right) = \sum_{k=-\infty}^{\infty} f(bk)\delta(x-bk),\ b\in\mathbb{R}^+ \,, \qquad (3.59)
$$

eine Abtastfunktion mit unendlich vielen Abtaststellen $x_k = bk$, $k \in \mathbb{Z}$. Für g wird neben der Formulierung „vom δ-Typ“ auch die Bezeichnung „diskrete Funktion“ bzw. „diskretisierte Form“ der Funktion f verwendet; denn g ist nur an diskreten Argumentstellen von Null verschieden. Der Wert von b gibt in (3.59) den Diskretisierungsabstand wieder.

Beispiele:

Die Funktionen

$$
\cos(2\pi x)\,2\Delta(2x) \text{ bzw. allgemeiner } \cos(2\pi x)\,\frac{1}{b}\Delta\left(\frac{x}{b}\right)
$$

werden durch die Abb. 3.6 bzw. 3.7 dargestellt, indem man die Graphen entsprechend nach $\pm\infty$ verlängert.

$$
\cos(2\pi x)\,\Delta(x) = \sum_{k=-\infty}^{\infty} \cos(2\pi k)\delta(x-k) = \sum_{k=-\infty}^{\infty} \delta(x-k) = \Delta(x)\,.
$$

$$
\sin(2\pi x)\,\Delta(2x) = \sin(2\pi x)\,\Delta\left(\frac{x}{1/2}\right) = \frac{1}{2}\sum_{k=-\infty}^{\infty} \sin(\pi k)\delta\left(x-\frac{k}{2}\right) = 0\,.
$$

$$
\operatorname{sinc}(x)\,\Delta(x) = \sum_{k=-\infty}^{\infty} \operatorname{sinc}(k)\delta(x-k) = \delta(x) \text{ (vgl. (1.5))}.
$$

$$
\operatorname{sinc}(x)\,2\Delta(2x) = \sum_{k=-\infty}^{\infty} \operatorname{sinc}\left(\frac{k}{2}\right)\delta\left(x-\frac{k}{2}\right) \text{ (vgl. Abb. 3.10)}.
$$

Die Ausschnittfunktion $f(x)\,\mathrm{rect}(x/b)$ in (1.19), S. 9, führt mit $b = 1$ für die Kammfunktion auf

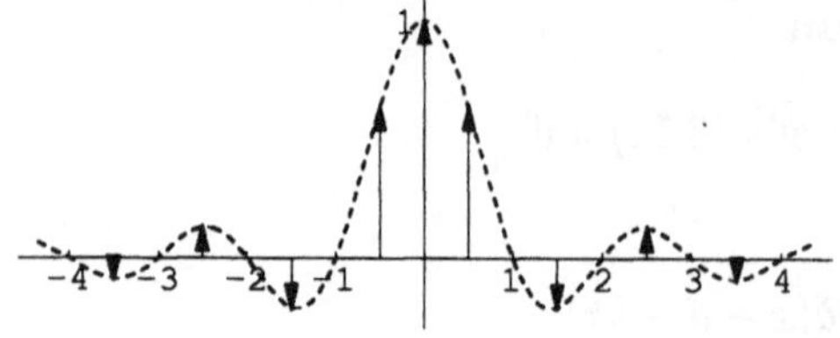

Abb. 3.10. $f(x) = \mathrm{sinc}(x) 2\Delta(2x)$

$$\Delta(x-a)\,\mathrm{rect}(x) = \begin{cases} \delta(x-a) \text{ für } -\dfrac{1}{2} < a < \dfrac{1}{2}\,, \\ \dfrac{1}{2}\left[\delta\left(x+\dfrac{1}{2}\right)+\delta\left(x-\dfrac{1}{2}\right)\right] \text{ für } a = \pm\dfrac{1}{2}\,. \end{cases} \tag{3.60}$$

(Zu $\Delta(x-a)\,\mathrm{rect}(x)$ für $a = \pm 1/2$ vgl. Abb. 3.5, S. 64.)

Die Abtastfunktion (3.18) mit einer endlichen Anzahl von N Abtaststellen läßt sich – wie in (3.60) – als Spezialfall zu (3.59) darstellen. Im Hinblick auf spätere Anwendungen wollen wir $g(x)$ jedoch in der Form

$$g(x) = f(x) \sum_{k=-N}^{N} \delta(x-bk),\ b \in \mathbb{R}^+\,, \tag{3.61}$$

benutzen, d.h. mit den $2N+1$ symmetrisch zu $x=0$ angeordneten Abtaststellen $x_k = bk$, $k = -N, \ldots, N$. Durch das Produkt

$$\widehat{f}(x) = f(x)\,\mathrm{rect}\left(\frac{x}{(2N+1)b}\right) \tag{3.62}$$

ergibt sich eine Ausschnittfunktion zu $f(x)$ mit $\widehat{f}(x) = 0$ für alle $|x| > (N + 1/2)b$, so daß g in (3.61) durch

$$g(x) = \widehat{f}(x)\frac{1}{b}\Delta\left(\frac{x}{b}\right) = f(x)\,\mathrm{rect}\left(\frac{x}{(2N+1)b}\right)\frac{1}{b}\Delta\left(\frac{x}{b}\right) \tag{3.63}$$

wiedergegeben werden kann.

Integration

Integrale mit einer Integrandenfunktion vom δ-Typ gemäß (3.58) führen für $0 < \varepsilon < b/2$ und (3.30) auf

$$\begin{aligned} \int_{-\infty}^{\infty} f(x)\Delta\left(\frac{x-a}{b}\right)\mathrm{d}x &= b \sum_{k=-\infty}^{\infty} \int_{a+bk-\varepsilon}^{a+bk+\varepsilon} f(x)\delta(x-a-bk)\mathrm{d}x \\ &= b \sum_{k=-\infty}^{\infty} f(a+bk),\ b \in \mathbb{R}^+\,, \end{aligned} \tag{3.64}$$

d.h. wir erhalten hiermit eine zweiseitig unendliche Reihe (vgl. S. 24) ohne δ-Funktionen in den Summanden. Falls diese Reihe konvergent ist, existiert das entsprechende Integral, andernfalls existiert es nicht.

Für eine gerade Funktion $f(x)$ wird

$$\begin{aligned}\int_{-\infty}^{\infty} f(x)\Delta\left(\frac{x}{b}\right)\mathrm{d}x &= b\sum_{k=-\infty}^{-1} f(bk) + bf(0) + b\sum_{k=1}^{\infty} f(bk)\\ &= bf(0) + 2b\sum_{k=1}^{\infty} f(bk)\,.\end{aligned}$$

Beispiele:

Zu der geraden Funktion $\mathrm{e}^{-|x|}$ ergibt die Summenformel der unendlichen geometrischen Reihe (2.8), (2.8), wegen $\mathrm{e}^{-b} < 1$ für $b \in \mathbb{R}^+$

$$\begin{aligned}\int_{-\infty}^{\infty} \mathrm{e}^{-|x|}\Delta\left(\frac{x}{b}\right)\mathrm{d}x &= b + 2b\sum_{k=1}^{\infty}\mathrm{e}^{-bk} = -b + 2b\sum_{k=0}^{\infty}\left(\mathrm{e}^{-b}\right)^k\\ &= -b + \frac{2b}{1-\mathrm{e}^{-b}} = b\,\frac{1+\mathrm{e}^{-b}}{1-\mathrm{e}^{-b}} = b\coth\left(\frac{b}{2}\right)\,.\end{aligned}$$

Da $\operatorname{sinc}(x)$ eine gerade Funktion ist, erhält man unter Anwendung der Leibnizschen Reihe (2.11), S. 22, zusammen mit (1.6), S. 6,

$$\begin{aligned}&\int_{-\infty}^{\infty} \operatorname{sinc}(x)\Delta\left(x-\frac{1}{2}\right)\mathrm{d}x = \sum_{k=-\infty}^{\infty}\operatorname{sinc}\left(\frac{2k-1}{2}\right)\\ &= \sum_{k=1}^{\infty}\operatorname{sinc}\left(-\frac{2k-1}{2}\right) + \sum_{k=1}^{\infty}\operatorname{sinc}\left(\frac{2k-1}{2}\right)\\ &= 2\sum_{k=1}^{\infty}\operatorname{sinc}\left(\frac{2k-1}{2}\right) = \frac{4}{\pi}\sum_{k=1}^{\infty}\frac{(-1)^{k-1}}{2k-1} = \frac{4}{\pi}\,\frac{\pi}{4} = 1\,.\end{aligned}$$

Die Einsfunktion, $f(x) = 1$, als Beispiel einer konstanten Funktion liefert

$$\int_{-\infty}^{\infty}\Delta(x)\mathrm{d}x = \sum_{k=-\infty}^{\infty} 1\,;$$

dieses Integral existiert nicht.

Kammfunktion und Signalabtastung

Die Abtastung einer Funktion in der Form (3.59) bzw. (3.63) ist nicht ohne Probleme. Da wir an die abzutastende Funktion f zunächst keine Anforderungen gestellt haben, sind Beispiele wie in dem ersten Graphen der Abb. 3.11 möglich, die den Gesamtverlauf von f verfälscht wiedergeben[11]. Wenn wir erwarten, daß das Abtastergebnis g die Funktion f in einem vertretbaren Rahmen repräsentiert, dann darf f zwischen den Abtaststellen „nicht zu stark schwanken". Durch Verkleinern der Abtastbreite b läßt sich das eher zu akzeptierende Beispiel des zweiten Graphen gewinnen. Die Voraussetzungen des „Abtasttheorems" werden später exakte Bedingungen für die maximal zulässige Abtastbreite b angeben, so daß wir hier auf diese Fragen nicht weiter eingehen müssen.

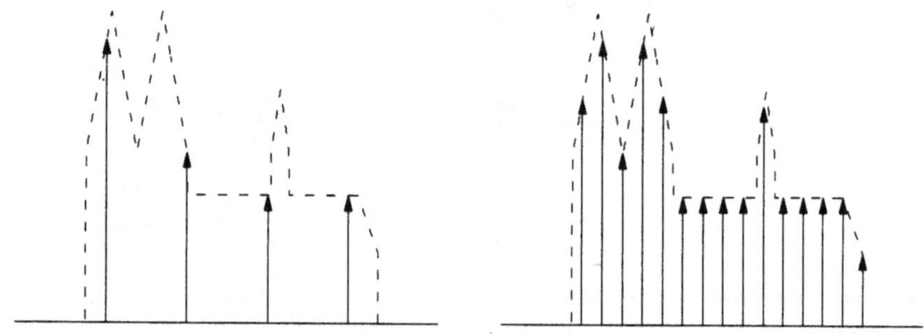

Abb. 3.11. Abtastbeispiele zu $g(x) = f_{\text{Dom}}(x)\Delta(x/b)/b$

Das bekannteste Beispiel eines Abtastvorgangs ist die Digitalisierung von Audiosignalen, wie sie als Ergebnis in einer Compact Disk vorliegt. Die Abtastnorm einer CD hat einen Wert von etwa $b = 25\ \mu s = 1/40000$ s, so daß mit ca. 40000 Abtastungen/s die physiologische Wahrnehmungsfähigkeit für hohe Frequenzen sicher ausgefüllt ist.

Schwieriger ist es, die Bedingungen bei digitalen Bildsignalen zu beschreiben. So sind beispielsweise auf einem CCD-Chip[12] mit Abmessungen von 12 x 12 mm^2 häufig 1000x1000 „Pixel"[13] angeordnet. In der einzelnen CCD-Zeile beträgt daher die Abtastbreite ca. $b = 10\ \mu m$. Um hierbei zu Aussagen über eine vertretbare Qualität der Bildwiedergabe zu kommen, sind Kenntnisse über die Aufnahmebedingungen, die verwendeten Linsensysteme sowie über die Form der Bildwiedergabe erforderlich.

---

[11] In der Terminologie der Signaltheorie heißt dieser Effekt *Undersampling*, der gelegentlich in der deutschsprachigen Literatur mit dem Begriff *Unterabtastung* wiedergegeben wird.

[12] CCD = Abkürzung für charge-coupled device: Elektronisches Element zur Umwandlung von Licht- in elektrische Energie

[13] Abkürzung für picture element.

Es sollen noch zwei klassische Beispiele erwähnt werden, die im Zeitalter der elektronischen Signalabtastung etwas aus dem Blickfeld geraten sind, obwohl sie auch heute noch Anwendung finden. Der Verwendung des „Punktrasters" zur Wiedergabe von Bildern im Offsetdruck, z.B. in Zeitungen, liegt ein zweidimensionales Abtastverfahren zugrunde. Dabei bestimmen die Punktgrößen in dem Raster den Helligkeitswert an der jeweiligen Stelle des Bildes. Die Punktgröße innerhalb einer Bildzeile läßt sich somit vereinfacht als Abtastwert $f(bk)$ interpretieren.

Ein inzwischen über 100 Jahre altes mechanischen Abtastverfahren findet sich bei der Herstellung von Kino- und ähnlichen Filmen. Mit 25 Bildern pro Sekunde werden hier die über die Zeit kontinuierlich verlaufenden Helligkeitsschwankungen zu Einzelbildern diskretisiert. Mit der Weiterentwicklung zur digitalen Videokamera besteht nun die Möglichkeit, diese Einzelbilder punktweise zu speichern und damit auch digitalisiert in Computern zu bearbeiten. Es ist sicher interessant, sich zu verdeutlichen, daß in einer digitalen Videokamera pro Sekunde ca. 10 Millionen Datenwerte anfallen.

Abschließend noch ein Hinweis auf den Begriff „Digitalisierung". Hiermit wird bei genauer Betrachtung der Schritt *nach* dem Abtastvorgang bezeichnet. Die Abtastung selbst überführt ein stetig verlaufendes Signal, etwa die zeitabhängigen Spannungsschwankungen an einem Mikrophonausgang, in zeitlich *diskrete* Abtastergebnisse. Jeder einzelne Abtastwert kann hierbei sämtliche kontinuierlichen Spannungswerte annehmen, die etwa bei einem Kondensatormikrophon (je nach Ausführungsart) zwischen 0 und 1 μV liegen. Im zweiten Schritt werden diese Werte durch einen Analog-Digital-Wandler *digitalisiert*, d.h. in ganzzahlige Werte zwischen (zum Beispiel) 0 und 65535 übertragen, die dann zur Weiterverarbeitung benutzt werden.

Übungen

3.3.1 Die folgenden Funktionen sind in der Form einer zweiseitig unendlichen Reihe wiederzugeben:

$$\text{a) } \Delta(x)\sin x\,, \quad \text{b) } \Delta(2x)\cos(2\pi x)\,, \quad \text{c) } 2^{-|x|}\Delta\Big(\frac{x}{b}\Big),\ b \in \mathbb{R}\setminus\{0\}\ .$$

3.3.2 Führen Sie (3.56) auf die Summennotierung der Kammfunktion, (3.55), zurück.

3.3.3 Zeigen Sie, daß für $a \in \mathbb{R}$ gilt:

$$\text{a) } \int_{-1/2}^{1/2} \Delta(x-a)\mathrm{d}x = 1\ ;$$

hierbei läßt sich z.B. für $a = 1/2$ von (3.26) Gebrauch machen;

b) dieses Integralergebnis ist zu verallgemeinern auf

$$\int_{-b/2}^{b/2} \Delta\left(\frac{x-a}{b}\right)\mathrm{d}x = b,\ b \in \mathbb{R}^+\ ;$$

3.3.4 Durch Anwendung von (3.48) ist zu bestätigen

$$\int_{-1/2}^{1/2} f(\alpha)\Delta(\alpha - x)\mathrm{d}\alpha = \begin{cases} f(x) \text{ für } -\frac{1}{2} < x < \frac{1}{2}\,, \\ \frac{1}{2}\left[f\left(-\frac{1^+}{2}\right) + f\left(\frac{1^-}{2}\right)\right] \text{ für } x = \pm\frac{1}{2}\,. \end{cases} \tag{3.65}$$

Falls f stetig in $x = -1/2$ bzw. $x = 1/2$ ist, kann jeweils der Funktionswert $f(-1/2)$ bzw. $f(1/2)$ eingesetzt werden.

3.3.5 Berechnen Sie den Summenwert des Integrals in Abhängigkeit von dem Parameter b:

$$\int_{-\infty}^{\infty} 2^{-|x|}\, \Delta\left(\frac{x}{b}\right) \mathrm{d}x,\ b \in \mathbb{R}^+\,.$$

3.4 Formelsammlung zur δ-Funktion

Die folgende Tabelle enthält eine Zusammenstellung der wichtigsten Formeln zur δ-Funktion. Um eine einheitliche Gesamtdarstellung zu erreichen, sind zusätzlich zu den bisher genannten Eigenschaften der δ-Funktion auch Gleichungen aufgenommen, die erst in späteren Kapiteln erarbeitet werden. Als Bezug sind die Formelnummern des jeweiligen Textzusammenhangs mit aufgeführt. Für die verwendeten Parameter gilt: $a,\ a_1,\ a_2 \in \mathbb{R},\ b \in \mathbb{R}\setminus\{0\}$.

(3.4)	$\delta(x-a) := \lim_{b\to 0} \frac{1}{\lvert b\rvert}\ \mathrm{rect}(\frac{x-a}{b})$
(3.3)	$\delta(x-a) = 0$ für $x \in \mathbb{R}\setminus\{a\}$
(3.7)	$\delta(-x) = \delta(x)$ bzw. $\delta(x-a) = \delta(a-x)$
(3.9)	$\delta(\frac{x-a}{b}) = \lvert b\rvert\, \delta(x-a)$
(3.42)	$\frac{\mathrm{d}}{\mathrm{d}x}\mathrm{step}(x) = \delta(x)$
(7.22)	$\int_{-\infty}^{\infty} \exp(2\pi i u x)\mathrm{d}u = \delta(x)$
(3.11)	$f(x)\,\delta(x-a) = f(a)\,\delta(x-a)$, falls $f(x)$ stetig in a ist bzw. allgemein:
(3.12)	$f(x)\,\delta(x-a) = \frac{1}{2}\left[f(a^-) + f(a^+)\right]\,\delta(x-a)$
(3.17)	$f(a) = 0 \Rightarrow f(x)\delta(x-a) = 0$ (Nullfunktion)
(3.19)	$\delta(x-a)\,\delta(x-a)$ ist nicht definiert

(3.20)
$$\delta(x-a_1)\,\delta(x-a_2) = 0 \text{ (Nullfunktion) für } a_1 \neq a_2$$

(3.21)
(3.23)
$$\int_{-\infty}^{\infty} \delta(x-a)\mathrm{d}x = \int_{a-c}^{a+c} \delta(x-a)\mathrm{d}x = 1 \text{ für } c \in \mathbb{R}^+$$

(3.29)
(3.30)
$$\int_{-\infty}^{\infty} f(x)\,\delta(x-a)\mathrm{d}x = \int_{a-c}^{a+c} f(x)\,\delta(a-x)\mathrm{d}x = f(a) \text{ für } c \in \mathbb{R}^+$$

(3.34)
$$\text{bzw.} \quad \int_{-\infty}^{\infty} f(x)\,\delta(x-a)\mathrm{d}x = \frac{1}{2}\left[f(a^-) + f(a^+)\right]$$

(3.33)
(6.66)
$$\int_{-\infty}^{\infty} f(\alpha)\,\delta(x-\alpha)\mathrm{d}\alpha = f(x) * \delta(x) = f(x)$$

(6.77)
$$f(x) * \delta(x-a) = f(x-a) * \delta(x) = f(x-a)$$

(7.68)
$$\delta(x-a) * f(x) = \int_{-\infty}^{\infty} \delta(\alpha-a)\, f(x-\alpha)\mathrm{d}\alpha$$
$$= \int_{-\infty}^{\infty} \delta([x-a]-s)\, f(s)\mathrm{d}s = f(x-a)$$

(3.37)
(6.68)
(7.67)
$$\int_{-\infty}^{\infty} \delta(\alpha)\,\delta(x-\alpha)\mathrm{d}\alpha = \delta(x) * \delta(x) = \delta(x)$$

(6.67)
$$\delta(x-a_1) * \delta(x-a_2) = \delta(x-a_1-a_2)$$

(3.51)
$$\Delta(x) := \sum_{k=-\infty}^{\infty} \delta(x-k)$$

(3.55)
$$\Delta\left(\frac{x-a}{b}\right) = |b| \sum_{k=-\infty}^{\infty} \delta(x-a-bk)$$

(3.56)
$$\Delta\left(\frac{x}{b}\right) = \Delta\left(-\frac{x}{b}\right)$$

(6.111)
(6.113)
$$\Delta(x) = \sum_{k=-\infty}^{\infty} \exp(2\pi\mathrm{i}kx) = 1 + 2\sum_{k=1}^{\infty} \cos(2\pi kx)$$
$$\Delta\left(\frac{x-a}{b}\right) = |b| \sum_{k=-\infty}^{\infty} \exp(2\pi\mathrm{i}k\,[x-a])$$

(3.58)
$$f(x)\,\Delta\left(\frac{x-a}{b}\right) = |b| \sum_{k=-\infty}^{\infty} f(a+bk)\,\delta(x-a-bk)$$

(3.64)
$$\int_{-\infty}^{\infty} f(x)\, \Delta\left(\frac{x-a}{b}\right) \mathrm{d}x = |b| \sum_{k=-\infty}^{\infty} f(a+bk)$$

(6.90)
$$f(x) * \Delta\left(\frac{x}{b}\right) = |b| \sum_{k=-\infty}^{\infty} f(x-bk)$$

4. Komplexwertige Funktionen

Eine Einführung in die Fouriertransformation ist – ebenso wie eine fundierte Behandlung der Fourierreihen – ohne Verwendung der komplexen Zahlen nicht angemessen. Es ist davon auszugehen, daß dem Leser insbesondere die Arithmetik und die Exponentialform der komplexen Zahlen, bekannt und vertraut sind. Zur Erinnerung und für eine unmißverständliche Darstellung der folgenden Zusammenhänge sollen zunächst die grundlegenden Bezeichnungen und Formeln zusammengestellt werden.

Notierungen zu komplexen Zahlen

$\mathrm{i} := \sqrt{-1} \;\Rightarrow\; \mathrm{i}^2 = -1$: Definition und Elementargleichung der imaginären Einheit[1].

$z := a + b\,\mathrm{i}$, mit $a, b \in \mathbb{R}$: Komplexe Zahl z in der „algebraischen Form".

$\mathbb{C} := \{z | z = a + b\,\mathrm{i} \wedge a, b \in \mathbb{R}\}$: Die Menge der komplexen Zahlen; u.a. gilt hiermit: $0 = 0 + 0\,\mathrm{i} \in \mathbb{C}$.

$\mathrm{Re}\,(z) := a$: Realteil der komplexen Zahl $z = a + b\,\mathrm{i}$.

$\mathrm{Im}\,(z) := b$: Imaginärteil der komplexen Zahl $z = a + b\,\mathrm{i} \;\Rightarrow\; \mathrm{Im}\,(z) \in \mathbb{R}$.

$r = |z| := \sqrt{a^2 + b^2}$: Betrag der komplexen Zahl $z = a + b\,\mathrm{i}$; aus der Definition folgt $|z| = 0 \Leftrightarrow z = 0$.

Gleichheit zweier komplexer Zahlen:

$$\left.\begin{array}{l} z_1 = z_2 \\ a_1 + b_1\mathrm{i} = a_2 + b_2\mathrm{i} \end{array}\right\} := (a_1 = a_2 \wedge b_1 = b_2)\,. \tag{4.1}$$

$z^* := a - b\,\mathrm{i}$: Konjugiert komplexe Zahl zu der komplexen Zahl $z = a + b\,\mathrm{i}$; hiermit gilt:

$$zz^* = |z|^2 \geq 0\,. \tag{4.2}$$

Zur anschaulichen Wiedergabe einer komplexen Zahl z ist es üblich, diese in der Form $z = x + \mathrm{i}\,y$ zu schreiben und sie als Punkt $\mathrm{P}(x|y)$ in der komplexen oder Gaußschen Zahlenebene darzustellen. Wir nennen den zu z gehörigen

[1] Anstelle der in der Elektro- und Nachrichtentechnik gewohnten Benutzung des Buchstabens j wollen wir für die imaginäre Einheit den Buchstaben i verwenden, so wie es in der mathematischen Literatur üblich ist.

Punkt auch den „Punkt z“, und es ist ohne weiteres zu bestätigen, daß $|z| = r$ den Abstand des Punktes z vom Koordinatenursprung $z = 0$ angibt.

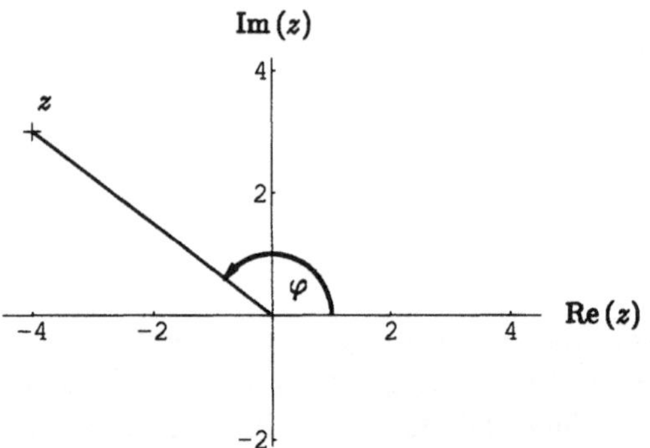

Abb. 4.1. $z = -4+3\mathrm{i}$ in der Gaußschen Zahlenebene

Wie in der Abb. 4.1 angedeutet, bildet die Gerade durch den Punkt $z = x + \mathrm{i}\,y$ und durch $z_0 = 0$ mit der positiven reellen Achse den Winkel φ. Wir wollen vereinbaren, daß für Zahlen z im I. und II. Quadranten (d.h. für $\mathrm{Im}\,(z) > 0$) der Winkel φ positiv und im III. und IV. Quadranten (d.h. für $\mathrm{Im}\,(z) < 0$) der Winkel φ negativ angegeben wird. Genauer wird der Zusammenhang zwischen der Lage eines Punktes $z \neq 0$ in der Gaußschen Zahlenebene und dem Winkelbereich durch die folgende Tabelle 4.1 wiedergegeben. Dem Punkt $z = 0$ ist zwangsläufig kein Winkel zugeordnet.

Tabelle 4.1. Lage komplexer Zahlen und Winkelbereich in der Gaußschen Zahlenebene

Quadrant	Re (z)	Im (z)	Winkelbereich
I	$\in \mathbb{R}^+$	$\in \mathbb{R}_0^+$	$0 \leq \varphi < \frac{\pi}{2}$
II	$\in \mathbb{R}_0^-$	$\in \mathbb{R}^+$	$\frac{\pi}{2} \leq \varphi < \pi$
III	$\in \mathbb{R}^-$	$\in \mathbb{R}_0^-$	$-\pi \leq \varphi < -\frac{\pi}{2}$
IV	$\in \mathbb{R}_0^+$	$\in \mathbb{R}^-$	$-\frac{\pi}{2} \leq \varphi < 0$

Die komplexe Zahl $z = x + \mathrm{i}\,y$ läßt sich wegen $x = r\cos\varphi$ und $y = r\sin\varphi$ auch in der Form $z = r\cos\varphi + \mathrm{i}r\sin\varphi = r(\cos\varphi + \mathrm{i}\sin\varphi)$ angeben. Zu jeder Zahl $z \neq 0$ gehört offensichtlich genau ein Zahlenpaar (r, φ) mit $r \in \mathbb{R}_0^+$ und $-\pi \leq \varphi < \pi$; umgekehrt ist zu jedem solchen Zahlenpaar eindeutig eine komplexe Zahl z festgelegt. Wir wollen zu dieser Darstellung folgende Bezeichnungen und Formeln festhalten:

$\varphi = \arg(z)$, gesprochen Argument[2] von z.

Definition der Exponentialfunktion zu dem imaginären Argument $\mathrm{i}\,\varphi$

$$\mathrm{e}^{\mathrm{i}\varphi} = \exp(\mathrm{i}\varphi) := \cos\varphi + \mathrm{i}\sin\varphi \;:\; \text{Eulersche Formel.} \tag{4.3}$$

Die weiteren Formeln sind Folgerungen hieraus:

$$\exp(-\mathrm{i}\varphi) = \cos\varphi - \mathrm{i}\sin\varphi\,.$$

$$\cos\varphi = \frac{1}{2}\left[\exp(\mathrm{i}\varphi) + \exp(-\mathrm{i}\varphi)\right]\,,\ \sin\varphi = \frac{1}{2\mathrm{i}}\left[\exp(\mathrm{i}\varphi) - \exp(-\mathrm{i}\varphi)\right]\,. \tag{4.4}$$

$$|\exp(\mathrm{i}\varphi)| = \sqrt{\cos^2\varphi + \sin^2\varphi} = 1$$

$$\Rightarrow \exp(\mathrm{i}\varphi) = \text{komplexe Zahl auf dem Einheitskreis, } |z| = 1\,.$$

$$z = r\exp(\mathrm{i}\varphi) = r(\cos\varphi + \mathrm{i}\sin\varphi) \;:\; \text{„Exponentialform von } z\text{“}\,. \tag{4.5}$$

$$r\exp(-\mathrm{i}\varphi) = r\left[\cos(\varphi) - \mathrm{i}\sin(\varphi)\right] = z^* \;:$$

Konjugiert komplexe Zahl zu $z = r\exp(\mathrm{i}\varphi)$.

$$zz^* = r^2\exp(\mathrm{i}\varphi)\exp(-\mathrm{i}\varphi) = r^2 = |z|^2\,.$$

$$\exp\left(\frac{\pi\mathrm{i}}{2}\right) = \mathrm{i},\ \exp(\pi\mathrm{i}) = \exp(-\pi\mathrm{i}) = -1,\ \exp\left(-\frac{\pi\mathrm{i}}{2}\right) = -\mathrm{i}\,,$$

$$\exp(0) = \exp(2\pi\mathrm{i}) = 1\,.$$

$$\exp(\mathrm{i}\varphi + 2k\pi\mathrm{i}) = \cos(\varphi + 2k\pi) + \mathrm{i}\sin(\varphi + 2k\pi) = \cos(\varphi) + \mathrm{i}\sin(\varphi)$$

$$= \exp(\mathrm{i}\varphi) \text{ für } k \in \mathbb{Z}\,. \tag{4.6}$$

$$\exp(2k\pi\mathrm{i}) = 1,\ \exp([2k+1]\,\pi\mathrm{i}) = -1,\ \exp(k\pi\mathrm{i}) = (-1)^k \tag{4.7}$$

für $k \in \mathbb{Z}$.

Mit (4.6) ist $\exp(\mathrm{i}\varphi)$ über den Winkelbereich $-\pi \le \varphi < \pi$ hinaus für jeden reellen Wert φ eindeutig definiert, denn zu beliebigem $\varphi \in \mathbb{R}$ gibt es immer genau eine Zahl $k \in \mathbb{Z}$, so daß mit $\varphi' = \varphi - 2k\pi$ gilt: $-\pi \le \varphi' < \pi$ und daher $\exp(\mathrm{i}\varphi) = \exp(\mathrm{i}\varphi')$.

Während die Überführung der Exponentialform $z = r\exp(\mathrm{i}\varphi)$ in die algebraische Form $z = x + \mathrm{i}\,y$ mit (4.5) unproblematisch ist, bedarf die umgekehrte Umformung einer zusätzlichen Überlegung. Zu gegebenem $z = x + \mathrm{i}\,y$ ist zunächst $r = |z| = \sqrt{x^2 + y^2}$. Wegen $\tan\varphi = y/x = \mathrm{Im}\,(z)/\,\mathrm{Re}\,(z)$ wird für die Berechnung von φ in der Regel die Formel

$$\varphi = \arctan\left(\frac{\mathrm{Im}\,(z)}{\mathrm{Re}\,(z)}\right) \tag{4.8}$$

[2] Im Gegensatz zum Argumentbegriff bei Funktionen bezeichnet $\arg(z)$ also einen Winkel.

angegeben. Die Funktionswerte der Arcustangensfunktion füllen das Intervall $(-\pi/2, \pi/2)$ aus, d.h. ein Intervall der Länge π. Dagegen zeigt die Tabelle 4.1, daß zur eindeutigen Umrechnung der Zahl z in die Exponentialform ein Intervall der Länge 2π erforderlich ist. So würde beispielsweise sowohl die komplexe Zahl $z_1 = \sqrt{2}\exp(\pi i/4) = 1 + i$ als auch die Zahl $z_2 = \sqrt{2}\exp(-3\pi i/4) = -1 - i$ bei der Zurückrechnung des Winkels auf den Wert $\varphi = \pi/4$ führen. Eine eindeutige Berechnung von $\varphi = \arg(z)$ aus $x + i y$ muß daher die Vorzeichen sowohl von $\mathrm{Re}(z)$ als auch von $\mathrm{Im}(z)$ berücksichtigen. Die Tabelle 4.2 gibt sämtliche dabei erforderlichen Fallunterscheidungen wieder. Die Reihenfolge der Tabellenzeilen ist für Winkel $\varphi = -\pi$ bis $\varphi < \pi$ angeordnet.

Tabelle 4.2. Vorzeichen $\mathrm{Re}(z)$, $\mathrm{Im}(z)$ und zugehörige Winkel $\varphi = \arg(z)$

$\mathrm{Re}(z)$	$\mathrm{Im}(z)$	$q = \frac{\mathrm{Im}(z)}{\mathrm{Re}(z)}$	$\varphi' = \arctan(q)$	$\varphi = \arg(z)$	Winkelbereich
< 0	$= 0$	$= 0$	$\varphi' = 0$	$\varphi = -\pi$	$\varphi = -\pi$
< 0	< 0	> 0	$0 < \varphi' < \frac{\pi}{2}$	$\varphi = \varphi' - \pi$	$-\pi < \varphi < -\frac{\pi}{2}$
$= 0$	< 0	–	–	$\varphi = -\frac{\pi}{2}$	$\varphi = -\frac{\pi}{2}$
> 0	< 0	< 0	$-\frac{\pi}{2} < \varphi' < 0$	$\varphi = \varphi'$	$-\frac{\pi}{2} < \varphi < 0$
> 0	$= 0$	$= 0$	$\varphi' = 0$	$\varphi = 0$	$\varphi = 0$
> 0	> 0	> 0	$0 < \varphi' < \frac{\pi}{2}$	$\varphi = \varphi'$	$0 < \varphi < \frac{\pi}{2}$
$= 0$	> 0	–	–	$\varphi = \frac{\pi}{2}$	$\varphi = \frac{\pi}{2}$
< 0	> 0	< 0	$-\frac{\pi}{2} < \varphi' < 0$	$\varphi = \varphi' + \pi$	$\frac{\pi}{2} < \varphi < \pi$
$= 0$	$= 0$	–	–	φ unbestimmt	–

Wir wollen für die quadrantengerechte Darstellung des Winkels φ im Intervall $[-\pi, \pi)$ die Schreibweise einer Funktion der beiden getrennten Argumente $\mathrm{Re}(z)$ und $\mathrm{Im}(z)$ benutzen:

$$\varphi = \arctan\big(\mathrm{Re}(z), \mathrm{Im}(z)\big) . \tag{4.9}$$

Komplexwertige Funktionen zu reellem Argument

Ausgehend von der algebraischen Form komplexer Zahlen bilden wir zu zwei reellwertigen Funktionen g und h als neue Funktion $f(x) = g(x) + i h(x)$. g und h können in unserem Zusammenhang Funktionen sein, die entweder die auf S.

6 genannten Eigenschaften erfüllen oder vom δ-Typ sind (vgl. S. 70). Zu jedem $x \in \mathbb{R}$ stellt der Funktionswert $f(x)$ eine komplexe Zahl dar; $f(x)$ ist also eine komplexwertige Funktion zu reellem Argument, $f : \mathbb{R} \to \mathbb{C}$. Vereinfacht sprechen wir von einer komplexwertigen oder komplexen Funktion, da wir im Rahmen der Fouriertransformation ausschließlich Funktionen zu reellem Argument behandeln.

Um die Zugehörigkeit zu $f(x)$ als Real- und Imaginärteil zu verdeutlichen, werden wir in der Regel anstelle der Funktionen g bzw. h die Schreibweise f_R bzw. f_I verwenden, so daß wir erhalten

$$f(x) = f_R(x) + \mathrm{i} f_I(x) \;\Rightarrow\; \mathrm{Re}\,[f(x)] = f_R(x), \;\; \mathrm{Im}\,[f(x)] = f_I(x)\,.$$

Die zu f konjugiert komplexe Funktion f^* lautet dann

$$f^*(x) = f_R(x) - \mathrm{i} f_I(x)\,.$$

Falls $f_I = 0$ d.h. die Nullfunktion ist, wird f als (rein) reellwertig bezeichnet, umgekehrt heißt im Fall $f_R = 0$ die Funktion f (rein) imaginär.

Die Gleichheitsdefinition (4.1) zweier komplexer Zahlen wird erweitert auf die Gleichheit zweier komplexer Funktionen

$$f(x) = g(x) \;:=\; f_R(x) = g_R(x) \;\wedge\; f_I(x) = g_I(x)\,. \tag{4.10}$$

Ebenso wie die komplexen Zahlen lassen sich auch komplexwertige Funktionen in der Exponentialform wiedergeben, und wir wollen schreiben

$$f(x) = a(x) \exp\,[\mathrm{i}\varphi(x)] \;\text{ mit } a(x), \varphi(x) : \mathbb{R} \to \mathbb{R}\,. \tag{4.11}$$

In dieser Darstellung wird $a(x)$ die „Amplitude" oder „Amplitudenfunktion" von $f(x)$ genannt, und $\varphi(x)$ heißt „Phase" oder „Phasenfunktion" zu $f(x)$.

Im Gegensatz zu einer komplexen Zahl $z = r\exp(\mathrm{i}\varphi)$, bei der aufgrund der Einführung dieser Form $r = |z| \in \mathbb{R}_0^+$ ist, wird in (4.11) zugelassen, daß die Funktionswerte der Amplitude negativ sein können. Würde man nämlich konsequent auf der Forderung $a(x) = |f(x)| \in \mathbb{R}_0^+$ bestehen, dann wäre bereits die Wiedergabe einer rein reellwertigen Funktion f mit negativen Funktionswerten in der Exponentialform recht unhandlich, z.B.

$$\sin(2\pi x) = |\sin(2\pi x)| \exp\,[\mathrm{i}\varphi(x)] \;\text{ mit}$$

$$\varphi(x) = -\pi \sum_{k=-\infty}^{\infty} \mathrm{rect}\left(\frac{x + 1/4 + k}{1/2}\right)\,.$$

$\varphi(x)$ ist also die um -1/4 verschobene und mit $-\pi$ multiplizierte 1-periodische Rechteckfunktion (Abb. 4.2).

Für den Fall, daß in $a(x)$ auch negative Funktionswerte vorkommen, wollen wir von einer „bipolaren" Amplitudenfunktion sprechen.

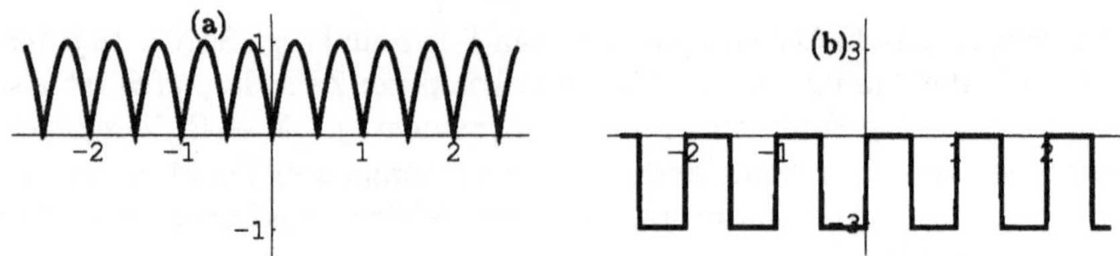

Abb. 4.2. (**a**) Amplitudenfunktion, (**b**) Phasenfunktion zu $\sin(2\pi x)$

Die Überführung der Exponentialform einer Funktion f in die algebraische Form läßt sich mit

$$f(x) = a(x) \exp[\mathrm{i}\varphi(x)] = a(x)\big[\cos\varphi(x) + \mathrm{i}\sin\varphi(x)\big]$$

direkt angeben. Beispiel hierzu ist nach der Eulerschen Formel (4.3)

$$f(x) = \exp(2\pi\mathrm{i}x) = \cos(2\pi x) + \mathrm{i}\sin(2\pi x)$$

mit der Amplitudenfunktion $a(x) = 1$ (Einsfunktion) und der Phase $\varphi(x) = 2\pi x$.

Umgekehrt wird zu gegebenem $f = f_R + \mathrm{i}f_I$ mit (4.9)

$$a(x) = |f(x)| = \sqrt{f_R^2(x) + f_I^2(x)} = \sqrt{f(x)f^*(x)}\,,$$

$$\varphi(x) = \arctan\big(f_R(x), f_I(x)\big)\,.$$

Hiernach gilt für die Amplitudenfunktion zwangsläufig $a(x) : \mathbb{R} \to \mathbb{R}_0^+$; zur Darstellung der Phasenfunktion wurde von der quadrantengerechten Arcustangensfunktion in der Form (4.9) Gebrauch gemacht.

In Verbindung mit den Formalismen der Fouriertransformation spielt die Exponentialform einer komplexen Funktion nur eine untergeordnete Rolle. Als Ergebnis praktischer Anwendungen der Fouriertransformation kommt ihr allerdings eine größere Bedeutung bei der Interpretation von Signalen zu.

Spezielle Arten komplexwertiger Funktionen

Die Vorbereitungen über periodische Funktionen in Abschn. 2.2 lassen ohne weiteres die Übertragung der Periodeneigenschaft auf komplexe Funktionen zu. In Verbindung mit der Gleichheitsdefinition (4.10) wird durch

$$f(x+p) = f(x) \;\Leftrightarrow\; f_R(x+p) = f_R(x) \wedge f_I(x+p) = f_I(x)$$

eine p-periodische komplexwertige Funktion $f(x)$ auf den Realteil $f_R(x)$ und den Imaginärteil $f_I(x)$ als p-periodische Funktionen zurückgeführt. Damit ist z.B. nach (4.6) die Funktion $f(x) = \exp(2\pi\mathrm{i}\nu x)$ für $\nu \in \mathbb{R}\setminus\{0\}$ eine $1/|\nu|$-periodische und somit auch eine $m/|\nu|$-periodische Funktion ($m \in \mathbb{N}$). In Erweiterung des Begriffs „harmonische Funktionen“ (vgl. S. 27) soll auch die

Funktion $f(x) = \exp(2\pi i \nu x)$, $\nu \in \mathbb{R}\setminus\{0\}$, als (komplexwertige) Harmonische bezeichnet werden.

Die Definitionen über Symmetrieeigenschaften reeller Funktionen (vgl. S. 8) werden entsprechend auch auf Funktionen mit $f : \mathbb{R} \to \mathbb{C}$ übertragen:

$$f(x) \text{ gerade} := f(-x) = f(x)$$

$$\Leftrightarrow \; f_R(-x) = f_R(x) \wedge f_I(-x) = f_I(x) \,, \tag{4.12}$$

$$f(x) \text{ ungerade} := f(-x) = -f(x)$$

$$\Leftrightarrow \; f_R(-x) = -f_R(x) \wedge f_I(-x) = -f_I(x) \,. \tag{4.13}$$

Da die Nullfunktion sowohl die Eigenschaft einer geraden als auch einer ungeraden Funktion erfüllt, schließen diese beiden Definitionen mit $f_I(x) = 0$ die Symmetriedefinitionen (1.12) und (1.13), S. 8, für reellwertige Funktionen ein. Zusätzlich führen wir bei komplexwertigen Funktionen noch die folgenden Symmetriebegriffe ein:

$$f(x) \text{ hermitesch} := f(-x) = f^*(x)$$

$$\Leftrightarrow \; f_R(x) \text{ gerade} \;\wedge\; f_I(x) \text{ ungerade,} \tag{4.14}$$

$$f(x) \text{ antihermitesch} := f(-x) = -f^*(x)$$

$$\Leftrightarrow \; f_R(x) \text{ ungerade} \;\wedge\; f_I(x) \text{ gerade.} \tag{4.15}$$

Einfache Beispiele für komplexwertige Funktionen der vier Symmetrietypen sind (Aufgabe 3):

$$\begin{aligned}
&f(x) \text{ gerade}: && f(x) = \exp(2\pi i|x|) \,,\\
&f(x) \text{ ungerade}: && f(x) = \exp(2\pi i|x|)\,\operatorname{sgn}(x) \,,\\
&f(x) \text{ hermitesch}: && f(x) = \exp(2\pi i x) \,,\\
&f(x) \text{ antihermitesch}: && f(x) = i\exp(2\pi i x) \,.
\end{aligned}$$

Grundlegendes zur Analysis komplexwertiger Funktionen

Durch die Zerlegung einer komplexwertigen Funktion in Real- und Imaginärteil führt die Anwendung der Differential- und Integralrechnung bei diesen Funktionen zu keinerlei neuen Schwierigkeiten. Zu beachten ist dabei, daß die imaginäre Einheit i wie eine gewöhnliche Konstante behandelt wird.

Da wir nur Funktionen mit reellwertigem Argument zulassen, sind die Variablen, nach denen abgeleitet wird, reelle Größen. Dasselbe gilt in Integralen auch für die Integrationsgrenzen und somit ebenso für die Integrationsvariablen. Wir setzen im folgenden voraus, daß die vorgestellten Integrale existieren.

Beispiele:

1. $\frac{\mathrm{d}}{\mathrm{d}x}\exp(\mathrm{i}x) = \mathrm{i}\exp(\mathrm{i}x) = \mathrm{i}\,[\cos x + \mathrm{i}\sin x] = -\sin x + \mathrm{i}\cos x\ ;$

   Vergleich: $\frac{\mathrm{d}}{\mathrm{d}x}[\cos x + \mathrm{i}\sin x] = -\sin x + \mathrm{i}\cos x = \mathrm{i}\exp(\mathrm{i}x)\ .$

2. $$\begin{aligned}\frac{\mathrm{d}}{\mathrm{d}x}\sin x &= \frac{\mathrm{d}}{\mathrm{d}x}\left\{\frac{\exp(\mathrm{i}x)-\exp(-\mathrm{i}x)}{2\mathrm{i}}\right\}\\ &= \frac{1}{2i}\left\{\frac{\mathrm{d}}{\mathrm{d}x}\exp(\mathrm{i}x) - \frac{\mathrm{d}}{\mathrm{d}x}\exp(-\mathrm{i}x)\right\}\\ &= \frac{1}{2i}\{\mathrm{i}\exp(\mathrm{i}x) + \mathrm{i}\exp(-\mathrm{i}x)\} = \cos x\ . \end{aligned} \tag{4.16}$$

3. $$\begin{aligned}\int_0^x \cos\alpha\,\mathrm{d}\alpha &= \frac{1}{2}\int_0^x [\exp(\mathrm{i}\alpha)+\exp(-\mathrm{i}\alpha)]\,\mathrm{d}\alpha\\ &= \left[\frac{\exp(\mathrm{i}\alpha)}{2\mathrm{i}} + \frac{\exp(-\mathrm{i}\alpha)}{-2\mathrm{i}}\right]_0^x\\ &= \frac{\exp(\mathrm{i}x)-\exp(-\mathrm{i}x)}{2\mathrm{i}} - \frac{\exp(0)-\exp(0)}{2\mathrm{i}}\\ &= \sin x\ . \end{aligned}$$

4. $$\begin{aligned}\int_a^b f^*(x)\mathrm{d}x &= \int_a^b [f_R(x) - \mathrm{i}f_I(x)]\,\mathrm{d}x\\ &= \int_a^b f_R(x)\mathrm{d}x - \mathrm{i}\int_a^b f_I(x)\mathrm{d}x\\ &= \left[\int_a^b f_R(x)\mathrm{d}x + \mathrm{i}\int_a^b f_I(x)\mathrm{d}x\right]^*\\ &= \left[\int_a^b [f_R(x)+\mathrm{i}f_I(x)]\,\mathrm{d}x\right]^* = \left[\int_a^b f(x)\mathrm{d}x\right]^*\ . \end{aligned}$$

5. Für die Symmetrietypen hermitesch bzw. antihermitesch gilt:

$$\begin{aligned}\int_{-a}^a f(x)\mathrm{d}x &= \int_{-a}^a f_R(x)\mathrm{d}x + \mathrm{i}\int_{-a}^a f_I(x)\mathrm{d}x\\ &= 2\int_0^a f_R(x)\mathrm{d}x,\ \text{falls } f(x) \text{ hermitesch,}\end{aligned}$$

$$\int_{-a}^{a} f(x)\mathrm{d}x = 2\mathrm{i}\int_{0}^{a} f_I(x)\mathrm{d}x, \text{ falls } f(x) \text{ antihermitesch ist.}$$

Für den Fall, daß die entsprechenden uneigentlichen Integrale existieren, gelten die Gleichungen der Beispiele 3 und 4 auch mit den Integrationsgrenzen $a = -\infty$ bzw. $b = \infty$.

6. In Ergänzung zur Integraldarstellung der sinc-Funktion (1.7), S. 6, soll noch die entsprechende komplexe Form angegeben werden:

$$\int_{-\infty}^{\infty} \exp(\pm 2\pi\mathrm{i}\alpha x)\,\mathrm{rect}(\alpha)\mathrm{d}\alpha = \int_{-1/2}^{1/2} \exp(\pm 2\pi\mathrm{i}\alpha x)\mathrm{d}\alpha$$

$$= 2\int_{0}^{1/2} \cos(2\pi\alpha x)\mathrm{d}\alpha = \mathrm{sinc}(x),\; x \in \mathbb{R}\,. \tag{4.17}$$

Übungen

4.1 Die vier Grundrechenarten komplexer Zahlen in der algebraischen Form sind mit $z_1 = a_1 + b_1\mathrm{i}$, $z_2 = a_2 + b_2\mathrm{i}$ definiert durch

$$z_1 \pm z_2 := (a_1 \pm a_2) + \mathrm{i}(b_1 \pm b_2)\,,$$

$$z_1 z_2 := (a_1 a_2 - b_1 b_2) + \mathrm{i}(a_1 b_2 + a_2 b_1)\,,\quad \frac{z_1}{z_2} := \frac{1}{|z_2|^2}\, z_1 z_2^* \text{ für } z_2 \neq 0\,.$$

Unter Verwendung der Definitionen zu $\mathrm{Re}\,(z)$, $\mathrm{Im}\,(z)$, z^* und $|z|$ ist mit diesen arithmetischen Operationen zu zeigen ($z = a + b\,\mathrm{i}$):

$$\text{a)}\quad z + z^* = 2\,\mathrm{Re}\,(z)\,,\; z - z^* = 2\mathrm{i}\,\mathrm{Im}\,(z)\,,\; \frac{1}{\mathrm{i}} = -\mathrm{i}\,;$$

$$\text{b)}\quad (z_1 \pm z_2)^* = z_1^* \pm z_2^*\,,\; (z_1 z_2)^* = z_1^*\, z_2^*\,,\; \left(\frac{z_1}{z_2}\right)^* = \frac{z_1^*}{z_2^*}\,, \tag{4.18}$$

$$|z| = 1 \Rightarrow \frac{1}{z} = z^*\,;$$

$$\text{c)}\quad |z|^2 = zz^*\,,\; |z^2| = |z|^2\,,\; |z_1 z_2| = |z_1|\,|z_2|\,,\; \left|\frac{z_1}{z_2}\right| = \frac{|z_1|}{|z_2|}\,; \tag{4.19}$$

$$\text{d)}\quad \mathrm{Im}\,(z) = 0 \;\Rightarrow\; |z| = \begin{cases} z \text{ für } z = \mathrm{Re}\,(z) > 0\,, \\ 0 \text{ für } z = 0\,, \\ -z \text{ für } z = \mathrm{Re}\,(z) < 0\,; \end{cases}$$

hiermit ist sichergestellt, daß die Betragsdefinition komplexer Zahlen die der reellen Zahlen einschließt (vgl. (1.36)).

4.2 Anwendung der Exponentialform komplexer Zahlen:

a) Führen Sie die Darstellung von $\cos\varphi$ und $\sin\varphi$ durch $\exp(\mathrm{i}\varphi)$, (4.4), auf die Eulersche Formel (4.3) zurück.

b) Beweisen Sie die Gleichungen (2.3) und (2.4). Ansatz: Auf

$$\sum_{k=0}^{N} \exp(\mathrm{i}kx) = \sum_{k=0}^{N} \cos(kx) + \mathrm{i} \sum_{k=0}^{N} \sin(kx)$$

läßt sich die Summenformel (2.2) zur geometrischen Reihe anwenden und das Ergebnis in Realteil und Imaginärteil zerlegen. Ergänzen Sie die Formeln um den Beweis zu

$$\sum_{k=-N}^{N} \exp(2\pi \mathrm{i}kx) = -1 + 2\sum_{k=0}^{N} \cos(2\pi kx)$$
$$= \begin{cases} \dfrac{\sin([2N+1]\,\pi x)}{\sin(\pi x)} \text{ für } x \notin \mathbb{Z}\,, \\ 2N+1 \text{ für } x \in \mathbb{Z} \end{cases} \tag{4.20}$$

$$\Rightarrow \sum_{k=-N}^{N} \sin(2\pi kx) = 0\,.$$

c) Zu zeigen ist: Für $N \in \mathbb{N}$ und $j \in \mathbb{Z}$ gilt

$$\frac{1}{N}\sum_{k=0}^{N-1} \exp\left(\frac{2\pi \mathrm{i}jk}{N}\right) = \left\{\begin{array}{l} 1 \text{ für } j = mN\,, \\ 0 \text{ für } j \neq mN\,, \end{array}\right\} \quad m \in \mathbb{Z}\,. \tag{4.21}$$

Wie lautet die Folgerung für $\sum_{k=0}^{N-1} \cos(2\pi jk/N)$ bzw. $\sum_{k=0}^{N-1} \sin(2\pi jk/N)$ hieraus?

Erweitern Sie (4.21) zu

$$\frac{1}{2N}\sum_{k=-N}^{N-1} \exp\left(\frac{2\pi \mathrm{i}jk}{2N}\right) = \left\{\begin{array}{l} 1 \text{ für } j = m2N\,, \\ 0 \text{ für } j \neq m2N\,, \end{array}\right\} \quad j, m \in \mathbb{Z}\,. \tag{4.22}$$

d) Mit der häufig benutzten Abkürzung

$$w_N := \exp\left(\frac{2\pi \mathrm{i}}{N}\right) \Rightarrow w_N^* = \exp\left(-\frac{2\pi \mathrm{i}}{N}\right) \tag{4.23}$$

ist aus (4.21), (4.22) die sogenannte Summenorthogonalität der komplexen Exponentialterme w_N herzuleiten:

$$\frac{1}{N}\sum_{k=0}^{N-1} w_N^{jk}\left(w_N^{kn}\right)^* = \left\{\begin{matrix} 1 \text{ für } j-n=mN\,, \\ 0 \text{ für } j-n\neq mN\,, \end{matrix}\right\} \; j,m,n\in\mathbb{Z}\,, \tag{4.24}$$

$$\frac{1}{2N}\sum_{k=-N}^{N-1} w_{2N}^{jk}\left(w_{2N}^{kn}\right)^* = \left\{\begin{matrix} 1 \text{ für } j-n=m2N\,, \\ 0 \text{ für } j-n\neq m2N\,, \end{matrix}\right\} \; j,m,n\in\mathbb{Z}\,. \tag{4.25}$$

e) Es gilt zu $a, b \in \mathbb{R}$:

$$f(x) = a\cos x + b\sin x$$

$$\Rightarrow f(x) = A\cos(x-\alpha) \text{ bzw. } f(x) = B\sin(x-\beta)\,.$$

Bestätigen Sie für die Größen A, α, B, β die Formeln

$$A = B = \sqrt{a^2+b^2}\,,\ \alpha = \arctan(a,b)\,,\ \beta = \arctan(b,-a)\,. \tag{4.26}$$

4.3 Komplexwertige Funktionen

a) Skizzieren Sie für $\nu = 1, 2, 3$ die Funktionsgraphen (Real- und Imaginärteil) der Funktionen $f(x) = \exp(2\pi i\nu x)\,\mathrm{rect}(2x)$.

b) Überprüfen Sie die Symmetrieeigenschaften der auf S. 93 genannten vier Beispiele.

c) Zur Vorbereitung der folgenden Aufgaben sollen zunächst rein reellwertige symmetrische Funktionen betrachtet und durch f_G, h_G gerade Funktionen bzw. durch f_U, h_U ungerade Funktionen notiert werden. Es wird vorausgesetzt, daß es sich bei den Funktionen nicht um Nullfunktionen handelt. Zu zeigen ist:

$f_G \pm h_G$ ist eine gerade, $f_U \pm h_U$ ist eine ungerade Funktion;

$f_G \pm h_U$ bzw. $f_U \pm h_G$ ist eine unsymmetrische Funktion .

Wie lauten die Symmetrieaussagen bei den vier Produktfunktionen $f_G h_G$, $f_G h_U$, $f_U h_G$, $f_U h_U$?

d) Falls die beiden komplexwertigen Funktionen f und h beide vom Symmetrietyp gerade bzw. ungerade bzw. hermitesch bzw. antihermitesch sind, dann ist die Summenfunktion $g_1 := f + h$ vom selben Symmetrietyp. Haben die symmetrischen Funktionen f und h einen unterschiedlichen Symmetrietyp, dann ist die Summenfunktion g_1 für $f \neq 0 \wedge g \neq 0$ unsymmetrisch.

e) Zu den vier Symmetrietypen der beiden Funktionen f und h lassen sich 16 Kombinationen der Produktfunktion $g_2 := fh$ bilden, die sich wegen der Kommutativeigenschaft der Summen- und Produktbildung auf 10 verschiedene Kombinationen reduzieren. Bestimmen Sie zu diesen Kombinationen das Symmetrie- bzw. Unsymmetrieergebnis der Funktion g_2.

f) Zeigen Sie in Ergänzung zu Kap. 1, Aufgabe 4, daß zu einer beliebigen komplexwertigen Funktion $f : \mathbb{R} \to \mathbb{C}$ gilt:

$g_3(x) := f(x-a) + f^*(-x-a)$ ist hermitesch,

$g_4(x) := f(x-a) - f^*(-x-a)$ ist antihermitesch.

4.4 Analysis komplexwertiger Funktionen

a) Die Berechnung der unbestimmten Integrale

$$\int \exp(\mathrm{i}x)\cos x\,\mathrm{d}x, \qquad \int \exp(\mathrm{i}x)\sin x\,\mathrm{d}x$$

nach dem in der Integralrechnung für die Integration der Funktionen $\mathrm{e}^x \cos x$, $\mathrm{e}^x \sin x$ üblichen Verfahren der zweifachen partiellen Integration führt auf Probleme. Vergleichen Sie bei den angegebenen Integralen diesen Weg mit der Methode, die Kosinus- bzw. Sinusfunktion durch (4.4) zu ersetzen.

b) Zeigen Sie, daß die Erweiterung der Integraldarstellung (4.17) zur sinc-Funktion auf

$$\begin{aligned}\int_{-\infty}^{\infty} \exp(2\pi\mathrm{i}\alpha x)\,\mathrm{rect}\left(\frac{\alpha}{b}\right)\mathrm{d}\alpha &= \int_{-|b|/2}^{|b|/2} \exp(2\pi\mathrm{i}\alpha x)\mathrm{d}\alpha \\ &= |b|\,\mathrm{sinc}(bx)\ ,\ b \in \mathbb{R}\ , \qquad (4.27)\end{aligned}$$

führt, und begründen Sie, daß die Gleichung auch für $b = 0$ zutrifft.

c) Bestätigen Sie – in Ergänzung zur Summenorthogonalität (4.24) bzw. (4.25) – die sogenannte Integralorthogonalität der komplexen Exponentialfunktionen $f_n(x) := \exp(2\pi\mathrm{i}nx)$:

$$\begin{aligned}\int_{-1/2}^{1/2} f_n(x) f_m^*(x)\mathrm{d}x &= \int_{-1/2}^{1/2} \exp(2\pi\mathrm{i}\,[n-m]\,x)\mathrm{d}x = \mathrm{sinc}(n-m) \\ &= \left\{\begin{matrix} 1 \text{ für } n = m\ , \\ 0 \text{ für } n \neq m\ , \end{matrix}\right\}\ n, m \in \mathbb{Z}\ . \qquad (4.28)\end{aligned}$$

5. Fourierreihen II

Nach der Einführung komplexwertiger Funktionen lassen sich jetzt auch die in Kap. 2 behandelten reellwertigen Fourierreihen in die komplexe Form übertragen. Damit haben wir zunächst die Möglichkeit, komplexe periodische Funktionen ebenfalls durch Fourierreihen darzustellen. Wenn wir nun aber auch die bereits bekannten Fourierreihen, beispielsweise die der periodischen Rechteck- oder Dreieckfunktion, (2.44), (2.48), durch komplexe Summanden angeben, dann könnte man fragen, ob damit nicht das bisher vorgestellte Konzept der Fourierreihen unnötig kompliziert wird. Es wird sich jedoch herausstellen, daß sich Fourierreihen durch die komplexe Form kompakter und übersichtlicher darstellen lassen. Außerdem bereiten wir damit die Verknüpfung zwischen Fourierreihen und dem Fourierintegral vor, das später ebenfalls in der Form komplexwertiger Integrandenfunktionen wesentlich einfacher zu handhaben ist.

Insbesondere wird in diesem Kapitel die Integralformel eingeführt, mit der sich zu einer gegebenen Funktion f die Koeffizienten der Fourierreihe zu dieser Funktion berechnen lassen. Auch bei dieser Integralformel wird sich zeigen, daß die komplexe Form wesentlich einfacher als die entsprechende reellwertige Darstellung der Fourierkoeffizienten ausfällt.

5.1 Komplexe Form der Fourierreihen

Ausgehend von der Darstellung einer 1-periodischen reellwertigen Funktion f durch eine Fourierreihe,

$$f(x) = A_0 + 2\sum_{k=1}^{\infty}\left[A_k \cos(2\pi kx) + B_k \sin(2\pi kx)\right] \ , \tag{5.1}$$

ersetzen wir hierin die Kosinus- und Sinusfunktion durch (4.3),

$$\cos\varphi = \frac{1}{2}\left[\exp(\mathrm{i}\varphi) + \exp(-\mathrm{i}\varphi)\right], \quad \sin\varphi = \frac{1}{2\mathrm{i}}\left[\exp(\mathrm{i}\varphi) - \exp(-\mathrm{i}\varphi)\right] \ .$$

Der zum Index $k \in \mathbb{N}$ gehörige Summand der Reihe lautet dann

$$2A_k \frac{\exp(2\pi \mathrm{i}kx) + \exp(-2\pi \mathrm{i}kx)}{2}$$

$$
\begin{aligned}
&+2B_k \frac{\exp(2\pi \mathrm{i} kx) - \exp(-2\pi \mathrm{i} kx)}{2\mathrm{i}} \\
&= A_k \exp(2\pi \mathrm{i} kx) + A_k \exp(-2\pi \mathrm{i} kx) \\
&-\mathrm{i}B_k \exp(2\pi \mathrm{i} kx) + \mathrm{i}B_k \exp(-2\pi \mathrm{i} kx) \\
&= (A_k - \mathrm{i}B_k) \exp(2\pi \mathrm{i} kx) + (A_k + \mathrm{i}B_k) \exp(-2\pi \mathrm{i} kx) \,. \qquad (5.2)
\end{aligned}
$$

Zu *sämtlichen* ganzzahligen Indizes, $k \in \mathbb{Z}$, definieren wir die komplexen Fourierkoeffizienten nun durch

$$
C_k := \begin{cases} A_k - \mathrm{i}B_k \text{ für } k \in \mathbb{N}\,, \\ A_0 \text{ für } k = 0\,, \\ A_{-k} + \mathrm{i}B_{-k} \text{ für } k \in \mathbb{Z}^-\,. \end{cases} \tag{5.3}
$$

Hiernach ist z.B. $C_3 = A_3 - \mathrm{i}B_3$ und $C_{-3} = A_3 + \mathrm{i}B_3$. Allgemein können wir für negative Indizes die komplexen Fourierkoeffizienten auch mit $C_{-k} = A_k + \mathrm{i}B_k$, $k \in \mathbb{N}$, wiedergeben bzw. generell schreiben:

$$
C_{-k} := \begin{cases} A_k + \mathrm{i}B_k \text{ für } k \in \mathbb{N}\,, \\ A_0 \text{ für } k = 0\,, \\ A_{-k} - \mathrm{i}B_{-k} \text{ für } k \in \mathbb{Z}^-\,. \end{cases}
$$

Der k-te Summand (5.2) der Reihe lautet hiermit

$$
C_k \exp(2\pi \mathrm{i} kx) + C_{-k} \exp(-2\pi \mathrm{i} kx) \,.
$$

Für die Fourierreihe (5.1) ergibt sich also

$$
\begin{aligned}
f(x) &= C_0 + \sum_{k=1}^{\infty} \left[C_k \exp(2\pi \mathrm{i} kx) + C_{-k} \exp(-2\pi \mathrm{i} kx)\right] \\
&= \sum_{k=-\infty}^{-1} C_k \exp(2\pi \mathrm{i} kx) + C_0 + \sum_{k=1}^{\infty} C_k \exp(2\pi \mathrm{i} kx) \,.
\end{aligned}
$$

Anstelle der reellwertigen Form (5.1) einer Fourierreihe erhalten wir somit als gleichbedeutende komplexe Form für die reellwertige 1-periodische Funktion f:

$$
f(x) = \sum_{k=-\infty}^{\infty} C_k \exp(2\pi \mathrm{i} kx) \,. \tag{5.4}
$$

Abgesehen davon, daß es zunächst vielleicht einer gewissen Gewöhnung bedarf, mit einer zweiseitig unendlichen Reihe zu arbeiten, haben wir durch die Fourierreihe (5.4) ohne Zweifel eine einfachere Reihendarstellung als die in der Form (5.1) gewonnen. Zudem läßt sich mit diesem Ergebnis auch die Wahl des Faktors 2 in der ursprünglichen Fourierreihe erklären. Gegenüber den Fourierkoeffizienten A_k, B_k mit nur positiven ganzzahligen Indizes k in (5.1) sind die Koeffizienten C_k jetzt den komplexen Harmonischen $\exp(2\pi ikx)$ für alle positiven und negativen ganzen Zahlen k zugeordnet. Die Interpretation, daß für negative Werte von k (d.h. $k \in \mathbb{Z}^-$) mit den harmonischen Funktionen $\exp(2\pi ikx)$ „negative Frequenzen" zu verbinden sind, ist jedoch nur formaler Art. Denn mit

$$\exp(2\pi ikx) = \cos(2\pi kx) + i\sin(2\pi kx) \text{ und}$$

$$\exp(-2\pi ikx) = \cos(2\pi kx) - i\sin(2\pi kx)$$

werden durch $\exp(\pm 2\pi ikx)$ nach wie vor harmonische Schwingungen der Frequenz $k \in \mathbb{N}$ ausgedrückt.

In der Nachrichtentechnik wird die (zweiseitig unendliche) Folge $(C_k)_{k\in\mathbb{Z}}$ der Fourierkoeffizienten in (5.4) (diskretes) „Spektrum der periodischen Funktion f" oder auch „diskretes Frequenzspektrum" genannt, und wir wollen diese Begriffe hier übernehmen. Die Verwendung des Wortes „diskret" einerseits mit der bisher benutzten Bedeutung einer diskreten Funktion (vom δ-Typ, vgl. S. 79) und andererseits zur Bezeichnung einer Folge von Zahlenwerten erhält jeweils aus dem Zusammenhang ihren eindeutigen Bezug.

Gelegentlich interessieren insbesondere die Betragswerte der Koeffizienten; man nennt dann die Folge $(|C_k|)_{k\in\mathbb{Z}}$ das (diskrete) „Betrags- oder Amplitudenspektrum zu f".

Die Exponentialform zu C_k wollen wir mit

$$C_k = |C_k| \exp(2\pi i \Phi_k) \tag{5.5}$$

notieren. Hiermit erhalten wir für die komplexe Harmonische zu dem Index k

$$C_k \exp(2\pi ikx) = |C_k| \exp(2\pi i\,[kx + \Phi_k]) \,,$$

und Φ_k gibt die Argumentverschiebung der Harmonischen, d.h. die Phase an. Entsprechend wird die Folge $(\Phi_k)_{k\in\mathbb{Z}}$ als (diskretes) „Phasenspektrum zu f" bezeichnet. Mit der Berechnung von Φ_k durch

$$\Phi_k = \frac{1}{2\pi} \arctan\big(\operatorname{Re}(C_k)\,,\ \operatorname{Im}(C_k)\big) \tag{5.6}$$

gilt nach Tabelle 4.2, S. 90, $-1/2 \le \Phi_k < 1/2$. Falls f reellwertig ist, dann läßt sich Φ_k als Phasenlage der Harmonischen $\cos(2\pi kx)$ auch anschaulich interpretieren, denn es gilt (Aufgabe 1)

$$\begin{aligned} f : \mathbb{R} \to \mathbb{R} \Rightarrow C_{-k} \exp(-2\pi ikx) + C_k \exp(2\pi ikx) \\ = 2|C_k| \cos(2\pi\,[kx + \Phi_k]) \,. \end{aligned} \tag{5.7}$$

Die Fourierreihe (5.4) führt bei beliebiger Wahl der Koeffizienten $C_k \in \mathbb{C}$, $k \in \mathbb{Z}$, zu denen die Reihe für $x \in \mathbb{R}$ konvergiert, im allgemeinen auf eine komplexe 1-periodische Funktion $f : \mathbb{R} \to \mathbb{C}$. Trotz dieser Erweiterungsmöglichkeit genügt es, die folgenden Darstellungen exemplarisch an

Fourierreihen zu verdeutlichen, die eine reellwertige Summenfunktionen f bilden.

Aus der Definition (5.3) der komplexen Fourierkoeffizienten C_k folgt zunächst:

$$A_k,\, B_k \in \mathbb{R} \text{ für } k \in \mathbb{N}_0 \;\Rightarrow\; C_{-k} = C_k^* \text{ für } k \in \mathbb{Z}\,. \tag{5.8}$$

Wenn umgekehrt Koeffizienten $C_k \in \mathbb{C}$, $k \in \mathbb{Z}$, gegeben sind und wir die Notierung

$$A_k := \operatorname{Re}(C_k),\; B_k := -\operatorname{Im}(C_k) \text{ für } k \in \mathbb{N}_0 \tag{5.9}$$

verwenden, dann führt die Bedingung $C_{-k} = C_k^*$ auf

$$\begin{aligned} C_{-k} = C_k^* \Leftrightarrow \operatorname{Re}(C_{-k}) &= \operatorname{Re}(C_k) \\ \wedge \operatorname{Im}(C_{-k}) &= -\operatorname{Im}(C_k) \text{ für } k \in \mathbb{Z}\,. \end{aligned} \tag{5.10}$$

Zusätzlich ergibt sich hieraus

$$\operatorname{Im}(C_0) = -\operatorname{Im}(C_0) = B_0 = 0 \;\Rightarrow\; C_0 = A_0\,. \tag{5.11}$$

In Umkehrung des Weges läßt sich dann (5.4) in (5.1) überführen mit dem Ergebnis, daß $f(x)$ in (5.4) eine reellwertige Funktion ist. Insgesamt gilt also für die Funktion f in (5.4):

$$f : \mathbb{R} \to \mathbb{R} \;\Leftrightarrow\; C_{-k} = C_k^* \text{ für } k \in \mathbb{Z}\,. \tag{5.12}$$

Der mit der Definition (4.14), S. 93, eingeführte Symmetrietyp einer komplexwertigen Funktion als hermitesch kann auf die Symmetrieeigenschaft der Fourierkoeffizienten in (5.12) übertragen werden, indem das Argument x in (4.14) durch den Index k ersetzt wird. Damit können wir das Ergebnis (5.12) auch so formulieren:

<u>Satz 5.1:</u> *Die durch die Fourierreihe (5.4) dargestellte Funktion f ist genau dann reellwertig und in der Form (5.1) wiederzugeben, wenn das Spektrum der Fourierkoeffizienten, $(C_k)_{k\in\mathbb{Z}}$, vom Symmetrietyp hermitesch ist.*

Zu einer beliebigen Folge $(C_k)_{k\in\mathbb{Z}}$, die nicht hermitesch ist, führt die Fourierreihe (5.4) daher – falls sie konvergiert – auf eine komplexwertige Funktion $f : \mathbb{R} \to \mathbb{C}$.

Den Begriff der Konvergenzordnung einer Fourierreihe (vgl. S. 40) werden wir im folgenden vorrangig auf Beispiele reellwertiger Funktionen anwenden. Nach Satz 5.1 und der Definition der komplexen Fourierkoeffizienten in (5.3) genügt es dann, die Konvergenzordnung der Koeffizienten C_k für $k \in \mathbb{N}$ zu untersuchen.

Besitzt die Fourierreihe nur endlich viele von Null verschiedene Koeffizienten, dann sprechen wir auch hier von einer Fourierteilsumme bzw. von einer endlichen Fourierreihe, und es ist hierzu die Form

$$f_N(x) = \sum_{k=-N}^{N} C_k \exp(2\pi \mathrm{i} kx), \; N \in \mathbb{N}, \tag{5.13}$$

zu verwenden. Falls die Koeffizienten hermitesch sind, haben wir nämlich hiermit die komplexe Form der reellwertigen N-ten Teilsumme (2.3) zur Fourierreihe (5.1). Zu einer beliebigen endlichen Folge $(C_k)_{k=-N,\ldots,N}$ komplexer Zahlen führt die Fourierteilsumme (5.13) in der Regel auf eine komplexwertige Funktion f_N mit dem Definitionsbereich $D_{f_N} = \mathbb{R}$. Für jedes $n \in \mathbb{N}$ ist offensichtlich die n-te Ableitung $f_N^{(n)}$ eine überall stetige Funktion. Umgekehrt können wir analog zu Satz 2.6, S. 43, schließen: Falls die Funktion $f(x)$ der Fourierreihe (5.4) oder eine ihrer Ableitungen $f^{(n)}(x)$ Unstetigkeitsstellen besitzt, dann müssen unendlich viele der Fourierkoeffizienten in (5.4) von Null verschieden sein; es muß sich also um eine unendliche Fourierreihe handeln.

Beispiele

1. Für die Fourierreihe der 1-periodischen Rechteckfunktion gilt mit (2.44), S. 35, $A_k = b \operatorname{sinc}(bk)$, $k \in \mathbb{N}_0$, $0 < b \leq 1$, (wegen $\operatorname{sinc}(0) = 1$ einschließlich für den Index $k = 0$) und $B_k = 0$, $k \in \mathbb{N}_0$. Außerdem ist die sinc-Funktion eine gerade Funktion, so daß mit $C_k = b \operatorname{sinc}(bk)$, $k \in \mathbb{Z}$, die Bedingung (5.12) erfüllt ist. Wir erhalten also

$$f(x) = b \sum_{k=-\infty}^{\infty} \operatorname{sinc}(bk) \exp(2\pi \mathrm{i} kx) \tag{5.14}$$

als komplexe Form der Fourierreihe zur 1-periodischen Rechteckfunktion mit der Rechteckbreite $0 < b < 1$. Der Sonderfall $b = 1$ führt auch hier wegen $\operatorname{sinc}(k) = 0$ für $k \in \mathbb{Z} \setminus \{0\}$ auf die konstante Einsfunktion, $f(x) = 1$.

Anschaulich läßt sich der Verlauf der Folgenwerte $(C_k)_{k \in \mathbb{Z}}$ mit Hilfe der Kammfunktion in der Form der reellwertigen Abtastfunktion (3.59), S. 79,

$$g(x) = b \operatorname{sinc}(bx) \Delta(x)$$

darstellen. Die Länge und Richtung der δ-Pfeile (vgl. Abb. 5.1) gibt dabei durch den Gewichtungsfaktor $b \operatorname{sinc}(bk)$ zu den Funktionen $\delta(x - k)$ an den ganzzahligen Argumentstellen $x = k$ den Wert der Fourierkoeffizienten C_k wieder. Wie in (3.47), S. 75, können wir den einzelnen Koeffizienten C_k aus der Abtastfunktion $g(x)$ zurückgewinnen durch

$$C_k = b \operatorname{sinc}(bk) = \int_{k-1+\varepsilon}^{k+1-\varepsilon} b \operatorname{sinc}(bx) \Delta(x) \, \mathrm{d}x, \; k \in \mathbb{Z}, \; 0 < \varepsilon < 1 .$$

2. Wir wollen die Fourierreihe (2.52), S. 39, für die $f(x) = x/2 - x|x|$ mit $x \in I_1$ (d.h. im Grundintervall) gilt, in die komplexe Form übertragen. Da es sich bei diesem Beispiel um eine Sinusreihe handelt, sind die Koeffizienten

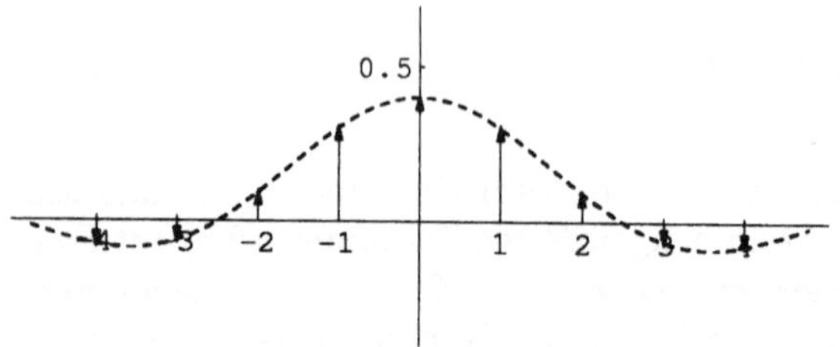

Abb. 5.1.
$b\,\mathrm{sinc}(bx)\Delta(x),\ b = 2/5$

$A_k = 0$ für $k \in \mathbb{N}_0$, und wir erhalten mit (5.3) für die Koeffizienten C_k der Reihe (5.4)

$$C_k = -\mathrm{i}\frac{\mathrm{sinc}^2(k/2)}{4\pi k},\ k \in \mathbb{N},\quad C_0 = 0,\quad C_{-k} = \mathrm{i}\frac{\mathrm{sinc}^2(k/2)}{4\pi k},\ k \in \mathbb{N}\,,$$

die die Bedingung (5.12) erfüllen. Es ergibt sich somit für die komplexe Darstellung der reellwertigen Funktion f in (2.52):

$$\begin{aligned} f(x) &= -\mathrm{i}\sum_{\substack{k=-\infty \\ k\neq 0}}^{\infty} \frac{\mathrm{sinc}^2(k/2)}{4\pi k}\exp(2\pi \mathrm{i}kx) \\ &= -\frac{\mathrm{i}}{\pi^3}\sum_{\substack{k=-\infty \\ k\neq 0}}^{\infty} \frac{\sin^2(\pi k/2)}{k^3}\exp(2\pi \mathrm{i}kx) \\ &= -\frac{\mathrm{i}}{\pi^3}\Big[\ldots - \frac{1}{125}\exp(-10\pi\mathrm{i}x) - \frac{1}{27}\exp(-6\pi\mathrm{i}x) - \exp(-2\pi\mathrm{i}x) \\ &\qquad + \exp(2\pi\mathrm{i}x) + \frac{1}{27}\exp(6\pi\mathrm{i}x) + \frac{1}{125}\exp(10\pi\mathrm{i}x) + \ldots\Big] \\ &= -\frac{\mathrm{i}}{\pi^3}\sum_{k=-\infty}^{\infty}\frac{1}{(2k-1)^3}\exp([2k-1]\,2\pi\mathrm{i}x)\,. \end{aligned} \tag{5.15}$$

Die zusätzliche Angabe in der Summenschreibweise, $k \neq 0$, drückt den Koeffizienten $C_0 = 0$ aus, der durch die allgemeine Summandenformel nicht erfaßt wird. Diese Notierung ist charakteristisch für Fourierreihen zu reellwertigen ungeraden Funktionen f in der komplexen Form.

Für die Konvergenzordnung dieser Fourierreihe läßt sich wie in (2.52) ohne weiteres $O(1/k^3)$ ablesen.

3. Zu einer 1-periodischen Funktion f mit dem Spektrum $(C_k)_{k\in\mathbb{Z}}$ sollen die Koeffizienten $C_{k,g}$ der Funktion $g(x) := f(x)\cos(2\pi\nu x)$, $\nu \in \mathbb{Z}$, ermittelt werden. In der Nachrichtentechnik wird $g(x)$ als amplitudenmoduliertes Signal zu dem Signal $f(x)$ interpretiert. Mit

$$g(x) = f(x)\,\frac{\exp(2\pi\mathrm{i}\nu x) + \exp(-2\pi\mathrm{i}\nu x)}{2}$$

$$= \frac{1}{2} \sum_{k=-\infty}^{\infty} C_k \Big[\exp(2\pi\mathrm{i}\,[k+\nu]\,x) + \exp(2\pi\mathrm{i}\,[k-\nu]\,x) \Big]$$

$$= \frac{1}{2} \sum_{k=-\infty}^{\infty} C_{k-\nu} \exp(2\pi\mathrm{i}kx) + \frac{1}{2} \sum_{k=-\infty}^{\infty} C_{k+\nu} \exp(2\pi\mathrm{i}kx)$$

$$= \sum_{k=-\infty}^{\infty} \frac{C_{k-\nu} + C_{k+\nu}}{2} \exp(2\pi\mathrm{i}kx)\,, \tag{5.16}$$

$$\Rightarrow \quad C_{k,g} = \frac{1}{2} \left[C_{k-\nu} + C_{k+\nu} \right] .$$

Falls f eine reellwertige Funktion und das Spektrum $(C_k)_{k\in\mathbb{Z}}$ somit hermitesch ist, muß dasselbe auch für g gelten. Mit $C_{-k} = C_k^*$ erhalten wir nämlich:

$$C_{-k,g} = \frac{1}{2} \left[C_{-(k+\nu)} + C_{-(k-\nu)} \right] = \frac{1}{2} \left[C_{k+\nu}^* + C_{k-\nu}^* \right] = C_{k,g}^* .$$

Zu der 1-periodischen Rechteckfunktion als Signal f gibt der erste Graph in Abb. 5.2 die „amplitudenmodulierte" Funktion g wieder. Die zu g gehörigen Fourierkoeffizienten lauten mit (5.14) und (5.16)

$$C_{k,g} = \frac{b}{2} \Big[\mathrm{sinc}(b\,[k-\nu]) + \mathrm{sinc}(b\,[k+\nu]) \Big] . \tag{5.17}$$

Die Darstellung (b) in der Abb. 5.2 zeigt die zugehörigen Fourierkoeffizienten in der Form der Abtastfunktion zum Vergleich mit der Koeffizientendarstellung der Abb. 5.1.

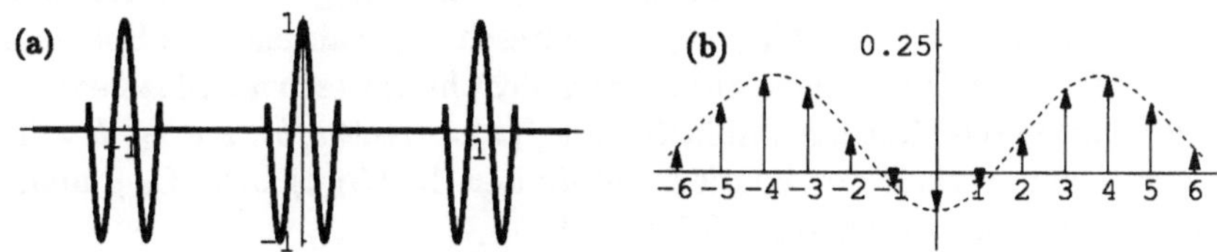

Abb. 5.2. (a) 1-periodische Fortsetzung zu $\mathrm{rect}(x/b)\cos(2\pi\nu x)$, (b) $b/2\Big[\mathrm{sinc}(b\,[x-\nu]) + \mathrm{sinc}(b\,[x+\nu])\Big]\Delta(x)$, $b = 2/5, \nu = 4$

Übungen

5.1.1 Zeigen Sie die Phaseninterpretation (5.7) für Φ_k. Mit $\Phi_k \in I_1$ ergibt sich eine Phasenverschiebung der Harmonischen $\cos(2\pi kx)$ innerhalb des Periodenintervalls $I_1 = [-1/2, 1/2)$.

5.1.2 Führen Sie die Fourierreihe (5.14) bzw. (5.15) zur Kontrolle von der komplexen Form zurück in die reellwertige Darstellung (2.44) bzw. (2.52).

5.1.3 Übertragen Sie die Fourierreihe (2.48) zur periodischen Dreieckfunktion sowie (2.54) für den periodischen Geradenausschnitt in die komplexe Form der Fourierreihe (5.4), und überprüfen Sie hierzu die Fourierkoeffizienten auf den Symmetrietyp hermitesch.

5.1.4 Als $g_1(x)$ soll die periodische Rechteckfunktion mit der Fourierreihe (5.14) gewählt werden; $g_2(x)$ soll die periodische Dreieckfunktion und $g_3(x)$ der periodische Geradenausschnitt mit den beiden Fourierreihen aus der vorhergehenden Aufgabe sein. Geben Sie zu den folgenden komplexwertigen 1-periodischen Funktionen f jeweils die Fourierreihe an, und bestätigen Sie, daß die Koeffizienten C_k dieser Reihen nicht hermitesch sind:

$$\text{a) } f(x) = g_1(x) + \mathrm{i}g_2(x)\,, \quad \text{b) } f(x) = g_1(x) + \mathrm{i}g_3(x)\,,$$

$$\text{c) } f(x) = g_3(x) + \mathrm{i}g_2(x)\,.$$

5.1.5 Bestätigen Sie, daß der Sonderfall der Fourierkoeffizienten (5.17) für $b = 1$ in (5.16) auf die endliche Fourierreihe mit $g(x) = \cos(2\pi\nu x)$ führt. In der Terminologie der Nachrichtentechnik lautet das Ergebnis: Die Amplitudenmodulation eines Gleichstromsignals ($f(x)$ = Einsfunktion) mit $\cos(2\pi\nu x)$ liefert das Signal $\cos(2\pi\nu x)$.

5.1.6 Zu einer 1-periodischen Funktion f mit dem Spektrum $(C_k)_{k\in\mathbb{Z}}$ sind für $\nu \in \mathbb{Z}$ die Fourierkoeffizienten $C_{k,g}$ bzw. $C_{k,h}$ der Amplitudenmodulationen

$$\text{a) } g(x) = f(x)\sin(2\pi\nu x) \quad \text{bzw.} \quad \text{b) } h(x) = f(x)\exp(2\pi\mathrm{i}\nu x)$$

unter Verwendung der C_k anzugeben. Falls $f : \mathbb{R} \to \mathbb{R}$ gilt, ist zusätzlich zu zeigen, daß das Spektrum $(C_{k,g})_{k\in\mathbb{Z}}$ hermitesch ist, während das Spektrum $(C_{k,h})_{k\in\mathbb{Z}}$ der komplexwertigen Funktion h nicht hermitesch ist. Skizzieren Sie für die 1-periodische Rechteckfunktion mit $f(x) = \mathrm{rect}(x/b)$, $x \in I_1$, $b = 2/5$ und $\nu = 4$ den Verlauf der Fourierkoeffizienten $\mathrm{Im}\,(C_{k,g})$ bzw. $C_{k,h}$ analog zu dem Übergang von der Abb. 5.1 zu 5.2.

5.2 Integralformel der Fourierkoeffizienten

Bisher bestand noch keine Möglichkeit, den Zusammenhang zwischen einer Fourierreihe mit gegebenen Koeffizienten und der zughörigen Summenfunktion $f(x)$ zu überprüfen. Diese Lücke wird durch die Integralformel der Fourierkoeffizienten geschlossen.

Berechnung der Fourierkoeffizienten zu einer gegebenen Funktion

Wir gehen von einer komplexwertigen Funktion, $f : \mathbb{R} \to \mathbb{C}$ aus, von der wir voraussetzen, daß Real- und Imaginärteil zu f im Grundintervall $I_1 = [-1/2, 1/2)$ stückweise glatte Funktionen sind (vgl. S. 7 und Abb. 1.5). Zusätzlich verlangen wir, daß Real- und Imaginärteil der Funktion f an Unstetigkeitsstellen die Mittelwertbedingung (1.11), S. 7, erfüllt.

Zu einer solchen Funktion f bilden wir Koeffizienten C_k mit Hilfe der Integralformel

$$C_k := \int_{-1/2}^{1/2} f(x) \exp(-2\pi i k x)\, dx \text{ für } k \in \mathbb{Z}. \tag{5.18}$$

Dann lautet die Behauptung:

Die durch die Fourierkoeffizienten (5.18) entstehende Funktion $\tilde{f}$ der Fourierreihe,

$$\tilde{f}(x) = \sum_{k=-\infty}^{\infty} C_k \exp(2\pi i k x), \tag{5.19}$$

ist für $x \in \mathbb{R}$ konvergent, und es gilt die Identität

$$\tilde{f}(x) = f(x) \text{ für } x \in \left(-\frac{1}{2}, \frac{1}{2}\right). \tag{5.20}$$

$\tilde{f}(x)$ ist eine 1-periodische Funktion und stellt somit die in Abschn. 2.2, S. 28, eingeführte periodische Fortsetzung der Ausschnittfunktion $f(x)\,\mathrm{rect}(x)$ dar. Damit folgt zunächst

$$\tilde{f}\left(-\frac{1}{2}^{+}\right) = f\left(-\frac{1}{2}^{+}\right) \text{ und } \tilde{f}\left(-\frac{1}{2}^{-}\right) = \tilde{f}\left(\frac{1}{2}^{-}\right) = f\left(\frac{1}{2}^{-}\right). \tag{5.21}$$

Nach Satz 2.5, S. 42, erfüllt $\tilde{f}$ in Übereinstimmung mit (5.20) ebenso die Mittelwertbedingung, wie wir sie für die Funktion f verlangt haben. $\tilde{f}$ besitzt aber auch an den Grenzen des Grundintervalls I_1 die Mittelwerteigenschaft, und mit (5.21) erhalten wir daher zusätzlich

$$\begin{aligned} \tilde{f}\left(-\frac{1}{2}\right) = \tilde{f}\left(\frac{1}{2}\right) &= \frac{1}{2}\left[\tilde{f}\left(-\frac{1}{2}^{-}\right) + \tilde{f}\left(-\frac{1}{2}^{+}\right)\right] \\ &= \frac{1}{2}\left[f\left(-\frac{1}{2}^{+}\right) + f\left(\frac{1}{2}^{-}\right)\right]. \end{aligned} \tag{5.22}$$

Funktionen, die die eingangs genannten Voraussetzungen erfüllen, decken mit Sicherheit weitgehend das Feld ingenieur– und naturwissenschaftlicher

Anwendungen ab. Wird eine solche Funktion f unter Verwendung der Koeffizienten (5.18) als Fourierreihe (5.19) mit der Eigenschaft (5.20) wiedergegeben, so sagt man, daß f im Grundintervall I_1 „in eine Fourierreihe entwickelt wurde". Als Beispiele lassen sich die Funktionen zu den Konturgraphen der Abbildungen 2.15 und 2.16 vorstellen.

Falls $f(x)$ selbst eine 1-periodische Funktion mit den genannten Voraussetzungen ist, gilt natürlich die Gleichung (5.20) für sämtliche $x \in \mathbb{R}$, d.h. die beiden Funktionen sind identisch, $\tilde{f}(x) = f(x)$. Zur Vereinfachung der Notierung wollen wir vereinbaren, daß die Ausgangsfunktion f im Regelfall 1-periodisch ist. Die Schreibweise $\tilde{f}$ wird dann nur benutzt, wenn f ausdrücklich *nicht* 1-periodisch ist. Auf die unten vorgestellten Beispiele 1 und 2 (für $\nu \notin \mathbb{Z}$) trifft dieser Fall zu.

Der Beweis der Integralformel (5.18) erfordert Kenntnisse, die in unserem Rahmen nicht vermittelt wurden[1]. Als Teilschritt hierzu können wir für *Fourierteilsummen* jedoch den folgenden –naheliegenden – Zusammenhang zeigen (Aufgabe 1):

Die Fourierteilsumme zu der Fourierreihe (5.19),

$$f_N(x) = \sum_{k=-N}^{N} C_k \exp(2\pi i k x), \; N \in \mathbb{N}, \tag{5.23}$$

führt mit der Integralformel (5.18) auf

$$\int_{-1/2}^{1/2} f_N(x) \exp(-2\pi i k x) \, dx = \begin{cases} C_k \text{ für } |k| = 0, \ldots, N, \\ 0 \text{ für } |k| > N. \end{cases} \tag{5.24}$$

Das Hauptproblem des allgemeinen Beweises zur Integralformel besteht darin, daß (5.23) zusammen mit (5.24) auch für $\lim\limits_{N \to \infty} f_N(x)$ gilt.

Beispiele zur Integralformel

1. Wir betrachten noch einmal unser Standardbeispiel der Funktion $f(x) = \text{rect}(x/b)$ für $0 < b \le 1$ und erhalten mit (5.18) und (4.27), S. 98,

$$\int_{-1/2}^{1/2} \text{rect}\left(\frac{x}{b}\right) \exp(-2\pi i k x) \, dx = \int_{-b/2}^{b/2} \exp(-2\pi i k x) \, dx = b \, \text{sinc}(bk).$$

Mit dem Ergebnis der Fourierkoeffizienten $C_k = b\,\text{sinc}(bk)$, $k \in \mathbb{Z}$, haben wir jetzt also gezeigt, daß die Fourierreihe (5.14) tatsächlich gegen die

[1] Vgl. etwa Brigola [8, S. 76]. Mit den sogenannten Dirichletschen Bedingungen über die Funktion f, die etwas allgemeiner als die zu Beginn dieses Abschnitts genannten Voraussetzungen sind, findet sich ein Beweis z.B. bei Titchmarsh [32, S. 407].

1-periodische Fortsetzung der Funktion $f(x) = \text{rect}(x/b)$ konvergiert; das bedeutet, daß $\tilde{f}$ die 1-periodische Rechteckfunktion darstellt. Dasselbe gilt damit auch für die reellwertige Form dieser Fourierreihe (2.44), S. 98, zusammen mit (2.45). Für $b = 1$ verschwinden sämtliche Fourierkoeffizienten mit Ausnahme des Gleichanteils $C_0 = A_0 = 1$, d.h. $\tilde{f}$ wird die Einsfunktion (vgl. S. 36).

2. Am Beispiel der Funktion $f(x) = \cos(2\pi\nu x)$, $\nu \in \mathbb{R}$, soll verdeutlicht werden, wie sich die periodische Fortsetzung zu der Ausschnittfunktion $\cos(2\pi\nu x)\,\text{rect}(x)$ in den Fourierkoeffizienten der zugehörigen Fourierreihe ausdrückt. Mit (4.17) und $\text{sinc}(-x) = \text{sinc}(x)$ ergibt sich hier

$$\begin{aligned} C_k &= \int_{-1/2}^{1/2} \cos(2\pi\nu x)\exp(-2\pi \mathrm{i} kx)\,\mathrm{d}x \\ &= \frac{1}{2}\int_{-1/2}^{1/2} \left[\exp(2\pi\mathrm{i}\,[\nu-k]\,x) + \exp(-2\pi\mathrm{i}\,[\nu+k]\,x)\right]\mathrm{d}x \\ &= \frac{1}{2}\left[\text{sinc}(\nu-k) + \text{sinc}(\nu+k)\right] \\ &= \frac{1}{2}\left[\text{sinc}(k+\nu) + \text{sinc}(k-\nu)\right] . \end{aligned} \tag{5.25}$$

Die Imaginärteile dieser Fourierkoeffizienten sind Null, und für die Realteile erhalten wir

$$\begin{aligned} \text{Re}\,(C_{-k}) &= \frac{1}{2}\left[\text{sinc}(-k+\nu) + \text{sinc}(-k-\nu)\right] \\ &= \frac{1}{2}\left[\text{sinc}(k+\nu) + \text{sinc}(k-\nu)\right] = \text{Re}\,(C_k) \end{aligned}$$

in Übereinstimmung mit Satz 5.1.

Für den Fall ganzzahliger Frequenzen ν werden zunächst für $\nu = 0$ wegen $\text{sinc}(k) = 0$, $k \in \mathbb{Z}\setminus\{0\}$, sämtliche Fourierkoeffizienten Null mit Ausnahme des Gleichanteils: $C_0 = 1$. Die Funktion $f(x)$ der Fourierreihe in (5.19) entartet zusammen mit $f(x) = \cos(2\pi\nu x) = 1$ für $\nu = 0$ zur Einsfunktion. Die restlichen ganzzahligen Werte ν führen auf

$$\nu \in \mathbb{Z}\setminus\{0\} \;\Rightarrow\; C_\nu = C_{-\nu} = \frac{1}{2} \text{ und } C_k = 0 \text{ für } k \in \mathbb{Z}\setminus\{\pm\nu\} . \tag{5.26}$$

Die Fourierreihe reduziert sich also auf die beiden komplexen Harmonischen $\exp(\pm 2\pi\mathrm{i}\nu x)$, und es folgt

$$\frac{1}{2}\exp(-2\pi\mathrm{i}\nu x) + \frac{1}{2}\exp(2\pi\mathrm{i}\nu x) = \cos(2\pi\nu x) ,$$

in Übereinstimmung mit (5.20) für $x \in \mathbb{R}$.

Ist schließlich $\nu \in \mathbb{R}\backslash\mathbb{Z}$, dann ergibt die Fourierreihe mit den Koeffizienten (5.25) eine Funktion $\widetilde{f}$, die die 1-periodische Fortsetzung zu der Ausschnittfunktion $\cos(2\pi\nu x)\,\mathrm{rect}(x)$ darstellt. Die Periodenlänge $1/|\nu|$ der Funktion $f(x) = \cos(2\pi\nu x)$ bzw. ein ganzzahliges Vielfaches hiervon, $m/|\nu|$, stimmt für keinen Wert $m \in \mathbb{N}$ mit der Länge 1 des elementaren Periodenintervalls zu $\widetilde{f}$ überein (Aufgabe 4). $\widetilde{f}$ ist daher als periodische Fortsetzung einer geraden Funktion an den Grenzen des Grundintervalls I_1, $x = \pm 1/2$, zwar stetig, jedoch nicht differenzierbar, wie es im ersten Graphen der Abb. 5.3 erkennbar ist.

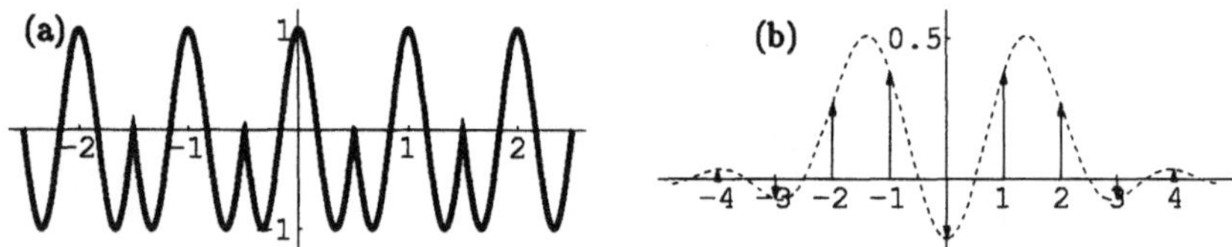

Abb. 5.3. (a) 1-periodische Fortsetzung zu $\cos(2\pi\nu x)\,\mathrm{rect}(x)$, (b) $\Delta(x)\,[\mathrm{sinc}(x+\nu) + \mathrm{sinc}(x-\nu)]\,/2$, $\nu = 3/2$

Die anschauliche Darstellung der Fourierkoeffizienten durch die Abtastfunktion $\Delta(x)\,[\mathrm{sinc}(x+\nu) + \mathrm{sinc}(x-\nu)]\,/2$ in der Abb. 5.3 b) zeigt Ähnlichkeiten mit der entsprechenden Darstellung der Abb. 5.2 b); im Gegensatz zu dem nicht ganzzahligen Skalierungsfaktor b des Argumentes dort ist hier jedoch die Verschiebungsgröße ν in $\mathrm{sinc}(x \pm \nu)$ nicht ganzzahlig.

Wir wollen die Konvergenzordnung der Fourierreihe mit den Koeffizienten (5.25) für $\nu \in \mathbb{R}\backslash\mathbb{Z}$ und $k \in \mathbb{Z}$ untersuchen. Hierfür ergibt sich (Aufgabe 5):

$$\begin{aligned} C_k &= \frac{1}{2}\,[\mathrm{sinc}(k+\nu) + \mathrm{sinc}(k-\nu)] = -\,\frac{(-1)^k \sin(\pi\nu)}{\pi}\,\frac{\nu}{k^2-\nu^2} \\ &= -\,\frac{(-1)^k \nu \sin(\pi\nu)}{\pi(1-\nu^2/k^2)}\,\frac{1}{k^2}\,. \end{aligned} \tag{5.27}$$

Da der Wert des ersten Bruchs auf der rechten Seite der Gleichungen für große Zahlen $|k|$ beliebig wenig von $(-1)^k\nu\sin(\pi\nu)/\pi$ abweicht (es ist $\sin(\pi\nu) \neq 0$), ist die Potenz k^2 des zweiten Nenners für die Konvergenzordnung der Fourierreihe maßgeblich: Die Fourierreihe ist von der Konvergenzordnung $O(1/k^2)$, und im Vergleich mit der Tabelle 2.1, S. 41, findet sich auch in diesem Beispiel der Zusammenhang zwischen Konvergenzordnung, Stetigkeit von $\widetilde{f}(x)$ und Unstetigkeit der Ableitungsfunktion $\widetilde{f}'(x)$ wieder.

3. Wenn wir in (5.18) die Kammfunktion, $f(x) = \Delta(x)$, einsetzen, dann erhalten wir mit (3.60), S. 80, und (3.29), S. 67, die Fourierkoeffizienten

$$C_k = \int_{-1/2}^{1/2} \delta(x) \exp(-2\pi i k x)\,\mathrm{d}x = 1 \text{ für } k \in \mathbb{Z}\,. \tag{5.28}$$

Für die hierzu gehörige Fourierreihe

$$f(x) = \sum_{k=-\infty}^{\infty} \exp(2\pi i k x) \tag{5.29}$$

können wir über die Fourierteilsumme (5.13) bilden:

$$\begin{aligned} f_N(x) &= \sum_{k=-N}^{-1} \exp(2\pi i k x) + 1 + \sum_{k=1}^{N} \exp(2\pi i k x) \\ &= 1 + \sum_{k=1}^{N} [\exp(2\pi i k x) + \exp(-2\pi i k x)] = 1 + 2\sum_{k=1}^{N} \cos(2\pi k x) \,. \end{aligned}$$

Zusammen mit dem Ergebnis des Beispiels 1 in Abschn. 2.3, S. 35, erhalten wir für die Fourierreihe (5.29):

$$\sum_{k=-\infty}^{\infty} \exp(2\pi i k x) = 1 + 2\sum_{k=1}^{\infty} \cos(2\pi k x) \text{ ist divergent für } x \in \mathbb{R} \,. \tag{5.30}$$

Die Kammfunktion und die Funktion $\delta(x)$ erfüllen somit nicht die Voraussetzungen, nach denen mit den Fourierkoeffizienten C_k der Integralformel (5.18) eine konvergente Fourierreihe entsteht. Die Formulierung, daß eine solche Funktion an höchstens endlich vielen Stellen in I_1 unstetig bzw. nicht differenzierbar sein darf, schließt zwar sprachlich solche Singularitätsstellen nicht aus. Als verallgemeinerte Funktion oder Distribution entzieht sich die jedoch δ-Funktion generell den Begriffen der klassischen Analysis. $\delta(x)$ gehört also nicht zur Menge der stückweise stetigen bzw. stückweise glatten Funktionen.

Folgerungen

Im folgenden werden einige Konsequenzen aus der Integralformel (5.18) sowie ihre Beziehung zu (5.19) und (5.20) zusammengestellt.

1. Zunächst ergibt sich für eine reellwertige Funktion, $f : \mathbb{R} \to \mathbb{R}$, aus (5.18) mit (5.11) die Bestätigung der Integralformel (2.42) für den Koeffizienten $A_0 = C_0$. Allgemeiner ist jetzt für eine komplexwertige Funktion, $f : \mathbb{R} \to \mathbb{C}$ der Gleichanteil oder Mittelwert von f gegeben durch

$$\bar{f} = \int_{-1/2}^{1/2} f(x)\mathrm{d}x = C_0 \in \mathbb{C} \,. \tag{5.31}$$

Insbesondere wird für eine ungerade (reell- oder komplexwertige) Funktion wegen (1.28), S. 12, $C_0 = 0$.

2. Wenn wir zur Berechnung der Koeffizienten in (5.18) eine Funktion f verwenden, die an isolierten Stellen die Mittelwerteigenschaft nicht erfüllt,

dann ist wegen Satz 2.5, S. 42, die Übereinstimmung (5.20) an denselben Stellen verletzt. Es ist daher gerade mit Blick auf die Darstellung von Funktionen durch Fourierreihen (und später durch Fourierintegrale) sinnvoll, daß wir durchgehend an Unstetigkeitsstellen die Mittelwertbedingung verlangen.

3. Wir wollen die Integralformel (5.18), aufgeteilt in Real- und Imaginärteil, näher betrachten. Mit der Erweiterung der Notierung (5.9) auf sämtliche ganzzahligen Indizes,

$$A_k := \mathrm{Re}\,(C_k),\ B_k := -\,\mathrm{Im}\,(C_k) \text{ für } k \in \mathbb{Z}\,, \tag{5.32}$$

und der Aufspaltung von f in Real- und Imaginärteil, $f = f_R + \mathrm{i} f_I$, erhalten wir (Aufgabe 8)

$$\left.\begin{aligned} A_k &= \int_{-1/2}^{1/2} [f_R(x)\cos(2\pi kx) + f_I(x)\sin(2\pi kx)]\,\mathrm{d}x\,,\\ B_k &= \int_{-1/2}^{1/2} [f_R(x)\sin(2\pi kx) - f_I(x)\cos(2\pi kx)]\,\mathrm{d}x\,, \end{aligned}\right\} k \in \mathbb{Z}\,. \tag{5.33}$$

Der wichtigste Symmetriefall einer komplexwertigen Funktion, daß nämlich $f : \mathbb{R} \to \mathbb{C}$ hermitesch ist, führt mit (1.27) und (1.28), S. 12, zu dem Ergebnis rein reellwertiger Fourierkoeffizienten:

$$f : \mathbb{R} \to \mathbb{C} \text{ hermitesch} \quad \Rightarrow \quad \mathrm{Im}\,(C_k) = 0\,.$$

In der Regel wird die Situation einer reellwertigen Funktion f, d.h. $f_I = 0$ vorliegen, und damit ergibt sich

$$\begin{aligned} f : \mathbb{R} \to \mathbb{R} \Rightarrow C_k &= \int_{-1/2}^{1/2} f(x)\cos(2\pi kx)\,\mathrm{d}x + \mathrm{i}\int_{-1/2}^{1/2} f(x)\sin(2\pi kx)\,\mathrm{d}x\\ &= A_k - \mathrm{i}B_k\,. \end{aligned} \tag{5.34}$$

Hieraus erhalten wir wiederum, daß $f : \mathbb{R} \to \mathbb{R}$ bei den Fourierkoeffizienten den Symmetrietyp hermitesch zur Folge hat (vgl. (5.8) und Satz 5.1).

Weiterhin können wir aus (5.34) die Umkehrung der Aussagen in Abschn. 2.3, S. 34, über Kosinus- und Sinusreihen gewinnen: Zu einer geraden reellwertigen Funktion $f(x)$ wird $B_k = 0$, d.h. $C_k = A_k$ (und $A_{-k} = A_k$); der Fall einer ungeraden Funktion $f : \mathbb{R} \to \mathbb{R}$ ergibt $A_k = 0$, d.h. $C_k = -\mathrm{i}B_k$ (und $B_{-k} = -B_k$).

Ohne Zweifel ist die Integralformel (5.18) kompakter und übersichtlicher als die reellwertige Darstellung (5.34). Das Beispiel der Funktion $f(x) = \cos(2\pi\nu x)$ in (5.25) zeigt zudem, daß bei konkreten Integralberechnungen die komplexe Form einfacher zu einem Resultat führen kann.

4. Für den Fall einer 1-periodischen Funktion f lassen sich die Integralformeln der Fourierkoeffizienten wegen (2.32), S. 31, auch in der Form

$$C_k = \int_{a-1/2}^{a+1/2} f(x) \exp(-2\pi i k x)\, \mathrm{d}x \text{ für } a \in \mathbb{R},\ k \in \mathbb{Z}\,, \tag{5.35}$$

angeben, denn die Exponentialterme $\exp(-2\pi i k x)$ und somit die gesamte Integrandenfunktion sind ebenfalls 1-periodische Funktionen (vgl. Abschn. 2.2, Aufgabe 2).

5. Lineare Argumenttransformation:
(Die Entwicklungen der im folgenden zusammengestellten Ergebnisse sind Gegenstand der Aufgabe 9.)

Der Einfachheit halber setzen wir voraus, daß $f : \mathbb{R} \to \mathbb{C}$ 1-periodisch ist, so daß die Fourierreihe (5.19) die Funktion $f(x)$ für sämtliche $x \in \mathbb{R}$ darstellt. Ausgehend von f wird die Funktion

$$g(x) := f\left(\frac{x-a}{p}\right),\ p \in \mathbb{R}^+\,, \tag{5.36}$$

gebildet. g ist somit eine p-periodische Funktion (vgl. S. 27), und mit f erfüllt offensichtlich auch g die zu Beginn dieses Abschnitts genannten Voraussetzungen.

Aus der Integralformel (5.18) für die Fourierkoeffizienten C_k und der Darstellung der Fourierreihe (5.19) für die Funktion f folgt dann entsprechend für die Funktion g $(k \in \mathbb{Z})$

$$C_{k,g} := \frac{1}{p}\int_{a-p/2}^{a+p/2} g(x) \exp\left(\frac{-2\pi i k x}{p}\right) \mathrm{d}x = C_k \exp\left(\frac{-2\pi i k a}{p}\right), \tag{5.37}$$

$$g(x) = \sum_{k=-\infty}^{\infty} C_{k,g} \exp\left(\frac{2\pi i k x}{p}\right) = \sum_{k=-\infty}^{\infty} C_k \exp\left(\frac{2\pi i k\,[x-a]}{p}\right). \tag{5.38}$$

Für den Fall $a = 0$, d.h. als Ergebnis der Argumentskalierung in (5.36), stimmen auch hiernach die Fourierkoeffizienten zu f und g überein (vgl. S. 45). So lauten zu einer reellwertigen Funktion $g(x)$ mit der Periodenlänge $p = 2\pi$ die zur Fourierreihe (2.59), S. 46, gehörigen Integralformeln

$$a_k = \frac{1}{\pi}\int_{-\pi}^{\pi} g(x) \cos(kx)\, \mathrm{d}x,\ b_k = \frac{1}{\pi}\int_{-\pi}^{\pi} g(x) \sin(kx)\, \mathrm{d}x\,. \tag{5.39}$$

Andererseits lassen sich für die Argumentverschiebung ($p = 1$ in (5.36)) bei einer reellwertigen Funktion wiederum die Formeln (2.63), S. 47, bestätigen.

6. Werden zu einer Funktion f durch Integration nach (5.18) die Fourierkoeffizienten C_k berechnet, dann spricht man auch von einer „harmonischen Analyse“, denn der Zahlenwert von C_k bzw. der Amplitudenwert $|C_k|$ gibt Auskunft darüber, in welchem Maße die Frequenzkomponente der Harmonischen $\exp(2\pi i k x)$ an der Darstellung von f durch die Fourierreihe (5.19) beteiligt ist.

Der Aufwand der harmonischen Analyse zu einer Funktion f, deren Graph z.B. als Ergebnis einer Meßaufzeichnung vorlag, war im „Präcomputerzeitalter“ aus heutiger Sicht unvorstellbar groß. Daher hatte es auch damals bereits Verfahren gegeben, um diese Arbeit zu erleichtern beispielsweise durch sogenannte mechanische Integratoren. Eines dieser Geräte ist der in der Abb. 5.4 wiedergegebene Harmonische Analysator[2], der auf der Grundlage analoger und das heißt kontinuierlicher Abtastung des Funktionsgraphen zu f arbeitet.

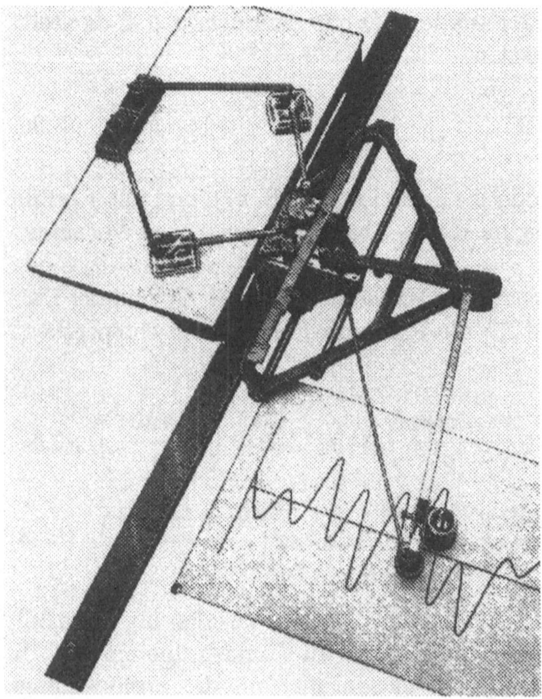

Abb. 5.4. Harmonischer Analysator

Im Gegensatz zu solchen analogen Verfahren basieren numerische Näherungsberechnungen der Integrale bekanntlich auf der Verwendung diskreter Stützstellenwerte der Funktion f, so daß die Bezeichnung „diskrete Fouriertransformation“ (DFT) hierfür üblich ist. Früher wurden solche Berechnungen auf mechanischen bzw. elektrischen Rechenmaschinen durchgeführt. Die heute verfügbare Computergeneration benötigt auf einem PC für eine harmonische Analyse mit einem Ergebnis von ca. 1000 Fourierkoeffizienten einen Zeitaufwand im Millisekundenbereich.

[2] Nach Auskunft der Fa. Ott Meßtechnik, Kempten, wurde dieses Gerät bis zum Jahre 1971 vertrieben.

Für das Verständnis und die Anwendung der DFT sind Grundlagenkenntnisse über Fourierreihen unerläßlich. Daher sollen bereits hier am Beispiel des häufig angewandten Verfahrens der Tiefpaßfilterung die Zusammenhänge vorbereitet werden. Ergänzend zur Näherungsberechnung der Integrale (5.18) durch die DFT muß man dabei wissen, daß die sogenannte „inverse diskrete Fouriertransformation“ (inverse DFT) der Darstellung der Funktion f durch die Fourierreihe (5.19) entspricht; insbesondere liefert somit die inverse DFT ein periodisch fortgesetztes (diskretes) Ergebnis $\widetilde{f}$ zu der Funktion f.

Im konkreten Anwendungsfall der DFT handelt es sich meistens um eine Funktion f mit der Eigenschaft

$$\lim_{x \to -1/2^+} f(x) \neq \lim_{x \to 1/2^-} f(x) , \tag{5.40}$$

wenn wir den Argumentbereich von x entsprechend unserer Festlegung auf das Grundintervall mit I_1 wiedergeben. Mit $\widetilde{f}$ ergibt sich dann also eine Funktion, die an den Grenzen des Grundintervalls I_1 unstetig ist (vgl. Satz 2.5, S. 42, sowie Abb. 5.5 und die hierzu gehörige Fourierreihe der Aufgabe 10).

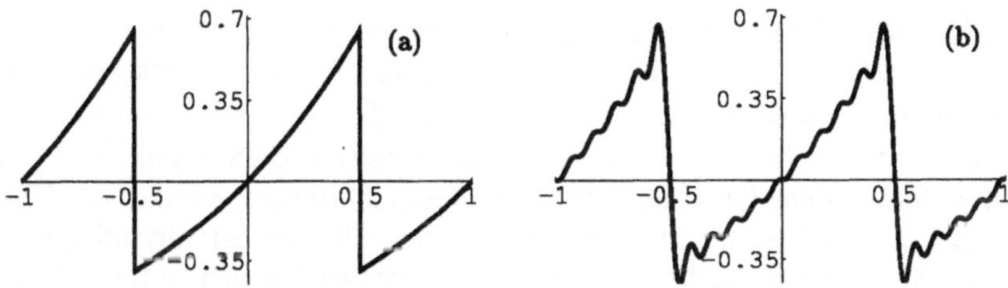

Abb. 5.5. (a) 1-periodische Fortsetzung $\widetilde{f}(x)$ zu $(e^x - 1)\,\mathrm{rect}(x)$, (b) Fourierteilsumme $\widetilde{f}_N(x)$ zu $(e^x - 1)\,\mathrm{rect}(x)$, $N = 10$

Die Tiefpaßfilterung stellt eine Annäherung an $\widetilde{f}(x)$ durch die Fourierteilsumme $\widetilde{f}_N(x)$ dar, wodurch also nur Harmonische mit „tiefen“ Frequenzen berücksichtigt werden (vgl. S. 51).

Mit diesen Voraussetzungen lassen sich zwei Effekte der diskreten Tiepaßfilterung begründen:

a) Als stetige Anpassung an die Unstetigkeitsstellen der Funktion $\widetilde{f}(x)$ treten bei der Fourierteilsumme $\widetilde{f}_N(x)$ die Überschwinger des Gibbsschen Phänomens an den Grenzen des Argumentintervalls zu $f(x)$ auf.

b) Ebenfalls als Folge der stetigen Anpassung an die Sprungstelle von $\widetilde{f}(x)$ beeinflussen sich bei der Tiefpaßfilterung die Funktionswerte an der linken und rechten Grenze des Argumentbereichs gegenseitig (vgl. Abb. 5.6).

Beide Effekte führen dazu, daß bei einer Tiefpaßfilterung, die unter Verwendung der DFT vorgenommen wurde, die Ergebnisse an den Grenzen des Argumentbereichs nur mit Vorsicht interpretiert werden können.

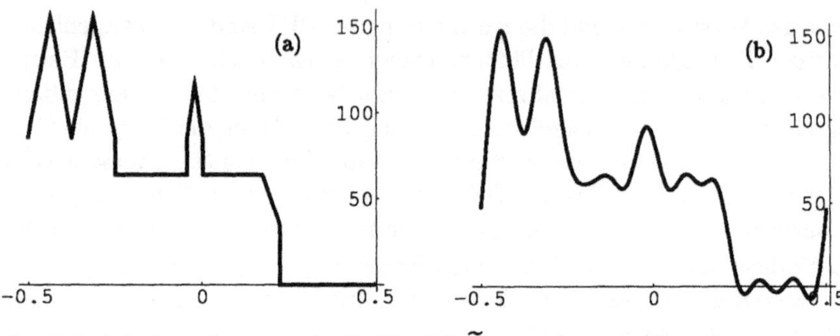

Abb. 5.6. (a) $f_{\text{Dom}}(x-a)$ mit (5.40), (b) $\widetilde{f}_{\text{Dom},N}(x-a), N=10$

Als Ergänzung zu der Abbildung des Konturgraphen (Abb. 5.6) soll noch ein Beispiel der zweidimensionalen Tiefpaßfilterung in der Anwendung auf die Bildbearbeitung vorgestellt werden. Es handelt sich um die Funktion

$$f(x,y) = \text{rect}(2x+1/2)\,\text{rect}(2y+1/2) + \text{rect}(2x-1/2)\,\text{rect}(2y-1/2)\,. \qquad (5.41)$$

Abbildung 5.7 gibt den Funktionsgraphen der hierzu gehörigen Fourierteilsumme $\widetilde{f}_N(x,y)$ für $N=3$ wieder. Abbildung 5.8 zeigt die entsprechenden sogenannten „Grauwertbilder" zu $f(x,y)$ und $\widetilde{f}_N(x,y)$. Der Funktionswert $f(x,y)=1$ bzw. $f(x,y)=0$ entspricht der Grauwertdarstellung weiß bzw. schwarz. Neben dem Glättungseffekt der Tiefpaßfilterung werden die Überschwinger des Gibbsschen Phänomens deutlich, die von der physiologischen Wahrnehmung allerdings im schwarzen bzw. weißen Bereich unterschiedlich bewertet werden.

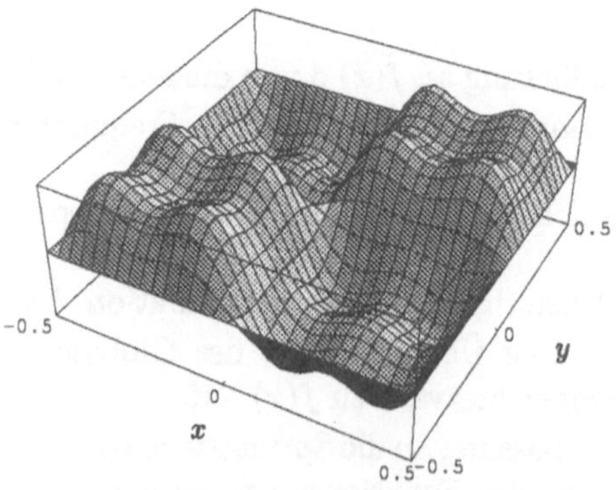

Abb. 5.7. $\widetilde{f}_N(x,y)$, $N=3$, zu $f(x,y)$, (5.41)

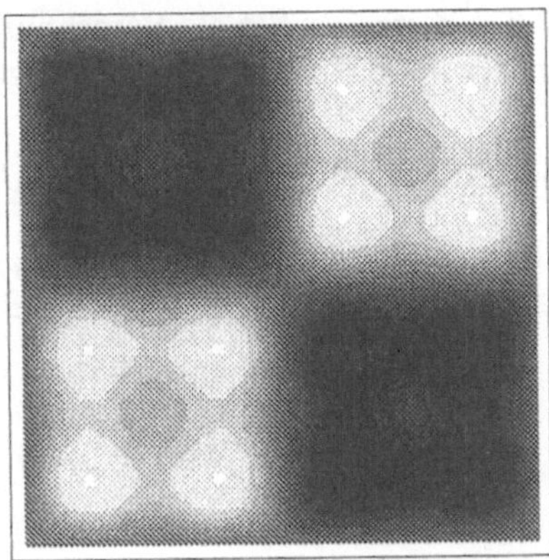

Abb. 5.8. Grauwertbilder zu $f(x,y)$ und $\widetilde{f}_N(x,y)$

Übungen

5.2.1 Ersetzen Sie in (5.24) die Funktion $f_N(x)$ durch die Summendarstellung (5.23), und formen Sie das Integral so um, daß sich mit der Orthogonalitätsgleichung (4.28) die rechte Seite von (5.24) ergibt.

5.2.2 Berechnen Sie mit Hilfe der Integralformel (5.18) die Fourierkoeffizienten zu der Funktion $f(x) = \operatorname{tri}(x/b)$, $0 < b \leq 1/2$, bzw. $f(x) = x\operatorname{rect}(x/b)$, $0 < b \leq 1$, und bestätigen Sie die Fourierkoeffizienten der Reihe (2.48) bzw. (2.54). Zusammen mit (5.20) ist damit gezeigt, daß (2.48) die Fourierreihe der 1-periodischen Dreieckfunktion bzw. (2.54) die Reihe des periodischen Geradenausschnitts darstellt. Entsprechend ist der Zusammenhang zwischen der Funktion in (2.69) und der Fourierreihe (2.71) zu zeigen.

5.2.3 Ermitteln Sie die Fourierreihen zur sogenannten Einweggleichrichterfunktion $f_1(x)$ bzw. zur Zweiweggleichrichterfunktion $f_2(x)$:

$$f_1(x) = \sin(2\pi x)\operatorname{rect}\left(\frac{x-1/4}{1/2}\right), \; |x| \leq \frac{1}{2},$$

$$f_2(x) = |\sin(2\pi x)|\,.$$

Vergleichen Sie die Ergebnisse mit einer Formelsammlung (z.B. [3]).

5.2.4 Zeigen Sie, daß für eine rationale (d.h. Bruch-) Zahl $\nu \notin \mathbb{Z}$ zu beliebigem $m \in \mathbb{N}$ immer $m/|\nu| \neq 1$ gilt. Für irrationales ν läßt sich diese Behauptung folgendermaßen begründen: Die Annahme $m/|\nu| = 1 \Leftrightarrow |\nu| = m \in \mathbb{N}$ führt auf einen Widerspruch.

5.2.5 Entwickeln Sie die Umformungen in (5.27).

5.2.6 Übertragen Sie die Berechnungen des Beispiels 2, S. 109, auf die Funktion $f(x) = \sin(2\pi\nu x)$ mit dem Ergebnis

$$f(x) = \sin(2\pi\nu x) \Rightarrow C_k = \frac{i}{2}\left[\operatorname{sinc}(k+\nu) - \operatorname{sinc}(k-\nu)\right] . \tag{5.42}$$

und kontrollieren Sie, daß $\operatorname{Im}(C_{-k}) = -\operatorname{Im}(C_k)$ erfüllt ist. Bei der Fallunterscheidung $\nu \in \mathbb{Z}$ bzw. $\nu \notin \mathbb{Z}$ ist für den letzteren Fall die Umformung

$$\begin{aligned}\frac{1}{2}\left[\operatorname{sinc}(k+\nu) - \operatorname{sinc}(k-\nu)\right] &= \frac{(-1)^k \sin(\pi\nu)}{\pi} \frac{k}{k^2-\nu^2} \\ &= \frac{(-1)^k \sin(\pi\nu)}{\pi(1-\nu^2/k^2)} \frac{1}{k}\end{aligned} \tag{5.43}$$

durchzuführen. Hiernach gilt für die Konvergenzordnung der Fourierreihe $O(1/k)$ und im Vergleich mit der Tabelle 2.1, S. 41, zeigt sich die Übereinstimmung: Die 1-periodische Fortsetzung zu $f(x) = \sin(2\pi\nu x)\operatorname{rect}(x)$ ist für $\nu \notin \mathbb{Z}$ unstetig an den Grenzen des Grundintervalls bzw. in $x = -1/2 + m$, $m \in \mathbb{Z}$ (vgl. Abb. 5.9 mit der anschaulichen Darstellung der Fourierkoeffizienten in Graph b) durch die Abtastfunktion $\Delta(x)\left[\operatorname{sinc}(x+\nu) + \operatorname{sinc}(x-\nu)\right]/2$).

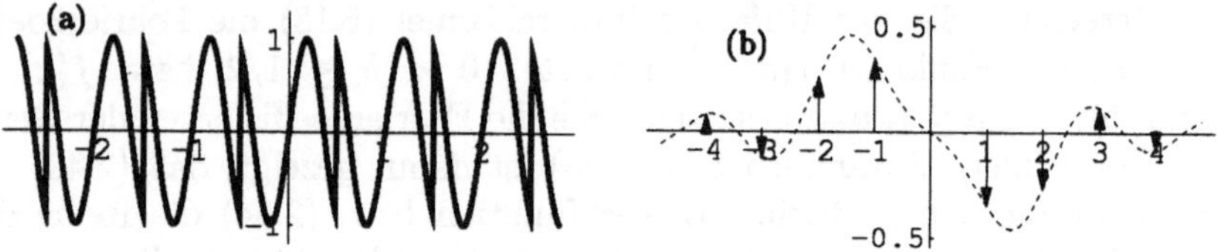

Abb. 5.9. (a) 1-periodische Fortsetzung zu $\sin(2\pi\nu x)\operatorname{rect}(x)$, (b) $\Delta(x)\left[\operatorname{sinc}(x+\nu) - \operatorname{sinc}(x-\nu)\right]/2$, $\nu = 1,35$

5.2.7 Gewinnen Sie die Fourierkoeffizienten zu der komplexen Harmonischen $f(x) = \exp(2\pi i\nu x) = \cos(2\pi\nu x) + i\sin(2\pi\nu x)$ durch Zusammenfassung von (5.25) und (5.42); Ergebnis:

$$f(x) = \exp(2\pi i\nu x) \Rightarrow C_k = \operatorname{sinc}(k-\nu) . \tag{5.44}$$

Abbildung 5.10 gibt hierzu die Darstellung von $\Delta(x)\operatorname{sinc}(x-\nu)$ als Abtastfunktion für $\nu \notin \mathbb{Z}$ wieder.

Zeigen Sie zusätzlich, daß die Fourierkoeffizienten (5.44) zwar reellwertig, jedoch nicht hermitesch sind, in Übereinstimmung mit $f : \mathbb{R} \to \mathbb{C}$ und Satz 5.1.

Für die Konvergenzordnung der Koeffizienten C_k ergibt sich für $\nu \notin \mathbb{Z}$ mit

$$\operatorname{sinc}(k-\nu) = \frac{\sin(\pi[k-\nu])}{\pi[k-\nu]} = \frac{\sin(\pi[k-\nu])}{\pi[1-\nu/k]}\frac{1}{k}$$

$O(1/|k|)$. Bestimmend für diese Konvergenzordnung sind die Unstetigkeitsstellen im Imaginärteil zu $f(x)$ (vgl. Aufgabe 5).

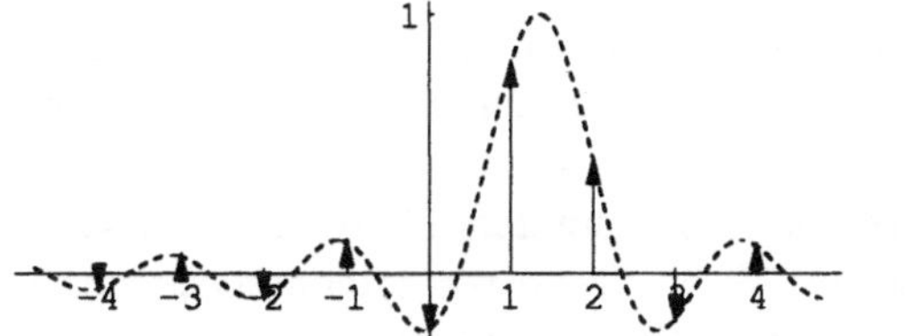

Abb. 5.10.
$\Delta(x)\,\mathrm{sinc}(x-\nu)$, $\nu = 1,35$

5.2.8 Bestätigen Sie das Ergebnis (5.33) zu der Zerlegung der komplexwertigen Integralformel (5.18) in Real- und Imaginärteil.

5.2.9 Die Integralformel (5.37) (einschließlich der Beziehung zwischen $C_{k,g}$ und C_k) bzw. die Darstellung der Fourierreihe (5.38) sind durch die Substitution $x = (v-a)/p$ aus (5.18) bzw. (5.19) zu gewinnen. Die Integralformeln (5.39) ergeben sich dann mit Anwendung von (5.34) und (2.60), S. 46.

5.2.10 Indem Sie in (5.18) $f(x) = \exp(x/b) - 1$, $b \in \mathbb{R}\setminus\{0\}$ einsetzen, ist die Fourierreihe der 1-periodischen Fortsetzung zu der Ausschnittfunktion $\widehat{f}(x) = [\exp(x/b) - 1]\,\mathrm{rect}(x)$ zu bilden (vgl. Abb. 5.5).

5.3 *Ergänzungen*

Der Kern des gesamten Themas „Fourierreihen“ ist der Zusammenhang zwischen den Formeln (5.18), (5.19) und (5.20), S. 107, die wir zu der Gleichung

$$f(x) = \sum_{k=-\infty}^{\infty} \left\{ \int_{-1/2}^{1/2} f(s)\exp(-2\pi i k s)\,\mathrm{d}s \right\} \exp(2\pi i k x) \tag{5.45}$$

$$\text{für } x \in I_1 = \left[-\frac{1}{2}, \frac{1}{2}\right)$$

zusammenfassen können[3]. Diese Gleichung war bereits vor der vielzitierten Arbeit von Fourier[4] bekannt, und u.a. hatte Leonhard Euler an den Entwicklungen einen besonderen Anteil, so daß die Integralformel (5.18) gelegentlich auch als „Euler-Fourier Formel“ bezeichnet wird (vgl. z.B. Titchmarsh [32, S. 399]).

Für rund 130 Jahre nach Fourier beherrschte vor allem das „Konvergenzproblem“ die Forschungen auf dem Gebiet der Fourierreihen. Hiermit werden

[3] Die Integrationsvariable in (5.45) muß unabhängig von dem Argumentbuchstaben x gewählt und daher hier mit einem anderen Buchstaben als in der Integralformel (5.18) belegt werden.

[4] vgl. die Fußnote auf S. 50

die Bedingungen bezeichnet, die eine Funktion f erfüllen muß, damit die Fourierreihe mit den durch (5.18) bestimmten Fourierkoeffizienten konvergiert. Auch hier läßt sich wiederum die Distributionstheorie von Laurent Schwartz als ein Abschluß der gesamten Problematik ansehen (vgl. S. 57). Hierdurch konnten nämlich – unter Einbeziehung der δ-Funktion in die Fourierreihen – die Voraussetzungen über die Funktion f gegenüber den klassischen Ansätzen erheblich erweitert werden.

Die eigentliche Leistung Fouriers, die sich besonders für die theoretische Physik als fruchtbar erwies, liegt in der Verwendung von trigonometrischen Reihen bei der Lösung von partiellen Differentialgleichungen. Zu den Grundideen gehört hierbei, daß zu einer beliebigen (z.B. nicht periodischen) integrierbaren Funktion f mit der Festlegung der Fourierkoeffizienten durch (5.18),

$$C_k = \int_{-1/2}^{1/2} f(x) \exp(-2\pi i k x)\, dx ,$$

nur der Funktionsausschnitt von f mit Argumenten aus dem Grundintervall, $x \in I_1$, zum Tragen kommt; für die 1-periodische Fortsetzung (5.19) zu $f(x)\,\mathrm{rect}(x)$, nämlich

$$\tilde{f}(x) = \sum_{k=-\infty}^{\infty} C_k \exp(2\pi i k x) ,$$

gilt daher die Übereinstimmung mit $f(x)$ nur im Grundintervall bzw. genauer:

$$\tilde{f}(x) = f(x) \text{ für } x \in \left(-\frac{1}{2}, \frac{1}{2}\right) .$$

Dadurch besteht die Möglichkeit, mit einer Funktion f zu arbeiten, die nur für Argumente aus dem Grundintervall, $x \in I_1$, bekannt oder von Bedeutung ist. Bei der Interpretation der Ergebnisse ist dann allerdings die Periodeneigenschaft der Lösung $\tilde{f}$ zu beachten (vgl. z.B. die in der Folgerung 6 des Abschnitts 5.2, S. 115, erläuterte Auswirkung der Tiefpaßfilterung).

Beweis der Integralformel mit Hilfe der Kammfunktion

Wir nehmen hierzu ein Ergebnis der Fouriertransformation vorweg, das in Abschn. 6.5 entwickelt wird. Damit läßt sich bereits an dieser Stelle ein Eindruck von der Tragfähigkeit des Konzepts der Kammfunktion vermitteln, von der bei der Einführung der Kammfunktion, S. 76, die Rede war. Nach (6.111), S. 169, kann die 1-periodische Kammfunktion $\Delta(x)$ als „verallgemeinerte Fourierreihe" dargestellt werden durch

$$\Delta(x) = \sum_{k=-\infty}^{\infty} \exp(2\pi \mathrm{i} k x) \text{ bzw.}$$

$$\Delta(x-a) = \sum_{k=-\infty}^{\infty} \exp(2\pi \mathrm{i} k\,[x-a]). \tag{5.46}$$

In Abschn. 6.5 wird auch erläutert, wie der Widerspruch dieser Gleichung zu (5.30), S. 111, in dem umfassenderen Konzept der Distributionstheorie aufgehoben wird.

Die Funktion $f(x)$ setzen wir als 1-periodisch voraus. Ausgehend von der rechten Seite in (5.45) wird unter Verwendung von (3.65), S. 84, und (5.46) umgeformt:

$$\begin{aligned}
&\sum_{k=-\infty}^{\infty} \left\{ \int_{-1/2}^{1/2} f(s) \exp(-2\pi \mathrm{i} k s)\, \mathrm{d}s \right\} \exp(2\pi \mathrm{i} k x) \\
&= \sum_{k=-\infty}^{\infty} \int_{-1/2}^{1/2} f(s) \exp(2\pi \mathrm{i} k\,[x-s])\, \mathrm{d}s \\
&= \int_{-1/2}^{1/2} f(s) \left\{ \sum_{k=-\infty}^{\infty} \exp(2\pi \mathrm{i} k\,[x-s]) \right\} \mathrm{d}s \\
&= \int_{-1/2}^{1/2} f(s) \Delta(x-s)\, \mathrm{d}s \\
&= f(x) \text{ für } x \in I_1 . \qquad \square
\end{aligned}$$

Der Fall einer in $x = -1/2$ unstetigen Funktion ist in (3.65) enthalten, da hierfür wegen $f(-1/2^-) = f(1/2^-)$

$$f\left(-\frac{1}{2}\right) = \frac{1}{2}\left[f\left(-\frac{1}{2}^-\right) + f\left(-\frac{1}{2}^+\right)\right]$$

in Übereinstimmung mit der Mittelwertbedingung (1.11), S. 7, folgt.

Funktionsapproximation durch die Fourierteilsumme

Mit dem Beispiel der Fourierteilsumme $f_{\mathrm{Dom},N}(x)$ (Abb. 2.18 S. 52) war im Vergleich zu dem Konturgraphen $f_{\mathrm{Dom}}(x)$ (Abb. 2.16) der Tiefpaßeffekt der Fourierteilsumme vorgestellt worden. Aus der Sicht der Numerischen Mathematik wird die Teilsumme f_N auch als Approximationsfunktion zu der durch die (unendliche) Fourierreihe dargestellten Funktion f bezeichnet. Einen Teilaspekt der Probleme solcher Funktionsapproximationen bei unstetigen Funktionen („Gibbssches Phänomen“) hatten wir im Zusammenhang mit den Abbildungen 5.5 bis 5.6 (S. 115) kennengelernt. Ist dagegen f stetig oder sogar differenzierbar, dann liefert die Teilsummenfunktion $f_N(x)$ bereits mit wenigen Summanden (z.B. $N < 10$) „recht gute“ Näherungsergebnisse zu $f(x)$ (vgl. die Teilsumme zur periodischen Dreieckfunktion, Abb. 2.8, S. 38, oder die Abb. 2.9).

Es sollen hier zwei weitere Approximationseigenschaften von $f_N(x)$ ergänzt werden, die gerade auch im Hinblick auf die diskrete Tiepaßfilterung von Bedeutung sind:

1. Die positiven und negativen Abweichungen zwischen $f_N(x)$ und der Grenzfunktion $f(x)$ „heben sich auf“, mathematisch formuliert:

Für den Mittelwert der Differenzfunktion $f(x) - f_N(x)$ im Grundintervall I_1 gilt unabhängig von N

$$\int_{-1/2}^{1/2} [f(x) - f_N(x)] \, dx = 0 \, .$$

Diese Aussage ergibt sich unmittelbar daraus, daß der Fourierkoeffizient C_0 wegen (5.24) den Gleichanteil sowohl von f als auch von f_N wiedergibt. Die folgende Abb. 5.11 verdeutlicht den Zusammenhang am Beispiel des (unstetigen) Konturgraphen f_{Dom}.

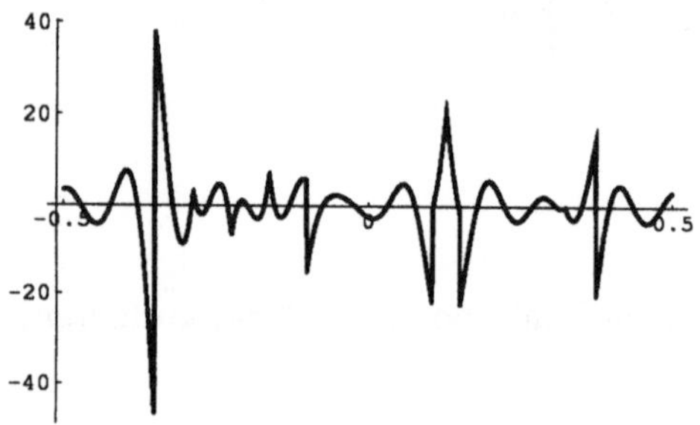

Abb. 5.11.
$f_{\text{Dom}}(x) - f_{\text{Dom},N}(x)$, $N = 10$

2. Wir wollen mit $g_N(x)$ eine Fourierteilsumme mit beliebigen Fourierkoeffizienten $\Gamma_k \in \mathbb{C}$ bezeichnen und untersuchen die sogenannte „mittlere quadratische Abweichung“ zwischen g_N und der als Fourierreihe dargestellten Funktion f:

$$\int_{-1/2}^{1/2} |f(x) - g_N(x)|^2 dx$$
$$= \int_{-1/2}^{1/2} \left| \sum_{k=-\infty}^{\infty} C_k \exp(2\pi i k x) - \sum_{k=-N}^{N} \Gamma_k \exp(2\pi i k x) \right|^2 dx \, . \qquad (5.47)$$

Es handelt sich hierbei also um den Mittelwert der Funktion $|f(x) - g_N(x)|^2$ (vgl. (1.33), S. 14). Wegen des Betragsquadrats der Integrandenfunktion ist das Integralergebnis ein nicht negativer reeller Zahlenwert, der von der Wahl der Koeffizienten Γ_k abhängt.

Die Fourierteilsumme $f_N(x)$ hat nun die Eigenschaft, daß sie unter allen Funktionen $g_N(x)$ die „beste mittlere quadratische Approximationsfunktion zu $f(x)$" darstellt. Ausgedrückt durch das Integral (5.47) lautet diese Aussage:

$$0 \le \int_{-1/2}^{1/2} |f(x) - g_N(x)|^2 \mathrm{d}x = \text{ Minimum, falls } \Gamma_k = C_k \text{ für } k = -N, \ldots, N\,. \qquad (5.48)$$

Zur Vereinfachung des Beweises benutzen wir ein Ergebnis, das später in Abschn. 8.3 als „Parsevalsche Gleichung für Fourierreihen" gezeigt wird ((8.42), S. 244). Hiernach gilt für die Fourierreihen

$$f(x) = \sum_{k=-\infty}^{\infty} C_k \exp(2\pi \mathrm{i} kx) \text{ und } g(x) = \sum_{k=-\infty}^{\infty} \Gamma_k \exp(2\pi \mathrm{i} kx)$$

die bemerkenswerte Gleichung

$$\int_{-1/2}^{1/2} f(x) g^*(x) \mathrm{d}x = \sum_{k=-\infty}^{\infty} C_k \Gamma_k^*\,. \qquad (5.49)$$

Falls in der Integrandenfunktion g durch die Fourierteilsumme g_N ersetzt wird, reduziert sich wegen (5.24) die rechts stehende Summe auf die Summationsindizes $k = -N, \ldots, N$.

Hiermit formen wir das erste Integral in (5.47) unter Verwendung von (4.2), $zz^* = |z|^2$, folgendermaßen um:

$$\begin{aligned}
\int_{-1/2}^{1/2} |f(x) - g_N(x)|^2 \mathrm{d}x &= \int_{-1/2}^{1/2} [f(x) - g_N(x)]\,[f^*(x) - g_N^*(x)]\,\mathrm{d}x \\
&= \int_{-1/2}^{1/2} f(x) f^*(x) \mathrm{d}x - \int_{-1/2}^{1/2} f(x) g_N^*(x) \mathrm{d}x - \int_{-1/2}^{1/2} f^*(x) g_N(x) \mathrm{d}x \\
&\quad + \int_{-1/2}^{1/2} g_N(x) g_N^*(x) \mathrm{d}x \\
&= \int_{-1/2}^{1/2} |f(x)|^2 \mathrm{d}x - \sum_{k=-N}^{N} C_k \Gamma_k^* - \sum_{k=-N}^{N} C_k^* \Gamma_k + \sum_{k=-N}^{N} \Gamma_k \Gamma_k^* \\
&= \int_{-1/2}^{1/2} |f(x)|^2 \mathrm{d}x + \sum_{k=-N}^{N} (C_k - \Gamma_k)\,(C_k^* - \Gamma_k^*) - \sum_{k=-N}^{N} C_k C_k^* \\
&= \int_{-1/2}^{1/2} |f(x)|^2 \mathrm{d}x - \sum_{k=-N}^{N} C_k C_k^* + \sum_{k=-N}^{N} |C_k - \Gamma_k|^2\,.
\end{aligned}$$

Die ersten beiden Summanden der letzten Gleichung sind aber unabhängig von der Wahl der Γ_k-Werte, so daß mit (4.2), S. 87, die behauptete Minimaleigenschaft für $\Gamma_k = C_k$ folgt. □

Diese beiden Eigenschaften verdeutlichen, daß die Tiepaßfilterung der Fourierteilsumme f_N nicht irgendeine beliebig geglättete Form zu f liefert, sondern daß sie zusätzlich besonders günstige Eigenschaften aufweist.

Ergänzend hierzu soll noch eine Besonderheit der Differenzfunktion $f - f_N$ erläutert werden. Als „Restfourierreihe" in der Form

$$f(x) - f_N(x) = \sum_{k=N+1}^{\infty} [C_k \exp(2\pi i k x) + C_{-k} \exp(-2\pi i k x)] \tag{5.50}$$

enthält sie im Gegensatz zur Fourierteilsumme f_N nur die „hohen" Frequenzanteile der Fourierreihe, gebildet durch die Harmonischen $\exp(2\pi i k x)$ für $|k| > N$. Das Ergebnis wird daher als „Hochpaßfilter" bezeichnet. Somit gibt $f(x) - f_N(x)$ ausschließlich die „Feinstruktur" etwa eines Konturgraphen f wieder, während die „Grobstruktur" nicht mehr vorhanden ist (vgl. zu diesen Begriffen die Erläuterungen S. 51). Der Funktionsgraph der Abb. 5.11 verdeutlicht einen typischen Effekt der Hochpaßfilterung bei Funktionen mit Unstetigkeitsstellen. Wir hatten in Abschn. 2.3 – zusammengefaßt in der Tabelle 2.1, S. 41 – herausgearbeitet, daß Funktionen mit Unstetigkeitsstellen eine „schlecht konvergierende" Fourierreihe der Konvergenzordnung $O(1/k)$ besitzen. Bei stetigen Funktionen konvergieren die Fourierkoeffizienten dagegen mit der Ordnung $O(1/k^n)$ und $n \geq 2$ gegen 0. Hierdurch bestimmen in der Restfourierreihe $f - f_N$ vor allem die aus den Unstetigkeitsstellen resultierenden Fourierkoeffizienten den Verlauf des Funktionsgraphen. In der Abb. 5.11 finden sich daher die Sprungstellen des Konturgraphen f_{Dom} als Extrema wieder. Von Interesse ist dabei, daß diese Extrema mit den Unstetigkeitsstellen zu $f(x)$ zusammenfallen. In der digitalen Bildbearbeitung wird daher die Hochpaßfilterung – neben anderen Verfahren – zur sogenannten „Kantendedektion" verwendet. Kanten sind in einem Bild durch besonders starke Helligkeitssprünge charakterisiert.

Kammfunktionsmethode zur Berechnung der Fourierkoeffizienten

In Ergänzung der klassischen Integralformel (5.18) zur Berechnung der Fourierkoeffizienten soll hier mit zwei Beispielen ein Verfahren vorgestellt werden, das sich durch Anwendung der Distributionstheorie auf verallgemeinerte Fourierreihen ergibt und als Kammfunktionsmethode bezeichnet werden kann.

1. Zur Vorbereitung bestätigen wir mit diesem Ansatz die Fourierreihe der 1-periodischen Rechteckfunktion (5.14) (vgl. Abschn. 5.2, Beispiel 1, S. 108)[5]:

[5] Gliedweises Differenzieren ist ebenso wie die Konvergenz der verallgemeinerten Fourierreihen durch die Distributionstheorie gesichert (vgl. Zemanian [35], Abschn. 11.6).

$$
\begin{aligned}
f(x) &= b + \sum_{\substack{k=-\infty\\k\neq 0}}^{\infty} b\,\mathrm{sinc}(bk)\exp(2\pi \mathrm{i} kx).\\
\Rightarrow f'(x) &= \sum_{\substack{k=-\infty\\k\neq 0}}^{\infty} b\,\frac{\sin(\pi bk)}{\pi bk}\,2\pi \mathrm{i} k\exp(2\pi \mathrm{i} kx)\\
&= \sum_{k=-\infty}^{\infty} 2\mathrm{i}\sin(\pi bk)\exp(2\pi \mathrm{i} kx)\,.
\end{aligned}
$$

In der letzten Summe verschwindet der Summand für $k = 0$.

Andererseits führt die 1-periodische Fortsetzung zu (3.44), S. 73, mit (5.46) ebenfalls auf

$$
\begin{aligned}
f'(x) &= \Delta\left(x + \frac{b}{2}\right) - \Delta\left(x - \frac{b}{2}\right)\\
&= \sum_{k=-\infty}^{\infty}\left\{\exp\left(2\pi \mathrm{i} k\left[x + \frac{b}{2}\right]\right) - \exp\left(2\pi \mathrm{i} k\left[x - \frac{b}{2}\right]\right)\right\} \qquad (5.51)\\
&= \sum_{k=-\infty}^{\infty}\left\{\exp(\pi \mathrm{i} bk) - \exp(-\pi \mathrm{i} bk)\right\}\exp(2\pi \mathrm{i} kx)\\
&= \sum_{k=-\infty}^{\infty} 2\mathrm{i}\sin(\pi bk)\exp(2\pi \mathrm{i} kx)\,.
\end{aligned}
$$

Die Übereinstimmung des Gleichanteils C_0 läßt sich durch den Vergleich der Fourierreihen zur Ableitungsfunktion f' nicht absichern. Hier bleibt zur Bestimmung von $C_0 = b$ nur die Mittelwertformel (5.31).

2. Für die Berechnung der Fourierkoeffizienten einer gegebenen Funktion soll als Beispiel $f(x) = \cos(2\pi\nu x)$, $\nu \in \mathbb{R}\backslash\mathbb{Z}$, gewählt werden mit den Ableitungen

$$
f'(x) = -2\pi\nu\sin(2\pi\nu x)\,,\; f''(x) = -4\pi^2\nu^2\cos(2\pi\nu x)\,.
$$

Die 1-periodische Fortsetzung zu $f(x)\,\mathrm{rect}(x)$ soll wieder mit $\tilde{f}(x)$ bezeichnet werden, und für $\nu \in \mathbb{R}\backslash\mathbb{Z}$ ist $\tilde{f}'(x)$ unstetig an den Grenzen des Grundintervalls I_1 mit einer „Sprunghöhe" von

$$
\begin{aligned}
D &:= \tilde{f}'\left(-\frac{1}{2}^{+}\right) - \tilde{f}'\left(-\frac{1}{2}^{-}\right) = \tilde{f}'\left(-\frac{1}{2}^{+}\right) - \tilde{f}'\left(\frac{1}{2}^{-}\right)\\
&= 4\pi\nu\sin(\pi\nu)\,.
\end{aligned}
$$

Der Wert von D kann in Abhängigkeit von ν sowohl positiv als auch negativ ausfallen. Bilden wir die im Zusammenhang mit (3.42), S. 72, erwähnte

„distributionelle Ableitung“ zu $\widetilde{f}'(x)$, dann ergibt sich mit (3.43) in einer Umgebung um $x = -1/2$

$$\widetilde{f}''(x) = -4\pi^2\nu^2 \cos(2\pi\nu\,[x+1])\,\mathrm{rect}(x+1) + D\,\delta\left(x+\frac{1}{2}\right)$$
$$-4\pi^2\nu^2\cos(2\pi\nu x)\,\mathrm{rect}(x)\,,$$
$$\text{für } x \in \left(-\frac{1}{2}-\varepsilon\,,\,-\frac{1}{2}+\varepsilon\right),\ 0<\varepsilon<1\,.$$

Insgesamt läßt sich $\widetilde{f}''(x)$ mit (5.46) wiedergeben durch

$$\begin{aligned}\widetilde{f}''(x) &= -4\pi^2\nu^2\widetilde{f}(x) + D\,\Delta\left(x+\frac{1}{2}\right)\\ &= -4\pi^2\nu^2\widetilde{f}(x) + D\sum_{k=-\infty}^{\infty}\exp\left(2\pi\mathrm{i}k\left[x+\frac{1}{2}\right]\right).\end{aligned}$$

Wenn wir auf diesen Zusammenhang die Darstellung der Funktion $\widetilde{f}(x)$ durch eine Fourierreihe anwenden,

$$\widetilde{f}(x) = \sum_{k=-\infty}^{\infty} C_k\exp(2\pi\mathrm{i}kx) \Rightarrow \widetilde{f}''(x) = -\sum_{k=-\infty}^{\infty}4\pi^2k^2C_k\exp(2\pi\mathrm{i}kx)\,,$$

dann erhalten wir

$$\begin{aligned}&-\sum_{k=-\infty}^{\infty}4\pi^2k^2C_k\exp(2\pi\mathrm{i}kx)\\ &= -4\pi^2\nu^2\sum_{k=-\infty}^{\infty}C_k\exp(2\pi\mathrm{i}kx) + D\sum_{k=-\infty}^{\infty}\exp\left(2\pi\mathrm{i}k\left[x+\frac{1}{2}\right]\right).\end{aligned}$$

Koeffizientenvergleich für den einzelnen Summanden zum Index k führt auf

$$\begin{aligned}&4\pi^2(\nu^2-k^2)\,C_k\exp(2\pi\mathrm{i}kx) = D\,\exp(2\pi\mathrm{i}kx)\exp(\pi\mathrm{i}k)\\ \Rightarrow\quad & C_k = \frac{(-1)^k D}{4\pi^2(\nu^2-k^2)} = \frac{(-1)^k\,4\pi\nu\sin(\pi\nu)}{4\pi^2(\nu^2-k^2)}\\ &= \frac{(-1)^k\,\nu\sin(\pi\nu)}{\pi(\nu^2-k^2)},\ \nu\in\mathbb{R}\backslash\mathbb{Z}\,,\end{aligned}$$

in Übereinstimmung mit (5.27), S. 110, und zwar einschließlich für den Koeffizienten $C_0 = \mathrm{sinc}(\nu) \neq 0$.

Bei der Anwendung dieser Methode beispielsweise auf die Funktion $f(x) = \sin(2\pi\nu x)$, $\nu \in \mathbb{R}\backslash\mathbb{Z}$, oder auf den periodischen Geradenausschnitt (vgl. Abschn. 2.3, Beispiel 5) werden neben der δ-Funktion und der Kammfunktion auch deren (distributionelle) Ableitungen benötigt (vgl. Abschn. 6.5).

Nullfunktionen in einem Teilintervall von I_1

Mit der Überschrift sind Funktionen f gemeint, für die in einem echten Teilintervall $I = [a, b]$ des Grundintervalls I_1 (d.h. $-1/2 < a < b < 1/2$) $f(x) = 0$ gilt, während für das gesamte Grundintervall $f \neq 0$ zutrifft.

In Ergänzung zu Satz 2.6, S. 43, sowie für spätere Anwendungen soll bewiesen werden:

Satz 5.2: *Eine Nullfunktion (in dem oben angegeben Sinne) läßt sich nur durch eine unendliche Fourierreihe darstellen.*

Der Beweis wird indirekt geführt, indem wir annehmen, daß eine solche Funktion f in eine endliche Fourierreihe entwickelt werden kann:

$$\begin{aligned} f(x) &= \sum_{k=-N}^{N} C_k \exp(2\pi i k x) \\ &= \exp(-2\pi i N x) \sum_{k=0}^{2N} C_{k-N} \exp(2\pi i k x) \,. \end{aligned} \tag{5.52}$$

Die Exponentialfunktion als Faktor vor der zweiten Summe ist für sämtliche $x \in \mathbb{R}$ von Null verschieden, so daß $f(x) = 0$ durch die Funktion

$$g(x) := \sum_{k=0}^{2N} C_{k-N} \exp(2\pi i k x) \tag{5.53}$$

bewirkt wird. Wir substituieren $z = \exp(2\pi i x)$, und es entsteht mit

$$h(z) := \sum_{k=0}^{2N} C_{k-N} z^k$$

ein Polynom $2N$-ten Grades. Die Funktionswerte von $g(x)$ stimmen mit denen von $h(z)$ für Argumente z auf dem Einheitskreis der komplexen Zahlenebene überein. Zusätzlich werden die Argumente aus dem Grundintervall, $x \in I_1$, durch $z = \exp(2\pi i x)$ eineindeutig auf den Einheitskreis abgebildet. Nach der Voraussetzung des Satzes hat das Polynom $h(z)$ daher unendlich viele verschiedene Nullstellen (auf dem Einheitskreis). Der „Fundamentalsatz der Algebra" läßt bei einem Polynom $2N$-ten Grades jedoch höchstens $2N$ verschiedene Nullstellen zu. Mit diesem Widerspruch ist die Behauptung bewiesen. Außerdem kann hiernach eine endliche Fourierreihe wie in (5.52) höchstens $2N$ verschiedene Nullstellen im Grundintervall haben. □

Übungen

5.3.1 Zeigen Sie unter Verwendung der Integralformel (5.18):

Falls $f(x)$ eine $1/\nu$-periodische Funktion ist mit $\nu \in \mathbb{N}\setminus\{1\}$, dann gilt für die Fourierkoeffizienten der Fourierreihe zu $f(x)$ (vgl. Aufgabe 1 zu Abschn. 2,4):

$$C_k \left\{ \begin{array}{l} \neq 0 \text{ für } k = m\nu\,, \\ = 0 \text{ für } k \neq m\nu\,, \end{array} \right\} \quad m \in \mathbb{Z}\,.$$

5.3.2 Anstelle der Gleichung (5.45) läßt sich der grundlegende Zusammenhang über die Integralformel der Fourierkoeffizienten und die Fourierreihe mit diesen Koeffizienten auch durch die folgende Behauptung beweisen:

Falls $f(x)$ die durch die Fourierreihe (5.19) dargestellte Funktion ist, dann führt die Integralformel (5.18) wieder auf die Fourierkoeffizienten C_k:

$$C_k = \int_{-1/2}^{1/2} \left[\sum_{n=-\infty}^{\infty} C_n \exp(2\pi i n x) \right] \exp(-2\pi i k x) \mathrm{d}x\,. \tag{5.54}$$

Beweisen Sie diese Gleichung. Die Konvergenz der Reihe sowie die Vertauschbarkeit des Integrals mit der unendlichen Reihe ist dabei vorausgesetzt.

5.3.3 Berechnen Sie nach der Kammfunktionsmethode die Fourierkoeffizienten zu

$$\text{a) } f(x) = \operatorname{tri}\left(\frac{x}{b}\right)\,, \quad \text{b) } f(x) = \exp\left(\frac{x}{b}\right) - 1 \text{ für } x \in I_1\,,$$

$$\text{c) } f(x) = \left\{ \begin{array}{ll} \dfrac{2}{2a+1}\left(x + \dfrac{1}{2}\right) & \text{für } -\dfrac{1}{2} \leq x < a\,, \\ \dfrac{2}{2a-1}\left(x - \dfrac{1}{2}\right) & \text{für } a \leq x < \dfrac{1}{2}\,, \end{array} \right\} \quad -\frac{1}{2} < a < \frac{1}{2}\,,$$

und vergleichen Sie zu a) und b) die Koeffizienten mit früheren Ergebnissen (Abschn. 5.2, Aufgabe 2 bzw. 10). Skizzieren Sie den Graphen zu f in c), und überprüfen Sie die Übereinstimmung des Ergebnisses mit der Fourierreihe der 1-periodischen Fortsetzung zu $\operatorname{tri}(2x)$.

Am Beispiel der Funktion f in c) wird die Vereinfachung der Berechnung durch die Kammfunktionsmethode gegenüber der Integralformel besonders deutlich.

Teil II

Fouriertransformation

6. Fourieroperator

Bei der Einführung der Fouriertransformation geht die Literatur zur Ingenieurmathematik im allgemeinen vom Fourierintegral aus und leitet von diesem Integral her die elementaren Regeln und Beispiele ab.

Wir werden hier zwar auch das Fourierintegral an den Anfang stellen und daraus ein Beispiel zur Fouriertransformation gewinnen, das für die weiteren Ergebnisse grundlegend ist. Mit der Anwendung des Fourierintegrals auf die konstante Funktion $f(x) = 1$ werden dann aber sofort die Grenzen dieser Vorgehensweise aufgezeigt.

Daher wird im folgenden die Fouriertransformation vom Fourieroperator her entwickelt, von dem wir nur verlangen, daß seine Anwendung – ähnlich wie bei anderen bekannten Operatoren – nach bestimmten Regeln erfolgt.

6.1 Einführung

Vorbereitung

Wir gehen von komplexwertigen Funktionen $f(x)$ aus, die für $x \in \mathbb{R}$ definiert sind, $f : \mathbb{R} \to \mathbb{C}$. Vorausgesetzt ist, daß diese Funktionen in $\mathbb{R}$ integrierbar sind. Hierzu lautet das Fourierintegral[1]

$$\int_{-\infty}^{\infty} f(x) \exp(-2\pi i u x) \mathrm{d}x, \quad u \in \mathbb{R}\,. \tag{6.1}$$

Dieses uneigentliche Integral ist grundsätzlich als Cauchyscher Hauptwert (1.26), S. 12, festgelegt.

Wenn wir annehmen, daß das Integral (6.1) für alle Parameterwerte u der Integrandenfunktion existiert, dann sind die Werte des uneigentlichen Integrals abhängig von diesem Parameter; das Integral definiert somit eine neue Funktionsvorschrift zu dem Argument u, für die üblicherweise der Funktionsbuchstabe F gewählt wird:

$$F(u) := \int_{-\infty}^{\infty} f(x) \exp(-2\pi i u x) \mathrm{d}x, \quad u \in \mathbb{R}\,. \tag{6.2}$$

[1] Auf andere als die hier vorgestellte Form des Fourierintegrals gehen wir später ein.

(Vorsichtshalber ist darauf hinzuweisen, daß die Notierung F nicht mit der Stammfunktion des uneigentlichen Integrals zu f zu verwechseln ist.)

Beispiel 1: $f(x) = \text{rect}(x)$; mit (4.17), S. 95, wird

$$F(u) = \int_{-\infty}^{\infty} \text{rect}(x) \exp(-2\pi i u x) \mathrm{d}x = \text{sinc}(u) \text{ für } u \in \mathbb{R} \,. \tag{6.3}$$

Damit erhalten wir als erstes Ergebnis (Abb. 6.1)

$$f(x) = \text{rect}(x) \Rightarrow F(u) = \text{sinc}(u) \,. \tag{6.4}$$

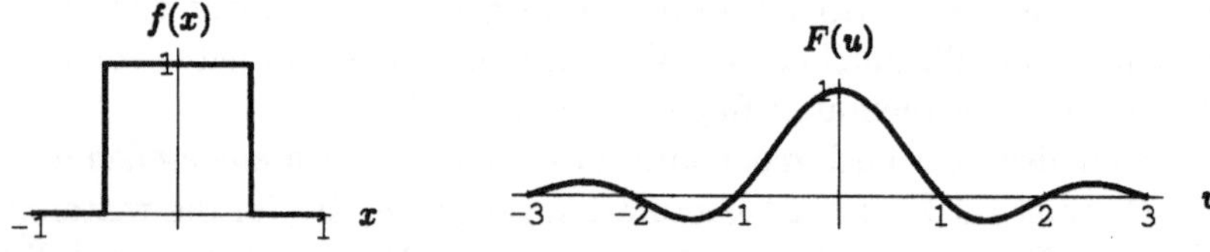

Abb. 6.1. $f(x) = \text{rect}(x)$, $F(u) = \text{sinc}(u)$

Das Fourierintegral existiert für alle $u \in \mathbb{R}$.

Beispiel 2: Für das Fourierintegral zur Einsfunktion, $f(x) = 1$, ist zunächst mit (4.27), S. 98,

$$\int_{-b/2}^{b/2} \exp(-2\pi i u x) \mathrm{d}x = b \,\text{sinc}(bu),\ b \in \mathbb{R}^+ \,. \tag{6.5}$$

Damit ergibt sich

$$\begin{aligned} \int_{-\infty}^{\infty} \exp(-2\pi i u x) \mathrm{d}x &= \lim_{b \to \infty} \int_{-b/2}^{b/2} \exp(-2\pi i u x) \mathrm{d}x = \lim_{b \to \infty} b \,\text{sinc}(bu) \\ &= \begin{cases} \lim\limits_{b \to \infty} b = \infty \text{ für } u = 0 \,, \\ \dfrac{1}{\pi u} \lim\limits_{b \to \infty} \sin(\pi b u) \text{ für } u \neq 0 \,. \end{cases} \end{aligned} \tag{6.6}$$

Die Funktion $g(x) = \sin x$ ist für $x \to \infty$ unbestimmt divergent (vgl. S. 13), so daß auch $g(b) = \sin b$ für $b \to \infty$ keinen Grenzwert hat. Dasselbe gilt dann zu jedem (festen) Wert $u \neq 0$ für die Funktion $g(b\pi u)$, und damit gibt es auch keinen Grenzwert $1/(\pi u) \lim\limits_{b \to \infty} \sin(\pi b u)$:

Das Fourierintegral zur Einsfunktion, $f(x) = 1$, existiert für keinen Parameterwert u.

Das ungewohnte Verhalten des Grenzwertes $\lim\limits_{b \to \infty} b \,\text{sinc}(bu)$ soll mit Hilfe der Abb. 6.2 noch ein Stück verdeutlicht werden.

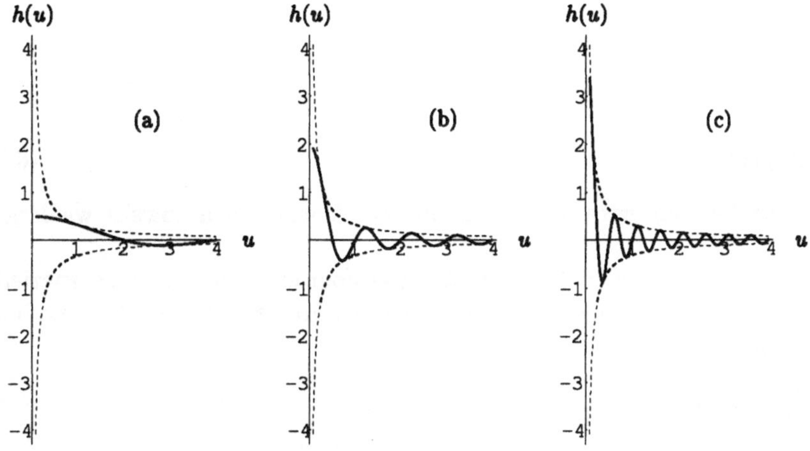

Abb. 6.2. $h(u) = b\,\mathrm{sinc}(bu)$, (a) für $b = 1/2$, (b) für $b = 2$, (c) für $b = 4$; (*gestrichelt:*) $v = \pm 1/(\pi u)$

Die Graphen sämtlicher Funktionen $h(u) = \sin(\pi bu)/(\pi u)$ werden durch die Funktionen $v = \pm 1/(\pi u)$ begrenzt. Mit größer werdendem Parameterwert b erfahren die Graphen zu $h(u)$ eine Stauchung zu dem Zentrum $u = 0$ hin. Für ein einzelnes Argument u variieren mit $b \to \infty$ die Funktionswerte von $h(u)$ beständig zwischen $\pm 1/(\pi u)$, so daß es also keinen Grenzwert $\lim\limits_{b\to\infty} \sin(\pi bu)/(\pi u)$ gibt.

Wenn wir anstelle der Einsfunktion als weitere Beispiele für die Funktion f in (6.1) $f(x) = \sin x$, $f(x) = \cos x$, $f(x) = \mathrm{e}^{\mathrm{i}x}$ einsetzen, dann läßt sich ebenso zeigen, daß der Grenzwert des (6.5) entsprechenden Integrals nicht existiert.

Da bereits bei so wichtigen und elementaren Funktionen wie den hier genannten der Zugang zur Fouriertransformation über das Fourierintegral versagt, ist es erforderlich, einen allgemeineren Ansatz zugrunde zu legen. Wir wählen dazu die Methode der „Funktionaltransformation", zu der die Fouriertransformation als ein Spezialfall behandelt wird (vgl. z.B. Doetsch [12]).

Einführung des Fourieroperators

Bei der Funktionaltransformation geht man davon aus, daß einer gegebenen Funktion $f(x)$ eindeutig und nach festgelegten Regeln eine zweite Funktion zugeordnet wird, die hier mit $F(u)$ bezeichnet werden soll. $f(x)$ und $F(u)$ sind allgemein als komplexwertige Funktionen zugelassen. Die Operation der

Zuordnung drücken wir bei der Fouriertransformation durch das Operatorzeichen $\mathcal{F}$, den Fourieroperator, aus

$$f(x) \xrightarrow{\mathcal{F}} F(u) ,$$

und mit

$$\mathcal{F}\{f(x)\} = F(u) \tag{6.7}$$

wird dann die Fouriertransformation in operationaler Schreibweise wiedergegeben.

Im Vorgriff darauf, daß wir später das Fourierintegral als eine spezielle Form des Fourieroperators entwickeln werden, können wir nun das Ergebnis (6.4) auch so wiedergeben:

$$\mathcal{F}\{\operatorname{rect}(x)\} = \operatorname{sinc}(u) . \tag{6.8}$$

Wir haben damit ein erstes konkretes Beispiel der Funktionszuordnung durch den Fourieroperator gewonnen[2].

In der Schreibweise (6.7) bzw. (6.8) ist zunächst die unterschiedliche Wahl der Argumentbuchstaben (hier x und u) ungewohnt. Diese Konvention der Fouriertransformation verweist jedoch darauf, daß sich bei physikalischen Anwendungen die Argumente der Funktionen auf unterschiedliche Dimensionen beziehen; so gehört etwa in der Bildbearbeitung zu x in $f(x)$ die Wegdimension (z.B. mm), während u in $F(u)$ von der Dimension 1/Weg (z.B. mm^{-1}) ist. Eine andere Konvention besteht darin, daß bei der Verwendung mehrerer Funktionen der jeweilige Klein- und Großbuchstabe zusammengehörige Zuordnungen ausdrückt[3], also z.B.

$$\mathcal{F}\{g(x)\} = G(u),\ \mathcal{F}\{h(x)\} = H(u),\ \mathcal{F}\{f_1(x)\} = F_1(u) \text{ u.s.w.} \tag{6.9}$$

Zur sprachlichen Unterscheidung zwischen den Funktionen f und F (bzw. g und G usw.) in Verbindung mit dem Fourieroperator werden wir gelegentlich f als Ursprungs- oder Originalfunktion bzw. als Input (-funktion) zu $\mathcal{F}$ bezeichnen; F werden wir (Fourier-) Transformierte, Transformationsergebnis oder auch Output (des Fourieroperators) zu f nennen. Schließlich werden

---

[2] Die angegebene Notierung verdeutlicht zusätzlich eine grundlegende Vorstellung bei der Fouriertransformation: Mit den Bezeichnungen rect(x), sinc(u) sind die jeweils beteiligten Funktionen in ihrer Gesamtheit zu sehen und nicht so sehr die Vorschriften, nach denen zu einzelnen Argumentwerten die zugehörigen Funktionswerte berechnet werden können; in diesem Sinne geht es hier mehr um die Namen bestimmter Funktionen, so daß eigentlich sogar die Formulierung

$$\mathcal{F}\{\operatorname{rect}\} = \operatorname{sinc}$$

zweckmäßiger wäre, die jedoch für die weiteren Entwicklungen des Fourieroperators nicht so sehr geeignet ist.

[3] Gelegentlich findet sich auch die Notierung $\mathcal{F}\{f(x)\} = \widehat{f}(u)$, $\mathcal{F}\{g(x)\} = \widehat{g}(u)$ usw.

wir durchgehend den Buchstaben x für das Argument der Input-Funktion zu $\mathcal{F}$ und den Buchstaben u für das Argument der Output-Funktion verwenden.

Vergleich mit der Differentialrechnung

Bevor wir uns mit den Regeln des Fourieroperators vertraut machen, soll die methodische Vorgehensweise unter Verwendung der Funktionaltransformation noch am bekannten Beispiel der Differentialrechnung verdeutlicht werden. Die Vorschrift „zu einer gegebenen Funktion f ist die Ableitungsfunktion f' zu bilden" läßt sich so interpretieren, daß einer Funktion f eine weitere Funktion mit der Bezeichnung f' nach bestimmten Regeln zugeordnet wird. Die Zuordnungsoperation können wir durch den Differentialoperator $\frac{\mathrm{d}}{\mathrm{d}x}$ formalisieren:

$$f(x) \xrightarrow{\frac{\mathrm{d}}{\mathrm{d}x}} f'(x) \text{ bzw. } \frac{\mathrm{d}}{\mathrm{d}x} f(x) = f'(x) .$$

Es ist nun sehr wohl denkbar, eine Einführung in die Differentialrechnung zu geben und zwar ohne Verwendung des Differenzenquotienten zu der Funktion f und dessen Grenzwert als Definition der Ableitungsfunktion f'. Hierzu müßte man die bekannten Ableitungsregeln als Regeln des Differentialoperators (ohne Beweis) an den Anfang stellen, z.B. die „Linearitätsregel"

$$\frac{\mathrm{d}}{\mathrm{d}x} \{af(x) + bg(x)\} = a\frac{\mathrm{d}}{\mathrm{d}x} f(x) + b\frac{\mathrm{d}}{\mathrm{d}x} g(x) .$$

Zusätzlich ist dieses Regelwerk noch um eine (zunächst unbewiesene) Zuordnung z.B. die der Exponentialfunktion

$$\frac{\mathrm{d}}{\mathrm{d}x} \mathrm{e}^x = \mathrm{e}^x$$

zu erweitern und die Anwendung der Regeln auf komplexwertige Funktionen auszudehnen. Damit lassen sich dann unter Benutzung der Eulerschen Formel (4.3) bzw. (4.4), S. 89, zu sämtlichen üblichen Funktionen der Ingenieurmathematik die Ableitungsfunktionen herleiten (beispielsweise zu $\frac{\mathrm{d}}{\mathrm{d}x} \sin x$ vgl. (4.16), S. 94).

Durch die Einführung des inversen Operators zum Differentialoperator als unbestimmtes Integral

$$\left\{\frac{\mathrm{d}}{\mathrm{d}x}\right\}^{-1} f'(x) := f(x) + C \text{ und } \int f'(x)\mathrm{d}x := \left\{\frac{\mathrm{d}}{\mathrm{d}x}\right\}^{-1} f'(x)$$

kann man in der üblichen Form auch die Integrationsregeln gewinnen.

Funktionaltransformation und Fouriertransformation

Das vorgestellte Konzept einer möglichen Didaktik zur Analysis in der Ingenieurmathematik entspricht nun genau dem Weg, über den hier die Fouriertransformation eingeführt werden soll. Dazu gehört es, daß wir zunächst die Regeln des Fourieroperators zusammenstellen. Die Gültigkeit dieser Regeln und insbesondere deren Konsistenz (Widerspruchsfreiheit) ist grundgelegt in der von Laurent Schwartz [28] entwickelten Distributionstheorie.

Ausgehend von dem elementaren Transformationsergebnis (6.8) werden wir als Anwendung der Regeln weitere Transformiertenpaare erarbeiten. Dabei steht im Vordergrund, daß es bei einer Einführung in die Fouriertransformation vorrangig nicht um das Lösen von Integralen geht, sondern daß das Hauptziel die Beherrschung der Regeln und die Verfügbarkeit elementarer Transformiertenpaare ist. Dieser Zielsetzung dient es auch, wenn gelegentlich dieselben Ergebnisse auf verschiedenen Wegen hergeleitet werden, um so Beispiele für die Konsistenz der Regeln zu geben.

6.2 Regeln des Fourieroperators

Wir stellen an den Anfang noch einmal den Ansatz der Fouriertransformation als Funktionszuordnung komplexwertiger Funktionen $f(x) \longrightarrow F(u)$ durch den Fourieroperator $\mathcal{F}$,

$$\mathcal{F}\{f(x)\} = F(u), \quad f, F : \mathbb{R} \to \mathbb{C}\,. \tag{6.10}$$

Hierbei verlangen wir, daß $\mathcal{F}\{f\}$ ein eindeutiges Ergebnis liefert, das bedeutet: Einer Funktion $f(x)$ wird durch (6.10) genau eine Funktion $F(u)$ zugeordnet.

Regel 1 : Linearität

Für beliebige Werte $A, B \in \mathbb{C}$ gilt mit der Notierung (6.9)

$$\begin{aligned} \mathcal{F}\{A\,f(x) + B\,g(x)\} &= A\,\mathcal{F}\{f(x)\} + B\,\mathcal{F}\{g(x)\} \\ &= A\,F(u) + B\,G(u)\,. \end{aligned} \tag{6.11}$$

Beispiel 1: Zu jeder Funktion $f(x)$ ist $Af(x)$ für die Konstante $A = 0$ eine Nullfunktion. Aus der Linearität folgt

$$\mathcal{F}\{0 \cdot f(x)\} = 0 \cdot F(u)\,,$$

oder

$$\mathcal{F}\{0\} = 0\,. \tag{6.12}$$

Die Transformierte der Nullfunktion ist die Nullfunktion.

Beispiel 2: Für eine Funktion $f : \mathbb{R} \to \mathbb{C}$, zerlegt in Real- und Imaginärteil,

$$f_R := \mathrm{Re}\,(f),\ f_I := \mathrm{Im}\,(f) \Rightarrow f = f_R + \mathrm{i} f_I\ , \tag{6.13}$$

liefert Regel 1

$$\mathcal{F}\{f_R + \mathrm{i} f_I\} = \mathcal{F}\{f_R\} + \mathrm{i}\mathcal{F}\{f_I\}\ , \tag{6.14}$$

d.h. Real- und Imaginärteil einer komplexwertigen Funktion lassen sich getrennt transformieren.

Zu einer reellwertigen Funktion f gehört nur in speziellen Fällen eine reellwertige Transformierte F. Damit ist in (6.14) sowohl $\mathcal{F}\{f_R\}$ als auch $\mathcal{F}\{f_I\}$ in der Regel komplexwertig. Wenn wir zusätzlich auch die Zerlegung

$$F_R := \mathrm{Re}\,(F),\ F_I := \mathrm{Im}\,(F) \Rightarrow F = F_R + \mathrm{i} F_I\ , \tag{6.15}$$

benutzen, dann ergibt sich also, daß im allgemeinen $F_R(u)$ ***nicht*** die Transformierte zu $f_R(x)$ und $F_I(u)$ ***nicht*** die zu $f_I(x)$ ist.

Regel 2 : Lineare Argumenttransformation

Für $a \in \mathbb{R}$ und $b \in \mathbb{R} \setminus \{0\}$ gilt

$$\begin{aligned} &\mathcal{F}\{f(x)\} = F(u) \\ &\Rightarrow \mathcal{F}\left\{f\left(\frac{x-a}{b}\right)\right\} = |b| \exp(-2\pi \mathrm{i} a u) F(bu)\ . \end{aligned} \tag{6.16}$$

Erläuterungen:

1. In der Literatur wird der Zusammenhang der Regel 2 üblicherweise getrennt angegeben:

Argumentverschiebung zu $f(x)$:

$$\mathcal{F}\{f(x-a)\} = \exp(-2\pi \mathrm{i} a u) F(u)\ , \tag{6.17}$$

Argumentskalierung zu $f(x)$:

$$\mathcal{F}\left\{f\left(\frac{x}{b}\right)\right\} = |b| F(bu)\ . \tag{6.18}$$

2. Eine Argumentskalierung der Originalfunktion bewirkt nach (6.18) eine reziproke Argumentskalierung der Transformierten. Wird also z.B. die Funktion $f(x)$ in Argumentrichtung gestaucht, so wird die Transformierte in Argumentrichtung gestreckt und zusätzlich in Ordinatenrichtung gestaucht (Abbildungen 6.3, 6.4 im Vergleich mit der Abb. 6.1).

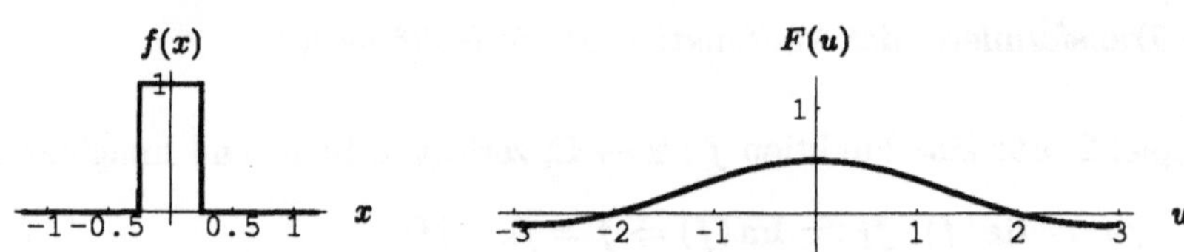

Abb. 6.3. $f(x) = \text{rect}(x/b)$, $F(u) = b\,\text{sinc}(bu)$, $b = 1/2$

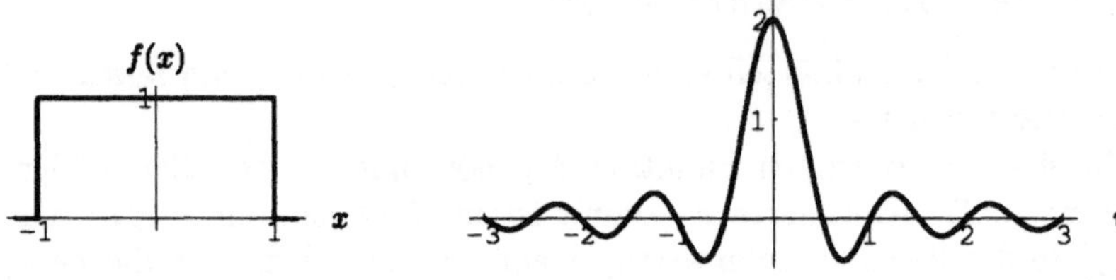

Abb. 6.4. $f(x) = \text{rect}(x/b)$, $F(u) = b\,\text{sinc}(bu)$, $b = 2$

3. Ersetzt man in (6.16) den Parameter a durch $-a$, dann läßt sich die Regel 2 wiedergeben durch

$$\mathcal{F}\left\{f\left(\frac{x+a}{b}\right)\right\} = |b| \exp(2\pi i a u) F(bu) \,. \tag{6.19}$$

Beispiel 3: Anwendung von Regel 1 und 2 ergibt (Abb. 6.5; zu $F(u)$ ist der Imaginärteil dargestellt):

$$\begin{aligned} \mathcal{F}\{\text{rect}(x+a) - \text{rect}(x-a)\} &= [\exp(2\pi i a u) - \exp(-2\pi i a u)]\,\text{sinc}(u) \\ &= 2i \sin(2\pi a u)\,\text{sinc}(u) \,. \end{aligned} \tag{6.20}$$

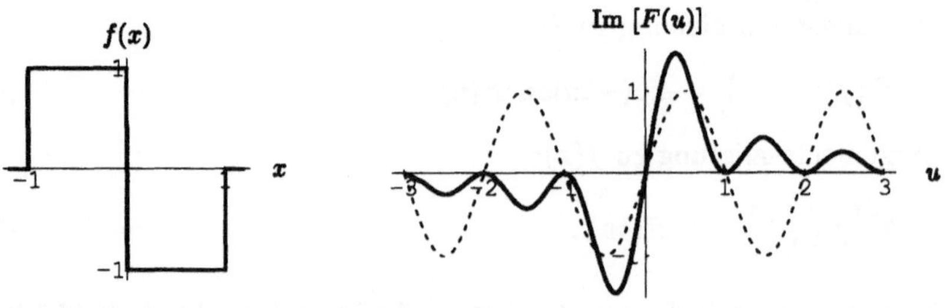

Abb. 6.5. $f(x) = \text{rect}(x+a) - \text{rect}(x-a)$,
$\text{Im}\,[F(u)] = 2\,\text{sinc}(u) \sin(2\pi a u)$, (*gestrichelt:*) $\sin(2\pi a u)$), $a = 1/2$

Beispiel 4: Für $b \in \mathbb{R}^+$ erhalten wir mit $2\cos(\alpha)\sin(\alpha) = \sin(2\alpha)$

$$\begin{aligned}
2b\,\mathrm{sinc}(2bu) &= \mathcal{F}\left\{\mathrm{rect}\left(\frac{x}{2b}\right)\right\}\\
&= \mathcal{F}\left\{\mathrm{rect}\left(\frac{x+b/2}{b}\right)+\mathrm{rect}\left(\frac{x-b/2}{b}\right)\right\}\\
&= [\exp(\pi i bu)+\exp(-\pi i bu)]\,b\,\mathrm{sinc}(bu)\\
&= 2\cos(\pi bu)\;b\,\frac{\sin(\pi bu)}{\pi bu}\\
&= b\,\frac{\sin(2\pi bu)}{\pi bu} = 2b\,\mathrm{sinc}(2bu)\,.
\end{aligned}$$

Hiermit haben wir ein Beispiel für die Konsistenz der Regeln 1 und 2.

4. In der Differential- und Integralrechnung spielt die Behandlung „zusammengesetzter Funktionen“ $f[g(x)]$ eine besondere Rolle. Bei der Fouriertransformation gibt es dagegen keinen allgemeinen Zusammenhang, mit dem $\mathcal{F}\{f[g(x)]\}$ unter Verwendung der Transformierten F und G gebildet werden kann. Eine Ausnahme hierzu ist nach Regel 2 der Spezialfall der linearen Funktion $g(x) = (x-a)/b$.

In der Regel 2 finden sich die Parameter a, b der Argumenttransformation zu $f(x)$ explizit im Transformationsergebnis als Parameter wieder. Für die folgende Regel 3 wird ein solcher Parameter c formal in den Funktionen f und F notiert:

$$\mathcal{F}\{f(x,c)\} = F(u,c),\; c \in \mathbb{R}$$

Regel 3 : Vertauschen von Fourieroperator und Grenzwert

Für $c_0 \in \mathbb{R}$ bzw. $c_0 = \pm\infty$ gilt

$$\mathcal{F}\left\{\lim_{c\to c_0} f(x,c)\right\} = \lim_{c\to c_0}\mathcal{F}\{f(x,c)\} = \lim_{c\to c_0} F(u,c)\,, \tag{6.21}$$

falls $\lim\limits_{c\to c_0} f(x,c)$ bzw. $\lim\limits_{c\to c_0} F(u,c)$ existiert[4].

Beispiel 5: Zu gegebenen Funktionen $f_k(x)$, $k \in \mathbb{N}$, sei

$$g_N(x) := \sum_{k=1}^{N} A_k f_k(x),\; A_k \in \mathbb{C},\; N \in \mathbb{N}\,.$$

Falls der Grenzwert $\lim\limits_{N\to\infty} g_N(x)$ existiert, folgt mit Regel 3

$$\mathcal{F}\left\{\sum_{k=1}^{\infty} A_k f_k(x)\right\} = \sum_{k=1}^{\infty} A_k\,\mathcal{F}\{f_k(x)\} = \sum_{k=1}^{\infty} A_k F_k(u)\,. \tag{6.22}$$

[4] Regel 3 gilt nur für eine eingeschränkte Klasse von Funktionen (vgl. z.B. Doetsch [12], S. 254 und 259), auf die wir nicht eingehen können. Die Beispiele und Aufgaben hierzu sind daher als formale Anwendungen dieser Regel zu betrachten.

Damit ist die Linearitätsregel auch auf unendlich viele Summanden anwendbar.

Beispiel 6: Aus dem grundlegenden Transformationsergebnis der Gleichung (6.8), $\mathcal{F}\{\operatorname{rect}(x)\} = \operatorname{sinc}(u)$, läßt sich unter Verwendung der Regeln 1 bis 3 entwickeln (Aufgabe 2, Abb. 6.6):

$$\mathcal{F}\{\operatorname{tri}(x)\} = \operatorname{sinc}^2(u)\,. \tag{6.23}$$

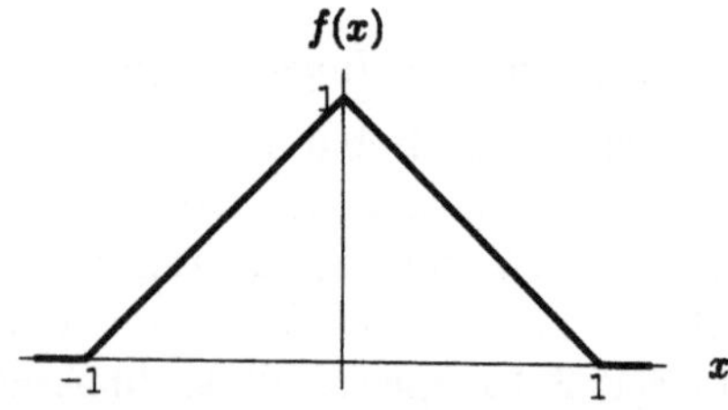

Abb. 6.6. $f(x) = \operatorname{tri}(x)$, $F(u) = \operatorname{sinc}^2(u)$

Beispiel 7: Mit der Grenzwertdefinition der δ-Funktion durch (3.1), S. 60, ergibt sich (Abb. 6.7)

$$\mathcal{F}\{\delta(x)\} = \mathcal{F}\left\{\lim_{b\to 0}\frac{1}{b}\operatorname{rect}\left(\frac{x}{b}\right)\right\} = \lim_{b\to 0}\operatorname{sinc}(bu) = \operatorname{sinc}(0) = 1\,;$$

Die Transformierte der δ-Funktion ist die Einsfunktion:

$$\mathcal{F}\{\delta(x)\} = 1\,. \tag{6.24}$$

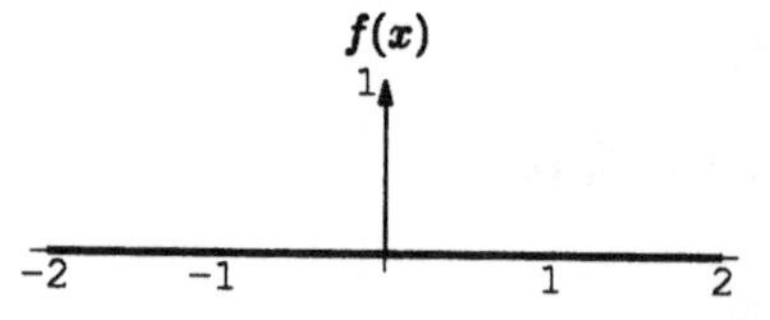

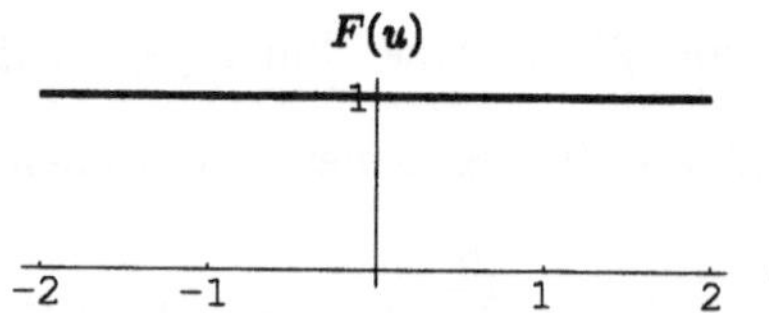

Abb. 6.7. $f(x) = \delta(x)$, $F(u) = 1$

Hiermit haben wir bei dem bisherigen Kenntnisstand eines der wichtigsten Transformiertenpaare gewonnen.

Beispiel 8: Mit Regel 2 folgt aus (6.24) für $b \neq 0$ (Abb. 6.8; $F(u)$ mit Realteil und – gestrichelt – Imaginärteil)

$$\mathcal{F}\left\{\delta\left(\frac{x-a}{b}\right)\right\} = |b|\exp(-2\pi i a u)\,. \tag{6.25}$$

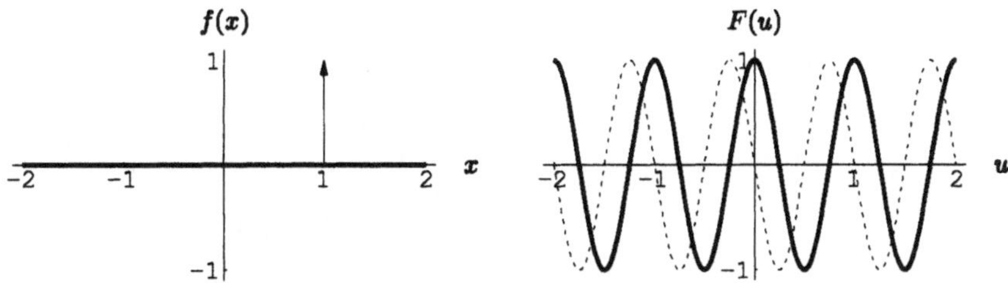

Abb. 6.8. $f(x) = \delta(x-a)$, $F(u) = \exp(-2\pi \mathrm{i} a u)$, $a = 1$

Andererseits erhält man mit (3.9), S. 63,

$$\begin{aligned} \mathcal{F}\left\{\delta\left(\frac{x-a}{b}\right)\right\} &= \mathcal{F}\left\{|b|\delta(x-a)\right\} = |b|\mathcal{F}\left\{\delta(x-a)\right\} \\ &= |b| \exp(-2\pi \mathrm{i} a u)\,, \end{aligned}$$

so daß Konsistenz mit der Eigenschaft der δ-Funktion besteht.

Beispiel 9:

$$\begin{aligned} \mathcal{F}\left\{\frac{\mathrm{i}}{2}\left[\delta(x+a) - \delta(x-a)\right]\right\} &= -\frac{1}{2\mathrm{i}}\left[\exp(2\pi \mathrm{i} a u) - \exp(-2\pi \mathrm{i} a u)\right] \\ &= -\sin(2\pi a u)\,. \end{aligned} \tag{6.26}$$

Die auf der x-Achse um $\pm a$ verschobenen δ-Pfeile der Funktion $f(x) = \mathrm{i}/2\ [\delta(x+a) - \delta(x-a)]$ lassen sich somit anschaulich als „Zeiger" zu der Frequenz der Sinusfunktion als Transformationsergebnis interpretieren. Es soll daher die Transformation (6.26) im folgenden durchweg mit der Notierung der Frequenz ν anstelle von a,

$$\mathcal{F}\left\{\frac{\mathrm{i}}{2}\left[\delta(x+\nu) - \delta(x-\nu)\right]\right\} = -\sin(2\pi \nu u)\,, \tag{6.27}$$

verwendet werden (Abb. 6.9). Entsprechend gilt (Aufgabe 3, Abb. 6.10)

$$\mathcal{F}\left\{\frac{1}{2}\left[\delta(x+\nu) + \delta(x-\nu)\right]\right\} = \cos(2\pi \nu u)\,. \tag{6.28}$$

Dagegen soll bei der Transformation (6.25) z.B. in der Form

$$\mathcal{F}\left\{\delta(x-a)\right\} = \exp(-2\pi \mathrm{i} a u)\,. \tag{6.29}$$

der Zusammenhang zwischen der um a verschobenen δ-Funktion und der komplexwertigen Exponentialfunktion betont werden.

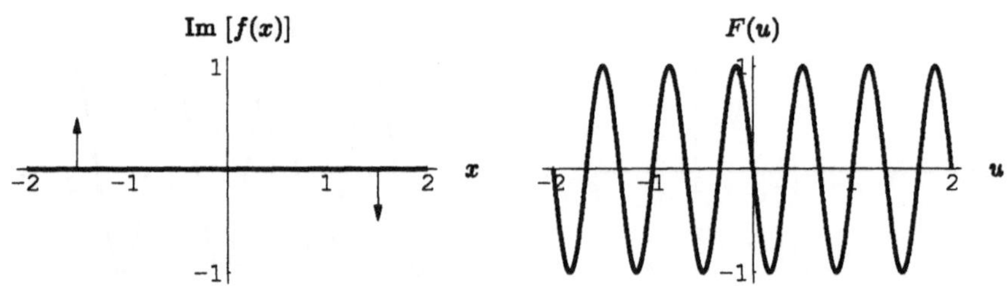

Abb. 6.9. $\text{Im}\,[f(x)] = 1/2\ [\delta(x+\nu) - \delta(x-\nu)]$, $F(u) = -\sin(2\pi\nu u)$, $\nu = 3/2$

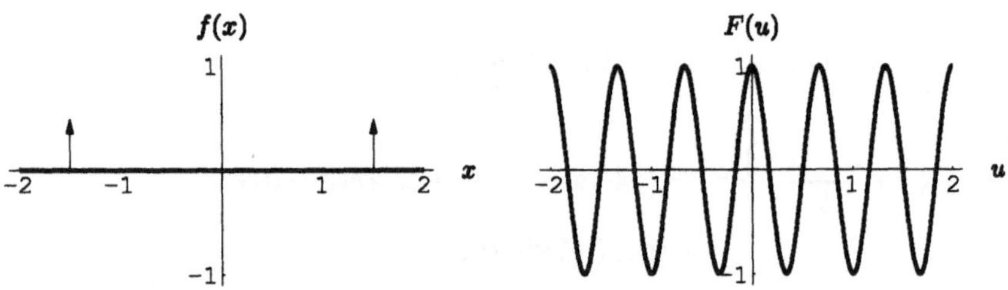

Abb. 6.10. $f(x) = 1/2\ [\delta(x+\nu) + \delta(x-\nu)]$, $F(u) = \cos(2\pi\nu u)$, $\nu = 3/2$

Übungen

6.2.1 Mit Hilfe der Regeln 1 und 2 ist zu beweisen: Falls $f(x)$ eine gerade (ungerade) Funktion ist, dann ist auch $F(u)$ gerade (ungerade). Beispiele hierzu sind (6.8), (6.23), (6.24), (6.28) bzw. (6.20), (6.26).

6.2.2 Eine vierstufige Pyramide (dargestellt durch eine eindimensionale Funktion) mit der Breite und Höhe 1 läßt sich beschreiben durch (Skizze hierzu!):

$$f_4(x) = \frac{1}{4}\left[\text{rect}\left(\frac{x/2}{4/4}\right) + \text{rect}\left(\frac{x/2}{3/4}\right) + \text{rect}\left(\frac{x/2}{2/4}\right) + \text{rect}\left(\frac{x/2}{1/4}\right)\right],$$

eine N-stufige Pyramide entsprechend durch

$$f_N(x) = \frac{1}{N}\sum_{k=1}^{N} \text{rect}\left(\frac{x/2}{k/N}\right),\ N \in \mathbb{N}\,.$$

Es ist zu zeigen:

a) Mit Hilfe der Summenformel (2.3), S. 20, läßt sich die Fouriertransformierte zu $f_N(x)$ umformen zu

$$\mathcal{F}\{f_N(x)\} = F_N(u) = \frac{\sin\left(\dfrac{N+1}{N}\pi u\right)\sin(\pi u)}{(\pi u)^2 \sin\left(\dfrac{\pi u}{N}\right) / \left(\dfrac{\pi u}{N}\right)} \quad \text{für } u \neq mN,\ m \in \mathbb{Z}\,.$$

b) Es gilt

$$\lim_{N\to\infty} F_N(u) = \mathrm{sinc}^2(u)\,.$$

c) Für den Grenzwert der Funktionen $f_N(x)$ ergibt sich die Dreieckfunktion $\mathrm{tri}(x)$:

$$\lim_{N\to\infty} f_N(x) = \mathrm{tri}(x)\,,$$

so daß wir nach Regel 3 das neue Transformiertenpaar

$$\mathcal{F}\{\mathrm{tri}(x)\} = \mathrm{sinc}^2(u)$$

erhalten (vgl. die Abb. 6.6).

6.2.3 Es ist (6.28) zu zeigen. Interpretieren Sie den Fall $\nu = 0$ in (6.27) bzw. (6.28) als Differenz- bzw. Summenbildung der Funktion $\delta(x)$ mit sich selbst. Bestätigen Sie zusätzlich, daß mit (6.27) und (6.28) nach der Eulerschen Formel wieder gilt: $\cos(2\pi\nu u) - \mathrm{i}\sin(2\pi\nu u) = \mathcal{F}\{\delta(x-\nu)\}$.

6.3 Inverser Fourieroperator

Zu den Regeln im Umgang mit dem Fourieroperator gehört auch (genau) eine Regel über den inversen Fourieroperator. Als entsprechendes Operatorsymbol wählen wir $\mathcal{F}^{-1}$ (gesprochen „$\mathcal{F}$ invers"). Von dem Ansatz der Funktionaltransformation her können wir die inverse Zuordnung durch

$$f(x) \xrightarrow{\mathcal{F}} F(u) \Rightarrow F(u) \xrightarrow{\mathcal{F}^{-1}} f(x)$$

formulieren bzw. mit der Operatorschreibweise durch

$$\mathcal{F}\{f(x)\} = F(u) \Rightarrow \mathcal{F}^{-1}\{F(u)\} = f(x)\,. \tag{6.30}$$

Nun ist aber zunächst nicht ausgeschlossen, daß für eine zweite Funktion $g(x) \neq f(x)$ ebenfalls gilt $\mathcal{F}\{g(x)\} = F(u) = \mathcal{F}\{f(x)\}$, und das heißt $\mathcal{F}^{-1}\{F(u)\} = f(x) \wedge \mathcal{F}^{-1}\{F(u)\} = g(x)$. Wie bei dem Operator $\mathcal{F}$ verlangen wir daher von dem inversen Fourieroperator $\mathcal{F}^{-1}$ ein eindeutiges Funktionsergebnis, so daß wir die äquivalenten Zuordnungen

$$\mathcal{F}\{f(x)\} = F(u) \Leftrightarrow \mathcal{F}^{-1}\{F(u)\} = f(x)\,. \tag{6.31}$$

haben.

Mit (6.31) und den Transformierten zu $\mathrm{rect}(x)$, $\mathrm{tri}(x)$ ((6.8), (6.23)) erhalten wir als Beispiele für den inversen Fourieroperator:

$$\mathcal{F}\{\mathrm{rect}(x)\} = \mathrm{sinc}(u) \Leftrightarrow \mathcal{F}^{-1}\{\mathrm{sinc}(u)\} = \mathrm{rect}(x)\,, \tag{6.32}$$

$$\mathcal{F}\{\mathrm{tri}(x)\} = \mathrm{sinc}^2(u) \Leftrightarrow \mathcal{F}^{-1}\{\mathrm{sinc}^2(u)\} = \mathrm{tri}(x)\,. \tag{6.33}$$

Gleichung (6.31) können wir in den von anderen Operatoren her bekannten Formeln wiedergeben (vgl. z.B. Differential- und Integraloperator):

$$\mathcal{F}^{-1}\Big\{\mathcal{F}\{f(x)\}\Big\} = \mathcal{F}^{-1}\{F(u)\} = f(x) \text{ bzw.}$$

$$\mathcal{F}\{\mathcal{F}^{-1}\{F(u)\}\} = \mathcal{F}\{f(x)\} = F(u)\,. \tag{6.34}$$

Hiermit lassen sich nun – mit Ausnahme der Argumentverschiebung zur Regel 2 – die drei Regeln des Fourieroperators auf den inversen Fourieroperator übertragen.

Regel 1: $\mathcal{F}^{-1}$ auf die Linearitätsgleichung (6.11) angewandt, ergibt

$$\mathcal{F}^{-1}\Big\{\mathcal{F}\{A\,f(x) + B\,g(x)\}\Big\} = \mathcal{F}^{-1}\{A\,F(u) + B\,G(u)\},\ A,\ B \in \mathbb{C}\,,$$

und mit (6.34) die Linearitätsregel zu $\mathcal{F}^{-1}$:

$$\begin{aligned}\mathcal{F}^{-1}\{A\,F(u) + B\,G(u)\} &= A\,f(x) + B\,g(x)\\ &= A\,\mathcal{F}^{-1}\{F(u)\} + B\,\mathcal{F}^{-1}\{G(u)\}\,.\end{aligned} \tag{6.35}$$

Regel 2: Die Entsprechung zur Gleichung der linearen Argumenttransformation (6.16) lautet beim inversen Operator:

$$\mathcal{F}\{f(x)\} = F(u) \;\Rightarrow\; \mathcal{F}^{-1}\left\{F\left(\frac{u-a}{b}\right)\right\} = |b|\exp(2\pi \mathrm{i} a x)f(bx)\,. \tag{6.36}$$

Im Vergleich mit (6.16) ist auf das unterschiedliche Vorzeichen im Argument der Exponentialfunktion zu achten.

Für den Fall $a = 0$ ist der Beweis der Formel zur Argumentskalierung der Transformierten,

$$\mathcal{F}^{-1}\left\{F\left(\frac{u}{b}\right)\right\} = |b|f(bx) \tag{6.37}$$

Gegenstand der Aufgabe 1. Die Gleichung zur Argumentverschiebung der Transformierten ($b = 1$ in (6.36)),

$$\mathcal{F}^{-1}\{F\,(u-a)\} = \exp(2\pi \mathrm{i} a x)f(x)\,, \tag{6.38}$$

wird weiter unten unter Verwendung der nachfolgenden Regel 4 gezeigt.

Regel 3: Analog zur Übertragung der Regel 1 auf $\mathcal{F}^{-1}$ folgt für $\mathcal{F}\{f(x,c)\} = F(u,c)$ mit (6.21) und (6.34):

$$\mathcal{F}\left\{\lim_{c\to c_0} f(x,c)\right\} = \lim_{c\to c_0} F(u,c)$$

$$\Rightarrow \mathcal{F}^{-1}\left\{\lim_{c\to c_0} F(u,c)\right\} = \lim_{c\to c_0} \mathcal{F}^{-1}\{F(u,c)\} = \lim_{c\to c_0} f(x,c) \tag{6.39}$$

für $c_0 \in \mathbb{R}$ bzw. $c_0 = \pm\infty$ (Existenz der Grenzwerte vorausgesetzt).

Regel 4 : Fouriertransformation der Transformierten

$$\mathcal{F}\{f(x)\} = F(u) \Rightarrow \mathcal{F}\{F(x)\} = f(-u)\,. \tag{6.40}$$

Wegen (6.31) läßt sich diese Regel in der Form äquivalenter Zuordnungen angeben:

$$\mathcal{F}\{f(x)\} = F(u) \Leftrightarrow \mathcal{F}\{F(x)\} = f(-u)\,. \tag{6.41}$$

Die Aussage dieser Regel ist zunächst vielleicht etwas verwirrend. Sie wird jedoch deutlicher, wenn man sich klarmacht, daß bei der Anwendung sämtlicher Regeln die Wahl der verwendeten Buchstaben zu den Funktionen völlig unerheblich ist; wichtig ist vor allem der formelmäßige Inhalt sowie – insbesondere bei der Regel 4 – der Bezug auf ein festes Funktionenpaar, von dem eine der beiden Funktionen die Ausgangsfunktion f und die andere das Transformationsergebnis F darstellt. Beispielsweise ist die Transformierte zur Rechteckfunktion die sinc-Funktion, und die Anwendung des Fourieroperators auf die sinc-Funktion liefert nach der Regel 4

$$\mathcal{F}\{\,\mathrm{sinc}(x)\} = \mathrm{rect}(-u) = \mathrm{rect}(u)\,, \tag{6.42}$$

da die Funktion $\mathrm{rect}(x)$ eine gerade Funktion ist. Entsprechend führt die Transformierte der δ-Funktion (6.24) zusammen mit der Symmetrieeigenschaft der δ-Funktion und (6.31) auf (Abb. 6.11)

$$\mathcal{F}\{1\} = \delta(-u) = \delta(u) \Leftrightarrow \mathcal{F}^{-1}\{\delta(u)\} = 1\,. \tag{6.43}$$

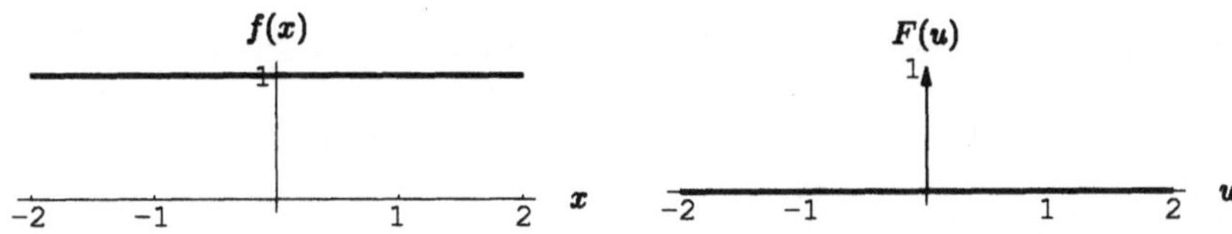

Abb. 6.11. $f(x) = 1,\ F(u) = \delta(u)$

Wenn wir auf (6.41) die Regel 2 des Fourieroperators $\mathcal{F}$ in der Form der Argumentskalierung (6.18) mit $b = -1$ anwenden, dann läßt sich (6.41) auch durch

$$\mathcal{F}\{f(x)\} = F(u) \Leftrightarrow \mathcal{F}\{F(-x)\} = f(u) \tag{6.44}$$

wiedergeben. Hiermit ergibt die Transformation der verschobenen δ-Funktion (6.25) (Abb. 6.12)

$$\mathcal{F}\{\delta(x-a)\} = \exp(-2\pi i a u) \Leftrightarrow \mathcal{F}\{\exp(+2\pi i a x)\} = \delta(u-a) \tag{6.45}$$

$$\Leftrightarrow \mathcal{F}^{-1}\{\delta(u-a)\} = \exp(2\pi i a x)\,, \tag{6.46}$$

und (6.43) ist dabei der Spezialfall für $a = 0$. Weiterhin läßt sich aus dem letzten Ergebnis noch herleiten (Aufgabe 2, Abbildungen 6.13, 6.14):

$$\mathcal{F}\{\cos(2\pi\nu x)\} = \frac{1}{2}\left[\delta(u+\nu) + \delta(u-\nu)\right] , \tag{6.47}$$

$$\mathcal{F}\{\sin(2\pi\nu x)\} = \frac{\mathrm{i}}{2}\left[\delta(u+\nu) - \delta(u-\nu)\right] . \tag{6.48}$$

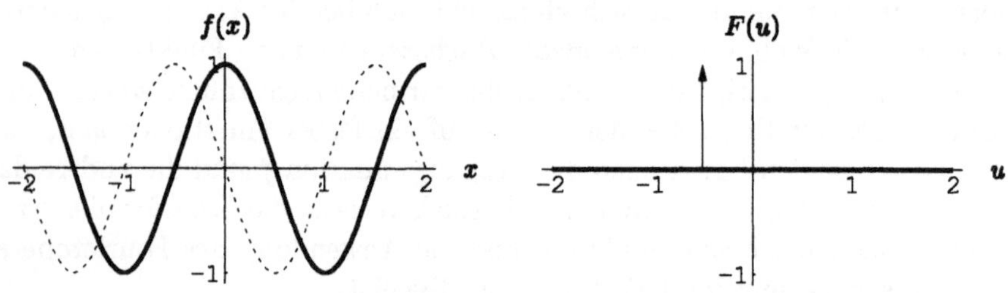

Abb. 6.12. $f(x) = \exp(2\pi \mathrm{i} a x)$, $F(u) = \delta(u-a)$, $a = -1/2$

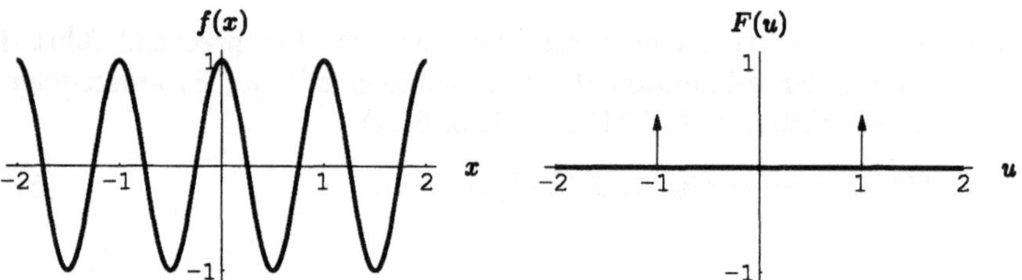

Abb. 6.13. $f(x) = \cos(2\pi\nu x)$, $F(u) = 1/2\ [\delta(u+\nu) + \delta(u-\nu)]$, $\nu = 1$

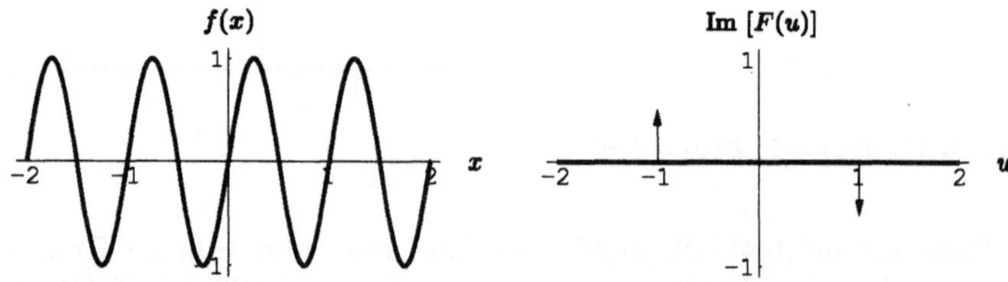

Abb. 6.14. $f(x) = \sin(2\pi\nu x)$, $\mathrm{Im}\ [F(u)] = 1/2\ [\delta(u+\nu) - \delta(u-\nu)]$, $\nu = 1$

Bei der Freiheit in der Wahl der Funktions- und Argumentbuchstaben zur Fouriertransformation – ausgenommen die Konvention der Verwendung von Klein- und Großbuchstaben zur allgemeinen Funktionsbenennung von Transformiertenpaaren – ist es genau so gut möglich, Regel 4 zusammen mit (6.44) und (6.31) durch

$$\mathcal{F}\{f(x)\} = F(u) \Leftrightarrow \mathcal{F}^{-1}\{f(u)\} = F(-x) \tag{6.49}$$

anzugeben. Die jeweils gewählte Formulierung wird sich im folgenden aus dem Zusammenhang ergeben.

Als Folgerung aus der Aufgabe 1 des Abschnitts 6.2 wollen wir für gerade bzw. ungerade Funktionen f noch festhalten, daß gilt:

$$\mathcal{F}\{f(x)\} = F(u)$$

$$\Rightarrow \begin{cases} \mathcal{F}\{F(x)\} = f(u) \Leftrightarrow \mathcal{F}^{-1}\{f(u)\} = F(x), \\ \quad \text{falls f eine gerade Funktion ist,} \\ \mathcal{F}\{F(x)\} = -f(u) \Leftrightarrow \mathcal{F}^{-1}\{f(u)\} = -F(x), \\ \quad \text{falls f eine ungerade Funktion ist.} \end{cases} \tag{6.50}$$

Gleichung (6.42) bzw. (6.48) im Vergleich mit (6.27), S. 141, sind Beispiele hierzu. Zusätzlich soll an dieser Stelle das Transformationsergebnis der Kammfunktion,

$$\mathcal{F}\{\Delta(x)\} = \Delta(u)\,, \tag{6.51}$$

vorgestellt werden, das in Abschn. 6.5 bewiesen wird. Die Kammfunktion gehört zu der kleinen Gruppe der Funktionen, die durch die Fouriertransformation identisch in sich selbst überführt werden (vgl. auch (7.77) in Abschn. 7.4). Wenn wir auf beide Seiten in (6.51) den inversen Fourieroperator anwenden, dann erhalten wir zunächst mit (6.34) die Gleichung $\Delta(x) = \mathcal{F}^{-1}\{\Delta(u)\}$. Das ist aber in Übereinstimmung mit (6.50), da die Kammfunktion eine gerade Funktion ist (vgl. (3.56), S. 78).

Regel 2 zum Fourieroperator liefert die Form der linearen Argumenttransformation zu (6.51) (vgl. Abb. 6.16),

$$\mathcal{F}\left\{\frac{1}{|b|}\Delta\left(\frac{x-a}{b}\right)\right\} = \exp(-2\pi i a u)\Delta(bu)\,. \tag{6.52}$$

Wir werden hierzu später häufig die Argumentskalierung benutzen:

$$\mathcal{F}\left\{\frac{1}{|b|}\Delta\left(\frac{x}{b}\right)\right\} = \Delta(bu) = \Delta\left(\frac{u}{1/b}\right)\,. \tag{6.53}$$

Für dieses Transformiertenpaar ist charakteristisch, daß die Abstände der δ-Pfeile bei der Originalfunktion und der Transformierten reziprok zueinander sind (Abb. 6.15).

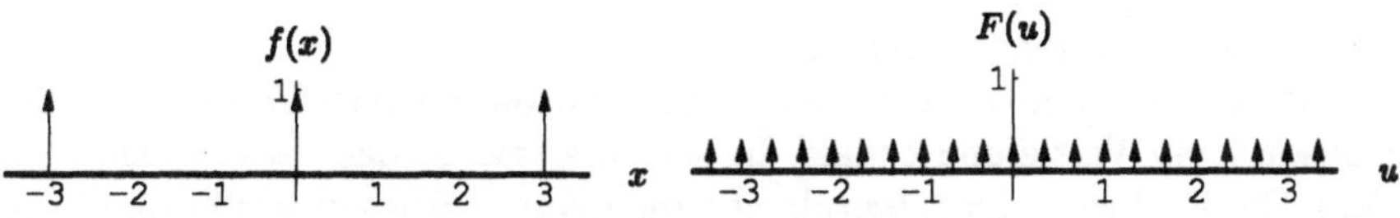

Abb. 6.15. $f(x) = \Delta(x/b)/b$, $F(u) = \Delta(u/(1/b))$, $b = 3$

Regel 4 in der Form (6.44) können wir nun benutzen, um den Beweis der Gleichung (6.38) zur Argumentverschiebung beim inversen Fourieroperator nachzutragen. Hierzu gehen wir von der Verschiebungsformel zu $\mathcal{F}$, (6.17), aus und wenden diese zunächst auf das Transformationspaar $\mathcal{F}\{g(x)\} = G(u)$ zusammen mit (6.44) an:

$$\begin{aligned} &\mathcal{F}\{g(x-a)\} = \exp(-2\pi \mathrm{i} a u) G(u) \\ &\Leftrightarrow \mathcal{F}\{\exp(2\pi \mathrm{i} a x) G(-x)\} = g(u-a) . \end{aligned} \tag{6.54}$$

Wenn wir in der rechten Gleichung $f(x) := G(-x)$ mit der Transformation $\mathcal{F}\{f(x)\} = F(u)$ ersetzen, dann geht diese für $a = 0$ zur Bestätigung ebenfalls in $\mathcal{F}\{f(x)\} = F(u)$ über. Insgesamt liefert (6.54) somit die Behauptung

$$\begin{aligned} &\mathcal{F}\{\exp(2\pi \mathrm{i} a x) f(x)\} = F(u-a) \\ &\Leftrightarrow \mathcal{F}^{-1}\{F(u-a)\} = \exp(2\pi \mathrm{i} a x) f(x) . \end{aligned} \tag{6.55}$$

(Falls dieser Entwicklungsgang etwas irritieren sollte: Das Ergebnis wird im nächsten Abschnitt sowie im nächsten Kapitel jeweils noch einmal mit anderen Hilfsmitteln bestätigt.)

Gleichung (6.37) und (6.38) nacheinander ausgeführt ergeben dann endgültig die Regel 2, (6.36), zur linearen Argumenttransformation der Transformierten.

Mit der Regel 4 in der Form (6.49) wird eine Besonderheit der Fouriertransformation deutlich: Die Funktionszuordnungen durch den Originaloperator $\mathcal{F}$ und durch den inversen Operator $\mathcal{F}^{-1}$ führen auf dasselbe Funktionenpaar, jedoch mit unterschiedlichen Vorzeichen im Argument,

$$f(x) \xrightarrow{\mathcal{F}} F(u) \text{ und } f(u) \xrightarrow{\mathcal{F}^{-1}} F(-x) .$$

Beispiel: Aus (6.48) folgt mit Anwendung der Symmetrieeigenschaft der δ-Funktion, (3.7) S. 63,

$$\begin{aligned} \mathcal{F}^{-1}\{\sin(2\pi\nu u)\} &= \frac{\mathrm{i}}{2}\left[\delta(-x+\nu) - \delta(-x-\nu)\right] \\ &= -\frac{\mathrm{i}}{2}\left[\delta(x+\nu) - \delta(x-\nu)\right] \end{aligned}$$

in Übereinstimmung mit (6.26), S. 141.

Hiermit wird die inverse Fouriertransformation zu einem Vorgang, der keiner besonderen Vertiefung bedarf. In der Analysis ist das bekanntlich völlig anders. Die Probleme der Integralrechnung beim Aufsuchen von Stammfunktionen sind im allgemeinen wesentlich anspruchsvoller als die der Ableitung von Funktionen. Zusätzlich gibt es sogar Funktionen, zu denen sich zwar die

Ableitung, nicht aber die Stammfunktion mit Hilfe der üblichen Funktionen bilden läßt wie z.B. $f(x) = \dfrac{\sin x}{x}$.

Die Zuordnung eines Transformiertenpaares z.B. (6.32) soll im folgenden wie bei Papoulis [27] auch abgekürzt durch

$$\mathrm{rect}(x) \leftrightarrow \mathrm{sinc}(u)$$

wiedergegeben werden. Im Rahmen der Fouriertransformation nennt man diese Notierung eines Transformiertenpaares „Korrespondenz". Es ist allerdings darauf zu achten, daß diese Form der Korrespondenzschreibweise nicht symmetrisch, d.h. wegen Regel 4 nicht vertauschbar ist, wie die Korrespondenz der Sinusfunktion (6.48),

$$\sin(2\pi\nu x) \leftrightarrow \frac{\mathrm{i}}{2}\left[\delta(u+\nu) - \delta(u-\nu)\right]$$

im Vergleich mit (6.45) zeigt.

Doetsch [12] und gelegentlich auch die Literatur der Signaltheorie benutzen als Symbol für Korrespondenzen die Form

$$f(x) \circ\!\!-\!\!\bullet\, F(u)\,,$$

die durch die Vertauschung

$$f(x) \circ\!\!-\!\!\bullet\, F(u) \;\Leftrightarrow\; F(u) \bullet\!\!-\!\!\circ\, f(x)$$

den Vorteil der Eindeutigkeit hat, aber im Hinblick auf handschriftliche Anwendungen unzweckmäßig ist.

Eine tabellarische Zusammenstellung der bisher vorgestellten Korrespondenzen findet sich – zusammen mit einer Übersicht über die Eigenschaften der Fouriertransformation – in Abschn. 6.6.

Ergänzungen zur Eindeutigkeit

Wir gehen noch einmal auf das Fourierintegral (6.1) als eine spezielle Form des Fourieroperators zurück, das uns zu der grundlegenden Korrespondenz $\mathrm{rect}(x) \leftrightarrow \mathrm{sinc}(u)$ geführt hatte. Wir ändern jetzt die Rechteckfunktion dadurch ab, daß wir mit der Funktion

$$g(x) := \begin{cases} \mathrm{rect}(x) \text{ für } x \neq \pm\dfrac{1}{2}\,, \\[1ex] \alpha \neq \dfrac{1}{2} \text{ für } x = \pm\dfrac{1}{2} \end{cases}$$

das Fourierintegral bilden. Die beiden Funktionen $\mathrm{rect}(x)$ und $g(x)$ sind fast überall gleich, so daß wir mit dem Fourierintegral zur Rechteckfunktion (6.3) sowie (1.19), S. 9, erhalten

$$\int_{-\infty}^{\infty} g(x)\exp(-2\pi i u x)\mathrm{d}x = \mathrm{sinc}(u)\,, \tag{6.56}$$

d.h. es ergibt sich dasselbe Transformationsergebnis wie bei der Rechteckfunktion.

Mit $\mathcal{F}\{g(x)\} = \mathrm{sinc}(u)$ wäre dann sowohl $\mathcal{F}^{-1}\{\mathrm{sinc}(u)\} = g(x)$ als auch $\mathcal{F}^{-1}\{\mathrm{sinc}(u)\} = \mathrm{rect}(x)$ die inverse Transformierte zu $F(u) = \mathrm{sinc}(u)$ mit $g(x) \neq \mathrm{rect}(x)$. Dieses Beispiel würde somit die Eindeutigkeitsforderung des inversen Fourieroperators verletzen.

Wir werden später in Abschn. 7.4 zeigen, daß für das Fourierintegral der sinc-Funktion in Übereinstimmung mit (6.42) gilt

$$\int_{-\infty}^{\infty} \mathrm{sinc}(x)\exp(-2\pi i u x)\mathrm{d}x = \mathrm{rect}(u)\,,$$

und zwar ausdrücklich mit Funktionswerten, die in $u = \pm 1/2$ die Mittelwertbedingung (1.11), S. 7, erfüllen:

$$\int_{-\infty}^{\infty} \mathrm{sinc}(x)\exp(-2\pi i u x)\mathrm{d}x\Big|_{u=\pm 1/2} = \frac{1}{2}\,.$$

Dieses Ergebnis wird zusätzlich verallgemeinert zu

$$\int_{-\infty}^{\infty} f(x)\exp(-2\pi i u x)\mathrm{d}x\Big|_{u=u_0} = \frac{1}{2}\left[F(u_0^-) + F(u_0^+)\right]$$

für ein Transformationsergebnis F mit einer Unstetigkeitsstelle in u_0. Übertragen auf den Fourieroperator präzisieren wir daher die Eindeutigkeitsforderung dadurch, daß die Transformierte F einer Funktion f das Mittelwertverhalten aufweist,

$$\mathcal{F}\{f(x)\} = \frac{1}{2}\left[F(u^-) + F(u^+)\right]\,. \tag{6.57}$$

Nach (6.44) muß dann aber auch die zu transformierende Funktion f diese Eigenschaft besitzen, wenn sie durch den inversen Fourieroperator mit (6.31) aus F zurückgewonnen wird. Wir können daher (6.34) präzisieren zu der Aussage:

Unter der Voraussetzung, daß die Ausgangsfunktion f an Unstetigkeitsstellen die Mittelwertbedingung erfüllt, gelten die Gleichungen

$$\mathcal{F}^{-1}\Big\{\mathcal{F}\{f(x)\}\Big\} = f(x) \text{ bzw. } \mathcal{F}\Big\{\mathcal{F}^{-1}\{F(u)\}\Big\} = F(u)$$

als Gleichungen identischer Funktionen.

Als Ergänzung ist noch darauf hinzuweisen, daß an Stetigkeitsstellen der Funktion F die Mittelwerteigenschaft (6.57) zwangsläufig vorliegt.

Abschließend halten wir fest, daß auch bei Funktionen vom δ-Typ an Singularitätsstellen wegen (6.45),

$$\mathcal{F}^{-1}\Big\{\mathcal{F}\{\delta(x-a)\}\Big\} = \mathcal{F}^{-1}\{\exp(-2\pi i a u)\} = \delta(x-a)\ ,$$

ein eindeutiges Transformationsergebnis gewonnen wird.

Übungen

6.3.1 Führen Sie (6.37) auf die Regeln des Fourieroperators $\mathcal{F}$ zurück.

6.3.2 Beweisen Sie die Transformationsergebnisse (6.47) und (6.48).

6.3.3 Es sei $f(x) = \cos(2\pi\nu_1 x)$ und $g(x) := f(\nu_2 x/\nu_1) = \cos(2\pi\nu_2 x)$, $\nu_1, \nu_2 \in \mathbb{R}\setminus\{0\}$. Entwickeln Sie die Transformierte $G(u)$ aus $F(u)$ durch Anwendung von (6.18) und (3.8).

6.3.4 Mit Hilfe der elementaren Formeln zu den Winkelfunktionen läßt sich aus (6.47) und (6.48) gewinnen:

a) $$\begin{aligned}&\mathcal{F}\{\cos(2\pi\nu_1 x)\cos(2\pi\nu_2 x)\}\\ &= \frac{1}{4}\big[\delta(u+[\nu_1+\nu_2]) + \delta(u-[\nu_1+\nu_2]) + \delta(u+[\nu_1-\nu_2])\\ &\quad +\delta(u-[\nu_1-\nu_2])\big]\ ,\end{aligned}$$

b) $$\begin{aligned}&\mathcal{F}\{\sin(2\pi\nu_1 x)\sin(2\pi\nu_2 x)\}\\ &= -\frac{1}{4}\big[\delta(u+[\nu_1+\nu_2]) + \delta(u-[\nu_1+\nu_2]) - \delta(u+[\nu_1-\nu_2])\\ &\quad -\delta(u-[\nu_1-\nu_2])\big]\ ,\end{aligned}$$

c) $$\begin{aligned}&\mathcal{F}\{\cos(2\pi\nu_1 x)\sin(2\pi\nu_2 x)\}\\ &= \frac{i}{4}\big[\delta(u+[\nu_1+\nu_2]) - \delta(u-[\nu_1+\nu_2]) - \delta(u+[\nu_1-\nu_2])\\ &\quad +\delta(u-[\nu_1-\nu_2])\big]\ ,\end{aligned}$$

d) $$\mathcal{F}\left\{\cos^2(2\pi\nu x) - \sin^2(2\pi\nu x)\right\} = \frac{1}{2}\left[\delta(u+2\nu) + \delta(u-2\nu)\right]\ ,$$

e) $$\mathcal{F}\left\{\cos^2(2\pi\nu x) + \sin^2(2\pi\nu x)\right\} = \delta(u)\ .$$

6.3.5 Zu zeigen ist

$$\mathcal{F}\left\{\sum_{k=-N}^{N}\delta(x-k)\right\} = -1 + 2\sum_{k=-N}^{N}\cos(2\pi k u)\ .$$

6.3.6 Skizzen zu $f(x) = \operatorname{sinc}(x - a)$ sowie $\operatorname{Re}[\mathcal{F}\{f(x)\}]$ und $\operatorname{Im}[\mathcal{F}\{f(x)\}]$ z.B. für $a = 0.5$, $a = 1$, $a = 2$, $a = -2$.

6.3.7 Überführen Sie die Gleichungen (6.53) und (6.52) in die Summenschreibweise der Kammfunktion (Verwendung von (3.54) und (3.55)). Die Graphen der Abb. 6.16 geben (6.52) für $a = 1$, $b = 2$ wieder. Skizzieren Sie entsprechend den Fall $a = 1$, $b = 1/2$.

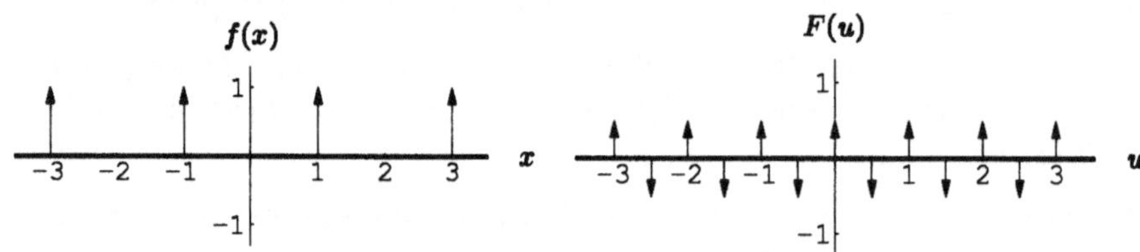

Abb. 6.16. $f(x) = \Delta((x-1)/b)/b$, $F(u) = \exp(-2\pi i u)\Delta(bu)$, $b = 2$

6.4 Faltung

Wir führen hier die Faltung als eine formale Operation ein. Anders als bei dem Fourieroperator oder der δ-Funktion lassen sich aus der Definition der Faltungsoperation bereits die wichtigsten elementaren Gesetze der Faltung entwickeln. Erste Faltungsbeispiele, insbesondere in Verbindung mit der δ-Funktion, erläutern die neue Operation.

Einführung der Faltungsoperation

Bildet man zu zwei Funktionen f, g eine neue Funktion h durch die Summe von f und g, dann liefert die Linearitätsregel des Fourieroperators mit den Transformierten F und G auch die Transformierte zu h:

$$h(x) = f(x) + g(x) \Leftrightarrow H(u) = F(u) + G(u) .$$

Wird dagegen die neue Funktion h als Produkt der Funktionen f und g festgelegt, $h(x) := f(x)g(x)$, dann existiert nach den bisherigen Ergebnissen keine allgemeine Vorschrift darüber, wie die Transformierte $H(u) = \mathcal{F}\{h(x)\} = \mathcal{F}\{f(x)g(x)\}$ mit Hilfe der Funktionen F und G zu bilden ist. Da dieser Vorgang bei der Anwendung der Fouriertransformation eine besondere Bedeutung hat, führen wir hierfür als neue Operation die Faltung ein (englisch: convolution). In Anlehnung an die übliche Darstellung von Faltung und Fouriertransformation gehen wir zunächst jedoch von der Produktfunktion der Transformierten F und G aus. Mit dem Zeichen „$*$" als Faltungsoperator definieren wir über den inversen Fourieroperator

$$f(x) * g(x) := \mathcal{F}^{-1}\left\{F(u)G(u)\right\} , \tag{6.58}$$

gesprochen „$f(x)$ gefaltet mit $g(x)$". Mit (6.31), S. 143, können wir hierfür auch schreiben

$$\mathcal{F}^{-1}\left\{F(u)\right\} * \mathcal{F}^{-1}\left\{G(u)\right\} = \mathcal{F}^{-1}\left\{F(u)G(u)\right\} \tag{6.59}$$

bzw.

$$\mathcal{F}\left\{f(x) * g(x)\right\} = \mathcal{F}\left\{f(x)\right\}\mathcal{F}\left\{g(x)\right\} = F(u)G(u) . \tag{6.60}$$

Die durch (6.58) entstehende „Faltungsfunktion" $h(x) = f(x) * g(x)$ ist also die inverse Transformierte der Produktfunktion $H(u) = F(u)G(u)$. Gelegentlich wird diese Faltungsfunktion auch abgekürzt wiedergegeben durch $h = f * g$.

Während (6.60) zunächst nur sehr wenig aussagt, da wir $f * g$ noch nicht kennen, läßt sich durch (6.58) bei bekannten Funktionen f, g, F, G das Faltungsergebnis $f * g$ ermitteln; hierzu müssen wir zusätzlich allerdings die inverse Transformierte zu der Produktfunktion $F\,G$ kennen.

Beispiele:

1. Wegen $\mathcal{F}^{-1}\left\{\mathrm{rect}^2(u)\right\} = \mathcal{F}^{-1}\left\{\mathrm{rect}(u)\right\} = \mathrm{sinc}(x)$ (vgl. (6.56)) folgt

$$\mathrm{sinc}(x) * \mathrm{sinc}(x) = \mathrm{sinc}(x) . \tag{6.61}$$

2. Mit $h(x) = f(x) * g(x) \leftrightarrow H(u) = F(u)G(u)$ ergibt sich für die lineare Argumenttransformation bei der Faltung

$$\begin{aligned} & f\left(\frac{x-a_1}{b}\right) * g\left(\frac{x-a_2}{b}\right) \\ &= \mathcal{F}^{-1}\left\{|b|\exp(-2\pi \mathrm{i} a_1 u)F(bu)\;|b|\exp(-2\pi \mathrm{i} a_2 u)G(bu)\right\} \\ &= |b|\mathcal{F}^{-1}\left\{|b|\exp(-2\pi \mathrm{i}\left[a_1+a_2\right]u)H(bu)\right\} \\ &= |b|h\left(\frac{x-\left[a_1+a_2\right]}{b}\right), \; b \in \mathbb{R}\setminus\{0\} . \end{aligned} \tag{6.62}$$

Das Faltungsergebnis beispielsweise zu $f(x/b_1) * g(x/b_2)$ läßt sich für $b_1 \neq b_2$ allgemein nicht durch die Funktion $h(x) = f(x) * g(x)$ ausdrücken.

Wir wollen das Ergebnis (6.62) mit der Argumentmanipulation bei einem *Produkt* zweier Funktionen vergleichen und benutzen dazu $h_1(x) := f_1(x)g_1(x)$. Hierin läßt sich bekanntlich das Argument x der Funktionen durch eine (im wesentlichen) beliebige Funktion, z.B. $x = \varphi(s)$, substituieren, und es ergibt sich $h_1(\varphi(s)) = f_1(\varphi(s))\, g_1(\varphi(s))$. So erhalten wir bei einer linearen Argumenttransformation φ

$$f_1\left(\frac{x-\alpha}{\beta}\right) g_1\left(\frac{x-\alpha}{\beta}\right) = h_1\left(\frac{x-\alpha}{\beta}\right) . \tag{6.63}$$

Bei der Umformung der Transformierten in (6.62) wurde dieser Zusammenhang benutzt.

Der Vergleich von (6.63) mit (6.62) macht deutlich, daß die lineare Argumenttransformation bei der Faltung anders zu behandeln ist und auch zu einem anderen Resultat führt als bei einem Funktionsprodukt.

Der Spezialfall $a_1 = a_2 = 0$, $b = -1$ in (6.62) liefert

$$f(-x) * g(-x) = h(-x)\,, \tag{6.64}$$

hier in Übereinstimmung mit dem Produkt: $f_1(-x)\,g_1(-x) = h_1(-x)$.

Faltung mit der δ-Funktion

Es sei $F(u) = \exp(-2\pi \mathrm{i} u)$ und für $G(u)$ eine beliebige Funktion gewählt. Mit der Argumentverschiebungsformel der Regel 2, (6.17), erhalten wir für das Produkt FG einerseits

$$\mathcal{F}^{-1}\{\exp(-2\pi \mathrm{i} a u) G(u)\} = g(x-a)\,;$$

andererseits wird (6.25) zu $\mathcal{F}^{-1}\{\exp(-2\pi \mathrm{i} a u)\} = \delta(x-a)$. (6.59) führt also auf

$$g(x-a) = \mathcal{F}^{-1}\{\exp(-2\pi \mathrm{i} a u)\} \;*\; \mathcal{F}^{-1}\{G(u)\} = \delta(x-a) * g(x)$$

Wenn wir die Funktionsbuchstaben f und g austauschen, lassen sich die Gleichungen wegen der Symmetrie der δ-Funktion zusammenfassen zu

$$\delta(x-a) * f(x) = \delta(a-x) * f(x) = f(x-a)\,. \tag{6.65}$$

Hiermit haben wir ein grundlegendes und vielfach benutztes Ergebnis für die Faltung mit der δ-Funktion gewonnen. Zusätzlich bekommt die bisher nur formal eingeführte Faltungsoperation mit (6.65) eine anschauliche Bedeutung: Die Faltung $\delta(x-a) * f(x)$ bewirkt eine Verschiebung des Funktionsgraphen zu $f(x)$ in Argumentrichtung um a.

Für den speziellen Fall $a = 0$ führt (6.65) auf

$$\delta(x) * f(x) = f(x)\,. \tag{6.66}$$

Die Funktion $\delta(x)$ hat also in Bezug auf die Faltung die Bedeutung eines „Einselementes“, vergleichbar der Zahl 1 bei der Produktoperation $1 \cdot a = a$.

Schließlich erhalten wir noch unter Verwendung der Gleichung zur Exponentialfunktion $\exp(-2\pi \mathrm{i}\,[a_1 + a_2]\,u) = \exp(-2\pi \mathrm{i} a_1 u)\,\exp(-2\pi \mathrm{i} a_2 u)$ aus (6.59):

$$\delta(x - a_1 - a_2) = \delta(x - a_1) * \delta(x - a_2)\,. \tag{6.67}$$

Insbesondere gilt hiermit

$$\delta(x) * \delta(x) = \delta(x)\,, \tag{6.68}$$

und dieses Faltungsergebnis ist – im Gegensatz zu dem Produkt $\delta(x)\delta(x)$ – definiert.

Beispiele:

1. Anwendung der Argumentskalierungsformel zu Regel 2, (6.16), ergibt

$$f\left(\frac{x}{b}\right) * \delta(x-a) = \mathcal{F}^{-1}\left\{|b|F(bu)\exp(-2\pi \mathrm{i}au)\right\} = f\left(\frac{x-a}{b}\right) . \quad (6.69)$$

2. Mit $\sin\varphi = \dfrac{\exp(\mathrm{i}\varphi) - \exp(-\mathrm{i}\varphi)}{2\mathrm{i}}$ und (6.29), $\mathcal{F}\{\delta(x-a)\} = \exp(-2\pi \mathrm{i}au)$, erhalten wir

$$\begin{aligned}
&\mathcal{F}^{-1}\left\{\sin(2\pi\nu u)\frac{1}{|b|}\operatorname{rect}\left(\frac{u}{b}\right)\right\} \\
&= \frac{1}{2\mathrm{i}}\mathcal{F}^{-1}\left\{\exp(2\pi \mathrm{i}\nu u)\frac{1}{|b|}\operatorname{rect}\left(\frac{u}{b}\right)\right\} \\
&\quad -\frac{1}{2\mathrm{i}}\mathcal{F}^{-1}\left\{\exp(-2\pi \mathrm{i}\nu u)\frac{1}{|b|}\operatorname{rect}\left(\frac{u}{b}\right)\right\} \\
&= -\frac{\mathrm{i}}{2}\left[\delta(x+\nu) * \operatorname{sinc}(bx) - \delta(x-\nu) * \operatorname{sinc}(bx)\right] \\
&= -\frac{\mathrm{i}}{2}\Big[\operatorname{sinc}(b\,[x+\nu]) - \operatorname{sinc}(b\,[x-\nu])\Big] ,
\end{aligned}$$

und mit (6.50), S. 147, folgt hieraus

$$\mathcal{F}\left\{\sin(2\pi\nu x)\operatorname{rect}\left(\frac{x}{b}\right)\right\} = \frac{\mathrm{i}}{2}|b|\Big[\operatorname{sinc}(b\,[u+\nu]) - \operatorname{sinc}(b\,[u-\nu])\Big] . \quad (6.70)$$

3. Die Faltung der Funktion $\operatorname{rect}(x/b)/|b|$ mit der harmonischen Funktion $\cos(2\pi\nu x)$ führt über die Transformierte der Kosinusfunktion, (6.47), zusammen mit dem Produktergebnis $f(x)\delta(x-a)$, (3.11), und der Symmetrieeigenschaft von $\operatorname{sinc}(x)$ auf

$$\begin{aligned}
&\frac{1}{|b|}\operatorname{rect}\left(\frac{x}{b}\right) * \cos(2\pi\nu x) = \mathcal{F}^{-1}\left\{\operatorname{sinc}(bu)\,\frac{1}{2}\Big[\delta(u+\nu) + \delta(u-\nu)\Big]\right\} \\
&= \mathcal{F}^{-1}\left\{\frac{1}{2}\Big[\delta(u+\nu)\operatorname{sinc}(-b\nu) + \delta(u-\nu)\operatorname{sinc}(b\nu)\Big]\right\} \\
&= \operatorname{sinc}(b\nu)\cos(2\pi\nu x), \ b \in \mathbb{R}\setminus\{0\} . \quad (6.71)
\end{aligned}$$

Diese Faltung bewirkt somit eine Dämpfung der Harmonischen $\cos(2\pi\nu x)$, die von der Breite b der Rechteckfunktion und dem Frequenzfaktor ν abhängig ist. Für die Fälle $b\nu \in \mathbb{Z}\setminus\{0\}$ ist das Ergebnis die Nullfunktion.

Gesetze der Faltungsoperation

Wegen der Eindeutigkeit des inversen Fourieroperators liefert die Faltung zweier Funktionen nach der Definition (6.58) ein eindeutiges Funktionsergebnis.

Die Nullfunktion ist das Nullelement bezüglich der Faltung, denn hierfür ist mit $\mathcal{F}\{0\} = 0$

$$f * 0 = \mathcal{F}^{-1}\{F \cdot 0\} = 0 .$$

Auf die Eigenschaft der δ-Funktion als Einselement der Faltung war bereits hingewiesen worden.

Für die Anwendung der Faltungsoperation ist es vor allem wichtig, daß die Faltung die Grundgesetze für Verknüpfungsoperationen erfüllt (Aufgabe 1).

$$\text{Kommutativgesetz:} \quad f * g = g * f , \tag{6.72}$$

$$\text{Assoziativgesetz:} \quad f * (g * h) = (f * g) * h , \tag{6.73}$$

$$\text{Distributivgesetz:} \quad (f + g) * h = f * h + g * h . \tag{6.74}$$

Nach (6.73) sind bei der Faltung von mehr als zwei Funktionen keine Klammern erforderlich.

Ferner gilt:

$$[cf(x)] * g(x) = c\,[f(x) * g(x)] , \; c \in \mathbb{C} . \tag{6.75}$$

Beispiele:

1. Wegen der Kommutativeigenschaft (6.72) können wir anstelle von (6.65) die Schreibweise benutzen

$$f(x) * \delta(x - a) = f(x) * \delta(a - x) = f(x - a) . \tag{6.76}$$

2. $\quad f(x) * [\delta(x + a) + \delta(x) + \delta(x - a)] = f(x + a) + f(x) + f(x - a).$
3. $\quad f(x - a) * g(x) = f(x) * \delta(x - a) * g(x) = f(x) * g(x - a).$
Hiermit gilt speziell in Ergänzung zu (6.76)

$$f(x) * \delta(x - a) = f(x - a) * \delta(x) = f(x - a) . \tag{6.77}$$

4. Wir zeigen, daß für beliebige Funktionen f, g, h im allgemeinen die Reihenfolge der Faltungs- und Produktoperation *nicht* vertauscht werden darf:

$$(f\,g) * h \neq f\,(g * h) . \tag{6.78}$$

Indem wir z.B. für g die δ-Funktion einsetzen, wird mit (6.75) einerseits

$$[f(x)\,\delta(x)] * h(x) = [f(0)\,\delta(x)] * h(x) = f(0)\,[\delta(x) * h(x)] = f(0)\,h(x) ;$$

andererseits erhalten wir

$$f(x)\,[\delta(x) * h(x)] = f(x)\,h(x)\,.$$

Eine Ausnahme zu der Ungleichung (6.78) ist wegen (6.75) z.B. der Fall, daß $f(x) = 1$, die Einsfunktion ist.

5. Als abschließendes Beispiel soll die Faltung der δ-Funktion mit der Kammfunktion notiert werden:

$$\varDelta(x) * \delta(x-a) = \delta(x) * \varDelta(x-a) = \varDelta(x-a)\,. \tag{6.79}$$

Die Grenzwertregel 3 für den Fourieroperator läßt sich auch auf den Faltungsoperator übertragen. Hierzu wählen wir $G(u,c) = \mathcal{F}\{g(x,c)\}$ und erhalten mit der Vertauschbarkeit von Fourieroperator und Grenzwert, (6.57), für $c_0 \in \mathbb{R}$ bzw. $c_0 = \pm\infty$

$$\begin{aligned} f(x) * \left[\lim_{c\to c_0} g(x,c)\right] &= \mathcal{F}^{-1}\left\{F(u)\left[\lim_{c\to c_0} G(u,c)\right]\right\} \\ &= \mathcal{F}^{-1}\left\{\left[\lim_{c\to c_0} F(u)G(u,c)\right]\right\} \\ &= \lim_{c\to c_0}\,[f(x) * g(x,c)]\,. \end{aligned} \tag{6.80}$$

Analog zur Linearitätsregel des Fourieroperators für unendliche Reihen, (6.22), kann hiermit das Distributivgesetz (6.74) auf unendlich viele Summanden erweitert werden,

$$f * \sum_{j=1}^{\infty} g_j = \sum_{j=1}^{\infty} f * g_j\,, \tag{6.81}$$

mit der Voraussetzung, daß die unendlichen Reihen konvergieren.

Wir werden später durch das Faltungsintegral eine Möglichkeit kennenlernen, die Faltungsoperation ohne Anwendung der Fouriertransformation durchzuführen. Hierbei gehen wir auch auf die Frage nach der Existenz des Faltungsergebnisses ein.

Faltung der Transformierten

Die Regel 4 zum inversen Fourieroperator in der Form (6.44), S. 145, legt die Vermutung nahe, daß sich die Produktbildung und die Faltung zweier Funktionen bei der Fouriertransformation vertauschen lassen. Es soll gezeigt werden, daß *ohne* das charakteristische negative Argument der Regel 4 gilt:

$$\mathcal{F}\{f(x)\,g(x)\} = \mathcal{F}\{f(x)\} * \mathcal{F}\{g(x)\} = F(u) * G(u)\,. \tag{6.82}$$

Für den Beweis beginnen wir mit g_1, g_2 als Bezeichnung für die zu faltenden Funktionen und nennen das Faltungsergebnis h:

$$h(x) := g_1(x) * g_2(x) .$$

Zusammen mit der Faltungsdefinition in der Form (6.60) und der Konvention über die Notierung der Transformierten zu g_1, g_2, h wird

$$H(u) = \mathcal{F}\{h(x)\} = \mathcal{F}\{g_1(x) * g_2(x)\} = G_1(u)\, G_2(u) .$$

Nach der Regel 4 in der Form (6.40) ist $\mathcal{F}\{G_1(x)\} = g_1(-u)$, $\mathcal{F}\{G_2(x)\} = g_2(-u)$, $\mathcal{F}\{H(x)\} = h(-u)$, und unter Verwendung von (6.64) erhalten wir

$$h(-u) = \begin{cases} \mathcal{F}\{H(x)\} = \mathcal{F}\{G_1(x)\, G_2(x)\} \\ g_1(-u) * g_2(-u) = \mathcal{F}\{G_1(x)\} * \mathcal{F}\{G_2(x)\} . \end{cases}$$

Indem wir in den rechten Seiten dieser Gleichungen $f(x) := G_1(x)$ und $g(x) := G_2(x)$ ersetzen, folgt die Behauptung (6.69).

Beispiele:

1. Die Verknüpfung von Multiplikation und Faltung bei den Originalfunktionen führt durch die Anwendung von (6.60) und (6.82), nacheinander ausgeführt, auf

$$\mathcal{F}\{(f\, g) * h\} = (F * G)\, H \text{ bzw. } \mathcal{F}\{(f * g)\, h\} = (F\, G) * H . \qquad (6.83)$$

2. Die Verschiebungsregel (6.55) für die Transformierte einer Funktion bestätigt sich mit Hilfe der Faltungsgleichung (6.82) durch

$$\mathcal{F}\{\exp(2\pi \mathrm{i} a x) f(x)\} = \delta(u-a) * F(u) = F(u-a) . \qquad (6.84)$$

3. Der Zusammenhang zwischen der Faltung von Originalfunktionen und dem Produkt der entsprechenden Transformierten $\mathcal{F}\{f * g\} = FG$ (bzw. die Umkehrung nach (6.82)) wurde bisher vorrangig zur Entwicklung der grundlegenden Gesetze und Formeln der neu eingeführten Faltungsoperation benutzt. Im Hinblick auf das Umgehen mit der Fouriertransformation ist es jedoch ebenso wichtig, sich die Beziehungen zwischen den einzelnen beteiligten Funktionen mit den zugehörigen Operationsergebnissen an konkreten Beispielen anschaulich zu verdeutlichen. Hierzu sind die Gleichungen

$$\mathcal{F}\left\{\frac{\mathrm{i}}{2}\left[\delta(x+\nu) - \delta(x-\nu)\right] * |b| \operatorname{sinc}(bx)\right\}$$
$$\begin{cases} = \mathcal{F}\left\{\frac{\mathrm{i}}{2}|b|\Big[\operatorname{sinc}(b\,[x+\nu]) - \operatorname{sinc}(b\,[x+\nu])\Big]\right\} \\ = -\sin(2\pi\nu u) \operatorname{rect}\left(\frac{u}{b}\right) \end{cases} \qquad (6.85)$$

durch die Abb. 6.17 wiedergegeben. Wir benutzen dabei das Operatorzeichen „×“ für die Multiplikation der beiden transformierten Funktionen.

4. Wir wollen an dieser Stelle eine Brücke zu den Fourierreihen herstellen. Der Vergleich der Fourierkoeffizienten zur 1-periodischen Rechteckfunktion,

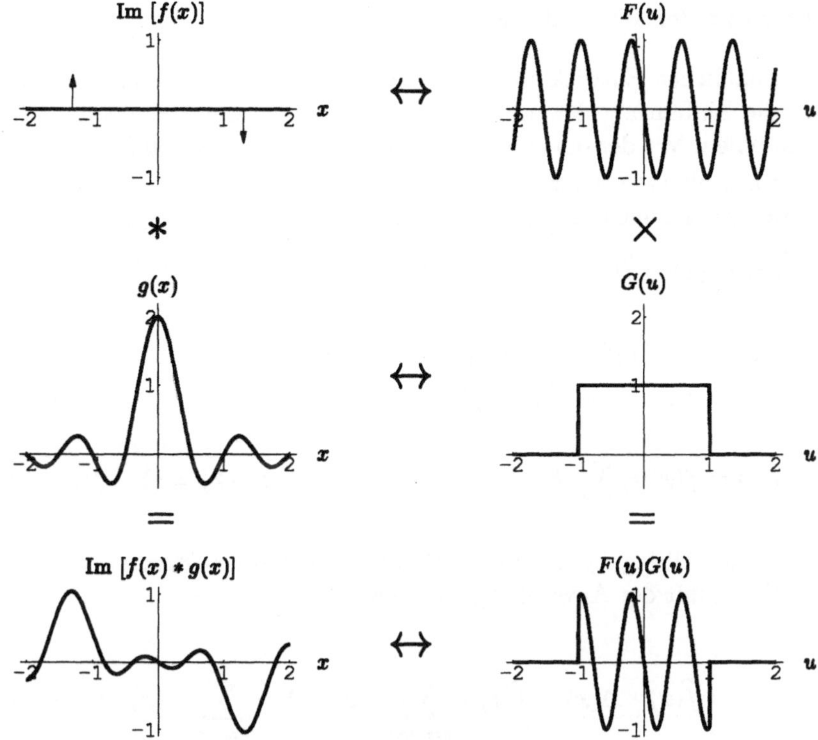

Abb. 6.17. $\mathcal{F}\{\mathrm{i}/2\,[\delta(x+\nu)-\delta(x-\nu)] * |b|\,\mathrm{sinc}(bx)\} = -\sin(2\pi\nu u)\,\mathrm{rect}\,(u/b)$, $\nu = 13/10$, $b = 2$

$C_k = b\,\mathrm{sinc}(bk)$, $k \in \mathbb{Z}$, (5.14) S. 103, mit dem Transformationsergebnis $\mathcal{F}\{\,\mathrm{rect}(x/b)\} = b\,\mathrm{sinc}(bu)$, $b \in \mathbb{R}^+$, legt die Vermutung nahe, daß hier eine direkte Verbindung zwischen den Fourierkoeffizienten und der Fouriertransformation besteht. Dasselbe zeigt auch der Vergleich der Koeffizienten zur 1-periodischen Dreieckfunktion, $C_k = b\,\mathrm{sinc}^2(bk)$ (vgl. (2.48), S. 38, und Aufgabe 2 zu Abschn. 5.2), mit der Transformation $\mathcal{F}\{\,\mathrm{tri}(x/b)\} = b\,\mathrm{sinc}^2(bu)$, $b \in \mathbb{R}^+$. Diese Vergleiche sollen durch zwei weitere Beispiele ergänzt werden. Gleichung (6.70) liefert für b=1 die Entsprechung zu (5.42), S. 118. Analog zu (6.70) wird weiterhin

$$\begin{aligned}\mathcal{F}\left\{\cos(2\pi\nu x)\,\mathrm{rect}\left(\frac{x}{b}\right)\right\} &= \frac{1}{2}\,[\delta(u+\nu)+\delta(u-\nu)] * |b|\,\mathrm{sinc}(bu)\\ &= \frac{|b|}{2}\Big[\,\mathrm{sinc}(b\,[u+\nu]) + \mathrm{sinc}(b\,[u-\nu])\Big]. \quad (6.86)\end{aligned}$$

Für $b = 1$ erhalten wir auch hier den Bezug zu den Fourierkoeffizienten (5.25), S. 109, der 1-periodischen Fortsetzung zu $f(x) = \cos(2\pi\nu x)\,\mathrm{rect}(x)$. Wir werden diese Zusammenhänge in dem Abschn. 8.1 vertiefen.

Faltung mit der Kammfunktion

Zur anschaulichen Entwicklung der Faltung mit der Kammfunktion können wir an die Einführung der periodischen Fortsetzung durch die Abb. 2.2, S. 29, anknüpfen. Mit der dort benutzten Funktion $f(x) = \arctan(x/0,2)$ sowie der hierzu gebildeten Ausschnittfunktion $\widehat{f}(x) = f(x)\,\mathrm{rect}(x)$ lassen sich die drei Funktionsgraphen formulieren durch

$$\widehat{f}(x) * \delta(x) = \widehat{f}(x)\,,$$

$$\begin{aligned} f_1(x) &= \widehat{f}(x) * [\delta(x-1) + \delta(x) + \delta(x+1)] \\ &= \widehat{f}(x-1) + \widehat{f}(x) + \widehat{f}(x+1)\,, \end{aligned}$$

$$f_2(x) = \widehat{f}(x) * \sum_{k=-2}^{2} \delta(x-k) = \sum_{k=-2}^{2} \widehat{f}(x) * \delta(x-k) = \sum_{k=-2}^{2} \widehat{f}(x-k)\,.$$

Durch den Übergang auf unendlich viele Summanden erhalten wir wie in (2.28), S. 29, mit der Anwendung von (6.81)

$$\begin{aligned} \widetilde{f}(x) &:= \widehat{f}(x) * \Delta(x) = \widehat{f}(x) * \sum_{k=-\infty}^{\infty} \delta(x-k) = \sum_{k=-\infty}^{\infty} \widehat{f}(x) * \delta(x-k) \\ &= \sum_{k=-\infty}^{\infty} \widehat{f}(x-k)\,. \end{aligned} \tag{6.87}$$

Das Faltungsergebnis $\widehat{f}(x) * \Delta(x)$ stellt somit ebenfalls die 1-periodische Fortsetzung der Ausschnittfunktion $\widehat{f}(x)$ dar. Allgemein ergibt sich zu einer Ausschnittfunktion $\widehat{f}$ beliebiger Breite die p-periodische Fortsetzung mit (3.54), S. 77:

$$\begin{aligned} \widehat{f}(x) &:= f(x)\,\mathrm{rect}\left(\frac{x}{b}\right),\; b \in \mathbb{R}^+\,, \\ \widetilde{f}(x) &= \widehat{f}(x) * \frac{1}{p}\Delta\left(\frac{x}{p}\right) = \widehat{f}(x) * \sum_{k=-\infty}^{\infty} \delta(x-kp) \\ &= \sum_{k=-\infty}^{\infty} \widehat{f}(x-kp),\; p > b > 0\,. \end{aligned} \tag{6.88}$$

So erhalten wir beispielsweise mit $\mathrm{rect}(x) * \Delta(x/p)/p$ die p-periodische Rechteckfunktion, die für $p = 2$ in der Abb. 2.4, S. 31, angedeutet ist.

Falls $f(x)$ selbst eine p-periodische Funktion ist dann, führt die periodische Fortsetzung (6.88) auf das identische Ergebnis $\widetilde{f}(x) = f(x)$.

In Ergänzung zu dem Begriff der periodischen Fortsetzung wollen wir – als Vorbereitung auf die nachfolgende Erweiterung – auch die Formulierung „p-periodische Replikation“ benutzen.

Der Vorgang der 1-periodischen Replikation als Ergebnis der Faltung mit der Kammfunktion soll durch die Abb. 6.18 am Beispiel der Funktion $f(x) = \exp(-|x/b|)$, $b = 1/2$, noch einmal anschaulich dargestellt werden.

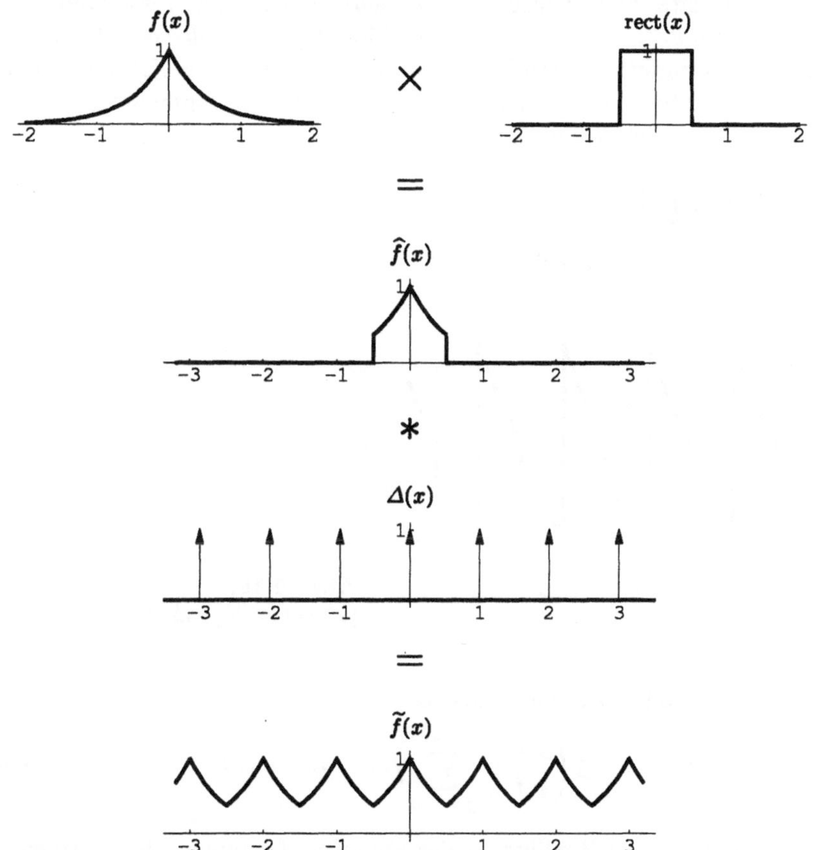

Abb. 6.18. $\tilde{f}(x) = [\exp(-|x/b|)\,\mathrm{rect}(x)] * \Delta(x), \quad b = 1/2$

Die in dem Beispiel 4 zur Faltung der Transformierten (S. 158) hergestellte Verbindung zwischen der Fouriertransformation und den Fourierreihen können wir durch die Faltung mit der Kammfunktion noch verstärken. Wir nehmen hierzu wiederum das Beispiel der 1-periodischen Rechteckfunktion, die sich als Faltung der Form (6.87) darstellen läßt. Zusammen mit der Fourierreihe zur 1-periodischen Rechteckfunktion (5.14) erhalten wir die Gleichung

$$\operatorname{rect}\left(\frac{x}{b}\right) * \Delta(x) = \sum_{k=-\infty}^{\infty} b \operatorname{sinc}(bk) \exp(2\pi i k x),\ 0 < b < 1\,. \tag{6.89}$$

Hierdurch wird die Analogie zu der Transformation $\mathcal{F}\{\operatorname{rect}(x/b)\} = b\operatorname{sinc}(bu)$, $b \in \mathbb{R}^+$, augenfällig. Ähnlich lassen sich auch bei den übrigen Beispielen der S. 158 die Fourierreihen durch Anwendung der entsprechenden Transformiertenpaaren wiedergeben (Aufgabe 7).

Im Gegensatz zu der bisher behandelten identischen Replikation einer Ausschnittfunktion $\widehat{f}$ läßt sich auch die Faltung einer ***beliebigen*** Funktion f mit der Kammfunktion durchführen. In der Regel wird das Faltungsergebnis eine Gestalt haben, die wir als „Replikation mit Überlappung" bezeichnen wollen. Das Beispiel der Funktion

$$\left[e^x \operatorname{rect}\left(\frac{x}{b}\right)\right] * \Delta(x),\ b = \frac{3}{2}\,,$$

ist in Abb. 6.19 wiedergegeben.

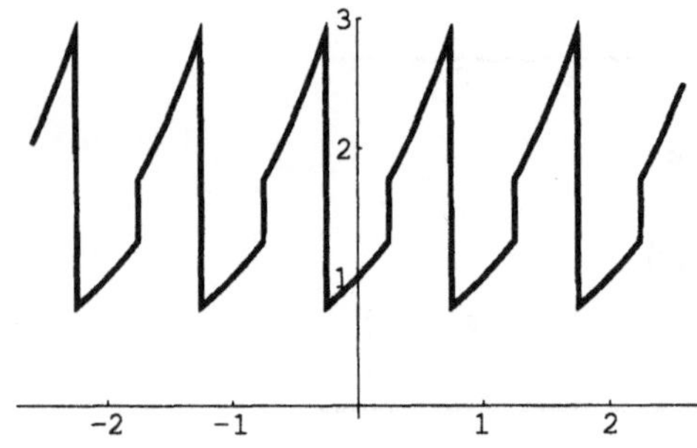

Abb. 6.19.
$[e^x \operatorname{rect}(x/b)] * \Delta(x),\ b = 3/2$

Allgemein wollen wir eine Funktion

$$\widetilde{f}(x) := f(x) * \frac{1}{p}\Delta\left(\frac{x}{p}\right) = \sum_{j=-\infty}^{\infty} f(x - jp),\ p \in \mathbb{R}^+\,, \tag{6.90}$$

eine (unendlichfache) Replikation der Funktion f nennen, die natürlich nur für den Fall der Konvergenz der unendlichen Reihe eine Bedeutung hat. So ist z.B. leicht einzusehen, daß für $f(x) = e^x$ die unendliche Reihe immer divergent ist. Falls f eine argumentbegrenzte Funktion ist (vgl. S. 8), dann sind in der Summe (6.90) immer höchstens endlich viele Summanden von Null verschieden; die Summe ist somit in diesem Fall für alle Werte x konvergent, und das Faltungsergebnis $\widetilde{f}$ existiert für $x \in \mathbb{R}$.

Die durch (6.90) gebildete Funktion $\widetilde{f}(x)$ ist p-periodisch, denn es gilt

$$\widetilde{f}(x+p) = \sum_{j=-\infty}^{\infty} f(x + p - jp) = \sum_{j=-\infty}^{\infty} f(x - [j-1]p)$$

$$= \sum_{j=-\infty}^{\infty} f(x - pj) = \tilde{f}(x) . \tag{6.91}$$

Beispiel ($p \in \mathbb{R}^+$):

$$\begin{aligned}\tilde{f}(x) &= \exp(-|x|) * \frac{1}{p}\Delta\left(\frac{x}{p}\right) \\ &= \sum_{j=-\infty}^{-1} \exp(-|x - jp|) + \exp(-|x|) + \sum_{j=1}^{\infty} \exp(-|x - pj|) .\end{aligned}$$

Im Periodenintervall $I_p\,[-p/2\,, p/2)$ gilt: $x - jp > 0$ für $j \in \mathbb{Z}^-$ und $x - jp < 0$ für $j \in \mathbb{N}$. Die Summenformel zur unendlichen geometrischen Reihe führt daher wegen $\mathrm{e}^{-p} < 1$ auf

$$\begin{aligned}\tilde{f}(x) &= \sum_{j=-\infty}^{-1} \exp(-x + jp) + \exp(-|x|) + \sum_{j=1}^{\infty} \exp(x - jp) \\ &= \mathrm{e}^{-x} \sum_{j=1}^{\infty} \mathrm{e}^{-jp} + \mathrm{e}^{-|x|} + \mathrm{e}^{x} \sum_{j=1}^{\infty} \mathrm{e}^{-jp} \\ &= \mathrm{e}^{-|x|} + \left(\mathrm{e}^{-x} + \mathrm{e}^{x}\right) \left[-1 + \sum_{j=0}^{\infty} \mathrm{e}^{-jp}\right] \\ &= \mathrm{e}^{-|x|} + \frac{2\cosh(x)}{\mathrm{e}^{p} - 1} \text{ für } -\frac{p}{2} \leq x < \frac{p}{2} .\end{aligned} \tag{6.92}$$

Für die übrigen x-Werte entsteht $\tilde{f}(x)$ hieraus durch p-periodische Fortsetzung (Abb. 6.20).

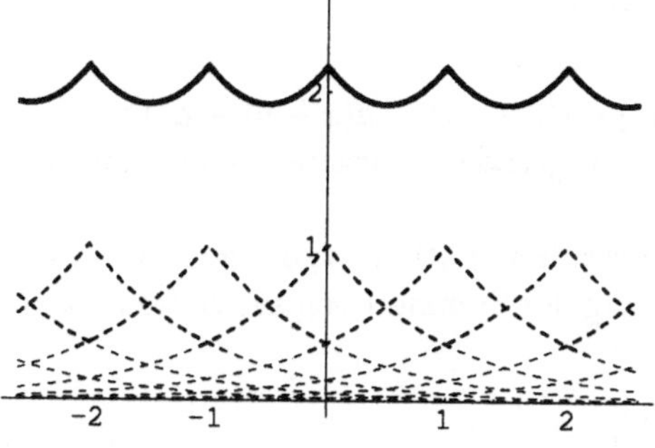

Abb. 6.20. $\mathrm{e}^{-|x|} * \Delta(x)$; (*gestrichelt:*) $\mathrm{e}^{-|x-j|}$, $j \in \mathbb{Z}$

Da die Fouriertransformierte der Kammfunktion bereits in (6.51), S. 147, genannt worden ist, sollen hier noch die formelmäßigen Zusammenhänge zwischen Fouriertransformation und Faltung bzw. Multiplikation mit der Kammfunktion in der Notierung der Korrespondenzen zusammengestellt werden. Diese Formeln werden die Grundlage für die Entwicklungen des Kapitels 8 über die Fouriertransformation periodischer Funktionen sein.

Ausgehend von $f(x) \leftrightarrow F(u)$ gilt (Aufgabe 9):

$$f(x) * \Delta(x) \leftrightarrow F(u)\Delta(u)\,, \tag{6.93}$$

$$f(x) * \frac{1}{|b|}\Delta\left(\frac{x}{b}\right) \leftrightarrow F(u)\Delta(bu)\,, \tag{6.94}$$

$$f(x) * \frac{1}{|b|}\Delta\left(\frac{x-a}{b}\right) \leftrightarrow F(u)\exp(-2\pi iau)\Delta(bu)\,, \tag{6.95}$$

$$f(x)\Delta(x) \leftrightarrow F(u) * \Delta(u)\,, \tag{6.96}$$

$$f(x)\frac{1}{|b|}\Delta\left(\frac{x}{b}\right) \leftrightarrow F(u) * \Delta(bu)\,, \tag{6.97}$$

$$f(x)\frac{1}{|b|}\Delta\left(\frac{x-a}{b}\right) \leftrightarrow F(u) * [\exp(-2\pi iau)\Delta(bu)]\,. \tag{6.98}$$

In der Summenschreibweise der Kammfunktion lauten die beiden wichtigsten Fälle (6.94) und (6.97) mit (6.90) und (3.58), S. 79,

$$\sum_{j=-\infty}^{\infty} f(x-bj) \leftrightarrow \frac{1}{|b|}\sum_{k=-\infty}^{\infty} F\left(\frac{k}{b}\right)\delta\left(u-\frac{k}{b}\right)\,, \tag{6.99}$$

$$\sum_{j=-\infty}^{\infty} f(bj)\delta(x-bj) \leftrightarrow \frac{1}{|b|}\sum_{k=-\infty}^{\infty} F\left(u-\frac{k}{b}\right)\,. \tag{6.100}$$

Übungen

6.4.1 Beweis der Gesetze (6.72) bis (6.75).

6.4.2 Es ist zu zeigen:

a) $h(x) := f(x) * g(x) \;\Rightarrow\; f(x-a_1) * g(x-a_2) = h(x-a_1-a_2)$;

b) falls f und g beide gerade bzw. ungerade Funktionen sind, dann ist $h = f * g$ gerade;

c) falls f eine gerade und g eine ungerade Funktion ist, dann ist $h = f * g$ ungerade (entsprechend bei Vertauschung der Symmetrieeigenschaften von f und g);

d) $$\operatorname{rect}\left(\frac{x}{b}\right) * \operatorname{rect}\left(\frac{x}{b}\right) = |b| \operatorname{tri}\left(\frac{x}{b}\right)\,; \tag{6.101}$$

e) für $b_1, b_2 \in \mathbb{R}^+$ gilt

$$\operatorname{sinc}\left(\frac{x}{b_1}\right) * \operatorname{sinc}\left(\frac{x}{b_2}\right) = \begin{cases} b_2 \operatorname{sinc}\left(\frac{x}{b_1}\right) & \text{für } b_1 \geq b_2 , \\ b_1 \operatorname{sinc}\left(\frac{x}{b_2}\right) & \text{für } b_1 < b_2 ; \end{cases}$$

Gleichung (6.61) ist hierzu der Spezialfall für $b_1 = b_2 = 1$;

f) als Verallgemeinerung zu (6.69) gilt

$$f\left(\frac{x-a_1}{b_1}\right) * \delta\left(\frac{x-a_2}{b_2}\right) = |b_2| f\left(\frac{x-[a_1+a_2]}{b_1}\right), \; b_1, b_2 \in \mathbb{R}\setminus\{0\};$$

g) $$\frac{1}{|b|}\operatorname{rect}\left(\frac{x}{b}\right) * \sin(2\pi\nu x) = \operatorname{sinc}(b\nu)\sin(2\pi\nu x), \; b \in \mathbb{R}\setminus\{0\} \; ; \qquad (6.102)$$

h) die Gleichungen (6.71) und (6.102) lassen sich verallgemeinern zu folgendem Ergebnis: Für eine gerade Funktion f und $F = \mathcal{F}\{f\}$ gilt

$$f(x) * \cos(2\pi\nu x) = F(\nu)\cos(2\pi\nu x) ,$$

$$f(x) * \sin(2\pi\nu x) = F(\nu)\sin(2\pi\nu x) .$$

Wie lauten die Faltungsergebnisse für eine ungerade Funktion f ?

6.4.3 Skizzieren Sie für $N = 1, N = 2$, und zeigen Sie allgemein durch Fouriertransformation

$$\operatorname{rect}(x) * \sum_{j=-N}^{N} \delta(x-j) = \operatorname{rect}\left(\frac{x}{2N+1}\right) .$$

6.4.4 Fassen Sie (6.16) und (6.36) zu der gemeinsamen Formel der linearen Argumenttransformation bei der Originalfunktion und der Fouriertransformierten zusammen:

$$\mathcal{F}\left\{\exp(2\pi i a_2 x) f\left(\frac{x-a_1}{b}\right)\right\}$$
$$= \exp(2\pi i a_1 a_2)\exp(-2\pi i a_1 u)|b| F(b[u-a_2]) . \qquad (6.103)$$

Diese gemeinsame Verschiebungsgleichung lautet – bis auf die Vorzeichen der Exponentialfunktion – symmetrisch in der Ausgangsfunktion f und der Transformierten F:

$$\mathcal{F}\left\{\exp(\pi i a_2[2x-a_1])\frac{1}{|b_1|} f\left(\frac{x-a_1}{b_1/b_2}\right)\right\}$$
$$= \exp(-\pi i a_1[2u-a_2])\frac{1}{|b_2|} F\left(\frac{u-a_2}{b_2/b_1}\right) .$$

6.4.5 Skizzieren Sie entsprechend der Abb. 6.17 die Operationen der Originalfunktionen und der Transformierten zu

$$\text{a) } \mathcal{F}\{f(x) * g(x)\} = \cos(2\pi\nu u)\frac{1}{|b|}\operatorname{rect}\left(\frac{u}{b}\right) ,$$

$$\text{b) } \mathcal{F}\left\{\exp(-2\pi\mathrm{i}\nu x)\operatorname{rect}\left(\frac{x}{b}\right)\right\} = F(u) * G(u) .$$

6.4.6 Durch Fouriertransformation ist zu zeigen:

$$\left[\cos(2\pi\nu x)\operatorname{rect}(\nu x)\right] * \nu\Delta(\nu x) = \cos(2\pi\nu x) .$$

6.4.7 Formulieren Sie in Entsprechung zu (6.89) die übrigen in Beispiel 4, S. 158, genannten Fourierreihen.

6.4.8 Zu der Funktion $\tilde{f}(x)$ in (6.92) ist zu zeigen:
a) Die Summenformel ist sogar für das Intervall $[-p, p]$ gültig;
b) $\tilde{f}'(x)$ ist unstetig für $x = jp$, $j \in \mathbb{Z}$.

6.4.9 Bestätigen Sie die Formeln (6.93) bis (6.98) und geben Sie (6.93), (6.95), (6.96), (6.98) in der Summenschreibweise der Kammfunktion an.

6.4.10 Gegeben

$$f(x) = \sum_{j=-\infty}^{\infty} (-1)^j \delta\left(x - \frac{2j+1}{4}\right) .$$

Zeigen Sie, daß f ungerade ist, so daß F rein imaginär und ungerade sein muß.

Bestimmen Sie $F(u) = \mathcal{F}\{f(x)\}$, und skizzieren Sie die Graphen zu f und F (vgl. Aufgabe 7 zu Abschn. 6.3). Hinweis: Der Zusammenhang zwischen f und F läßt sich mit Hilfe von (6.103) beschreiben.

6.5 *Verallgemeinerte Grenzwerte*

Einführung

In Beispiel 2 zur Erläuterung des Fourierintegrals waren wir mit (6.6), S. 132, auf den Grenzwert

$$\lim_{b\to\infty} b\operatorname{sinc}(bx) = \begin{cases} \lim\limits_{b\to\infty} b = \infty \text{ für } x = 0 , \\ \dfrac{1}{\pi x}\lim\limits_{b\to\infty} \sin(\pi bx) \text{ für } x \neq 0 \end{cases} \qquad (6.104)$$

gestoßen, der für keinen reellen Wert x existiert. Wir hatten diese Tatsache als Ausgangspunkt dafür genommen, daß wir zur Einführung in die Fouriertransformation den Weg über den verallgemeinerten Ansatz der Funktionaltransformation gewählt haben und hierzu das Umgehen mit dem Fourieroperator in den Mittelpunkt gestellt haben.

Wenn wir nun das konsistente Regelwerk des Fourieroperators weiterführen, wird sich für den Grenzwert (6.104) ein überraschendes Ergebnis herausstellen.

Hierzu gehen wir von dem Grenzwert

$$\lim_{b\to\pm\infty} \operatorname{rect}\left(\frac{x}{b}\right) = 1 \tag{6.105}$$

aus, der zu einem festen Wert x mit $\operatorname{rect}(x/b) = 1$ für alle $b > 2|x|$ folgt. Wir können diesen Zusammenhang auch so formulieren: Die „Grenzfunktion" zur Menge der Funktionen $\operatorname{rect}(x/b)$ über den Parameter $b \in \mathbb{R}$ ist für $b \to \infty$ die Einsfunktion. Zusammen mit $\mathcal{F}\{1\} = \delta(u)$ sowie Regel 3 und Regel 2 ergibt sich dann, da $\operatorname{rect}(x)$ eine gerade Funktion ist,

$$\delta(u) = \mathcal{F}\{1\} = \mathcal{F}\left\{\lim_{b\to\pm\infty} \operatorname{rect}\left(\frac{x}{b}\right)\right\} = \lim_{b\to\pm\infty} |b| \operatorname{sinc}(bu) \tag{6.106}$$

oder

$$\lim_{b\to 0} \frac{1}{|b|} \operatorname{sinc}\left(\frac{x}{b}\right) = \delta(x) \, , \tag{6.107}$$

d.h. die Grenzfunktion zur Menge der Funktionen $(1/|b|)\operatorname{sinc}(x/b)$ über den Parameter $b \in \mathbb{R}$ ist für $b \to 0$ die δ-Funktion.

Es muß ganz ausdrücklich darauf hingewiesen werden, daß mit (6.106) keineswegs der Grenzwert $\lim\limits_{b\to\infty} b \operatorname{sinc}(bx)$ im Rahmen der klassischen Analysis nun doch existiert. (6.107) ist eine konsequente *formale* Folgerung bei der Anwendung der Regeln zum Fourieroperator unter dem verallgemeinerten Ansatz der Funktionaltransformation, deren Gültigkeit durch die Distributionstheorie bewiesen wird. Insofern ist es sinnvoll, das Ergebnis (6.107) als „verallgemeinerten Grenzwert" zu bezeichnen. Es wird sich herausstellen, daß mit diesem formalen Grenzwert ein weiteres wichtiges Transformiertenpaar entwickelt werden kann.

Der scheinbare Widerspruch zwischen dem Ergebnis der klassischen Analysis und dem der Funktionaltransformation läßt sich an einem herausragenden Beispiel der Physik erläutern. In dem gegenüber der klassischen Physik erweiterten Gebäude der Relativitätstheorie ist das Phänomen der relativistischen Massenänderung bei Beschleunigung eine zwangsläufige Folgerung, die nicht nur theoretisch gefordert sondern auch experimentell nachgewiesen ist. Nach der Newtonschen Physik ist eine Massenänderungen durch Beschleunigung jedoch nicht zulässig. Hier geschieht die Vereinigung beider Ergebnisse dadurch, daß sich bekanntlich die Newtonschen Gesetze als Grenzfall der Einsteinschen Theorie erweisen.

Wir wollen den Grenzwert (6.105) auf den Vorgang der Ausschnittbildung einer Funktion f erweitern:

$$\lim_{b\to\pm\infty} f(x) \operatorname{rect}\left(\frac{x}{b}\right) = f(x) \, .$$

Mit $f(x) \leftrightarrow F(u)$ und der Vertauschbarkeit von Grenzwert und Fourier- sowie Faltungsoperator wird dann

$$\begin{aligned} F(u) &= \mathcal{F}\left\{\lim_{b\to\pm\infty} f(x)\,\mathrm{rect}\left(\frac{x}{b}\right)\right\} = \lim_{b\to\pm\infty}\Big[F(u) * |b|\,\mathrm{sinc}(bu)\Big] \\ &= F(u) * \Big[\lim_{b\to\pm\infty} |b|\,\mathrm{sinc}(bu)\Big] = F(u) * \delta(u) \end{aligned} \qquad (6.108)$$

in Übereinstimmung mit (6.66), S. 154.

Da die Faltungsoperation unabhängig von den verwendeten Funktions- und Argumentbuchstaben durchgeführt werden kann, gilt entsprechend

$$f(x) = \lim_{b\to\pm\infty}\Big[f(x) * |b|\,\mathrm{sinc}(bx)\Big] = f(x) * \delta(x)\,. \qquad (6.109)$$

Weitere Beispiele für verallgemeinerte Grenzwerte ergeben sich aus der folgenden Überlegung. Zunächst ist

$$\lim_{a\to\infty} \delta(x-a) = 0\,,$$

d.h. dieser Grenzwert liefert die Nullfunktion, denn es gilt $\delta(x-a) = 0$ für alle $x < a$. Anschaulich kann dieser Grenzwert so interpretieren werden, daß der um a verschobene δ-Pfeil im Grenzwert auf der positiven x-Achse „nach Unendlich verschwindet". (6.25), S. 140, und Regel 3 ergeben

$$\lim_{a\to\infty} \exp(-2\pi i a u) = \mathcal{F}\left\{\lim_{a\to\infty} \delta(x-a)\right\} = \mathcal{F}\{0\} = 0$$

und somit die verallgemeinerten Grenzwerte

$$\lim_{a\to\infty} \exp(2\pi i a x) = 0\,,\ \lim_{a\to\infty} \cos(2\pi a x) = 0\,,\ \lim_{a\to\infty} \sin(2\pi a x) = 0$$

jeweils als Nullfunktionen.

Transformation der Kammfunktion

Mit Hilfe des verallgemeinerten Grenzwertes (6.106) läßt sich die Fouriertransformierte der Kammfunktion entwickeln mit dem Ergebnis:

$$\mathcal{F}\{\Delta(x)\} = \Delta(u)\,, \qquad (6.110)$$

das bereits in (6.51) genannt wurde.

Beweis: Zunächst ersetzen wir (6.110) durch die äquivalente Beziehung

$$\mathcal{F}^{-1}\{\Delta(u)\} = \Delta(x)\,.$$

Nun gilt andererseits für die inverse Transformierte der Kammfunktion mit (6.22) (Vertauschen von Fourieroperator und Summation bei einer unendlichen Reihe) und (6.46), S. 145,

$$\mathcal{F}^{-1}\{\Delta(u)\} = \mathcal{F}^{-1}\left\{\sum_{k=-\infty}^{\infty} \delta(u-k)\right\} = \sum_{k=-\infty}^{\infty} \mathcal{F}^{-1}\{\delta(u-k)\}$$
$$= \sum_{k=-\infty}^{\infty} \exp(2\pi \mathrm{i} kx) \,.$$

Es ist daher zu zeigen, daß für die Kammfunktion die Gleichung

$$\Delta(x) = \sum_{k=-\infty}^{\infty} \exp(2\pi \mathrm{i} kx) \tag{6.111}$$

besteht, daß also die 1-periodische Kammfunktion durch eine Fourierreihe mit den Fourierkoeffizienten $C_k = 1$ darzustellen ist. In (5.30), S. 111, war aber festgestellt worden: Die Fourierreihe (6.111) ist für jedes $x \in \mathbb{R}$ (im Rahmen der klassischen Analysis) divergent.

Zunächst gehen wir jetzt von der Fourierteilsumme zu (6.111),

$$f_N(x) = \sum_{k=-N}^{N} \exp(2\pi \mathrm{i} kx), \; N \in \mathbb{N} \,,$$

aus und erhalten hierfür mit (4.20), S. 96,

$$f_N(x) = \begin{cases} \dfrac{\sin([2N+1]\,\pi x)}{\sin(\pi x)} \text{ für } x \notin \mathbb{Z} \,, \\ 2N+1 \text{ für } x \in \mathbb{Z} \,. \end{cases} \tag{6.112}$$

$f_N(x)$ ist eine 1-periodische Funktion und mit $\operatorname{sinc}(0) = 1$ wird daher für jedes x im Grundintervall $I_1 = [-1/2, 1/2)$

$$f_N(x+j) = \frac{1}{\operatorname{sinc}(x)}\,(2N+1)\operatorname{sinc}([2N+1]\,x) \text{ für } x \in I_1 \text{ und } j \in \mathbb{Z} \,.$$

Der (verallgemeinerte) Grenzwert (6.106) führt nun mit (3.11), $f(x)\delta(x) = f(0)\delta(x)$, auf

$$\lim_{N\to\infty} f_N(x+j) = \frac{1}{\operatorname{sinc}(x)}\,\delta(x) = \delta(x) \text{ für } x \in I_1 \text{ und } j \in \mathbb{Z} \,,$$

oder $\lim\limits_{N\to\infty} f_N(x) = \delta(x-j)$ u.z. für sämtliche x in jedem Periodenintervall $[j-1/2\,, j+1/2)$ (vgl. (3.52) S. 77). Das entspricht aber gerade der Behauptung (6.111). □

Zusammen mit der Darstellung von $f_N(x)$ durch die Kosinusreihe in (4.20), S. 96, läßt sich aus (6.111) noch folgern:

$$1 + 2\sum_{k=1}^{\infty} \cos(2\pi kx) = \Delta(x) \,, \tag{6.113}$$

$$\sum_{k=-\infty}^{\infty} \sin(2\pi kx) = 0 \text{ (Nullfunktion).}$$

Die Gleichung (6.111) muß als eine formale Darstellung der Kammfunktion durch die „verallgemeinerte Fourierreihe" $\sum_{k=-\infty}^{\infty} \exp(2\pi ikx)$ gesehen werden, mit der aufgrund der Distributionstheorie konsistent operiert werden kann. So gehört beispielsweise zur n-ten (distributionellen) Ableitung der Kammfunktion als n-te Ableitung zu (6.111) die verallgemeinerte Fourierreihe (vgl. Fußnote S. 124)

$$\Delta^{(n)}(x) = \sum_{k=-\infty}^{\infty} (2\pi ik)^n \exp(2\pi ikx), \; n \in \mathbb{N}\,, \tag{6.114}$$

die im klassischen Sinne für jedes n und x divergent ist.

Als Beispiel für die Konsistenz soll mit Hilfe der Kammfunktionsmethode in Abschn. 5.3 die Fourierreihe zum periodischen Geradenausschnitt (2.54), S. 43, bestätigt werden.

Mit

$$f(x) := \left[x \operatorname{rect}\left(\frac{x}{b}\right)\right] * \Delta(x) = \sum_{k=-\infty}^{\infty} C_k \exp(2\pi ikx), \; 0 < b \leq 1\,,$$

ist zunächst

$$f''(x) = \sum_{k=-\infty}^{\infty} C_k (2\pi ik)^2 \exp(2\pi ikx)\,. \tag{6.115}$$

Für die (distributionelle) Ableitung zu $x \operatorname{rect}(x/b)$ erhalten wir nach der Produktregel der Differentialrechnung mit (3.44), S. 73,

$$\begin{aligned}
\frac{\mathrm{d}}{\mathrm{d}x}\, x \operatorname{rect}\left(\frac{x}{b}\right) &= \operatorname{rect}\left(\frac{x}{b}\right) + x\,\frac{\mathrm{d}}{\mathrm{d}x} \operatorname{rect}\left(\frac{x}{b}\right) \\
&= \operatorname{rect}\left(\frac{x}{b}\right) + x\left[\delta\left(x + \frac{b}{2}\right) - \delta\left(x - \frac{b}{2}\right)\right] \\
&= \operatorname{rect}\left(\frac{x}{b}\right) - \frac{b}{2}\,\delta\left(x + \frac{b}{2}\right) - \frac{b}{2}\,\delta\left(x - \frac{b}{2}\right)\,.
\end{aligned}$$

Die 1-periodische Fortsetzung hierzu führt mit (6.79), S. 157, auf

$$\begin{aligned}
f'(x) &= \left[\operatorname{rect}\left(\frac{x}{b}\right) - \frac{b}{2}\,\delta\left(x + \frac{b}{2}\right) - \frac{b}{2}\,\delta\left(x - \frac{b}{2}\right)\right] * \Delta(x) \\
&= \operatorname{rect}\left(\frac{x}{b}\right) * \Delta(x) - \frac{b}{2}\left[\Delta\left(x + \frac{b}{2}\right) + \Delta\left(x - \frac{b}{2}\right)\right]\,.
\end{aligned}$$

Die (verallgemeinerten) Fourierreihen (6.111) und (6.114) ergeben jetzt

$$
\begin{aligned}
f''(x) &= \Delta\left(x+\frac{b}{2}\right) - \Delta\left(x-\frac{b}{2}\right) - \frac{b}{2}\left[\Delta'\left(x+\frac{b}{2}\right) + \Delta'\left(x-\frac{b}{2}\right)\right] \\
&= \sum_{k=-\infty}^{\infty} \exp\left(2\pi\mathrm{i}k\left[x+\frac{b}{2}\right]\right) - \sum_{k=-\infty}^{\infty} \exp\left(2\pi\mathrm{i}k\left[x-\frac{b}{2}\right]\right) \\
&\quad -\frac{b}{2}\left[\sum_{k=-\infty}^{\infty} 2\pi\mathrm{i}k \exp\left(2\pi\mathrm{i}k\left[x+\frac{b}{2}\right]\right)\right. \\
&\quad \left. + \sum_{k=-\infty}^{\infty} 2\pi\mathrm{i}k \exp\left(2\pi\mathrm{i}k\left[x-\frac{b}{2}\right]\right)\right] \\
&= \sum_{k=-\infty}^{\infty} \exp\left(2\pi\mathrm{i}kx\right)\left[\exp(\pi\mathrm{i}bk) - \exp(-\pi\mathrm{i}bk)\right] \\
&\quad -\frac{b}{2}\sum_{k=-\infty}^{\infty} 2\pi\mathrm{i}k \exp(2\pi\mathrm{i}kx)\left[\exp(\pi\mathrm{i}bk) + \exp(-\pi\mathrm{i}bk)\right].
\end{aligned}
$$

Koeffizientenvergleich mit (6.115) liefert für $k \neq 0$ ($C_0 = 0$, da $f(x)$ ungerade)

$$
\begin{aligned}
C_k &= \frac{1}{(2\pi\mathrm{i}k)^2}\left[2\mathrm{i}\,\sin(\pi bk) - b\,2\pi\mathrm{i}k\cos(\pi bk)\right] \\
&= -\mathrm{i}b\frac{\operatorname{sinc}(bk) - \cos(\pi bk)}{2\pi k}
\end{aligned}
$$

in Übereinstimmung mit (2.54), S. 43, und (5.9), $B_k = -\operatorname{Im}(C_k)$.

Übungen

6.5.1 Übertragen Sie die Schritte in (6.106) durch Anwendung von (6.45) und (6.36) zu der Gleichung

$$\lim_{b\to 0}\frac{1}{|b|}\operatorname{sinc}\left(\frac{x-a}{b}\right) = \delta(x-a)\,. \tag{6.116}$$

Verdeutlichen Sie sich dabei $\lim\limits_{b\to\pm\infty} \exp(2\pi\mathrm{i}ax)\operatorname{rect}(x/b) = \exp(2\pi\mathrm{i}ax)$ anhand einer Skizze.

6.5.2 Mit Hilfe von (6.116) ist (6.70) bzw. (6.86) wieder auf die Fouriertransformation (6.48) bzw. (6.47) der Sinus- bzw. Kosinusfunktion zurückzuführen.

6.5.3 Zu der Summenformel (6.112) ist zu zeigen:

a) $\lim\limits_{x\to k} f_N(x) = 2N+1 = f_N(k)$ für $k \in \mathbb{Z}$;

b) $f_N(x)$ ist 1-periodisch (obwohl z.B. die Nennerfunktion die Periodenlänge 2 hat).

6.5.4 Berechnen Sie nach der Kammfunktionsmethode die Fourierkoeffizienten zu

a) $f(x) = \left[\sin(2\pi\nu x)\,\text{rect}\left(\frac{x}{b}\right)\right] * \Delta(x), \quad 0 < b \leq 1\,,$

b) $f(x) = \left[\left(1 - \frac{x}{b}\right)\,\text{rect}\left(\frac{x - b/2}{b}\right)\right] * \Delta(x), \quad 0 < b \leq \frac{1}{2}\,.$

Hinweise: Das Ergebnis zu a) für $b = 1$ bzw. zu b) bestätigt die Fourierreihe (5.43) bzw. (2.71).

6.6 Formelsammlung zur Fouriertransformation

An dieser Stelle sollen die wichtigsten Formeln zur Fouriertransformation sowie eine Übersicht über die in unserem Zusammenhang erarbeiteten Korrespondenzen zusammengefaßt werden. Dabei werden – wie in Abschn. 3.4 – auch hier Ergebnisse des folgenden Kapitels mit aufgenommen und der Bezug zu den Formelnummern des Textzusammenhangs aufgeführt. Die Reihenfolge der Formeln ist vorrangig nach sachlichen Zusammenhängen und nicht so sehr entsprechend der chronologischen Entwicklung angelegt.

Für die Konstanten bzw. Parameter gilt: $a, \nu \in \mathbb{R}$, $b \in \mathbb{R}\setminus\{0\}$, $A, B \in \mathbb{C}$.

1. Eigenschaften der Fouriertransformation

(6.7) (6.31)	$f(x) = \mathcal{F}^{-1}\{F(u)\}$	$F(u) = \mathcal{F}\{f(x)\}$
	(inverses) Fourierintegral:	
(7.7) (6.2)	$\int_{-\infty}^{\infty} F(u)\exp(2\pi\mathrm{i}ux)\mathrm{d}u$	$\int_{-\infty}^{\infty} f(x)\exp(-2\pi\mathrm{i}ux)\mathrm{d}x$
	Linearität:	
(6.11) (6.35)	$A\,f(x) + B\,g(x)$	$A\,F(u) + B\,G(u)$
	lineare Argumenttransformation:	
(6.16)	$f\left(\frac{x-a}{b}\right)$	$\lvert b\rvert\exp(-2\pi\mathrm{i}au)F(bu)$
(6.36)	$\lvert b\rvert\exp(2\pi\mathrm{i}ax)f(bx)$	$F\left(\frac{u-a}{b}\right)$
	Argumentskalierung:	
(6.18)	$f\left(\frac{x}{b}\right)$	$\lvert b\rvert F(bu)$

(6.37)	$|b|f(bx)$	$F\left(\frac{u}{b}\right)$
	Argumentverschiebung:	
(6.17)	$f(x-a)$	$\exp(-2\pi i a u)F(u)$
(6.38)	$\exp(2\pi i a x)f(x)$	$F(u-a)$
	Transformation der Transformierten:	
(6.41)	$F(x)$	$f(-u)$
	Transformation der konjugiert komplexen Funktion:	
(7.37)	$f^*(x)$	$F^*(-u)$
(7.58)	$F^*(x)$	$f^*(u)$
	Ableitung der Transformierten:	
(7.17)	$(-2\pi i x)^n f(x)$	$F^{(n)}(u)$
	Ableitung der Originalfunktion:	
(7.18)	$f^{(n)}(x)$	$(2\pi i u)^n F(u)$
	Faltung:	
(6.60)	$f(x) * g(x)$	$F(u)G(u)$
(6.82)	$f(x)g(x)$	$F(u) * G(u)$
	Faltung mit der δ-Funktion:	
(6.65)	$f(x) * \delta(x-a) = f(x-a)$	$\exp(-2\pi i a u)F(u)$
(6.84)	$\exp(2\pi i a x)f(x)$	$F(u) * \delta(u-a) = F(u-a)$
	Faltung mit der Kammfunktion:	
(6.94)	$f(x) * \frac{1}{|b|}\Delta\left(\frac{x}{b}\right)$	$F(u)\Delta(bu)$
(6.99)	$= \sum_{j=-\infty}^{\infty} f(x-bj)$	$= \frac{1}{|b|}\sum_{k=-\infty}^{\infty} F\left(\frac{k}{b}\right)\delta\left(u-\frac{k}{b}\right)$
(6.97)	$f(x)\frac{1}{|b|}\Delta\left(\frac{x}{b}\right)$	$F(u) * \Delta(bu)$
(6.100)	$= \sum_{j=-\infty}^{\infty} f(bj)\delta(x-bj)$	$= \frac{1}{|b|}\sum_{k=-\infty}^{\infty} F\left(u-\frac{k}{b}\right)$

2. Korrespondenzen zur Fouriertransformation

	$f(x) = \mathcal{F}^{-1}\{F(u)\}$	$F(u) = \mathcal{F}\{f(x)\}$
(6.24)	$\delta(x)$	1
(6.43)	1	$\delta(u)$
(6.29)	$\delta(x-a)$	$\exp(-2\pi\mathrm{i}au)$
(6.45)	$\exp(2\pi\mathrm{i}ax)$	$\delta(u-a)$
(6.47)	$\cos(2\pi\nu x)$	$\frac{1}{2}[\delta(u+\nu)+\delta(u-\nu)]$
(6.28)	$\frac{1}{2}[\delta(x+\nu)+\delta(x-\nu)]$	$\cos(2\pi\nu u)$
(6.48)	$\sin(2\pi\nu x)$	$\frac{\mathrm{i}}{2}[\delta(u+\nu)-\delta(u-\nu)]$
(6.27)	$\frac{\mathrm{i}}{2}[\delta(x+\nu)-\delta(x-\nu)]$	$-\sin(2\pi\nu u)$
(6.110)	$\Delta(x)$	$\Delta(u)$
(6.52)	$\frac{1}{\lvert b\rvert}\Delta\left(\frac{x-a}{b}\right)$	$\exp(-2\pi\mathrm{i}au)\Delta(bu)$
(6.8)	$\mathrm{rect}(x)$	$\mathrm{sinc}(u)$
(6.42)	$\mathrm{sinc}(x)$	$\mathrm{rect}(u)$
(6.23)	$\mathrm{tri}(x)$	$\mathrm{sinc}^2(u)$
	$\mathrm{sinc}^2(x)$	$\mathrm{tri}(u)$
(7.14)	$\mathrm{e}^{-x}\,\mathrm{step}(x)$	$\frac{1}{1+2\pi\mathrm{i}u}$
	$\frac{1}{1+2\pi\mathrm{i}x}$	$\mathrm{e}^{u}\,\mathrm{step}(-u)$
(7.15)	$\mathrm{e}^{-\lvert x\rvert}$	$\frac{2}{1+(2\pi u)^2}$
	$\frac{2}{1+(2\pi x)^2}$	$\mathrm{e}^{-\lvert u\rvert}$
(7.77)	$\exp(-\pi x^2)$	$\exp(-\pi u^2)$

7. Fourierintegral

Mit den bisherigen Ergebnissen haben wir die Grundlagen im Umgehen mit der Fouriertransformation über den Fourieroperator erarbeitet. Weitere wichtige Aussagen zur Fouriertransformation sowie Anwendungen hierzu lassen sich jedoch nur durch die Verwendung des Fourierintegrals entwickeln. Wir werden daher im folgenden die Verbindung zwischen Fourieroperator und Fourierintegral herstellen.

7.1 Fourieroperator und Fourierintegral

Vorbereitung

In Abschn. 6.1 wurde das Fourierintegral mit den zugehörigen Vereinbarungen bereits vorgestellt:

$$F(u) = \int_{-\infty}^{\infty} f(x)\exp(-2\pi i u x)\mathrm{d}x, \; x, u \in \mathbb{R}, \; f, F : \mathbb{R} \to \mathbb{C}\,. \tag{7.1}$$

Wir betrachten zunächst solche Funktionen, für die das Integral zu sämtlichen Parameterwerten u existiert und bezeichnen diese als „gewöhnliche Funktionen". Hierzu gehört beispielsweise *nicht* die δ-Funktion (vgl. Fußnote S. 66). Das grundlegende Beispiel einer gewöhnlichen Funktion $f(x)$ ist die Rechteckfunktion, $f(x) = \mathrm{rect}(x)$, mit dem Integralergebnis (6.3), S. 132, nämlich $F(u) = \mathrm{sinc}(u)$.

Es gibt verschiedene Bedingungen für die Existenz des Fourierintegrals. Meist wird zunächst die folgende Bedingung genannt[1]:

Das Fourierintegral existiert, falls die Funktion $f(x)$ „absolut integrierbar" ist, d.h. wenn

$$\int_{-\infty}^{\infty} |f(x)|\mathrm{d}x \in \mathbb{R} \tag{7.2}$$

gilt.

[1] z.B. Zemanian [35, S. 172]. Die Menge der absolut integrierbaren Funktionen wird zusammengefaßt zum „Funktionenraum" L^1. Dieser Raum hat für die Entwicklung der Distributionstheorie eine besondere Bedeutung.

Die Bedingung läßt sich auch so formulieren: Das Fourierintegral existiert, falls das Integral $\int_{-\infty}^{\infty} |f(x)| \mathrm{d}x$ existiert.

Offensichtlich trifft das für die Rechteckfunktion zu. Die Einsfunktion $f(x) = 1$ erfüllt diese Bedingung nicht; in Abschn. 6.1 war gezeigt worden, daß hierzu auch das Fourierintegral nicht existiert. Weitere Bespiele von derselben Art sind die Funktionen $f(x) = \sin x$, $f(x) = \cos x, f(x) = \mathrm{e}^{\mathrm{i}x}$. Zur sinc-Funktion läßt sich beweisen, daß die Bedingung der absoluten Integrierbarkeit nicht erfüllt ist. Trotzdem existiert hierzu das Fourierintegral (s. Abschn. 7.4). Insofern handelt es sich bei der oben angegebenen Bedingung um eine „hinreichende Bedingung", die – ebenso wie andere Existenzbedingungen zum Fourierintegral – in konkreten Fällen nur eingeschränkt anwendbar ist. Bracewell [5, S. 9] merkt zur Existenz des Fourierintegrals an: „The question of the existence of transforms may safely be ignored when the function to be transformed is an accurately specified description of a physical quantity. Physical possibility is a valid sufficient condition for the existence of a transform."

Nun ist es unser Ziel, Fourieroperator und Fourierintegral äquivalent – also austauschbar – zu verwenden,

$$F(u) = \mathcal{F}\{f(x)\} \Leftrightarrow F(u) = \int_{-\infty}^{\infty} f(x) \exp(-2\pi \mathrm{i} u x) \mathrm{d}x \,. \tag{7.3}$$

Unabhängig von der Einschätzung, die Bracewell über die Existenz des Fourierintegrals formuliert, sind dazu folgende Fragen zu klären:

- Erfüllt das Fourierintegral für gewöhnliche Funktionen die vier Regeln des Fourieroperators?
- Wie lassen sich Eigenschaften des Fourierintegrals, die durch diese vier Regeln nicht abgedeckt sind, auf den Fourieroperator übertragen?
- Welche Bedeutung hat das Fourierintegral für nicht gewöhnliche Funktionen, zu denen dieses Integral also (im Sinne der klassischen Analysis) nicht existiert?

Eine mathematisch exakte Behandlung dieser Fragen ist nur im Rahmen der Distributionstheorie möglich. Wir müssen uns darauf beschränken, Folgerungen hieraus als praktikable Handlungsanweisungen zu formulieren.

Das Fourierintegral und die Regeln des Fourieroperators

Die Gültigkeit der ersten und zweiten Regel für das Fourierintegral bei gewöhnlichen Funktionen läßt sich mit elementaren Formeln der Integralrechnung zeigen.

Regel 1,

$$\int_{-\infty}^{\infty} [Af(x) + Bg(x)] \exp(-2\pi \mathrm{i} ux)\mathrm{d}x$$
$$= A\int_{-\infty}^{\infty} f(x)\exp(-2\pi \mathrm{i} ux)\mathrm{d}x + B\int_{-\infty}^{\infty} g(x)\exp(-2\pi \mathrm{i} ux)\mathrm{d}x\ ,$$

ist eine Anwendung der Linearität des Riemannschen Integrals.

Regel 2 in der Form ($b \in \mathbb{R}\setminus\{0\}$)

$$\int_{-\infty}^{\infty} f(x)\exp(-2\pi \mathrm{i} ux)\mathrm{d}x = F(u) \ \Rightarrow$$
$$\int_{-\infty}^{\infty} f\left(\frac{x-a}{b}\right)\exp(-2\pi \mathrm{i} ux)\mathrm{d}x = |b|\exp(-2\pi \mathrm{i} au)F(bu) \tag{7.4}$$

ist als Anwendung der Substitutionsmethode der Integralrechnung Gegenstand der Aufgabe 1.

Zu Regel 3: Die Vertauschung von Integral und Grenzwert,

$$\int_{-\infty}^{\infty} \lim_{c\to c_0} f(x,c)\exp(-2\pi \mathrm{i} ux)\mathrm{d}x = \lim_{c\to c_0}\int_{-\infty}^{\infty} f(x,c)\exp(-2\pi \mathrm{i} ux)\mathrm{d}x\ ,$$

führt u.a. wegen (1.26), S. 12, auf die Probleme der Vertauschung von Grenzwerten (vgl. S. 72). Wir müssen hier darauf verweisen, daß diese Operation für die üblichen Funktionen der Fouriertransformation durch die Distributionstheorie abgesichert ist[2].

Zum Beweis der Regel 4 wählen wir zunächst die Form (6.49), S. 146. Hiernach muß folgendes gelten: Falls $F(u)$ das Ergebnis des Fourierintegral (7.1) ist, dann führt die zum Fourierintegral inverse Operation, angewandt auf dieselbe Funktion $f(x)$, auf dasselbe Funktionsergebnis F, jedoch mit negativem Argument, also auf $F(-u)$. Diese Forderung erfüllt aber, ausgehend von (7.1), offensichtlich das folgende Integral:

$$F(-u) = \int_{-\infty}^{\infty} f(x)\exp(-2\pi \mathrm{i}\,[-u]\,x)\mathrm{d}x$$
$$= \int_{-\infty}^{\infty} f(x)\exp(2\pi \mathrm{i} ux)\mathrm{d}x,\ u\in\mathbb{R}\,. \tag{7.5}$$

Mit diesem Integral haben wir also auf der Grundlage der Regel 4 die zum Fourierintegral inverse Operation gewonnen, und es ist sinnvoll, das Integral (7.5) als „inverses Fourierintegral" zu bezeichnen. Wichtig ist der Hinweis, daß sich das Fourierintegral (7.1) von dem inversen Fourierintegral

[2] z.B. Doetsch [12, S. 254 und 260], Zemanian [35, S. 183]

(7.5) ausschließlich durch das Vorzeichen im Argument der Exponentialfunktion unterscheidet. In Abschn. 7.4 wird beispielsweise gezeigt, daß sich mit

$$\int_{-\infty}^{\infty} \operatorname{sinc}(u) \exp(2\pi \mathrm{i} u x) \mathrm{d}u = \operatorname{rect}(x). \tag{7.6}$$

das inverse Ergebnis zu (6.3) in Übereinstimmung mit (6.32) ergibt.

Das Resultat (7.5) ist nun aber erst der halbe Schritt auf dem Weg zum inversen Fourierintegral. Es muß nämlich zusätzlich auch gezeigt werden, daß aus der Zuordnung $f(x) \rightarrow F(u)$ durch das Fourierintegral (7.1) mit Hilfe des Integrals (7.5), angewandt auf die Funktion $F(u)$, allgemein die ursprüngliche Funktion $f(x)$ zurückgewonnen wird. Diese Forderung läßt sich in Übereinstimmung mit (6.31), S. 143, so formulieren:

$$\begin{aligned} F(u) &= \int_{-\infty}^{\infty} f(x) \exp(-2\pi \mathrm{i} u x) \mathrm{d}x \;\Leftrightarrow \\ f(x) &= \int_{-\infty}^{\infty} F(u) \exp(2\pi \mathrm{i} u x) \mathrm{d}u\,. \end{aligned} \tag{7.7}$$

Hier ist in dem inversen Fourierintegral bei dem Vergleich mit (7.5) die Wahl der Buchstaben unerheblich; mit dem Buchstaben u für die Integrationsvariable in (7.7) wird die Konvention der Schreibweise $F(u)$ aufgenommen. Der Parameterbuchstabe x gibt zugleich den Argumentbuchstaben zu dem geforderten Ergebnis $f(x)$ wieder.

Der Beweisansatz zu (7.7) führt analog zu der Notierung (6.34), S. 144, auf

$$f(x) = \int_{-\infty}^{\infty} \left[\int_{-\infty}^{\infty} f(s) \exp(-2\pi \mathrm{i} u s) \mathrm{d}s \right] \exp(2\pi \mathrm{i} u x) \mathrm{d}u\,, \tag{7.8}$$

und unter entsprechenden Voraussetzungen über die beteiligten Funktionen f und F läßt sich der Beweis hierzu im Rahmen der klassischen Analysis durchführen[3]. Das Hauptproblem dabei ist die Vertauschbarkeit der Integrationsreihenfolge in dem Doppelintegral, auf das wir hier nicht eingehen können. Anstelle dessen soll weiter unten nach der Erweiterung des Fourierintegrals auf nicht gewöhnliche Funktionen ein Beweisgedanke vorgestellt werden, der vom Fourierintegral der δ-Funktion Gebrauch macht.

Grundregel des Fourieroperators

Wenn wir Fourierintegral und Fourieroperator austauschbar verwenden wollen, dann müssen die Eigenschaften des Fourierintegrals auch auf den Fourieroperator zutreffen. Basis des Fourieroperators waren bisher die vier Regeln. Eigenschaften des Fourierintegrals, die über diese Regeln hinausgehen, müssen daher zusätzlich postuliert werden. Wir erreichen das mit der folgenden

[3] Vgl. z.B. Zemanian [35, S. 173]

Grundregel des Fourieroperators:

Ergebnisse des Fourierintegrals gelten auch für den Fourieroperator.

Die besondere Bedeutung der vier Regeln zum Fourieroperator wird durch diese Grundregel keineswegs ersetzt sondern nur erweitert.

Als Beispiel für die Anwendung der Substitutionsregel auf das Fourierintegral wurde mit (7.4) die Regel 2 des Fourieroperators bestätigt. Ebenso läßt sich auch die Formel (6.36), S. 144, zur linearen Argumenttransformation beim inversen Fourieroperator auf das Fourierintegral übertragen (Aufgabe 1) und zwar in den beiden Formen

$$\begin{aligned}\mathcal{F}^{-1}\left\{F\left(\frac{u-a}{b}\right)\right\} &= \int_{-\infty}^{\infty} F\left(\frac{u-a}{b}\right)\exp(2\pi\mathrm{i}ux)\mathrm{d}u \\ &= |b|\exp(2\pi\mathrm{i}ax)f(bx)\,, \end{aligned} \tag{7.9}$$

$$\begin{aligned}\mathcal{F}\left\{\exp(2\pi\mathrm{i}ax)f(bx)\right\} &= \int_{-\infty}^{\infty} \exp(2\pi\mathrm{i}ax)f(bx)\exp(-2\pi\mathrm{i}ux)\mathrm{d}x \\ &= \frac{1}{|b|}F\left(\frac{u-a}{b}\right),\ a\in\mathbb{R},\ b\in\mathbb{R}\setminus\{0\}\,. \end{aligned} \tag{7.10}$$

Mit der Grundregel des Fourieroperators erweist es sich im nachhinein als zulässig, daß wir die Korrespondenz $\mathrm{rect}(x) \leftrightarrow \mathrm{sinc}(u)$ als Ergebnis des Fourierintegrals (6.3), S. 132, zur Grundlage für die elementaren Beispiele des Fourieroperators in Kap. 6 gemacht haben. Weiterhin können die folgenden Korrespondenzen bestätigt bzw. neu erarbeitet werden (Aufgabe 2; vgl. die Abbildungen 6.6, S. 140, bzw. 7.1 bis 7.4).

$$\mathrm{tri}(x) \leftrightarrow \mathrm{sinc}^2(u)\,, \tag{7.11}$$

$$\sin(2\pi\nu x)\,\mathrm{rect}\left(\frac{x}{b}\right) \leftrightarrow \frac{\mathrm{i}}{2}|b|\left[\mathrm{sinc}(b\,[u+\nu]) - \mathrm{sinc}(b\,[u-\nu])\right]\,, \tag{7.12}$$

$$\cos(2\pi\nu x)\,\mathrm{rect}\left(\frac{x}{b}\right) \leftrightarrow \frac{1}{2}|b|\left[\mathrm{sinc}(b\,[u+\nu]) + \mathrm{sinc}(b\,[u-\nu])\right]\,, \tag{7.13}$$

$$\mathrm{e}^{-x}\,\mathrm{step}(x) \leftrightarrow \frac{1}{1+2\pi\mathrm{i}u} = \frac{1-2\pi\mathrm{i}u}{1+(2\pi u)^2}\,, \tag{7.14}$$

$$\mathrm{e}^{-|x|} \leftrightarrow \frac{2}{1+(2\pi u)^2}\,, \tag{7.15}$$

$$\mathrm{e}^{-|x|}\left[\mathrm{step}(-x) - \mathrm{step}(x)\right] \leftrightarrow \frac{4\pi\mathrm{i}u}{1+(2\pi u)^2}\,, \tag{7.16}$$

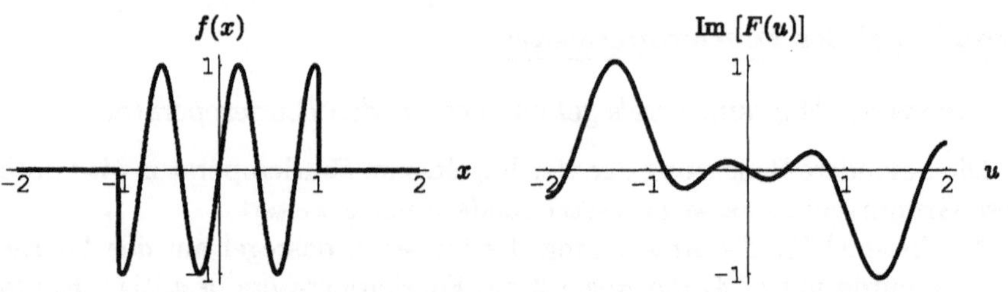

Abb. 7.1. $f(x) = \sin(2\pi\nu x)\,\mathrm{rect}\,(x/b)$,
$F(u) = \mathrm{i}/2\,|b|\,[\mathrm{sinc}(b\,[u+\nu]) - \mathrm{sinc}(b\,[u-\nu])]$, $\nu = 13/10$, $b = 2$

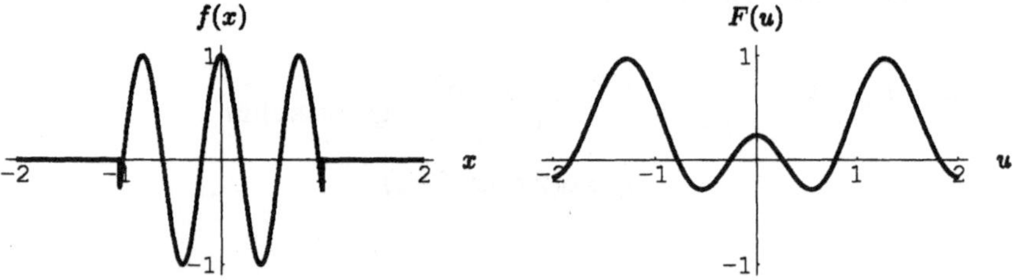

Abb. 7.2. $f(x) = \cos(2\pi\nu x)\,\mathrm{rect}\,(x/b)$,
$F(u) = 1/2\,|b|\,[\mathrm{sinc}(b\,[u+\nu]) + \mathrm{sinc}(b\,[u-\nu])]$, $\nu = 13/10$, $b = 2$

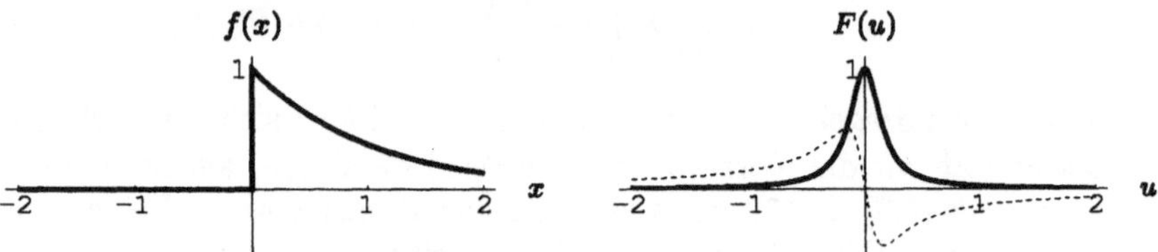

Abb. 7.3. $f(x) = \exp(-x)\,\mathrm{step}(x)$, $F(u) = 1/(1{+}2\pi\mathrm{i}u)$, (*gestrichelt:*) Imaginärteil

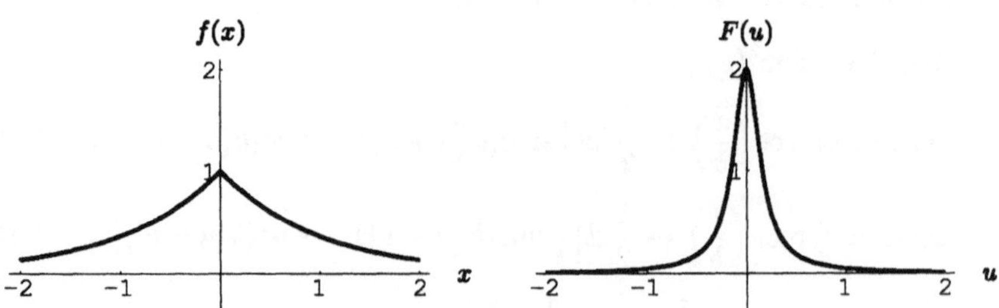

Abb. 7.4. $f(x) = \exp(-|x|)$, $F(u) = 2/(1 + (2\pi u)^2)$

Anwendungsbeispiele der Grundregel

1. Wenn wir auf beide Seiten des Fourierintegrals (7.1) den Ableitungsoperator $\frac{\mathrm{d}}{\mathrm{d}u}$ anwenden, dann erhalten wir als Fourierintegral der Ableitungsfunktion $F'(u)$: [4]

[4] Da die Ableitungsfunktion das Ergebnis eines Grenzwertes ist, werden wir auch hier wieder auf die Vertauschung von Grenzwert und Integration geführt und

$$
\begin{aligned}
F'(u) &= \frac{\mathrm{d}}{\mathrm{d}u}\int_{-\infty}^{\infty} f(x)\exp(-2\pi \mathrm{i}ux)\mathrm{d}x = \int_{-\infty}^{\infty} \frac{\mathrm{d}}{\mathrm{d}u} f(x)\exp(-2\pi \mathrm{i}ux)\mathrm{d}x \\
&= \int_{-\infty}^{\infty} f(x)(-2\pi \mathrm{i}x)\exp(-2\pi \mathrm{i}ux)\mathrm{d}x = \mathcal{F}\left\{-2\pi \mathrm{i}x f(x)\right\} .
\end{aligned}
$$

Induktiv ergibt sich hieraus für die n-te Ableitung der Transformationsfunktion $F(u)$ (Aufgabe 3)

$$
\begin{aligned}
&F^{(n)}(u) = \mathcal{F}\left\{(-2\pi \mathrm{i}x)^n f(x)\right\} \Leftrightarrow \\
&\mathcal{F}^{-1}\left\{F^{(n)}(u)\right\} = (-2\pi \mathrm{i}x)^n f(x),\ n \in \mathbb{N} .
\end{aligned}
\tag{7.17}
$$

Entsprechend liefert das inverse Fourierintegral in (7.7)

$$
\begin{aligned}
&f^{(n)}(x) = \mathcal{F}^{-1}\left\{(2\pi \mathrm{i}u)^n F(u)\right\} \Leftrightarrow \\
&\mathcal{F}\left\{f^{(n)}(x)\right\} = (2\pi \mathrm{i}u)^n F(u),\ n \in \mathbb{N} .
\end{aligned}
\tag{7.18}
$$

2. Wir können die letzte Formel auf das Transformationspaar $\mathrm{rect}(x) \leftrightarrow \mathrm{sinc}(u)$ anwenden, und es ergibt sich

$$
\mathcal{F}\left\{\frac{\mathrm{d}}{\mathrm{d}x}\mathrm{rect}(x)\right\} = 2\pi \mathrm{i}u\,\mathrm{sinc}(u) = 2\mathrm{i}\sin(\pi u) .
$$

Andererseits erhalten wir mit der auf S. 72 eingeführten distributionellen Ableitung (3.44) sowie (6.27), S. 141,

$$
\begin{aligned}
\mathcal{F}\left\{\frac{\mathrm{d}}{\mathrm{d}x}\mathrm{rect}(x)\right\} &= \mathcal{F}\left\{\delta\left(x+\frac{1}{2}\right) - \delta\left(x-\frac{1}{2}\right)\right\} \\
&= -\frac{2}{\mathrm{i}}\sin\left(2\pi\frac{1}{2}u\right) = 2\mathrm{i}\sin(\pi u) .
\end{aligned}
$$

Das verallgemeinerte Fourierintegral

Es bleibt noch die letzte Frage der S. 176 zu beantworten. Um das Fourierintegral auf Funktionen zu erweitern, zu denen das Integral nicht existiert, definieren wir:

müssen für die nachfolgende Umformung auf die Distributionstheorie verweisen, z.B. Zemanian [35, S. 182].

Für eine nicht gewöhnliche Funktion f ist

$$\int_{-\infty}^{\infty} f(x)\exp(-2\pi \mathrm{i} ux)\mathrm{d}x := \mathcal{F}\{f(x)\} \ .$$

Es muß ausdrücklich darauf hingewiesen werden, daß mit dieser Definition das Fourierintegral für nicht gewöhnliche Funktionen nichts anderes ist als eine formale Schreibweise für die Funktionszuordnung durch den Fourieroperator. Insofern ist hierfür die Bezeichnung „verallgemeinertes Fourierintegral" gerechtfertigt, die nur im Hinblick auf die Fouriertransformation als Funktionaltransformation einen Sinn hat.

Die Distributionstheorie stellt nun sicher, daß es zulässig ist, auf dieses verallgemeinerte Fourierintegral die Operationen der Integralrechnung anzuwenden. Damit gilt die ***Grundregel des Fourieroperators*** nicht nur für gewöhnliche sondern auch für nicht gewöhnliche Funktionen. So können beispielsweise mit der Anwendung der Substitutionsmethode die Gleichungen (7.4), (7.9) und (7.10) auf das verallgemeinerte Fourierintegral erweitert werden. Insgesamt ist nun also die Unterscheidung des Fourierintegrals für gewöhnliche und nicht gewöhnliche Funktionen nicht mehr erforderlich.

Es sollen einige Ergebnisse des Kapitels 6 in der Schreibweise des verallgemeinerten Fourierintegrals wiedergegeben werden. (6.24) bzw. die allgemeinere Form (6.25), S. 140, liefern

$$\int_{-\infty}^{\infty} \delta(x)\exp(-2\pi \mathrm{i} ux)\mathrm{d}x = 1 \ , \tag{7.19}$$

$$\int_{-\infty}^{\infty} \delta\left(\frac{x-a}{b}\right)\exp(-2\pi \mathrm{i} ux)\mathrm{d}x = |b|\exp(-2\pi \mathrm{i} au), \ b \in \mathbb{R}\backslash\{0\} \ . \tag{7.20}$$

Die hierzu gehörigen Resultate der Regel 4 zum Fourieroperator lauten mit (6.43) und (6.45), S. 145:

$$\int_{-\infty}^{\infty} \exp(-2\pi \mathrm{i} ux)\mathrm{d}x = \delta(u) \ , \tag{7.21}$$

$$\int_{-\infty}^{\infty} \exp(2\pi \mathrm{i} ux)\mathrm{d}u = \delta(-x) = \delta(x) \ , \tag{7.22}$$

$$\begin{aligned}\int_{-\infty}^{\infty} \exp(2\pi \mathrm{i} ax)\exp(-2\pi \mathrm{i} ux)\mathrm{d}x &= \int_{-\infty}^{\infty} \exp(-2\pi \mathrm{i}\,[u-a]\,x)\mathrm{d}x \\ &= \delta(u-a) \ .\end{aligned} \tag{7.23}$$

An (7.20) läßt sich die Konsistenz des verallgemeinerten Fourierintegrals mit den Eigenschaften der δ-Funktion zeigen, denn mit (3.29), S. 67, wird

$$\int_{-\infty}^{\infty} \delta(x-a)\exp(-2\pi iux)\mathrm{d}x = \exp(-2\pi iux)\Big|_{x=a}$$
$$= \exp(-2\pi iau)\,. \tag{7.24}$$

Mit (7.22) und (1.30), S. 13, erhalten wir außerdem

$$\int_{-\infty}^{\infty} \cos(2\pi ux)\mathrm{d}x = \delta(u)\,. \tag{7.25}$$

Abschließend ist noch die Eindeutigkeit (7.8) des inversen Fourierintegrals nachzutragen. Mit (7.23) und der grundlegenden Integraleigenschaft der δ-Funktion (3.33), S. 68, erhalten wir

$$\int_{-\infty}^{\infty} \left[\int_{-\infty}^{\infty} f(s)\exp(-2\pi ius)\mathrm{d}s\right] \exp(2\pi iux)\mathrm{d}u$$
$$= \int_{-\infty}^{\infty}\int_{-\infty}^{\infty} f(s)\exp(-2\pi i\,[s-x]\,u)\mathrm{d}s\,\mathrm{d}u$$
$$= \int_{-\infty}^{\infty} f(s)\left[\int_{-\infty}^{\infty} \exp(-2\pi i\,[s-x]\,u)\mathrm{d}u\right]\mathrm{d}s$$
$$= \int_{-\infty}^{\infty} f(s)\,\delta(s-x)\mathrm{d}s = f(x)\,. \qquad \square \tag{7.26}$$

Bei der Anwendung von (7.23) ist auf den richtigen Austausch der Buchstaben zur Integrationsvariablen und zu den Parametern zu achten.

Auf den Fall einer Unstetigkeit der Funktion f bzw. F bei der Anwendung des Fourierintegrals (vgl. (3.34), S. 69) gehen wir in Abschn. 7.4 noch einmal näher ein.

Mit (7.24) und den beiden letzten Umformungen in (7.26) zeigt sich, wie eng der Begriff der δ-Funktion als eine verallgemeinerte Funktion mit dem des verallgemeinerten Fourierintegrals verknüpft ist.

Übungen

7.1.1 Durch die Substitution $s := \dfrac{x-a}{b}$ ist (7.4) und entsprechend auch (7.9) sowie (7.10) zu beweisen (vgl. (1.32)).

7.1.2 Beweis der Korrespondenzen (7.11) bis (7.14) durch Anwendung des Fourierintegrals. Vergleichen Sie die Abb. 7.1 mit der Abb. 6.17, S. 159, zu der Gleichung (6.85).

Zu (7.15), (7.16): Wenn wir die Funktion $f(x) := \mathrm{e}^{-|x|}\,\mathrm{step}(x)$ benutzen, dann läßt sich die Transformierte zu $f(-x)$ durch die Regel 2 und (7.14) angeben; Regel 1 liefert damit die genannten Ergebnisse. Hinweis zur graphischen Darstellung der Korrespondenz (7.16): So wie der Graph der Funktion $F(u)$ in der Abb. 7.4 mit Re $[F(u)]$ der Abb. 7.3 (bis auf die Ordinatenskalierung) übereinstimmt, so läßt sich auch der Graph der Transformierten in (7.16) aus Im $[F(u)]$ der Abb. 7.3 gewinnen. Skizzieren Sie die Graphen zu (7.16).

7.1.3 Führen Sie die induktiven Entwicklungen der Gleichungen (7.17) und (7.18) durch.

7.1.4 Wenden Sie (7.18) auf die Korrespondenzen ($b \in \mathbb{R}^+$)

$$\text{a) } \operatorname{tri}\left(\frac{x}{b}\right) \leftrightarrow b\,\operatorname{sinc}^2(bu)\,, \qquad \text{b) } \exp\left(-\frac{|x|}{b}\right) \leftrightarrow \frac{2b}{1+(2\pi bu)^2}$$

an, und vergleichen Sie die Ergebnisse entsprechend dem Beispiel 2 auf S. 181 (Benutzung von (1.40) zu a) und (3.49), (7.16) zu b)).

7.1.5 In Beispiel 3 zu Abschn. 5.1, S. 104, war die mathematische Beschreibung zur Amplitudenmodulation für *periodische* Funktionen vorgestellt worden. Der Formalismus läßt sich auch mit Hilfe des *Fourierintegrals* entwickeln. Ausgehend von $F(u) = \mathcal{F}\{f(x)\}$ ist das Transformationsergebnis zu

$$\text{a) } \mathcal{F}\{f(x)\cos(2\pi\nu x)\}\,, \quad \text{b) } \mathcal{F}\{f(x)\sin(2\pi\nu x)\}\,,$$

$$\text{c) } \mathcal{F}\{f(x)\exp(2\pi \mathrm{i}\nu x)\}\,, \quad \nu \in \mathbb{R}\,,$$

unter Verwendung der Funktion $F(u)$ wiederzugeben. Hinweis: Die Resultate lassen sich durch (6.55) kontrollieren.
Ergänzung: Skizzieren Sie zu $f(x) = \operatorname{sinc}^2(x)$ die Transformationsergebnisse a) bis c) für $\nu = 2,\ 1,\ 1/2$.

7.2 Folgerungen und Ergänzungen I

Symmetrieeigenschaften

Für das weitere Vorgehen zerlegen wir die Integrandenfunktion des Fourierintegrals (7.1) in Real- und Imaginärteil. Unter Anwendung der in Abschn. 6.2 benutzten Notierung $f = f_R + \mathrm{i}f_I$, $F = F_R + \mathrm{i}F_I$ (vgl. (6.13), (6.15)) wird dann mit Hilfe der Eulerschen Formel (4.3), S. 89:

$$\begin{aligned}
F(u) &= \int_{-\infty}^{\infty} f(x)\exp(-2\pi \mathrm{i}ux)\mathrm{d}x \\
&= \int_{-\infty}^{\infty} f_R(x)\exp(-2\pi \mathrm{i}ux)\mathrm{d}x + \mathrm{i}\int_{-\infty}^{\infty} f_I(x)\exp(-2\pi \mathrm{i}ux)\mathrm{d}x \\
&= \mathcal{F}\{f_R(x)\} + \mathrm{i}\mathcal{F}\{f_I(x)\} \\
&= \int_{-\infty}^{\infty} f_R(x)\left[\cos(2\pi ux) - \mathrm{i}\sin(2\pi ux)\right]\mathrm{d}x \\
&\quad + \mathrm{i}\int_{-\infty}^{\infty} f_I(x)\left[\cos(2\pi ux) - \mathrm{i}\sin(2\pi ux)\right]\mathrm{d}x \\
&= \int_{-\infty}^{\infty} \left[f_R(x)\cos(2\pi ux) + f_I(x)\sin(2\pi ux)\right]\mathrm{d}x
\end{aligned}$$

$$+\mathrm{i}\int_{-\infty}^{\infty}[-f_R(x)\sin(2\pi ux)+f_I(x)\cos(2\pi ux)]\,\mathrm{d}x$$
$$=F_R(u)+\mathrm{i}F_I(u)$$

$$\Rightarrow F_R(u)=\int_{-\infty}^{\infty}[f_R(x)\cos(2\pi ux)+f_I(x)\sin(2\pi ux)]\,\mathrm{d}x\;, \tag{7.27}$$

$$F_I(u)=\int_{-\infty}^{\infty}[-f_R(x)\sin(2\pi ux)+f_I(x)\cos(2\pi ux)]\,\mathrm{d}x\;. \tag{7.28}$$

Hiermit haben wir die Integraldarstellung zu dem Realteil F_R bzw. zu dem Imaginärteil F_I der Transformierten F gewonnen. Insbesondere bestätigen sich die Hinweise auf S. 137:

- Im allgemeinen sind die Transformierten $\mathcal{F}\{f_R\}$ bzw. $\mathcal{F}\{f_I\}$ komplexwertige Funktionen.
- Im allgemeinen gilt $F_R \neq \mathcal{F}\{f_R\}$ und $F_I \neq \mathcal{F}\{f_I\}$.

Es hat sich bisher bereits gezeigt, daß bei den meisten Beispielen zur Fouriertransformation die Funktion f reellwertig ist (d.h. $f_I = 0$). Naturgemäß gilt das in der Regel auch für die Anwendungen in der Physik und Nachrichtentechnik sowie in der Bildbearbeitung. Hierfür reduziert sich (7.27) bzw. (7.28) auf

$$F_R(u)=\int_{-\infty}^{\infty}f(x)\cos(2\pi ux)\mathrm{d}x \text{ für } f:\mathbb{R}\to\mathbb{R}\;, \tag{7.29}$$

$$F_I(u)=-\int_{-\infty}^{\infty}f(x)\sin(2\pi ux)\mathrm{d}x \text{ für } f:\mathbb{R}\to\mathbb{R}\;. \tag{7.30}$$

Für diese Integraltransformationen werden gelegentlich die Bezeichnungen (Fourier-) Kosinustransformation und (Fourier-) Sinustransformation benutzt.

(7.29) und (7.30) können auch zur vereinfachten Berechnung der Fouriertransformation bei symmetrischen Funktionen f verwendet werden (Aufgabe 2):

$$F(u)=2\int_{0}^{\infty}f(x)\cos(2\pi ux)\mathrm{d}x \text{ für } f \text{ gerade und } f:\mathbb{R}\to\mathbb{R}\;, \tag{7.31}$$

$$F(u)=-2\int_{0}^{\infty}f(x)\sin(2\pi ux)\mathrm{d}x \text{ für } f \text{ ungerade und } f:\mathbb{R}\to\mathbb{R}\;. \tag{7.32}$$

Mit Hilfe von (7.27) und (7.28) lassen sich ohne weiteres die in der folgenden Tabelle 7.1 zusammengefaßten Symmetrieaussagen zur Fouriertransformation zeigen (Aufgabe 3).

Von besonderer Bedeutung für zahlreiche Anwendungen ist die Tatsache, daß die Fouriertransformierte einer reellwertigen unsymmetrischen Funktion

Tabelle 7.1. Symmetrieeigenschaften der Fouriertransformation

$f(x) = \mathcal{F}^{-1}\{F(u)\}$	$F(u) = \mathcal{F}\{f(x)\}$
komplex, unsymmetrisch	komplex, unsymmetrisch
komplex, gerade	komplex, gerade
komplex, ungerade	komplex, ungerade
hermitesch	reell, unsymmetrisch
antihermitesch	imaginär, unsymmetrisch
reell, unsymmetrisch	hermitesch
reell, gerade	reell, gerade
reell, ungerade	imaginär, ungerade
imaginär, unsymmetrisch	antihermitesch
imaginär, gerade	imaginär, gerade
imaginär, ungerade	reell, ungerade

vom Symmetrietyp hermitesch ist, d.h. mit Regel 2 und der Definition (4.14), S. 93, gilt

$$\mathcal{F}\{f(-x)\} = F(-u) = F^*(u) \text{ für } f : \mathbb{R} \to \mathbb{R} . \tag{7.33}$$

Beispiele der Symmetrieeigenschaften zu reellwertigem f sind die Korrespondenzen (7.11) bis (7.16).

Für eine reellwertige Funktion f läßt sich aus der Symmetrie der Transformierten F noch ein weiterer Zusammenhang entwickeln. f kann hierbei als unsymmetrisch vorausgesetzt werden. Mit (1.38) und (1.39), S. 15, gilt zunächst

$$f_G(x) := \frac{1}{2}[f(x) + f(-x)] \text{ ist eine gerade Funktion,} \tag{7.34}$$

$$f_U(x) := \frac{1}{2}[f(x) - f(-x)] \text{ ist eine ungerade Funktion,} \tag{7.35}$$

$$f(x) = f_G(x) + f_U(x) . \tag{7.36}$$

Zusätzlich benutzen wir wieder die Zerlegung $F = F_R + \mathrm{i}F_I$. Mit (7.33) ergibt sich dann

$$f : \mathbb{R} \to \mathbb{R} \Rightarrow \quad \mathcal{F}\{f_G(x)\} = \frac{1}{2}[F(u) + F^*(u)] = \operatorname{Re}[F(u)] = F_R(u),$$
$$\mathcal{F}\{f_U(x)\} = \frac{1}{2}[F(u) - F^*(u)] = \mathrm{i}\operatorname{Im}[F(u)] = \mathrm{i}F_I(u) .$$

Wird somit die unsymmetrische Funktion f in einen geraden Funktionsbestandteil f_G und einen ungeraden Bestandteil f_U gemäß (7.34), (7.35),

(7.36) zerlegt, dann erweist sich die Transformierte von f_G als identisch mit Re $[\mathcal{F}\{f(x)\}]$ bzw. die Transformierte von f_U als identisch mit der rein imaginären Funktion i Im $[\mathcal{F}\{f(x)\}]$.

Transformierte der konjugiert komplexen Funktion

Obwohl der Regelfall die Transformation reellwertiger Funktionen ist, wollen wir zur Vervollständigung der allgemeinen Formeln $\mathcal{F}\{f^*\}$ bilden:

$$\int_{-\infty}^{\infty} f^*(x)\exp(-2\pi\mathrm{i}ux)\mathrm{d}x = \int_{-\infty}^{\infty}\Big[f(x)\exp(-2\pi\mathrm{i}\,[-u]\,x)\Big]^*\mathrm{d}x$$
$$= \left[\int_{-\infty}^{\infty} f(x)\exp(-2\pi\mathrm{i}\,[-u]\,x)\mathrm{d}x\right]^* .$$

Das Ergebnis

$$\mathcal{F}\{f^*(x)\} = F^*(-u) \qquad (7.37)$$

läßt sich auch unter Verwendung von (7.27) und (7.28) zeigen (Aufgabe 6). Falls f reellwertig, d.h. $f^* = f$ ist, folgt aus (7.37) $F(u) = F^*(-u)$ bzw. $F(-u) = F^*(u)$ in Übereinstimmung mit der Tatsache, daß F hermitesch ist. Schließlich erhalten wir hiermit

$$f:\mathbb{R}\to\mathbb{R} \Rightarrow |F(u)| \text{ ist eine gerade Funktion;} \qquad (7.38)$$

es ist nämlich $|F(-u)| = \sqrt{F(-u)F^*(-u)} = \sqrt{F^*(u)F(u)} = |F(u)|$.

Integraldarstellung zu F(0)

Das Fourierintegral (7.1) liefert zu dem Parameterwert $u = 0$ das Ergebnis des uneigentlichen Integrals zu f:

$$F(0) = \int_{-\infty}^{\infty} f(x)\mathrm{d}x\,. \qquad (7.39)$$

So wird z.B.

$$\int_{-\infty}^{\infty}\operatorname{rect}\left(\frac{x}{b}\right)\mathrm{d}x = \int_{-|b|/2}^{|b|/2}\mathrm{d}x = |b| = |b|\operatorname{sinc}(bu)\Big|_{u=0},$$

oder mit der Flächenformel des Dreiecks

$$\int_{-\infty}^{\infty}\operatorname{tri}\left(\frac{x}{b}\right)\mathrm{d}x = |b| = |b|\operatorname{sinc}^2(bu)\Big|_{u=0}.$$

Für das inverse Fourierintegral ergibt sich entsprechend

$$f(0) = \int_{-\infty}^{\infty} F(u)\mathrm{d}u\,. \qquad (7.40)$$

Mit der Integralformeln (7.39) lassen sich gelegentlich aus bekannten Transformiertenpaaren vereinfacht uneigentliche Integrale berechnen. Typische Beispiele hierzu sind mit den Korrespondenzen $\mathrm{sinc}(x) \leftrightarrow \mathrm{rect}(u)$ und $\mathrm{sinc}^2(x) \leftrightarrow \mathrm{tri}(u)$

$$\int_{-\infty}^{\infty} \mathrm{sinc}\left(\frac{x}{b}\right) \mathrm{d}x = |b| = 2 \int_{0}^{\infty} \mathrm{sinc}\left(\frac{x}{b}\right) \mathrm{d}x \,, \tag{7.41}$$

$$\int_{-\infty}^{\infty} \mathrm{sinc}^2\left(\frac{x}{b}\right) \mathrm{d}x = |b| = 2 \int_{0}^{\infty} \mathrm{sinc}^2\left(\frac{x}{b}\right) \mathrm{d}x \,, \tag{7.42}$$

und wir erhalten auf diesem Weg, daß die beiden Integrale existieren.

Das Ergebnis (7.42) läßt sich für $b = 1$ so interpretieren, daß die Fläche unter dem Funktionsgraphen zu $f(x) = \mathrm{sinc}^2(x)$ die Flächenmaßzahl 1 hat.

(7.41) führt für $b = \pi$ auf die bekannte Integralformel

$$\int_{-\infty}^{\infty} \frac{\sin x}{x} \mathrm{d}x = \pi \,, \tag{7.43}$$

zu der Fichtenholz [13, Bd. II, S. 635] einen Beweis unter Verwendung elementarer analytischer Methoden angibt.

Orts- und Frequenzbereich

Die Transformierten der harmonischen Funktionen (6.47) und (6.48) ermöglichen es, dem Argument u in $F(u) = \mathcal{F}\{f(x)\}$ allgemein eine physikalische Bedeutung zu geben. Wir wählen als Beispiel die Kosinusfunktion:

$$\cos(2\pi\nu x) \leftrightarrow \frac{1}{2}\left[\delta(u+\nu) + \delta(u-\nu)\right] \,. \tag{7.44}$$

Im Abschn. 2.2 war ausgeführt worden, daß die Harmonische $\cos(2\pi\nu x)$ im Grundintervall $I_1 = [-1/2, 1/2)$ ν Perioden aufweist also die Periodenlänge $1/\nu$ hat (vgl. S. 27). Dabei schließen wir den Fall nicht ganzzahliger positiver Werte ν ein. Mit dem Transformationspaar (7.44) zeigt sich nun, daß das Argument u der Transformierten als Frequenz interpretiert werden kann: δ-Pfeile an den Stellen $u = \pm\nu$ in der Transformierten korrespondieren mit der Frequenz ν in der Funktion $\cos(2\pi\nu x)$.

Dieser Gedanke läßt sich mit Hilfe der komplexen harmonischen Funktion $\exp(2\pi\mathrm{i}\nu x) = \cos(2\pi\nu x) + \mathrm{i}\sin(2\pi\nu x)$ präzisieren und zwar jetzt auch für negative Frequenzen. Mit (6.45), $\mathcal{F}\{\exp(2\pi\mathrm{i}\nu x)\} = \delta(u-\nu)$, findet sich die positive bzw. negative Frequenz ν (einschließlich $\nu = 0$) vorzeichengerecht in dem δ-Pfeil der u-Achse wieder. Der Skaleneinheit $u = 1$ entspricht die komplexe Harmonische mit der Grundfrequenz $\nu = 1$ d.h. mit *einer* Periode oder Schwingung im Grundintervall I_1. Es ist daher sinnvoll, den Argumentbereich der Transformierten als „Frequenzbereich“ zu bezeichnen. Gelegentlich wird hierfür auch der Begriff „Spektralbereich“ benutzt (vgl. die Formulierung „Spektrum periodischer Funktionen“ S. 101).

Zu dem zunächst anschaulich motivierten Begriff des Frequenzbereichs gehört die mathematische Entsprechung im Exponentialterm des Fourierintegrals. Hierzu muß berücksichtigt werden, daß bei der Beschreibung physikalischer Zusammenhänge durch mathematische Funktionen die Argumente dieser Funktionen dimensionslos sein müssen. Das erfordert reziproke Dimensionen zu den Variablen x und u in $\exp(-2\pi\mathrm{i}ux)$. Werden also im x-Bereich zeitabhängige Vorgänge beschrieben mit der Dimension Sekunde, s, für die Variable x, dann gehört zu u die Dimension s^{-1}. Die komplexe Harmonische $\exp(2\pi\mathrm{i}\nu x)$ mit ν Perioden pro s, d.h. mit ν Hz, führt dann in der Fouriertransformierten

$$\begin{aligned}\int_{-\infty}^{\infty} \exp(2\pi\mathrm{i}\nu x)\,\exp(-2\pi\mathrm{i}ux)\mathrm{d}x &= \int_{-\infty}^{\infty} \exp(-2\pi\mathrm{i}\,[u-\nu]\,x)\mathrm{d}x \\ &= \delta(u-\nu)\end{aligned}$$

auf die Singularitätsstelle bei $u = \nu$ Hz.

In der Optik und Bildbearbeitung hat die Variable x in der Regel eine Längendimension. Gebräuchlich ist hier die Bezeichnung „Ortsbereich" für die Größe x. ν Perioden pro mm werden in der Optik mit der Frequenzangabe ν „Linien pro mm" wiedergegeben; im Frequenzbereich hat das Argument u also die Dimension Linien pro mm oder mm^{-1}. Dieser Begriff entstammt der Vorstellung von optischen Gittern, in denen parallele äquidistante Streifen die Perioden charakterisieren.

Bei den meisten Anwendungen der Fouriertransformation ist das Argument x der Originalfunktion f zeit- bzw. ortsabhängig. Insofern wäre es korrekt, von x als dem „Zeit- bzw. Ortsbereich" zu sprechen. Es soll jedoch im folgenden der vereinfachte Begriff Ortsbereich verwendet werden.

Die Bezeichnungen Orts- und Frequenzbereich werden in verallgemeinerter Form auch auf Aussagen über die Funktionen zu den Argumenten x und u ausgedehnt. So wird die Verschieberegel des Fourieroperators in der Form (6.17) gelegentlich durch den Satz ausgedrückt: Zu einer Verschiebung im Ortsbereich um a gehört im Frequenzbereich die Multiplikation mit $\exp(-2\pi\mathrm{i}au)$. Entsprechend bewirkt das Produkt $f(x)\exp(2\pi\mathrm{i}ax)$ die „Frequenzverschiebung" $F(u-a)$.

Mit der Frequenzbedeutung des Arguments u in $F(u)$ läßt sich ein weiterer Zusammenhang zwischen dem Transformiertenpaar $f \leftrightarrow F$ erläutern, der ebenfalls an dem Beispiel (7.44) verdeutlicht werden soll. Für „große" Werte ν stellt sich $\cos(2\pi\nu x)$ mit ν Perioden im Grundintervall I_1 als eine „stark schwankende" Funktion dar; je höher die Frequenz ν ist, desto größer ist der Wert u mit den zugehörigen δ-Pfeilen. Wir können diese Vorstellung vereinfacht so verallgemeinern: Zu einer stark schwankenden Funktion f gehören Frequenzkomponenten mit hohen Frequenzen u. (Im Audiobereich ist dieser Zusammenhang bekannt; so wird z.B. der Eindruck des „Rauschens" vor allem durch hohe Frequenzen bestimmt.) Die Umkehrung hierzu, daß eine „überall glatt“ verlaufende Funktion (vgl. S. 7) ausschließlich mit niedrigen Frequenzkomponenten wiedergegeben werden kann, trifft nicht allgemein zu, wie das Beispiel der Aufgabe 10 zeigt. Andererseits läßt sich die Korrespondenz $\operatorname{rect}(x) \leftrightarrow \operatorname{sinc}(u)$ verallgemeinern zu der Aussage: Eine unstetige Funktion besitzt von Null verschiedene Frequenzkomponenten für beliebig große Frequenzen (vgl. den entsprechenden Satz 2.6, S. 43, über Fourierreihen). Dasselbe gilt auch für Funktionen mit Singularitäten, Beispiel: $f(x) = \delta(x) \leftrightarrow F(u) = 1$ für $u \in \mathbb{R}$.

Mit einem abschließenden Gedanken wollen wir die Brücke zwischen Fourierreihe und Fourierintegral verstärken. Bei der Darstellung einer periodischen Funktion $\widetilde{f}(x)$ durch die Fourierreihe überlagern sich additiv die einzelnen Frequenzkomponenten $C_k \exp(2\pi i k x)$; im periodischen Fall $\widetilde{f}(x)$ sind also nur die ganzzahligen, ***diskreten*** Frequenzen $k \in \mathbb{Z}$ mit den Gewichtungsfaktoren C_k beteiligt, das ***diskrete Frequenzspektrum*** $(C_k)_{k\in\mathbb{Z}}$ (vgl. S. 101) legt eindeutig die periodische Funktion $\widetilde{f}$ fest. Dagegen bedeutet das inverse Fourierintegral – aus der Sicht des Riemannschen Integrals – die additive Zusammenfassung aller infinitesimalen Frequenzkomponenten $F(u)\exp(2\pi i u x)\mathrm{d}u$ mit den Gewichtungsfaktoren $F(u)\mathrm{d}u$. Zur Darstellung einer nicht periodischen Funktion $f(x)$ durch das inverse Fourierintegral werden ***kontinuierliche*** Frequenzen $u \in \mathbb{R}$ benötigt; man bezeichnet daher die Transformierte $F(u)$ der nicht periodischen Funktion $f(x)$ auch als ***kontinuierliches Frequenzspektrum***[5]. Das Beispiel $\operatorname{sinc}(x) \leftrightarrow \operatorname{rect}(u)$ verdeutlicht, daß es sich dabei auch um ein begrenztes Frequenzspektrum, d.h. um die kontinuierlichen Frequenzen eines endlichen Intervalls handeln kann. Schließlich ist noch darauf hinzuweisen, daß eine nicht periodische Funktion zwangsläufig nur als ***Fourierintegral*** darstellbar ist, denn die Fourierreihe führt – im Fall der Konvergenz – immer auf eine periodische Funktion.

Frequenzdarstellung der Transformierten

Die Beziehung (6.41), $\mathcal{F}\{f(x)\} = F(u) \quad \Leftrightarrow \quad \mathcal{F}\{F(x)\} = f(-u)$, zwischen der Originalfunktion f und der Transformierten F läßt sich unter dem Gesichtspunkt von Orts- und Frequenzbereich so interpretieren, daß die Funktion $f(-u)$ das Frequenzspektrum zu $F(x)$ darstellt. Für den Fall einer geraden Funktion, deren Transformierte ebenfalls gerade ist, wird dieser symmetrische Zusammenhang noch deutlicher. Mit Bezug auf das Beispiel $\operatorname{rect}(x) \leftrightarrow \operatorname{sinc}(u)$ können wir sagen: Die Rechteckfunktion hat das Frequenzspektrum $\operatorname{sinc}(u)$, und umgekehrt gehört zu $\operatorname{sinc}(x)$ das Frequenzspektrum $\operatorname{rect}(u)$.

---

[5] Dieser Zusammenhang wird in Abschn. 8.1 noch einmal vertieft.

Exponentialform der Transformierten

Die Darstellung der Transformierten $F = \mathcal{F}\{f\}$ in der Exponentialform wurde durch (4.11) in Kap. 4 bereits vorbereitet. Wie bei den Fourierkoeffizienten in (5.5) wollen wir sie hier wiedergeben durch

$$F(u) = A(u) \exp(2\pi \mathrm{i} \Phi(u)) \tag{7.45}$$

mit

$$A(u) = |F(u)| = \sqrt{F(u)F^*(u)} = \sqrt{F_R^2(u) + F_I^2(u)}\,, \tag{7.46}$$

$$\Phi(u) = \frac{1}{2\pi} \arctan\Big(\frac{F_I(u)}{F_R(u)}\Big)\,. \tag{7.47}$$

Die Funktion $A(u)$ wird als Amplitudenspektrum zu f bezeichnet, $\Phi(u)$ heißt Phasenspektrum der Funktion f.

Damit $F(u)$ durch die Exponentialform korrekt wiedergegeben wird, muß $\Phi(u)$ durch die „quadrantengerechte" Arcustangensfunktion ausgedrückt werden, die wir auf der S. 90 diskutiert haben. Mit der Notierung, die hierfür in (4.9) eingeführt wurde, ist anstelle der meist benutzten Form (7.47) die Gleichung

$$\Phi(u) = \frac{1}{2\pi} \arctan\big(F_R(u)\,, F_I(u)\big)\,. \tag{7.48}$$

zu bevorzugen.

Den einfachsten Fall einer Transformierten mit von Null verschiedenem Phasenspektrum erhalten wir durch die Korrespondenz $\delta(x-a) \leftrightarrow \exp(-2\pi \mathrm{i} a u)$. Hierzu gehört das konstante Amplitudenspektrum $A(u) = 1$ und der lineare Phasenverlauf $\Phi(u) = -au$. Andererseits ist $\mathrm{tri}(x) \leftrightarrow \mathrm{sinc}^2(u)$ ein Beispiel für eine Funktion mit $\Phi(u) = 0$.

Die Auswirkung einer Verschiebung im Ortsbereich drückt sich mit (7.45) im Amplituden- und Phasenspektrum aus durch

$$\mathcal{F}\{f(x-a)\} = A(u) \exp(2\pi \mathrm{i}\, [\Phi(u) - au])\,.$$

Das bedeutet insbesondere, daß eine Verschiebung im Ortsbereich keinen Einfluß auf das Amplitudenspektrum hat.

Die Exponentialform einer Transformierten, mit $A(u)$ bzw. $\Phi(u)$ dargestellt durch (7.46) bzw. (7.48), zeigt eine charakteristische Besonderheit:

Die Funktionswerte zu Φ sind nach (7.48) in einem Intervall der Länge 1 enthalten, und nach Tabelle 4.2, S. 90, ergibt sich hierfür das Grundintervall $I_1 = [-1/2, 1/2)$. Als Folge davon hat beispielsweise das lineare Phasenspektrum zu $\delta(x-a)$, nämlich $\Phi(u) = -au$, als Funktionsgraph nicht den erwarteten Verlauf einer Geraden, sondern das Ergebnis von $\Phi(u) = \arctan\big(\cos(2\pi a u), -\sin(2\pi a u)\big)/(2\pi)$, wie es die Abb. 7.5 deutlich macht. In der interferometrischen Meßtechnik werden diese typischen Unstetigkeiten

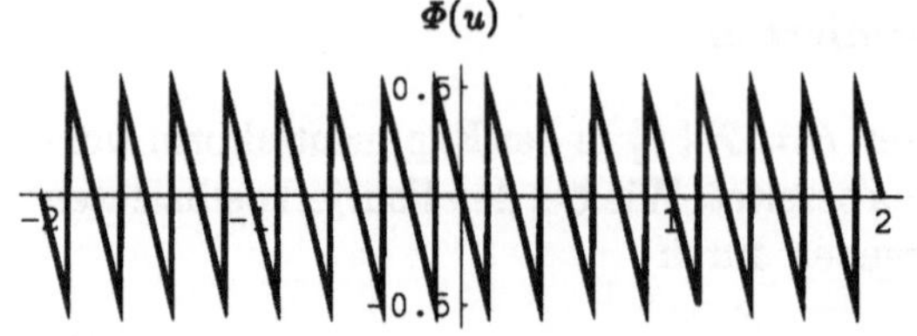

Abb. 7.5. Phasenspektrum zu $\delta(x-a)$, $a=4$, nach (7.48)

als „Phasensprünge" bezeichnet, die etwa bei der Auswertung von Interferogrammen immer wieder Probleme verursachen.

Zusätzlich ist bei der Darstellung von $F(u)$ in der Exponentialform zu berücksichtigen, daß das Amplitudenspektrum $A(u)$ nach (7.46) keine negativen Funktionswerte annimmt. Die Auswirkung hiervon ist am Beispiel einer rein reellwertigen Funktion durch die Graphen der Abb. 4.2, S. 92, bereits verdeutlicht worden. Die Abbildungen 7.6 und 7.7 geben diesen Effekt für die Transformierte zu $f(x) = \text{rect}(x-1/2)$ wieder.

Zur Vertiefung der Zusammenhänge bei der Phasenfunktion der Transformierten soll noch die Auswirkung von $\mathcal{F}\{-f(x)\}$ im Vergleich mit $\mathcal{F}\{f(x)\}$ vorgestellt werden. Nach (7.46) ist die Amplitudenfunktion in beiden Fällen identisch. Der Faktor $-1 = \exp(\pi\text{i})$ bewirkt daher

$$\begin{aligned} &\mathcal{F}\{f(x)\} = F(u) = A(u)\exp(2\pi\text{i}\Phi(u)) \\ &\Rightarrow \mathcal{F}\{-f(x)\} = -F(u) = A(u)\exp(2\pi\text{i}\,[\Phi(u)+1/2])\,. \end{aligned} \tag{7.49}$$

Die Funktionswerte zu (7.48) liegen im linksoffenen Intervall $(-1/2\,, 1/2]$, so daß die Anwendung der Arcustangensfunktion ergibt

$$\frac{1}{2\pi}\arctan(-F_R(u)\,, -F_I(u)) = \begin{cases} \Phi(u)+\frac{1}{2} \text{ für } -\frac{1}{2} < \Phi(u) \le 0\,, \\ \Phi(u)-\frac{1}{2} \text{ für } 0 < \Phi(u) \le \frac{1}{2}\,. \end{cases} \tag{7.50}$$

Abbildung 7.8 zeigt das Ergebnis zum Vergleich mit 7.7.

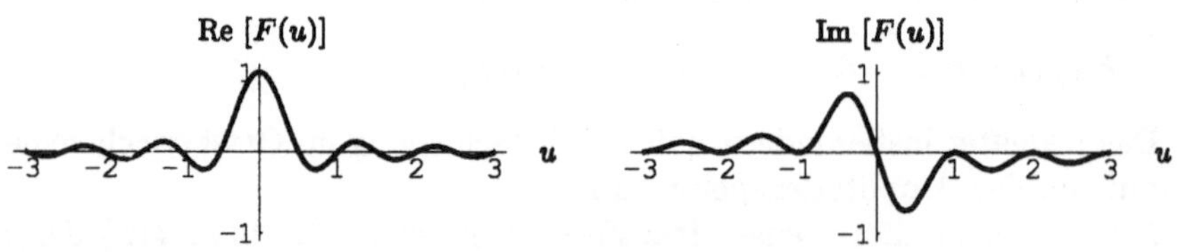

Abb. 7.6. Real- und Imaginärteil zu $F(u) = \mathcal{F}\{\text{rect}(x-1/2)\}$

Formen des Fourierintegrals

Anstelle des von uns benutzten Fourierintegrals (7.1) findet man etwa in der Signaltheorie vorwiegend die Form (z.B. Papoulis [27])

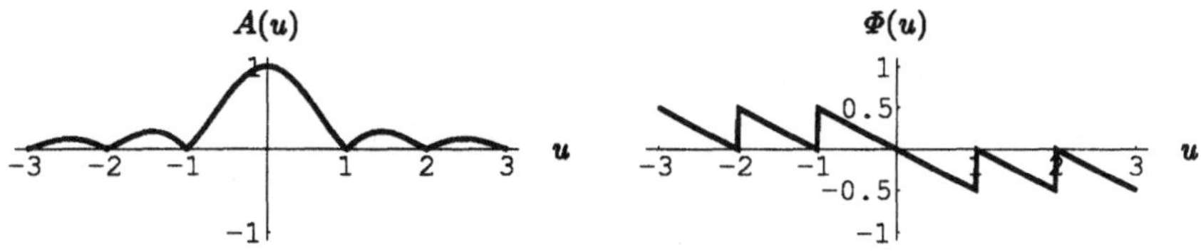

Abb. 7.7. Amplituden- und Phasenfunktion zu $F(u) = \mathcal{F}\{\mathrm{rect}(x-1/2)\}$

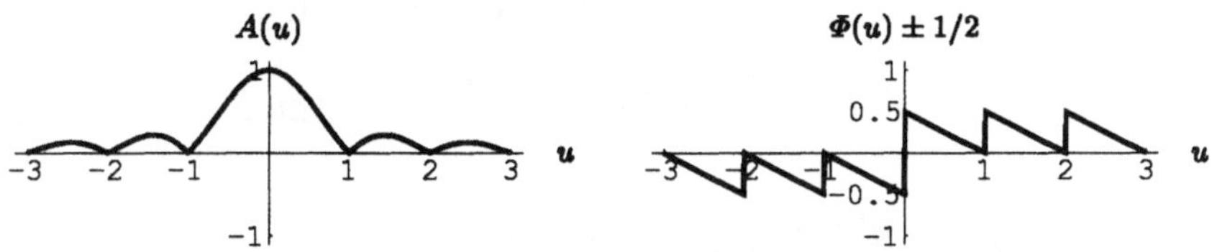

Abb. 7.8. Amplituden- und Phasenfunktion zu $\mathcal{F}\{-\mathrm{rect}(x-1/2)\}$

$$\widehat{F}(\omega) = \int_{-\infty}^{\infty} f(x)\exp(-\mathrm{i}\omega x)\mathrm{d}x\,, \tag{7.51}$$

die u.a. in der Tradition der mathematischen Literatur zur Fouriertransformation begründet ist (vgl. Titchmarsh [32]).

Für den Zusammenhang zwischen $\widehat{F}(\omega)$ und der Transformierten $F(u)$ zu (7.1) gilt (Aufgabe 13)

$$\widehat{F}(\omega) = F\left(\frac{\omega}{2\pi}\right) \Leftrightarrow F(u) = \widehat{F}(2\pi u)\,. \tag{7.52}$$

So führt unser grundlegendes Transformationspaar auf

$$\mathrm{rect}(x) \leftrightarrow \mathrm{sinc}\left(\frac{\omega}{2\pi}\right)\,,\ \mathrm{sinc}(x) \leftrightarrow \mathrm{rect}\left(\frac{\omega}{2\pi}\right)\,. \tag{7.53}$$

Das zu (7.51) gehörige inverse Fourierintegral läßt sich aus (7.7) durch die Substitution $\omega := 2\pi u$ gewinnen:

$$f(x) = \int_{-\infty}^{\infty} \widehat{F}(2\pi u)\exp(2\pi\mathrm{i}ux)\mathrm{d}u = \frac{1}{2\pi}\int_{-\infty}^{\infty} \widehat{F}(\omega)\exp(\mathrm{i}\omega x)\mathrm{d}\omega\,. \tag{7.54}$$

Mit der Interpretation des Argumentes u zur Transformierten $F(u)$ als Frequenz bekommt die Variable $\omega = 2\pi u$ in (7.51) die Bedeutung der Kreisfrequenz, die auch in der Verwendung des Buchstabens ω zum Ausdruck kommt.

Bei der Benutzung von Korrespondenztabellen der Literatur ist zu beachten, welche Form des Fourierintegrals den Korrespondenzen zugrundeliegt. In dem häufig zitierten Formelwerk von Oberhettinger [26] ist zusätzlich in den Integralen (7.51), (7.54) das Vorzeichen im Exponentialterm vertauscht.

Die Wahl der Integraldarstellung zum Fourierintegral ist letztlich willkürlich und weitgehend eine Frage der Gewöhnung. Für die von uns benutzten

Fourierintegrale in (7.7) spricht vor allem die (bis auf das Vorzeichen im Exponentialterm) übereinstimmende Integralform und die daraus folgende Symmetrie der Korrespondenzen im Gegensatz beispielsweise zu (7.53).

Übungen

7.2.1 Zeigen Sie, daß das inverse Fourierintegral in (7.7) analog zu (7.27), (7.28) auf die folgende Darstellung zu $f = f_R + \mathrm{i} f_I$ führt:

$$f_R(x) = \int_{-\infty}^{\infty} [F_R(u)\cos(2\pi ux) - F_I(u)\sin(2\pi ux)]\,\mathrm{d}u\,, \tag{7.55}$$

$$f_I(x) = \int_{-\infty}^{\infty} [F_R(u)\sin(2\pi ux) + F_I(u)\cos(2\pi ux)]\,\mathrm{d}u\,. \tag{7.56}$$

7.2.2 Begründen Sie (7.31) und (7.32).

7.2.3 a) Beweis der Symmetrieeigenschaften in Tabelle 7.1 unter Verwendung von (7.27) und (7.28) (zu den Fällen, daß f und F gerade bzw. ungerade Funktionen sind, vgl. Aufgabe 1 des Abschnitts 6.2);

b) mit Hilfe von (7.55) und (7.56) lassen sich auch die Umkehrungen der Aussagen in Tabelle 7.1 beweisen; Beispiel:

$$F(u) \text{ hermitesch } \Rightarrow f(x) = \mathcal{F}^{-1}\{F(u)\} : \mathbb{R} \to \mathbb{R}\,. \tag{7.57}$$

7.2.4 Zu $f : \mathbb{R} \to \mathbb{R}$ ist zu bestätigen, daß $\mathcal{F}\{f(x-a)\}$ vom Symmetrietyp hermitesch ist.

7.2.5 In Aufgabe 4 zu Kap. 1 (S. 15) war zu zeigen, daß zu einer beliebigen Funktion $f : \mathbb{R} \to \mathbb{R}$ die Funktion $g_1(x) := f(x-a) + f(-x-a)$ gerade bzw. $g_2(x) := f(x-a) - f(-x-a)$ ungerade ist. Zeigen Sie, daß die Transformierte G_1 bzw. G_2 die Symmetrieeigenschaft der Tabelle 7.1 erfüllt.

7.2.6 Gleichung (7.37) ist aus (7.27), (7.28) zu folgern.

7.2.7 Beweis zu

$$F(u) = \mathcal{F}\{f(x)\} \Leftrightarrow \mathcal{F}\{F^*(x)\} = f^*(u)\,. \tag{7.58}$$

7.2.8 Die Gleichungen (7.37) und (7.58) sind an dem Beispiel $f(x) = \mathrm{e}^{-x}\,\mathrm{step}(x)\exp(2\pi\mathrm{i}ax)$ zu bestätigen.

7.2.9 Vergleichen Sie zu den folgenden uneigentlichen Integralen die Werte nach (7.39) mit den Ergebnissen der Integralberechnung ($\beta \in \mathbb{R}\setminus\{0\}$). Hinweis zu c): Integrandenfunktion in Real- und Imaginärteil zerlegen, zu d): $\beta \in \mathbb{R}^+$.

a) $\displaystyle\int_0^{\infty} \mathrm{e}^{-|\beta| x}\,\mathrm{d}x$, b) $\displaystyle\int_{-\infty}^{\infty} \mathrm{e}^{-|\beta x|}\mathrm{d}x$, c) $\displaystyle\int_{-\infty}^{\infty} \frac{1}{1+2\pi\mathrm{i}\beta x}\mathrm{d}x$,

d) $\displaystyle\int_{-\infty}^{\infty} \frac{1}{1+\beta x^2}\mathrm{d}x$.

7.2.10 Die Funktion

$$f(x) := (x^2 - a^2)^2 \operatorname{rect}\left(\frac{x}{2a}\right) \tag{7.59}$$

ist überall glatt, denn f und f' sind stetig in $x \in \mathbb{R}$, während f'' in $x = \pm a$ unstetig ist. Die Berechnung des Fourierintegrals zu dieser Funktion ist recht aufwendig, und es ist sinnvoll, hierfür ein mathematisches Programmpaket zu benutzen. So führt beispielsweise in dem Softwareprodukt „Mathematica" der Ausdruck

```
ComplexExpand[ Integrate[ (x^2 - a^2)^2 Exp[ 2 Pi  I u x], {x, -a, a}] ]
```

bzw. wegen (7.31)

```
Integrate[ (x^2 - a^2)^2   2 Cos[ 2 Pi u x], {x, 0 , a}]
```

auf die Transformierte

$$F(u) = \frac{-6a\pi u\cos(2\pi au) + 3\sin(2\pi au) - 4a^2\pi^2u^2\sin(2\pi au)}{2\pi^5u^5} \tag{7.60}$$

mit

$$\lim_{u\to 0} F(u) = \int_{-a}^{a} (x^2 - a^2)^2 \mathrm{d}x = \frac{16a^5}{15}\,. \tag{7.61}$$

Offensichtlich ist $F(u) \neq 0$ für beliebig große Werte u. Kontrollieren Sie mit Hilfe eines beliebigen mathematischen Programmpakets die Ergebnisse (7.60) und (7.61) (vgl. Abb. 7.9).

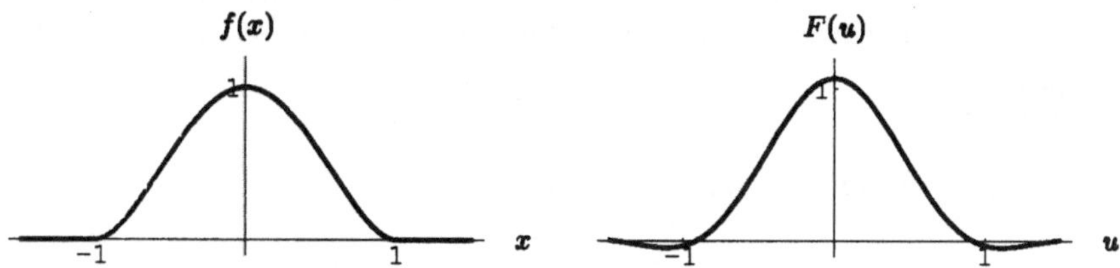

Abb. 7.9. $f(x)$ nach (7.59), $F(u)$ nach (7.60), $a = 1$

7.2.11 Zeigen Sie: Zu einer beliebigen (z.B. unsymmetrischen) Funktion $f : \mathbb{R} \to \mathbb{R}$ ist das Amplitudenspektrum (7.46) gerade und das Phasenspektrum (7.48) ungerade.

7.2.12 Verdeutlichen Sie sich den Übergang von den Graphen der Transformierten $F(u)$ in Abb. 7.6 zum Amplituden- und Phasenspektrum der Funktion $f(x) = \operatorname{rect}(x - 1/2)$ der Abb. 7.7.

7.2.13 Die Gleichungen (7.52) und (7.54) sind zu beweisen.

7.3 Faltungsintegral

In Abschn. 6.4 war die Faltung durch (6.58), $f(x) * g(x) = \mathcal{F}^{-1}\{F(u)G(u)\}$, als eine formale Operation eingeführt worden, die unter Verwendung der Transformationen $F = \mathcal{F}\{f\}$ und $G = \mathcal{F}\{g\}$ sowie der inversen Fouriertransformation $\mathcal{F}^{-1}\{FG\}$ durchgeführt wird. Mit der Äquivalenz von Fourieroperator und Fourierintegral läßt sich nun der Faltungssatz für das sogenannte Faltungsintegral beweisen. Hierdurch wird die Faltung zu einer Berechnungsvorschrift, die unabhängig von der Fouriertransformation ausgeführt werden kann, und wir werden auf diesem Weg eine Reihe früherer Ergebnisse wiederfinden. Zusätzlich läßt das Faltungsintegral eine anschauliche Interpretation der Faltungsoperation zu.

Faltungsintegral und Faltungssatz

Mit Hilfe des folgenden Faltungsintegrals wird zu zwei Funktionen f, g eine neue Funktion h definiert durch

$$h(x) := \int_{-\infty}^{\infty} f(\alpha)g(x-\alpha)\mathrm{d}\alpha, \quad x \in \mathbb{R}\,. \tag{7.62}$$

Falls dieses Integral für alle Werte x existiert, liefert es eine Funktionsvorschrift h in Abhängigkeit von diesem Parameter x, der – ähnlich wie im Fourierintegral (6.2) – zum Argument der Funktion $h(x)$ wird.

Der Faltungssatz besagt, daß die Funktion h in (7.62) identisch mit dem durch die Definition (6.58) eingeführten Faltungsergebnis ist: $h(x) = \mathcal{F}^{-1}\{F(u)G(u)\}$. Unter Verwendung von (6.60), S. 153, lautet daher der

Faltungssatz:

$$\mathcal{F}\left\{\int_{-\infty}^{\infty} f(\alpha)g(x-\alpha)\mathrm{d}\alpha\right\} = F(u)G(u)\,. \tag{7.63}$$

Mit der Definition (6.58) können wir hierfür auch die Form

$$f(x) * g(x) = \int_{-\infty}^{\infty} f(\alpha)g(x-\alpha)\mathrm{d}\alpha \tag{7.64}$$

wählen, die in der Literatur üblicherweise als Definition der Faltungsoperation benutzt wird.

Beweis: Anwendung des Fourierintegrals (7.3) und der hierzu gehörigen Verschieberegel (vgl. (7.4)) ergibt

$$\begin{aligned}
&\mathcal{F}\left\{\int_{-\infty}^{\infty} f(\alpha)g(x-\alpha)\mathrm{d}\alpha\right\} \\
&= \int_{-\infty}^{\infty}\left[\int_{-\infty}^{\infty} f(\alpha)g(x-\alpha)\mathrm{d}\alpha\right]\exp(-2\pi\mathrm{i}ux)\mathrm{d}x
\end{aligned}$$

$$= \int_{-\infty}^{\infty} f(\alpha)\left[\int_{-\infty}^{\infty} g(x-\alpha)\exp(-2\pi i u x)\mathrm{d}x\right]\mathrm{d}\alpha$$

$$= \int_{-\infty}^{\infty} f(\alpha)\left[\exp(-2\pi i\alpha u)G(u)\right]\mathrm{d}\alpha$$

$$= G(u)\int_{-\infty}^{\infty} f(\alpha)\exp(-2\pi i\alpha u)\mathrm{d}\alpha = F(u)G(u)\,. \quad \square \tag{7.65}$$

Die Vertauschung der Integrationsreihenfolge in den beiden Doppelintegralen setzen wir bei den benutzten Funktionen als zulässig voraus. Die Funktion $G(u)$ im vorletzten Integral ist von der Integrationsvariablen α unabhängig und somit eine Konstante in bezug auf die Integrandenfunktion, so daß sich das letzte Integral als Fourierintegral zu f ergibt.

Für das Faltungsintegral (7.64) gelten offensichtlich ebenfalls die grundlegenden Verknüpfungsgesetze der Faltungsoperation (6.72) bis (6.75), S. 156.

Bereits zu dem einfachen Beispiel, daß f und g Einsfunktionen sind, $f = g = 1$, existiert das Faltungsintegral nicht. Im Frequenzbereich würde diese Faltung im übrigen wegen (6.60) auf das Produkt $\delta(u)\delta(u)$ führen, das nach (3.19) nicht definiert ist.

Für die Existenz des Faltungsintegrals gibt es eine Reihe unterschiedlicher Bedingungen (vgl. etwa Körner [22, S. 253]), die – ähnlich wie beim Fourierintegral – mit der Einschränkung verbunden sind, daß es sich um hinreichende Bedingungen handelt. Ohne weiteres ist die folgende Existenzbedingung einzusehen: Falls die Funktionen f und g integrierbar sind und mindestens eine der beiden Funktionen x-begrenzt ist (vgl. (1.16), S. 8), dann existiert das Faltungsintegral (7.62) für jeden Wert $x \in \mathbb{R}$. In diesem Fall reduzieren sich nämlich die Integrationsgrenzen des uneigentlichen Integrals auf ein endliches Intervall.

Das Faltungsintegral (7.64) läßt die ursprüngliche Herkunft des Faltungsoperators von der Fouriertransformation (6.58), die wir für unsere Vorgehensweise gewählt haben, nicht mehr erkennen. Normalerweise wird dieses Integral unabhängig von der Fouriertransformation vorgestellt, beispielsweise als Ergebnis der mathematischen Beschreibung physikalischer Zusammenhänge. Von diesem Ansatz her liefert der Faltungssatz in der Form (7.63) die Brücke zur Fouriertransformation.

Bei der Anwendung der Faltung auf konkrete Funktionen f und g führt die Auswertung des Integrals (7.64) häufig auf große Schwierigkeiten. Hier kann der Weg über die Fouriertransformation gelegentlich erhebliche Vereinfachungen bringen (vgl. Beispiel 3).

Beispiele:

1. Wegen der Kommutativeigenschaft des Faltungsoperators (6.72) gilt

$$\int_{-\infty}^{\infty} f(\alpha)g(x-\alpha)\mathrm{d}\alpha = \int_{-\infty}^{\infty} g(\alpha)f(x-\alpha)\mathrm{d}\alpha\,. \tag{7.66}$$

2. In der Definition (7.62) sind auch die Fälle eingeschlossen, daß für f bzw. g oder für beide Funktionen die δ-Funktion eingesetzt wird. Hierbei kommen (3.33), S. 68, und (3.37) zur Anwendung, und wir erhalten

$$\begin{aligned} f(x) * \delta(x) = \delta(x) * f(x) &= \int_{-\infty}^{\infty} \delta(\alpha) f(x-\alpha) \mathrm{d}\alpha \\ &= \int_{-\infty}^{\infty} f(\alpha)\delta(x-\alpha)\mathrm{d}\alpha = f(x) \,, \end{aligned}$$

$$\delta(x) * \delta(x) = \int_{-\infty}^{\infty} \delta(\alpha)\delta(x-\alpha)\mathrm{d}\alpha = \delta(x) \tag{7.67}$$

in Übereinstimmung mit den Ergebnissen der Faltungsoperation (6.66) bzw. (6.68), S. 154.

Die allgemeine Form (6.65) erhalten wir über das Faltungsintegral mit der Substitution $s := x - \alpha$ und Anwendung von (3.33) durch

$$\begin{aligned} \delta(x-a) * f(x) &= \int_{-\infty}^{\infty} \delta(\alpha - a) f(x-\alpha)\mathrm{d}\alpha \\ &= -\int_{\infty}^{-\infty} \delta(x - s - a) f(s)\mathrm{d}s \\ &= \int_{-\infty}^{\infty} \delta([x-a] - s) f(s)\mathrm{d}s = f(x-a) \,. \end{aligned} \tag{7.68}$$

3. Wir wollen das Faltungsresultat (6.101), $\mathrm{rect}(x) * \mathrm{rect}(x) = \mathrm{tri}(x)$, mit der Berechnung des Faltungsintegrals vergleichen. Hierfür wird

$$\begin{aligned} h(x) = \mathrm{rect}(x) * \mathrm{rect}(x) &= \int_{-\infty}^{\infty} \mathrm{rect}(\alpha)\,\mathrm{rect}(x-\alpha)\mathrm{d}\alpha \\ &= \int_{-1/2}^{1/2} \mathrm{rect}(x-\alpha)\mathrm{d}\alpha = \int_{x-1/2}^{x+1/2} \mathrm{rect}(s)\mathrm{d}s \,. \end{aligned}$$

Wenn wir das Integrationsintervall mit $I(x) = [x - 1/2, x + 1/2]$ bezeichnen, dann sind folgende Fallunterscheidungen erforderlich:

$$\begin{aligned} \text{a) } x < -1 \;&\Rightarrow\; x - \frac{1}{2} < x + \frac{1}{2} < -\frac{1}{2} \;\Rightarrow\; \mathrm{rect}(s) = 0 \text{ für } s \in I(x) \\ &\Rightarrow\; h(x) = 0 \text{ für } x < -1 \,; \end{aligned}$$

$$\text{b) } x = -1 \;\Rightarrow\; h(-1) = \int_{-3/2}^{-1/2} \mathrm{rect}(s)\mathrm{d}s = 0 \,;$$

c) $-1 < x < 0 \Rightarrow x - \frac{1}{2} < -\frac{1}{2} < x + \frac{1}{2} < \frac{1}{2}$

$$\Rightarrow h(x) = \int_{-1/2}^{x+1/2} \mathrm{d}s = 1 + x \, ;$$

d) $x = 0 \Rightarrow h(0) = \int_{-1/2}^{1/2} \operatorname{rect}(s)\mathrm{d}s = 1 \, ;$

e) $0 < x < 1 \Rightarrow -\frac{1}{2} < x - \frac{1}{2} < \frac{1}{2} < x + \frac{1}{2}$

$$\Rightarrow h(x) = \int_{x-1/2}^{1/2} \mathrm{d}s = 1 - x \, ;$$

f) $x = 1 \Rightarrow h(1) = \int_{1/2}^{3/2} \operatorname{rect}(s)\mathrm{d}s = 0 \, ;$

g) $x > 1 \Rightarrow x + \frac{1}{2} > x - \frac{1}{2} > \frac{1}{2} \Rightarrow \operatorname{rect}(s) = 0$ für $s \in I(x)$

$$\Rightarrow h(x) = 0 \text{ für } x > 1 \, .$$

Das Ergebnis stimmt mit der Definition der Dreieckfunktion in (1.2) überein, und es wird deutlich, daß der Weg über den Faltungsoperator zusammen mit der Fouriertransformation wesentlich einfacher ist.

4. Für die Auswertung des Faltungsintegrals bei x-begrenzten Funktionen sind die Fallunterscheidungen des vorigen Beispiels charakteristisch, wie der Beweis der folgenden Aussage zeigt:

Werden zwei x-begrenzte Funktionen gefaltet, dann ist das Ergebnis eine x-begrenzte Funktion; genauer gilt mit der Schreibweise $f_c(x)$ im Zusammenhang mit (1.16):

$$f_{c_1}(x) * g_{c_2}(x) = h_{c_3}(x) \text{ mit } c_3 = c_1 + c_2 \text{ und } c_1, c_2, c_3 \in \mathbb{R}^+ \, .$$

Beweis:

$$f_{c_1}(x) * g_{c_2}(x) = \int_{-\infty}^{\infty} f_{c_1}(\alpha) g_{c_2}(x - \alpha)\mathrm{d}\alpha = \int_{-c_1}^{c_1} f_{c_1}(\alpha) g_{c_2}(x - \alpha)\mathrm{d}\alpha$$
$$= \int_{x-c_1}^{x+c_1} f_{c_1}(x - s) g_{c_2}(s)\mathrm{d}s \, .$$

Wie im Beispiel 3 erhalten wir nun

$$x < -c_3 \Leftrightarrow x + c_3 < 0 \Rightarrow x - c_1 < x + c_1 = x + c_3 - c_2 < -c_2$$

$$\Rightarrow g_{c_2}(s) = 0 \text{ für } x - c_1 \le s \le x + c_1 \Rightarrow h_{c_3}(x) = 0 \, .$$

Entsprechend ergibt sich $h_{c_3}(x) = 0$ für $x > c_3$. □

Graphische Veranschaulichung des Faltungsintegrals

Das Faltungsintegral (7.62) läßt sich für Funktionen $f, g : \mathbb{R} \to \mathbb{R}_0^+$ durch die Flächendarstellung des Integrals verdeutlichen, denn hierzu gilt auch für die Produktfunktion des Integranden $f(\alpha)g(x-\alpha) \geq 0$. Für einen festen Argumentwert x ist der Funktionswert zu $h(x) = f(x) * g(x)$ die Flächenmaßzahl der Fläche unter dem Graphen zu der Produktfunktion $f(\alpha)g(x-\alpha)$. Konkret führt beispielsweise für $x = 1$ die entsprechende Fläche auf (vgl. Abb. 7.11)

$$h(1) = \int_{-\infty}^{\infty} f(\alpha)g(1-\alpha)\mathrm{d}\alpha \, .$$

Durch die lineare Argumenttransformation $g(x-\alpha) = g(-[\alpha - x])$ (vgl. (1.23), S. 10) wird der Funktionsgraph zu $g(\alpha)$ an der Ordinatenachse gespiegelt („gefaltet“) und vorzeichengerecht in Abszissenrichtung um x verschoben. Die Entstehung von $h(x)$ läßt sich damit so vorstellen, daß gegenüber der unveränderten Funktion $f(\alpha)$ die Funktion $g(-\alpha)$ von $-\infty$ nach $+\infty$ bewegt wird; für sämtliche einzelnen Verschiebungsstellen x bei dieser Bewegung führt dann die Fläche unter dem jeweiligen Graphen zu $f(\alpha)g(x-\alpha)$ auf die Funktionswerte von $h(x)$.

Die Integraldarstellung der Faltung soll am Beispiel der Funktionen $f(x) = \mathrm{tri}(x)\,\mathrm{rect}(x - 1/2)$, $g(x) = \mathrm{e}^{-x}\,\mathrm{step}(x)$ verdeutlicht werden (Abbildungen 7.10, 7.11). Hieran läßt sich gut nachvollziehen, wie die Flächenentwicklung bei der Bewegung der Funktion $g(x-\alpha)$ von links nach rechts verläuft. Es gilt hier $g(x-\alpha) = 0$ für alle $\alpha > x$; damit wird $h(x) = 0$, bis die Bewegung an die Stelle $x = 0$ herankommt ($\mathrm{tri}(\alpha)\,\mathrm{rect}(\alpha - 1/2) \neq 0$ für $0 < \alpha < 1$). Von hier ab sind die Flächenmaßzahlen unter dem Graphen zu $f(\alpha)g(x-\alpha)$ immer > 0. Die Funktionswerte zu $h(x)$ steigen ab $x = 0$ bis zu einem Maximalwert an und fallen dann für $x \to \infty$ asymptotisch auf den Wert 0 ab.

Die Berechnung dieses Faltungsintegrals mit dem anschaulichen Ergebnis der Abb. 7.12 ist Gegenstand der Aufgabe 2.

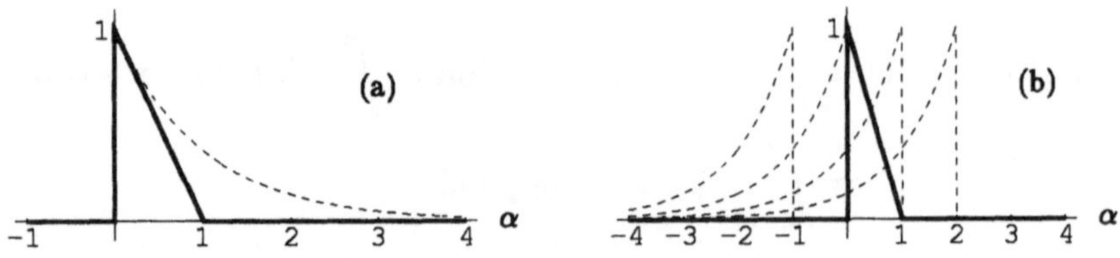

Abb. 7.10. (**a**) $f(\alpha) = \mathrm{tri}(\alpha)\,\mathrm{rect}(\alpha - 1/2)$, (*gestrichelt:*) $g(\alpha) = \mathrm{e}^{-\alpha}\,\mathrm{step}(\alpha)$ (**b**) $f(\alpha)$, (*gestrichelt:*) $g(x-\alpha)$, $x = -1,\ 0,\ 1,\ 2$

Auf der Grundlage der graphischen Darstellung sind ohne weiteres die beiden folgenden Faltungsergebnisse einsichtig

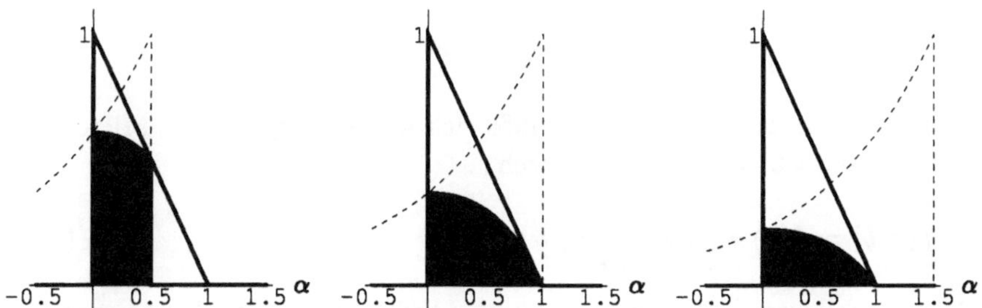

Abb. 7.11. $f(\alpha)$, (*gestrichelt:*) $g(x-\alpha)$; die schwarz ausgefüllte Fläche ist nach oben begrenzt durch $f(\alpha)g(x-\alpha)$, $x = 0.5,\ 1,\ 1.5$

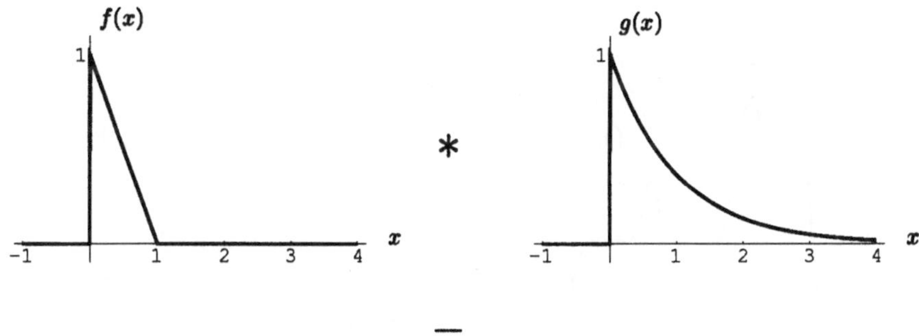

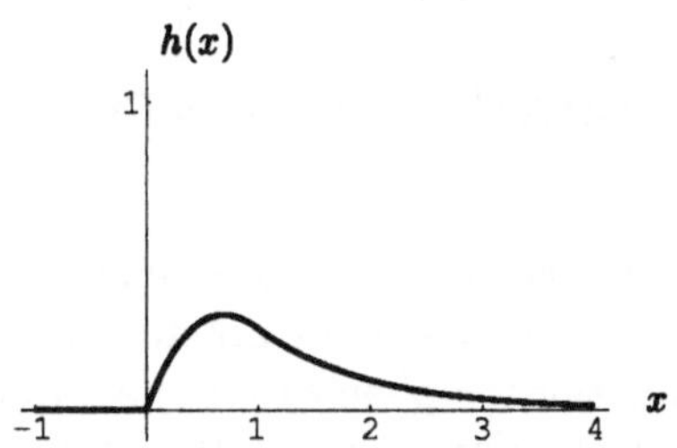

Abb. 7.12. $f(x) = \text{tri}(x)\,\text{rect}(x - 1/2)$, $g(x) = \mathrm{e}^{-x}\,\text{step}(x)$, $h(x) = f(x) * g(x)$

$$\text{step}(x) * \text{step}(x) = \begin{Bmatrix} 0 \text{ für } x < 0\,, \\ x \text{ für } x \geq 0 \end{Bmatrix} \;\Rightarrow\; \text{step}(x) * \text{step}(x) = x\,\text{step}(x)\,,$$

$\text{step}(x) * \text{step}(-x)$ existiert nicht.

Mittelwertfunktion

Der Mittelwert einer Funktion f in dem Intervall $[x - b/2,\ x + b/2]$ ist nach (1.33), S. 14, definiert durch

$$\bar{f}(x, b) = \frac{1}{b} \int_{x-b/2}^{x+b/2} f(\alpha)\mathrm{d}\alpha = \frac{1}{b} \int_{-\infty}^{\infty} f(\alpha)\,\text{rect}\left(\frac{\alpha - x}{b}\right) \mathrm{d}\alpha$$

$$= \frac{1}{b} \int_{-\infty}^{\infty} f(\alpha) \operatorname{rect}\left(\frac{x-\alpha}{b}\right) \mathrm{d}\alpha, \; b \in \mathbb{R}^+ \, .$$

Mit Hilfe des Faltungsintegrals läßt sich dieser Vorgang der Mittelwertbildung vereinfacht wiedergeben durch

$$\bar{f}(x,b) = f(x) * \frac{1}{b} \operatorname{rect}\left(\frac{x}{b}\right), \; b \in \mathbb{R}^+ \, . \tag{7.69}$$

Die so gebildete „Mittelwertfunktion“ $\bar{f}$ liefert offensichtlich eine „geglättete“ Version der Funktion $f(x)$. Das Beispiel der in Abb. 2.16, S. 51, vorgestellten Funktion $f_{\mathrm{Dom}}(x)$, eingesetzt in (7.69), verdeutlicht den Effekt anhand der Abb. 7.13[6].

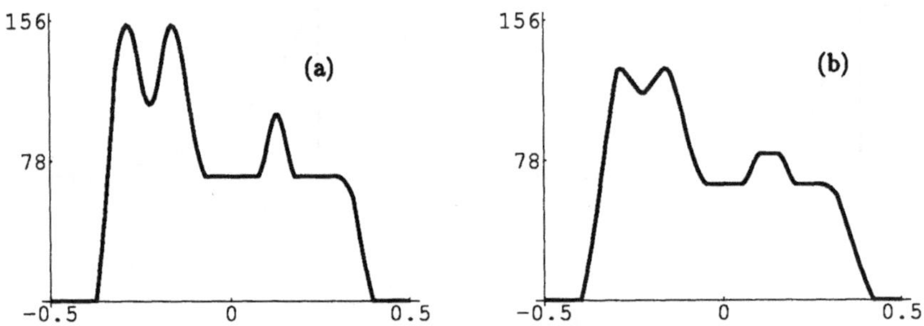

Abb. 7.13. $f_{\mathrm{Dom}}(x) * \operatorname{rect}(x/b)/b$, **(a)** $b = 0,05$, **(b)** $b = 0,1$

Durch die im letzten Unterabschnitt beschriebene graphische Veranschaulichung des Faltungsintegrals läßt sich die Entstehung der Mittelwertfunktion über den Verlauf des Funktionsgraphen zu $f(x)$ nachvollziehen. Hiernach wird in dem Faltungsintegral mit der Ausschnittfunktion $f(\alpha)\operatorname{rect}([x-\alpha]/b)/b$ der Rechteckausschnitt durch den gesamten Argumentbereich von x geschoben, um $\bar{f}(x,b)$ in seiner Gesamtheit zu erhalten. Somit ist ohne weiteres einzusehen, daß sich bei Verkleinerung des Wertes b das Faltungsergebnis (7.69) zunehmend der Funktion $f(x)$ annähert. Im Grenzfall $b \to 0$ erhalten wir dann mit der Grenzwertdefinition der δ-Funktion (3.4), S. 61, wieder $f(x) * \delta(x) = f(x)$.

Falls f keine δ-Singularitäten enthält, ist die Funktion $\bar{f}(x,b)$ stetig in $\mathbb{R}$ und zwar auch dann, wenn f Unstetigkeitsstellen hat (vgl. $\operatorname{rect}(x) * \operatorname{rect}(x) = \operatorname{tri}(x)$). Das Ergebnis der Aufgabe 3 d) zeigt darüber hinaus, daß beispielsweise $\bar{f}$ zu $f(x) = \mathrm{e}^{-|x|}$ in $x = 0$ differenzierbar ist.

[6] Das Datenmaterial zu den hier wiedergegebenen Funktionsgraphen wurde mit Hilfe diskreter numerischer Verfahren berechnet, die in Teil III vorgestellt werden. Für den anschaulichen Faltungseffekt ist die Abweichung von dem exakten Ergebnis (7.69) unerheblich. Die Ersetzung der exakten Funktionswerte durch numerische Näherungswerte wird auch später gelegentlich bei Funktionsgraphen angewandt, ohne daß das jeweils ausdrücklich vermerkt wird.

Faltung im Frequenzbereich

Die Faltungsvorschrift (7.64) ist unabhängig von den benutzten Funktions- und Argumentbuchstaben. Wir können sie daher auch auf die Transformierten F, G der Funktionen f, g anwenden. Analog zum Beweis des Faltungssatzes ist in Aufgabe 4 die Bestätigung zu (6.82), S. 157, zu zeigen:

$$F(u) * G(u) = \int_{-\infty}^{\infty} F(\alpha)G(u-\alpha)\mathrm{d}\alpha = \mathcal{F}\{f(x)g(x)\} \ . \tag{7.70}$$

Abgesehen von den speziellen symmetrischen Fällen der Funktionen f und g ist die Produktfunktion FG in der Regel komplexwertig. In der Integralform entstehen dann die entsprechenden Faltungsintegrale für die Real- und Imaginärteile.

Bandbegrenzte Funktionen

Im Zusammenhang mit dem noch zu besprechenden Abtasttheorem kommt den bandbegrenzten Funktionen eine zentrale Bedeutung zu. Es handelt sich um Funktionen f, deren Transformierte F argumentbegrenzt sind. Unter Verwendung der Vereinbarung in Verbindung mit (1.16), S. 8, soll die Definition hierzu folgendermaßen formuliert werden:

$$f(x) \text{ bandbegrenzt } := f(x) \leftrightarrow F_c(u) \ \wedge \ F_c(u) = 0 \text{ für } |u| \geq c \, . \tag{7.71}$$

Das Frequenzspektrum zu f enthält somit nur Frequenzen innerhalb eines begrenzten „Frequenzbandes" $|u| < c$. Die Aussage „bandbegrenzt" bezieht sich also auf die Funktion f, obwohl sie von der Transformierten F_c her ihre Bestimmung bekommt.

Zur anschaulichen Verstärkung des Funktionsverhaltens von $F_c(u)$ in $u = -c$ soll noch ergänzt werden, daß $\lim_{u \to -c} F(u) = 0$ gilt. Für den linksseitigen Grenzwert $F(-c^-)$ ist das eine direkte Folge der Bedingung (7.71). Falls andererseits $F(-c^+) \neq 0$ wäre, dann müßte wegen der geforderten Mittelwerteigenschaft auch $F(-c) \neq 0$ sein – im Widerspruch zu (7.71). Entsprechendes trifft auch für $u = c$ zu (vgl. die Abb. 7.9, S. 195, als Beispiel einer Funktion mit diesen Eigenschaften für $c = 1$ im Ortsbereich).

Beispiele für bandbegrenzte Funktionen aus unserem Repertoire sind $\mathrm{sinc}(x)$, $\mathrm{sinc}^2(x)$ sowie die Harmonischen $\cos(2\pi\nu x)$, $\exp(2\pi i\nu x)$ (einschließlich $\nu = 0$) und $\sin(2\pi\nu x)$.

Bandbegrenzte Funktionen lassen sich dadurch gewinnen, daß wir den Frequenzbereich einer (im allgemeinen) u-unbegrenzten Transformierten durch Ausschnittbildung künstlich einschränken. Wir erhalten damit die Korrespondenz

$$f(x) * b\,\mathrm{sinc}(bx) \leftrightarrow F(u)\,\mathrm{rect}\left(\frac{u}{b}\right), \ b \in \mathbb{R}^+ \ . \tag{7.72}$$

Mit dem Vorgang der Frequenzbegrenzung können wir wiederum eine Verbindung zu den Fourierreihen herstellen. Die Begrenzung des ***diskreten*** Fourierspektrums $(C_k)_{k\in\mathbb{Z}}$ durch die Fourierteilsumme f_N einer periodischen Funktion f war in Abschn. 2.4 als Tiefpaßfilter vorgestellt worden. Der Fall der Begrenzung eines ***kontinuierlichen*** Frequenzspektrums $F(u)$ zu einer nicht periodischen Funktion f nach (7.72) führt ebenfalls zu einer Tiefpaßfilterung. Die Auswirkungen auf den Funktionsgraphen zu f entsprechen im wesentlichen den für periodische Funktionen beschriebenen Effekten (vgl. z.B. die Abbildungen 2.7, 2.8, S. 37, ohne Berücksichtigung der periodischen Fortsetzung oder Abb. 2.18, S. 52).

Zusätzlich läßt sich jetzt das Tiefpaßfilter als Faltung der Funktion f mit der sinc-Funktion, $f(x) * b\,\mathrm{sinc}(bx)$ $(b \in \mathbb{R}^+)$, verstehen und zwar beispielsweise unter Verwendung der graphischen Veranschaulichung des Faltungsintegrals. Hiernach ist die sinc-Funktion in $\int_{-\infty}^{\infty} f(\alpha)\, b\,\mathrm{sinc}(b\,[x-\alpha])\mathrm{d}\alpha$ „von $-\infty$ nach $+\infty$ durchzuschieben". Pauschal kann man sich dabei vorstellen, wie aus der gestreckten bzw. gestauchten Version der sinc-Funktion (Abb. 7.14) ein stärkerer bzw. geringerer Glättungseffekt der Funktion f resultiert. Zu den beteiligten Frequenzen aus $F(u)$ besteht dabei der Zusammenhang so, daß aufgrund der Argumentskalierung in Regel 2 des Fourieroperators ein schmaler Frequenzausschnitt („kleiner" Wert b in der Ausschnittfunktion $F(u)\,\mathrm{rect}(u/b)$) mit einem breit gestreckten Verlauf der sinc-Funktion, d.h. mit einem starken Glättungseffekt verbunden ist und umgekehrt.

Der Vergleich der Abb. 7.14 mit der Abb. 7.13 zur Glättung durch die Mittelwertfunktion verdeutlicht den Unterschied zwischen den beiden Glättungseffekten.

Es ist noch zu erwähnen, daß die Tiefpaßfilterung zu einer reellwertigen Funktion $f : \mathbb{R} \to \mathbb{R}$ als Faltung zweier reellwertiger Funktionen zwangsläufig wieder ein reellwertiges Ergebnis liefert. Derselbe Zusammenhang läßt sich auch über die (im allgemeinen) komplexwertige Transformierte $F(u)$ begründen (Aufgabe 6).

Ist schließlich f selbst bereits bandbegrenzt und $|u| = c$ die maximal in ihr enthaltene Frequenzkomponente, dann zeigt die Faltung mit $b\,\mathrm{sinc}(bx)$ ein eigentümliches Verhalten: Solange für Argumentwerte $|u| > b/2$ die Transformierte $F(u) \neq 0$ ist, wird $F(u)\,\mathrm{rect}(u/b) \neq F(u)$ und somit $f(x) * b\,\mathrm{sinc}(bx) \neq f(x)$. Für $b/2 > c$ ist dagegen dieses Faltungsergebnis mit der Funktion $f(x)$ identisch. Ein typisches Beispiel hierzu ist $f(x) = \mathrm{sinc}(x)$ (vgl. Aufgabe 2.e) zu Abschn. 6.4).

Ortsbegrenzung

Den Vorgang der Ausschnittbildung in (7.72) können wir natürlich auch auf den Ortsbereich anwenden. Wir sprechen dann von „Ortsbegrenzung" bzw. von einer „ortsbegrenzten Funktion" und lösen damit den eingangs eingeführ-

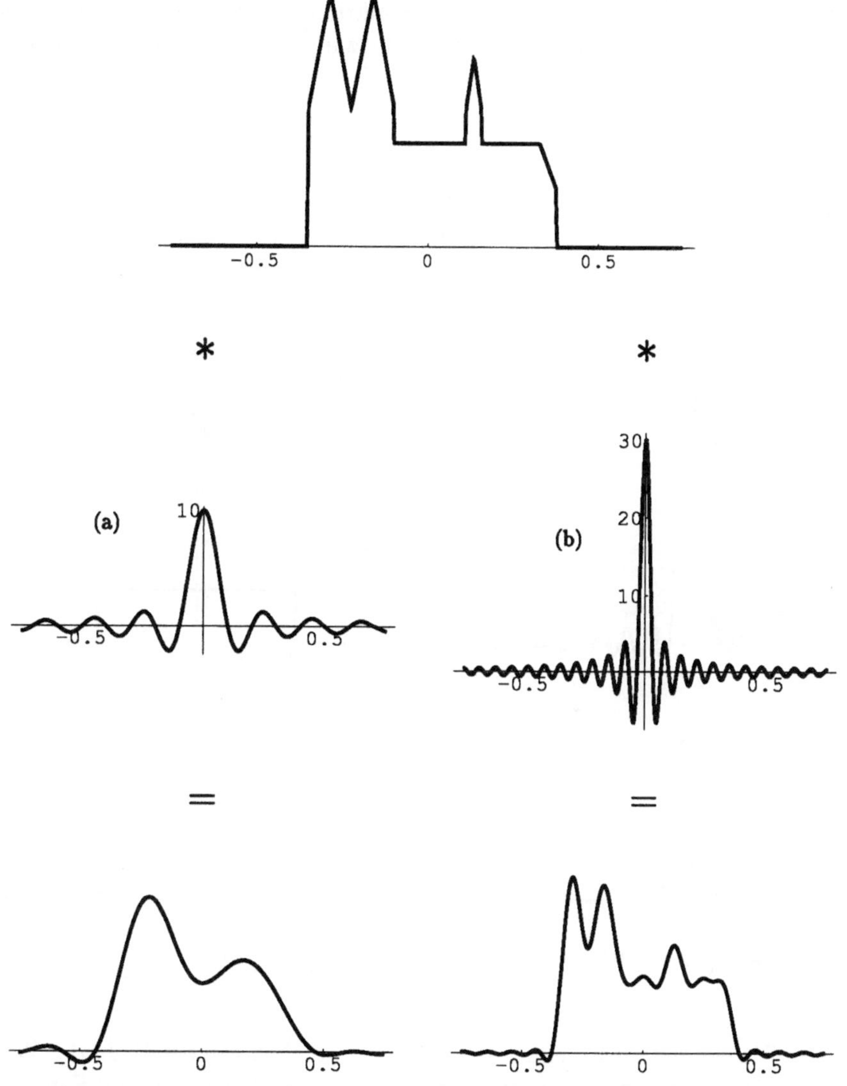

Abb. 7.14. Tiefpaßeffekt: $f_{\text{Dom}}(x) * b\,\text{sinc}(bx)$, **(a)** $b = 10$, **(b)** $b = 30$

ten Begriff der x-Begrenzung (vgl. S. 8) im weiteren ab. Auf die Korrespondenz

$$f(x)\,\text{rect}\left(\frac{x}{b}\right) \leftrightarrow F(u) * b\,\text{sinc}(bu), \; b \in \mathbb{R}^+ \; .$$

lassen sich zwangsläufig die zuvor dargestellten Aussagen über die Bandbegrenzung übertragen, indem Orts- und Frequenzbereich vertauscht werden.

Die Faltung mit der sinc-Funktion bewirkt gelegentlich einen sogenannten „Riffeleffekt". Daß dieser Effekt im Gegensatz zum Gibbsschen Phänomen sogar bei beliebig oft differenzierbaren Funktionen auftreten kann, soll mit der Abb. 7.15 am Beispiel der Korrespondenz $e^{-|x|} \leftrightarrow 2/(1+4\pi^2u^2)$ gezeigt werden.

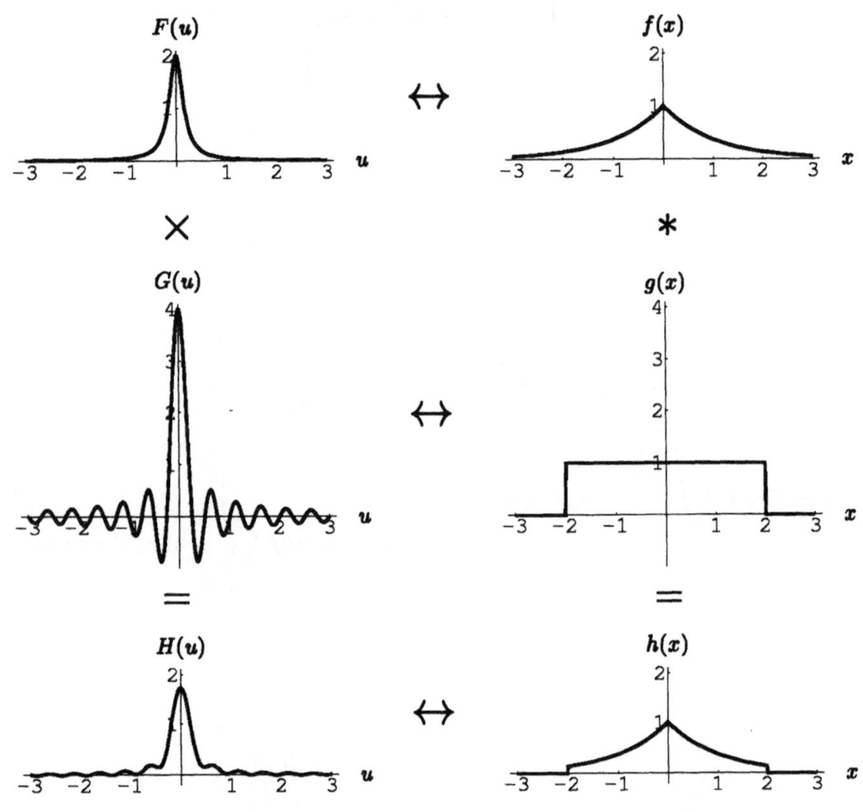

Abb. 7.15. $f(x) = e^{-|x|}$, $g(x) = \mathrm{rect}(x/b)$, $h(x) = f(x)g(x)$, $b = 4$

Der Riffeleffekt ist in seiner Ausprägung natürlich von der Wahl des Wertes b abhängig. Durch die Vorstellung, daß in diesem Beispiel zu der Funktion $F(u) = 2/(1+4\pi^2u^2)$ das „Frequenzspektrum" $f(x) = e^{-|x|}$ gehört, läßt sich dieser Effekt auch als Ergebnis einer Tiefpaßfilterung interpretieren.

Parsevalsche Gleichung

Diese Gleichung beschreibt einen bemerkenswerten Gesamtzusammenhang zwischen der Originalfunktion f und der Transformierten F:

$$\int_{-\infty}^{\infty} |f(x)|^2 \mathrm{d}x = \int_{-\infty}^{\infty} |F(u)|^2 \mathrm{d}u \,. \tag{7.73}$$

Daß bei der Parsevalschen Gleichung die Existenz der Integrale vorausgesetzt werden muß, zeigt sich etwa an dem Gegenbeispiel $f(x) = 1$, zu dem die Integrandenfunktion $\delta^2(u)$ nach (3.19) nicht definiert ist.

Mit (7.37) ergibt sich für die Fouriertransformierte der Produktfunktion ff^*

$$\int_{-\infty}^{\infty} f(x)f^*(x)\exp(-2\pi\mathrm{i}ux)\mathrm{d}x = \mathcal{F}\{f(x)f^*(x)\} = F(u) * F^*(-u)$$
$$= \int_{-\infty}^{\infty} F(\alpha)F^*(-[u-\alpha])\mathrm{d}\alpha\,.$$

Wenn wir in den beiden Integralen den Parameterwert mit $u = 0$ einsetzen, erhalten wir (7.73).

Die Integrandenfunktion des zweiten Integrals in (7.73) ist mit (7.46) das Quadrat des Amplitudenspektrums zu der Funktion f. Dieser Gedanke in Verbindung mit dem in der Regel vorliegenden Fall reellwertiger Funktionen läßt sich durch

$$\int_{-\infty}^{\infty} f^2(x)\mathrm{d}x = \int_{-\infty}^{\infty} A^2(u)\mathrm{d}u \text{ für } f:\mathbb{R}\to\mathbb{R}$$

wiedergeben. Mit dem Beispiel der Korrespondenz $\mathrm{rect}(x) \leftrightarrow \mathrm{sinc}(u)$ wird hierdurch das Ergebnis (7.42) bestätigt.

Übungen

7.3.1 Die Behauptung des Faltungssatzes kann mit (7.63) und (7.64) geschrieben werden als

$$f(x) * g(x) = \mathcal{F}^{-1}\{F(u)G(u)\} = \mathcal{F}^{-1}\Big\{[\mathcal{F}\{f(x)\}]\,[\mathcal{F}\{g(x)\}]\Big\}\,.$$

Werden auf der rechten Seite die Fourieroperatoren durch die entsprechenden Fourierintegrale ersetzt, dann läßt sich hieraus ein dreifaches Integral mit dem Parameter x bilden. Durch Vertauschen der Integrationsreihenfolge führt die Umformung der Integrale mit (7.23) auf eine δ-Funktion in der Integrandenfunktion. Beweisen Sie auf diesem Weg den Faltungssatz unter Verwendung von (3.33), S. 68.

7.3.2 Berechnung der Faltungsintegrale

a) $h(x) := \mathrm{rect}(x) * \mathrm{rect}(x) * \mathrm{rect}(x) = \mathrm{rect}(x) * \mathrm{tri}(x)\,,$

b) $h(x) := \left[\mathrm{tri}(x)\,\mathrm{rect}\left(x - \dfrac{1}{2}\right)\right] * \left[\mathrm{e}^{-x}\,\mathrm{step}(x)\right]\,.$

Ergänzungen: Überprüfung der Funktionen $h(x)$, $h'(x)$, $h''(x)$ auf Stetigkeit: zu a) für $|x| = 1/2$, $|x| = 3/2$; zu b) für $x = 0$, $x = 1$, vgl. hierzu Abb. 7.12.

7.3.3 Das Faltungsergebnis (7.69) ist durch die Berechnung des Mittelwertintegrals für die folgenden Funktion f zu bilden:

$$\text{a) } f(x) = \cos(2\pi\nu x)\ ,\ \text{b) } f(x) = \sin(2\pi\nu x)\ ,\ \text{c) } f(x) = \mathrm{e}^{-x}\,\mathrm{step}(x)\ ,$$

$$\text{d) } f(x) = \mathrm{e}^{-|x|}\ .$$

Hinweise: Zu a) und b) vgl. (6.71), (6.102); zu d): Verwendung von c) und (6.64).

7.3.4 Entsprechend dem Beweis (7.65) ist (7.70) zu beweisen.

7.3.5 Durch Faltung im Frequenzbereich sind die Transformierten $\mathcal{F}\{f(x)\}$ zu den folgenden Funktionen zu bilden:

$$\text{a) } f(x) = \cos(2\pi\nu_1 x)\cos(2\pi\nu_2 x)\ ,\ \text{b) } f(x) = \sin(2\pi\nu_1 x)\sin(2\pi\nu_2 x)\ ,$$

$$\text{c) } f(x) = \cos(2\pi\nu_1 x)\sin(2\pi\nu_2 x)\ .$$

Zu den Ergebnissen vgl. Aufgabe 4 des Abschnitts 6.3.

7.3.6 Begründen Sie, daß zu einer reellwertigen Funktion $f : \mathbb{R} \to \mathbb{R}$ auch im Falle einer komplexwertigen Transformierten $F(u)$ das Ergebnis der inversen Transformation $\mathcal{F}^{-1}\{F(u)\,\mathrm{rect}(u/b)\}$ wieder reellwertig ist (Verwendung von Aufgabe 3.b) in Abschn. 7.2).

7.3.7 Bestimmen Sie die Funktion

$$H(u) = \mathcal{F}\left\{\mathrm{e}^{-|x|}\,\mathrm{rect}\left(\frac{x}{b}\right)\right\}$$

der Abb. 7.15. Hinweis: Vgl. Aufgabe 2 zu Abschn. 7.1 oder Verwendung des Programmpakets Mathematica mit:

```
Integrate[2 Exp[-x] Cos[2 Pi u x], {x, 0, b/2}]
```

7.3.8 Gelegentlich wird die Parsevalsche Gleichung unter Verwendung zweier Funktionen f, g mit den Transformierten F, G angegeben. Beweisen Sie die verschiedenen hierzu notierten Formen

$$\text{a) } \int_{-\infty}^{\infty} f(x)g^*(x)\mathrm{d}x = \int_{-\infty}^{\infty} F(u)G^*(u)\mathrm{d}u\ , \tag{7.74}$$

$$\text{b) } \int_{-\infty}^{\infty} f(x)g(x)\mathrm{d}x = \int_{-\infty}^{\infty} F(u)G(-u)\mathrm{d}u = \int_{-\infty}^{\infty} F(-u)G(u)\mathrm{d}u\ ,$$

$$\text{c) } \int_{-\infty}^{\infty} f(x)G(x)\mathrm{d}x = \int_{-\infty}^{\infty} F(u)g(u)\mathrm{d}u\ .$$

Hinweise: a) und b) lassen sich analog zu (7.73) beweisen; in c) kann $F(u)$ durch (7.1) ersetzt werden. (7.73) ist der Spezialfall zu a) für $f = g$.

Ergänzung: Bestätigen Sie das Integralergebnis (7.42) mit Hilfe der Parsevalschen Gleichung (7.73) zu der Korrespondenz $\mathrm{rect}(bx) \leftrightarrow \mathrm{sinc}(u/b)/|b|$.

7.4 Ergänzungen II

Im Zusammenhang mit dem Fourierintegral haben wir bisher elementare Anwendungen der Integralrechnung benutzt. Wenn wir geringfügig weitergehende Kenntnisse der Ingenieuranalysis einsetzen, lassen sich vertiefte Zusammenhänge zur Fouriertransformation gewinnen.

Transformation der sinc-Funktion

In Abschn. 7.1 wurde als eine hinreichende Bedingung für die Existenz des Fourierintegrals die absolute Integrierbarkeit der Funktion f, also die Bedingung (7.2) genannt. Es soll zunächst gezeigt werden, daß die sinc-Funktion diese Bedingung nicht erfüllt. Hierzu gehen wir von dem Integral

$$A_N = \int_{-N}^{N} |\operatorname{sinc}(x)|\mathrm{d}x = 2\int_0^N |\operatorname{sinc}(x)|\mathrm{d}x,\ N \in \mathrm{N}\,,$$

aus. Zu A_N können wir folgende Abschätzung durchführen (vgl. Aufgabe 1):

$$A_N = 2\sum_{j=1}^{N}\int_{j-1}^{j} \frac{|\sin(\pi x)|}{\pi x}\mathrm{d}x > 2\sum_{j=1}^{N}\int_{j-1}^{j} \frac{|\sin(\pi x)|}{\pi j}\mathrm{d}x = \frac{4}{\pi^2}\sum_{j=1}^{N}\frac{1}{j}\,.$$

Mit (2.13), S. 22, ist daher die Behauptung bewiesen.

Als Ergänzung ist in Erinnerung zu rufen, daß im Gegensatz zu dem Integral $\int_{-\infty}^{\infty} |\operatorname{sinc}(x)|\mathrm{d}x$ wegen (7.42) das Integral $\int_{-\infty}^{\infty} \operatorname{sinc}^2(x)\mathrm{d}x$ existiert.

Zur Berechnung des Fourierintegrals zu $f(x) = \operatorname{sinc}(x)$ können wir von (7.31), S. 185, Gebrauch machen:

$$\begin{aligned} F(u) &= 2\int_0^\infty \frac{\sin(\pi x)\cos(2\pi u x)}{\pi x}\mathrm{d}x \\ &= \int_0^\infty \frac{\sin([1+2u]\,\pi x) + \sin([1-2u]\,\pi x)}{\pi x}\mathrm{d}x \\ &= \int_0^\infty \big[(1+2u)\operatorname{sinc}([1+2u]\,x) + (1-2u)\operatorname{sinc}([1-2u]\,x)\big]\mathrm{d}x\,. \end{aligned} \tag{7.75}$$

Hiermit wird zunächst

$$F\left(\pm\frac{1}{2}\right) = 2\int_0^\infty \operatorname{sinc}(2x)\mathrm{d}x\,.$$

Für die Auswertung der Integrale verwenden wir die Integralformel (7.41), S. 188, die nach dem Hinweis zu (7.43) elementaranalytisch bewiesen werden kann. Es ergibt sich einerseits

$$F\left(\pm\frac{1}{2}\right) = \frac{1}{2} = \operatorname{rect}\left(\pm\frac{1}{2}\right) \tag{7.76}$$

und andererseits für die restlichen u-Werte mit (1.37), S. 15,

$$F(u) = \frac{1}{2}\left[\frac{1+2u}{|1+2u|} + \frac{1-2u}{|1-2u|}\right] = \mathrm{rect}(u) \text{ für } u \neq \pm\frac{1}{2},$$

so daß $\mathrm{sinc}(x) \leftrightarrow \mathrm{rect}(u)$ ohne Verwendung des Fourieroperators bewiesen ist. □

Transformation der Gaußfunktion

Die Funktion

$$f(x) = \exp(-\pi x^2)$$

gehört mit ihrer Transformierten zu den wichtigen Anwendungsbeispielen der Fouriertransformation etwa in der Optik und Statistik. Die hier gewählte Form der Gaußfunktion hat den Vorteil, daß f und die Transformierte identische Funktionen sind, denn es gilt

$$\mathcal{F}\left\{\exp(-\pi x^2)\right\} = \exp(-\pi u^2)\,. \tag{7.77}$$

Beweis: Wir benutzen wieder (7.31) und ersetzen die Kosinusfunktion durch ihre Taylorreihe, die für alle $x, u \in \mathbb{R}$ konvergiert; zusätzlich ist die nachfolgende Vertauschung der unendlichen Reihe mit dem Integral erlaubt:

$$\begin{aligned}
F(u) &= 2\int_0^\infty \exp(-\pi x^2)\cos(2\pi ux)\mathrm{d}x \\
&= 2\int_0^\infty \exp(-\pi x^2)\left[\sum_{j=0}^\infty \frac{(-1)^j(2\pi ux)^{2j}}{(2j)!}\right]\mathrm{d}x \\
&= 2\sum_{j=0}^\infty \frac{(-1)^j(2\pi u)^{2j}}{(2j)!}\int_0^\infty \exp(-\pi x^2)x^{2j}\mathrm{d}x \\
&= 2\sum_{j=0}^\infty \frac{(-1)^j(2\pi u)^{2j}}{(2j)!}B_{2j}\,.
\end{aligned}$$

Für die Berechnung der Konstanten B_{2j} benötigen wir das bekannte Integralergebnis

$$\int_0^\infty \exp\left(-\frac{x^2}{2}\right)\mathrm{d}x = \sqrt{\frac{\pi}{2}}\,, \tag{7.78}$$

zu dem sich ein Beweis z.B. bei Kreyszig [23, S. 359] findet. Durch Substitution (Aufgabe 2) wird dieses Integral in

$$\int_0^\infty \exp\left(-\pi x^2\right)\mathrm{d}x = \frac{1}{2} \tag{7.79}$$

überführt. Hiermit erhalten wir (Aufgabe 3)

$$B_0 = \frac{1}{2}, \; B_{2j} = \frac{(2j-1)(2j-3)\cdots 3\cdot 1}{2(2\pi)^j}, \; j \in \mathbb{N}\,. \tag{7.80}$$

Wenn wir nun in der Summendarstellung zu $F(u)$ die Konstanten B_{2j} mit $(2j)!$ zusammenfassen, wird für $j \in \mathbb{N}_0$

$$\begin{aligned}\frac{B_{2j}}{(2j)!} &= \frac{(2j-1)(2j-3)(2j-5)\cdots 5\cdot 3\cdot 1}{2(2\pi)^j\,(2j)(2j-1)(2j-2)\cdots 3\cdot 2\cdot 1}\\ &= \frac{1}{2(2\pi)^j\,2^j\,j(j-1)(j-2)\cdots 3\cdot 2\cdot 1} = \frac{1}{2^{2j}\,2\,\pi^j\,j!}\,.\end{aligned}$$

Hieraus folgt die Behauptung

$$F(u) = \sum_{j=0}^{\infty} \frac{(-\pi u^2)^j}{j!} = \exp(-\pi u^2)\,. \qquad \square$$

Fouriertransformation und Unstetigkeit, Gibbssches Phänomen

In Ergänzung zu den Ausführungen über die Eindeutigkeit der Fouriertransformierten mit ihrer Inversen (S. 150), d.h. der identischen Übereinstimmung in der Gleichung

$$\mathcal{F}^{-1}\{\mathcal{F}\{f(x)\}\} = f(x)\,, \tag{7.81}$$

ist noch zu zeigen, daß das Ergebnis der (inversen) Fouriertransformation an einer Unstetigkeitsstelle das Mittelwertverhalten aufweist. Hiermit wird zusätzlich auch die Gültigkeit der Integralgleichung (3.34), S. 69, nachgetragen.

Im Zentrum des Beweises (7.26), S. 183, zu (7.81) steht die Beziehung

$$\mathcal{F}^{-1}\{\mathcal{F}\{f(x)\}\} = \int_{-\infty}^{\infty} f(\alpha)\delta(x-\alpha)\mathrm{d}\alpha = f(x)\,. \tag{7.82}$$

Falls $f(x)$ an der Stelle x stetig ist, führt die grundlegende Eigenschaft der δ-Funktion in der Distributionstheorie mit (3.33) auf den Funktionswert $f(x)$.

Zu dem Beispiel der Rechteckfunktion haben wir bereits durch (7.76) das Mittelwertverhalten an den Unstetigkeitsstellen $x = \pm 1/2$ bestätigt. Es soll nun gezeigt werden, daß dieser Mittelwert des rechts- und linksseitigen Grenzwertes allgemein das Resultat von (7.82) ist.

Zunächst nehmen wir an, daß die Unstetigkeitsstelle in $x = 0$ vorliegt. Mit den Vereinbarungen

$$D := f(0^+) - f(0^-)\,,$$

$$g(x) := \begin{cases} f(x) - D\,\mathrm{step}(x) \text{ für } x \neq 0\,, \\ f(0^-) \text{ für } x = 0\,, \end{cases} \tag{7.83}$$

erhalten wir eine Funktion g, die in $x = 0$ stetig ist (Aufgabe 5). Indem wir f durch g in (7.82) ersetzen, wird

$$\begin{aligned} \int_{-\infty}^{\infty} f(\alpha)\delta(x-\alpha)\mathrm{d}\alpha &= \int_{-\infty}^{\infty} g(\alpha)\delta(x-\alpha)\mathrm{d}\alpha \\ &\quad + D\int_{-\infty}^{\infty} \mathrm{step}(\alpha)\delta(x-\alpha)\mathrm{d}\alpha \\ &= \int_{-\infty}^{\infty} g(\alpha)\delta(x-\alpha)\mathrm{d}\alpha + D\int_{0}^{\infty} \delta(x-\alpha)\mathrm{d}\alpha\,. \end{aligned}$$

Für $x = 0$ ergibt das erste Integral wegen der Stetigkeit den Funktionswert $g(0)$ und der zweite Summand mit (3.24), S. 67, den Wert $D/2$. Insgesamt wird also

$$\begin{aligned} \mathcal{F}^{-1}\left\{\mathcal{F}\left\{f(x)\right\}\right\}\Big|_{x=0} &= \left[\int_{-\infty}^{\infty} f(\alpha)\delta(x-\alpha)\mathrm{d}\alpha\right]_{x=0} \\ &= f(0^-) + \frac{1}{2}\left[f(0^+) - f(0^-)\right] \\ &= \frac{1}{2}\left[f(0^-) + f(0^+)\right]\,. \end{aligned}$$

Bei einer Unstetigkeitsstelle in $x = a$ läßt sich der Beweis auf die Gleichung $\mathcal{F}^{-1}\left\{\mathcal{F}\left\{f(x-a)\right\}\right\} = f(x-a)$ übertragen. Schließlich gelten dieselben Entwicklungen aufgrund der Form des inversen Fourierintegrals (7.7) auch für das Gegenstück zu (7.81), $\mathcal{F}\left\{\mathcal{F}^{-1}\left\{F(u)\right\}\right\} = F(u)$, so daß allgemein die Eindeutigkeit der Fouriertransformierten und der inversen Transformierten sichergestellt ist.

Das Gibbssche Phänomen war im Zusammenhang mit der Fourierreihe zur periodischen Rechteckfunktion auf S. 37 vorgestellt worden; zusätzlich wurde das Verhalten der „Überschwinger" bei zunehmender Anzahl der beteiligten Summanden in der Fourierteilsumme erläutert d.h. bei einem größer werdenden Umfang der ***diskreten*** Frequenzkomponenten aus $(C_k)_{k\in\mathbb{Z}}$. Diesen Vorgang übertragen wir nun auf das ***kontinuierliche*** Frequenzspektrum $F(u) = \mathrm{sinc}(u)$ der Rechteckfunktion und vereinbaren zur Vereinfachung der Schreibweise die Notierung

$$f_b(x) := \mathcal{F}^{-1}\left\{\mathrm{sinc}(u)\,\mathrm{rect}\left(\frac{u}{b}\right)\right\},\ b \in \mathbb{R}^+\,.$$

Hierzu können wir die (7.75) entsprechende Form des inversen Fourierintegrals übernehmen und umformen (Aufgabe 6):

$$\begin{aligned} f_b(x) &= 2\int_0^{b/2} \frac{\sin(\pi u)\cos(2\pi u x)}{\pi u} du \\ &= \int_0^{b/2} \frac{\sin([1+2x]\pi u) + \sin([1-2x]\pi u)}{\pi u} du \\ &= \frac{1}{\pi}\int_0^{(1+2x)\pi b/2} \frac{\sin s}{s} ds + \frac{1}{\pi}\int_0^{(1-2x)\pi b/2} \frac{\sin s}{s} ds \,. \end{aligned} \tag{7.84}$$

Die letzten beiden Integrale lassen sich unter Verwendung der sogenannten „Integralsinusfunktion" wiedergeben, definiert durch

$$\mathrm{Si}(x) := \int_0^x \frac{\sin s}{s} ds \,.$$

Die Integrandenfunktion ist gerade, so daß $\mathrm{Si}(x)$ mit $\mathrm{Si}(0) = 0$ eine ungerade Funktion ist. Wir können daher fortsetzen

$$f_b(x) = \frac{1}{\pi}\,\mathrm{Si}\left(\left[x + \frac{1}{2}\right]\pi b\right) - \frac{1}{\pi}\,\mathrm{Si}\left(\left[x - \frac{1}{2}\right]\pi b\right) .$$

In der Abb. 7.16 ist der Verlauf des Funktionsgraphen zu $f_b(x)$ für zwei verschiedene Werte b zusammen mit den beiden Summandenfunktionen wiedergegeben.

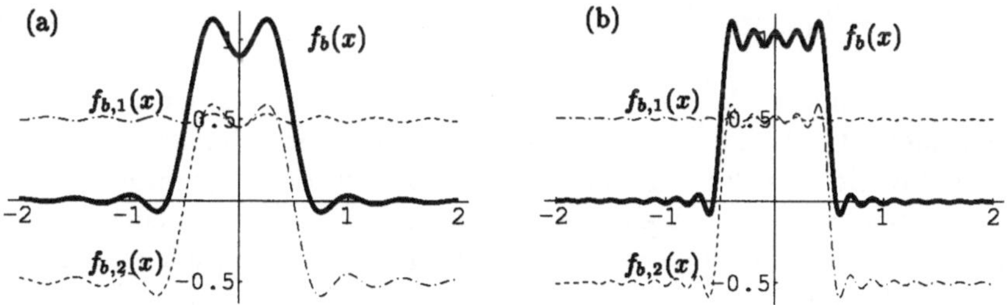

Abb. 7.16. $f_{b,1}(x) = \mathrm{Si}([x+1/2]\pi b)/\pi$, $f_{b,2}(x) = -\mathrm{Si}([x-1/2]\pi b)/\pi$, $f_b(x) = f_{b,1}(x) + f_{b,2}(x)$, **(a)** $b = 10$, **(b)** $b = 30$

Im Vergleich mit der Abb. 2.7, S. 37, zur periodischen Rechteckfunktion ist zunächst der gleichartige Effekt der Überschwinger an den Unstetigkeitsstellen erkennbar. Ein Unterschied zwischen den beiden Abbildungen resultiert daraus, daß bei der 1-periodischen Fortsetzung der Graphen zu $f_b(x)$ die Einflüsse der um k verschobenen Funktionen $f_b(x-k)$, $k \in \mathbb{Z}$, in der Abb. 2.7 vorhanden sind.

Es bleibt noch die eigentliche Ursache des Gibbsschen Phänomens zu erklären. Entsprechend dem Hinweis auf S. 37 weisen die Funktionswerte an den den Sprungstellen benachbarten Extrema eine Differenz von etwa 0,09 zu den Werten der Rechteckfunktion 0 bzw. 1 auf und zwar unabhängig von der Anzahl der Summanden in der Fourierteilsumme. Wir betrachten hierzu den Verlauf des Graphen $\text{Si}(x)/\pi$ in der Abb. 7.17. Die ersten beiden Extrema in der Umgebung von $x = 0$ befinden sich in $x = \pm\pi$, und es ergibt sich in der Tat $\left| \pm 1/2 + \text{Si}(\mp\pi)/\pi \right| = 0{,}08949$ (Aufgabe 7).

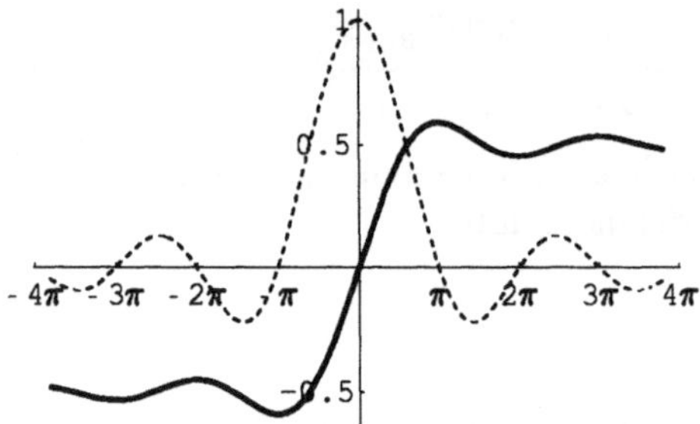

Abb. 7.17. Si(x); (*gestrichelt:*) Integrandenfunktion $(\sin x)/x$

Wir wollen noch festhalten, daß mit (7.43) gilt

$$\frac{1}{\pi}\int_{-\infty}^{0} \frac{\sin s}{s} ds = \frac{1}{\pi}\int_{0}^{\infty} \frac{\sin s}{s} ds = \lim_{x\to\infty} \frac{1}{\pi}\,\text{Si}(x) = \frac{1}{2}\,, \tag{7.85}$$

denn die Integrandenfunktion ist gerade. Damit folgt zusätzlich

$$\lim_{x\to-\infty} \frac{1}{\pi}\,\text{Si}(x) = -\frac{1}{2}\,. \tag{7.86}$$

Gehen wir nun zu der Funktion $\text{Si}(\beta x)/\pi$ über (Abb. 7.18), dann wird mit wachsendem $\beta > 0$ der Funktionsgraph gestaucht (Stauchungszentrum $x = 0$). Die Abweichung der Maxima und Minima von der Asymptotengeraden $y = 1/2$ bzw. $y = -1/2$ bleibt jedoch unverändert. Überraschend ist auch hier, daß im Grenzfall $\beta \to \infty$ die Überschwinger „verschwinden", denn aus (7.85), (7.86) folgt

$$\lim_{\beta\to\infty} \frac{1}{\pi}\,\text{Si}(\beta x) = \begin{cases} -\frac{1}{2} \text{ für } x < 0\,, \\ 0 \text{ für } x = 0\,, \\ \frac{1}{2} \text{ für } x > 0\,, \end{cases} \tag{7.87}$$

d.h. als Grenzfunktion ergibt sich $\text{sgn}(x)/2$.

Wenn wir wieder zu der Funktion $f_b(x)$ mit der Abb. 7.16 zurückkehren, dann können wir die Eigenschaften der Funktion $\text{Si}(\beta x)/\pi$ ohne weiteres zur Bildung von $f_b(x)$ übertragen. Es ist dabei zu erwähnen, daß sich die Stauchungszentren der beiden Summandenfunktionen für wachsende Werte von b in $x = \pm 1/2$ befinden. Außerdem wirkt sich die additive Überlagerung dieser Summandenfunktionen auf die Funktionswerte der Extrema aus. Zumindest für „große" Werte von b fällt allerdings der Unterschied zu 1+0,08949 bzw. −0,08949 nur gering aus. Schließlich erhalten wir im Grenzfall mit (7.87) wiederum

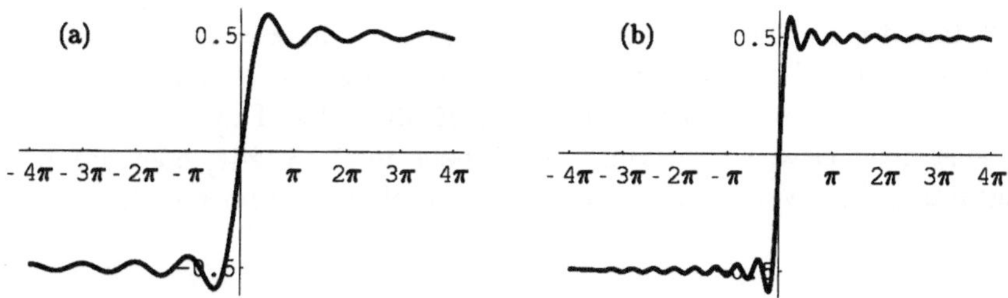

Abb. 7.18. $\mathrm{Si}(\beta x)/\pi$, **(a)** $\beta = 2$, **(b)** $\beta = 5$

$$\begin{aligned}\mathcal{F}^{-1}\{\operatorname{sinc}(u)\} &= \mathcal{F}^{-1}\left\{\lim_{b\to\infty} \operatorname{sinc}(u)\operatorname{rect}\left(\frac{u}{b}\right)\right\} = \lim_{b\to\infty} f_b(x) \\ &= \frac{1}{2}\operatorname{sgn}\left(x+\frac{1}{2}\right) - \frac{1}{2}\operatorname{sgn}\left(x-\frac{1}{2}\right) = \operatorname{rect}(x)\,.\end{aligned}$$

Die zentrale Idee der Begründung des Gibbsschen Phänomens durch die Funktion $\mathrm{Si}(x)$ läßt sich auf Unstetigkeitsstellen zu beliebigen Funktionen übertragen (vgl. Papoulis, [27, S. 30]). Daher treffen wir es immer an, wenn eine solche Funktion f durch Frequenzbegrenzung in die tiefpaßgefilterte Form überführt wird, sei es im periodischen Fall durch die Fourierteilsumme oder bei nicht periodischer Funktion durch die Operation $\mathcal{F}^{-1}\{F(u)\operatorname{rect}(u/b)\}$.

Übungen

7.4.1 Zeigen Sie

$$\int_{j-1}^{j} |\sin(\pi x)|\mathrm{d}x = \frac{2}{\pi},\ j \in \mathbb{Z}\,.$$

7.4.2 Gleichung (7.78) ist nach (7.79) zu überführen.

7.4.3 Induktionsbeweis zu (7.80).

7.4.4 Unter Verwendung der Argumentskalierungsformel der Regel 2 zum Fourieroperator, (6.18), ist die Transformierte $F(u)$ zu der in der Statistik benutzten Funktion $f(x) = \exp(-x^2/2)$ zu bilden; $F(0)$ liefert hieraus wieder (7.78).

7.4.5 Zeigen Sie, daß die mit (7.83) definierte Funktion $g(x)$ in $x = 0$ stetig ist (vgl. (1.10)). Ergänzung: Falls $f(x)$ an der Unstetigkeitsstelle $x = 0$ die Mittelwertbedingung erfüllt, genügt die Definition $g(x) := f(x) - D\,\mathrm{step}(x)$ für $x \in \mathbb{R}$.

7.4.6 Integralsubstitution in (7.84).

7.4.7 Bestätigen Sie, daß die Funktion $\mathrm{Si}(x)/\pi$ in $x = j\pi$, $j \in \mathbb{Z}\setminus\{0\}$, Extrema besitzt. Maxima liegen für ungeradzahlige $j \in \mathbb{N}$ bzw. geradzahlige $j \in \mathbb{Z}^-$ vor; Entsprechendes folgt für die Minima. Der Funktionswert $\mathrm{Si}(\pi)$ läßt sich beispielsweise mit Hilfe der Tabelle in [1, S. 244] oder durch das Programmpaket „Mathematica" mit SinIntegral $[x]$ berechnen ([34, S. 1292]).

8. Fouriertransformation und periodische Funktionen

Wir sind jetzt in der Lage, aus den Entwicklungslinien der bisherigen Kapitel diejenigen Ergebnisse herauszuziehen und zu systematisieren, die sich auf den Zusammenhang zwischen den periodischen Funktionen und der Fouriertransformation beziehen. Neben neuen Einsichten über die Besonderheiten bei den periodischen Funktionen – insbesondere in Verbindung mit den Fourierreihen – ist das Ziel hierbei vor allem die Erarbeitung des bemerkenswerten Abtasttheorems. Zusätzlich werden wir damit auch die Überleitung zur diskreten Fouriertransformation vorbereiten.

Wenn im folgenden von einer periodischen Funktion die Rede ist, schließen wir generell die Nullfunktion aus, die formal zwar die Bedingung (2.22), $f(x+p) = f(x)$, für eine p-periodische Funktion erfüllt. Dagegen lassen wir als Sonderfall die Einsfunktion bei den periodischen Funktionen zu, um zu den Harmonischen $\cos(2\pi\nu x)$, $\exp(2\pi i\nu x)$ auch den Fall $\nu = 0$ mit zu erfassen.

Außerdem werden wir bei den weiteren Umformungen die Frage der Zulässigkeit nicht mehr ausdrücklich stellen, da diese Operationen durch die Distributionstheorie gesichert sind[1].

8.1 Fourierreihen III

Transformation periodischer versus nicht periodischer Funktionen

Zu den elementaren periodischen Funktionen, nämlich den Harmonischen, haben wir als Transformationsergebnisse erarbeitet

$$\mathcal{F}\{\cos(2\pi\nu x)\} = \frac{1}{2}\left[\delta(x+\nu) + \delta(x-\nu)\right], \; \nu \in \mathbb{R},$$

$$\mathcal{F}\{\sin(2\pi\nu x)\} = \frac{i}{2}\left[\delta(x+\nu) - \delta(x-\nu)\right], \; \nu \in \mathbb{R}\setminus\{0\},$$

$$\mathcal{F}\{\exp(2\pi i\nu x)\} = \delta(x+\nu), \; \nu \in \mathbb{R}.$$

---

[1] Im folgenden wird auf frühere Transformationsergebnisse in der Regel nicht mehr ausdrücklich durch die Formelnummer Bezug genommen. Hierzu kann die Zusammenfassung des Abschnitts 6.6 benutzt werden.

Indem wir periodische Funktionen durch ihre Fourierreihen darstellen, können wir mit diesen Transformierten auch das Transformationsergebnis allgemeiner periodischer Funktionen gewinnen. Es soll jedoch ein anderer Weg vorgestellt werden, mit dem das folgende Ergebnis bewiesen wird:

Satz 8.1: *Zu einer p-periodischen Funktion $f(x)$ gilt für die Fouriertransformierte*

$$\mathcal{F}\{f(x)\} = \sum_{k=-\infty}^{\infty} C_k \delta\left(u - \frac{k}{p}\right) \quad \wedge \quad \bigvee_{k \in \mathbb{Z}} C_k \neq 0\,, \tag{8.1}$$

d.h. die Transformierte einer periodischen Funktion ist vom δ-Typ. Falls zusätzlich $f(x) \neq 1$ ist, dann ist mindestens ein C_k mit $k \neq 0$ von Null verschieden.

Beweis: Wir wollen den Beweis für den Fall einer 1-periodischen Funktion $f(x)$ durchführen und die Übertragung auf den allgemeinen Fall $p \in \mathbb{R}^+$ der Behandlung in Aufgabe 1 überlassen.

Wenn wir zunächst $\mathcal{F}\{f(x)\} = F(u)$ benutzen, dann ist voraussetzungsgemäß $f(x+1) - f(x) = 0$, eine Nullfunktion. Damit wird

$$\mathcal{F}\{f(x+1) - f(x)\} = [\exp(2\pi i u) - 1]\, F(u) = 0\,. \tag{8.2}$$

Da der erste Faktor des Transformationsergebnisses nur für ganzzahlige Werte u verschwindet (vgl. (4.7)), muß gelten

$$\bigwedge_{u \in \mathbb{R}\setminus\mathbb{Z}} F(u) = 0\,. \tag{8.3}$$

Die Stellen $u \in \mathbb{Z}$ können jedoch keine Unstetigkeitsstellen der Funktion $F(u)$ sein, denn nach der Mittelwerteigenschaft der Fouriertransformierten wäre an einer Unstetigkeitsstelle u_0 wegen (8.3) auch $F(u_0) = 0$. Die Gleichung (8.2) kann also nur dadurch erfüllt werden, daß für jeden Wert $u_0 \in \mathbb{Z}$ entweder $F(u_0) = 0$ gilt oder $F(u)$ in u_0 eine Singularitätsstelle besitzt. Damit ist die Aussage über $F(u)$ bewiesen, und der Zusatz in (8.1) ist deswegen erfüllt, weil andernfalls $F(u) = 0$ und somit auch – entgegen der generellen Voraussetzung – $f(x)$ eine Nullfunktion wäre. Entsprechend ergibt sich mit $\mathcal{F}\{1\} = \delta(u)$ der Fall $f(x) \neq 1$. □

Wir wollen den zentralen Beweisgedanken am Beispiel der Kosinusfunktion verdeutlichen und damit ein Beispiel für den Fall geben, daß in der Transformierten des Satzes 8.1 nur endlich viele der Koeffizienten $C_k \neq 0$ sind:

$$\begin{aligned}&\mathcal{F}\{\cos(2\pi\,[x+1]) - \cos(2\pi x)\}\\ &= [\exp(2\pi i u) - 1]\,\frac{1}{2}\,[\delta(u+1) + \delta(u-1)]\end{aligned}$$

$$= \frac{1}{2}\left[\exp(-2\pi i) - 1\right]\delta(u+1) + \frac{1}{2}\left[\exp(2\pi i) - 1\right]\delta(u-1) = 0\,. \qquad (8.4)$$

In der Gleichung (8.1) wurde die Notierung C_k anstelle des Funktionswertes zu F für den Gewichtungsfaktor der δ-Singularität benutzt. Die Wahl des Buchstabens C deutet natürlich darauf hin, daß es sich bei diesen Faktoren um Fourierkoeffizienten handelt. In der Tat können wir als Folge von Satz 8.1 noch einmal allgemein feststellen (vgl. (5.38), S. 113):

Eine beliebige p-periodische Funktion läßt sich als Fourierreihe darstellen durch[2]

$$f(x) = \mathcal{F}^{-1}\left\{\sum_{k=-\infty}^{\infty} C_k\delta\left(u - \frac{k}{p}\right)\right\} = \sum_{k=-\infty}^{\infty} C_k \exp\left(\frac{2\pi i k x}{p}\right)\,.$$

Auf der S. 101 war der Begriff des „diskreten Frequenzspektrums" für die Folge der Fourierkoeffizienten $(C_k)_{k\in\mathbb{Z}}$ vorgestellt worden. Jetzt können wir anstelle der Folge von Zahlenwerten $(C_k)_{k\in\mathbb{Z}}$ mit Hilfe der Transformierten $F(u) = \sum\limits_{k=-\infty}^{\infty} C_k\delta\left(u - k/p\right)$ eine funktionale anschauliche Interpretation der „diskreten Frequenzen" geben: Es handelt sich um eine Funktion mit δ-Pfeilen an den diskreten äquidistanten Stellen der Frequenzabszisse $u = k/p$, $k \in \mathbb{Z}$. – Wir werden diesen Gedanken später noch verdeutlichen.

Als Ergänzung zu Satz 8.1 läßt sich folgende Aussage beweisen:

<u>Satz 8.2</u>: *Falls $F(u) \neq 0$ nicht vom δ-Typ ist, dann ist $\mathcal{F}^{-1}\{F(u)\} = f(x)$ eine nicht periodische Funktion.*

Falls nämlich $f(x)$ entgegen der Behauptung dieses Satzes periodisch wäre, dann müßte nach Satz 8.1 $F(u)$ im Widerspruch zur Voraussetzung vom δ-Typ sein. □

Die Eigenschaften einer Funktion $F(u)$, die „nicht vom δ-Typ" ist, soll noch etwas näher charakterisiert werden. Zunächst besitzt F nach der Vereinbarung auf S. 70 keine δ-Singularitäten, sondern es handelt sich hierbei um eine stückweise stetige Funktion (vgl. S. 7). Daher existiert zu jeder Stetigkeitsstelle u_0 mit $F(u_0) \neq 0$ mindestens[3] ein Intervall $I = (a\,,\,b)$ um u_0 (d.h. $a < u_0 < b$), für das gilt: Zu *jedem* $u \in I$ ist $F(u) \neq 0$ (vgl. z.B. Dirschmid [11, S. 133]). Alle diese ***kontinuierlichen*** Frequenzen sind somit an der Darstellung der nicht periodischen Funktion $f(x)$ durch das inverse Fourierintegral beteiligt. Als Ergebnis können wir infolgedessen noch einmal

---

[2] Da wir in Satz 8.1 keine speziellen Voraussetzungen über die Funktion f gemacht haben, müssen wir bei der Darstellung von f durch die Fourierreihe auf den Begriff der „verallgemeinerten Fourierreihe" verweisen, deren Konvergenz im Rahmen der Distributionstheorie erfüllt ist (vgl. S. 170). Ist f dagegen eine stückweise glatte Funktion, dann ist nach S. 107 die Konvergenz dieser Fourierreihe im Sinne der klassischen Analysis gesichert.

[3] Genau genommen gibt es natürlich unendlich viele solcher Intervalle.

feststellen (vgl. S. 190): Zu einer nicht periodischen Funktion gehört ein kontinuierliches Frequenzspektrum. Solche Funktionen, die nicht vom δ-Typ sind, wollen wir daher kurz als „kontinuierliche Funktionen" bezeichnen.

In die Systematik der Möglichkeiten periodischer/nicht periodischer Funktionen mit den durch die beiden Sätze charakterisierten Transformierten muß noch ein letzter Fall aufgenommen werden. In Abschn. 8.3 wird bewiesen, daß z.B. die Funktion $f(x) = \cos(2\pi\nu_1 x) + \cos(2\pi\nu_2 x)$ für ein irrationales Zahlenverhältnis ν_1/ν_2 eine *nicht periodische* Funktion mit einer Transformierten $F(u)$ vom δ-Typ ist. Funktionen $f(x)$ von dieser Art sollen im folgenden ausgeschlossen werden[4].

Mit den hier getroffenen Vereinbarungen reduzieren sich die Fallunterscheidungen auf:

$$f(x): \text{ periodisch } \Rightarrow F(u): \text{ vom } \delta\text{-Typ oder diskret}^5, \tag{8.5}$$

$$f(x): \text{ nicht periodisch } \Rightarrow F(u): \text{ kontinuierlich}^6. \tag{8.6}$$

Nach der Regel 4 des Fourieroperators können in diesen beiden Folgerungen die Funktionen f und F vertauscht werden.

Fourierreihen und Fouriertransformation

Wir sind jetzt in der Lage, die Formeln zu den Fourierreihen als eine spezielle Form der Fouriertransformation darzustellen. Wir führen die Entwicklungen für 1-periodische Funktionen durch und verweisen für die Verallgemeinerung auf die Aufgabe 2.

Zunächst ist offensichtlich, daß das Integral der Fourierkoeffizienten, (5.18) S. 107, und das Fourierintegral (7.1), S. 175, im wesentlichen gleichartig sind:

$$C_k := \int_{-1/2}^{1/2} f(x)\exp(-2\pi \mathrm{i} kx)\mathrm{d}x, \; k \in \mathbb{Z}\,, \tag{8.7}$$

$$F(u) = \int_{-\infty}^{\infty} f(x)\exp(-2\pi \mathrm{i} ux)\mathrm{d}x, \; u \in \mathbb{R}\,, \tag{8.8}$$

[4] Die Einschränkungen, die zu den bisherigen Ergebnissen über die beteiligten Funktionstypen aufgrund von Vereinbarungen gemacht wurden, sind für die Aussagen nicht wesentlich sondern dienen der Vereinfachung der Systematik.

[5] vgl. S. 79

[6] Es muß noch einmal ganz deutlich herausgestellt werden, daß diese Folgerung nur dann gültig ist, wenn wir – wie vereinbart – Summen bzw. Produkte von periodischen Funktionen mit irrationalem Periodenverhältnis ausschließen (vgl. S. 240).

Um das Fourierintegral hinsichtlich der Integrationsgrenzen auf die Form (8.7) zu bringen, bilden wir die Ausschnittfunktion zu der gegebenen Funktion f und definieren zusätzlich für die zugehörige Transformierte:

$$\widehat{f}(x) := f(x)\,\mathrm{rect}(x)\,, \tag{8.9}$$

$$C(u) := \mathcal{F}\left\{\widehat{f}(x)\right\} = \int_{-1/2}^{1/2} f(x)\exp(-2\pi \mathrm{i} ux)\mathrm{d}x\,. \tag{8.10}$$

Die Wahl des Funktionsbuchstabens C soll zum Ausdruck bringen, daß wir hiermit für die diskreten ganzzahligen Argumente $u \in \mathbb{Z}$ gerade die Fourierkoeffizienten erhalten:

$$C_k = C(k),\ k \in \mathbb{Z}\,. \tag{8.11}$$

Für den Übergang von $\widehat{f}(x)$ auf die durch die Fourierreihe dargestellte 1-periodische Fortsetzung hatten wir in (5.19), S. 107, bereits die Notierung $\widetilde{f}(x)$ verwendet. Durch die Faltung von $\widehat{f}$ mit der Kammfunktion, (6.87), bilden wir diese 1-periodische Fortsetzung und erhalten

$$\widetilde{f}(x) = \begin{cases} \displaystyle\sum_{k=-\infty}^{\infty} C_k \exp(2\pi \mathrm{i} kx) \\ \widehat{f}(x) * \Delta(x) = \displaystyle\sum_{j=-\infty}^{\infty} \widehat{f}(x-j)\,. \end{cases} \tag{8.12}$$

Im Frequenzbereich wird hieraus mit der Korrespondenz $\Delta(x) \leftrightarrow \Delta(u)$

$$\begin{aligned} \widetilde{F}(u) &:= \mathcal{F}\left\{\widetilde{f}(x)\right\} \\ &= \left\{ \begin{aligned} &\mathcal{F}\left\{\sum_{k=-\infty}^{\infty} C_k \exp(2\pi \mathrm{i} kx)\right\} = \sum_{k=-\infty}^{\infty} C_k \delta(u-k) \\ &\mathcal{F}\left\{\widehat{f}(x) * \Delta(x)\right\} = C(u)\Delta(u) \end{aligned} \right\} \\ &= \sum_{k=-\infty}^{\infty} C(k)\,\delta(u-k)\,. \end{aligned} \tag{8.13}$$

Die zentralen Bindeglieder bei der Überleitung der Fourierreihen in das Konzept der Fouriertransformation bilden

- die (kontinuierliche) Transformierte $C(u)$ zu der (nicht periodischen) Ausschnittfunktion $\widehat{f}(x)$ als Entsprechung zu dem Integral der Fourierkoeffizienten (8.7),
- die 1-periodische Fortsetzung von $\widehat{f}(x)$ zu $\widetilde{f}(x) = \widehat{f}(x) * \Delta(x)$ in Entsprechung zur Darstellung durch die Fourierreihe,

- das funktionale diskrete Spektrum $C(u)\Delta(u) = \mathcal{F}\left\{\widehat{f}(x) * \Delta(x)\right\}$ als Entsprechung zu dem diskreten Frequenzspektrum $(C_k)_{k\in\mathbb{Z}}$.

Der Kernpunkt ist hierbei die Korrespondenz $\Delta(x) \leftrightarrow \Delta(u)$, die auch in der weiterführenden Behandlung der periodischen Funktionen ihre zentrale Bedeutung erweisen wird.

Die Systematik der Formeln und Bezeichnungen zu (8.12) und (8.13) ist in der Tabelle 8.1 zusammengefaßt, die in Anlehnung an die nachfolgende Darstellung der entsprechenden Funktionsgraphen angelegt ist.

Tabelle 8.1. Fourierreihen und Fouriertransformation

Ortsbereich		Frequenzbereich
$f(x)$	$\leftrightarrow$	$F(u)$
$\times$		$*$
$\mathrm{rect}(x)$	$\leftrightarrow$	$\mathrm{sinc}(u)$
$=$		$=$
$\widehat{f}(x) = f(x)\,\mathrm{rect}(x)$	$\leftrightarrow$	$C(u) = F(u) * sinc(u)$
$*$		$\times$
$\Delta(x)$	$\leftrightarrow$	$\Delta(u)$
$=$		$=$
$\widetilde{f}(x) = \widehat{f}(x) * \Delta(x)$	$\leftrightarrow$	$\widetilde{F}(u) = C(u)\Delta(u)$

Zur graphischen Veranschaulichung der Zusammenhänge im Orts- und Frequenzbereich wählen wir mit der Abb. 8.1 noch einmal das Beispiel der Funktion $f(x) = \cos(2\pi\nu x)$, $\nu \notin \mathbb{Z}$, das im Kap. Fourierreihen II in der Abb. 5.3, S. 110, bereits vorgestellt wurde. Es zeigt sich, daß die dort benutzte Pfeildarstellung der Fourierkoeffizienten jetzt durch die Fouriertransformation ihre eigentliche Begründung erhält: Die Transformierte der Fourierreihe

$$\begin{aligned}\widetilde{f}(x) &= \Big[\cos(2\pi\nu x)\,\mathrm{rect}(x)\Big] * \Delta(x) \\ &= \sum_{k=-\infty}^{\infty} \frac{1}{2}\left[\mathrm{sinc}(k+\nu) + \mathrm{sinc}(k-\nu)\right] \exp(2\pi i k x) \qquad (8.14)\end{aligned}$$

ist nämlich gerade die Funktion

$$C(u)\Delta(u) = \frac{1}{2}\left[\operatorname{sinc}(u+\nu) + \operatorname{sinc}(u-\nu)\right]\Delta(u)$$
$$= \sum_{k=-\infty}^{\infty} \frac{1}{2}\left[\operatorname{sinc}(k+\nu) + \operatorname{sinc}(k-\nu)\right]\delta(u-k)\,.$$

Es ist noch darauf hinzuweisen, daß in diesem Beispiel $f(x)$ und somit auch die Transformierte $C(u) = \mathcal{F}\left\{\widehat{f}(x)\right\}$ reellwertige gerade Funktionen sind. Außerdem ist hier die Bildung von $C(u) = F(u) * \operatorname{sinc}(u)$ als Faltung mit den δ-Funktionen in $F(u)$ problemlos durchzuführen. Im allgemeinen Fall werden die Fourierkoeffizienten C_k ebenso wie die Funktion $C(u)\Delta(u)$ komplexwertig ausfallen; außerdem werden in der Regel beim Übergang von $F(u)$ nach $C(u)$ die Ausführungen über ortsbegrenzte Funktionen in Abschn. 7.3, S. 204, zum Tragen kommen.

Abschließend sollen zwei Sonderfälle genannt werden:

1. Falls die Ausgangsfunktion $f(x)$ eine 1-periodische Funktion ist, dann führt das Ergebnis der periodischen Fortsetzung zu $\widehat{f}(x)$ wieder auf die Funktion $f(x)$:

$$\widetilde{f}(x) = \widehat{f}(x) * \Delta(x) = f(x) \text{ für } f(x) : \text{1-periodisch.} \tag{8.15}$$

Diese Aussage ist anschaulich ohne weiteres einsichtig; formal soll sie in Aufgabe 5 durchgeführt werden.

2. Falls $\widehat{f}(x) = f(x)$, dann gilt natürlich auch $C(u) = F(u)$. Beispiele hierzu sind etwa die Funktionen $f(x) = \operatorname{rect}(x/b)$, $|b| < 1$, oder $f(x) = \operatorname{tri}(x/b)$, $|b| \le 1/2$. Für das erste Beispiel ergibt sich auf diesem Weg wieder $C(u) = \mathcal{F}\{\operatorname{rect}(x/b)\} = b\operatorname{sinc}(bu) \Rightarrow C_k = b\operatorname{sinc}(bk)$, $k \in \mathbb{Z}$, für die Fourierkoeffizienten der 1-periodischen Rechteckfunktion.

Anwendungsbeispiel: Hann-Fenster

Der hier erarbeitete Formalismus des funktionalen Äquivalents $C(u)\Delta(u)$ zur Folge der Fourierkoeffizienten $(C_k)_{k\in\mathbb{Z}}$ gestattet es gelegentlich, die Manipulation von Fourierreihen einfacher zu handhaben (vgl. Aufgabe 8). Auf jeden Fall lassen sich solche Operationen hierdurch jedoch anschaulicher interpretieren. Als Beispiel und mit Bezug auf die Benutzung bei der diskreten Fouriertransformation soll der Effekt des sogenannten Hann-Fensters vorgestellt werden[7]. Die Anwendung dieses Fensters bezieht sich vorwiegend auf Fälle, in denen durch eine Fourieranalyse Frequenzinformationen einer Funktion bzw. eines Signals f untersucht werden sollen.

Wir wählen zur Erläuterung noch einmal das Beispiel der Funktion $f(x) = \sin(2\pi\nu x)$, $\nu \notin \mathbb{Z}$. Die periodische Fortsetzung $\widehat{f}(x) * \Delta(x)$ besitzt an den Grenzen des Grundintervalls $I_1 = [-1/2, 1/2)$ Unstetigkeitsstellen (vgl.

[7] Bezeichnet nach Julius von Hann. Gelegentlich findet sich hierfür auch der Begriff Hanning-Fenster, der der englischsprachigen Literatur entlehnt ist.

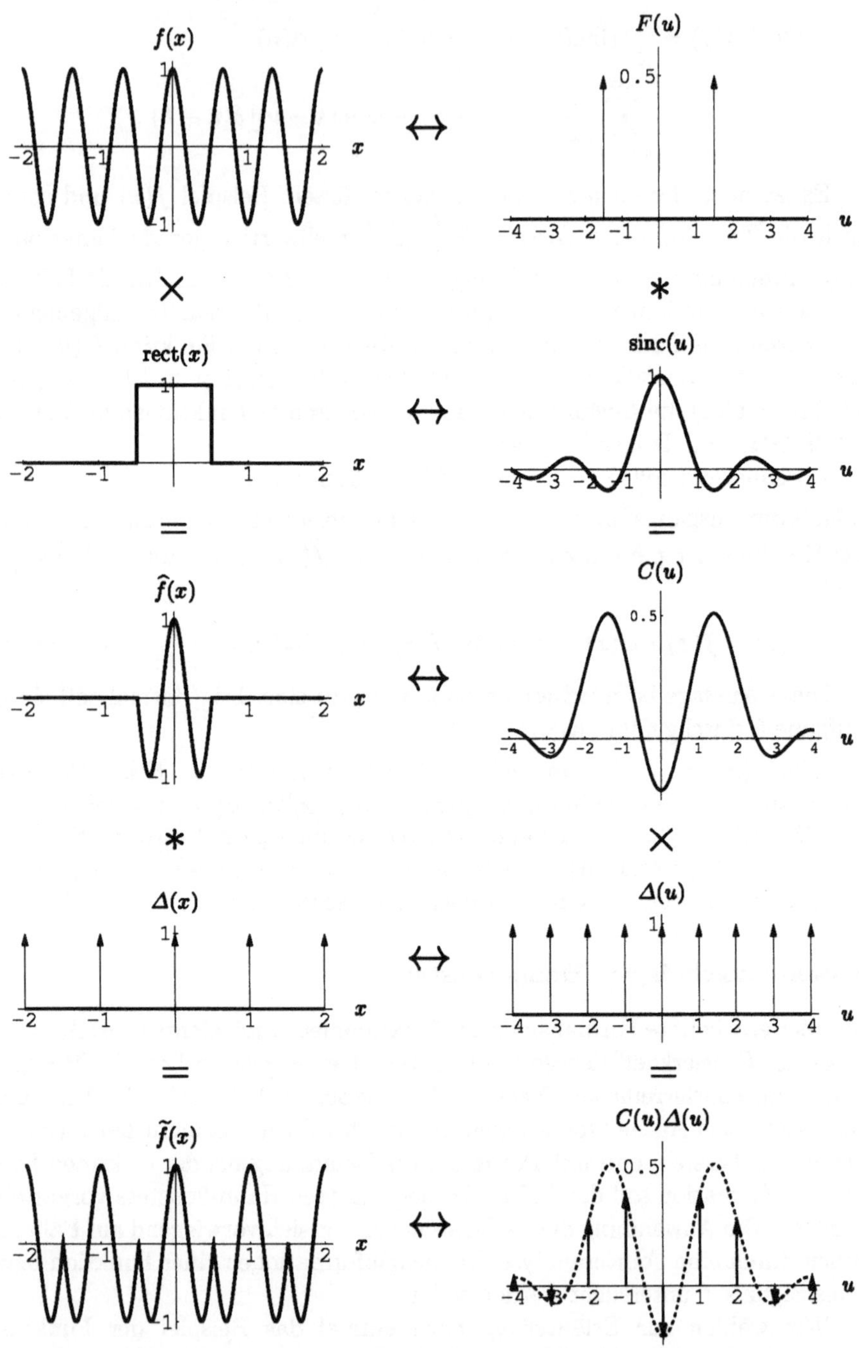

Abb. 8.1. $f(x) = \cos(2\pi\nu x)$, $\widehat{f}(x)$, $\widetilde{f}(x)$, $C(u), C(u)\Delta(u)$ zu (8.14), $\nu = 3/2$

Aufgabe 6 zu Abschn. 5.2). Mit (5.43), S. 118, war festgestellt worden, daß die zugehörigen Fourierkoeffizienten von der („schlechten“) Konvergenzordnung $O(1/k)$ sind. Das Frequenzspektrum $(C_k)_{k\in\mathbb{Z}}$ ist somit zum größten Teil von Frequenzkomponenten bestimmt, die im Grunde gar nicht in der Harmonischen $\sin(2\pi\nu x)$ enthalten sind. Die Transformation

$$\begin{aligned} C(u) = \mathcal{F}\{\sin(2\pi\nu x)\,\mathrm{rect}(x)\} &= \frac{\mathrm{i}}{2}\,[\delta(u+\nu) - \delta(u-\nu)] * \mathrm{sinc}(u) \\ &= \frac{\mathrm{i}}{2}\,[\mathrm{sinc}(u+\nu) - \mathrm{sinc}(u-\nu)] \end{aligned} \tag{8.16}$$

macht deutlich, daß sich diese Fourierkoeffizienten und insbesondere die Konvergenzordnung $O(1/k)$ als Folge der Ausschnittbildung und der hierdurch entstehenden Unstetigkeiten ergeben (vgl. Aufgabe 6, Abschn. 5.2).

Die Anwendung des Hann-Fensters ermöglicht es, mit einer einfachen Operation die Fourierkoeffizienten so zu modifizieren, daß sich eine Fourierreihe von der Konvergenzordnung $O(1/k^n)$ mit $n \geq 3$ ergibt, ohne daß relevante Frequenzinformationen verloren gehen (vgl. Aufagbe 10). Dabei läßt es sich allerdings nicht vermeiden, daß in dem Beispiel $[\sin(2\pi\nu x)\,\mathrm{rect}(x)] * \Delta(x)$ unendlich viele von Null verschiedene Fourierkoeffizienten bestehen bleiben, denn die *nicht ganzzahlige* Frequenz ν muß ja in der Fourierreihe durch *ganzzahlige* Frequenzkomponenten wiedergegeben werden.

Zu einer allgemeinen Funktion $f(x)$ besteht die Operation des Hann-Fensters in der Multiplikation mit $[1 + \cos(2\pi x)]/2$. Die Folgerungen hieraus im Orts- und Frequenzbereich ergeben dann

$$\begin{aligned} &h(x) := f(x)\,\frac{1}{2}\,[1+\cos(2\pi x)]\,,\ \widehat{h}(x) := h(x)\,\mathrm{rect}(x), \\ &\widetilde{h}(x) := \widehat{h}(x) * \Delta(x)\,, \end{aligned} \tag{8.17}$$

$$\begin{aligned} \Rightarrow\ \widehat{H}(u) := \mathcal{F}\left\{\widehat{h}(x)\right\} &= \mathcal{F}\left\{f(x)\,\mathrm{rect}(x)\,\frac{1}{2}\,[1+\cos(2\pi x)]\right\} \\ &= \mathcal{F}\left\{\widehat{f}(x)\right\} * \mathcal{F}\left\{\frac{1}{2}\,[1+\cos(2\pi x)]\right\} \\ &= C(u) * \frac{1}{4}\,[\delta(u+1) + 2\delta(u) + \delta(u-1)] \\ &= \frac{1}{4}\,[C(u+1) + 2\,C(u) + C(u-1)]\,, \end{aligned} \tag{8.18}$$

$$\Rightarrow\ \mathcal{F}\left\{\widetilde{h}(x)\right\} = \mathcal{F}\left\{\widehat{h}(x) * \Delta(x)\right\} = \widehat{H}(u)\Delta(u) = \sum_{k=-\infty}^{\infty} \widehat{H}(k)\delta(u-k)$$

$$= \frac{1}{4} \sum_{k=-\infty}^{\infty} [C(k+1) + 2\,C(k) + C(k-1)]\, \delta(u-k)\,.$$

Wir bezeichnen mit $C_{k,h}$ die Koeffizienten der Fourierreihe zu $\widehat{h}(x) * \Delta(x)$ und erhalten nun

$$C_{k,h} = \frac{1}{4}\,[C_{k+1} + 2\,C_k + C_{k-1}]\,,\ k \in \mathbb{Z}\,.$$

Die Auswirkungen des Hann-Fensters auf die Koeffizienten $C_{k,h}$ sind aus dieser Formel kaum zu entnehmen. Sie sollen daher wiederum am Beispiel der Harmonischen $f(x) = \sin(2\pi\nu x)$, $\nu \notin \mathbb{Z}$, verdeutlicht werden.

Zur Vereinfachung bilden wir vorübergehend die Funktion sinch(x) (Aufgabe 9):

$$\begin{aligned} \operatorname{sinch}(x) &:= \frac{1}{4}\,[\operatorname{sinc}(x+1) + 2\operatorname{sinc}(x) + \operatorname{sinc}(x-1)] \\ &= \frac{1}{2}\,\frac{\operatorname{sinc}(x)}{1-x^2}\,. \end{aligned} \tag{8.19}$$

Das Ergebnis dieser Zusammenfassung liefert bereits die Begründung für die erhebliche Dämpfung der „Schwingungen" gegenüber der Funktion sinc(x) (vgl. Abb. 8.2).

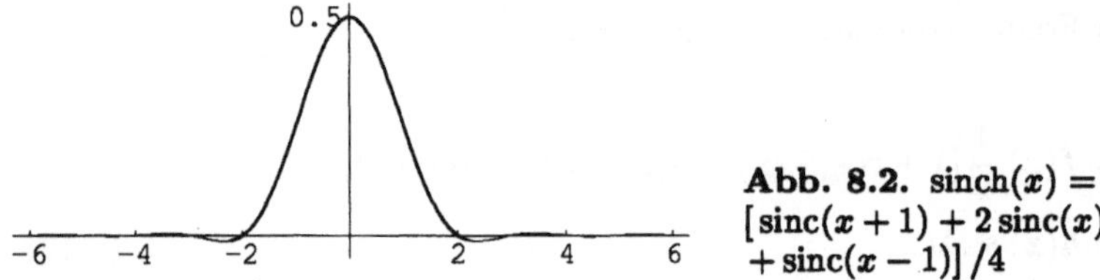

Abb. 8.2. $\operatorname{sinch}(x) = [\operatorname{sinc}(x+1) + 2\operatorname{sinc}(x) + \operatorname{sinc}(x-1)]\,/4$

Mit der Funktion $C(u)$ nach (8.16) und den Bezeichnungen in (8.17), (8.18) wird dann (Abb. 8.3)

$$\begin{aligned} \widehat{H}(u) &= \frac{\mathrm{i}}{2}\,[\operatorname{sinch}(u+\nu) - \operatorname{sinch}(u-\nu)] \\ &= \frac{\mathrm{i}}{4}\left[\frac{\operatorname{sinc}(u+\nu)}{1-(u+\nu)^2} - \frac{\operatorname{sinc}(u-\nu)}{1-(u-\nu)^2}\right]\,. \end{aligned} \tag{8.20}$$

Eine Ausschnittfunktion oder ein Ausschnittsignal $\widehat{f}(x)$ wird in den meisten Fällen auf Unstetigkeiten an den Grenzen des Grundintervalls I_1 bei der periodischen Fortsetzung $\widehat{f}(x) * \Delta(x)$ führen. Die daraus folgende Konvergenzordnung $O(1/k)$ der zugehörigen Fourierreihe wird dann durch die Anwendung des Hann-Fensters in der Regel deutlich verbessert, da $\widetilde{h}(x)$ nach

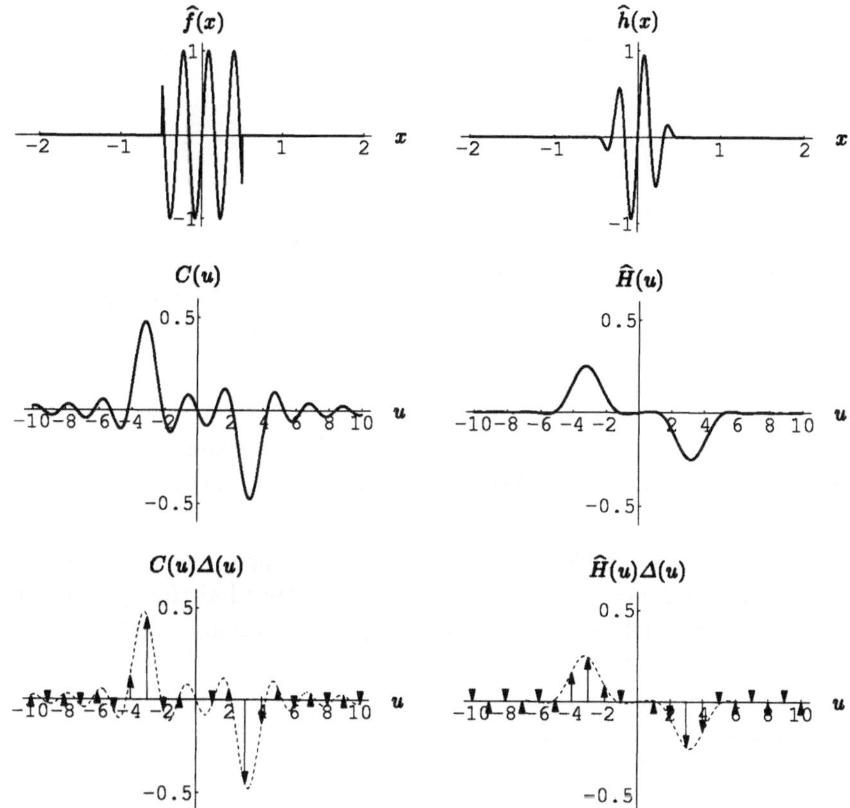

Abb. 8.3. Fourierkoeffizienten zu $\widetilde{f}(x) = [\sin(2\pi\nu x)\,\mathrm{rect}(x)] * \Delta(x)$, $\nu = 32/10$, ohne Hann-Fenster ($\widehat{f}(x)$, $C(u)\Delta(u)$) und mit Hann-Fenster ($\widehat{h}(x)$, $\widehat{H}(u)\Delta(u)$)

(8.17) und auch $\widetilde{h}'(x)$ in $x = \pm 1/2$ stetige Funktionen sind (Aufgabe 10; vgl. auch die Tabelle 2.1, S. 41).

Ein Problem bei der Anwendung des Hann-Fensters kann gelegentlich dadurch entstehen, daß die Funktion $\mathrm{sinch}(u)$ „relativ breit" in der Umgebung des Maximums in $u = 0$ verläuft; die betragsmäßig kleinsten Nullstellen liegen in $u = \pm 2$. Hierdurch lassen sich eng benachbarte relevante Frequenzkomponenten zu $f(x)$ – beispielsweise mit einer Frequenzdifferenz $< 2{,}5$ – kaum noch sicher trennen. Die Abb. 8.4 gibt den Effekt am Beispiel der Funktion $\mathrm{sinch}(u + 1{,}25) + 3\,\mathrm{sinch}(u - 1{,}25)$ wieder.

Die gesamten Überlegungen zum Hann-Fenster treffen im wesentlichen auch für den Fall zu, daß mit Hilfe der ***diskreten*** Fouriertransformation Frequenzuntersuchungen an einem „realen" Signalausschnitt vorgenommen werden sollen. Die Verwendung des Hann-Fensters bietet hier ebenso die Möglichkeit, relevante Frequenzinformationen deutlicher herauszuheben.

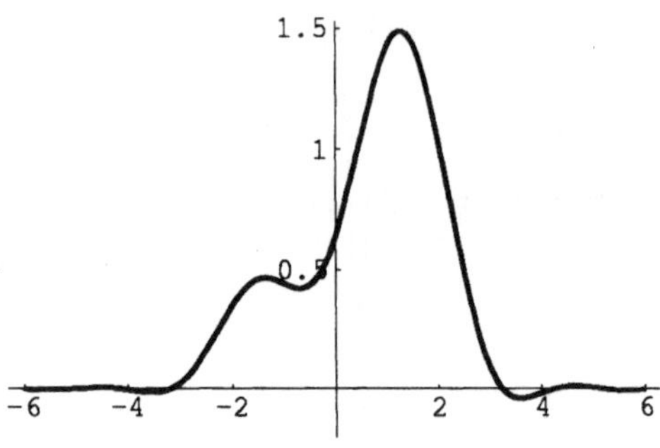

Abb. 8.4. $\operatorname{sinch}(x+1,25) + 3\operatorname{sinch}(x-1,25)$

Übungen

8.1.1 Führen Sie den Beweis zu Satz 8.1 für den allgemeinen Fall einer p-periodischen Funktion durch. Wie lautet das Beispiel (8.4) für die Funktion $f(x) = \sin x$?

8.1.2 Übertragen Sie die Entwicklungen der Beziehungen in (8.12) und (8.13) auf p-periodische Funktionen. Es ist sinnvoll, die Ausschnittfunktion in Entsprechung zu (8.9) mit $\widehat{f}(x) := f(x)\operatorname{rect}(x/p)$ festzulegen, so daß sich die zu (8.11) analoge Gleichung durch

$$C_k = \frac{1}{p}\, C\left(\frac{k}{p}\right), \; k \in \mathbb{Z} \,,$$

ergibt.

8.1.3 Skizzieren Sie in Anlehnung an die Abb. 8.1 die Entwicklung von $\widetilde{f}(x) \leftrightarrow C(u)\Delta(u)$ für die Funktionen

$$\text{a) } f(x) = \sin(2\pi\nu x)\,, \text{ b) } f(x) = \exp(2\pi \mathrm{i}\nu x)$$

z.B. für $\nu = 1,35$ (vgl. hierzu die Abbildungen 5.9, S. 118, und 5.10).

8.1.4 Der Graph zu der Funktion $C(u)$ in Abb. 8.1 könnte die Vermutung nahelegen, daß diese Funktion Maxima in $u = \pm\nu$ hat. Zeigen Sie, daß das bei dieser Funktion ebenso wie bei der Funktion $C(u)$ der Aufgabe 3.a) im allgemeinen nicht der Fall ist. Die Funktion $C(u)$ der Aufgabe 3.b) besitzt natürlich in $u = \nu$ ein Maximum.

8.1.5 Gegeben ist die Funktion f durch eine 1-periodische Fourierreihe,

$$f(x) = \sum_{k=-\infty}^{\infty} C_k \exp(2\pi \mathrm{i} kx)\,.$$

a) Geben Sie hierzu die Funktion $C(u) = \mathcal{F}\left\{\widehat{f}(x)\right\} = \mathcal{F}\left\{f(x)\operatorname{rect}(x)\right\} = \mathcal{F}\left\{f(x)\right\} * \mathcal{F}\left\{\operatorname{rect}(x)\right\}$ an;

b) als Zwischenschritt zur Produktbildung $C(u)\Delta(u)$ kann das Produkt mit einem einzelnen Summanden zu $\Delta(u)$, nämlich $C(u)\delta(u-j)$, $j \in \mathbb{Z}$, berechnet werden;

c) für das Produkt $C(u)\Delta(u)$ ergibt sich die Übereinstimmung $F(u) = C(u)\Delta(u)$, so daß entsprechend dem Sonderfall 1 auf S. 223 die Behauptung $f(x) = \widetilde{f}(x)$ folgt;

d) verdeutlichen Sie sich die einzelnen Schritte noch einmal an den konkreten Beispielen der Harmonischen $f_1(x) = \cos(2\pi\nu x)$ und $f_2(x) = \sin(2\pi\nu x)$ und zwar im Gegensatz zu der Abb. 8.1 für $\nu \in \mathbb{Z}$; zu dem Ergebnis von $f_1(x)$ vgl. auch Beispiel 2 S. 109 mit (5.26).

8.1.6 In der Regel darf bei der Bildung von $C(u)\Delta(u) = [F(u) * \mathrm{sinc}(u)]\,\Delta(u)$ die Reihenfolge der Faltungs- und Produktoperation nicht vertauscht werden (vgl. (6.78), S. 156).

Führen Sie zu der vertauschten Reihenfolge $F(u) * [\mathrm{sinc}(u)\Delta(u)]$ die Produkt- und Faltungsoperation im Frequenzbereich durch; bestimmen Sie das Ergebnis dieser Operationen zu $\mathcal{F}^{-1}\{F(u) * [\mathrm{sinc}(u)]\,\Delta(u)\}$ im Ortsbereich. Welche Beziehung besteht zwischen diesem Resultat und dem von $\mathcal{F}^{-1}\{[F(u) * \mathrm{sinc}(u)]\,\Delta(u)\}$?

8.1.7 Zu der mit (7.59) als „überall glatt" vorgestellten Funktion $f(x) = (x^2 - a^2)^2\,\mathrm{rect}(x/(2a))$ ist für $a = 1/2$ die Fourierreihe der 1-periodischen Fortsetzung $\widetilde{f}(x) = f(x) * \Delta(x)$ zu bilden. (Hier gilt aufgrund der Definition $f = \widehat{f}$.) Benutzen Sie dabei die Funktion $F(u)$ in (7.60). Zeigen Sie, daß sich mit diesem Beispiel die Tabelle S. 41 fortsetzen läßt: Die Fourierkoeffizienten sind von der Konvergenzordnung $O(1/k^4)$ und $\widetilde{f}(x)$ hat Unstetigkeitsstellen erst in der dritten Ableitung.

8.1.8 Benutzen Sie zu $\mathrm{rect}(x) \leftrightarrow \mathrm{sinc}(u)$ die Gleichung (7.17), um über $\mathcal{F}\{x\,\mathrm{rect}(x/b)\}$ die Fourierreihe (2.54) des periodischen Geradenausschnitts zu bestätigen (vgl. Aufgabe 2 zu Abschn. 5.2).

8.1.9 Bestätigen Sie die Gleichung in (8.19) mit der stetigen Ergänzung $\mathrm{sinch}(\pm 1) = 1/4$.

8.1.10 Zeigen Sie: Die durch (8.17) gebildete Funktion $\widetilde{h}(x)$ ist zusammen mit $\widetilde{h}'(x)$ in $x = \pm 1/2$ stetig. Falls $f(-1/2) \neq f(1/2)$, dann ist $\widetilde{h}''(x)$ in $x = \pm 1/2$ unstetig. Die Fourierreihe zu $\widetilde{h}(x)$ besitzt daher nach der Tabelle 2.1, S. 41, mindestens die Konvergenzordung $O(1/k^3)$, sofern die Funktion f zusammen mit ihrer Ableitung f' in dem offenen Intervall $(-1/2\,, 1/2)$ stetig ist.

8.2 Abtasttheorem

Gegenstand des Abtasttheorems (englisch: sampling theorem[8]) ist die Frage, die im Zusammenhang mit dem Abtastbeispiel der Abb. 3.11, S. 82, gestellt wurde: Wie eng müssen die Abtastabstände sein, um eine Funktion aus den abgetasteten Werten „möglichst gut“ rekonstruieren zu können. Es ist dieselbe Frage, die sich auch bei dem verbreiteten Beispiel der auf einer CD gespeicherten Abtastwerte eines Audiosignals stellt. Vorab soll schon einmal das überraschende Ergebnis des Abtasttheorems mitgeteilt werden, nämlich daß unter gewissen Bedingungen eine Funktion *exakt* aus den abgetasteten Werten wiedergewonnen werden kann.

Vorbereitungen

Bevor wir die übliche Form des Abtasttheorems mit den zugehörigen Formeln erarbeiten, kann bei dem bisherigen Kenntnisstand bereits der Kern seiner Aussage vorgestellt werden.

Wir gehen dazu von einer *ortsbegrenzten* Funktion f aus, die die Bedingung $f(x) = 0$ für $|x| \geq 1/2$ erfüllt. Insbesondere folgt aus dieser Voraussetzung $f(\pm 1/2) = 0$, so daß insgesamt $f(x)\,\mathrm{rect}(x) = f(x)$ gilt (z.B. $f(x) = \mathrm{tri}(x/b)$ mit $0 < b \leq 1/2$). Die Transformierte $F(u) = \mathcal{F}\{f(x)\}$ ist nach (8.6) eine kontinuierliche Funktion. Wenn wir von $f(x)$ zur periodischen Fortsetzung $\widetilde{f}(x) = f(x) * \Delta(x)$ übergehen, dann besteht im Grundintervall $I_1 = [-1/2, 1/2)$ kein Unterschied zwischen $f(x)$ und $\widetilde{f}(x)$ bzw. es ist $f(x) = \widetilde{f}(x)\,\mathrm{rect}(x)$. Für den Frequenzbereich bedeutet das: Es genügt bereits die Kenntnis des diskreten Spektrums $F(u)\Delta(u) = \mathcal{F}\left\{\widetilde{f}(x)\right\}$, um $f(x)$ durch $\widetilde{f}(x)\,\mathrm{rect}(x)$ exakt zu gewinnen. Beispielsweise ist zur eindeutigen Darstellung von $f(x) = \mathrm{tri}(x/b)$ durch das Frequenzspektrum die vollständige Funktion $F(u) = b\,\mathrm{sinc}^2(bu)$ gar nicht erforderlich, sondern über den Weg der Fourierreihe reichen schon die Fourierkoeffizienten $C_k = b\,\mathrm{sinc}^2(bk)$, $k \in \mathbb{Z}$, hierzu aus. Wir benötigen also nur einen verschwindend kleinen Teil der gesamten Frequenzinformationen $F(u) = b\,\mathrm{sinc}^2(bu)$, $u \in \mathbb{R}$ (vgl. auch die Abb. 8.1). Umgekehrt können wir daraus schließen, daß sämtliche Funktionswerte von $F(u)$, die zu nicht ganzzahligen Argumentwerten, $u \in \mathbb{R}\backslash\mathbb{Z}$, gehören, nur dazu erforderlich sind, um die Funktionswerte $f(x) = 0$ für $|x| \geq 1/2$ zu erzeugen. Es ist kein Zweifel, daß wir mit diesem Ergebnis der Fouriertransformation periodischer Funktionen zu einer sehr tiefreichenden Einsicht über die inneren Zusammenhänge bei Funktionen gelangt sind. Erstaunlich ist zudem, daß - abgesehen von der wesentlichen Voraussetzung einer ortsbegrenzten Funktion - keine besonderen Anforderungen an die Funktion f gestellt werden (die Transformierte zu f muß natürlich existieren). Wie das

[8] Zu den englischsprachigen Begriffen Sampling und Sample vgl. die Fußnote auf S. 74.

Beispiel der Rechteckfunktion zeigt, sind sogar Unstetigkeitsstellen zugelassen[9].

Zur Vorbereitung des Abtasttheorems ist zunächst eine Erweiterung der Beziehungen (8.12) und (8.13) erforderlich, indem wir zu beliebigen ortsbegrenzten Funktionen f übergehen. Zur Präzisierung der Ortsbegrenzung benutzen wir die Formulierung einer „c-begrenzten Funktion" $f_c(x)$ (vgl. S. 8):

$$\bigvee_{c \in \mathbb{R}^+} \bigwedge_{|x| \geq c} f_c(x) = 0 \,. \tag{8.21}$$

Zu f_c bilden wir die p-periodische Fortsetzung

$$\tilde{f}(x) := f_c(x) * \frac{1}{p} \Delta \left(\frac{x}{p} \right) = \sum_{j=-\infty}^{\infty} f_c(x - jp) \text{ mit } p \geq 2c \,. \tag{8.22}$$

Die Bedingung $p \geq 2c$ stellt sicher, daß es sich bei $\tilde{f}$ um eine Replikation von f_c *ohne* Überlappung handelt (vgl. S. 162). Für die Transformierte zu $\tilde{f}$ erhalten wir

$$\begin{aligned} &\mathcal{F}\{f_c(x)\} = F(u) \\ &\Rightarrow \mathcal{F}\left\{\tilde{f}(x)\right\} = F(u)\Delta(pu) = \frac{1}{p} \sum_{k=-\infty}^{\infty} F\left(\frac{k}{p}\right) \delta\left(u - \frac{k}{p}\right) \end{aligned} \tag{8.23}$$

(vgl. Abb. 8.5; das Beispiel einer unsymmetrischen Funktion $f_c(x)$ soll verdeutlichen, daß im allgemeinen $F(u)$ komplexwertig ist).

Die Ausgangsfunktion f_c wird hier unter Verwendung von $\tilde{f}$ durch

$$f_c(x) = \tilde{f}(x) \operatorname{rect}\left(\frac{x}{p}\right) \tag{8.24}$$

wiederhergestellt.

Zusammen mit der Bedingung $p \geq 2c$ läßt sich aus (8.23) ablesen: Je umfangreicher der von Null verschiedene Funktionsbereich in $f_c(x)$ ist (wachsende Werte c) bzw. je größer die Periodenlänge p in $\tilde{f}$ wird, desto enger muß der Diskretisierungsabstand $1/p$ im Frequenzbereich mit $F(u)\Delta(pu)$ gewählt werden. Entsprechendes gilt natürlich für die Umkehrung.

---

[9] Es liegt nahe, dieses Ergebnis im Vergleich mit der Darstellung einer Funktion $f(x)$ durch ihre Taylorreihe zu sehen. Voraussetzung ist hier, daß zu einem $x_0 \in D_f$ sämtliche Ableitungen $f^{(n)}(x_0)$ existieren. Durch diese Ableitungswerte ist dann die Funktion f in einem die Stelle x_0 umgebenden Konvergenzintervall vollständig durch die Taylorreihe festgelegt. Die Anforderung an die Funktion f für die Wiedergabe durch eine Taylorreihe ist allerdings verglichen mit dem oben genannten Ergebnis beträchtlich: $f(x)$ muß in einer Umgebung von x_0 unendlich oft differenzierbar sein.

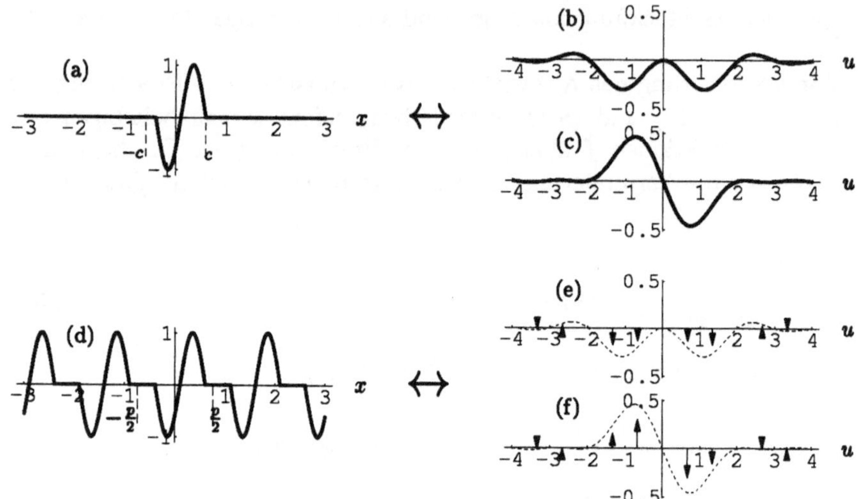

Abb. 8.5. (a) $f_c(x) = \sin(2\pi[x-a])\,\mathrm{rect}(x-a)$, $a = 1/10$, $c = 3/5$, (b) $\mathrm{Re}\,[F(u)]$, (c) $\mathrm{Im}\,[F(u)]$, (d) $f_c(x) * \Delta(x/p)/p$, (e) $\mathrm{Re}\,[F(u)\Delta(pu)]$, (f) $\mathrm{Im}\,[F(u)\Delta(pu)]$, $p = 3/2$

Abtasttheorem für bandbegrenzte Funktionen[10]

Nach den bisherigen Entwicklungen fehlt zur Darstellung des Abtasttheorems noch ein letzter Schritt: Wir müssen die Voraussetzungen und Folgerungen hinsichtlich Orts- und Frequenzbereich vertauschen. Daher setzen wir $f(x)$ als bandbegrenzte Funktion voraus und benutzen die in (7.71), S. 203, hierfür vereinbarte Notierung

$$f(x) \leftrightarrow F_c(u) \text{ mit } \bigwedge_{|u| \geq c} F_c(u) = 0\,, \tag{8.25}$$

zu einem geeigneten Wert $c \in \mathbb{R}^+$, der natürlich von der Funktion f bestimmt wird und üblicherweise möglichst klein gewählt wird. Konkret können wir uns das abzutastende Signal f etwa als Resultat einer Tiefpaßfilterung vorstellen.

Für die Abtastung wollen wir vereinbaren:

$$x_s := \text{Abtastabstand}, \quad \frac{1}{x_s} = \text{Abtastrate oder Abtastfrequenz}, \; x_s \in \mathbb{R}^+.$$

Die äquidistanten Argumentstellen, an denen $f(x)$ abgetastet wird, werden damit in $x = j\,x_s$, $j \in \mathbb{Z}$, festgelegt.

Die Abtastfrequenz einer CD ist beispielsweise auf $1/x_s = 44100$ Abtastungen pro Sekunde festgelegt; dieser Wert wird meist mit 44,1 kHz wiedergegeben. Der Abtastabstand beträgt damit $x_s = 1/44100$ s, das entspricht etwa 22,7 ms.

---

[10] Whittaker [33] und Shannon [29]. Gelegentlich wird hierfür auch die Bezeichnung „Abtastsatz von Whittaker-Shannon“ benutzt.

Der Zusammenhang zwischen Abtastung im Ortsbereich und der zugehörigen Periodisierung im Frequenzbereich lautet hier

$$\begin{aligned} f(x)\,\frac{1}{x_s}\Delta\left(\frac{x}{x_s}\right) &= \sum_{j=-\infty}^{\infty} f(x)\delta(x-jx_s) \\ &= \sum_{j=-\infty}^{\infty} f(j\,x_s)\delta(x-jx_s) \end{aligned} \tag{8.26}$$

$$\begin{aligned} \leftrightarrow F_c(u) * \Delta(x_s\,u) &= \sum_{k=-\infty}^{\infty} \frac{1}{x_s}F_c(u) * \delta\left(u-\frac{k}{x_s}\right) \\ &= \sum_{k=-\infty}^{\infty} \frac{1}{x_s}F_c\left(u-\frac{k}{x_s}\right). \end{aligned} \tag{8.27}$$

Die Bedingung dafür, daß die ursprüngliche Funktion f aus dem Abtastergebnis $f(x)\Delta(x/x_s)/x_s$ eindeutig wiedergewonnen werden kann, bedeutet im Frequenzbereich: Mit $F_c(u) * \Delta(x_s\,u)$ muß eine Replikation von $F_c(u)/x_s$ *ohne* Überlappung vorliegen. Zur Vereinfachung wollen wir für die periodische Fortsetzung von $F_c(u)$ schreiben

$$\widetilde{F}_c(u) := F_c(u) * x_s\Delta(x_s\,u)\,. \tag{8.28}$$

Die Forderung nach der periodischen Replikation *ohne* Überlappung läßt sich dann auch so formulieren, daß gelten muß

$$\widetilde{F}_c(u)\,\mathrm{rect}(x_s\,u) = F_c(u)\,. \tag{8.29}$$

Die Voraussetzung hierzu über den Abtastabstand bzw. die Abtastfrequenz wird nach Shannon als

$$\text{„Nyquist-Bedingung“}:\quad \frac{1}{x_s} \geq 2c \tag{8.30}$$

bezeichnet. Die Begrenzungsfrequenz c nennt man auch „Nyquist-Frequenz“, so daß die übliche Formulierung von (8.30) lautet: *Die Abtastfrequenz $1/x_s$ muß mindestens doppelt so groß wie die Nyquist-Frequenz c sein.* Dabei ist – gerade auch mit Blick auf die diskrete Fouriertransformation – in Erinnerung zu rufen, daß nach (8.25) $F_c(u) = 0$ für $|u| \geq c$, insbesondere also *einschließlich* der Nyquist-Frequenz $u = c$ erfüllt sein muß.

Damit haben wir jetzt das

<u>Abtasttheorem</u>: *Wird eine Funktion $f(x)$ mit der Voraussetzung (8.25) mit einer Frequenz $1/x_s$ abgetastet, die die Nyquist-Bedingung erfüllt, dann kann $f(x)$ aus den Abtastwerten $f(jx_s)$, $j \in \mathbb{Z}$, eindeutig wiedergewonnen werden. Die Gleichung hierfür lautet*

$$f(x) = \sum_{j=-\infty}^{\infty} f(jx_s) \operatorname{sinc}\left(\frac{x - jx_s}{x_s}\right) \tag{8.31}$$

(Aufgabe 3 und Abb. 8.6). Diese „Wiedergewinnungsformel" wird nach der von Whittaker gewählten Formulierung „Kardinalreihe" oder „Kardinalfunktion" genannt. Das Bemerkenswerte an dieser Formel besteht darin, daß in der Tat nur die diskreten Zahlenwerte $f(jx_s)$ zur eindeutigen Darstellung von $f(x)$ verwendet werden; sämtliche Funktionswerte von $f(x)$ mit $x \neq jx_s$ sind ja durch die Abtastung „verloren gegangen". Zur Wiederherstellung von $f(x)$ durch (8.31) wird nun die Transformierte $F_c(u)$ gar nicht mehr benötigt – abgesehen von der Formulierung der Voraussetzung (8.25) zusammen mit (8.30). Wenn diese Voraussetzung etwa durch eine Tiefpaßfilterung gesichert ist, dann spielt sich der eigentliche Formelzusammenhang (8.31) nur noch im Ortsbereich ab. Der Vorgang der Tiefpaßfilterung läßt sich aber z.B. bei Audiosignalen ebenso wie bei Bildsignalen durch rein technische Vorkehrungen in der gewünschten Form gewährleisten.

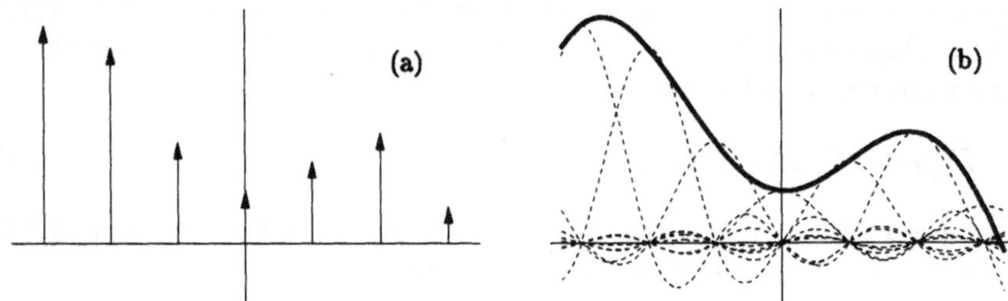

Abb. 8.6. (a) $f(x)\Delta(x/x_s)/x_s$, (b) $f(x)$, (*gestrichelt:*) Summandenfunktionen zu (8.31)

Wir wollen die Aussage des Abtasttheorems noch mit den Überlegungen des letzten Unterabschnitts vergleichen. Dort war die Wiedergewinnungsformel für eine *ortsbegrenzte* Funktion $f_c(x)$ mit der Gleichung $f_c(x) = [f_c(x) * \Delta(x/p)/p] \operatorname{rect}(x/p)$, $p \geq 2c$, eigentlich recht trivial; das Ziel der Entwicklung war, als Ergebnis herauszuarbeiten, daß zu $f_c(x)$ im *Frequenzbereich* bereits die diskreten Frequenzwerte $F(k/p)$ die Funktion $f_c(x)$ festlegen – eine im Prinzip nur abstrakt formale Erkenntnis. Jetzt liegt dagegen mit (8.31) gewissermaßen eine „Handlungsanweisung" vor, nach der die in ihrer Gesamtheit unbekannte Funktion $f(x)$ aus den Zahlenwerten $f(jx_s)$ „zusammengesetzt" werden kann. Der Umsetzung dieser Formel in die praktische Anwendung steht allerdings, wie sich noch zeigen wird, ein entscheidendes Hindernis entgegen.

Zunächst soll noch kurz die Kardinalreihe in (8.31) näher betrachtet werden. Es handelt sich hierbei um eine Interpolationsformel mit unendlich vielen Stützpunkten[11]. Der Summenwert der unendlichen Reihe zu dem Argumentwert einer Stützstelle $x = nx_s$ ($n \in \mathbb{Z}$) reduziert sich nämlich wegen $\operatorname{sinc}(k) = 0$, $k \in \mathbb{Z} \setminus \{0\}$, und $\operatorname{sinc}(0) = 1$ auf den einzigen Summanden

$$\sum_{j=-\infty}^{\infty} f(jx_s) \operatorname{sinc}\left(\frac{nx_s - jx_s}{x_s}\right) = \sum_{j=-\infty}^{\infty} f(jx_s) \operatorname{sinc}(n-j) = f(nx_s) .$$

Dagegen liefert für Argumentwerte $x \neq nx_s$ die Summe der unendlich vielen Summanden gerade den Funktionswert $f(x)$.

Schließlich wollen wir zur Verstärkung des reziproken Zusammenhangs in der Abtastbedingung (8.30) noch festhalten: Je größer die Maximalfrequenz in dem abzutastenden Signal f ist, desto kürzer muß der Abtastabstand x_s sein.

Die genannte Einschränkung des Abtasttheorems bei realen Signalen geht vorrangig auf den folgenden Satz zurück, der im nächsten Abschnitt bewiesen wird:

Satz 8.3: *Ist f eine bandbegrenzte Funktion, dann muß f selbst ortsunbegrenzt sein; umgekehrt hat eine ortsbegrenzte Funktion f eine frequenzunbegrenzte Transformierte F zur Folge.*

Hiernach ist es für die Anwendung des Abtasttheorems erforderlich, daß das abzutastende Signal $f(x)$ x-unbegrenzt ist, d.h. es muß $f(x) \neq 0$ für beliebig große Argumentwerte $|x|$ gelten. Reale Audio- oder Bildsignale beispielsweise sind jedoch naturgemäß x-begrenzt. Hieraus können wir übrigens mit der Umkehrung des Satzes schließen, daß reale Signale im strengen mathematischen Sinne niemals bandbegrenzt sind. Außerdem steht der exakten Wiedergewinnung des Signals f auch entgegen, daß die Abtastwerte $f(jx_s)$ meist in digitalisierter Form gespeichert werden (vgl. S. 83); damit sind es gar nicht die exakten Funktionswerte, die zur Rekonstruktion von f verfügbar sind.

Die Wiedergewinnung von f unter realen Bedingungen ist daher immer nur angenähert möglich, und es gibt eine Reihe von Abschätzungen über die Abweichung von dem exakten Signal f (vgl. beispielsweise Gaskill [15, S. 266] oder Babovsky et al. [2, S. 82]). Grundlegend für solche Untersuchungen ist die Tatsache, daß das Betragsspektrum der üblichen Signale sich „relativ schnell“ mit wachsender Frequenz dem Wert Null nähert. Man vergleiche hierzu etwa das in Abschn. 2.3 dargestellte Konvergenzverhalten von Fourierreihen.

Die praktische Realisierung der (angenäherten) Wiedergewinnung von f aus dem Abtastergebnis (8.26) bzw. aus einem ortsbegrenzten Ausschnitt

[11] Die üblichen Interpolationsformeln arbeiten bekanntlich nur mit einer endlichen Anzahl von Stützpunkten $\mathrm{P}(x_n \mid y_n)$ für z.B. $n = 1, \ldots, N \in \mathbb{N}$. Im Gegensatz zu der Formel (8.31) müssen hierbei die Stützstellen x_n jedoch nicht äquidistant d.h. gleichabständig sein.

hierzu ist prinzipiell außerordentlich einfach: Der Vorgang wird durch eine Tiefpaßfilterung im Ortsbereich bewirkt (vgl. Abb. 8.7).

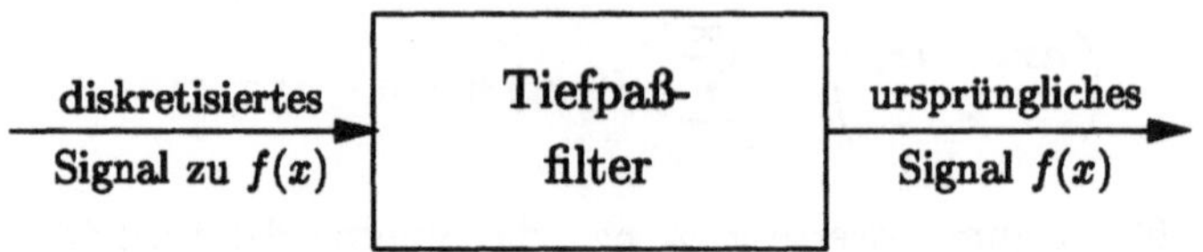

Abb. 8.7. Wiedergewinnung eines Signals aus der abgetasteten Form

Das Beispiel der Wiedergabe einer Schwarz-Weiß-Photographie im Zeitungsdruck unter Verwendung eines Punktrasters (vgl. S. 83) belegt diesen Effekt. Hier wirkt das optische System des Auges bei der Abbildung auf die Netzhaut zugleich als Tiefpaßfilter, so daß – bei hinreichendem Augenabstand – die Annäherung an das ursprüngliche Bild mit kontinuierlichen Schwarz-Weiß-Verläufen entsteht.

Undersampling und Aliasing

Diese beiden englischsprachigen Begriffe werden auch im Deutschen benutzt, um die Verletzung der Nyquist-Bedingung und die Auswirkungen hiervon zu formulieren.

Falls der Abtastabstand x_s zu groß bzw. die Abtastfrequenz zu klein ist,

$$x_s > \frac{1}{2c} \Leftrightarrow \frac{1}{x_s} < 2c\,,$$

dann entsteht im Frequenzbereich mit (8.27) bzw. (8.28) eine Replikation *mit* Überlappung (Abb. 8.8). Wegen $F_c(u) \neq \widetilde{F}_c(u)\,\mathrm{rect}(x_s\,u)$ ist es daher offensichtlich nicht mehr möglich, die ursprüngliche Funktion $f(x)$ wiederherzustellen.

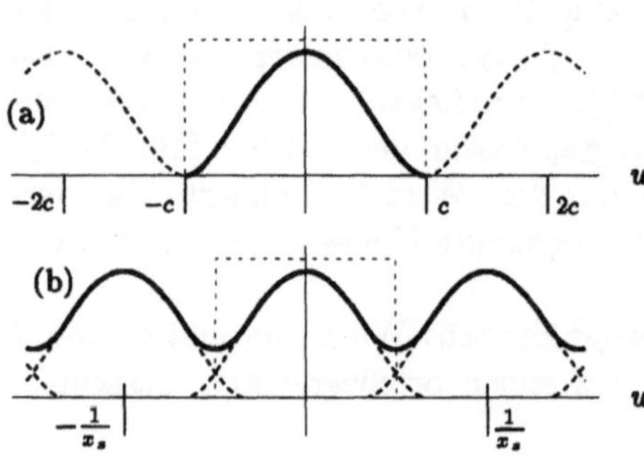

Abb. 8.8. (a) $F_c(u)$, (*gestrichelt:*) Ergänzung zur $1/x_s$-periodischen Fortsetzung $\widetilde{F}_c(u)$ mit $1/x_s = 2c$; (b) $\widetilde{F}_c(u)$, $1/x_s < 2c$, (*gestrichelt:*) $\sum F_c(u-k/x_s)$; (*punktiert:*) $\mathrm{rect}(x_s u)$ mit der Rechteckbreite $1/x_s$

Über die Abweichung zwischen $f(x)$ und $\mathcal{F}^{-1}\left\{\widetilde{F}_c(u)\,\mathrm{rect}(x_s\,u)\right\}$ läßt sich keine allgemeine Aussage machen. Wir wollen daher das spezielle Beispiel der Harmonischen $f(x) = \cos(2\pi\nu x)$ näher betrachten, da sich hieran der Übergang von der Erfüllung der Nyquist-Bedingung zu ihrer Verletzung d.h. zum Undersampling mit den zugehörigen Folgerungen recht gut verdeutlichen läßt.

Zu der Transformierten $\mathcal{F}\{f(x)\} = F_c(u) = [\delta(u+\nu) + \delta(u-\nu)]/2$ bilden wir mit (8.28) und (8.27) die Replikationsfunktion

$$\widetilde{F}_c(u) = \sum_{k=-\infty}^{\infty} \frac{1}{2}\left[\delta\left(u+\nu-\frac{k}{x_s}\right) + \delta\left(u-\nu-\frac{k}{x_s}\right)\right]. \tag{8.32}$$

Für die Nyquist-Frequenz ist ein Wert $c > \nu$ einzusetzen, und wir wählen nach der Nyquist-Bedingung (8.30) die minimale Abtastfrequenz $1/x_s = 2c > 2\nu$. Hiernach muß für den Abtastabstand $x_s < 1/(2\nu)$ gelten, in Worten: Aufgrund der Nyquist-Bedingung muß der Abtastabstand x_s kleiner als die halbe Periodenlänge von $\cos(2\pi\nu x)$ sein bzw. pro Periode müssen mehr als 2 Abtaststellen vorhanden sein.

Es soll zunächst die Situation im *Frequenzbereich* bei konstantem Abtastabstand x_s und veränderlichen Frequenzwerten $\nu \in \mathbb{R}^+$ anhand der Abb. 8.9 (mit $1/(2x_s) = 1$) entwickelt werden. Hiernach können wir als erstes feststellen, daß bei der Harmonischen $f(x) = \cos(2\pi\nu x)$ sogar bis einschließlich zu der Frequenz $\nu = 1/(2x_s)$ die Wiedergewinnungsgleichung $F_c(u) = \widetilde{F}_c(u)\,\mathrm{rect}(x_s u)$ erfüllt ist (wegen $\delta(u-a) + \delta(u-a) = 2\delta(u-a)$ – vgl. Abschn. 6.2, Aufgabe 3 – und $\mathrm{rect}(\pm 1/2) = 1/2$). In diesem Fall ist der Abtastabstand gerade gleich der halben Periodenlänge. Wird nun die Frequenz der Harmonischen auf $\nu > 1/(2x_s)$ vergrößert (zunächst bis maximal $\nu < 1/x_s$), dann wandern die δ-Pfeile zu $F_c(u) = [\delta(u+\nu) + \delta(u-\nu)]/2$ in eine Lage *außerhalb* des Ausschnittintervalls $[-1/(2x_s), 1/(2x_s)]$; dagegen schieben sich jetzt die Pfeile zu $\delta(u-\nu+1/x_s)$ und $\delta(u+\nu-1/x_s)$ aus der Replikation (8.32) in dieses Intervall hinein. Genau genommen erscheinen diese Pfeile als Spiegelungen zu denen der Harmonischen $f(x) = \cos(2\pi\nu x)$, gespiegelt an den Sprungstellen der Ausschnittfunktion $\mathrm{rect}(x_s u)$. Bei der Zurückgewinnung durch $\mathcal{F}^{-1}\left\{\widetilde{F}_c(u)\,\mathrm{rect}(x_s u)\right\}$ wird daher anstelle von $\cos(2\pi\nu x)$ durch die Verletzung der Nyquist-Bedingung eine andere Harmonische („alias“) nämlich $f(x) = \cos(2\pi\nu' x)$ vorgetäuscht. Diese Harmonische mit der Frequenz $\nu' = \nu - 1/x_s$ und $0 < \nu' < 1/(2x_s)$ stellt sich dann als die scheinbar ursprüngliche dar.

Dieser Vorgang im Frequenzbereich hat nun aber auch im *Ortsbereich* seine Entsprechung. Die Abb. 8.10 macht deutlich, daß bei einem Abtastabstand von $x_s = 1/2$ die Harmonische $f(x) = \cos(2\pi\nu x)$ mit $\nu = 1,2$ auf dieselben Abtastwerte $f(jx_s)$ führt wie die der Alias-Harmonischen $\cos(2\pi\nu' x)$ mit $\nu' = \nu - 1/x_s = 0,8$. Die Entwicklung der Wiedergewinnungsformel belegt, daß die Kardinalreihe in (8.31) gerade diese Alias-Harmonische zurückbringt.

Die dargestellten Zusammenhänge sind jedoch nicht nur Ergebnisse formaler mathematischer Überlegungen. Es gibt nämlich ein sehr anschauli-

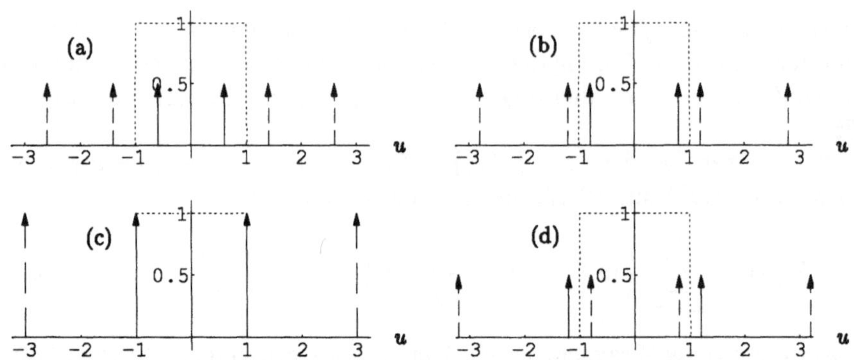

Abb. 8.9. $F_c(u) = [\delta(u+\nu) + \delta(u-\nu)]/2$, gestrichelte Pfeile: Ergänzung zur $1/x_s$-periodischen Fortsetzung $\widetilde{F}_c(u)$ mit $1/x_s = 2$; (a) $\nu = 0{,}6$; (b) $\nu = 0{,}8$; (c) $\nu = 1$; (d) $\nu = 1{,}2$

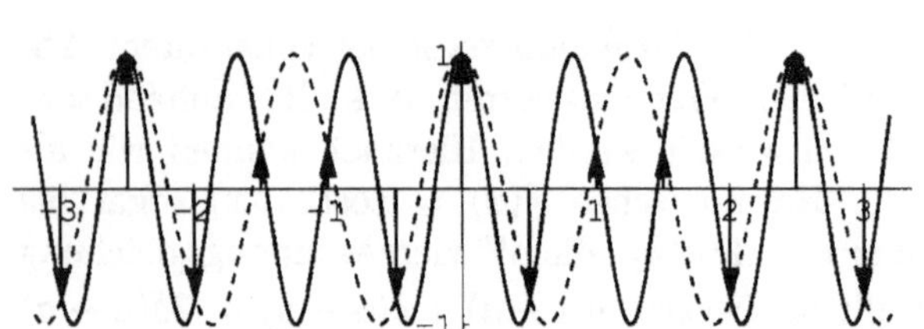

Abb. 8.10. $\cos(2\pi\nu x)$, $\nu = 6/5$; (*gestrichelt:*) $\cos(2\pi\nu' x)$, $\nu' = 4/5$; Abtastabstand: $x_s = 1/2$

ches Beispiel zu diesem Aliasing-Effekt. Betrachtet man eine Filmaufzeichnung z.B. eines beschleunigt fahrenden Wagens mit Speichenrädern, dann ist es eine bekannte Erfahrung, daß sich die Räder zunächst erwartungsgemäß in Richtung der Fahrbewegung vorwärts drehen; von einer bestimmten Geschwindigkeit an aber scheinen sie sich zunehmend schneller rückwärts zu bewegen. Bei einer Abtastfrequenz von 25 Bildern pro Sekunde in einer Filmaufzeichnung (vgl. S. 83) entspricht diese Bewegungsentwicklung gerade den Verhältnissen bei den δ-Pfeilen, die im Frequenzbereich bei konstanter Abtastfrequenz und wachsender Frequenz ν zu der Harmonischen $\cos(2\pi\nu x)$ erläutert wurde.

Es ist Gegenstand der Aufgabe 5 zu zeigen, daß im Gegensatz zu der Harmonischen $\cos(2\pi\nu x)$ die Funktion $f(x) = \sin(2\pi\nu x)$ im Grenzfall der Abtastung mit $\nu = 1/(2x_s)$, d.h. mit zwei Abtastwerten pro Periode ***nicht*** wiedergewonnen werden kann. Hier liefert nämlich im Frequenzbereich die periodische Fortsetzung zu $F_c(u)$ die Nullfunktion, $\widetilde{F}_c(u) = 0$. Wird hierbei zu konstantem Abtastabstand die Frequenz auf $\nu > 1/(2x_s)$ vergrößert, dann entsteht als Aliasing-Effekt im Ortsbereich die Funktion $-\sin(2\pi\nu' x)$ mit $\nu' = \nu - 1/x_s$.

Wir betrachten abschließend noch das Verhalten der argumentverschobenen Kosinusfunktion $A\cos(2\pi\nu\,[x - \varphi_0]) = A\cos(2\pi\nu x)\cos(2\pi\nu\varphi_0) +$

$A\sin(2\pi\nu x)\sin(2\pi\nu\varphi_0)$. Im Grenzfall von 2 Abtastungen pro Periode entsteht als Alias-Ergebnis $A\cos(2\pi\nu x)\cos(2\pi\nu\varphi_0)$, da der Sinusanteil – wie wir gesehen haben – verschwindet. Aus dem Produkt $A\cos(2\pi\nu\varphi_0)$ kann aber weder A noch φ_0 bestimmt werden; daher geht in dieser Situation sowohl die Amplitude als auch die Phasenlage der Harmonischen verloren. Damit wird noch einmal deutlich, daß zur Erfüllung der Nyquist-Bedingung für den Grenzfall der Nyquist-Frequenz $c = 1/(2x_s)$ gelten muß: $F_c(\pm c) = 0$.

Übungen

8.2.1 Die „Poissonsche Summenformel":

$$f(x) \leftrightarrow F(u) \Rightarrow \sum_{j=-\infty}^{\infty} f(x - jp) = \frac{1}{p} \sum_{k=-\infty}^{\infty} F\left(\frac{k}{p}\right) \exp\left(\frac{2\pi i k x}{p}\right) .$$

Die links stehende Summe gibt nach (6.91) eine p-periodische Funktion wieder; es handelt sich dabei (in der Regel) um eine Replikation *mit* Überlappung zu der Funktion f. Die Gleichung ist daher nur dann sinnvoll, wenn diese unendliche Reihe konvergent ist. Die Poissonsche Summenformel stellt eine Erweiterung der bisherigen Form der Fourierreihen dar; in der einführenden Entwicklung des Abschnitts 5.2 oder in der Form (8.12) war es nämlich immer eine c-begrenzte Funktion ($c \le p/2$), die durch die Fourierreihe p-periodisch *ohne* Überlappung fortgesetzt wurde.

Nach der Poissonschen Summenformel lauten z.B. für die 1-periodische Replikation *mit* Überlappung zu $\mathrm{tri}(x/b)$ für $b > 1/2$ die Fourierkoeffizienten $C_k = b\,\mathrm{sinc}^2(bk)$ in Übereinstimmung mit dem Fall der 1-periodischen Dreieckfunktion zu $0 < b \le 1/2$.

a) Bestätigen Sie die Poissonsche Summenformel. In der Literatur findet man auch die Summanden $f(x+jp)$ anstelle der oben angegebenen $f(x-jp)$; dieser Unterschied ist offensichtlich unerheblich. Die Form des Pluszeichens gibt für $x = 0$ mit

$$\sum_{j=-\infty}^{\infty} f(jp) = \frac{1}{p} \sum_{k=-\infty}^{\infty} F\left(\frac{k}{p}\right)$$

einen interessanten Zusammenhang zwischen der Summe von Abtastwerten zu f und denen zu F wieder.

b) Geben Sie die Fourierreihe der durch die Formel (6.92), S. 163, und die Abb. 6.20 beschriebenen Funktion an (vgl. auch Aufgabe 6.c) des Abschnitts 8.1).

8.2.2 Wie lauten zu der Abb. 8.5 die Funktionen $\mathrm{Re}\,[F(u)]$, $\mathrm{Im}\,[F(u)]$ sowie die Summennotierungen der Funktionen $\widetilde{f}(x) = f_c(x) * \Delta(x/p)/p$, $\mathrm{Re}\,[F(u)\Delta(pu)]$, $\mathrm{Im}\,[F(u)\Delta(pu)]$? Bestätigen Sie: $F(k) = 0$ für $k \in \mathbb{Z} \setminus \{\pm 1\}$.

8.2.3 Entwickeln Sie die Wiedergewinnungsformel (8.31), indem Sie auf (8.29) die inverse Fouriertransformation anwenden.

8.2.4 Bestimmen Sie die Kardinalreihe zu $f(x) = \cos(2\pi\nu x)$ für den Fall, daß der Abtastabstand halb so groß wie die Periodenlänge ist. Hieraus läßt sich die Darstellung der Kotangensfunktion durch eine sogenannte „unendliche Partialbruchzerlegung"

$$\cot(\pi x) = \frac{1}{\pi}\sum_{j=-\infty}^{\infty}\frac{1}{x-j} \quad \text{bzw.} \quad \pi\cot(\pi x) = \frac{1}{x} + 2\sum_{j=1}^{\infty}\frac{x}{x^2-j^2} \qquad (8.33)$$

gewinnen. Zu der zweiten Form vgl. etwa Abramowitz [1, S. 75].

8.2.5 Übertragen Sie die anhand der Abb. 8.9 für die Kosinusfunktion gewonnenen Ergebnisse auf die Beispiele der Harmonischen $f_1(x) = \sin(2\pi\nu x)$ und $f_2(x) = \exp(2\pi i\nu x)$. Begründen Sie, daß im Falle von zwei Abtaststellen pro Periode als Alias-Funktion zu f_1 die Nullfunktion und zu f_2 die Harmonische $\cos(2\pi\nu x)$ resultiert. Die Ergebnisse des Beispiels f_2 schließen natürlich die der beiden Harmonischen $\cos(2\pi\nu x)$ und $\sin(2\pi\nu x)$ ein.

8.3 *Ergänzungen*

Es sollen im folgenden zwei Beweise zu Aussagen nachgetragen werden, die in vorangegangenen Abschnitten verwendet wurden. Dabei wird deutlich, daß die Kammfunktion eine sehr kompakte Darstellung der Formalismen gestattet. Der Grund hierzu liegt natürlich zunächst in der Definition der Kammfunktion selbst; daneben ist es vor allem die Korrespondenz $\Delta(x) \leftrightarrow \Delta(u)$ sowie ihre Verbindung mit der Faltung und Multiplikation bei der Fouriertransformation. Es wird sich aber auch hier wieder zeigen, daß die größere Abstraktion bei diesen kompakten Formulierungen in gewissem Maße zu Lasten der „Anschaulichkeit" der Zusammenhänge geht. So bietet etwa in (8.22), (8.23),

$$f_c(x) * \frac{1}{p}\Delta\left(\frac{x}{p}\right) = \sum_{j=-\infty}^{\infty} f_c(x - jp)$$
$$\leftrightarrow F(u)\Delta(pu) = \frac{1}{p}\sum_{k=-\infty}^{\infty} F\left(\frac{k}{p}\right)\delta\left(u - \frac{k}{p}\right)$$

die jeweilige Summendarstellung zweifellos eine größere Nähe zur Visualisierung der entsprechenden Graphen als die kompakte Form mit der Kammfunktion (vgl. Abb. (8.5)).

Summe periodischer Funktionen mit irrationalem Periodenverhältnis

Wir betrachten den einfachsten Fall einer Summe von zwei komplexen Harmonischen mit irrationalem Frequenzverhältnis

$$f(x) = \exp(2\pi i \nu_1 x) + \exp(2\pi i \nu_2 x), \ \nu_1, \nu_2 \neq 0 \text{ und } \frac{\nu_1}{\nu_2} \in \mathbb{R} \backslash \mathbb{Q} \, .$$

Wenn wir von den Frequenzen zu den Periodenlängen $p_1 = 1/\nu_1$ und $p_2 = 1/\nu_2$ übergehen, dann ist auch das Verhältnis p_1/p_2 eine Irrationalzahl; andernfalls würde nämlich mit $p_1/p_2 = n/m \in \mathbb{Q}$ $(n, m \in \mathbb{Z})$ auch $\nu_1/\nu_2 = p_2/p_1 = m/n \in \mathbb{Q}$ folgen – im Gegensatz zur Voraussetzung.

Die Behauptung lautet, daß f eine ***nicht periodische*** Funktion ist. Für den indirekten Beweis nehmen wir an, f wäre p-periodisch. Nach Satz 8.1, (8.1), erhalten wir dann $\nu_1 = k_1/p$ und $\nu_2 = k_2/p$, $k_1, k_2 \in \mathbb{Z}$. Somit ergibt sich der Widerspruch zu der Voraussetzung wegen $\nu_1/\nu_2 = k_1/k_2 \in \mathbb{Q}$.

Es ist Gegenstand der Aufgabe 1, den Beweisgedanken allgemein auf eine Funktion $h = f + g$ zu übertragen, bei der f bzw. g eine p-periodische bzw. eine q-periodische Funktionen mit $p/q \notin \mathbb{Q}$ ist. Unter diesen Voraussetzungen ergibt sich also h als eine nicht periodische Funktion.

Von Interesse ist, daß sich die Aussage über die Summe zweier Harmonischen nicht analog auf das entsprechende Produkt übertragen läßt. Für den Fall komplexer harmonischer Funktionen haben wir nämlich mit

$$f(x) = \exp(2\pi i \nu_1 x) \exp(2\pi i \nu_2 x) = \exp(2\pi i \, [\nu_1 + \nu_2] \, x)$$

für beliebige ν_1, ν_2 eine periodische Funktion. Dagegen ist etwa die Funktion $\cos(2\pi\nu_1 x)\cos(2\pi\nu_2 x)$ für $\nu_1/\nu_2 \notin \mathbb{Q}$ wiederum eine nicht periodische Funktion (Aufgabe 2).

Mit diesen Beispielen wird noch einmal deutlich, daß die Folgerung (8.5) nicht umkehrbar ist und daß die Aussage (8.6) nur im Rahmen der für unsere Betrachtungen eingeschränkten Funktionenmenge gültig ist (vgl. die Fußnote S. 220).

Orts- und bandbegrenzte Funktionen

Mit dem Satz 8.3, S. 235, war eine entscheidende Einschränkung bei der Anwendung des Abtasttheorems auf reale Signale genannt worden. Es soll hier bewiesen werden:

Falls f eine ortsbegrenzte Funktion ist, dann gehört hierzu eine frequenzunbegrenzte Transformierte F.

(Umkehrung: Aufgabe 3) Zur Präzisierung des Umfangs der vorausgesetzten Ortsbegrenzung soll noch einmal die Notierung $f_c(x)$ benutzt werden. Mit (8.22), $\widetilde{f}(x) = f_c(x) * \Delta(x/p)/p$, erhalten wir die p-periodische Replikation von f_c. Wird zusätzlich gegenüber (8.22) $p > 2c$ gesetzt, dann gilt $\widetilde{f}(x) = 0$ für $x \in [c, p/2]$ (vgl. Abb. 8.5). $\widetilde{f}(x)$ erfüllt somit die Voraussetzung des Satzes 5.2, S. 127, so daß $\widetilde{f}$ nur durch eine ***unendliche*** Fourierreihe darstellbar ist. Die Transformierte $\mathcal{F}\left\{\widetilde{f}(x)\right\} = \mathcal{F}\{f_c(x)\}\,\Delta(pu) = F(u)\Delta(pu)$ ist daher frequenzunbegrenzt, und dasselbe muß somit auch für $F(u)$ gelten.

Die Übertragung des Satzes 5.2 auf beliebige p-periodische Funktionen ist unproblematisch. Durch die Argumentskalierung $f(px)$ erhalten wir nämlich wieder eine 1-periodische Funktion mit unveränderten Fourierkoeffizienten (vgl. S. 113). □

Übungen

8.3.1 Beweisen Sie indirekt: Gegeben sind eine p-periodische Funktion f und eine q-periodische Funktion g mit den jeweiligen Transformierten (8.1); falls das Periodenverhältnis p/q irrational ist, dann ist die Summenfunktion $h = f + g$ nicht periodisch mit einer Transformierten vom δ-Typ.

8.3.2 Zu der Funktion $f(x) = 2\cos(2\pi\nu_1 x)\cos(2\pi\nu_2 x) = \cos(2\pi\,[\nu_1 + \nu_2]\,x) + \cos(2\pi\,[\nu_1 - \nu_2]\,x)$ ist indirekt zu zeigen: Falls $\nu_1/\nu_2 \in \mathbb{R}\backslash\mathbb{Q}$, dann ist auch das Zahlenverhältnis $(\nu_1 + \nu_2)/(\nu_1 - \nu_2)$ irrational. Nach Aufgabe 1 ist also $f(x)$ eine nicht periodische Funktion. Entsprechend lassen sich auch $\cos(2\pi\nu_1 x)\sin(2\pi\nu_2 x)$ und $\sin(2\pi\nu_1 x)\sin(2\pi\nu_2 x)$ behandeln.

8.3.3 Übertragen Sie den Beweis der S. 241 auf die Aussage: Eine Funktion f kann nur dann eine bandbegrenzte Funktion sein, wenn f selbst ortsunbegrenzt ist.

8.4 Faltung periodischer Funktionen

Das Konzept der Faltung zweier Funktionen in der Form des Faltungsintegrals (7.62), S. 196, oder über die Einführung der Faltungsoperation mit dem Ergebnis (6.60), S. 153, läßt sich auf periodische Funktionen nicht anwenden. Als einfachsten Beleg hierfür bilden wir

$$\mathcal{F}\left\{\exp(2\pi \mathrm{i} a x) * \exp(2\pi \mathrm{i} a x)\right\} = \left[\delta(u-a)\right]^2 \ ,$$

ein Ergebnis, das nicht definiert ist. Auch im erweiterten Rahmen der Distributionstheorie wird daher bei periodischen Funktionen die Faltung als „endliche Faltung" eingeführt (vgl. etwa Zemanian [35, S. 313]). Als Operationszeichen der endlichen Faltung benutzen wir hier zur Abgrenzung gegenüber der bisherigen Faltung das Symbol „$*_p$", um den Bezug zu den periodischen Funktionen zu verdeutlichen. Außerdem sollen zur Vereinfachung die Entwicklungen auch hier für 1-periodische Funktionen durchgeführt und die Notierungen

$$\widehat{f}(x) := f(x)\,\mathrm{rect}(x),\ \ C(u) := \mathcal{F}\{\widehat{f}(x)\}\ , \tag{8.34}$$

$$\widehat{g}(x) := g(x)\,\mathrm{rect}(x),\ \ \Gamma(u) := \mathcal{F}\left\{\widehat{g}(x)\right\} \tag{8.35}$$

benutzt werden (vgl. (8.9) und (8.10)). $C(k)$ bzw. $\Gamma(k)$, $k \in \mathbb{Z}$, sind nach (8.11), S. 221, die Fourierkoeffizienten zu $f(x)$ bzw. $g(x)$.

Die *endliche Faltung* zweier 1-periodischer Funktionen f und g ist definiert durch

$$\begin{aligned} f(x) *_p g(x) &:= \int_{-1/2}^{1/2} f(\alpha)g(x-\alpha)\mathrm{d}\alpha = \int_{-\infty}^{\infty} f(\alpha)\,\mathrm{rect}(\alpha)g(x-\alpha)\mathrm{d}\alpha \\ &= [f(x)\,\mathrm{rect}(x)] * g(x) = \widehat{f}(x) * g(x)\,. \end{aligned} \tag{8.36}$$

Durch die integralfreie Form der letzten beiden Ausdrücke ist auch für periodische Funktionen die Faltungsvorschrift in das Konzept der Faltungsoperation eingefügt, die in Abschn. 6.4 mit Hilfe des Fourieroperators eingeführt wurde.

Zunächst ist zu erkennen, daß das Faltungsergebnis selbst wieder eine 1-periodische Funktion ist. Außerdem läßt sich in dem ersten Integral von (8.36) das Integrationsintervall I_1 durch ein beliebiges Intervall $[a-1/2\,, a+1/2]$, $a \in \mathbb{R}$, ersetzen (vgl. (2.32), S. 31). Schließlich können wir leicht zeigen, daß die Operation der endlichen Faltung kommutativ ist. Hierzu wird (8.36) mit (8.15) fortgesetzt zu

$$\begin{aligned} \widehat{f}(x) * g(x) &= \widehat{f}(x) * \widehat{g}(x) * \Delta(x) = \widehat{f}(x) * \Delta(x) * \widehat{g}(x) \\ &= f(x) * \widehat{g}(x) = \widehat{g}(x) * f(x) = g(x) *_p f(x)\,. \end{aligned} \tag{8.37}$$

Benutzt wurde dabei, daß die Faltung nicht periodischer Funktionen kommutativ und assoziativ ist ((6.72), (6.73), S. 156).

In Analogie zu dem Faltungssatz für nicht periodische Funktionen (S. 196) gilt der

Faltungssatz 1-periodischer Funktionen:

$$\mathcal{F}\{f(x) *_p g(x)\} = \sum_{k=-\infty}^{\infty} C(k)\Gamma(k)\delta(u-k) \tag{8.38}$$

$$\begin{aligned} \Leftrightarrow f(x) *_p g(x) &= \int_{-1/2}^{1/2} f(\alpha)g(x-\alpha)\mathrm{d}\alpha \\ &= \sum_{k=-\infty}^{\infty} C(k)\Gamma(k)\exp(2\pi\mathrm{i}kx)\,. \end{aligned} \tag{8.39}$$

In Worten: Die Fourierkoeffizienten der Faltungsfunktion $f(x) *_p g(x)$ werden durch die entsprechenden Produkte der Fourierkoeffizienten zu f und g, nämlich $C(k)\Gamma(k)$, $k \in \mathbb{Z}$, gebildet.

Der Beweis ergibt sich sofort mit (8.37), (8.34), (8.35) durch

$$\mathcal{F}\{f(x) *_p g(x)\} = \mathcal{F}\{\widehat{f}(x) * \widehat{g}(x) * \Delta(x)\} = C(u)\Gamma(u)\Delta(u)$$
$$= \sum_{k=-\infty}^{\infty} C(k)\Gamma(k)\delta(u-k)\,. \tag{8.40}$$

Beispiel 1: Die endliche Faltung der 1-periodischen Rechteckfunktion (Fourierkoeffizienten: $C(k) = |b|\,\mathrm{sinc}(bk)$, $|b| \leq 1/2$) mit sich selbst führt auf die 1-periodische Dreieckfunktion als periodische Fortsetzung zu $|b|\,\mathrm{tri}(x/b)$, vgl. (6.101), S. 164.

Beispiel 2: $f(x) = \exp(2\pi \mathrm{i}\nu_1 x)$ bzw. $g(x) = \exp(2\pi \mathrm{i}\nu_2 x)$ ist eine $1/\nu_1$-periodische bzw. $1/\nu_2$-periodische Funktion. Beide Funktionen sind daher für $\nu_1, \nu_2 \in \mathbb{Z}$ auch 1-periodisch. Für die Fourierkoeffizienten gilt $C(\nu_1) = \Gamma(\nu_2) = 1$, während für sämtliche übrigen ganzzahligen Argumente $C(k) = \Gamma(n) = 0$ ist. Nach dem Faltungssatz wird daher

$$\exp(2\pi \mathrm{i}\nu_1 x) *_p \exp(2\pi \mathrm{i}\nu_2 x) = \begin{cases} 0 \text{ (Nullfunktion) für } \nu_1 \neq \nu_2\,, \\ \exp(2\pi \mathrm{i}\nu x) \text{ für } \nu := \nu_1 = \nu_2\,. \end{cases} \tag{8.41}$$

Auf dasselbe Ergebnis führt natürlich auch das Faltungsintegral in (8.36) (Aufgabe 1).

Es soll noch der Beweis der *Parsevalschen Gleichung* für 1-periodische Funktionen bzw. für Fourierreihen nachgetragen werden, die in (5.49), S. 123, bereits vorgestellt wurde.

Wir benutzen hierzu, ausgehend von (8.35),

$$\mathcal{F}\{\widehat{g}^*(x)\} = \Gamma^*(-u) \Rightarrow \mathcal{F}\{\widehat{g}^*(-x)\} = \Gamma^*(u)\,.$$

Wenn wir diese Funktionen entsprechend in (8.40) ersetzen, wird

$$\mathcal{F}\{f(x) *_p g^*(-x)\} = \mathcal{F}\{\widehat{f}(x) * \widehat{g}^*(-x) * \Delta(x)\} = C(u)\Gamma^*(u)\Delta(u)$$
$$= \sum_{k=-\infty}^{\infty} C(k)\Gamma^*(k)\delta(u-k)\,.$$

Mit dem Faltungssatz in der Form (8.39) erhalten wir

$$\int_{-1/2}^{1/2} f(\alpha)g^*(-[x-\alpha])\mathrm{d}\alpha = \sum_{k=-\infty}^{\infty} C(k)\Gamma^*(k)\exp(2\pi \mathrm{i}kx)\,,$$

und für $x = 0$ ergibt sich die Parsevalsche Gleichung mit der zugehörigen Folgerung

$$\int_{-1/2}^{1/2} f(\alpha)g^*(\alpha)\mathrm{d}\alpha = \sum_{k=-\infty}^{\infty} C(k)\Gamma^*(k)$$
$$\Rightarrow \int_{-1/2}^{1/2} |f(\alpha)|^2\mathrm{d}\alpha = \sum_{k=-\infty}^{\infty} |C(k)|^2\,. \tag{8.42}$$

Als Beispiel hierzu haben wir die Bestätigung der Integralorthogonalität komplexer Exponentialfunktionen (4.28), S. 98,

$$\int_{-1/2}^{1/2} \exp(2\pi i \nu_1 x) \exp(-2\pi i \nu_2 x) dx = \left\{ \begin{matrix} 1 \text{ für } \nu_1 = \nu_2 \,, \\ 0 \text{ für } \nu_1 \neq \nu_2 \,, \end{matrix} \right\} \quad \nu_1, \nu_2 \in \mathbb{Z} \,.$$

Übungen

8.4.1 Bestimmen Sie mit Hilfe des Faltungssatzes über das Produkt der entsprechenden Fourierkoeffizienten ($\nu_1, \nu_2 \in \mathbb{Z}$): $\cos(2\pi\nu_1 x) *_p \cos(2\pi\nu_2 x)$, $\cos(2\pi\nu_1 x) *_p \sin(2\pi\nu_2 x)$, $\sin(2\pi\nu_1 x) *_p \sin(2\pi\nu_2 x)$. Bestätigen Sie (8.41) sowie beispielsweise das Ergebnis zu $\sin(2\pi\nu_1 x) *_p \sin(2\pi\nu_2 x)$ durch die Auswertung des Integrals der endlichen Faltung in (8.36).

8.4.2 Die Definition der endlichen Faltung zweier p-periodischer Funktionen f und g sowie der Faltungssatz hierfür lauten

$$\begin{aligned} f(x) *_p g(x) &:= \frac{1}{p} \int_{-p/2}^{p/2} f(\alpha) g(x - \alpha) d\alpha \\ &= \sum_{k=-\infty}^{\infty} \frac{1}{p} C\left(\frac{k}{p}\right) \frac{1}{p} \Gamma\left(\frac{k}{p}\right) \exp\left(\frac{2\pi i k x}{p}\right) \,. \end{aligned} \tag{8.43}$$

Übertragen Sie den Beweis (8.40) auf diese verallgemeinerte Form des Faltungssatzes sowie auf die (8.42) entsprechende Parsevalsche Gleichung. Beachten Sie dabei die Notierungen der Aufgabe 2 zu Abschn. 8.1.

Teil III

Diskrete Fouriertransformation

9. Grundlagen der diskreten Fouriertransformation (DFT)

Die Anwendungsmöglichkeiten der DFT-Berechnung haben sich in den letzten Jahren ganz erheblich ausgeweitet, ausgelöst durch die rasante Entwicklung der Computerleistung. So wäre es beispielsweise vor einem Jahrzehnt noch undenkbar gewesen, Bildbearbeitungsprobleme mit über einer Million Bilddaten durch einen PC in vertretbarer Zeit berechnen zu lassen.

Ein sinnvoller Einsatz der DFT ist unabdingbar verbunden mit der Berücksichtigung grundlegender Zusammenhänge der Fouriertransformation. Hierzu gehört sicher an erster Stelle das Verständnis der DFT-Ergebnisse unter dem Gesichtspunkt der Frequenzen. Dieser Aspekt wird in den Ausführungen des vorliegenden Kapitels besonders berücksichtigt.

Insgesamt ist die folgende Vorgehensweise vorgegeben durch die Bedingungen des zu bearbeitenden Zahlenmaterials, für das wir auch die Bezeichnung „Input" oder „Input-Daten" zur DFT verwenden. Zwei Eigenschaften sind hierfür bestimmend:

1. Ausgangspunkt der Daten ist in aller Regel ein analoges Signal endlicher Länge. Wenn wir für ein solches Signal im folgenden die Notierung $s(x)$ verwenden, dann handelt es sich hierbei also um eine ortsbegrenzte Funktion, und wir können auf diese Funktion das Integral der Fourierkoeffizienten anwenden. Anders als das allgemeine Fourierintegral führt nämlich das Konzept der Fourierreihen mit der Folge der Fourierkoeffizienten auf ein ***diskretes*** Frequenzspektrum. Mit Blick auf die ***diskrete Fouriertransformation*** liefert daher gerade die Ortsbegrenzung des Signals $s(x)$ den Schritt zur Diskretisierung im Frequenzbereich. Das Ergebnis besteht allerdings hiermit im allgemeinen noch aus einer ***unendlichen*** Folge von Frequenzwerten.

2. Der Berechnung unter Verwendung der DFT liegt eine ***endliche*** Folge digitaler Zahlenwerte zugrunde, die durch einen physikalischen Vorgang der Abtastung aus dem analogen Signal $s(x)$ hervorgegangen ist; ein solcher Datensatz wird auch „Sample" genannt. Mathematisch wird diese Abtastung oder Diskretisierung durch das Produkt mit der Kammfunktion, $s\Delta$, beschrieben, und das Ergebnis ist eine Funktion vom δ-Typ. Die Fouriertransformierte hierzu, $\mathcal{F}\{s\Delta\}$, liefert dann ein ***periodisches*** Frequenzspektrum (vgl. (8.5), S. 220). Indem wir nun auf dieses Produkt $s\Delta$ das Integral der Fourierkoeffizienten anwenden, resultiert somit ein ***diskretes und periodisches*** Frequenzspektrum. Eine einzelne Periode dieser unendlichen Folge von Frequenzdaten,

mithin eine *endliche* Anzahl von Frequenzwerten, gibt daher das relevante Frequenzspektrum des diskreten Input-Materials wieder. Die Berechnungsformel der DFT führt zusätzlich darauf, daß der Umfang des Daten-Samples mit dem Umfang des endlichen Frequenzspektrums identisch ist. Das Überraschende dieses Zusammenhangs besteht also darin, daß sich aus n Input-Werten gerade auch wieder n Frequenzwerte ergeben.

Nach dem hier vorgestellten Konzept wird im folgenden die Formel zur DFT-Berechnung entwickelt. Die Zielsetzung ist dabei, das Verständnis der Anwendung und Ergebnisinterpretation bei der DFT von der bisherigen Darstellung der Fouriertransformation leiten zu lassen.

9.1 DFT-Formalismus

Bevor die einleitend skizzierte Vorgehensweise durchgeführt wird, soll zunächst schon einmal das Ergebnis, nämlich die Berechnungsformel der DFT, vorgestellt und mit ersten Beispielen erläutert werden.

Summenformel der DFT-Berechnung

Für die Input-Daten bzw. das DFT-Ergebnis wird in Anlehnung an die Korrespondenz der Fouriertransformation $f(x) \leftrightarrow F(u)$ die Notierung

$$f_j,\ j = -N, \ldots, N-1 \text{ bzw. } F_k,\ k = -N, \ldots, N-1\,, \tag{9.1}$$

verwendet. Damit gehen wir von einem geradzahligen Datenumfang $2N$ ($N \in \mathbb{N}$) aus. Die Begründung für diese Festlegung und auch für den Indexbereich $-N, \ldots, N-1$ wird später erfolgen. Für den ersten Zugang zur DFT-Berechnung wird die Numerierung der Sample-Werte f_j, $j = -N, \ldots, N-1$, anstelle der zu erwartenden Indizes, z.B. $j = 1, \ldots, 2N$, sicher kein Hindernis sein. Mit diesen Vereinbarungen lautet die DFT-Formel

$$F_k = \frac{1}{2N} \sum_{j=-N}^{N-1} f_j \exp\left(\frac{-2\pi \mathrm{i} jk}{2N}\right), \quad k = -N, \ldots, N-1\,. \tag{9.2}$$

Die hiernach zu berechnenden Frequenzwerte F_k bilden das (endliche) „diskrete Frequenzspektrum“ zu dem Sample der f_j-Werte. Mit Bezug auf die Fourierkoeffizienten sollen diese Ergebnisse F_k als „DFT-Koeffizienten“ bezeichnet werden.

Für den Normalfall reellwertiger Input-Daten läßt sich die Summenformel (9.2) als Berechnungsalgorithmus wiedergeben durch

$$f_j \in \mathbb{R} \;\Rightarrow\; \operatorname{Re}(F_k) = \frac{1}{2N} \sum_{j=-N}^{N-1} f_j \cos\left(\frac{2\pi jk}{2N}\right) ,$$

$$\operatorname{Im}(F_k) = -\frac{1}{2N} \sum_{j=-N}^{N-1} f_j \sin\left(\frac{2\pi jk}{2N}\right) .$$

Wir wollen als erstes Beispiel für die Frequenzbedeutung der DFT-Koeffizienten ein Sample zu der Harmonischen $\cos(2\pi\nu x)$ mit einer ganzzahligen Frequenz $\nu \in \mathbb{Z}$ bilden. Es wird später allgemein gezeigt (vgl. (9.12)), daß hier in Übereinstimmung mit den Fourierkoeffizienten

$$f_j = \cos\left(\frac{2\pi\nu j}{2N}\right) \Rightarrow F_k = \begin{cases} \frac{1}{2} \text{ für } k = \pm\nu \text{ mit } 0 < |\nu| < N , \\ 0 \text{ für } k \neq \pm\nu \end{cases}$$

gilt (vgl. (5.26), S. 109)

Abbildung 9.1 gibt diesen Zusammenhang wieder, indem die f_j- und F_k-Werte in der Form einer Punktdarstellung wiedergegeben sind. Die DFT-Koeffizienten $F_{\pm\nu} = 1/2$ lassen sich hiernach anschaulich als Zeiger für die Anzahl ν der Perioden in dem Sample f_j erklären, so wie wir es bei der Fouriertransformation von den Korrespondenzfunktionen $\cos(2\pi\nu x) \leftrightarrow [\delta(u+\nu) + \delta(u-\nu)]/2$ her kennen.

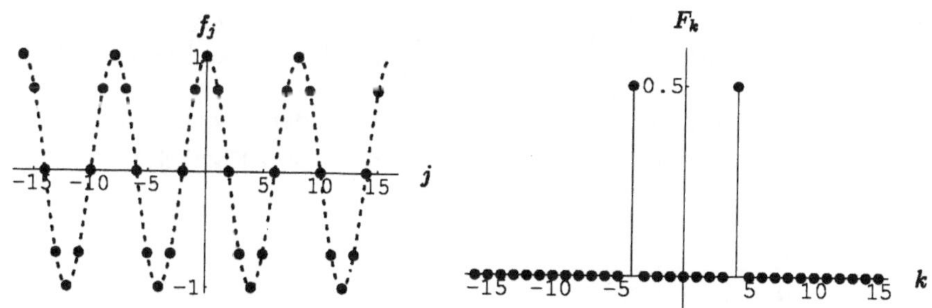

Abb. 9.1. Sample f_j zu $\cos(2\pi\nu x)$ mit $\nu = 4$ Perioden und diskretem Frequenzspektrum F_k, $2N = 32$

Die DFT-Berechnung wird gelegentlich benutzt, um zu einem harmonischen Signal die Frequenz ν zu ermitteln. In der Praxis dürfte der exakte Verlauf einer Sinus-/Kosinusfunktion aufgrund verschiedenartiger Störeinflüsse nur selten anzutreffen sein. Insbesondere ist der Fall eher unwahrscheinlich, daß genau eine ganzzahlige Anzahl von ν Perioden in dem Sample der f_j-Werte enthalten ist. In der Abb. 9.2 ist das Frequenzspektrum zu einem Beispiel mit $\nu \notin \mathbb{Z}$ dargestellt, das sich mit Hilfe eines Datenverarbeitungsprogramms nach (9.2) berechnen läßt. Für die graphische Wiedergabe der Werte f_j und F_k wurde hier jeweils die Form eines Polygonzugs gewählt; diese Darstellungsart wird im folgenden durchgehend verwendet, sofern nicht die Wiedergabe durch Punkte bzw. die Verwendung von δ-Pfeilen geeigneter ist.

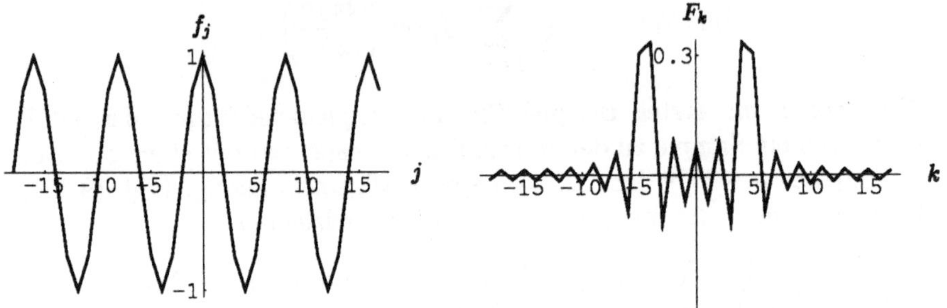

Abb. 9.2. Sample f_j zu $\cos(2\pi\nu x)$ mit Frequenzspektrum F_k, $\nu = 9/2$, $2N = 36$

Charakteristisch ist das „Zerlaufen" der Frequenzkomponenten von den Maxima um $\pm\nu$ über sämtliche Indexwerte k, für das häufig der englische Begriff „leakage" verwendet wird. Dieser Effekt war bereits im Zusammenhang mit den Fourierkoeffizienten vorgestellt worden (vgl. Abb. 5.3, S. 110, und Abb. 5.9). Wie bei den Fourierkoeffizienten in Abschn. 8.1, S. 223, läßt sich auch hier durch das

$$\text{Hann-Fenster:} \quad g_j := \frac{1}{2}\left[1 + \cos\left(\frac{2\pi j}{2N}\right)\right] f_j = \cos^2\left(\frac{\pi j}{2N}\right) f_j \tag{9.3}$$

im allgemeinen eine wesentlich schärfere Abgrenzung der Frequenzen um $\pm\nu$ erzielen (Abb. 9.3 mit den DFT-Koeffizienten G_k zu dem Input g_j).

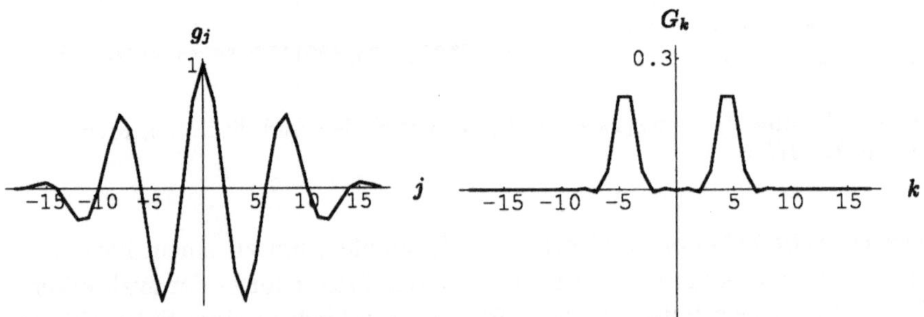

Abb. 9.3. Auswirkung des Hann-Fensters auf die Daten der Abb. 9.2

Schließlich ist noch darauf hinzuweisen, daß in der Regel eine Phasenverschiebung der Harmonischen in der Form etwa $\cos(2\pi\,[x + \varphi_0])$ vorliegt. Hier wird man für die graphische Darstellung des (komplexwertigen) Frequenzspektrums die Amplitudenwerte $|F_k|$ verwenden.

Vereinbarungen zur Entwicklung der DFT-Formeln

Es vereinfacht die folgenden Überlegungen erheblich, wenn wir für die Ortsbegrenzung des ursprünglichen analogen Signals $s(x)$ den Argumentbereich $-1/2 \leq x \leq 1/2$ vereinbaren. Die 1-periodische Fortsetzung zu $s(x)$ soll die Notierung $f(x)$ erhalten, d.h. es ist $f(x) = s(x) * \Delta(x)$. Zusätzlich gilt dann auch $f(x)\,\mathrm{rect}(x) = s(x)$ für $|x| < 1/2$. Auf die Funktionswerte an den Intervallgrenzen $x = \pm 1/2$ gehen wir später noch ein.

Die Festlegung, daß für die Argumente x des ursprünglichen Signals $|x| \leq 1/2$ und somit $f(x)$ 1-periodisch gewählt wird, bedeutet für die Anwendung der DFT keine Einschränkung. Wir bleiben damit bei der anschaulichen Vorstellung, die wir in Verbindung mit den Fourierreihen vorrangig benutzt haben. Es wird weiter unten erläutert, wie im konkreten Fall die DFT-Ergebnisse zu interpretieren sind.

Für die Entwicklung der DFT lassen wir das Signal s bzw. die 1-periodische Fortsetzung f als komplexwertig zu, obwohl im Normalfall der Praxis mit reellwertigem Input gearbeitet wird.

Weiterhin wird die Anzahl der Input-Daten – wie im vorigen Unterabschnitt vorweggenommen – als geradzahlig, $2N$, vorausgesetzt; wir vermeiden damit die durchgängige Fallunterscheidung nach geradzahligem und ungeradzahligem Datenumfang.

Die Abtaststellen sind äquidistant vorausgesetzt, d.h. wir behandeln im folgenden bezüglich der Funktion $f(x)$ die Stützpunkte

$$x_j := \frac{j}{2N},\ f_j := f(x_j),\ j = -N, \ldots, N-1,\ f : \mathbb{R} \to \mathbb{C}\,. \tag{9.4}$$

Gelegentlich verwenden wir zusätzlich das Argument x_N sowie $f_N := f(x_N)$, und zusammen mit der Periodeneigenschaft der Funktion f gilt:

$$x_{-N} = -\frac{1}{2},\ x_N = \frac{1}{2},\ f_{-N} = f(x_{-N}) = f(x_N) = f_N\,. \tag{9.5}$$

Die in (9.4) auftretende Indexmenge wird bei den weiteren Entwicklungen häufig vorkommen. Wir vereinfachen daher die Schreibweise, indem wir hierfür die Bezeichnung einer herausgehobenen Menge definieren:

$$\mathbb{M} := \{-N, -(N-1), \ldots, N-2, N-1\}\,. \tag{9.6}$$

Damit können wir also z.B. das Sample der Input-Werte mit f_j, $j \in \mathbb{M}$, oder auch durch $(f_j)_{j \in \mathbb{M}}$ wiedergeben.

Wie bereits erwähnt, soll die Nähe der DFT zur kontinuierlichen Fouriertransformation dadurch zum Ausdruck gebracht werden, daß wir die DFT-Koeffizienten zu dem Input f_j mit F_k bezeichnen – im Unterschied zur Notierung C_k für Fourierkoeffizienten. Außerdem wird die Operation der DFT bzw. der inversen diskreten Fouriertransformation (IDFT) wiedergeben durch die Schreibweise des „diskreten Fourieroperators“

$$F_k = \mathcal{F}_D\{f_j\} \text{ bzw. } f_j = \mathcal{F}_D^{-1}\{F_k\} \text{ mit } f_j,\, F_k \in \mathbb{C}\,.$$

Mit der Verwendung des auf S. 96 vorgestellten Exponentialterms w_{2N} werden die folgenden Notierungen erheblich übersichtlicher. Da wir hier durchgängig den Index $2N$ haben, genügt es, schlicht den Buchstaben w zu benutzen, d.h. wir haben die Definition

$$w_{2N},\, w := \exp\left(\frac{2\pi\mathrm{i}}{2N}\right). \tag{9.7}$$

Entwicklung der DFT-Summenformel

Als diskretisierte Form der 1-periodischen Funktion f mit dem Abtast- oder Diskretisierungsabstand $1/(2N)$ wählen wir

$$\begin{aligned} f(x)\Delta\left(\frac{x}{1/(2N)}\right) &= f(x)\Delta(2Nx) \\ &= \frac{1}{2N}\sum_{j=-\infty}^{\infty} f\left(\frac{j}{2N}\right)\delta\left(x-\frac{j}{2N}\right). \end{aligned} \tag{9.8}$$

Hierauf wenden wir die Integralformel der Fourierkoeffizienten an und erhalten

$$\int_{-1/2}^{1/2} f(x)\Delta(2Nx)\exp(-2\pi\mathrm{i}kx)\mathrm{d}x$$

$$= \frac{1}{2N}\int_{-1/2}^{1/2}\sum_{j=-\infty}^{\infty} f\left(\frac{j}{2N}\right)\exp(-2\pi\mathrm{i}kx)\delta\left(x-\frac{j}{2N}\right)\mathrm{d}x\,.$$

Für sämtliche Indexwerte $|j| > N$ nimmt die Funktion $\delta(x - j/(2N))$ im Integrationsintervall $[-1/2\,,\,1/2]$ den Wert Null an, so daß wir fortsetzen können

$$= \frac{1}{2N}\sum_{j=-N}^{N} f\left(\frac{j}{2N}\right)\exp\left(\frac{-2\pi\mathrm{i}jk}{2N}\right)\int_{-1/2}^{1/2}\delta\left(x-\frac{j}{2N}\right)\mathrm{d}x\,.$$

Zu den Indizes $|j| < N$ wird der Integralwert 1, während sich für $|j| = N$ mit (3.25), S. 67, der Wert 1/2 ergibt. Wegen (9.5) und $\exp(\pm\pi\mathrm{i}k) = (-1)^k$ sind der erste und letzte Summand der Summe gleich, und wir erhalten nun mit (9.4) die in (9.2) bereits genannte Formel der DFT-Koeffizienten F_k:

$$F_k = \frac{1}{2N}\sum_{j=-N}^{N-1} f_j\exp\left(\frac{-2\pi\mathrm{i}jk}{2N}\right) = \frac{1}{2N}\sum_{j=-N}^{N-1} f_j w^{-jk}\,. \tag{9.9}$$

Somit sind die DFT-Koeffizienten in der Tat die Fourierkoeffizienten zu der abgetasteten Form einer 1-periodischen Funktion $f(x)$ - mit einer geringfügigen Einschränkung: Die eingangs gewählte Diskretisierungsform stimmt hinsichtlich des Faktors bei der Kammfunktion *nicht* mit der z.B. in (8.26) benutzten Notierung überein. Nach dieser Notierung sind die Pfeilhöhen in der graphischen Darstellung der abgetasteten Funktion (d.h. die Gewichte der δ-Funktionen) mit den Funktionswerten von f an den Abtaststellen identisch (man vergleiche hierzu etwa die Abb. 3.10, S. 80). Das Resultat der mit (9.8) gewählten Diskretisierungsform ist der Faktor $1/(2N)$ vor der Summe in (9.9). Nun ist dieser Faktor prinzipiell willkürlich, und es gibt Literaturstellen, die aus Symmetriegründen zur IDFT-Formel den Faktor $1/\sqrt{2N}$ wählen (z.B. Mathematica). Auch das Vorzeichen des Exponentialterms ist in der Literatur nicht einheitlich (vgl. hierzu die Hinweise zur Form des Fourierintegrals S. 192).

Mit der Wahl der Form (9.9) erreichen wir, daß in verschiedenen typischen Beispielen die DFT-Koeffizienten mit den entsprechenden Fourierkoeffizienten übereinstimmen. Wir betrachten hierfür zunächst den DFT-Koeffizienten zu dem Index $k = 0$,

$$F_0 = \frac{1}{2N} \sum_{j=-N}^{N-1} f_j \,, \tag{9.10}$$

der für ein reellwertiges Sample $f_j \in \mathbb{R}$ ebenfalls reellwertig ausfällt.

F_0 gibt hiernach den Mittelwert oder das arithmetische Mittel der Input-Werte f_j wieder. Somit haben wir die Übereinstimmung mit der Bedeutung des Fourierkoeffizienten C_0, der als Gleichanteil den (funktionalen) Mittelwert von $f(x)$ im Grundintervall darstellt.

Als weiteres Beispiel wollen wir die DFT-Koeffizienten zu der Harmonischen $f(x) = \cos(2\pi\nu x)$ für $\nu \in \mathbb{Z}$ berechnen. Hierfür lautet der diskrete Input mit (9.4)

$$\begin{aligned} f_j = \cos\left(\frac{2\pi\nu j}{2N}\right) &= \frac{1}{2}\left[\exp\left(\frac{2\pi i\nu j}{2N}\right) + \exp\left(-\frac{2\pi i\nu j}{2N}\right)\right] \\ &= \frac{1}{2}\left[w^{\nu j} + w^{-\nu j}\right] . \end{aligned}$$

Wir erhalten also

$$F_k = \frac{1}{2}\,\frac{1}{2N} \sum_{j=-N}^{N-1} \left[w^{\nu j} + w^{-\nu j}\right] w^{-jk} .$$

Die hieraus entstehenden beiden Summen liefern jeweils mit der Summenorthogonalität der komplexen Exponentialterme (4.25), S. 97,

$$\frac{1}{2N} \sum_{j=-N}^{N-1} w^{\nu j} \left(w^{jk}\right)^* = \begin{Bmatrix} 1 \text{ für } k = \nu + m2N \,, \\ 0 \text{ für } k \neq \nu + m2N \,, \end{Bmatrix} \quad m \in \mathbb{Z} \,, \tag{9.11}$$

$$\frac{1}{2N}\sum_{j=-N}^{N-1} w^{-\nu j}\left(w^{jk}\right)^{*} = \begin{cases} 1 \text{ für } k = -\nu + m2N\,, \\ 0 \text{ für } k \neq -\nu + m2N\,, \end{cases} \quad m \in \mathbb{Z}\,.$$

Insgesamt wird

$$F_k = \mathcal{F}_D\left\{\cos\left(\frac{2\pi\nu j}{2N}\right)\right\} = \begin{cases} \frac{1}{2} \text{ für } k = \pm\nu + m2N\,, \\ 0 \text{ für } k \neq \pm\nu + m2N\,, \end{cases} \quad m \in \mathbb{Z}\,. \tag{9.12}$$

Sofern wir ganzzahlige Frequenzwerte $|\nu| < N$ wählen und nur die DFT-Koeffizienten F_k mit den Indizes $|k| \leq N$ berücksichtigen, zeigt sich also die Übereinstimmung dieser Koeffizienten mit den Fourierkoeffizienten C_k zur kontinuierlichen Harmonischen $f(x) = \cos(2\pi\nu x)$ (vgl. (5.26), S. 109).

Das Ergebnis (9.12) mit den Vielfachen $m2N$ für $m \in \mathbb{Z}$ kann so interpretiert werden, daß sich die Folge der Zahlenwerte F_k, $k \in \mathbb{M}$, im Abstand von $2N$ wiederholt. Diese Eigenschaft der F_k ist in der allgemeinen Aussage enthalten (Aufgabe 2):

<u>Satz 9.1:</u> *Die Folge der DFT-Koeffizienten $(F_k)_{k\in\mathbb{Z}}$ ist „2N-periodisch", d.h. es gilt*

$$F_{k+m2N} = F_k, \quad m \in \mathbb{Z}\,. \tag{9.13}$$

Es genügt daher, $2N$ der DFT-Koeffizienten zu bestimmen, und es sollen hierfür – entsprechend den Input-Daten f_j in (9.4) und wie in (9.2) vorweggenommen – die Indizes $k \in \mathbb{M}$ ausgewählt werden. Speziell folgt aus (9.13) für $k = -N$ und $m = 1$

$$F_N = F_{-N}\,. \tag{9.14}$$

Die endliche Folge der relevanten DFT-Koeffizienten $(F_k)_{k\in\mathbb{M}}$ läßt sich für „einfache" Fälle wie in (9.12) und z.B. $2N = 8$ sowie einer Frequenz von $\nu = 2$ übersichtlicher wiedergeben als in (9.12), nämlich durch

$$(F_k)_{k\in\mathbb{M}} = (0_{-4},\, 0_{-3},\, 1/2_{-2},\, 0_{-1},\, 0_0,\, 0_1,\, 1/2_2,\, 0_3)\,.$$

Als Sonderfall zu (9.12) für $\nu = 0$ wollen wir noch die DFT-Werte der konstanten Funktion $f(x) = 1$ festhalten; hierfür ist also $f_j = 1, j \in \mathbb{M}$, (vgl. auch Aufgabe 3):

$$F_k = \mathcal{F}_D\{1\} = \begin{cases} 1 \text{ für } k = 0\,, \\ 0 \text{ für } k \in \mathbb{M}\setminus\{0\}\,, \end{cases} \tag{9.15}$$

Mit der zuvor benutzten Folgendarstellung können wir diesen Zusammenhang auch nach der Art einer Korrespondenz verdeutlichen:

$$\begin{aligned} (f_j)_{j\in\mathbb{M}} &= (1_{-N},\, 1_{-N+1}, \ldots, 1_{-1},\, 1_0,\, 1_1, \ldots, 1_{N-2},\, 1_{N-1}) \leftrightarrow \\ (F_k)_{k\in\mathbb{M}} &= (0_{-N},\, 0_{-N+1}, \ldots, 0_{-1},\, 1_0,\, 0_1, \ldots, 0_{N-2},\, 0_{N-1})\,. \end{aligned} \tag{9.16}$$

Wir werden diese Notierung nach Bedarf zur Unterstützung verwenden.

Als Beispiel für die Handhabung der Summenformel (9.9) bei allgemeinen Zusammenhängen der DFT wird das Gegenstück zu (7.37), S. 187, gezeigt:

$$\mathcal{F}_D\left\{f_j^*\right\} = F_{-k}^* \,. \tag{9.17}$$

Die Folge $(F_{-k}^*)_{k\in\mathbb{Z}}$ läßt sich zunächst anschaulich durch Spiegelung der Folge $(F_k^*)_{k\in\mathbb{Z}}$ an dem Index $k = 0$ gewinnen. Insbesondere bleibt dabei natürlich die Eigenschaft $F_{-N}^* = F_N^*$ erhalten. So haben wir beispielsweise für $2N = 8$

$$(F_{-k}^*)_{k\in\mathrm{M}} = (F_{-4}^*, F_3^*, F_2^*, F_1^*, F_0^*, F_{-1}^*, F_{-2}^*, F_{-3}^*) \,. \tag{9.18}$$

Entsprechend werden auch die später benutzten Folgen $(f_{-j})_{j\in\mathrm{M}}$ oder $(F_{-k})_{k\in\mathrm{M}}$ gebildet.

Gleichung (9.17) ergibt sich mit (4.18), S. 95, durch

$$\begin{aligned}\frac{1}{2N}\sum_{j=-N}^{N-1} f_j^* w^{-jk} &= \frac{1}{2N}\sum_{j=-N}^{N-1}\left(f_j w^{jk}\right)^* = \left[\frac{1}{2N}\sum_{j=-N}^{N-1} f_j w^{-j(-k)}\right]^* \\ &= F_{-k}^* \,.\end{aligned}$$

In Verbindung mit den bisherigen grundlegenden Eigenschaften der DFT soll noch kurz der Bezug zu den Regeln des Fourieroperators hergestellt werden: Die Regeln 1, 2 und 4 werden in den Aufgaben 5 bis 8 behandelt; die Grenzwertregel 3 hat in Verbindung mit der DFT keine Bedeutung.

Die folgende Überlegung gibt eine Anwendung der Linearitätsregel (Regel 1). Bei der graphischen Wiedergabe der DFT-Koeffizienten F_k z.B. in der Form eines Polygonzuges tritt häufig der Fall auf, daß der Wert des Gleichanteils F_0 (mit $F_0 \in \mathbb{R}$ für $f_j \in \mathbb{R}$) weitaus größer ist als die übrigen dargestellten Werte zu F_k. Soll der Verlauf der F_k, $k \neq 0$, vergrößert hervorgehoben werden, dann genügt es, die graphische Abbildung mit $F_0 := 0$ wiederzugeben. Bezüglich des Samples der f_j hat diese Manipulation den Effekt, daß von sämtlichen f_j der Wert von F_0 subtrahiert wird. Mit (9.15) und Regel 1 gilt nämlich

$$\mathcal{F}_D\left\{f_j - F_0\right\} = \begin{cases} F_k \text{ für } k \neq 0 \,, \\ F_0 - F_0 = 0 \text{ für } k = 0 \,. \end{cases}$$

Für die graphische Darstellung des Samples bedeutet die Differenz $(f_j - F_0)_{j\in\mathrm{M}}$, daß der gesamte Graph um $-F_0$ in Ordinatenrichtung verschoben wird, so daß sich die eigentliche „Gestalt“ des Graphen nicht ändert.

Definition der δ-Folge

Das Ergebnis (9.15) und auch die DFT-Koeffizienten (9.12) zur Kosinusfunktion legen es nahe, als Gegenstück zu der Funktion $\delta(x)$ die „δ-Folge" δ_j einzuführen. Für die Definition wählen wir die allgemeinere Form der "verschobenen δ-Folge"

$$\delta_{j-n} := \left\{ \begin{array}{l} 2N \text{ für } j = n + m2N \,, \\ 0 \text{ für } j \in \mathbb{Z} \setminus \{n + m2N\} \,, \end{array} \right\} \; n, m \in \mathbb{Z} \,, \tag{9.19}$$

die der verschobenen Kammfunktion $\Delta(x - n/(2N))$ entspricht.

Als Sample kann diese Folge durch

$$(0_{-N},\, 0_{-N+1}, \ldots, 0_{n-1},\, 2N_n,\, 0_{n+1}, \ldots, 0_{N-2},\, 0_{N-1})_{j\in\mathbb{M}} \,.$$

angedeutet werden.

Mit der Wahl des Folgenwertes $\delta_0 = 2N$ (für $j = n = 0$) wird im Bereich endlicher Größen die Nähe zu der Singularität von $\delta(x)$ in $x = 0$ hergestellt.

Das diskrete Gegenstück zu der Produktgleichung mit der δ-Funktion, $f(x)\delta(x-a) = f(a)\delta(x-a)$, lautet

$$f_j \delta_{j-n} = f_n \delta_{j-n} \,. \tag{9.20}$$

Zur Verdeutlichung dieser Beziehung soll als Konvention festgehalten werden, daß f_j (und entsprechend F_k) die Kurzform zu der Notierung der Folge $(f_j)_{j\in\mathbb{M}}$ oder $(f_j)_{j\in\mathbb{Z}}$ meint. Dagegen bedeutet das Produkt mit dem Faktor f_n in (9.20) die Multiplikation sämtlicher Folgenelemente zu δ_{j-n} mit ein und demselben Zahlenwert, nämlich f_n als Element zu dem (festen) Index n in der Folge f_j.

Unter Verwendung der δ-Folge läßt sich das Ergebnis (9.12) bzw. (9.15) in der Form

$$\mathcal{F}_D \left\{ \cos\left(\frac{2\pi\nu j}{2N}\right) \right\} = \frac{1}{4N} [\delta_{k+\nu} + \delta_{k-\nu}] \;\Rightarrow\; \mathcal{F}_D\{1\} = \frac{1}{2N}\delta_k \tag{9.21}$$

wiedergeben.

Für die DFT-Koeffizienten der verschobenen δ-Folge erhalten wir (Aufgabe 9)

$$\mathcal{F}_D\{\delta_{j-n}\} = \exp\left(\frac{-2\pi i n k}{2N}\right) = w^{-nk} \,, \tag{9.22}$$

d.h. die diskretisierten komplexen Harmonischen der Frequenz n.

Der Spezialfall $n = 0$ liefert

$$\mathcal{F}_D\{\delta_j\} = 1 \,. \tag{9.23}$$

Hiermit besteht in Entsprechung zu (9.16) die Korrespondenz

$$(f_j)_{j\in\mathbb{M}} = (0_{-N},\, 0_{-N+1}, \ldots, 0_{-1},\, 2N_0,\, 0_1, \ldots, 0_{N-2},\, 0_{N-1}) \leftrightarrow$$
$$(F_k)_{k\in\mathbb{M}} = (1_{-N},\, 1_{-N+1}, \ldots, 1_{-1},\, 1_0,\, 1_1, \ldots, 1_{N-2},\, 1_{N-1})\,,$$

nach der sämtliche DFT-Koeffizienten den Wert 1 haben (vgl. das Ergebnis der Fourierkoeffizienten in (5.28), S. 110).

Schließlich führt (9.22) für $n = -N$ auf

$$\mathcal{F}_D\left\{\delta_{j+N}\right\} = \exp\left(\frac{2\pi \mathrm{i} N k}{2N}\right) = w^{Nk} = (-1)^k\,. \tag{9.24}$$

Die Unsymmetrie bei der Benutzung der δ-Folge in der Form (9.21) als DFT-Output im Vergleich mit der Definition (9.19) als Input zu (9.23) resultiert aus der vereinbarten DFT-Formel (9.9).

Das durch die DFT-Koeffizienten dargestellte Frequenzspektrum

Es geht hier um eine weiterführende Interpretation der F_k-Werte speziell für die Indizes $k = -N, \ldots, N-1$ oder $k \in \mathbb{M}$. Die Begründung der „Periodeneigenschaft“ (9.13) und somit auch die Bedeutung der Koeffizienten mit $|k| > N$ aus der Sicht der Fouriertransformation wird in Abschn. 9.4 behandelt.

Da wir die Summenformel (9.9) der DFT-Koeffizienten aus der Integralformel der Fourierkoeffizienten entwickelt haben, können wir zunächst für den Normalfall reellwertiger Input-Daten festhalten, daß die DFT-Koeffizienten vom Symmetrietyp hermitesch sind (vgl. Satz 5.1, S. 102, und Aufgabe 4):

$$f_j \in \mathbb{R} \;\Rightarrow\; \begin{cases} F_{-k} = F_k^* \Leftrightarrow \\ \mathrm{Re}\,(F_{-k}) = \mathrm{Re}\,(F_k) \wedge \mathrm{Im}\,(F_{-k}) = -\,\mathrm{Im}\,(F_k)\,; \\ F_{-N} = \displaystyle\sum_{j=-N}^{N-1} (-1)^j f_j \in \mathbb{R} \Rightarrow \mathrm{Im}\,(F_{-N}) = 0\,. \end{cases} \tag{9.25}$$

Weiterhin gibt der Wert von F_k entsprechend dem von C_k das Gewicht wieder, mit dem die (diskretisierte) Harmonische $\exp(2\pi \mathrm{i} k x)$ in dem (abgetasteten) Signal zu $s(x)$ enthalten ist. So geben speziell die Koeffizienten $F_{\pm 1}$ Auskunft über den Anteil der Grundschwingung, $F_{\pm 2}$ über den der 1. Oberschwingung und allgemein $F_{\pm k}$ über den der $(k-1)$-ten Oberschwingung. Abbildung 9.4 zeigt den Zusammenhang am Beispiel der Harmonischen $f(x) = \cos(2\pi x)$ mit übereinstimmender Abszissenteilung im Orts- und Frequenzbereich. Für die Darstellung der F_k-Werte benutzen wir – wie in Abschn. 5.1 – δ-Pfeile, obwohl die Begründung hierzu erst in Abschn. 9.4 erfolgt.

Die Aussagen über die Bedeutung der F_k-Werte sind natürlich unabhängig von der Anzahl $2N$ der Abtastwerte d.h. unabhängig davon, ob etwa $2N = 6$ oder $2N = 1000$ ist. Die Auswirkungen eines größeren Sample-Umfangs bestehen darin, daß zusätzlich die Komponenten höherer Frequenzen einbezogen

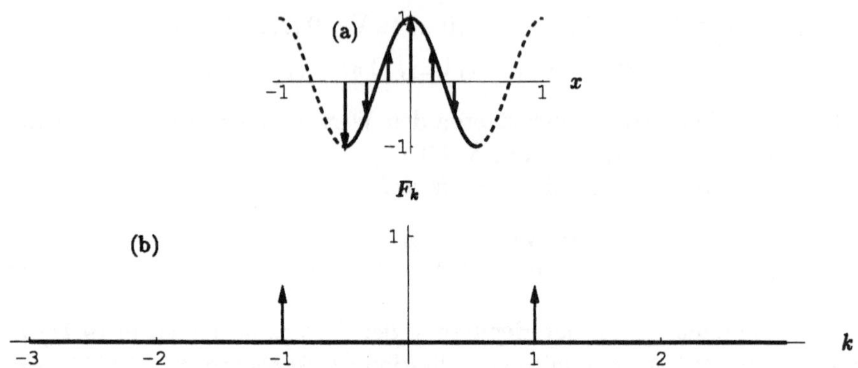

Abb. 9.4. **(a)** $f(x) = \cos(2\pi x)$, **abgetastet mit** $2N = 6$, **(b)** F_k

werden. Diese Interpretation erlaubt es uns, daß wir uns von der eingangs vereinbarten Vorstellung über den Argumentbereich des Signals $s(x)$, nämlich $-1/2 \leq x < 1/2$, lösen können. Das Beispiel der Abb. 9.5 verdeutlicht diese Feststellung für ein Sinus-Signal mit zwei Perioden und unbestimmter Periodenlänge, dargestellt durch die Korrespondenz (vgl. Aufgabe 3)

$$\begin{aligned}(f_j)_{j\in \mathrm{M}} &= (0_{-3},\ \sqrt{3}/2_{-2},\ -\sqrt{3}/2_{-1}, 0_0,\ \sqrt{3}/2_1,\ -\sqrt{3}/2_2) \leftrightarrow \\ (F_k)_{k\in \mathrm{M}} &= (0_{-3},\ \mathrm{i}/2_{-2},\ 0_{-1}, 0_0,\ 0_1,\ -\mathrm{i}/2_2)\,.\end{aligned}$$

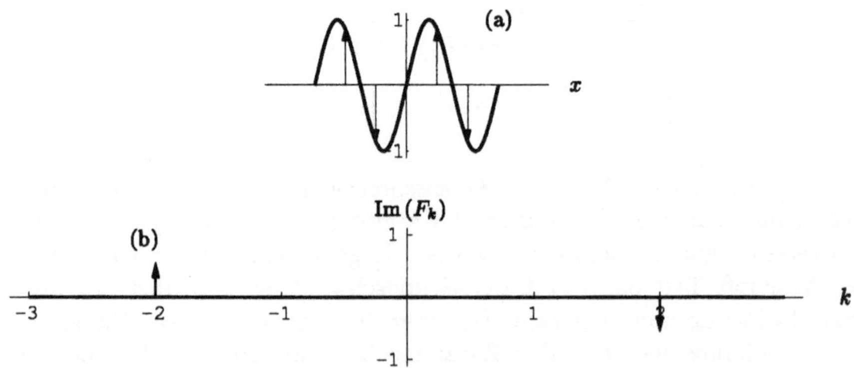

Abb. 9.5. **(a)** $f(x)$ = **Sinus-Signal, abgetastet mit** $2N = 6$, **(b)** $\mathrm{Im}\,(F_k)$

Da die Frequenzinterpretation der F_k-Werte bei der praktischen Anwendung der DFT grundlegend ist, soll sie noch mit der folgenden Überlegung vertieft werden. Zu einer *geraden* Zahl N gehen wir von einem Sample $(f_j)_{j\in \mathrm{M}}$ zu einem weiteren Sample g_l mit dem halben Umfang dadurch über, daß wir die Werte f_j mit ungeradem Index j entfernen. Damit gilt $f_{2l} = g_l$ für

$l = -N/2, \ldots, N/2-1$. Dann stimmen die DFT-Koeffizienten $G_k = \mathcal{F}_D\{g_l\}$ „im wesentlichen" mit den F_k-Werten für $|k| < N/2$ überein, d.h. es ist $G_k \sim F_k$ für $k = -(N/2-1), \ldots, N/2-1$ (vgl. hierzu die Abbildungen 9.9 und 9.10 weiter unten). Daß hier im allgemeinen keine Gleichheit besteht, läßt sich schon daran erkennen, daß die Summenformel (9.9) für G_k bzw. F_k eine unterschiedliche Anzahl von Summanden hat.

Mit der Zuordnung der Werte $F_{\pm k}$ zur Harmonischen der Frequenz $|k|$ in dem Signal $s(x)$ wird weiterhin deutlich, daß die DFT-Koeffizienten unabhängig von der physikalischen Dimension des Argumentes x sind, also beispielsweise unabhängig davon, ob es sich um ein orts- oder zeitabhängiges Signal handelt. Für die folgenden Entwicklungen ist es allerdings zweckmäßig, weiterhin von f als einer *1-periodischen* Funktion, d.h. von $s(x)$ als einem Signal der Länge 1 auszugehen.

Wenn bei der rechnerischen Durchführung der DFT kein Bezug zur physikalischen Dimension des Argumentes x besteht, dann ist zu überlegen, wie die Frequenzen eines realen Signals den Frequenzindizes der DFT-Koeffizienten zuzuordnen sind. Als Berechnungsbeispiel hierzu sollen einfache Zahlenwerte zu einem (zeitabhängigen) Audiosignal gewählt werden. Wir gehen dazu aus von den vorgegebenen Größen

$$\text{Abtastrate: } \frac{1}{x_s} = 1000\,\frac{\text{Abtastungen}}{\text{Sekunde}},$$

$$\text{Anzahl Abtastwerte: } 2N = 5000 \text{ Abtastungen.}$$

Damit ist die Breite A des Zeitausschnitts zu dem Signal $s(x)$ durch das $2N$-fache des Abtastabstandes x_s festgelegt. Außerdem ergibt sich die niedrigste Frequenz ν_{min}, die den Koeffizienten $F_{\pm 1}$ zugeordnet ist, durch genau eine Periode in der Zeit A:

$$\begin{aligned}\text{Zeitausschnitt: } A = 2Nx_s &= 5000 \text{ Abtastungen} \cdot \frac{1}{1000}\,\frac{\text{Sekunde}}{\text{Abtastungen}} \\ &= 5 \text{ Sekunden,}\end{aligned}$$

$$\text{Minimalfrequenz: } \nu_{min} = \frac{1 \text{ Periode}}{A \text{ Sekunden}} = \frac{1}{5}\text{ Hz} = 0{,}2 \text{ Hz.}$$

Die zu dem DFT-Koeffzienten F_{-N} gehörende Frequenz ν_{max} resultiert aus dem N-fachen von ν_{min}; gleichzeitig benötigt ν_{max} nach der Nyquist-Bedingung 2 Abtastungen pro Periode, und wir haben

$$\begin{aligned}\text{Maximalfrequenz: } \nu_{max} &= N\nu_{min} = 500 \text{ Hz} \\ &= \frac{1 \text{ Periode}}{2 \text{ Abtastungen}} \cdot 1000\,\frac{\text{Abtastungen}}{\text{Sekunde}} \\ &= 500\,\frac{\text{Perioden}}{\text{Sekunde}}.\end{aligned}$$

Allgemein werden diese Zusammenhänge in den sogenannten „Reziprozitäts-Beziehungen“ ausgedrückt. Die Übertragung der zuvor durchgeführten Entwicklungen ergibt

$$\nu_{min} = \frac{1}{A} \quad \text{und} \quad 2\nu_{max} = 2N\nu_{min} = 2N\frac{1}{A} \,.$$

Damit gilt für das Produkt der Signalbreite und der gesamten Frequenzbreite

$$A\, 2\nu_{max} = 2N \,.$$

Weiter ist

$$\frac{1}{\nu_{min}} = A = 2N\, x_s \,.$$

Das Produkt der beiden minimalen Größen liefert somit

$$x_s\, \nu_{min} = \frac{1}{2N} \,.$$

Mit diesen beiden Gleichungen läßt sich das vorgestellte Berechnungsbeispiel noch einmal kontrollieren.

Bei der Auswertung der DFT-Koeffizienten kommt häufig das diskrete Betrags- oder Amplitudenspektrum $(|F_k|)_{k\in \mathrm{M}}$ bzw. das Phasenspektrum $(\Phi_k)_{k\in \mathrm{M}}$ zur Anwendung. Wie bei den Fourierkoeffizienten haben wir hier für die Phase (vgl. (9.38) in Aufgabe 4 sowie (5.5), (5.6), (5.7) S. 101):

$$F_k = |F_k| \exp(2\pi \mathrm{i} \Phi_k) \,, \tag{9.26}$$

$$\Phi_k = \frac{1}{2\pi} \arctan\big(\operatorname{Re}(F_k)\,,\ \operatorname{Im}(F_k)\big) \ \Rightarrow\ -\frac{1}{2} \le \Phi_k < \frac{1}{2} \,. \tag{9.27}$$

Für ein reellwertiges Sample lassen sich wegen (9.25) die DFT-Koeffizienten $F_{\pm k}$ mit den komplexen Harmonischen der Frequenzen $\pm k$ zusammenfassen zu

$$\begin{aligned} f_j \in \mathbb{R} \ \Rightarrow\ & F_{-k} \exp(-2\pi \mathrm{i} k x) + F_k \exp(2\pi \mathrm{i} k x) \\ &= 2|F_k| \cos(2\pi\, [kx + \Phi_k]),\ |k| \le N-1 \,. \end{aligned} \tag{9.28}$$

Hiermit zeigt sich die durch (9.26) der Exponentialform zugeordnete Phase Φ_k für $f_j \in \mathbb{R}$ als Phasenlage der Harmonischen $\cos(2\pi k x)$ (vgl. die entsprechende Aussage (5.7), S. 101, bei den Fourierreihen).

Zu der Frequenz N lautet die Frequenzkomponente $F_{-N} \cos(2\pi N x)$ (vgl. (9.87), S. 293). Hierauf entfallen bei $2N$ Abtastungen über die Signallänge genau zwei Abtastungen pro Periode. Wie die Abb. 9.6 deutlich macht, ist zu dieser Frequenz sowohl die Amplitude als auch die Phase unbestimmt (vgl. Aufgabe 4). Bei einem Sample-Umfang von $2N$ kann daher keine Aussage über die Frequenzkomponente zu F_{-N} gemacht werden.

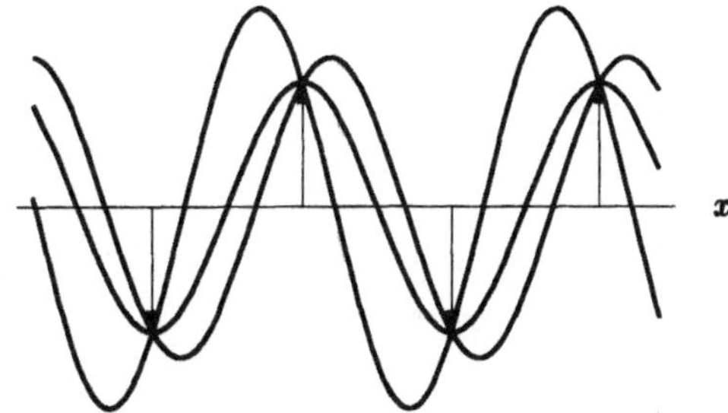

Abb. 9.6. Beispiele zu unterschiedlichen Harmonischen $A\cos(2\pi N\,[x+\Phi\,])$ mit denselben zwei Abtastergebnissen pro Periode

Wir wollen abschließend das Spektrum $(F_k)_{k\in\mathbb{M}}$ aus der Sicht des Abtasttheorems betrachten. Bei einem Abtastabstand von $x_s = 1/(2N)$ bzw. einer Abtastrate von $1/x_s = 2N$ können nach der Nyquist-Bedingung (8.30), S. 233, grundsätzlich nur Aussagen über die ganzzahligen Frequenzen $|k| < N$ gemacht werden. Falls das Signal $s(x)$ höhere Frequenzen enthält, treten sie zwangsläufig unter den F_k-Werten als Alias-Effekte auf. Zusätzlich beeinflussen nicht ganzzahlige Frequenzen durch den Leakage-Effekt – wie in Abb. 9.2 dargestellt – die DFT-Ergebnisse. Als Idealfall der DFT-Berechnung wird in Abschn. 9.4, S. 298, der folgende Satz bewiesen:

<u>Satz 9.2:</u> *Falls die 1-periodische Fortsetzung $f(x)$ zu dem Signal $s(x)$ eine endliche Fourierreihe der Art*

$$f(x) = \sum_{k=-N+1}^{N-1} C_k \exp(2\pi \mathrm{i} k x) \tag{9.29}$$

ist, dann stimmen die DFT-Koeffizienten zu dem Sample $(f_j)_{j\in\mathbb{M}}$ mit den Fourierkoeffizienten überein:

$$F_k = C_k,\ k \in \mathbb{M}\,.$$

Dieses Ergebnis ist zwar für das Verständnis des Frequenzspektrums zu einem Sample $(f_j)_{j\in\mathbb{M}}$ von Bedeutung; die Voraussetzung (9.29) wird jedoch in praktischen Fällen kaum anzutreffen sein. Selbst dann, wenn in dem Signal s die Frequenzen $|\nu| \geq N$ durch Tiefpaßfilterung vor der Abtastung entfernt worden sind, bleibt noch der Leakage-Effekt der Frequenzen $|\nu| < N$.

Abbildung 9.7 gibt einen ersten Eindruck zu dem DFT-Ergebnis unserer Standardkorrespondenz in der Form $\mathrm{rect}(2x) \leftrightarrow \mathrm{sinc}(u/2)/2$. Die Input-Daten hierzu lauten (mit $2N = 8$)

$$(f_j)_{j\in\mathbb{M}} = (0_{-4},\ 0_{-3},\ 1/2_{-2},\ 1_{-1},\ 1_0,\ 1_1,\ 1/2_2,\ 0_3)\,.$$

Die F_k-Werte zu geradzahligen Indizes haben den Wert Null (vgl. (2.46), S. 36). Es zeigt sich ein erkennbarer Unterschied zu $\mathrm{sinc}(u/2)/2$ nur für $F_{\pm 3}$.

Die Abweichung zwischen den DFT-Koeffizienten und den C_k-Werten läßt sich an diesem Beispiel mit einer weiteren Überlegung verdeutlichen. Hierzu gehen wir von dem Signal $s(x) = \mathrm{rect}(2x)$ über zu $s(x) = \mathrm{rect}(2\,[x-a])$. Es ist leicht einzusehen, daß hier jeweils für ***sämtliche*** Werte a mit $0 < a < 1/(2N)$

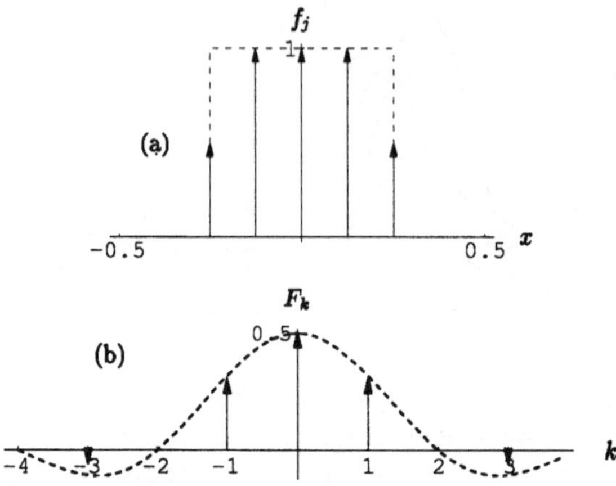

Abb. 9.7. (a) $f(x) = \text{rect}(2x)$, abgetastet mit $2N = 8$, (b) F_k, (*gestrichelt:*) $\text{sinc}(u/2)/2$

bzw. $-1/(2N) < a < 0$ das Sample der f_j unverändert ist. Damit finden sich die unterschiedlichen Argumentverschiebungen also z.B. nicht in den Phasenwerten Φ_k wieder.

Summenformel der inversen diskreten Fouriertransformation (IDFT)

Der Formalismus der inversen diskreten Fouriertransformation lautet:
Für die durch (9.9) berechneten DFT-Koeffizienten $F_k = \mathcal{F}_D\{f_j\}$ gilt als IDFT-Vorschrift zu $f_j = \mathcal{F}_D^{-1}\{F_k\}$

$$f_j = \sum_{k=-N}^{N-1} F_k \exp\left(\frac{2\pi \mathrm{i} jk}{2N}\right) = \sum_{k=-N}^{N-1} F_k w^{jk} \,. \tag{9.30}$$

Im Vergleich mit der DFT-Formel (9.9) ist einerseits – wie beim Fourierintegral – das unterschiedliche Vorzeichen im Exponenten zu beachten; andererseits müssen wir die Unsymmetrie des Faktors $1/(2N)$ in Kauf nehmen, die bei der Festlegung auf die Form (9.9) begründet worden ist.

Die IDFT-Summe (9.30) legt folgende Formulierung nahe:

Die Darstellung der Folge f_j durch

$$f_j = \sum_{k=-N}^{N-1} F_k \exp\left(\frac{2\pi \mathrm{i} jk}{2N}\right)$$

bildet eine diskrete Fourierreihe mit den Fourier-/DFT-Koeffizienten F_k, $k \in$ $\mathbb{M}$.

Der klassische Beweis zu (9.30) in der Form

$$\mathcal{F}_D^{-1}\Big\{\mathcal{F}_D\{f_j\}\Big\} = f_j \tag{9.31}$$

läßt sich unter Anwendung von (9.11) problemlos durchführen. Hierzu setzen wir (9.9) in (9.30) ein und haben dabei allerdings zu berücksichtigen, daß für den in (9.30) festgelegten Buchstaben j in (9.9) ein anderer Buchstabe gewählt wird:

$$\begin{aligned}
&\sum_{k=-N}^{N-1}\left[\frac{1}{2N}\sum_{n=-N}^{N-1} f_n w^{-nk}\right] w^{jk} \\
&= \sum_{n=-N}^{N-1} f_n\left[\frac{1}{2N}\sum_{k=-N}^{N-1} w^{-nk} w^{jk}\right] = f_j\,.
\end{aligned} \tag{9.32}$$

Die Summenformel (9.30) kann für *jeden* ganzzahligen Index, $j \in \mathbb{Z}$, gebildet werden, und es gilt für die Folge $(f_j)_{j\in\mathbb{Z}}$ – wie bei den DFT-Koeffizienten in (9.13) – die $2N$-Periodeneigenschaft

$$f_{j+m2N} = f_j, \quad m \in \mathbb{Z}\,. \tag{9.33}$$

Daher liefern die IDFT-Werte mit der Folge $(f_j)_{j\in\mathbb{Z}}$ das Gegenstück zu der ursprünglichen Abtastung (9.8) der *gesamten* 1-periodischen Funktion $f(x)$. Bei „richtiger“ Gewichtung der Pfeilhöhen, nämlich mit dem jeweiligen Wert f_j, müssen wir für diese Abtastung allerdings die Form $f(x)2N\varDelta(2Nx)$ wählen.

In Entsprechung zu (9.31) gilt außerdem (Aufgabe 10)

$$\mathcal{F}_D\Big\{\mathcal{F}_D^{-1}\{F_k\}\Big\} = F_k\,. \tag{9.34}$$

Die Unsymmetrie der DFT- und IDFT-Formel wirkt sich etwa aus, wenn wir als Beispiel – analog zu $\mathcal{F}^{-1}\{\cos(2\pi\nu u)\} = [\delta(x+\nu)+\delta(x-\nu)]/2$ – die IDFT bilden (vgl. (9.21) und (9.23)). Mit den entsprechenden Umformungen wie zu dem Ergebnis (9.12) wird jetzt

$$f_j = \mathcal{F}_D^{-1}\left\{\cos\left(\frac{2\pi\nu k}{2N}\right)\right\} = \frac{1}{2}\left[\delta_{j+\nu}+\delta_{j-\nu}\right]\,.$$

Normalerweise kommt die IDFT in Verbindung mit Manipulationen des Frequenzspektrums zur Anwendung (z.B. Tiefpaßfilter, vgl. Kap. 10). Hier sollen als Beispiele die unterschiedlichen Auswirkungen einer gleichartigen Veränderung des Amplituden- und des Phasenspektrums vorgestellt werden. Der Konturgraph $f_{\text{Dom}}(x)$ (Abb. 2.16, S. 51) wurde dazu mit $2N = 512$ abgetastet. Von den DFT-Koeffizienten ist einmal $|F_{\pm 8}| := 0$ ($\Rightarrow F_{\pm 8} = 0$) und zum anderen $\varPhi_{\pm 8} := 0$ gesetzt. Diese Manipulationen lassen die Symmetrieeigenschaft der F_k-Werte, die nach (9.25) hermitesch sind, unverändert. Die entsprechenden IDFT-Ergebnisse sind in der Abb. 9.8 wiedergegeben. Die Auswirkung der fehlenden Harmonischen $\exp(2\pi i k x)$, $k = 8$, in dem Graphen a) ist ohne weiteres nachzuvollziehen; zudem läßt hier die Manipulation der „niedrigen" Amplitude zu $k = 8$ die „Feinstruktur" (vgl. S. 51) fast unverändert. Dagegen bewirkt die Modifikation von $\Phi_{\pm 8}$ in dem Graphen b) nach (9.28) eine Verschiebung der Harmonischen $\cos(2\pi 8x)$. Für beide Fälle ist festzuhalten, daß die Veränderung einzelner Frequenzwerte Auswirkungen auf den gesamten Graphen im Ortsbereich hat.

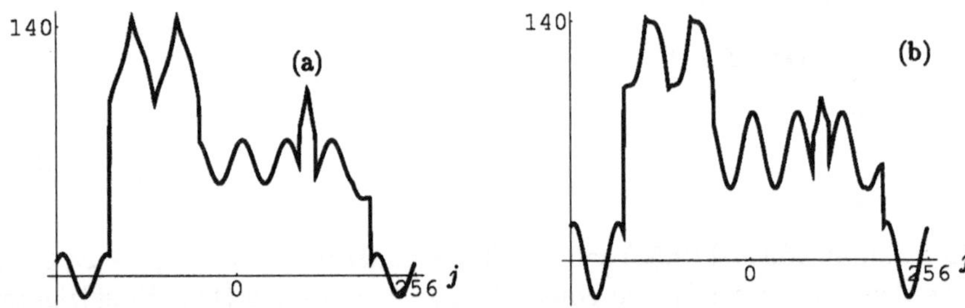

Abb. 9.8. Ergebnisse von Frequenzmanipulationen, (**a**) im Amplitudenspektrum, (**b**) im Phasenspektrum

Es soll abschließend auf die DFT-Koeffizienten F_k des Samples zu $f_{\text{Dom}}(x)$ die auf S. 257 beschriebene Überlegung zur Manipulation des Gleichanteils mit $F_0 := 0$ angewandt werden. In Anlehnung an (9.31) läßt sich das Datenmaterial der Abb. 9.9 (mit dem Zahlenwert $F_0 = 61{,}42$) formelmäßig beschreiben durch

$$\mathcal{F}_D^{-1}\left\{F_k - \frac{F_0}{2N}\delta_k\right\} = f_j - F_0 \,. \tag{9.35}$$

Als Ergänzung ist in Abb. 9.10 das Amplitudenspektrum zu dem halben Sample-Umfang im Vergleich mit Abb. 9.9 wiedergegeben. Wie zu den Folgerungen aus der Halbierung des Sample-Umfangs auf S. 260 ausgeführt wurde, stimmen die Spektren der Abb. 9.9 und 9.10 im wesentlichen überein.

Übungen

9.1.1 Führen Sie die vorgestellte Entwicklung der DFT-Koeffizienten unter Verwendung der modifizierten Integralformel (5.35) zu den Fourierkoeffizienten durch und zwar mit Werten $a = m/(2N)$. Das Ergebnis lautet

$$\frac{1}{2N}\sum_{j=-N+m}^{N+m-1} f_j w^{-jk} = \frac{1}{2N}\sum_{j=-N}^{N-1} f_j w^{-jk} = F_k,\ k, m \in \mathbb{Z}\,. \tag{9.36}$$

9.1.2 Zeigen Sie die Periodeneigenschaft (9.13) der Folge $(F_k)_{k\in\mathbb{Z}}$. Entsprechend ergibt sich diese Eigenschaft auch für $(f_j)_{j\in\mathbb{Z}}$, (9.33).

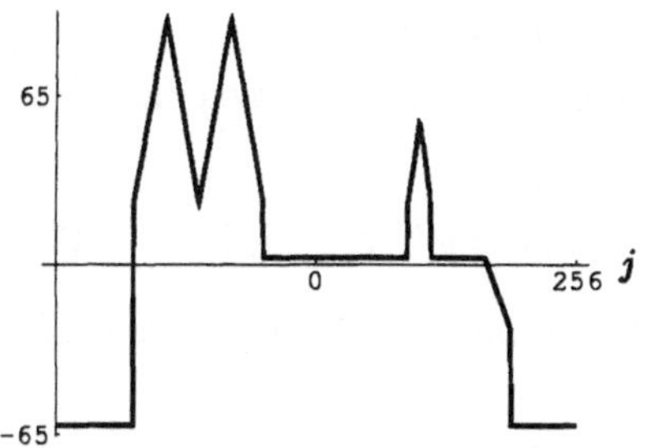

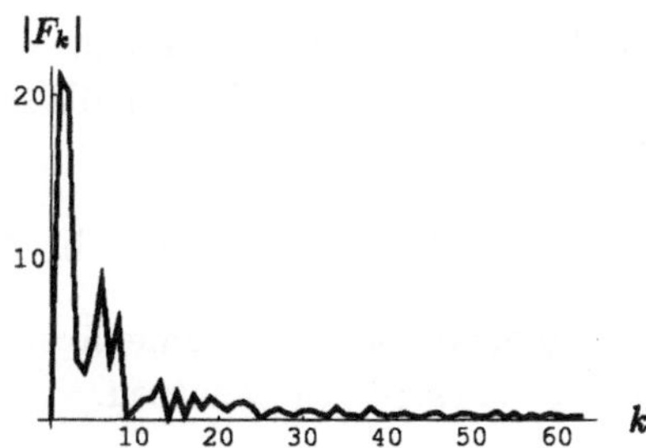

Abb. 9.9. Ergebnis der Datenmanipulation (9.35) im Orts- und Frequenzbereich, $2N = 512$; Ausschnitt der Amplituden $|F_k|$ zu $k = 0, \ldots, N/4$

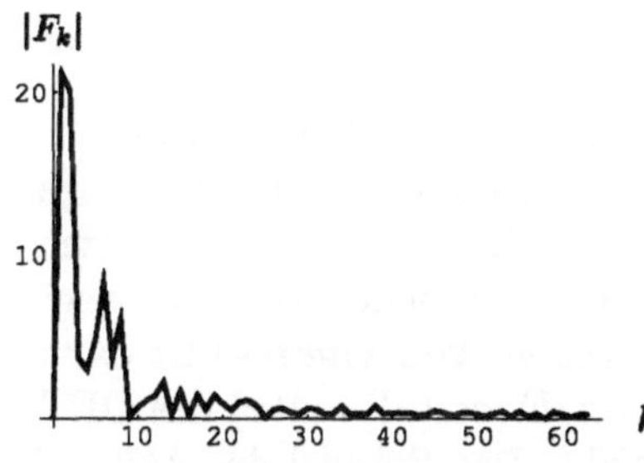

Abb. 9.10. Amplitudenspektrum zu $f_{\mathrm{Dom}}(x)$, abgetastet mit $2N = 256$; Ausschnitt der $|F_k|$-Werte zu $k = 0, \ldots, N/2$

9.1.3 Bestätigen Sie ($\nu \in \mathbb{Z}$ und $|\nu| < N$)

$$\text{a) } \mathcal{F}_D\{1\} = \frac{1}{2N}\delta_k\,, \quad \text{b) } \mathcal{F}_D\left\{\sin\left(\frac{2\pi\nu j}{2N}\right)\right\} = \frac{\mathrm{i}}{4N}\left[\delta_{k+\nu} - \delta_{k-\nu}\right] \quad (9.37)$$

und vergleichen Sie beide Fälle mit den entsprechenden IDFT-Ergebnissen zu $\mathcal{F}_D^{-1}$.

9.1.4 Zeigen Sie:

a) Die Aussagen in (9.25) und begründen Sie, daß hiermit zusätzlich gilt

$$f_j \in \mathbb{R} \;\Rightarrow\; |F_{-k}| = |F_k| \;\wedge\; \Phi_{-k} = -\Phi_k\,. \quad (9.38)$$

Folgern Sie aus der letzten Eigenschaft in (9.25), daß aus F_{-N} weder die Amplitude noch die Phase der in dem Signal $s(x)$ enthaltenen Frequenzkomponente $\exp(2\pi\mathrm{i}Nx)$ gewonnen werden kann.

b) Falls die Folge $f_j \in \mathbb{R}$ die Symmetrieeigenschaft „gerade“ mit $f_{-j} = f_j$ besitzt, dann gilt in Entsprechung zur Fouriertransformierten einer geraden reellwertigen Funktion

$$f_j \in \mathbb{R} \;\wedge\; f_{-j} = f_j \;\Rightarrow\; F_k \in \mathbb{R} \;\wedge\; F_{-k} = F_k\,. \quad (9.39)$$

9.1.5 Es ist zu bestätigen, daß auf den DFT-Operator $\mathcal{F}_D$ die Linearitätsregel 1 des Fourieroperators zutrifft:

$$\mathcal{F}_D\{Af_j + Bg_j\} = A\mathcal{F}_D\{f_j\} + B\mathcal{F}_D\{g_j\} = AF_k + BG_k\,. \quad (9.40)$$

9.1.6 Die Argumentverschiebung der Regel 2 zum Fourieroperator ist auf den Formalismus der DFT zu übertragen mit den Ergebnissen (zu a) vgl. (5.37), $p=1$):

$$\text{a) } \mathcal{F}_D\{f_{j-n}\} = w^{-nk}F_k, \quad \text{b) } \mathcal{F}_D^{-1}\{F_{k-n}\} = w^{nk}f_j,\ n \in \mathbb{Z}\,. \tag{9.41}$$

Ausgehend von der Summenformel (9.9) ist dabei die Periodeneigenschaft (9.33) sowie (9.36) zu benutzen.

9.1.7 Die Argumentskalierung der Regel 2 hat für praktische Anwendungen kaum Bedeutung. Wir werden allerdings in Abschn. 9.5 als Spezialfall der Regel 2 die Gleichung

$$\mathcal{F}_D\{f_{-j}\} = F_{-k} \tag{9.42}$$

benutzen, die unter Verwendung der DFT-Formel (9.9) zu beweisen ist.

Die Regel 2 läßt sich beim Vergleich von DFT-Berechnungen mit sogenannten „analytischen" Ergebnissen benutzen, d.h. mit Korrespondenzen, die in Kap. 6 und 7 entwickelt wurden. Solche Korrespondenzen wollen wir hier vorübergehend mit $g(x) \leftrightarrow G(u)$ wiedergeben. Von Interesse ist dann, wie zu der 1-periodischen Funktion $f(x) = [g(x/b)\,\mathrm{rect}(x)] * \Delta(x)$ das DFT-Ergebnis (9.9) im Vergleich mit $b\,G(bu)$ ausfällt. Das Beispiel der Abb. 9.7 zeigt, daß sich für die Funktion $g(x) = \mathrm{rect}(x)$ der Skalierungseffekt recht gut in den F_k-Werten wiederfindet. Erklären Sie das Resultat des Beispiels $g(x) = \mathrm{sinc}(x) \leftrightarrow G(u) = \mathrm{rect}(u)$ in der Abb. 9.11. in bezug auf die Funktionswerte und die Lage der Sprungstellen in $b\,\mathrm{rect}(bu)$ sowie hinsichtlich des Gesamtverlaufs, den der Polygonzug über die Werte F_k wiedergibt.

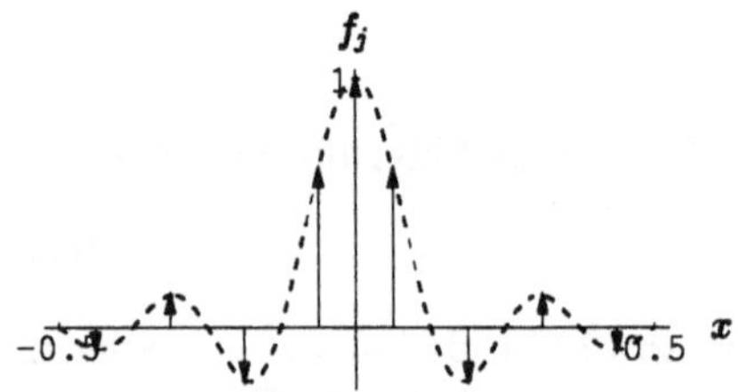

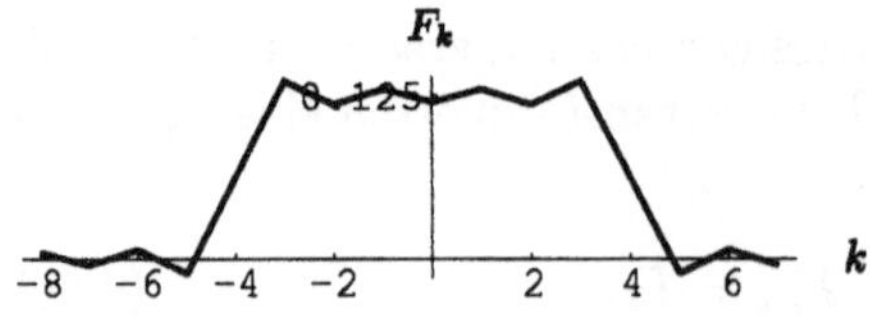

Abb. 9.11.
$\mathrm{sinc}(x/b) \leftrightarrow b\,\mathrm{rect}(bu)$, $b = 1/8$, als DFT, abgetastet mit $2N = 16$

9.1.8 Zeigen Sie, daß als Entsprechung zu Regel 4 des Fourieroperators (in der Form (6.41), S. 145, bzw. (6.49), S. 146) gilt

$$\mathcal{F}_D\{f_j\} = F_k \;\Rightarrow\; \mathcal{F}_D\{F_j\} = \frac{1}{2N} f_{-k} \text{ bzw. } \mathcal{F}_D^{-1}\{f_k\} = 2NF_{-j} \,. \tag{9.43}$$

(Die Indexbuchstaben in der Folgerung sind in Übereinstimmung mit der Vereinbarung über die Argumentbuchstaben bei der Verwendung des Fourieroperators $\mathcal{F}$ auf S. 135 gewählt.)

9.1.9 a) Mit Hilfe der DFT-Formeln (9.9) bzw. (9.30) (oder (9.43)) sind die Ergebnisse (9.22) und (9.23) (getrennt) sowie

$$\mathcal{F}_D^{-1}\{\delta_{k-n}\} = 2N \exp\left(\frac{2\pi \mathrm{i} jn}{2N}\right) = 2Nw^{jn} \tag{9.44}$$

zu bestätigen.

b) Begründen Sie mit (9.22):

$$\mathcal{F}_D\left\{\frac{1}{2}[\delta_{j+n} + \delta_{j-n}]\right\} = \cos\left(\frac{2\pi kn}{2N}\right) , \tag{9.45}$$

$$\mathcal{F}_D\left\{\frac{\mathrm{i}}{2}[\delta_{j+n} - \delta_{j-n}]\right\} = -\sin\left(\frac{2\pi kn}{2N}\right) . \tag{9.46}$$

9.1.10 Übertragen Sie den Beweis zu (9.31) auf (9.34).

9.2 *Ergänzungen*

Zur Vertiefung der bisher dargestellten Zusammenhänge bei der diskreten Fouriertransformation werden einige Gesichtspunkte ergänzt. Hierzu gehören u.a. die DFT-Formeln für den Fall des ungeradzahligen Sample-Umfangs.

DFT-Formel als Integralnäherung

Die klassische Methode zur Entwicklung der DFT-Summenformel (9.9) geht von dem Ansatz des Riemannschen Integrals aus. Hiernach wird (mit der Anpassung an unsere Vereinbarungen) das Integrationsintervall $[-1/2, 1/2]$ äquidistant in $2N$ Teilintervalle der Länge $1/(2N)$ zerlegt. Die Grenzen der Teilintervalle sind gerade die x_j-Werte in (9.4). Zu jedem Teilintervall wird ein beliebiger „Zwischenwert“ ξ_j mit $x_j \leq \xi_j \leq x_{j+1}$, $j \in \mathbb{M}$, ausgewählt. Wenn wir als Integrandenfunktion $g(x)$ nehmen, dann bildet die (vorzeichenbehaftete) Rechtecksfläche $1/(2N)g(\xi_j)$ eine Integralnäherung in dem Teilintervall $[x_j, x_{j+1}]$. Die „Riemannsche Summe“ aller Rechtecke führt damit auf die Näherung (vgl. Abb. 9.12 mit den Werten $\xi_j = x_j$)

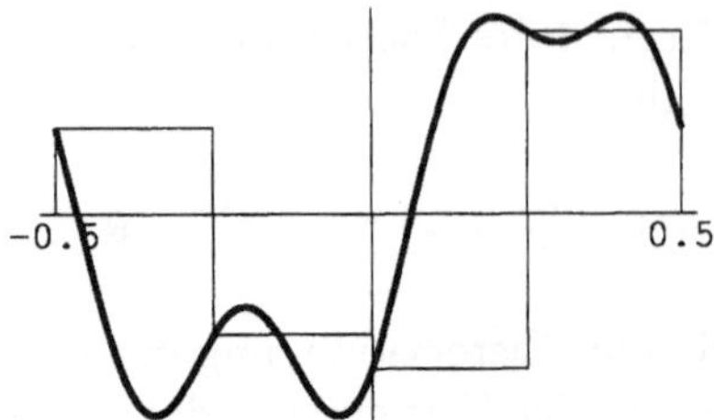

Abb. 9.12. Riemannsche Integralnäherung für $2N = 4$ Teilintervalle

$$\int_{-1/2}^{1/2} g(x)\mathrm{d}x \approx \frac{1}{2N} \sum_{j=-N}^{N-1} g(\xi_j) \,. \tag{9.47}$$

Diese Näherungsbeziehung wird nun auf das Integral der Fourierkoeffizienten C_k angewandt, wobei $\xi_j = x_j = j/(2N)$ zu setzen ist. Dann erhalten wir als Ergebnis aber gerade die Summenformel (9.9) der DFT-Koeffizienten F_k.

Es läßt sich zeigen, daß für periodische Funktionen die Riemannsche Summe eine „recht gute" Integralnäherung liefert (z.B. [25, S. 22]). Die Qualität der Näherung hängt allerdings (abgesehen von der Anzahl der Teilintervalle $2N$) davon ab, bis zu welchem n die Ableitungen $g^{(n)}(\pm 1/2)$ in (9.47) existieren. Bei praktischen Anwendungen der DFT wird aber die 1-periodische Fortsetzung des Signals $s(x)$ zur periodischen Funktion $f(x)$ in der Regel an den Grenzen des Grundintervalls $I_1 = [-1/2, 1/2)$ unstetig sein; in besonderen Fällen einer geraden Funktion $s(x)$ ist $f(x)$ hier zumindest meist nicht differenzierbar (vgl. S. 30). Damit wird aber die Aussage über die Güte der Integralnäherung durch die Summenformel (9.9) im allgemeinen völlig unbestimmt. Wir werden in Abschn. 9.4 Aussagen über die Beziehung zwischen den Werten C_k und F_k unter Verwendung der Fouriertransformation entwickeln.

Anzahl der Inputdaten ungeradzahlig

Als Ergänzung zu den Summenformeln (9.9) und (9.30) soll der DFT-Formalismus für den Fall von $2N + 1$ ($N \in \mathbb{N}$) Inputwerten vorgestellt werden. Die Übertragung von (9.4), (9.5) führt bei einem Abtastabstand von $1/(2N+1)$ innerhalb des Grundintervalls I_1 auf die Stützpunkte

$$x_j := \frac{j}{2N+1}, \quad f_j := f(x_j), \quad j = -N, \ldots, N \,, \tag{9.48}$$

Für die äußeren x_j-Werte gilt dann

$$-\frac{1}{2} < x_{-N} = -\frac{1}{2} + \frac{1}{4N+2} < \frac{1}{2} - \frac{1}{4N+2} = x_N < \frac{1}{2} \,.$$

Die Funktionswerte $f(\pm 1/2)$ an den Grenzen des Grundintervalls gehören somit hier nicht zu dem Abtastergebnis.

Wir erweitern die Definition der Indexmenge (9.6) zu

$$\mathbb{M} := \begin{cases} \{-N, -(N-1), \ldots, N-2, N-1\} & \text{für } 2N \text{ Daten,} \\ \{-N, -(N-1), \ldots, N-2, N-1, N\} & \text{für } 2N+1 \text{ Daten.} \end{cases}$$

Damit wird beispielsweise die Notierung eines Samples mit $(f_j)_{j\in\mathbb{M}}$ unabhängig von der Fallunterscheidung. Dagegen ist der Exponentialterm w im Unterschied zu (9.7) mit

$$w_{2N+1} = \exp\left(\frac{2\pi \mathrm{i}}{2N+1}\right)$$

zu benutzen. Die DFT-/IDFT-Summenformeln lauten dann (Aufgabe 1)

$$F_k = \frac{1}{2N+1}\sum_{j=-N}^{N} f_j \exp\left(\frac{-2\pi \mathrm{i} jk}{2N+1}\right) = \frac{1}{2N+1}\sum_{j=-N}^{N} f_j w_{2N+1}^{-jk}\,, \tag{9.49}$$

$$f_j = \sum_{k=-N}^{N} F_k \exp\left(\frac{2\pi \mathrm{i} jk}{2N+1}\right) = \sum_{k=-N}^{N} F_k w_{2N+1}^{jk}\,. \tag{9.50}$$

Der Vergleich der Abtastrate $1/x_s = 2N+1$ mit der Nyquist-Bedingung ergibt, daß hier die beiden äußeren Koeffizienten $F_{\pm N}$ – anders als im geradzahligen Fall F_{-N} – gültige Informationen über die Harmonischen $\exp(\pm 2\pi \mathrm{i} Nx)$ in dem Signal $s(x)$ liefern. Dementsprechend gilt Satz 9.2 für die Fourierteilsumme $\sum\limits_{k=-N}^{N}$.

Das Frequenzspektrum zu einem Sample $(f_j)_{j\in\mathbb{M}}$ läßt sich auch hier mit $(F_k)_{k\in\mathbb{M}}$ zusammenfassen. Die Periodenlänge in der Folge $(F_k)_{k\in\mathbb{Z}}$ (vgl. Satz 9.1) ist jetzt $2N+1$, und die Erläuterungen zu dem Frequenzspektrum aus Abschn. 9.1 können direkt auf den ungeradzahligen Sample-Umfang übertragen werden, also z.B. (9.25), (9.26), (9.27), (9.28) sowie die Zusammenhänge für δ-Folgen (9.19) bis (9.23) (vgl. Aufgabe 2).

Trigonometrische Interpolation und DFT-Teilsummennäherung

Wenn wir mit der IDFT-Formel (9.30) die Funktion

$$h(x) := F_{-N}\cos(2\pi N x) + \sum_{k=-N+1}^{N-1} F_k \exp(2\pi \mathrm{i} kx) \tag{9.51}$$

bilden, dann hat h die Eigenschaft einer Interpolationsfunktion zu den Stützpunkten $(x_j|f_j)_{j\in\mathbb{M}}$. Diese Aussage ergibt sich dadurch, daß wir mit

$$h(x_j) = h\left(\frac{j}{2N}\right) = f_j$$

gerade wieder die IDFT-Formel für die f_j-Werte haben; für den Summanden zu F_{-N} ist nämlich

$$F_{-N}\cos\left(\frac{2\pi Nj}{2N}\right) = F_{-N}(-1)^j = F_{-N}\exp\left(-\frac{2\pi \mathrm{i} Nj}{2N}\right) .$$

$h(x)$ ist zusätzlich 1-periodisch und interpoliert daher wegen der Periodeneigenschaft der f_j, (9.33), die unendlich vielen Stützpunkte $(j/(2N)|f_j)_{j\in\mathbb{Z}}$.

Für den Normalfall eines reellwertigen Samples läßt sich die Funktion $h(x)$ in eine reellwertige Form überführen. Hierzu vereinbaren wir (vgl. (5.9), S. 102)

$$a_k := \mathrm{Re}\,(F_k),\; b_k := -\,\mathrm{Im}\,(F_k),\; k = 0,\ldots,N .$$

Für $f_j \in \mathbb{R}$ stimmt dann wegen (9.25) die Funktion

$$h(x) = a_0 + 2\sum_{k=1}^{N-1}\left[a_k\cos(2\pi kx) + b_k\sin(2\pi kx)\right] + a_N\cos(2\pi Nx) \quad (9.52)$$

mit (9.51) überein (Aufgabe 4) und liefert reellwertige Funktionswerte.

Mit der Interpolationsfunktion $h(x)$ besteht die Möglichkeit, zu dem ursprünglichen (in der Regel nicht bekannten) analogen Signal $s(x)$ einen angenäherten Verlauf zu rekonstruieren. Abb. 9.13 gibt für zwei Beispiele einen Eindruck von dem Zusammenhang zwischen dem Signal $s(x)$ und der Rekonstruktion $h(x)$. Es ist zwangsläufig, daß der unstetige Graph zu $\mathrm{rect}(x/b)$ durch die stetige Funktion (9.52) – trotz der größeren Stützstellenzahl – nicht so gut nachgebildet werden kann wie die stetige Funktion $\mathrm{sinc}(x/b)$.

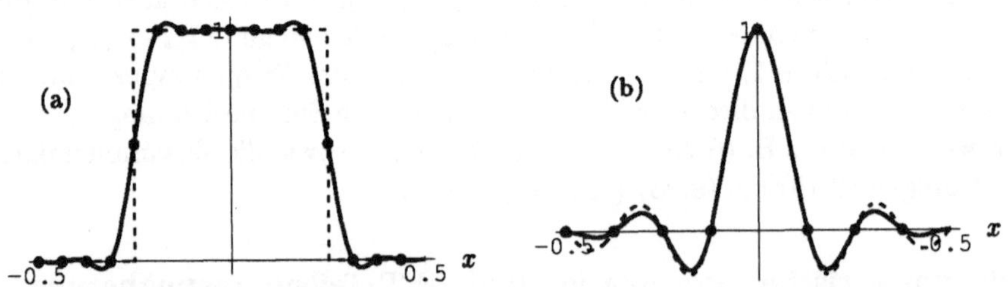

Abb. 9.13. Interpolationsfunktion $h(x)$ (**a**) zu $s(x) = \mathrm{rect}(x/b)$, $b = 1/2$, $2N = 16$, (**b**) zu $s(x) = \mathrm{sinc}(x/b)\,\mathrm{rect}(x)$, $b = 1/8$, $2N = 8$; (*punktiert:*) Sample f_j, (*gestrichelt:*) $s(x)$

Abbildung 9.14 gibt zur Ergänzung einen anschaulichen Vergleich der trigonometrischen mit der häufig benutzten Spline-Interpolation. Gegenüber einer Splinefunktion ist $h(x)$ als endliche Fourierreihe im wesentlichen durch die geschlossene Form der Funktionsvorschrift sowie dadurch charakterisiert, daß sich $h(x)$ beliebig oft differenzieren läßt. Dagegen ist bei der kubischen Spline-Funktion die dritte Ableitung unstetig.

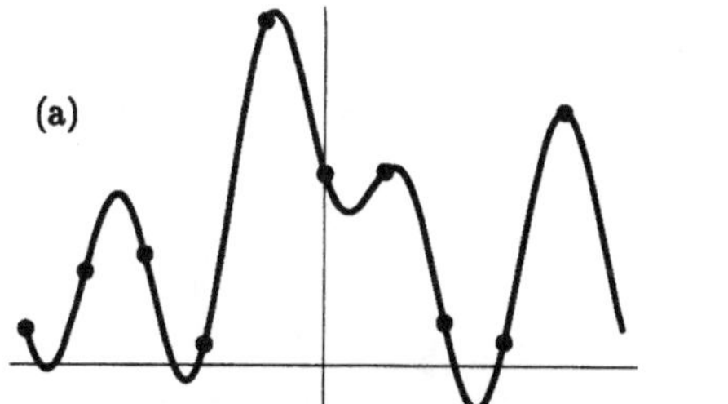

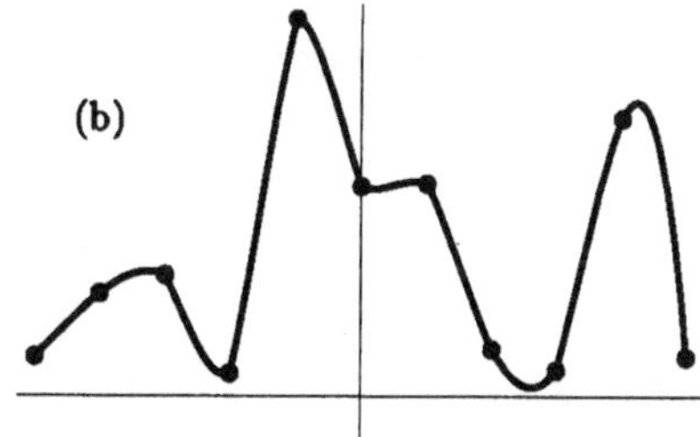

Abb. 9.14. Interpolationsfunktion (**a**) trigonometrische Interpolation (**b**) kubische Spline-Interpolation; (*punktiert:*) Sample f_j von (Pseudo-) Zufallszahlen, $2N = 10$

Es soll noch die DFT-Teilsumme und eine ihrer Eigenschaften vorgestellt werden, die der Approximationseigenschaft von Fourierteilsummen entspricht (vgl. S. 121).

Die DFT-Teilsumme mit der Grenzfrequenz n zur IDFT-Summe (9.30) wird für $j \in \mathbb{M}$ definiert durch

$$f_{j,n} := \sum_{k=-n}^{n} F_k \exp\left(\frac{2\pi i jk}{2N}\right) = \sum_{k=-n}^{n} F_k w^{jk}, \; 1 \leq n \leq N-1 \,. \tag{9.53}$$

Weiterhin verwenden wir für beliebige komplexe Zahlen G_k die DFT-Teilsumme

$$g_{j,n} := \sum_{k=-n}^{n} G_k w^{jk}, \; G_k \in \mathbb{C} \,.$$

Es ist Gegenstand der Aufgabe 5 zu zeigen, daß die quadratische Abweichungssumme zwischen dem Sample $(f_j)_{j \in \mathbb{M}}$ und den $g_{j,n}$-Werten gerade dann minimal wird, wenn $G_k = F_k$, $|k| \leq n$. Als Formel lautet diese Aussage

$$0 \leq \sum_{j=-N}^{N-1} |f_j - g_{j,n}|^2 = \text{ Minimum für } G_k = F_k, \; |k| \leq n \,. \tag{9.54}$$

Für $f_j \in \mathbb{R}$ läßt sich die Summe in (9.53) durch die (9.52) entsprechende reellwertige Darstellung ersetzen. Für die Teilsummenbildung ist zumindest der Summand $a_N \cos(2\pi N x)$ aus (9.52) nicht vorhanden.

Abbildung 9.15 zeigt zwei Beispiele zur Approximation des Samples f_j durch den Polygonzug der Teilsummenwerte $f_{j,n}$. Der Graph (a) erinnert mit seinen „Überschwingern“ an das Gibbssche Phänomen; hierauf geht der nächste Abschnitt näher ein. Graph (b) verdeutlicht den Approximationseffekt für den Fall $n = N - 1$.

Übungen

9.2.1 Übertragen Sie die Entwicklung der DFT-Formel (9.9) und den Beweis zu (9.30) auf den Fall des ungeradzahligen Sample-Umfangs (9.49), (9.50).

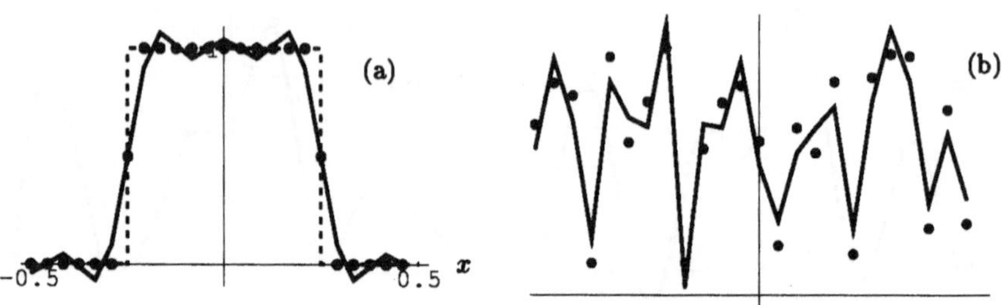

Abb. 9.15. Polygonzug der Teilsummenwerte $f_{j,n}$ zu $2N = 24$, **(a)** $f(x) = \mathrm{rect}(2x)$, $n = 6$, **(b)** (Pseudo-) Zufallszahlen f_j, $n = 11$; (*punktiert:*) Sample f_j

9.2.2 Für $2N + 1$ Sample-Daten wird die verschobene δ-Folge analog zu (9.19) definiert durch

$$\delta_{j-n} := \begin{cases} 2N+1 \text{ für } j = n\,, \\ 0 \text{ für } j \in \mathbb{M} \setminus \{n\}\,, \end{cases} \quad j, n \in \mathbb{M}\,. \tag{9.55}$$

Zeigen Sie, daß auch hier wie in (9.22) gilt

$$\mathcal{F}_D\{\delta_{j-n}\} = w_{2N+1}^{-nk}\,. \tag{9.56}$$

Was ergibt sich für $\mathcal{F}_D^{-1}\{\delta_{k-n}\}$?

9.2.3 Übertragen Sie (9.17) und (9.42) mit den entsprechenden Herleitungen auf den Fall des ungeradzahligen Sample-Umfangs. Anders als in der Folgendarstellung (9.18) haben wir hier z.B. für f_j und $2N+1 = 9$ die Folge

$$(f_{-j})_{j\in\mathbb{M}} = (f_4,\, f_3,\, f_2,\, f_1,\, f_0,\, f_{-1},\, f_{-2},\, f_{-3},\, f_{-4})\,.$$

9.2.4 Überführen Sie für $f_j \in \mathbb{R}$ (9.51) nach (9.52).Es liegt nahe, mit (9.25) $F_{-k}\exp(-2\pi i k x) = [F_k \exp(2\pi i k x)]^*$ zu setzen und von $z + z^* = 2\,\mathrm{Re}\,(z)$ Gebrauch zu machen. Bestätigen Sie zusätzlich, daß für das Sample der Abb. 9.13 b) $(f_j)_{j\in\mathbb{M}} = (\mathrm{sinc}(j))_{j\in\mathbb{M}} = (\delta_j/8)_{j\in\mathbb{M}}$ gilt, so daß mit (9.23) die DFT-Koeffizienten in (9.52) alle den Wert $a_k = 1/8$, $b_k = 0$ haben.

9.2.5 Der Beweis zu (5.48), S. 123, ist auf die entsprechende diskrete Aussage (9.54) zu übertragen. Auch hier wird die Parsevalsche Gleichung benutzt, deren diskretes Gegenstück zu (5.49) in Abschn. 9.5 mit (9.124) gezeigt wird.

9.3 Praxis der DFT

Im Rahmen dieser Darstellung können nur einige Hinweise für praktische DFT-Berechnungen gegeben werden. Eine ausführliche Behandlung liegt z.B. mit [6] vor.

Fast Fourier Transform (FFT)

Bei näherer Betrachtung der Summenformel (9.9) ist leicht einzusehen, daß der Berechnungsaufwand für die DFT quadratisch mit der Anzahl $2N$ der Datenwerte f_j ansteigt. Mit Hilfe der Algorithmen zur „schnellen Fouriertransformation" (Fast Fourier Transform) läßt sich dieser Aufwand ganz erheblich reduzieren. Neben diesem bedeutenden Vorteil besitzt die FFT einen weiteren Vorzug: Man kann sie benutzen (in der Regel durch Anwendung verfügbarer Datenverarbeitungsprogramme), ohne sich mit deren Grundlagen vertraut zu machen, d.h. wie eine sogenannte „Black box". Es genügt zu wissen, daß die FFT dieselben Ergebnisse liefert wie die Summenformel (9.9) der DFT – nur eben schneller. Aufgrund der geringeren Anzahl von Rechenoperationen arbeitet die FFT zusätzlich genauer als die DFT.

Zur Grundidee der FFT sollte aber doch erwähnt werden, daß hierbei die Zerlegung von N in Faktoren eine maßgebliche Rolle spielt. Je größer die Anzahl dieser Faktoren ist, desto stärker fällt die Zeitersparnis gegenüber der DFT aus. Offenbar ist der Fall von Zweierpotenzen, $N = 2^m$, optimal. Hier wächst der Aufwand anstelle von N^2 proportional zu $N \log_2 N$. Am anderen Ende des Beschleunigungseffektes liegen dagegen Primzahlen N. Ein Laufzeitvergleich für die Primzahl $N = 4079$ ergab etwa den Faktor 100 verglichen mit $N = 4096$. Solche Überlegungen sind bei großen Datensätzen oder auch in der digitalen Bildbearbeitung, insbesondere natürlich unter Real-Time-Bedingungen, von Bedeutung.

Man kann von der FFT nicht sprechen, ohne die Namen von J.W. Cooley und J.W. Tukey zu nennen, deren grundlegende Arbeit [9] von 1965 der Ausgangspunkt einer bedeutenden Entwicklung war. Es muß aber auch Carl Friedrich Gauß (1777 – 1855) erwähnt werden, der in einem wahrscheinlich 1805 geschriebenen und postum veröffentlichten Manuskript bereits die Idee der FFT vorweggenommen hat (vgl. [17]). Eine Übersicht über die Historie der FFT findet sich in [6].

Unstetigkeit an den Grenzen des Grundintervalls

Die hier zu behandelnde Situation wird bei praktischen Anwendungen immer dann auftreten, wenn sich in einem Sample $(f_j)_{j\in\mathrm{M}}$ die beiden äußeren Werte f_{-N} und f_{N-1} „deutlich unterscheiden". Die Auswirkung soll an dem Beispiel der linearen Funktion $y = x$, d.h.

$$s(x) := \begin{cases} x \text{ für } -\frac{1}{2} \leq x \leq \frac{1}{2}\,, \\ 0 \text{ für } |x| > \frac{1}{2}\,, \end{cases} \tag{9.57}$$

vorgestellt werden.

Üblicherweise geht der DFT-Input aus der Abtastung des Signals $s(x)$ hervor, d.h. wir haben hier

$$f_j = \frac{j}{2N} \text{ für } j \in \mathrm{M} \Leftrightarrow j = -N, \ldots, N-1\,, \tag{9.58}$$

$s(x)$ ist eine reellwertige ungerade Funktion, und wir erwarten, daß nach den Symmetriebeziehungen der Fouriertransformation (vgl. Tabelle (7.1), S. 186) die DFT-Ergebnisse rein imaginär und ungerade sind, d.h. $\operatorname{Re}(F_k) = 0 \wedge F_{-k} = -F_k$. Führt man eine DFT-Berechnung durch, so wird diese Erwartung *nicht* bestätigt. Das Resultat besitzt zwar die Eigenschaft $\operatorname{Im}(F_{-k}) = -\operatorname{Im}(F_k)$, doch es zeigt sich zusätzlich $\operatorname{Re}(F_k) \neq 0$. Eine genauere Betrachtung dieser Realteile z.B. durch verschiedene Werte $2N$ führt auf

$$\operatorname{Re}(F_k) = -\frac{1}{4N}(-1)^k . \tag{9.59}$$

Die Ursache zu dieser Abweichung läßt sich aus der Entwicklung der DFT-Formel (9.9) gewinnen. In dem Ansatz (9.8) hierzu wird die 1-periodische Fortsetzung zu $s(x)$ nämlich $f(x)$ abgetastet. Für unser Beispiel gilt nun

$$\begin{aligned} \frac{1}{2} &= s\left(\frac{1}{2}^-\right) = f\left(\frac{1}{2}^-\right) = f\left(-\frac{1}{2}^-\right) \\ \neq -\frac{1}{2} &= s\left(-\frac{1}{2}^+\right) = f\left(-\frac{1}{2}^+\right) . \end{aligned}$$

$f(x)$ ist also unstetig in $x = -1/2 + m$, $m \in \mathbb{Z}$. Damit f durch eine Fourierreihe darstellbar ist, muß nach Satz 2.5, S. 42, die Mittelwerteigenschaft an Unstetigkeitsstellen vorliegen, und das bedeutet

$$f\left(-\frac{1}{2}\right) = f\left(\frac{1}{2}\right) = \frac{1}{2}\left[f\left(-\frac{1}{2}^+\right) + f\left(\frac{1}{2}^-\right)\right] = 0 .$$

Zusätzlich ist f eine reellwertige ungerade Funktion, und damit sind die Fourierkoeffizienten von f rein imaginär (vgl. die Fourierreihe des periodischen Geradenausschnitts für $b = 1$, (2.56), S. 44).

Die Abtastung (9.8), S. 254, läßt aber die maßgeblichen Eigenschaften von f unverändert: Das Produkt $f\Delta$ in (9.8) liefert eine 1-periodische reellwertige ungerade Funktion. Die zu $f\Delta$ gehörige Fourierreihe besitzt demnach ebenfalls rein imaginäre Fourierkoeffizienten. Wenn wir das zu $f(x)$ gehörige Sample mit $(\widetilde{f}_j)_{j\in\mathbb{M}}$ bezeichnen und $\widetilde{F}_k := \mathcal{F}_D\left\{\widetilde{f}_j\right\}$ definieren, dann sind die DFT-Koeffizienten $\widetilde{F}_k$ also rein imaginär. Dieses Ergebnis bestätigt sich durch die Berechnung von $\widetilde{F}_k$, denn es gilt (Aufgabe 1):

$$\widetilde{F}_k = \begin{cases} \dfrac{(-1)^k \mathrm{i}}{4N\tan(\pi k/(2N))} \text{ für } k \in \mathbb{M} \setminus \{-N, 0\} , \\ 0 \text{ für } k = -N \vee k = 0 . \end{cases} \tag{9.60}$$

$(\widetilde{f})_{j\in\mathbb{M}}$ unterscheidet sich von $(f_j)_{j\in\mathbb{M}}$ durch den einzigen Wert $\widetilde{f}_{-N} = 0$ im Vergleich mit $f_{-N} = -1/2$. Unter Verwendung der δ-Folge in (9.19) können wir daher den Zusammenhang zwischen dem Sample f_j zu $s(x)$ und $\widetilde{f}_j$ zu $f(x)$ wiedergeben durch

$$(f_j)_{j\in\mathbf{M}} = \left(\widetilde{f}_j - \frac{1}{2}\frac{1}{2N}\delta_{j+N}\right)_{j\in\mathbf{M}} . \tag{9.61}$$

Mit (9.24) erhalten wir

$$(F_k)_{k\in\mathbf{M}} = (\widetilde{F}_k - \frac{1}{4N}w^{Nk})_{k\in\mathbf{M}}$$

und damit gerade (9.59).

Es ist noch darauf hinzuweisen, daß die Gleichung (9.31), S. 265, sowohl mit $\mathcal{F}_D^{-1}\left\{\mathcal{F}_D\left\{f_j\right\}\right\} = f_j$ als auch für $\mathcal{F}_D^{-1}\left\{\mathcal{F}_D\left\{\widetilde{f}_j\right\}\right\} = \widetilde{f}_j$ erfüllt ist. Der Beweis zu (9.31) ist nämlich eine reine Formelumstellung und nicht an Bedingungen der Fourierreihen geknüpft.

Die unerwünschte Abweichung (9.59) läßt sich als Artefakt interpretieren, das unter den Frequenzkomponenten zu $s(x)$ eigentlich gar nicht vorkommt. Es entsteht dadurch, daß das Sample $(f_j)_{j\in\mathbf{M}}$ in (9.58) *nicht* den Bedingungen einer Fourierreihe angepaßt wurde. Hiernach muß die periodische Fortsetzung des Signals $s(x)$ (z.B. (9.57)) bei Unstetigkeiten an den Grenzen des Grundintervalls $I_1 = [-1/2, 1/2)$ die Mittelwertbedingung erfüllen. Anders als in dem Idealfall des Erklärungsbeispiels (9.57) wird man diesen Effekt normalerweise nicht feststellen, da die Artefaktwerte die Realteile der DFT-Koeffizienten überlagern. Bei der Untersuchung der Amplituden zu F_k bleibt zudem (für $f_j \in \mathbb{R}$) die gerade Symmetrie (9.38), S. 267, der Werte $|F_k|$ unbeeinträchtigt (Abb. 9.16).

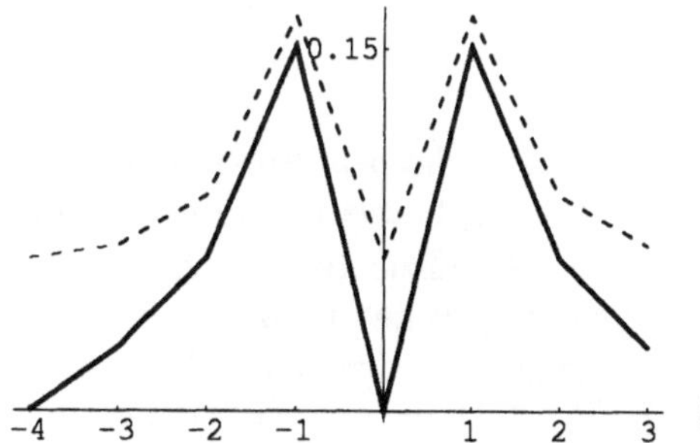

Abb. 9.16. Amplituden der DFT-Koeffizienten zu $f_j = j/(2N)$ ohne (*gestrichelt*) und mit periodischer Anpassung, $2N = 8$

Als Ausweg zur Vermeidung dieses Artefakts wird vorgeschlagen, den Sample-Wert f_{-N} durch $(f_{-N} + f_{N-1})/2$ zu ersetzen. Da der Funktionswert der rechten Intervallgrenze $s(1/2)$ als Abtastergebnis üblicherweise nicht bekannt ist, läßt sich – anders als in dem vorhergehenden Beipiel – die periodische Anpassung von f_{-N} an die Mittelwertbedingung nicht exakt bilden. Mit der genannten Ersetzung wird daher die Mittelwerteigenschaft angenähert hergestellt.

Die Wirkung soll am Beispiel des Signals $s(x) = \exp(x/b)\,\mathrm{rect}(x)$ vorgestellt werden. $s(x)$ ist eine unsymmetrische Funktion mit einer Sprungstelle der periodischen Fortsetzung in $x = -1/2$. Abbildung 9.17 gibt den Realteil und die Amplitudenwerte zu $\mathcal{F}_D\{\exp(j/(b\,2N))\}$ wieder. Die Graphen sind mit der Veränderung des Gleichanteils von $F_0 = 1{,}14$ zu $F_0 := 0$ dargestellt (vgl. hierzu die Ausführungen auf S. 257).

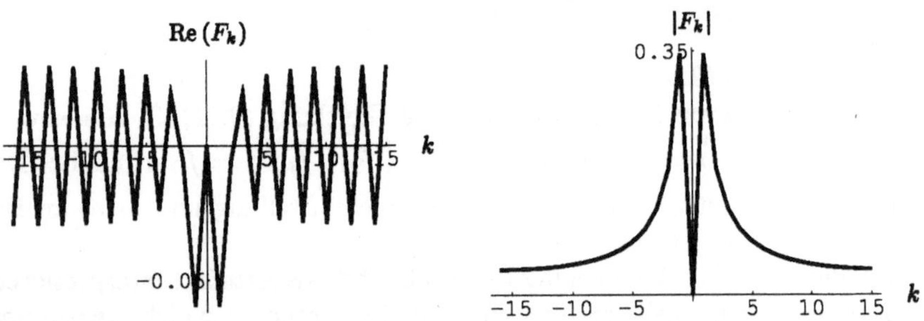

Abb. 9.17. Realteil und Amplitude der DFT-Koeffizienten F_k zu $f_j = \exp(j/(b\,2N))$, $b = 1/2$, $2N = 32$

Zu $f_j = \exp(j/(b\,2N))$ bilden wir das modifizierte Sample

$$\widetilde{f}_j := \begin{cases} \frac{1}{2}(f_{-N} + f_{N-1}) \text{ für } j = -N\,, \\ f_j \text{ für } j = -N+1, \ldots, N-1\,, \end{cases}$$

oder unter Verwendung der δ-Folge und $D := -f_{-N} + (f_{-N} + f_{N-1})/2 = (f_{N-1} - f_{-N})/2$

$$(\widetilde{f}_j)_{j\in\mathbf{M}} = \left(f_j + \frac{D}{2N}\delta_{j+N}\right)_{j\in\mathbf{M}} . \tag{9.62}$$

Abbildung 9.18 zeigt den Effekt dieser „periodischen Anpassung“ des Samples f_j durch $\widetilde{f}_j$. Die „Verbesserung“ der Ergebnisse ist daran erkennbar, daß die Werte $|\,\mathrm{Re}\,(\widetilde{F}_k)|$ – wie es bei DFT-Koeffizienten üblich ist – für „große“ Indizes $|k|$ deutlich gegenüber denen für „kleine“ Indizes abfallen.

Die Differenz der beiden DFT-Ergebnisse gibt für den Realteil die Abb. 9.19 wieder, die den Polygonzug zu $Dw^{Nk}/(2N) = D\cos(\pi k)/(2N)$ aus (9.62) darstellt. Die Amplitude der (diskreten) Harmonischen läßt sich für $b = 1/2$ und $2N = 32$ abschätzen durch $D/(2N) \approx [s(1/2) - s(-1/2)]\,/(4N) = [\exp(1) - \exp(-1)]\,/64 = 0{,}037$.

Eine andere Möglichkeit, Unstetigkeiten der periodischen Fortsetzung $f(x) = s(x) * \Delta(x)$ an den Grenzen des Grundintervalls I_1 zu beheben, bietet natürlich das Hann-Fenster (9.3) – sofern die jeweilige Aufgabenstellung eine solche Manipulation zuläßt.

Für den Fall eines ungeradzahligen Sample-Umfangs von $2N+1$ Daten ist noch zu ergänzen, daß hierbei das beschriebene Problem nicht auftreten kann.

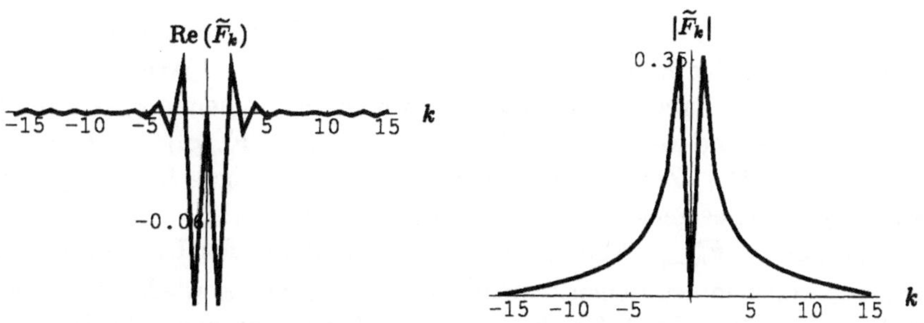

Abb. 9.18. Realteil und Amplitude der DFT-Koeffizienten F_k zu $\widetilde{f}_j$ nach (9.62), $b = 1/2$, $2N = 32$

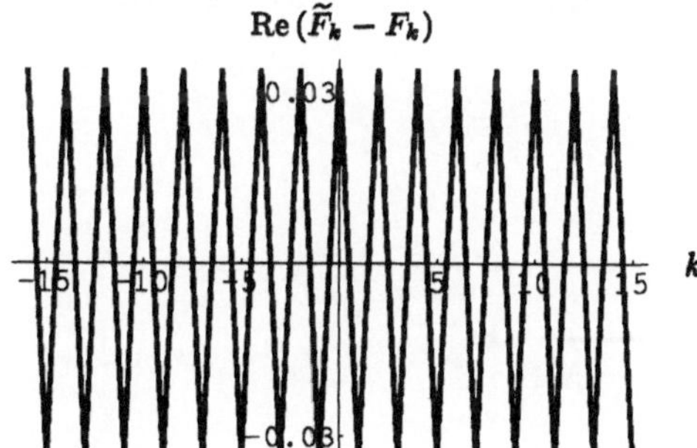

Abb. 9.19. Differenz der Realteile aus Abb. 9.18 und 9.17

Aufgrund der Stützpunkte (9.48) ist nämlich die Erfüllung der Mittelwertbedingung an den Grenzen von I_1 für das Abtastergebnis ohne Bedeutung.

Varianten der Sample- und Koeffizientenindizes

In der Literatur findet man häufig die Notierung der DFT/IDFT-Summe (9.9), (9.30) in der Form

$$F_k = \frac{1}{2N} \sum_{j=0}^{2N-1} f_j \exp\left(\frac{-2\pi i j k}{2N}\right) = \frac{1}{2N} \sum_{j=0}^{2N-1} f_j w^{-jk} , \tag{9.63}$$

$$k = 0, \ldots, 2N-1 ,$$

$$f_j = \sum_{k=0}^{2N-1} F_k \exp\left(\frac{2\pi i j k}{2N}\right) = \sum_{k=0}^{2N-1} F_k w^{jk}, \; j = 0, \ldots, 2N-1 . \tag{9.64}$$

Zur sprachlichen Unterscheidung wollen wir mit Bezug auf (9.9) bzw. (9.30) von *symmetrischer* Sample- bzw. DFT-Indizierung sprechen und dementsprechend die hier vorgestellte Variante als *unsymmetrisch* bezeichnen. Die Erläuterung dieser Indexvarianten soll in zwei Schritten geschehen.

Zunächst bleiben wir bei der DFT-Formel (9.9), betrachten dazu aber die verbreitete Wahl der Koeffizienten F_k, $k = 0, \ldots, 2N-1$. Wegen der Periodeneigenschaft in Satz 9.1 haben wir dann übereinstimmende F_k-Werte für $k = 0, \ldots, N-1$, und weiterhin gilt $F_N = F_{-N}, F_{N+1} = F_{-N+1}, \ldots, F_{2N-2} = F_{-2}$, $F_{2N-1} = F_{-1}$. Zusätzlich folgt jetzt für reellwertigen Input, $f_j \in \mathbb{R}$, aus der Symmetrieeigenschaft „hermitesch", (9.25), $F_{2N-1} = F_1^*$, $F_{2N-2} = F_2^*, \ldots, F_{N+1} = F_{N-1}^*$. Abb. 9.20 gibt eine anschauliche Darstellung des Übergangs von symmetrischen zu unsymmetrischen Indizes wieder; außerdem sind die (imaginären) DFT-Koeffizienten zu $\sin(2\pi\nu x)$ für eine „niedrige" Frequenz ν als δ-Pfeile angedeutet. Das charakteristische Bild unsymmetrischer DFT-Ergebnisse zeigen die Graphen der Abb. 9.21 mit Beispielen zu den abgetasteten Funktionen $s(x) = \cos(2\pi\nu x)$ und $s(x) = \mathrm{rect}(x/b)$ (vgl. Aufgabe 2).

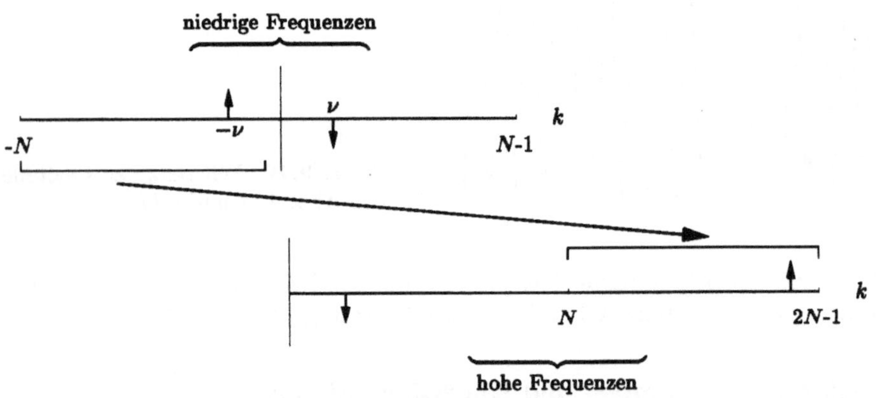

Abb. 9.20. Übergang von der symmetrischen zur unsymmetrischen F_k-Indizierung sowie Frequenzspektrum der Harmonischen $\sin(2\pi\nu x)$ mit imaginären F_k-Werten

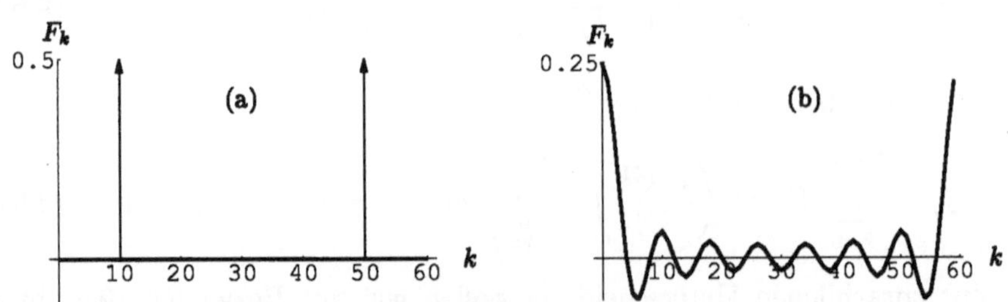

Abb. 9.21. unsymmetrische DFT-Koeffizienten F_k, $2N = 60$, zu (a) $f_j = \cos(2\pi\nu j/(2N))$, $\nu = 10$, (b) $f_j = \mathrm{rect}(j/(b\,2N))$, $b = 1/4$

Ohne Zweifel ist die anschauliche Verbindung der Frequenzen mit dem Verlauf des Graphen gewöhnungsbedürftig. Da die F_k-Werte meist hermitesch sind, könnte es sogar vorteilhafter sein, nur die DFT-Koeffizienten für $k = 0, \ldots, N$ darzustellen.

Im zweiten Schritt gehen wir zu einem Sample mit der unsymmetrischen Indizierung f_j, $j = 0, \ldots, 2N - 1$ über. Wie bereits im Zusammenhang mit der Frequenzinterpretation der F_k-Werte auf S. 261 ausgeführt wurde, können die DFT-Ergebnisse unabhängig von der realen physikalischen Dimension des Argumentes x in dem Signal $s(x)$ betrachtet werden. Diese Aussage bezieht sich aber erst recht auf die Lage von $s(x)$ bezüglich des Argument-Nullpunktes $x = 0$. Damit ist die Wahl der Formel (9.9) oder (9.63) zur Berechnung der DFT-Koeffizienten im Prinzip ohne Bedeutung.

Die Verwendung unsymmetrischer f_j-Indizes wirkt sich allerdings dann aus, wenn z.B. „analytische" Ergebnisse der Fouriertransformation, also Korrespondenzen der Kap. 6 und 7, auf DFT-Berechnungen übertragen werden. Häufig werden dabei symmetrische Funktionen $f(x)$ gewählt und aus dem Grundintervall I_1 zu dem Intervall $[0,1)$ verschoben. Der Effekt soll an dem Beispiel $f(x) = \text{sinc}((x - 1/2)/b)$ veranschaulicht und dann erläutert werden (Abb. 9.22).

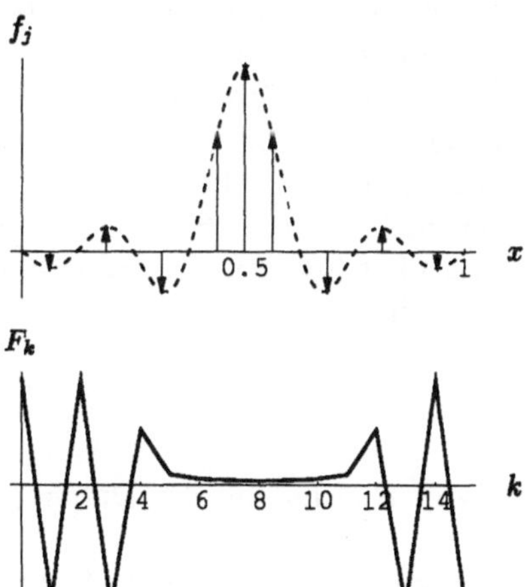

Abb. 9.22. unsymmetrische f_j- und F_k-Indizes zu $f(x) = \text{sinc}((x - 1/2)/b)$, $b = 1/8$, $2N = 16$

Im Vergleich mit Abb. 9.11, S. 268, zeigt sich nicht nur die beschriebene Auswirkung der unsymmetrischen F_k-Indizierung, sondern zusätzlich sind die DFT-Ergebnisse auch verändert. Zur Begründung gehen wir von einem Sample $(g_j)_{j \in \mathbf{M}}$ mit $G_k = \mathcal{F}_D\{g_j\}$ zu einem um N Stützpunkte nach rechts verschobenen Input f_j mit unsymmetrischen Indizes über: $f_j := g_{j-N}$. Zwischen den g_j- und f_j-Werten bestehen zusammen mit der Periodeneigenschaft (9.33) die Beziehungen $f_0 = g_{-N}$, $f_1 = g_{-N+1}, \ldots, f_{N-1} = g_{-1}$, $f_N = g_0$, $f_{N+1} = g_1, \ldots, f_{2N-1} = g_{N-1}$ (vgl. g_j als Input zu Abb. 9.11 und f_j zu

Abb. 9.22). Anwendung der diskreten Verschiebeformel (9.41), S. 268, ergibt dann

$$F_k = \mathcal{F}_D\{f_j\} = \mathcal{F}_D\{g_{j-N}\} = w^{-Nk}G_k = (-1)^k G_k \,. \tag{9.65}$$

Dieses Resultat erklärt aber gerade den Unterschied der DFT-Ergebnisse in Abb. 9.11 und Abb. 9.22.

Tiefpaßfilter

Eines der Anwendungsgebiete der DFT-Berechnungen – z.B. in der Bildbearbeitung – ist die Tiefpaßfilterung digitaler Daten zur „Glättung" des Input-Materials. Für ein Sample f_j, $j \in \mathbb{M}$, mit $F_k = \mathcal{F}_D\{f_j\}$ kann das Tiefpaßergebnis wie in (9.53) als DFT-Teilsumme wiedergegeben werden durch

$$f_{j,n} = \sum_{k=-n}^{n} F_k w^{jk}, \; 1 \le n \le N-1, \; j \in \mathbb{M} \,. \tag{9.66}$$

n ist hier die Grenzfrequenz der in $f_{j,n}$ enthaltenen Frequenzkomponenten. Gleichung (9.54) in dem Unterabschnitt über DFT-Teilsummennäherung S. 271 läßt folgende Interpretation zu: Von allen möglichen Sample-Daten $g_{j,n}$ mit dem Umfang $2n < 2N$ liefert das Tiefpaßresultat $f_{j,n}$ die beste Anpassung[1] an die $2N$ Daten des Samples f_j, $j \in \mathbb{M}$. Damit ist auch die Frage – negativ – beantwortet, ob es nicht anstelle von (9.66) günstiger ist, die Koeffizienten der Grenzfrequenz $F_{\pm n}$ mit dem Gewichtungsfaktor $1/2$ zu versehen; hierfür könnte die Anpassung der „Sprungstellen" an die Mittelwertbedingung nach der Ausschnittbildung im Frequenzbereich (9.66) sprechen, die sich für den Ortsbereich als vorteilhaft erwiesen hat (vgl. den Unterabschnitt „Unstetigkeit an den Grenzen des Grundintervalls").

Aus

$$\mathcal{F}_D\{f_{j,n}\}\big|_{k=0} = F_0 = \mathcal{F}_D\{f_j\}\big|_{k=0}$$

können wir schließen, daß der Mittelwert oder Gleichanteil der Daten $f_{j,n}$ mit dem der f_j übereinstimmt.

Es ist zu beachten, daß die Tiefpaßfilterung eines Samples mit „Sprungstellen" auch zu dem Gibbsschen Phänomen führt, das im Zusammenhang mit Fourierreihen (S. 37) und bei der Ausschnittbildung eines kontinuierlichen Frequenzspektrums (S. 211) behandelt wurde (vgl. die Abbildungen 9.23 und 9.24).

Schließlich soll für den Fall unsymmetrischer DFT-Koeffizienten F_k, $k = 0, \ldots, 2N-1$, die Manipulation der Frequenzen für die Tiefpaßfilterung formelmäßig angegeben werden. Wird mit $G_{k,n}$, $k = 0, \ldots, 2N-1$, das Ergebnis der Koeffizientenänderung zu der Grenzfrequenz n bezeichnet, dann lautet

[1] Die Formulierung „beste Anpassung" bezieht sich auf die Abweichungsquadratsumme in (9.54).

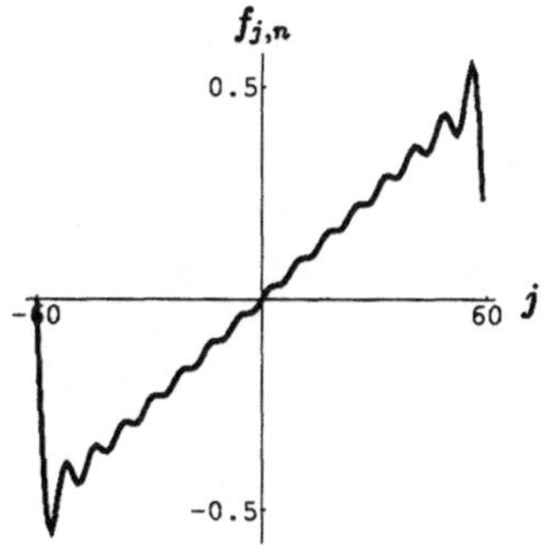

Abb. 9.23. Gibbssches Phänomen an den Grenzen eines Samples bei diskreter Tiefpaßfilterung; $2N = 120$, Grenzfrequenz $n = 15$

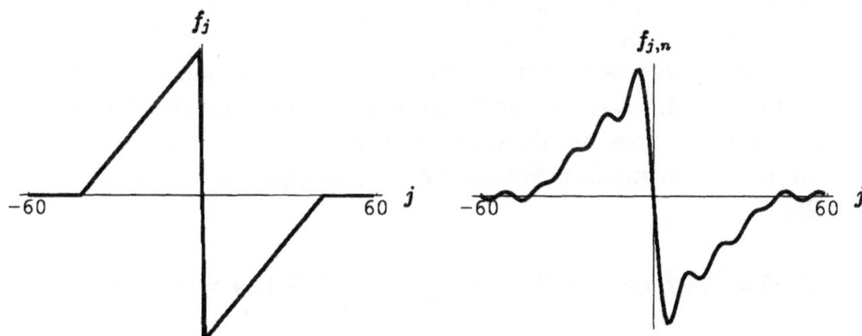

Abb. 9.24. Gibbssches Phänomen innerhalb eines Samples bei diskreter Tiefpaßfilterung; $2N = 120$, Grenzfrequenz $n = 10$

der Zusammenhang (vgl. Abb. 9.20 und die Beziehung zwischen den symmetrischen und unsymmetrischen Indizes S. 280)

$$G_{k,n} := \begin{cases} F_k \text{ für } k = 0, \ldots, n, 2N - n, \ldots, 2N - 1 \, , \\ 0 \text{ für } k = n + 1, \ldots, 2N - n - 1 \, . \end{cases}$$

Für den Fall eines ungeradzahligen Sample-Umfangs f_j, $j = 0, \ldots, 2N$, (vgl. S. 270) haben wir

$$G_{k,n} := \begin{cases} F_k \text{ für } k = 0, \ldots, n, 2N - n + 1, \ldots, 2N \, , \\ 0 \text{ für } k = n + 1, \ldots, 2N - n \, . \end{cases}$$

Anders als im symmetrischen Fall kommt es bei unsymmetrischen Indizes leicht zu „Abzählfehlern“ mit dem überraschenden Ergebnis, daß aus reellwertigem Input komplexwertige Tiefpaßresultate hervorgehen.

Phasenshiftmethode der interferometrischen Meßtechnik

Bei der Anwendung der DFT werden zumeist aus den berechneten *Amplitudenwerten* Schlüsse gezogen. Es soll hier ein Beispiel vorgestellt werden, das Meßresultate mit Hilfe von *Phasenergebnissen* gewinnt.

Zur berührungsfreien Messung beispielsweise von Oberflächenverformungen bis zu Bruchteilen von Mikrometern lassen sich Verfahren der holographischen Interferometrie einsetzen. Bei den Varianten der sogenannten Doppelbelichtungsholographie werden auf dem Objekt Interferenzstreifen erzeugt, die Orte gleicher Verschiebung wiedergeben und damit gewissermaßen Höhenlinien der Deformation des Objektes darstellen. Vereinfacht läßt sich die zweidimensionale Helligkeits- oder Intensitätsverteilung durch $I(x,y) = A + B\cos(2\pi\Phi(x,y))$ $(A \geq B)$ beschreiben. Die ortsabhängige Phasendifferenz $\Phi(x,y)$ resultiert aus der Interferenz zweier Laserwellen, und sie beinhaltet die zu berechnende Information über die Verformung zu dem Koordinatenpaar $(x|y)$. Bei der Abbildung des Interferenzmusters mit einer CCD-Kamera ist es möglich, die Phasen der interferierenden Laserwellen gegeneinander zu verschieben. Dabei werden in n Schritten nacheinander n verschiedene Interferenzbilder der verformten Oberfläche auf den CCD-Sensor übertragen. Für ein einzelnes Pixel des Sensors kann die Phasenverschiebung s sowie deren Abtastung in n Stützstellen wiedergegeben werden durch (vgl. Abb. 9.25)

$$I(\Phi,s) = A+B\cos\left(2\pi\left[\Phi+s\right]\right), \; I_j := I\left(\Phi, \frac{j}{n}\right), j=0,\ldots,n-1. \quad (9.67)$$

Die Stützstellen dieser Abtastungen geben die Tatsache wieder, daß der gesamte Phasenshift und damit auch die I_j-Werte genau einer Periode der Grundharmonischen $\cos(2\pi s)$ entsprechen.

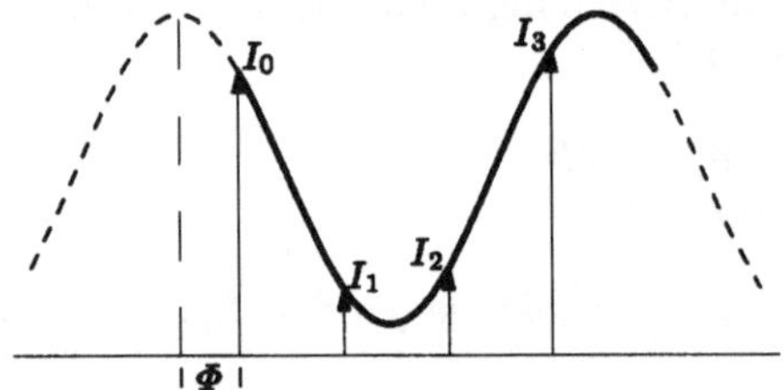

Abb. 9.25. $n = 4$ Abtastungen einer Periode zu $I(\Phi,s) = A + B\cos(2\pi\left[\Phi + s\right])$, $\Phi = 0{,}14$

Aus dem Sample der I_j, $j = 0,\ldots,n-1$, läßt sich der DFT-Koeffizient F_1 ermitteln. Hieraus wird nach der Formel für den Phasenwert Φ_1 in (9.27) pro Pixel die gesuchte Größe Φ gewonnen. Voraussetzung für die eindeutige Bestimmung der Phase ist nach den Überlegungen zur Nyquist-Bedingung S. 233, daß $n \geq 3$ gewählt wird. Zu den häufig vorkommenden Fällen $n = 3$ und $n = 4$ wird Φ berechnet durch (Aufgabe 5):

$$n=3: \quad \Phi = \frac{1}{2\pi}\arctan(2I_0 - I_1 - I_2\,,\, \sqrt{3}\,(-I_1+I_2))\,, \quad (9.68)$$

$$n=4: \quad \Phi = \frac{1}{2\pi}\arctan(I_0 - I_2\,,\, -I_1 + I_3)\,. \quad (9.69)$$

Die Arcustangensfunktion ist hier in der „quadrantengerechten Form" (4.9), S. 90, anzuwenden mit $\Phi = \arctan\big(\mathrm{Re}\,(F_1),\, \mathrm{Im}\,(F_1)\big)/(2\pi)$.

Aufgrund der Periodeneigenschaft der Kosinusfunktion kann die Verformungsgröße Φ zu einem einzelnen Pixel des Sensors zunächst nur als Bruchteil der Wellenlänge des verwendeten Laserlichtes berechnet werden. Für die endgültigen Werte werden anschließend Berechnungstechniken unter Berücksichtigung des Gesamtbildes benutzt, auf die wir hier nicht eingehen können (vgl. dazu den Hinweis auf den Begriff des „Phasensprungs" S. 192).

Bei einer völlig anderen Art der Phasenshiftmethode wird ein sogenanntes „optisches Gitter" auf die zu vermessende Oberfläche projiziert und von da aus auf den CCD-Sensor abgebildet. Das Gitter besteht aus periodischen Hell-Dunkel-Streifen, deren Helligkeits- bzw. Intensitätsverlauf durch die 1-periodische Rechteckfunktion wiedergegeben werden kann. Wenn wir die x-Richtung senkrecht zu den Streifen des Gitters annehmen, dann läßt sich für den periodischen Intensitätsverlauf schreiben

$$I(x,\Phi) = A + B\,\mathrm{rect}\left(\frac{x+\Phi}{1/2}\right) * \Delta(x) \quad \text{mit } A,\, B > 0\,. \tag{9.70}$$

Hier ist es ebenfalls das Ziel, die Phasenlage Φ zu ermitteln. Auf S. 264 war ausgeführt worden, daß es durch eine „punktartige" Abtastung dieser Rechteckfunktion in der Form des Produktes mit der Kammfunktion, $I\Delta$, nicht möglich ist, den Wert von Φ eindeutig zu gewinnen. Andererseits gibt es in realen Situationen aber auch niemals diese idealisierte mathematische Form der Abtastung, sondern solche Abtastwerte sind immer orts- oder zeitabhängige Signalmittelwerte. Bei dem hier zu erläuternden Verfahren wird diese Mittelwertbildung so eingesetzt, daß der gesuchte Phasenwert Φ angenähert berechnet werden kann.

Die Formulierung der Mittelwertfunktion zu $I(x,\Phi)$ in (9.70) läßt sich mathematisch – wie in (7.69), S. 202 – durch Faltung mit der Rechteckfunktion der Mittelwertbreite $b = 1/n$ vornehmen:

$$\bar{I}(x,\Phi) := I(x,\Phi) * n\,\mathrm{rect}(nx), \quad n \in \mathbb{N}\setminus\{1;2\}\ . \tag{9.71}$$

Für die n Sample-Daten eines einzelnen Pixels gilt aufgrund der Meßanordnung

$$I_j = \bar{I}\left(\frac{j}{n},\Phi\right),\ j = 0,\ldots,n-1\,, \tag{9.72}$$

so daß die Mittelwertbreite $b = 1/n$ in (9.71) mit dem Abtastabstand übereinstimmt.

Abbildung 9.26 gibt den Funktionsgraphen der Mittelwertfunktion $\bar{I}(x,\Phi)$ zusammen mit einem Sample in der Form der Punktdarstellung wieder (vgl. Aufgabe 6). Für den vorwiegend anzutreffenden Fall $n = 4$ läßt sich durch Anwendung von (9.69) aus diesen Sample-Daten der gesuchte Näherungswert zu Φ ermitteln.

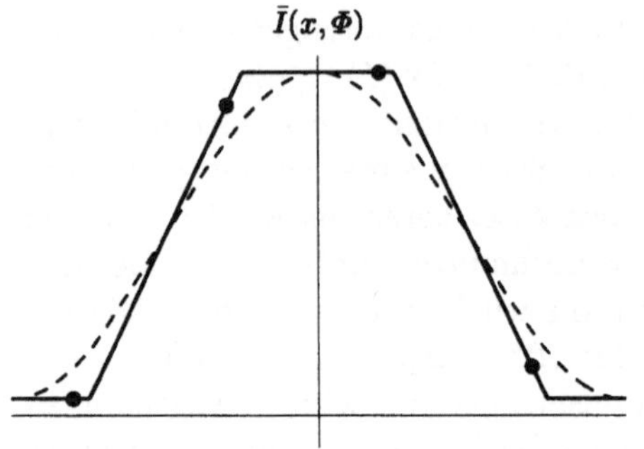

Abb. 9.26. $n = 4$ Abtastungen einer Periode zu der Mittelwertfunktion $\bar{I}(x, \Phi)$; (*gestrichelt:*) Periode der Harmonischen

Der in der Abb. 9.26 dargestellte Unterschied zwischen der Funktion $\bar{I}(x, \Phi)$ und der entsprechenden Harmonischen verdeutlicht die Abweichung zwischen dem berechneten Näherungswert und dem tasächlichen Wert Φ. Das Problem der Meßergebnisse besteht nun darin, eine Aussage über die Größenordnung dieser Abweichung zu machen. Abbildung 9.27 zeigt zu einem Sample von $n = 4$ I_j-Werten die Differenz $\Phi_{exakt} - \Phi_{berechnet}$ für Φ-Werte im Intervall $[-1/2, 1/2]$. Es ist sicher überraschend, daß sich zu dem Verlauf des Graphen in der Abb. 9.26 die Phase mit einem maximalen Fehler von 1,1% wiedergewinnen läßt, der unterhalb der üblichen Meßgenauigkeit liegt. Noch erstaunlicher ist aber wohl, daß bei der Übertragung der Zusammenhänge auf den Fall $n = 3$ – d.h. bei einer geringeren Stützstellenzahl – dieser maximale Fehler nur 0,3% beträgt.

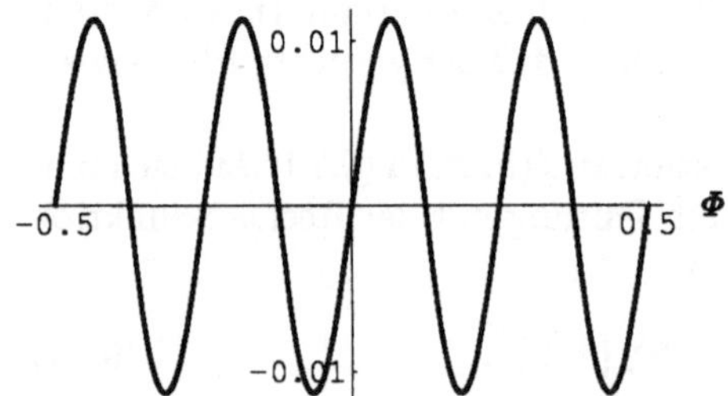

Abb. 9.27. Abweichung $\Phi_{exakt} - \Phi_{berechnet}$ abhängig von Φ bei $n = 4$ Abtastungen

Der Effekt läßt sich ansatzweise folgendermaßen erklären: Die 1-periodische Mittelwertfunktion $\bar{I}(x, \Phi)$ in (9.71) kann als Fourierreihe dargestellt werden. Die Fourierkoeffizienten ergeben sich mit (8.13), S. 221, z.B. für $\Phi = 0$ (abgesehen von $k = 0$) durch

$$C_k = \mathcal{F}\left\{B \operatorname{rect}(2x) * n \operatorname{rect}(nx)\right\}\Big|_{u=k} = \frac{B}{2} \operatorname{sinc}\left(\frac{k}{2}\right) \operatorname{sinc}\left(\frac{k}{n}\right) . \quad (9.73)$$

Der Unterschied zwischen $\bar{I}(x, \Phi)$ und der Harmonischen zur Grundschwingung (vgl. Abb. 9.26) wird durch die Frequenzkomponenten der Fourierkoeffizienten C_k mit $|k| > 1$ bewirkt. In grober Annäherung können die zu vergleichenden Fälle $n = 3$ bzw. $n = 4$ durch die ersten nicht verschwindenden Fourierkoeffizienten abgeschätzt werden. Hierfür erhalten wir mit (9.73)

$$n = 3: \quad C_{\pm 2} = C_{\pm 3} = C_{\pm 4} = 0, \; |C_{\pm 5}| = 0,011B\,,$$

$$n = 4: \quad C_{\pm 2} = 0, \; |C_{\pm 3}| = 0,032B\,,$$

so daß $n = 4$ auf einen etwa dreifachen Abweichungswert im Verhältnis zu $n = 3$ führt.

Die Wahl der „unsymmetrischen" Sample-Indizierung $j = 0, \ldots, n-1$ in (9.67) und (9.72) ist im Vergleich mit der von uns durchgängig benutzten „symmetrischen" Form $j = -N, \ldots, N-1$ (für geradzahligen Datenumfang, vgl. S. 279) letztlich willkürlich. Es soll noch auf die Auswirkung bezüglich der hier beschriebenen Phasenberechnung eingegangen werden und zwar beispielhaft für den Fall, daß n geradzahlig ist. Wir überführen dazu das Sample I_j, $j = 0, \ldots, n-1$ eines Pixels durch zyklische Vertauschung der Indizes in ein Sample $(\widetilde{I}_j)_{j \in \mathrm{M}}$. Mit $N := n/2$ gilt dann für den Zusammenhang $\widetilde{I}_j := I_{j+N}$, $j = -N, \ldots, N-1$. Der Fall $n = 2N = 4$ z.B. ergibt also $\widetilde{I}_{-2} = I_0, \widetilde{I}_{-1} = I_1, \widetilde{I}_0 = I_2, \widetilde{I}_1 = I_3$. Da sich die berechnete Phasenlage jeweils auf den Sample-Index $j = 0$ bezieht, wird durch diesen Übergang anschaulich die Phase also um den Wert 1/2 verschoben (vgl. Abb. 9.25). Dieser Effekt findet sich auch formelmäßig wieder. Wenn zu $(\widetilde{I}_j)_{j \in \mathrm{M}}$ der DFT-Koeffizient $\widetilde{F}_1$ nach der Summenformel (9.9) berechnet wird, dann besteht zu dem DFT-Koeffizienten F_1 des I_j-Samples wie in (9.65) die Relation $\widetilde{F}_1 = -F_1$. Für die Beziehung zwischen den Phasenwerten $\widetilde{\Phi}_1$ zu $\widetilde{F}_1$ und Φ_1 zu F_1 gilt dann nach (7.49), S. 192, $\widetilde{\Phi}_1 = \Phi_1 + 1/2$.

Die Justierung der Phasenshiftanordnung ist üblicherweise auf die Indexnotierung I_j, $j = 0, \ldots, n-1$, festgelegt. Soll der hierzu gesuchte Phasenwert Φ eines Pixels über den Formalismus des Samples $(\widetilde{I}_j)_{j \in \mathrm{M}}$ und die Phase $\widetilde{\Phi}_1$ gewonnen werden, dann besteht aufgrund der Arcustangensberechnung wie in (7.50) der Zusammenhang

$$\Phi = \begin{cases} \widetilde{\Phi}_1 + \frac{1}{2} \text{ für } -\frac{1}{2} < \widetilde{\Phi}_1 \le 0\,, \\ \widetilde{\Phi}_1 - \frac{1}{2} \text{ für } 0 < \widetilde{\Phi}_1 \le \frac{1}{2}\,. \end{cases} \tag{9.74}$$

Übungen

9.3.1 Bestätigen Sie das DFT-Ergebnis (9.60) unter Verwendung von (2.20), S. 26

9.3.2 Zu $f(x) = \mathrm{rect}(x/b)$ soll $(f_j)_{j \in \mathrm{M}}$ das Abtastergebnis für $2N$ Sample-Werte und $b = n/N$, $1 \le n \le N-1$, (n ganzzahlig) sein. Hiermit ist $f_{\pm n} = 1/2$, und für $2N = 8$, $n = 2 \Rightarrow b = 1/2$ haben wir also wie in Abb. 9.7 das Sample

$$(f_j)_{j\in\mathbb{M}} = (0_{-4},\, 0_{-3},\, 1/2_{-2},\, 1_{-1},\, 1_0,\, 1_1,\, 1/2_2,\, 0_3)\,. \tag{9.75}$$

Zeigen Sie, daß abhängig von $2N$ und n bzw. b die DFT-Koeffizienten lauten

$$F_k = \frac{b\,\mathrm{sinc}(bk)}{\mathrm{sinc}(k/(2N))}\cos\left(\frac{\pi k}{2N}\right) \text{ für } k \in \mathbb{M}\,. \tag{9.76}$$

Bestätigen Sie, daß für den Fall $n = 1 \Rightarrow b = 1/N$ das Sample die Form

$$f_j = \frac{1}{4N}\left[\delta_{j+1} + 2\delta_j + \delta_{j-1}\right] \tag{9.77}$$

annimmt und daß die hierzu durch (9.22), (9.23) ermittelten DFT-Koeffizienten mit (9.76) übereinstimmen.

9.3.3 Ausgehend von $(f_j)_{j\in\mathbb{M}}$ der vorigen Aufgabe wird ein Sample $(g_j)_{j\in\mathbb{M}}$ dadurch gebildet, daß die Funktion $f(x) = \mathrm{rect}(x/b')$ für Werte b' abgetastet wird, die der Bedingung $(n-1)/N < b' < n/N$ genügen ($1 \le n \le N-1$, n ganzzahlig).

a) Zeigen Sie, daß für alle diese Werte b' (zusammen mit $b = n/N$ gemäß Aufgabe 2) gilt

$$g_j = f_j - \frac{1}{4N}\left[\delta_{j+n} + \delta_{j-n}\right],\ j \in \mathbb{M}\,.$$

Hierdurch wird also $g_{\pm n} = 0$.

b) Zeigen Sie, daß speziell für $b' = (2n-1)/(2N)$ anstelle von (9.76) die DFT-Koeffizienten hier lauten

$$G_k = \frac{b'\,\mathrm{sinc}(b'k)}{\mathrm{sinc}(k/(2N))} \text{ für } k \in \mathbb{M}\,. \tag{9.78}$$

Im Vergleich mit (9.75) hat das Sample für $2N = 8$ und $n = 2 \Rightarrow b' = 3/8$ die Form

$$(g_j)_{j\in\mathbb{M}} = (0_{-4},\, 0_{-3},\, 0_{-2},\, 1_{-1},\, 1_0,\, 1_1,\, 0_2,\, 0_3)\,. \tag{9.79}$$

Bestätigen Sie auch hier den Fall $n = 1 \Rightarrow b' = 1/(2N)$ im Vergleich von (9.23) mit (9.78).

9.3.4 Geben Sie das Ergebnis des Verschiebeeffekts (9.65) an für

$$\text{a) } g_j = \cos\left(\frac{2\pi\nu j}{2N}\right),\ \text{b) } g_j = \sin\left(\frac{2\pi\nu j}{2N}\right),\ \nu \in \mathbb{M}\setminus\{-N\}\,.$$

Bestätigen Sie das Ergebnis durch den Vergleich mit $f_j = g_{j-N}$.

9.3.5 Bestätigen Sie die Formel (9.69) bzw. (9.68) durch die Summenformel (9.63) für $2N = n = 4$ bzw. durch die entsprechende Modifikation zu (9.49) für $2N+1 = n = 3$. Begründen Sie, daß die Koeffizienten A, B in (9.67) bzw. (9.70) keinen Einfluß auf den berechneten Phasenwert Φ haben.

9.3.6 Bestätigen Sie das Faltungsergebnis ($n \in \mathbb{N} \setminus \{1;2\}$)

$$\operatorname{rect}(2x) * n \operatorname{rect}(nx) = \frac{n+2}{4} \operatorname{tri}\left(\frac{4n}{n+2}\,x\right) - \frac{n-2}{4} \operatorname{tri}\left(\frac{4n}{n-2}\,x\right),$$

zu dem die Abb. 9.26 den Graphen für $n = 4$ darstellt.

9.4 *DFT als Spezialfall der Fouriertransformation*

Wir wollen nun die in der Einleitung zu Kap. 9 skizzierte Entwicklung der DFT innerhalb des Gesamtkonzepts der Fouriertransformation vornehmen. Es wird sich zeigen, daß es die besonderen Eigenschaften der Kammfunktion sind, durch die sich auch die *diskrete* Fouriertransformation in den Rahmen der Fouriertransformation einfügen läßt.

Zusätzlich ist es das Ziel dieses Abschnitts, einen Zusammenhang zwischen dem Frequenzspektrum des ursprünglichen analogen Signals $s(x)$ und den DFT-Koeffizienten F_k herzustellen. Wir können nämlich davon ausgehen, daß dieses Spektrum $\mathcal{F}\{s(x)\}$ die eigentlichen Informationen für eine Analyse bzw. Bearbeitung der Frequenzen enthält. Daher ist es wichtig zu wissen, was nach der Abtastung oder Diskretisierung des Signals s aus diesen ursprünglichen Frequenzen geworden ist.

Fouriertransformation diskretisierter periodischer Funktionen

Wir gehen von einer 1-periodischen kontinuierlichen Funktion $f(x)$ aus, von der wir voraussetzen, daß sie keine Singularitäten vom δ-Typ enthält. Im Hinblick auf die diskrete Fouriertransformation sollen die Begriffe und Bezeichnungen des Abschnitts 9.1 hier auch verwendet werden. Es wird sich zeigen, daß wir damit geeignete Hilfsmittel haben, um die Fouriertransformation der diskretisierten Form von $f(x)$ zu entwickeln.

Zunächst bilden wir

$$s(x) := f(x) \operatorname{rect}(x) \;\Leftrightarrow\; f(x) = s(x) * \varDelta(x)\,. \tag{9.80}$$

(Zu der Äquivalenzbeziehung vgl. die entsprechende Aussage auf S. 30.) Die Ausschnittfunktion $s(x)$ läßt sich – wie bisher – als das ursprüngliche analoge Signal betrachten, dessen abgetastete Version den Input zur DFT liefert. Insbesondere wird damit deutlich, daß die periodische Funktion f an den Grenzen des Grundintervalls $I_1 = [-1/2, 1/2)$ meistens Sprungstellen besitzen wird. Anders als in den Überlegungen des Unterabschnitts auf S. 275 erfüllt $f(x)$ dann aber nach (9.80) an der Unstetigkeitsstelle $x = -1/2$ die Mittelwertbedingung.

Mit dem Funktionsbuchstaben C der Transformierten $C(u) := \mathcal{F}\{s(x)\}$ wird – wie in Kap. 8 – eine Verbindung zu den Fourierkoeffizienten der 1-periodischen Funktion $f(x)$ als periodische Fortsetzung zu $s(x)$ ausgedrückt.

Wie wir auf S. 230 herausgearbeitet hatten, gibt nämlich das *diskrete* Frequenzspektrum der Fourierkoeffizienten $C(k)$ die „wirklichen" Frequenzkomponenten des Signals s wieder.

Da $s(x)$ ortsbegrenzt ist, haben wir mit $C(u)$ nach Satz 8.3, S. 235, eine *frequenzunbegrenzte* Funktion. Zusätzlich besitzt $s(x)$ ein kontinuierliches Frequenzspektrum.

Den Funktionsbuchstaben F wählen wir für die Transformierte des Abtastergebnisses $s\Delta$, da hieraus die DFT-Koeffizienten F_k resultieren. Die Abtastung mit der Kammfunktion wird wie in (9.8) gebildet.

Zusammen mit $\Delta(x) \leftrightarrow \Delta(u)$ ergeben sich also jetzt die Korrespondenzen

$$s(x) \quad \leftrightarrow \quad C(u)$$

$$\left.\begin{aligned} & s(x)\Delta\left(\frac{x}{1/(2N)}\right) \\ & = s(x)\Delta(2Nx) \end{aligned}\right\} \leftrightarrow \left\{\begin{aligned} & F(u) := C(u) * \frac{1}{2N}\Delta\left(\frac{u}{2N}\right) \\ & = \sum_{n=-\infty}^{\infty} C(u) * \delta(u - n2N) \\ & = \sum_{n=-\infty}^{\infty} C(u - n2N)\,. \end{aligned}\right. \tag{9.81}$$

Abbildung 9.28 veranschaulicht die Zusammenhänge am Beispiel der Funktion $s(x) = \operatorname{tri}(x)\operatorname{rect}(x)$.

Die Funktion $F(u)$ entsteht aus $C(u)$ durch periodische Replikation, und $F(u)$ ist nach (6.90) und (6.91), S. 163, $2N$-periodisch.

Bevor wir (9.81) weiter umformen, ist eine Gleichung vorzustellen, die im Unterabschnitt auf S. 298 bewiesen wird; wir benutzen hierfür eine beliebige Funktion g:

$$[g(x)\Delta(2Nx)] * \Delta(x) = [g(x) * \Delta(x)]\,\Delta(2Nx)\,. \tag{9.82}$$

Anschaulich ist die Vertauschbarkeit von Multiplikation und Faltung in diesem speziellen Fall der Kammfunktion ohne weiteres einzusehen und zwar unabhängig davon, ob g ortsbegrenzt ist oder nicht.

Zu (9.81) bilden wir im Ortsbereich die 1-periodische Fortsetzung durch Faltung mit $\Delta(x)$, und wir erhalten mit (9.82) und (9.80)

$$\left.\begin{aligned} & [s(x)\Delta(2Nx)] * \Delta(x) \\ & = [s(x) * \Delta(x)]\,\Delta(2Nx) \\ & = f(x)\Delta(2Nx) \\ & = \frac{1}{2N}\sum_{j=-\infty}^{\infty} f(x)\,\delta\left(x - \frac{j}{2N}\right) \end{aligned}\right\} \leftrightarrow \left\{\begin{aligned} & F(u)\Delta(u) \\ & = \sum_{k=-\infty}^{\infty} F(u)\delta(u-k)\,. \end{aligned}\right. \tag{9.83}$$

Abbildung 9.29 schließt sich mit diesen Operationen an die Abb. 9.28 an.

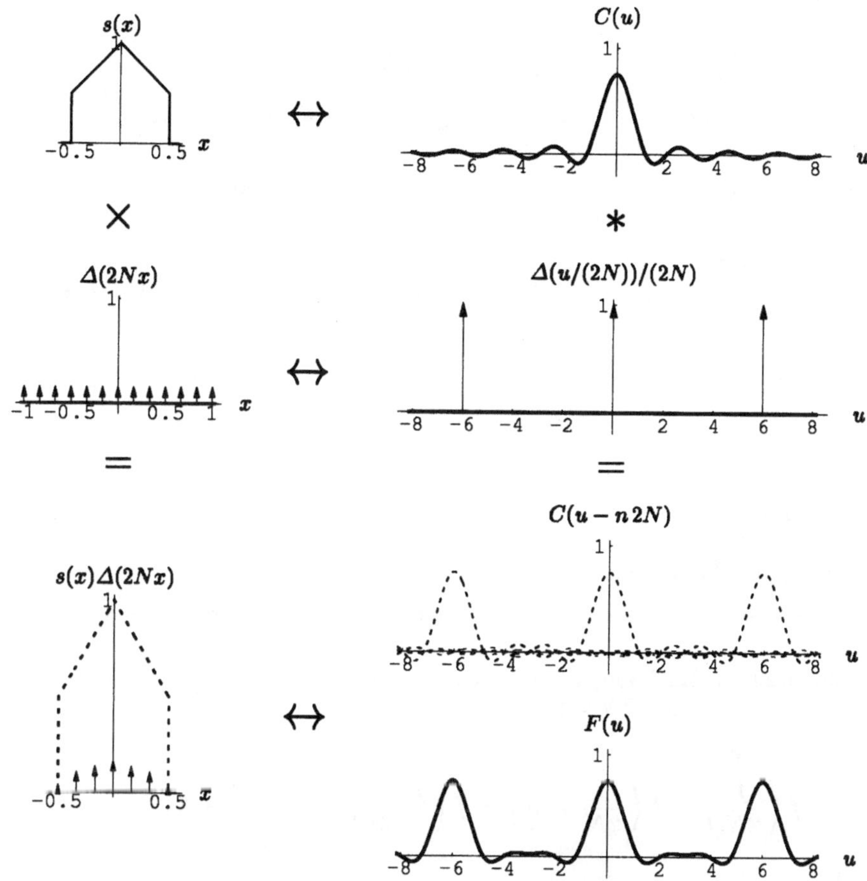

Abb. 9.28. $s(x)$ abgetastet $\leftrightarrow C(u)$, $2N$-periodisch fortgesetzt nach (9.81); $s(x) = \text{tri}(x)\,\text{rect}(x)$, $2N = 6$

Damit können wir den grundlegenden Transformationszusammenhang zwischen den beiden ***diskreten periodischen*** Funktionen $f\Delta$ und $F\Delta$ zusammenfasssen zu

$$\frac{1}{2N}\sum_{j=-\infty}^{\infty} f\left(\frac{j}{2N}\right)\delta\left(x-\frac{j}{2N}\right) \leftrightarrow \sum_{k=-\infty}^{\infty} F(k)\delta(u-k)\,. \tag{9.84}$$

Im Ortsbereich kommt hier noch einmal der Abtastabstand $1/(2N)$ zum Ausdruck, zu dem im Frequenzbereich die $2N$-periodische Funktion $F(u)$ gehört; speziell für die ganzzahligen Frequenzargumente haben wir daher

$$F(k+n2N) = F(k),\ k,n \in \mathbb{Z}\,. \tag{9.85}$$

Entsprechend korrespondiert der Diskretisierungsabstand 1 im Frequenzbereich mit der Periodenlänge 1 bei der Funktion f im Ortsbereich, so daß hier

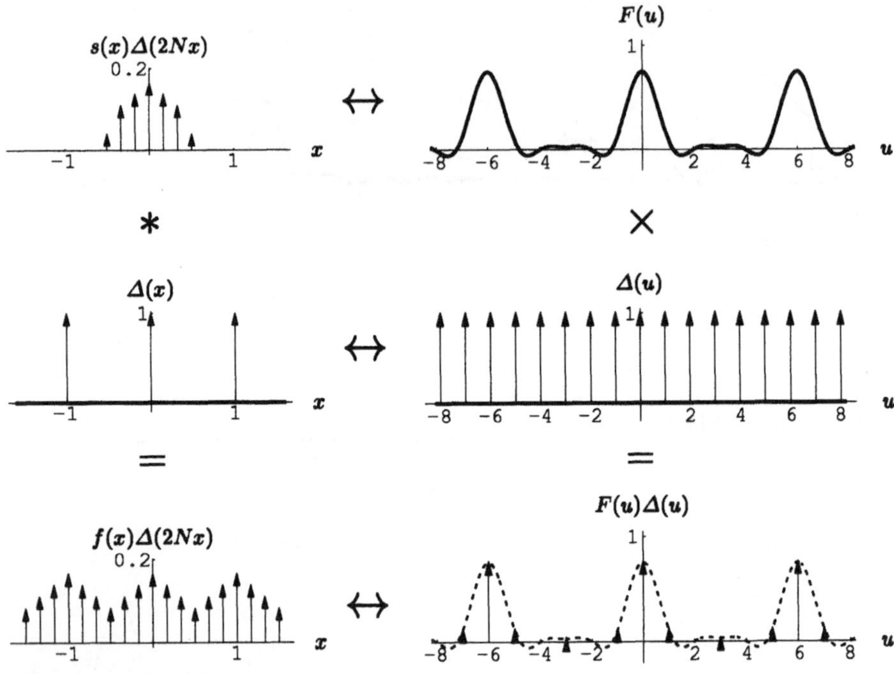

Abb. 9.29. $s(x)\Delta(2Nx)$, 1-periodisch fortgesetzt $\leftrightarrow$ $F(u)$ abgetastet nach (9.83); $s(x) = \mathrm{tri}(x)\,\mathrm{rect}(x)$, $2N = 6$

$$f\left(\frac{j}{2N}\right) = f\left(\frac{j}{2N} + m\right) = f\left(\frac{j + m2N}{2N}\right), \quad j, m \in \mathbb{Z}\,, \tag{9.86}$$

gilt.

DFT/IDFT-Formeln als Folgerung

Wir gehen noch einmal auf die Korrespondenz (9.81) zurück und transformieren jetzt die einzelnen Summanden der abgetasteten Funktion $s(x)\Delta(2Nx)$. Außerdem ersetzen wir $s(x)$ nach (9.80) durch $f(x)\,\mathrm{rect}(x)$ und können anstelle von $f(j/(2N))$ mit der Vereinbarung (9.4), (9.5) f_j schreiben. Das führt zusammen mit (3.15), S. 64, auf

$$\begin{aligned}
F(u) &= \mathcal{F}\{s(x)\Delta(2Nx)\} \\
&= \mathcal{F}\left\{\frac{1}{2N}\sum_{j=-\infty}^{\infty} f(x)\,\mathrm{rect}(x)\delta\left(x - \frac{j}{2N}\right)\right\} \\
&= \frac{1}{2N}\,\mathcal{F}\left\{\frac{1}{2}f_{-N}\,\delta\left(x + \frac{1}{2}\right) + \sum_{j=-N+1}^{N-1} f_j\,\delta\left(x - \frac{j}{2N}\right)\right.
\end{aligned}$$

$$
\begin{aligned}
&\quad +\frac{1}{2} f_N \, \delta\left(x-\frac{1}{2}\right)\Bigg\} \\
&= \frac{1}{2N}\left[\frac{1}{2} f_{-N} \exp(\pi \mathrm{i} u) + \sum_{j=-N+1}^{N-1} f_j \exp\left(-\frac{2\pi \mathrm{i} j u}{2N}\right)\right. \\
&\qquad \left. +\frac{1}{2} f_N \exp(-\pi \mathrm{i} u)\right] \\
&= \frac{1}{2N}\left[f_{-N} \cos(\pi u) + \sum_{j=-N+1}^{N-1} f_j \exp\left(-\frac{2\pi \mathrm{i} j u}{2N}\right)\right] . \qquad (9.87)
\end{aligned}
$$

Für die ganzzahligen Argumente $u = k \in \mathbb{Z}$ erhalten wir daher wegen $\cos(\pi k) = (-1)^k = \exp(2\pi \mathrm{i} N k/(2N))$ die DFT-Summenformel wie in (9.9)

$$
\begin{aligned}
F(k) &= \frac{1}{2N} \sum_{j=-N}^{N-1} f_j \exp\left(-\frac{2\pi \mathrm{i} j k}{2N}\right) = \frac{1}{2N} \sum_{j=-N}^{N-1} f_j w^{-jk} \\
&= \mathcal{F}_D\{f_j\} = F_k . \qquad (9.88)
\end{aligned}
$$

Die DFT-Koeffizienten F_k erweisen sich somit als die Funktionswerte von $F(u) = \sum_{n=-\infty}^{\infty} C(u - n2N)$ zu den ganzzahligen Frequenzen $u \in \mathbb{Z}$. Dieser Gesichtspunkt wird im folgenden Unterabschnitt vertieft.

Für spätere Anwendungen läßt sich jetzt die grundlegende Korrespondenz (9.84) auch unter Verwendung der DFT-Größen f_j, F_k wiedergeben durch

$$
\frac{1}{2N} \sum_{j=-\infty}^{\infty} f_j \, \delta\left(x - \frac{j}{2N}\right) \leftrightarrow \sum_{k=-\infty}^{\infty} F_k \delta(u-k) . \qquad (9.89)
$$

Zu (9.87) ist noch anzumerken, daß hiermit die $2N$-periodische Funktion $F(u)$ in der Form einer ***endlichen Fourierreihe*** dargestellt ist.

Um die IDFT-Summenformel aus der Korrespondenz (9.84) zu folgern, wird im Frequenzbereich die Ausschnittbildung über die Länge der Periode $2N$ vorgenommen. Wir multiplizieren also mit $\mathrm{rect}(u/(2N))$ und gehen gleichzeitig durch $\mathcal{F}^{-1}$ zum Ortsbereich über:

$$
\begin{aligned}
&\mathcal{F}^{-1}\left\{\sum_{k=-\infty}^{\infty} F(k) \,\mathrm{rect}\left(\frac{u}{2N}\right) \delta(u-k)\right\} \\
&= \mathcal{F}^{-1}\left\{\frac{1}{2} F_{-N} \, \delta(u+N) + \sum_{k=-N+1}^{N-1} F_k \, \delta(u-k) + \frac{1}{2} F_N \, \delta(u-N)\right\} \\
&= F_{-N} \cos(2\pi N x) + \sum_{k=-N+1}^{N-1} F_k \exp(2\pi \mathrm{i} k x) . \qquad (9.90)
\end{aligned}
$$

Dieses Ergebnis ist nun dem in (9.84) bzw. (9.89) links stehenden Summenausdruck gleichzusetzen, gefaltet mit $2N\,\mathrm{sinc}(2Nx)$; zusätzlich soll der Summationsbuchstabe j gegen l ausgetauscht werden. Mit (6.69), S. 155, ergibt sich

$$= \frac{1}{2N} \sum_{l=-\infty}^{\infty} f_l\, \delta\left(x - \frac{l}{2N}\right) * 2N\,\mathrm{sinc}(2Nx)$$

$$= \sum_{l=-\infty}^{\infty} f_l\, \mathrm{sinc}(2Nx - l)\,. \tag{9.91}$$

Für das Argument $x = j/(2N)$, $j \in \mathbb{Z}$, reduziert sich die letzte Summe auf den einzigen Summanden f_j, und wir erhalten mit (9.90) dasselbe Ergebnis wie in (9.30):

$$f_j = \sum_{k=-N}^{N-1} F_k \exp\left(\frac{2\pi i jk}{2N}\right) = \sum_{k=-N}^{N-1} F_k w^{jk} = \mathcal{F}_D^{-1}\{F_k\}\;. \tag{9.92}$$

Die durch (9.90) und (9.91) gebildeten Funktionen, zusammengefaßt zu

$$h(x) = F_{-N} \cos(2\pi N x) + \sum_{k=-N+1}^{N-1} F_k\, \exp(2\pi i k x) \tag{9.93}$$

$$= \sum_{j=-\infty}^{\infty} f_j\, \mathrm{sinc}(2Nx - j)\,, \tag{9.94}$$

stellen Interpolationsfunktionen zu den Stützpunkten des Samples, nämlich $(x_j | f_j)_{j\in \mathrm{M}}$, dar. Die erste Form ist als *endliche* Fourierreihe eine 1-periodische Funktion, die bereits in (9.51) vorgestellt wurde. Somit ist auch die unendliche Reihe (9.94) eine 1-periodische Interpolationsfunktion der f_j-Werte. Darüberhinaus interpoliert $h(x)$ sämtliche Stützpunkte der *unendlichen* Folge $(x_j | f_j)_{j\in \mathbb{Z}}$ mit $x_j = j/(2N)$ (Aufgabe 2).

Die Funktionsdarstellung (9.94) ist von derselben Art wie die Kardinalreihe der „Wiedergewinnungsformel" (8.31), S. 234. Es kann aber nicht die 1-periodische Funktion $f(x)$ mit dem Zusammenhang (9.80) zu dem analogen Signal $s(x)$ sein, die durch die Funktion $h(x)$ gebildet wird – zumindest nicht im Normalfall anwendungsbezogener Signale $s(x)$. Falls nämlich diese 1-periodische Funktion $f(x)$ nicht zufällig oder durch Konstruktion die Voraussetzung des Satzes 9.2, S. 263, erfüllt, dann gibt es unter den Fourierkoeffizienten zu $f(x)$ mindestens einen mit $C_k \neq 0$ und $|k| \geq N$. Damit ist aber die Nyquist-Bedingung verletzt, und das Abtasttheorem kann nicht zur Anwendung kommen. Es ist daher im Regelfall nicht möglich, aus dem Sample $(f_j)_{j\in \mathrm{M}}$ die Funktion $f(x)$ bzw. das ursprüngliche analoge Signal $s(x)$ wieder herzustellen (vgl. Aufgabe 3).

Abbildung 9.30 gibt am Beispiel der Funktion $s(x) = x\,\mathrm{rect}(x/b)$ noch einmal die korrespondierenden Ergebnisse der Gesamtentwicklung anschaulich wieder. Zunächst zeigen die Graphen die Operationsresultate jeweils nach der Multiplikation bzw. Faltung mit der Kammfunktion (9.81), (9.83) bis zu der grundlegenden Korrespondenz (eingerahmt) (9.84), $f(x)\Delta(2Nx) \leftrightarrow F(u)\Delta(u)$. Von hier aus wird anschließend einerseits unter Verwendung von $\mathcal{F}\{f(x)\Delta(2Nx)\,\mathrm{rect}(x)\} = \mathcal{F}\{s(x)\Delta(2Nx)\} = F(u)$ und $F(k) = F_k$ der Weg zur DFT-Formel (9.87), (9.88) dargestellt. Andererseits führt die Ausschnittbildung im Frequenzbereich über die Interpolationsfunktion $h(x)$ zu den IDFT-Werten von (9.92) mit $f_j = h(j/(2N))$.

Beim Übergang von $f(x)\Delta(2Nx) \leftrightarrow F(u)\Delta(u)$ zum Ausschnittergebnis etwa im Frequenzbereich ist erkennbar: Aus der ***periodischen*** Funktion $F(u)\Delta(u)$ entsteht die ***nicht periodische*** Funktion $F(u)\Delta(u)\,\mathrm{rect}(u/(2N))$. Hierzu gehört im Ortsbereich, daß die ***diskrete*** Form $f(x)\Delta(2Nx)$ in die ***kontinuierliche*** (Interpolations-) Funktion $h(x)$ übergeht.

Zusammenhang zwischen den Fourierkoeffizienten und den DFT-Koeffizienten zu $s(x)$

Es soll zunächst der anschauliche Vorgang verstärkt werden, nach dem in (9.81) die Funktion $F(u)$ aus der Transformierten $C(u) = \mathcal{F}\{s(x)\}$ durch die Abtastung des Signals $s(x)$,

$$\mathcal{F}\{s(x)\Delta(2Nx)\} = F(u) = \sum_{n=-\infty}^{\infty} C(u - n2N)\,, \tag{9.95}$$

hervorgeht. Mit der graphischen Entwicklung in der Abb. 9.28 von der Funktion $C(u)$ zu der $2N$-periodischen Replikationsfunktion $F(u)$ läßt sich diese Summenbildung verdeutlichen. Insbesondere kann damit die Vorstellung verbunden werden, wie sich mit größer werdender Abtastanzahl $2N$ die einzelnen Summandenfunktionen $C(u-n2N)$ vom Zentrum $u = 0$ entfernen. Wenn wir im Normalfall von $\lim_{|u|\to\infty} C(u) = 0$ ausgehen, dann verkleinern sich hierdurch also zu einem festen Wert $u \in [-N, N]$ im wesentlichen die Summandenbeiträge mit $n \neq 0$ in (9.95).

Wir gehen nun zu den diskreten Frequenzen $u = k \in \mathbb{Z}$ über und erinnern an die Feststellung, daß die Fourierkoeffizienten $C_k = C(k)$ zu der periodischen Fortsetzung $f(x) = s(x) * \Delta(x)$ die eigentlich wünschenswerten Frequenzinformationen des Signals $s(x)$ darstellen. Zusammen mit $F_k = F(k)$ gilt dann nach (9.95)

$$F_k = \sum_{n=-\infty}^{\infty} C_{k-n2N} = \sum_{n=-\infty}^{\infty} C_{k+n2N}\,. \tag{9.96}$$

Jeder einzelne Wert F_k wird hiernach durch die Summe der (in der Regel) unendlich vielen Fourierkoeffizienten C_{k+n2N}, $n \in \mathbb{Z}$, gebildet.

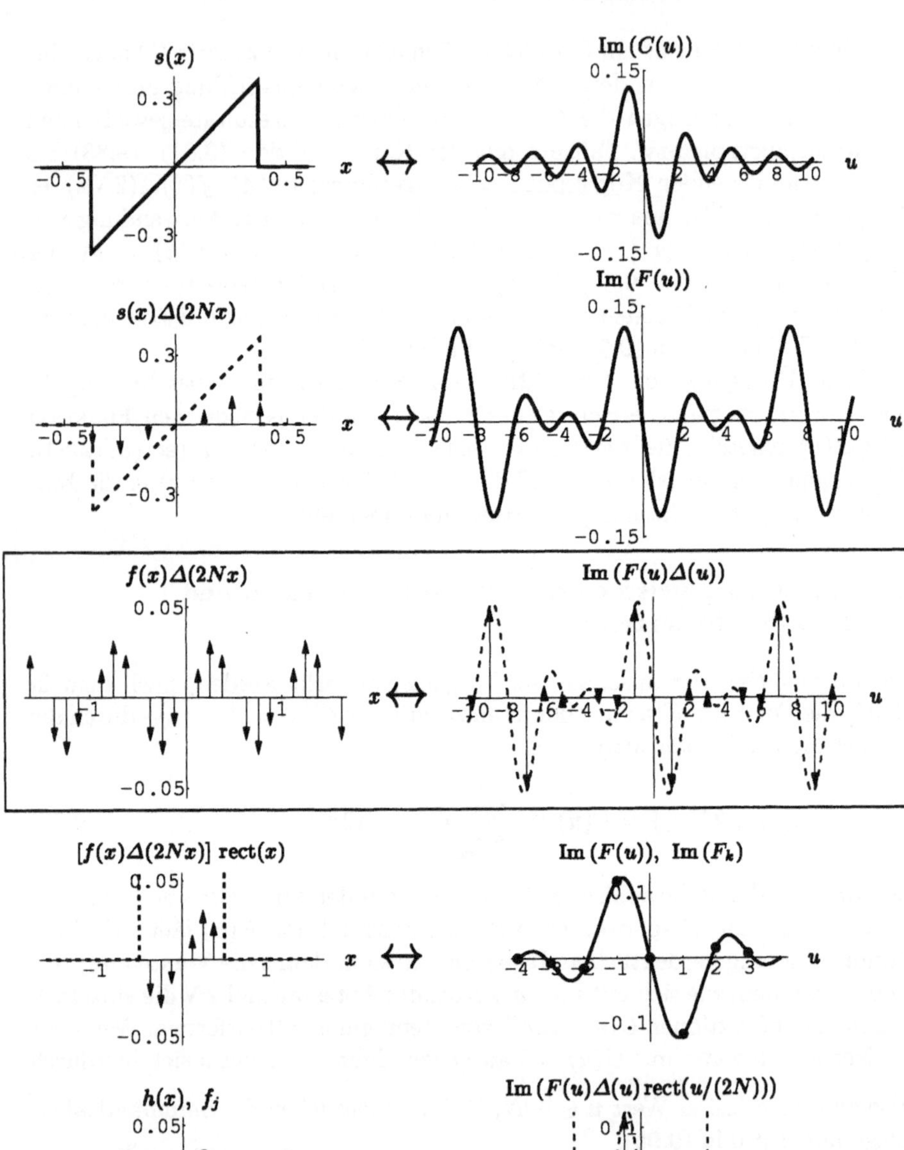

Abb. 9.30. $s(x) = x\,\mathrm{rect}(x/b)$, $b = 3/4$, $2N = 8$, DFT-Ergebnisse F_k (*punktiert* in $F(u)$) bzw. IDFT-Ergebnisse f_j (*punktiert* in $h(x)$)

Im Hinblick auf die Frage nach der Annäherung der C_k-Werte durch die DFT-Koeffizienten F_k soll noch eine Verbindung zu dem in Abschn. 2.3 entwickelten Begriff der Konvergenzordnung von Fourierkoeffizienten hergestellt werden (vgl. Tabelle 2.1, S. 41). Hiernach können wir allgemein feststellen:

Die Abweichung zwischen den Fourierkoeffizienten C_k und den DFT-Koeffizienten F_k ist umso geringer,

- *je größer die Abtastanzahl $2N$ gewählt wird,*
- *je höher die Konvergenzordnung der Fourierkoeffizienten ist.*
- *Die Differenzen $|C_k - F_k|$ werden im allgemeinen größer mit zunehmenden Frequenzwerten $|k| \to N$.*

Die Aussage über die Abhängigkeit von $2N$ korrespondiert natürlich mit dem Zusammenhang, daß mit größer werdendem Umfang des Samples $(f_j)_{j\in M}$ hierdurch das analoge Signal $s(x)$ besser angenähert wird. Zu dem Verhalten der Differenzen $|C_k - F_k|$ für $|k| \to N$ lassen sich als Beispiele die DFT-Koeffizienten der Rechteckfunktion (9.76), (9.78) (mit $C_k = b\,\mathrm{sinc}(bk)$) oder der Dreieckfunktion (9.102) (mit $C_k = b\,\mathrm{sinc}^2(bk)$) anführen.

Das durch die Konvergenzordnung beschriebene Konvergenzverhalten der Fourierkoeffizienten findet sich aufgrund der Summendarstellung (9.96) im wesentlichen auch bei den DFT-Koeffizienten wieder. Abbildung 9.31 zeigt den Abfall des Amplitudenspektrums (9.76) zu $s(x) = \mathrm{rect}(x/b)$ ($s(x)$: unstetig) im Vergleich mit dem zu $s(x) = \mathrm{tri}(x/b)$ ($s(x)$: stetig, aber nicht differenzierbar; vgl. (9.102)).

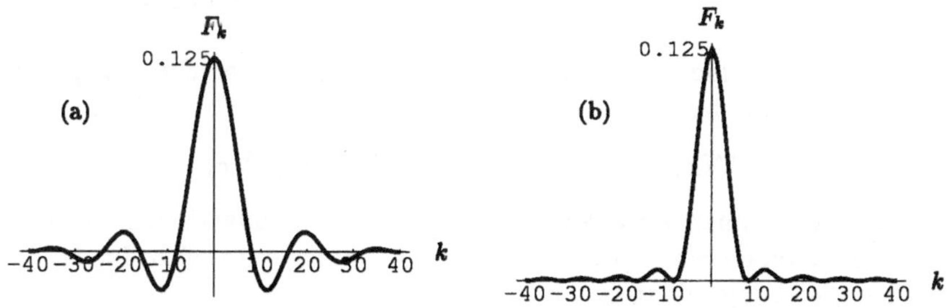

Abb. 9.31. DFT-Koeffizienten zu (a) $f(x) = \mathrm{rect}(x/b)$, (b) $f(x) = \mathrm{tri}(x/b)$, abgetastet mit $2N = 80$, $b = 1/8$

Es ist in diesem Zusammenhang noch einmal daran zu erinnern, daß in der Regel die periodische Fortsetzung des analogen Signals $s(x)$ unstetig an den Grenzen des Grundintervalls I_1 ist. Daher wird die Konvergenzordnung $O(1/k)$ üblicherweise den Abfall der DFT-Koeffizienten charakterisieren.

Abschließend soll noch eine Verbindung zwischen der Summendarstellung in (9.96) und dem Abtastteorem erwähnt werden. Für die Abweichung zwischen einem einzelnen Fourierkoeffizienten C_k zu der 1-periodischen Funktion f und dem DFT-Koeffizienten F_k der abgetasteten Form $f\Delta$ gilt nach (9.96)

$C_k - F_k = -\sum_{n=-\infty}^{-1} C_{k+n2N} - \sum_{n=1}^{\infty} C_{k+n2N}$. Die Summe dieser Fourierkoeffizienten stellt somit gerade den Alias-Anteil des jeweiligen DFT-Koeffizienten F_k gegenüber dem Fourierkoeffizienten C_k für $|k| < N$ dar. Der spezielle Fall, daß $C_k = 0$ für $|k| \geq N$ ist, stimmt mit der Voraussetzung des Satzes 9.2 überein. Hiernach wird $C_k = F_k$ für $k \in \mathbb{M}$ (einschließlich $C_{-N} = F_{-N} = F_N = 0$), und Satz 9.2 ist damit bewiesen.

Ergänzung: Der Beweis läßt sich auf den Fall erweitern, daß anstelle von (9.29) die Voraussetzung über $f(x)$ als endliche Fourierreihe zu

$$f(x) = \sum_{k=-N}^{N-1} C_k \exp(2\pi i k x)$$

ausgedehnt wird mit $C_{-N} \neq 0$ und $C_N = 0$. Die Funktion $f(x)$ ist dann komplexwertig, $f : \mathbb{R} \to \mathbb{C}$. Hierfür wird nach (9.96) $F_{-N} = F_N = C_{-N}$. Der Fall $C_{-N} = 0$ und $C_N \neq 0$ würde dagegen auf $F_{-N} = F_N = C_N \neq C_{-N}$ führen.

Zusätze

1. Beweis der Gleichung (9.82).

Die folgenden Umformungen werden rein formal durchgeführt, ohne auf die Fragen nach Konvergenz und Vertauschbarkeit der Summationsreihenfolge einzugehen.

Zur Vereinfachung der Notierung benutzen wir in der Gleichung (9.82) anstelle der Kammfunktion $\Delta(2Nx)$ die Form $2N\Delta(2Nx)$:

$$[g(x)\, 2N\Delta\,(2Nx)] * \Delta(x) = [g(x) * \Delta(x)]\, 2N\Delta(2Nx)\,. \tag{9.97}$$

Außerdem nehmen wir aus der Faltung mit $\Delta(x)$ zunächst nur einen einzelnen Summanden $\delta(x-\mu)$, $\mu \in \mathbb{Z}$, heraus. Damit ergibt sich für die linke Seite der Gleichung mit (6.67), S. 154,

$$\begin{aligned}
[g(x) 2N\Delta(2Nx)] * \delta(x-\mu) &= \left[\sum_{\lambda=-\infty}^{\infty} g(x)\delta\left(x - \frac{\lambda}{2N}\right)\right] * \delta(x-\mu) \\
&= \sum_{\lambda=-\infty}^{\infty} g\left(\frac{\lambda}{2N}\right)\delta\left(x - \frac{\lambda}{2N}\right) * \delta(x-\mu) \\
&= \sum_{\lambda=-\infty}^{\infty} g\left(\frac{\lambda}{2N}\right)\delta\left(x - \frac{\lambda+\mu 2N}{2N}\right)\,.
\end{aligned}$$

Der letzte Zähler wird durch $n := -\lambda - \mu 2N$ substituiert. Mit λ durchläuft dann auch n die Menge aller ganzen Zahlen. Daher läßt sich für die letzte Summe schreiben

$$= \sum_{n=-\infty}^{\infty} g\left(\frac{-n-\mu 2N}{2N}\right)\delta\left(x+\frac{n}{2N}\right) .$$

Für die rechte Seite erhalten wir unter Verwendung von (3.57), S. 78,

$$[g(x) * \delta(x-\mu)]\, 2N\Delta(2Nx) = g(x-\mu) \sum_{m=-\infty}^{\infty} \delta\left(x+\frac{m}{2N}\right)$$

$$= \sum_{m=-\infty}^{\infty} g\left(-\frac{m}{2N}-\mu\right)\delta\left(x+\frac{m}{2N}\right)$$

$$= \sum_{m=-\infty}^{\infty} g\left(-\frac{m+\mu 2N}{2N}\right)\delta\left(x+\frac{m}{2N}\right) .$$

Wenn wir nun über sämtliche Summanden der Kammfunktion $\Delta(x)$ summieren, dann bestätigt sich die Gleichheit beider Seiten in (9.97). Für die linke Seite der Gleichung erhalten wir nämlich

$$\sum_{\mu=-\infty}^{\infty} [g(x) 2N\Delta(2Nx)] * \delta(x-\mu)$$

$$= \sum_{\mu=-\infty}^{\infty} \left[\sum_{n=-\infty}^{\infty} g\left(\frac{-n-\mu 2N}{2N}\right)\delta\left(x+\frac{n}{2N}\right)\right] .$$

Die rechte Seite wird zu

$$\left[g(x) * \sum_{\mu=-\infty}^{\infty} \delta(x-\mu)\right] 2N\Delta(2Nx)$$

$$= \sum_{\mu=-\infty}^{\infty} [g(x) * \delta(x-\mu)]\, 2N\Delta(2Nx)$$

$$= \sum_{\mu=-\infty}^{\infty}\sum_{m=-\infty}^{\infty} g\left(-\frac{m+\mu 2N}{2N}\right)\delta\left(x+\frac{m}{2N}\right) . \qquad \square$$

2. Berechnung von DFT-Koeffizienten aus Fourierkoeffizienten.

Mit der Darstellung der F_k durch die Fourierkoeffizienten in (9.96) lassen sich in einzelnen Fällen die DFT-Koeffizienten formelmäßig gewinnen. Als Beispiel soll die Bestätigung der F_k-Werte (9.76) zu der abgetasteten Rechteckfunktion vorgestellt werden. Die Korrespondenz $\operatorname{rect}(x/b) \leftrightarrow b \operatorname{sinc}(bu)$ führt für die Werte $b = n/N$, $1 \le n \le N-1$, und $k \in \mathbb{M}\setminus\{0\}$, auf

$$F_k = \sum_{m=-\infty}^{\infty} b \,\mathrm{sinc}(b\,[k-m2N]) = \sum_{m=-\infty}^{\infty} \frac{\sin(\pi b\,[k-m2N])}{\pi\,[k-m2N]}$$
$$= \frac{\sin(\pi bk)}{\pi} \sum_{m=-\infty}^{\infty} \frac{1}{k-m2N} .$$

Die Umformung des Zählers folgt für die genannten Werte b aus Formeln der Additionstheoreme. Auf diese Summe wenden wir (8.33), S. 240, an und erhalten wie in (9.76)

$$F_k = \frac{\sin(\pi bk)}{\pi 2N} \sum_{m=-\infty}^{\infty} \frac{1}{k/(2N)-m} = \frac{\sin(\pi bk)}{2N} \cot\left(\pi \frac{k}{2N}\right)$$
$$= b\,\frac{\mathrm{sinc}(bk)}{\mathrm{sinc}(k/(2N))} \cos\left(\frac{\pi k}{2N}\right),\ k \in \mathbb{M} . \tag{9.98}$$

Für $k = 0$ reduziert sich die Ausgangssumme wegen $b = n/N$ auf den einzigen Summanden zu $m = 0$, und das Ergebnis ist wie in (9.98) $F_0 = b$.

Übungen

9.4.1 Führen Sie die Entwicklung von (9.81) bis (9.84) am Beispiel der komplexen Harmonischen $f(x) = \exp(2\pi i \nu x)$ durch. Die zugehörige Funktion $C(u)$ ist reellwertig, denn $f(x)$ und $s(x) = f(x)\,\mathrm{rect}(x)$ sind vom Symmetrietyp hermitesch (vgl. (5.44), S. 118, und Aufgabe 3 zu Abschn. 8.1). Bestätigen Sie durch Anwendung von (8.33), S. 240,

$$F(u) = \sum_{n=-\infty}^{\infty} C(u-n2N) = \sum_{n=-\infty}^{\infty} \mathrm{sinc}(u-\nu-n2N)$$
$$= \frac{\mathrm{sinc}(u-\nu)}{\mathrm{sinc}((u-\nu)/(2N))} \cos\left(\pi \frac{u-\nu}{2N}\right) \tag{9.99}$$

für $u \neq \nu + m2N, m \in \mathbb{Z} \setminus \{0\}$.

An den Nullstellen des Nenners sind die Funktionswerte wegen der Periodeneigenschaft $F(\nu + m2N) = F(\nu) = 1$.

Mit Hilfe von (9.99) können die DFT-Koeffizienten z.B. der abgetasteten Kosinusfunktion formelmäßig angegeben werden (etwa die F_k-Werte der Abb. 9.2):

$$F_k = \mathcal{F}_D\left\{\cos\left(\frac{2\pi\nu j}{2N}\right)\right\} = \frac{\mathrm{sinc}(k-\nu)}{2\,\mathrm{sinc}((k-\nu)/(2N))} \cos\left(\pi \frac{k-\nu}{2N}\right)$$
$$+ \frac{\mathrm{sinc}(k+\nu)}{2\,\mathrm{sinc}((k+\nu)/(2N))} \cos\left(\pi \frac{k+\nu}{2N}\right) . \tag{9.100}$$

9.4.2 Zeigen Sie, daß die Funktion $h(x)$ in der Form (9.94) die Folge $(f_j)_{j \in \mathbb{Z}}$ interpoliert und eine 1-periodische Funktion darstellt.

9.4.3 In dieser Aufgabe soll die 1-periodische Funktion $f(x)$ in (9.80) die Voraussetzung des Satzes 9.2 erfüllen.

a) Die Behauptung des Satzes besteht dann in der – zunächst überraschenden – Beziehung

$$\begin{aligned} C_k &= \int_{-1/2}^{1/2} f(x) \exp(-2\pi \mathrm{i} kx) \mathrm{d}x \\ &= \frac{1}{2N} \sum_{j=-N}^{N-1} f(x_j) \exp(-2\pi \mathrm{i} x_j k) = F_k, \; k \in \mathbb{M}, \end{aligned} \tag{9.101}$$

($x_j = j/(2N)$) sowie $C_k = 0$ für $|k| \geq N$. Kern dieser Gleichheit ist die Summen- und Integralorthogonalität der komplexen Exponentialterme (4.25), S. 97, und (4.28), S. 98. Beweisen Sie (9.101) und damit – unabhängig von dem Beweis auf S. 298 – die Behauptung des Satzes 9.2.

b) Begründen Sie, daß für die Interpolationsfunktion (9.93) bzw. (9.94) $h(x) = f(x)$ gilt mit $F_{-N} = 0$.

9.4.4 Bestätigen Sie mit (9.96) am Beispiel der Funktion

$$f(x) = \cos(2\pi x) - \cos(10\pi x) + \cos(14\pi x)$$

und einem Sample-Umfang von $2N = 6$, daß die Umkehrung des Satzes 9.2 nicht allgemein zutrifft.

9.4.5 Für die abgetastete Dreieckfunktion $\operatorname{tri}(x/b)$ lauten die DFT-Koeffizienten

$$F_k = \frac{b \operatorname{sinc}^2(bk)}{\operatorname{sinc}^2(k/(2N))}, \; b = \frac{n}{2N}, 1 \leq n \leq N, \; k \in \mathbb{M}. \tag{9.102}$$

Beweisen Sie diese Formel unter Anwendung von (9.96) und der „unendlichen Partialbruchdarstellung“ (vgl. [1, S. 75])

$$\frac{1}{\sin^2 x} = \sum_{n=-\infty}^{\infty} \frac{1}{(x - n\pi)^2}, \; x \neq m\pi, \; m \in \mathbb{Z}.$$

Zeigen Sie, daß die Folge $(F_k)_{k \in \mathbb{Z}}$ die $2N$-Periodeneigenschaft besitzt, wenn – wegen der Nullstellen von (9.102) im Nenner – $F_{m2N} := F_0$ für $m \in \mathbb{Z} \setminus \{0\}$ definiert wird.

Vergleichen Sie für den Fall des Samples (9.77) die DFT-Formeln (9.76) und (9.102).

Bestätigen Sie für den Grenzfall $n = 1 \Rightarrow b = 1/(2N)$ die Übereinstimmung von (9.102) mit (9.23).

9.4.6 Übertragen Sie den Beweis zu (9.97) auf die allgemeinere Gleichung mit $b \in \mathbb{R}^+$, $K \in \mathbb{N}$:

$$\left[g(x)\frac{1}{b}\Delta\left(\frac{x}{b}\right)\right] * \frac{1}{bK}\Delta\left(\frac{x}{bK}\right) = \left[g(x) * \frac{1}{bK}\Delta\left(\frac{x}{bK}\right)\right]\frac{1}{b}\Delta\left(\frac{x}{b}\right) .$$

Wie sind die Werte b und K zu wählen, damit (9.97) als Spezialfall entsteht?

9.5 Diskrete Faltung

Die diskrete Faltung bildet die konsequente Übertragung der Faltung kontinuierlicher Funktionen auf diskretes Datenmaterial. Wie bei dem Zusammenhang zwischen Fouriertransformation und Faltung hat auch hier der ***diskrete Faltungssatz*** eine zentrale Bedeutung. Das wird daran erkennbar, daß zum Hauptanwendungsbereich der diskreten Faltung Filteroperationen gehören, die durch Manipulationen im Frequenzbereich gebildet werden. Dadurch kommt einerseits die DFT zum Tragen, und es ist gerade die schnelle Fouriertransformation (FFT), die den Einsatz solcher Filter erst interessant macht. Andererseits gibt es diskrete Filter, die auf die Sample-Daten direkt angewandt werden (vgl. Kap. 10). Hierbei lassen sich dann mit Hilfe des Faltungssatzes die Auswirkungen im Frequenzbereich interpretieren.

Im Hinblick auf den Bezug zur DFT behandeln die folgenden Ausführungen vorrangig den Fall von Samples mit geradzahligem Datenumfang $2N$. Es wird durch Beispiele gezeigt, daß die Übertragung auf ungeradzahlig viele Sample-Daten unproblematisch ist.

Definition und Faltungssatz

Die diskrete Faltung wird in der Form $f_j * g_j$ notiert, denn es kann hierdurch – anders als bei der Faltung periodischer Funktionen in Abschn. 8.4 – nicht zur Verwechslung mit der in Abschn. 6.4 eingeführten Faltung von Funktionen $f(x) * g(x)$ kommen.

Wie in Abschn. 9.1 werden zunächst die grundlegenden Formeln vorgestellt und mit Beispielen verdeutlicht. Für den Normalfall der Anwendungen lassen sich die Sample-Daten reellwertig vorstellen, obwohl der gesamte Formalismus der diskreten Faltung auch für komplexe Zahlen zutrifft.

Definition: *Zu $(f_j)_{j\in\mathbb{M}}$ und $(g_j)_{j\in\mathbb{M}}$ wird die diskrete Faltung mit dem Ergebnis $(h_j)_{j\in\mathbb{M}}$ für geradzahligen Datenumfang $2N$ gebildet durch*

$$h_j = f_j * g_j := \frac{1}{2N}\sum_{m=-N}^{N-1} f_m g_{j-m},\ j \in \mathbb{M} . \tag{9.103}$$

Die in dem Faktor g_{j-m} auftretenden Indizes liegen zum Teil außerhalb der Indexmenge $\mathbb{M}$. Hierzu müssen die Indizes für $j-m > N-1$ durch $j-m-2N$ bzw. für $j-m < -N$ durch $j-m+2N$ ersetzt werden. Diese Ersetzungsformeln sind ohne weiteres einsichtig, wenn wir uns das Sample $(g_j)_{j\in\mathbb{M}}$ zu der $2N$-periodischen Folge $(g_j)_{j\in\mathbb{Z}}$ fortgesetzt vorstellen. Wir hatten diese Erweiterung bereits in Abschn. 9.1 als Ergebnis der IDFT mit (9.33) kennengelernt.

In der Faltungssumme (9.103) zu $f_j * g_j$ findet sich unmittelbar die Übertragung des Faltungsintegrals (7.62), S. 196, wieder: Anstelle des Integrals mit dem Funktionsprodukt $f(\alpha)g(x-\alpha)\mathrm{d}\alpha$ als Integrand wird hier die endliche Summe der Produkte $f_m g_{j-m}/(2N)$ gebildet; gegenüber dem kontinuierlichen Faltungsergebnis $h(x)$, abhängig von dem Integrandenparameter x, entstehen hier die diskreten Werte h_j, abhängig von dem Indexparameter j in g_{j-m}; die Spiegelung und Verschiebung der Funktion $g(x-\alpha)$ läßt sich – wie in der Abb. 7.10, S. 200 – direkt auf die Spiegelung der Folge $(g_j)_{j\in\mathbb{Z}}$ an dem Element g_0 und die Verschiebung der gespiegelten Folge übertragen (vgl. die Erläuterung zu (9.17), S. 257).

Mit einem Beispiel soll die Vorschrift der Faltungssumme im Vergleich mit dem Faltungsintegral verdeutlicht werden. Gleichzeitig wollen wir hiermit die Übertragung der kontinuierlichen Faltung $\mathrm{rect}(x/b) * \mathrm{rect}(x/b) = b\,\mathrm{tri}(x/b)$ (vgl. (6.101), S. 164) auf den diskreten Fall testen. Wir wählen dazu das Sample (9.79) mit $2N = 8$ und $b = 3/8$:

$$(f_j)_{j\in\mathbb{M}} = (g_j)_{j\in\mathbb{M}} = (0_{-4},\, 0_{-3},\, 0_{-2},\, 1_{-1},\, 1_0,\, 1_1,\, 0_2,\, 0_3)\,.$$

Abbildung 9.32 zeigt den Vorgang, wie die periodisch fortgesetzte, abgetastete Funktion $\mathrm{rect}(x/b)$ über den Indexbereich (diskret) verschoben wird. Analog zu der kontinuierlichen Verschiebung von $\mathrm{rect}((x-\alpha)/b)$ im Faltungsintegral wandert das g_j-Sample infolge des Faktors g_{j-m} von links bei $j = -N$ (hier $j = -4$) nach rechts bis $j = N-1$ (hier $j = 3$). Da $\mathrm{rect}(x/b)$ eine gerade Funktion ist, hat die Spiegelung der g_j-Werte an dem Index $j = 0$ in dieser Darstellung keine Auswirkung.

Werden – etwa anhand dieser Graphen – die Summen der Produkte $f_j g_{j-m}$ gebildet, dann führt das nach Division durch $2N = 8$ hier zu dem Ergebnis

$$(h_j)_{j\in\mathbb{M}} = (0_{-4},\, 0_{-3},\, 1/8_{-2},\, 2/8_{-1},\, 3/8_0,\, 2/8_1,\, 1/8_2,\, 0_3)\,.$$

Es läßt sich leicht nachvollziehen, daß damit gerade das Sample der abgetasteten Funktion $h(x) = b\,\mathrm{tri}(x/b)$ für $b = 3/8$ und $2N = 8$ gewonnen ist.

Für den Fall des ungeradzahligen Sample-Umfangs mit $2N+1$ Daten wird die Definition der Indexmenge $\mathbb{M}$ nach (9.48) benutzt. Hier lautet die Faltungsvorschrift

$$h_j = f_j * g_j = \frac{1}{2N+1} \sum_{m=-N}^{N} f_m g_{j-m},\; j \in \mathbb{M}\,. \tag{9.104}$$

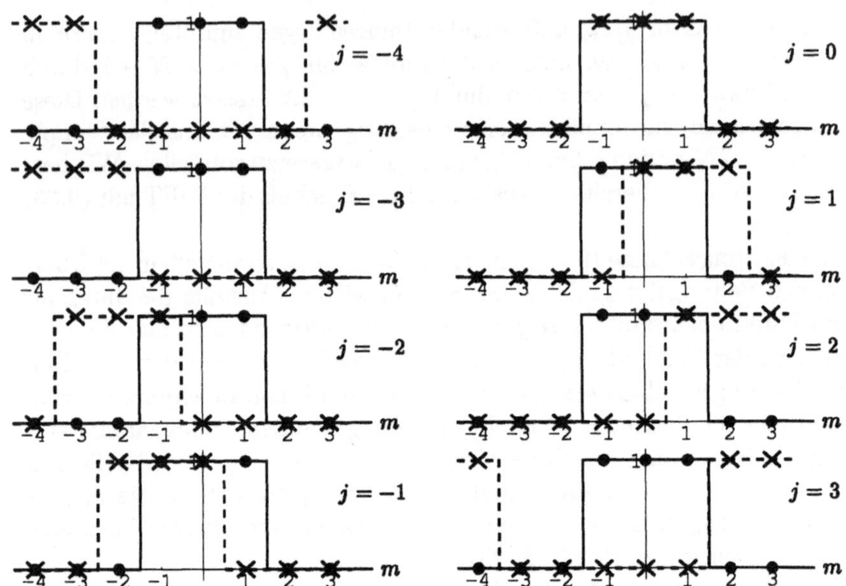

Abb. 9.32. Bildungsvorschrift zu $f_j * g_j$ durch $f_m g_{j-m}$, $f_j = g_j = \text{rect}(j/(b2N)$, $b = 3/8, 2N = 8$

Die Produkte der Summanden stimmen also mit denen des geradzahligen Falls überein.

Zur Erläuterung dieser Faltungsformel soll hier in Ergänzung zur graphischen Darstellung der Abb. 9.32 die Tabellenform vorgestellt werden. Als Beispiel wählen wir mit $2N+1 = 5$ für f_j die verschobene δ-Folge $f_j = \delta_{j-n}$ mit $n = -2$ (vgl. (9.19)) sowie für g_j eine Abtastung der Funktion $g(x) = 5x+2$. In der Folgendarstellung ist also (vgl. (9.48))

$$(f_j)_{j\in\mathrm{M}} = (5_{\,-2},\, 0_{\,-1},\, 0_{0},\, 0_{1},\, 0_{2})\,,$$

$$(g_j)_{j\in\mathrm{M}} = (0_{\,-2},\, 1_{\,-1},\, 2_{0},\, 3_{1},\, 4_{2})\,.$$

Zur besseren Übersicht über den Tabellenverlauf empfiehlt es sich, jeweils die f_m-Zeile zu wiederholen sowie Elemente der periodischen Fortsetzung von g_{j-m} aufzunehmen.

Das rechnerische Ergebnis der Tabellenauswertung lautet

$$(h_j)_{j\in\mathrm{M}} = (2_{\,-2},\, 3_{\,-1},\, 4_{0},\, 0_{1},\, 1_{2})\,,$$

d.h. es ist hier $\delta_{j+2} * g_j = g_{j+2}$ (vgl. weiter unten (9.106) in Verbindung mit (9.108)).

Betrachtet man in der Tabelle den Indexverlauf zu g_{j-m} für $j - m \in \mathbb{M}$, dann werden diese Indizes mit den zunehmenden Werten j durch zyklische (Rechts-) Rotation gebildet. Hiernach erklärt es sich, daß anstelle des Begriffs „diskrete Faltung“ gelegentlich auch die Bezeichnung „zyklische Faltung“ benutzt wird.

Tabelle 9.1. Berechnungsbeispiel zur diskreten Faltung

	$m =$			-2	-1	0	1	2			h_j
	f_m			5	0	0	0	0			
$j=-2$	g_{-2-m}	4	3	2	1	0	4	3	2	1	2
	f_m			5	0	0	0	0			
$j=-1$	g_{-1-m}	0	4	3	2	1	0	4	3	2	3
	f_m			5	0	0	0	0			
$j=0$	g_{-m}	1	0	4	3	2	1	0	4	3	4
	f_m			5	0	0	0	0			
$j=1$	g_{1-m}	2	1	0	4	3	2	1	0	4	0
	f_m			5	0	0	0	0			
$j=2$	g_{2-m}	3	2	1	0	4	3	2	1	0	1

Diskreter Faltungssatz: Mit der Vereinbarung über die DFT-Koeffizienten $F_k = \mathcal{F}_D\{f_j\}$, $G_k = \mathcal{F}_D\{g_j\}$, $H_k = \mathcal{F}_D\{h_j\}$ gilt für das Faltungsergebnis $h_j = f_j * g_j$:

$$H_k = F_k G_k,\ k \in \mathbb{M},\quad \text{bzw. } h_j = \mathcal{F}_D^{-1}\{F_k G_k\}\ . \tag{9.105}$$

Das vorangegangene Beispiel zu $\operatorname{rect}(x/b) * \operatorname{rect}(x/b) = b \operatorname{tri}(x/b)$ findet auch hier seine Bestätigung sowie die Verallgemeinerung auf beliebigen Sample-Umfang $2N$ und alle Werte $b = (2n-1)/(2N)$; denn einerseits gilt für die Dreieckfunktion nach (9.102)

$$H_k = \mathcal{F}_D\left\{\operatorname{tri}\left(\frac{j}{b\,2N}\right)\right\} = \frac{b \operatorname{sinc}^2(bk)}{\operatorname{sinc}^2(k/(2N))},\ k \in \mathbb{M},\ b = \frac{n}{2N}\ ,$$

andererseits haben wir mit (9.78)

$$F_k = G_k = \mathcal{F}_D\left\{\operatorname{rect}\left(\frac{j}{b\,2N}\right)\right\} = \frac{b \operatorname{sinc}(bk)}{\operatorname{sinc}(k/(2N))},\ k \in \mathbb{M},\ b = \frac{2n-1}{2N}\ .$$

Zusätzlich ergibt sich, daß für Sample f_j der diskreten Rechteckfunktion mit Werten $b = 2n/(2N) = n/N$ (vgl. Aufgabe 2 in Abschn. 9.3 und Beispiel (9.75)) das Faltungsergebnis $f_j * f_j$ wegen (9.76) *nicht* auf die abgetastete Dreieckfunktion führt.

Als weiteres Beispiel läßt sich für die Faltung mit der δ-Folge (9.19) – analog zu $f(x) * \delta(x-a) = f(x-a)$ – feststellen

$$f_j * \delta_{j-n} = f_{j-n}\ . \tag{9.106}$$

Nach dem Faltungssatz erhalten wir nämlich mit (9.22) für die DFT-Koeffizienten der linken Seite $F_k w^{-nk}$, und dasselbe ergibt sich wegen (9.41) auch für die DFT der rechten Seite.

Speziell für die Faltung zweier verschobener δ-Folgen gilt (Aufgabe 3)

$$\delta_{j-n} * \delta_{j-m} = \delta_{j-n-m},\ n, m \in \mathbb{Z}\ . \tag{9.107}$$

Schließlich sollen für die diskrete Faltung noch die Grundgesetze für Verknüpfungsoperationen zusammengestellt werden (Aufgabe 4; vgl. die Faltung kontinuierlicher Funktionen S. 156):

$$\text{Kommutativgesetz:} \quad f_j * g_j = g_j * f_j \,, \tag{9.108}$$

$$\text{Assoziativgesetz:} \quad f_j * (g_j * h_j) = (f_j * g_j) * h_j \,, \tag{9.109}$$

$$\text{Distributivgesetz:} \quad (f_j + g_j) * h_j = f_j * h_j + g_j * h_j \,. \tag{9.110}$$

Ergänzend läßt sich aus der Faltungsvorschrift (9.103) folgern

$$(Af_j)\, g_j = A\,(f_j * g_j) = Af_j * g_j, \; A \in \mathbb{C} \,. \tag{9.111}$$

Diese Gleichungen bestehen natürlich – ebenso wie die Aussage (9.105) des Faltungssatzes – unabhängig davon, ob es sich um geradzahligen oder ungeradzahligen Sample-Umfang handelt.

Abschließend werden noch zwei Beispiele zur Faltung vorgestellt.

1. Die folgende Abb. 9.33 veranschaulicht die Verschiebung durch die Faltung (9.106), $f_j * \delta_{j-n} = f_{j-n}$, an dem Beispiel der abgetasteten Funktion $f_{\text{Dom}}(x)$. Charakteristisch ist hierbei die zyklische Rotation des Samples f_j. Schreibt man diese Faltung in der Form $\delta_{j-n} * f_j$ und berücksichtigt die Berechnungsvorschrift (9.103), dann läßt sich der Rotationseffekt auf die periodische Fortsetzung von $(f_j)_{j\in\text{M}}$ zu $(f_j)_{j\in\mathbb{Z}}$ zurückführen.

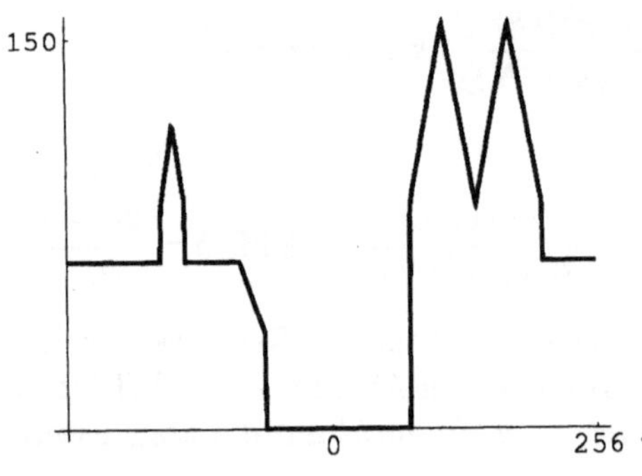

Abb. 9.33. $f_j * \delta_{j-n}$, $n = -N$, zu $f_{\text{Dom}}(x)$, abgetastet mit $2N = 512$

2. Wir wollen die Bildung der Mittelwertfunktion $\bar{f}(x)$ durch die Faltung mit der Rechteckfunktion in (7.69), S. 202, auf den diskreten Fall übertragen. Hier soll die einfachste Form der diskretisierten Rechteckfunktion

$$g_j = \frac{1}{3}\left[\delta_{j+1} + \delta_j + \delta_{j-1}\right] \tag{9.112}$$

gewählt werden. Zu einem beliebigen Sample f_j lautet dann das Faltungsergebnis mit (9.106)

$$h_j = f_j * g_j = \frac{1}{3}\left[f_{j+1} + f_j + f_{j-1}\right] . \tag{9.113}$$

Das einzelne Element h_j wird somit nach der üblichen – z.B. in der Statistik benutzten – Mittelwertformel gebildet. Es liegt daher nahe, g_j in (9.112) als „Mittelwertfilter" zu bezeichnen, dessen Faltung mit einem Sample f_j wie in (9.113) die Mittelwertbildung zur Folge hat.

Indem wir nun die Wirkung dieses Filters im Frequenzbereich untersuchen, bietet sich die Möglichkeit, die typischen Methoden der Filteranalyse im nächsten Kapitel vorzubereiten. Dort wird dann auch der Begriff des Filters – über das bereits mehrfach benutzte Tiefpaßfilter hinaus – erweitert.

Mit (9.22) und (9.45) erhalten wir als Frequenzspektrum zu g_j (vgl. Abb. 9.34)

$$G_k = \frac{1}{3}\left[1 + 2\cos\left(\frac{2\pi k}{2N}\right)\right] . \tag{9.114}$$

Nach dem Faltungssatz (9.105) ergibt sich hiermit für die Faltung in (9.113)

$$H_k = F_k G_k \;\Rightarrow\; h_j = \mathcal{F}_D^{-1}\{H_k\} = \mathcal{F}_D^{-1}\{F_k G_k\} . \tag{9.115}$$

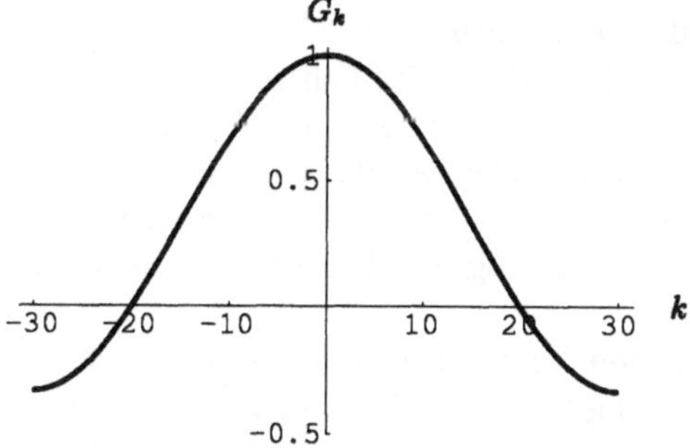

Abb. 9.34. Frequenzspektrum des Mittelwertfilters: $G_k = [1 + 2\cos(2\pi k/(2N))]/3$, $2N = 60$

Charakteristisch ist der für zahlreiche Filter geltende Wert $G_0 = 1$, der den Gleichanteil des f_j-Samples, nämlich F_0, unverändert läßt. Diesen Zusammenhang können wir auch so formulieren: Die Mittelwerte der Zahlen zu dem Sample f_j und zu dem Filterergebnis $h_j = f_j * g_j$ sind identisch.

Dem Verlauf des Graphen in der Abb. 9.34 läßt sich entnehmen, daß die Amplituden zu den Frequenzkomponenten mit $|k| \geq N/3$ durch das Mittelfilter auf 0 bis 1/3 der ursprünglichen Werte gedämpft werden. Den Vorzeichenwechsel der G_k für $|k| \geq 2N/3$ lassen wir hier außer Betracht.

Zu den Harmonischen der Frequenzen $\nu \in \mathbb{M}$ können wir die Filterwirkung genauer angeben. Am Beispiel der Sinusfunktion soll der Effekt verdeutlicht werden. Mit (9.20) und (9.37) erhalten wir nach (9.115) für $f_j = \sin(2\pi\nu j/(2N))$

$$
\begin{aligned}
H_k = F_k G_k &= \frac{\mathrm{i}}{4N}\left[\delta_{k+\nu} - \delta_{k-\nu}\right] \frac{1}{3}\left[1 + 2\cos\left(\frac{2\pi k}{2N}\right)\right] \\
&= \frac{\mathrm{i}}{12N}\left[\delta_{k+\nu} - \delta_{k-\nu} + 2\cos\left(-\frac{2\pi\nu}{2N}\right)\delta_{k+\nu} - 2\cos\left(\frac{2\pi\nu}{2N}\right)\delta_{k-\nu}\right] \\
&= \frac{1}{3}\left[1 + 2\cos\left(\frac{2\pi\nu}{2N}\right)\right]\frac{\mathrm{i}}{4N}\left[\delta_{k+\nu} - \delta_{k-\nu}\right]
\end{aligned}
$$

$$
\Rightarrow \sin\left(\frac{2\pi\nu j}{2N}\right) * g_j = \frac{1}{3}\left[1 + 2\cos\left(\frac{2\pi\nu}{2N}\right)\right]\sin\left(\frac{2\pi\nu j}{2N}\right) . \qquad (9.116)
$$

Die Amplitude 1 der abgetasteten Harmonischen $\sin(2\pi\nu x)$ wird also frequenzabhängig auf den Wert $\left[1 + 2\cos(2\pi\nu/(2N))\right]/3$ gedämpft. Falls $2N$ ein ganzzahliges Vielfaches der Zahl 3 ist, dann entsteht beispielsweise für die Frequenz $\nu = 2N/3$ durch diese Faltung mit dem Mittelwertfilter die Nullfolge $h_j = 0$.

Übrigens läßt sich das Ergebnis (9.116) auch mit ausschließlichen Operationen im Ortsbereich gewinnen (Aufgabe 5).

Entwicklung der diskreten Faltungsformeln

Im folgenden wird gezeigt, daß die diskrete Faltungsvorschrift (9.103) und der diskrete Faltungssatz (9.105) auf der Grundlage der Faltung periodischer Funktionen in Abschn. 8.4, S. 242, entwickelt werden können. Hierzu werden die dort vorgestellten Zusammenhänge auf *diskretisierte* periodische Funktionen übertragen. Damit wird auch die diskrete Faltung in den allgemeinen Rahmen der Fouriertransformation in Verbindung mit dem Faltungsoperator einbezogen.

Wir stellen zunächst die erforderlichen Vereinbarungen zusammen. Ausgangspunkt sind die beiden (analogen) Signale $s_f(x)$ bzw. $s_g(x)$, die für den Argumentausschnitt $x \in [-1/2, 1/2]$ vorliegen sollen. Die 1-periodische Fortsetzung analog zu (9.80) führt auf $f(x)$ bzw. $g(x)$ mit den (9.80) entsprechenden Eigenschaften

$$
s_f(x) = f(x)\,\mathrm{rect}(x) \text{ bzw. } s_g(x) = g(x)\,\mathrm{rect}(x) . \qquad (9.117)
$$

Für die Transformierten der abgetasteten Versionen von s_f bzw. s_g schreiben wir wie in (9.81)

$$
F(u) := \mathcal{F}\left\{s_f(x)\Delta(2Nx)\right\} \text{ bzw. } G(u) := \mathcal{F}\left\{s_g(x)\Delta(2Nx)\right\} . \qquad (9.118)
$$

Auf die diskretisierten Formen der 1-periodischen Funktionen f und g wenden wir nun die Operation der endlichen Faltung (8.36), S. 243, an. Mit (9.117) erhalten wir dann

$$
\begin{aligned}
&[f(x)\Delta(2Nx)] *_p [g(x)\Delta(2Nx)] \qquad (9.119)\\
&= [s_f(x)\Delta(2Nx)] * [g(x)\Delta(2Nx)]\\
&= \left[\frac{1}{2N}\sum_{m=-N}^{N} s_f(x)\delta\left(x-\frac{m}{2N}\right)\right] * \left[\frac{1}{2N}\sum_{\mu=-\infty}^{\infty} g(x)\delta\left(x-\frac{\mu}{2N}\right)\right]\\
&= \frac{1}{4N^2}\sum_{\mu=-\infty}^{\infty}\sum_{m=-N}^{N} s_f\left(\frac{m}{2N}\right) g\left(\frac{\mu}{2N}\right)\delta\left(x-\frac{m+\mu}{2N}\right) .
\end{aligned}
$$

Indem wir $j := m + \mu \Rightarrow \mu = j - m$ substituieren, durchläuft auch j die Menge aller ganzen Zahlen, und wir können fortsetzen

$$
\begin{aligned}
&= \frac{1}{4N^2}\sum_{j=-\infty}^{\infty}\sum_{m=-N}^{N} s_f\left(\frac{m}{2N}\right) g\left(\frac{j-m}{2N}\right)\delta\left(x-\frac{j}{2N}\right)\\
&= \frac{1}{2N}\sum_{j=-\infty}^{\infty}\left[\frac{1}{2N}\sum_{m=-N}^{N} s_f\left(\frac{m}{2N}\right) g\left(\frac{j-m}{2N}\right)\right]\delta\left(x-\frac{j}{2N}\right) .
\end{aligned}
$$

In der inneren Summe ist wegen (9.117) für $m = \pm N$

$$
s_f\left(\frac{-N}{2N}\right) = s_f\left(-\frac{1}{2}\right) = \frac{1}{2}f\left(-\frac{1}{2}\right) = \frac{1}{2}f\left(\frac{1}{2}\right) = s_f\left(\frac{N}{2N}\right) .
$$

Da g eine 1-periodische Funktion ist, wird für die entsprechenden Summanden

$$
s_f\left(\frac{-N}{2N}\right) g\left(\frac{j+N}{2N}\right) + s_f\left(\frac{N}{2N}\right) g\left(\frac{j-N}{2N}\right) = f\left(\frac{-N}{2N}\right) g\left(\frac{j+N}{2N}\right)
$$

Zusammen mit der Notierung der diskreten Faltung in (9.103) erhalten wir jetzt für die letzte innere Summe

$$
\begin{aligned}
\frac{1}{2N}\sum_{m=-N}^{N} s_f\left(\frac{m}{2N}\right) g\left(\frac{j-m}{2N}\right) &= \frac{1}{2N}\sum_{m=-N}^{N-1} f\left(\frac{m}{2N}\right) g\left(\frac{j-m}{2N}\right)\\
&= \frac{1}{2N}\sum_{m=-N}^{N-1} f_m g_{j-m} = h_j . \qquad (9.120)
\end{aligned}
$$

Insgesamt können wir die Ausgangsfaltung in (9.119) zusammenfassen zu

$$
[f(x)\Delta(2Nx)] *_p [g(x)\Delta(2Nx)] = \frac{1}{2N}\sum_{j=-\infty}^{\infty} h_j\delta\left(x-\frac{j}{2N}\right) . \qquad (9.121)
$$

Für diesen Faltungszusammenhang ergibt sich im Frequenzbereich mit (9.82) und (9.118)

$$\begin{aligned}
&\mathcal{F}\Big\{\big[s_f(x)\Delta(2Nx)\big] * \big[g(x)\Delta(2Nx)\big]\Big\}\\
&= \mathcal{F}\Big\{\big[s_f(x)\Delta(2Nx)\big] * \big[[s_g(x) * \Delta(x)]\,\Delta(2Nx)\big]\Big\}\\
&= \mathcal{F}\Big\{\big[s_f(x)\Delta(2Nx)\big] * \big[[s_g(x)\Delta(2Nx)] * \Delta(x)\big]\Big\}\\
&= F(u)G(u)\Delta(u) = \sum_{k=-\infty}^{\infty} F(k)G(k)\delta(u-k)\,.
\end{aligned}$$

In Verbindung mit (9.121) besteht also die Korrespondenz

$$\frac{1}{2N}\sum_{j=-\infty}^{\infty} h_j\delta\left(x-\frac{j}{2N}\right) \leftrightarrow \sum_{k=-\infty}^{\infty} F_kG_k\delta(u-k)\,,$$

mit der wir zu (9.84) in der Form (9.89) übergehen. Die Folgerung (9.88) daraus liefert hier mit (9.120)

$$F_kG_k = \frac{1}{2N}\sum_{m=-N}^{N-1} h_j w^{-jk} = \mathcal{F}_D\{h_j\} = \mathcal{F}_D\left\{\frac{1}{2N}\sum_{m=-N}^{N-1} f_m g_{j-m}\right\}\,.$$

Damit erhalten wir die Bestätigung der Summenvorschrift zur diskreten Faltung zusammen mit dem diskreten Faltungssatz.

Es ist noch darauf hinzuweisen, daß allgemein

$$\big[f(x)\Delta(2Nx)\big] *_p \big[g(x)\Delta(2Nx)\big] \neq \big[f(x) *_p g(x)\big]\Delta(2Nx)$$

ist. Die (endliche) Faltung diskretisierter Funktionen liefert also in der Regel nicht dasselbe Ergebnis wie das Abtastresultat der kontinuierlichen Faltung dieser beiden periodischen Funktionen. Als Beispiel für die Ungleichheit läßt sich die Faltung $f_j * f_j$ für $f_j = \mathrm{rect}(j/(b2N)$ angeben, die für $b = n/N$ nicht auf $b\,\mathrm{tri}(j/(b2N))$ führt (vgl. Aufgabe 1).

Faltung im Frequenzbereich

Wie bei der kontinuierlichen so läßt sich auch bei der diskreten Faltung Orts- und Frequenzbereich vertauschen. Mit den Bezeichnungen des Faltungssatzes auf S. 305 formulieren wir den Zusammenhang hier durch

$$F_k * G_k = \frac{1}{2N}\sum_{m=-N}^{N-1} F_m G_{k-m} = \mathcal{F}_D\left\{\frac{1}{2N} f_j g_j\right\}\,. \tag{9.122}$$

In Ergänzung zu dem Beweis des letzten Unterabschnitts wird zu dieser Form der klassische Beweis vorgestellt. Unter Verwendung von (9.36) gilt

$$\begin{aligned}
\mathcal{F}_D^{-1}\left\{F_k * G_k\right\} &= \mathcal{F}_D^{-1}\left\{\frac{1}{2N}\sum_{m=-N}^{N-1} F_m G_{k-m}\right\} \\
&= \sum_{k=-N}^{N-1}\left[\frac{1}{2N}\sum_{m=-N}^{N-1} F_m G_{k-m}\right] w^{jk} \\
&= \frac{1}{2N}\sum_{m=-N}^{N-1} F_m \left[\sum_{k=-N}^{N-1} G_{k-m} w^{j(k-m)}\right] w^{jm} \\
&= g_j \frac{1}{2N}\sum_{m=-N}^{N-1} F_m w^{jm} = \frac{1}{2N} f_j g_j \,.
\end{aligned}$$

Als Beispiel soll die Wirkung des Hann-Fensters (9.3) im Frequenzbereich erläutert werden. Durch die Anwendung von (9.122), (9.21) und (9.106) erhalten wir

$$\begin{aligned}
\mathcal{F}_D\left\{f_j \frac{1}{2}\left[1+\cos\left(\frac{2\pi j}{2N}\right)\right]\right\} &= 2NF_k * \frac{1}{8N}\left[\delta_{k+1}+2\delta_k+\delta_{k-1}\right] \quad (9.123) \\
&= \frac{1}{4}\left[F_{k+1}+2F_k+F_{k-1}\right] \,.
\end{aligned}$$

Mit dieser Operation der DFT-Koeffizienten läßt anschaulich annähernd erklären, wie bei den Abbildungen 9.2 und 9.3 der Glättungseffekt im Frequenzbereich zustande kommt.

Parsevalsche Gleichung zur DFT

Die Parsevalsche Gleichung war für das Fourierintegral durch (7.73) bzw. (7.74), S. 208, vorgestellt worden; für Fourierreihen hatten wir sie mit (8.42), S. 244, kennengelernt.

Für den Fall diskretisierter periodischer Funktionen läßt sich diese Gleichung nicht direkt aus dem Integral in (8.42) folgern. Der wesentliche Unterschied im Vergleich mit (8.42) besteht bei der Parsevalsche Gleichung der DFT nämlich darin, daß hier nur noch eine *endliche* Produktsumme von DFT-Koeffizienten auftritt.

Mit den üblichen Bezeichnungen dieses Kapitels lautet die Parsevalsche Gleichung in Entsprechung zu (8.42)

$$\frac{1}{2N}\sum_{j=-N}^{N-1} f_j g_j^* = \sum_{k=-N}^{N-1} F_k G_k^* \;\Rightarrow\; \frac{1}{2N}\sum_{j=-N}^{N-1} |f_j|^2 = \sum_{k=-N}^{N-1} |F_k|^2 \,. \quad (9.124)$$

Für den Beweis benutzen wir (9.17) und (9.42):

$$\frac{1}{2N}\sum_{m=-N}^{N-1} f_{-m}^* g_{j-m} = f_{-j}^* * g_j = \mathcal{F}_D^{-1}\left\{F_k^* G_k\right\} = \sum_{k=-N}^{N-1} F_k^* G_k w^{jk} \,.$$

Wenn hierin $j = 0$ eingesetzt wird, dann erhalten wir

$$\frac{1}{2N} \sum_{j=-N}^{N-1} f_j^* g_j = \frac{1}{2N} \sum_{m=-N}^{N-1} f_{-m}^* g_{-m} = \sum_{k=-N}^{N-1} F_k^* G_k \, .$$

Mit der Vertauschung von f mit g und entsprechend F mit G folgt die Behauptung (9.124).

Übungen

9.5.1 Es war erwähnt worden, daß die abgetastete Rechteckfunktion in der Form (9.75) durch die Faltung $f_j * f_j$ nicht auf die diskretisierte Dreieckfunktion führt. Durch Anwendung des Faltungssatzes auf (9.76) und (9.102) ist nachzuweisen, daß hierfür der folgende Zusammenhang besteht:

Mit $1 \leq n \leq N-1$ (n ganzzahlig) und

$$f_j = \operatorname{rect}\left(\frac{j}{b2N}\right), \; h_j = b \operatorname{tri}\left(\frac{j}{b2N}\right), \; j \in \mathbb{M}, \; b = \frac{n}{N} \, ,$$

gilt

$$f_j * f_j = h_j + \frac{1}{16N^2} \left[\delta_{j+2n} - 2\delta_j + \delta_{j-2n}\right] \, . \tag{9.125}$$

Zeigen Sie am Beispiel von $2N = 12$, $n = 2 \Rightarrow b = 1/3$ durch die Auswertung der Faltungssumme in (9.103)

$$\begin{aligned} &2N(f_j * f_j)_{j \in \mathbb{M}} \\ &= (0_{\,-6},\, 0_{\,-5},\, 1/4_{\,-4},\, 1_{\,-3},\, 2_{\,-2},\, 3_{\,-1},\, 7/2_{\,0},\, 3_{\,1},\, 2_{\,2},\, 1_{\,3},\, 1/4_{\,4},\, 0_{\,5}) \, . \end{aligned}$$

Vergleichen Sie dieses Ergebnis mit(9.125).

9.5.2 Begründen Sie unter Verwendung des diskreten Faltungssatzes (9.105): $f_j, g_j \in \mathbb{R}$ ($\Rightarrow F_k, G_k$ hermitesch) $\Rightarrow \mathcal{F}_D^{-1}\{F_k G_k\} = h_j \in \mathbb{R}$.

Ergänzung: Mit denselben Notierungen und der entsprechenden Begründung ist durch Anwendung von (9.41) zu zeigen: $f_j, g_j \in \mathbb{R} \Rightarrow f_{j-m} g_{j-n} = h_{j-m-n} = \mathcal{F}_D^{-1}\left\{F_k G_k w^{-(m+n)k}\right\} \in \mathbb{R}$.

9.5.3 Bestätigen Sie das Ergebnis der Faltung von δ-Folgen in (9.107).

9.5.4 Die Gesetze (9.108), (9.109), (9.110) sind – z.B. unter Anwendung des diskreten Faltungssatzes – zu beweisen.

9.5.5 Kontrollieren Sie (9.116), indem Sie den Ausdruck $(f_{j+1} + f_j + f_{j-1})/3$ aus (9.113) auf das Sample $f_j = \sin(2\pi\nu j/(2N))$ in Verbindung mit Formeln der Additionstheoreme anwenden. Zeigen Sie entsprechend, daß sich dieselbe Amplitudendämpfung ergibt, wenn Sie in (9.116) das Sample $\sin(2\pi\nu j/(2N))$ ersetzen durch $\cos(2\pi\nu j/(2N))$ bzw. $\exp(2\pi i\nu j/(2N))$.

9.5.6 Unter Verwendung typischer Kosinuswerte sind die Zahlen zu $f_j = \cos(2\pi\nu j/(2N))$, $2N = 6$, $\nu = 0, 1, 2, 3$ in die Parsevalsche Gleichung (2. Form zu (9.124)) einzusetzen und die Ergebnisse (möglichst) manuell auszuwerten.

9.5.7 Zeigen Sie für $\mathcal{F}_D\{f_j\} = F_k$ und $\nu \in \mathbb{M} \setminus \{-N\}$:

$$f_j \in \mathbb{R} \Rightarrow f_j * \cos\left(\frac{2\pi\nu j}{2N}\right) = |F_\nu| \cos\left(2\pi\left[\frac{\nu j}{2N} + \Phi_\nu\right]\right) .$$

Die Faltung mit der Harmonischen $\cos(2\pi\nu j/(2N))$ filtert somit aus dem Sample f_j gerade die reellwertige ν-te Frequenzkomponente (zur Kosinusharmonischen) mit der zugehörigen Amplitude und Phase.

9.5.8 In dem Unterabschnitt auf S. 279 war erläutert worden, daß die Varianten der DFT-Indizierung prinzipiell keine Auswirkungen bei praktischen Anwendungen der DFT haben. Dagegen kann es bei den dort genannten analytischen Korrespondenzen der Fouriertransformation zu unerwarteten Ergebnissen kommen. Dieselbe Situation findet sich auch bei diskreten Faltungsoperationen, wie das Beispiel der Abb. 9.35 zeigt. Bei unsymmetrischen Indizes $j = 0, \ldots, N-1$ wird in der Regel die Faltungsformel

$$h_j = f_j * g_j = \frac{1}{2N} \sum_{m=0}^{2N-1} f_m g_{j-m} \tag{9.126}$$

verwendet. In der Abb. 9.35 ist f_j das Abtastergebnis der Rechteckfunktion mit unsymmetrischen Indizes. Durch die Abtastung der verschobenen Form $\mathrm{rect}((x-1/2)/b)$ wird das Rechteck zentriert zu dem Index $j = N$ gebildet. Als Faltungsergebnis $h_j = f_j * f_j$ erscheint die diskretisierte Dreieckfunktion ebenfalls mit unsymmetrischen Indizes, aber zentriert in dem Index $j = 0$ (mit entsprechender periodischer Fortsetzung). Begründen Sie diesen Zusammenhang unter Verwendung des Faltungssatzes.

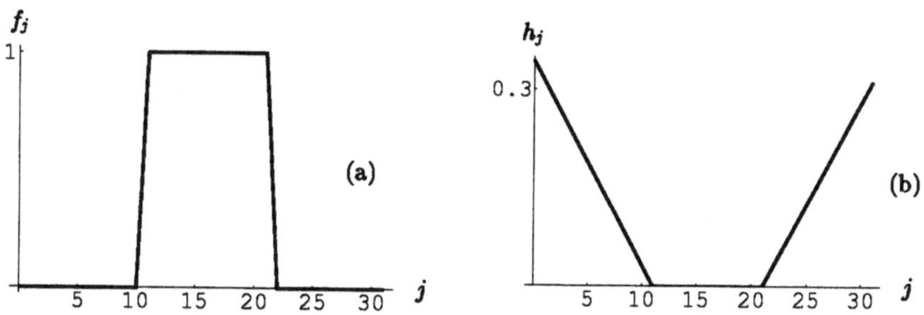

Abb. 9.35. Faltungsergebnis $h_j = f_j * f_j$ mit unsymmetrischen Sample-Indizes, (a) f_j zur verschobenen Rechteckfunktion, (b) h_j nach (9.126), $2N = 32$, $b = 11/32$

10. Diskrete Filter

Wir sind dem Begriff des Filters bisher verschiedentlich in der Form des Tiefpaßfilters begegnet, das bei einer Funktion oder einem Signal $f(x)$ einen Glättungseffekt bewirkt. Dieses Filter ist dadurch charakterisiert, daß im Frequenzbereich eine *exakte* Begrenzung der Frequenzen vorgenommen wird, mathematisch beschreibbar durch die Ausschnittbildung $F(u)\,\text{rect}(u/b)$. Das Frequenzspektrum $F(u)$ kann hierin sowohl kontinuierlich sein (vgl. (7.72), S. 203, und Abb. 7.14) als auch in diskreter Form zu einer periodischen Funktion oder Fourierreihe gehören (vgl. die Abb. 2.18, S. 52). Wegen der Eigenschaft dieses Filters, die Frequenzen $|u| < b/2$ unverändert wiederzugeben, während die Frequenzkomponenten zu $|u| > b/2$ auf Null gesetzt und damit entfernt werden, spricht man häufig auch von einem „idealen Tiefpaßfilter".

Trotz dieser Bezeichnung weist der Filtervorgang der Glättung durch exakte Frequenzbegrenzung zwei Nachteile auf:

- Die Filteroperation, zusammengefaßt zu $\mathcal{F}^{-1}\left\{\mathcal{F}\left\{f(x)\right\}\,\text{rect}(u/b)\right\}$, erfordert die zweimalige Durchführung der Fouriertransformation. Bei diskreten Daten ist das unter Verwendung der FFT bei heutigen Rechnerleistungen in der Regel kein entscheidender Hinderungsgrund mehr für die Anwendung.
- Das Filterergebnis kann – wie in Abb. 7.15, S. 206 – unerwünschte Riffeleffekte aufweisen. Diese können sich bei Unstetigkeiten in $f(x)$ zu den „Überschwingern" des Gibbsschen Phänomens verstärken. Wie die Abb. 9.24, S. 283, zeigt, ist der Effekt auch bei Anwendung der DFT anzutreffen, und er kann im Bereich der Bildbearbeitung sichtbare Auswirkungen haben (vgl. Abb. 5.7, S. 116).

Für praktische Anwendungen sind daher Filteroperationen von Bedeutung, die diese Nachteile vermeiden, mit denen sich aber auch völlig andere Filterergebnisse erzielen lassen. Charakteristisch für die hier vorzustellenden Filter sind folgende Eigenschaften: Es handelt sich um „möglichst einfache" arithmetische Operationen mit den Sample-Werten f_j, deren Resultate im Frequenzbereich interpretiert werden können. Im Hinblick auf das diskrete Datenmaterial liegt es nahe, solche Filter als ***diskrete Filter*** zu bezeichnen.

In den folgenden Abschnitten werden mit Hilfe von einfachen Beispielen die beiden grundlegenden Typen dieser Filter, nämlich das „nichtrekursive" und das „rekursive" Filter vorgestellt[1]. Das Ziel ist dabei, den Bezug zwischen Orts- und Frequenzbereich durch die Vermittlung der diskreten Fouriertransformation herzustellen. Als vorbereitendes Beispiel zu der Vorgehensweise war auf S. 306 ein diskretes Mittelwertfilter erarbeitet worden.

Aus Gründen der einheitlichen Notierung werden die Entwicklungen – wie im vorhergehenden Kapitel – zu einem Sample f_j mit den Indizes $j = -N, \ldots, N-1$ bzw. $j \in \mathbb{M}$ durchgeführt. Die Übertragung der Filteroperationen auf Daten f_j z.B. mit der Indizierung $j = 0, \ldots, N-1$ ist problemlos möglich. Dabei kann N sowohl geradzahlig als auch ungeradzahlig sein.

10.1 Nichtrekursive Filter

Der Begriff des nichtrekursiven Filters erhält seine Bedeutung erst aus der Entgegensetzung zu dem im nächsten Abschnitt eingeführten rekursiven Filter. Als Abkürzung werden wir im folgenden die Bezeichnung nr-Filter verwenden.

Grundlagen des diskreten nr-Filters

Ausgehend von einem Sample $(f_j)_{j \in \mathbb{M}}$ soll ein weiteres Sample $(g_j)_{j \in \mathbb{M}}$ nach der folgenden Vorschrift berechnet werden

$$g_j := \frac{1}{4}\left[f_{j-1} + 2f_j + f_{j+1}\right] . \tag{10.1}$$

Das Sample f_j wollen wir als Input, g_j als Output dieser Filteroperation bezeichnen.

Mit der Berechnung nach (10.1) verbindet sich unmittelbar die Frage nach der Behandlung des ersten und letzten Elementes von g_j, die Frage also nach den sogenannten „Randbedingungen" zu der Vorschrift (10.1). Für die Antwort hierauf gibt es keine zwingende Vorgabe. Unter dem Gesichtspunkt der periodischen Fortsetzung der Folge f_j liegt die Wahl von

$$\begin{aligned} g_{-N} &:= \frac{1}{4}\left[f_{N-1} + 2f_{-N} + f_{-N+1}\right] , \\ g_{N-1} &:= \frac{1}{4}\left[f_{N-2} + 2f_{N-1} + f_{-N}\right] \end{aligned} \tag{10.2}$$

nahe. Dagegen läßt sich als einfache operationale Anweisung

$$g_{-N} := f_{-N},\ g_{N-1} := f_{N-1} \tag{10.3}$$

zusammen mit (10.1) zu einem Berechnungsalgorithmus verbinden. Da nur die beiden Randelemente von g_j betroffen sind, hat deren Behandlung – zumal bei einem großen Sample-Umfang – nur untergeordnete Bedeutung.

[1] Für eine umfassende Darstellung der Filterproblematik vgl. z.B. Jähne [18], Johnson [19], Stearns [30].

Demgegenüber steht die Interpretation der Operation (10.1) aus der Sicht des Frequenzbereichs bei der Beurteilung eines solchen Filters im Vordergrund. Um den Effekt unabhängig von den konkreten Folgen f_j, g_j beschreiben zu können, bilden wir eine Folge h_j mit der zugehörigen DFT nach (9.23), (9.45) (Abb. 10.1)

$$\begin{aligned} h_j &:= \frac{1}{4}\left[\delta_{j-1} + 2\delta_j + \delta_{j+1}\right] \\ \leftrightarrow\ H_k &:= \frac{1}{2}\left[1 + \cos\left(\frac{2\pi k}{2N}\right)\right] = \cos^2\left(\frac{\pi k}{2N}\right) . \end{aligned} \tag{10.4}$$

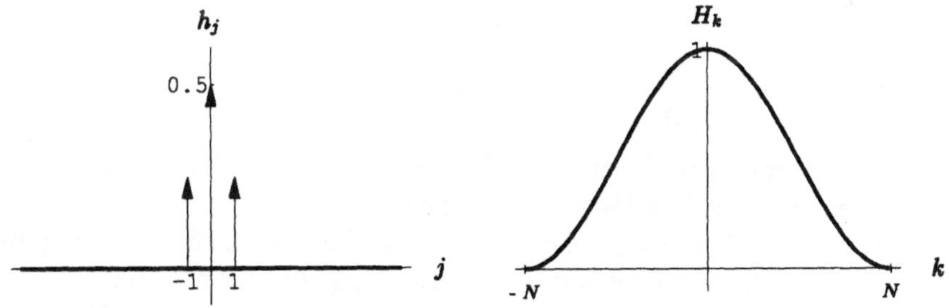

Abb. 10.1. h_j, H_k zu den Folgen (10.4)

Zusammen mit $\mathcal{F}_D\{f_j\} = F_k$ und $\mathcal{F}_D\{g_j\} = G_k$ läßt sich (10.1) dann im Orts- und Frequenzbereich wiedergeben durch

$$g_j = f_j * h_j \ \leftrightarrow\ G_k = F_k H_k . \tag{10.5}$$

Es ist üblich, den Faltungsoperanden h_j selbst als Filter zu bezeichnen und für solche Filteroperationen durchgängig die Buchstaben h und H zu verwenden.

Das letzte Produkt bewirkt, daß beim Übergang von F_k zu G_k die DFT-Koefffizienten zu „niedrigen" Frequenzen nur relativ geringfügig verkleinert werden; dagegen erfahren die „hohen" Frequenzkomponenten eine zunehmende Dämpfung, bis hin zu dem Dämpfungsfaktor Null für $k = -N$. Es liegt also auch hier ein Tiefpaßeffekt vor. Anders als beim idealen Tiefpaßfilter werden die höheren Frequenzen nicht sprungartig auf Null gesetzt, sondern es findet eine gleichmäßig abfallende Frequenzdämpfung statt.

Mit dem DFT-Wert $H_0 = 1$ stimmen auch hier – wie bei dem auf S. 307 vorgestellten Mittelwertfilter – die beiden Gleichanteile der F_k und der G_k überein: $F_0 = G_0$; das bedeutet, daß das arithmetische Mittel der f_j mit dem der g_j identisch ist. Der wesentliche Unterschied zum Mittelwertfilter zeigt sich beim Vergleich der Abbildungen 9.34 und 10.1 in der Dämpfung der hohen Frequenzkomponenten.

Im Grunde ist die Vorschrift (10.1) auch eine mögliche Form des Mittelwertfilters, hier jedoch mit der doppelten Gewichtung des mittleren Elementes f_j im Vergleich zu den beiden benachbarten f_{j-1}, f_{j+1}. Die Bezeichnung „Mittelwertfilter" soll aber der Formel (9.113) vorbehalten bleiben, da es sich dabei um die (einfachste) diskrete Form der Mittelwertfunktion (7.69), S. 202, handelt. Aus Gründen, die im übernächsten Unterabschnitt erläutert werden, wollen wir die Folge h_j in (10.4) als „Binomialfilter" bezeichnen (vgl. Jähne, [18, S. 96]).

Der Tiefpaßeffekt von (10.4) soll mit den folgenden Abbildungen an drei charakteristischen Beispielen verdeutlicht werden.

1. Als Filter-Input wählen wir die abgetastete Rechteckfunktion in der Form (9.75), S. 288, um die Filterwirkung an den Unstetigkeitsstellen zu untersuchen. In der Umgebung einer Sprungstelle läßt sich die Vorschrift (10.1) leicht durchführen:

$$(f_j)_{j\in M} = (\ldots, 0,\ 0,\ 0,\ 1/2,\ 1,\ 1,\ 1, \ldots)\,,$$
$$(g_j)_{j\in M} = (\ldots, 0,\ 0,\ 1/8,\ 1/2,\ 7/8,\ 1,\ 1, \ldots)\,.$$

Bei den Sample-Ausschnitten mit Werten $\ldots, 0, 0, 0, \ldots$ bzw. $\ldots, 1, 1, 1, \ldots$ bleibt jeweils der mittlere Wert unverändert.

Abbildung 10.2 bestätigt die Erwartung, daß die Tiefpaßwirkung bei „größerem" Sample-Umfang nur sehr geringfügig ist. (Zur Anpassung der Skalierung der Frequenzkomponenten F_k mit $F_0 = H_0 = 1$ in Abb. 10.3 wurde die abgetastete Version zu der Funktion $\mathrm{rect}(x/b)/b$ gewählt.)

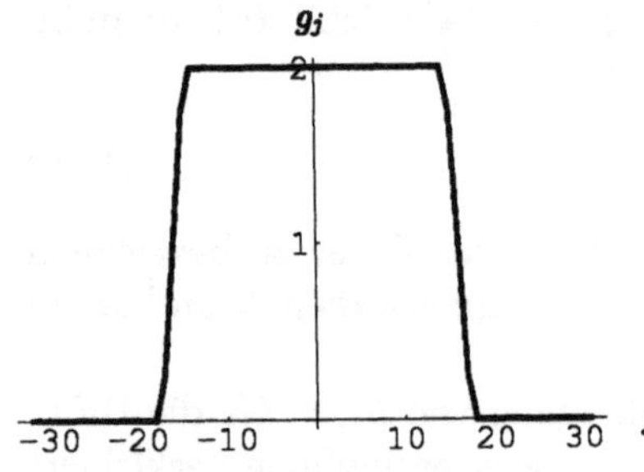

Abb. 10.2. Tiefpaßergebnis eines Samples zu $\mathrm{rect}(x/b)/b$ für $b = 1/2$, $2N = 64$

Die geringe Wirkung auf den Filter-Output läßt sich auch von der Frequenzseite her interpretieren. Der Abfall der Amplitudenwerte zu F_k bei wachsenden Frequenzen $|k|$ in Abb. 10.3 macht deutlich, daß das Produkt $F_k H_k = G_k$ als Filterergebnis nur unwesentlich gegenüber den Frequenzkomponenten F_k gedämpft wird.

Für den Fall eines realen Samples $(f_j)_{j\in M}$ wird das Spektrum $(F_k)_{k\in M}$ zu den hohen Frequenzen hin normalerweise im wesentlichen der hier vorgestellten Situation entsprechen (vgl. z. B. auch den Amplitudenverlauf der Abbildungen 9.9, S. 267, und 9.31, S. 297). Daher kann man davon ausgehen, daß das Tiefpaßfilter h_j in (10.4) in der Regel nur einen geringen Effekt hat.

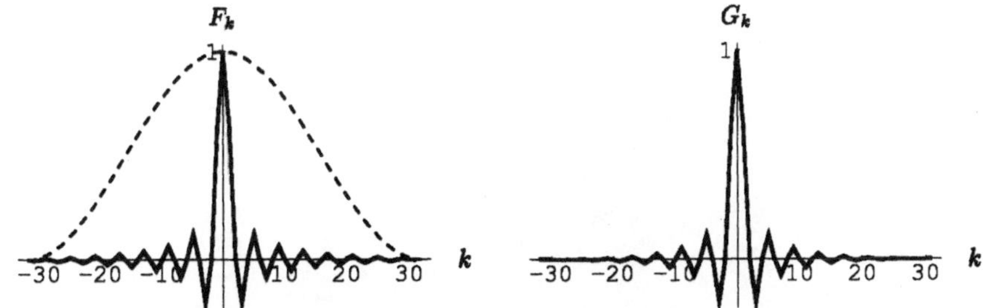

Abb. 10.3. DFT-Koeffizienten und Filterergebnis im Frequenzbereich zu dem Sample der Abb. 10.2; (*gestrichelt:*) Verlauf der H_k-Werte

2. Es liegt nahe, das Binomialfilter in Beziehung zu dem Hann-Fenster (9.3), S. 252, bzw. (9.123), S. 311, zu betrachten. Beim Hann-Fenster sind die Operationen der Faltung mit h_j und der Multiplikation mit H_k in (10.5) hinsichtlich Orts- und Frequenzbereich vertauscht. Wenn wir daher die F_k-Werte der Abb. 9.2 als Filter-Input wählen, dann läßt sich der geglättete Verlauf der G_k in Abb. 9.3 als Tiefpaßergebnis des Binomialfilters verstehen. (Zur Berechnung des Filter-Input vgl. (9.100), S. 300).

3. Im Anwendungsbereich der digitalen Bildbearbeitung bewirkt das Binomialfilter einen erkennbaren Glättungseffekt. Der Vergleich der Portraitdarstellungen auf S. 320 verdeutlicht, wie die Schärfe eines Bildes durch die hohen Frequenzkomponenten bestimmt ist, die als Ergebnis des Tiefpaßfilters gedämpft werden.

Zur Notierung der Berechnungsvorschrift im zweidimensionalen Fall wollen wir die Indizes r, s verwenden. Für die Input-Daten $f_{r,s}$ eines Bildes lautet dann die Filterformel in matrixangepaßter Form:

$$g_{r,s} = \frac{1}{16} \begin{pmatrix} f_{r-1,s-1} & +2f_{r-1,s} & +f_{r-1,s+1} \\ +2f_{r,s-1} & +4f_{r,s} & +2f_{r,s+1} \\ +f_{r+1,s-1} & +2f_{r+1,s} & +f_{r+1,s+1} \end{pmatrix} . \tag{10.6}$$

Bezeichnungen

Die Gleichungen in (10.5) geben die diskrete Form der mathematischen Beschreibung sogenannter „linearer Systeme“ wieder. Die Theorie der linearen Systeme wurde entwickelt im Zusammenhang mit *kontinuierlichen* Signalen. Dabei lautet die analoge Form zu (10.5) unter Verwendung von (kontinuierlichen) Funktionen

$$g(x) = f(x) * h(x) \leftrightarrow G(u) = F(u)H(u) . \tag{10.7}$$

Auch hier besteht die Konvention, daß mit $f(x)$ das Input-Signal und mit $g(x)$ das Output-Signal gemeint ist. Durch die Funktionen $h(x)$ und $H(u)$

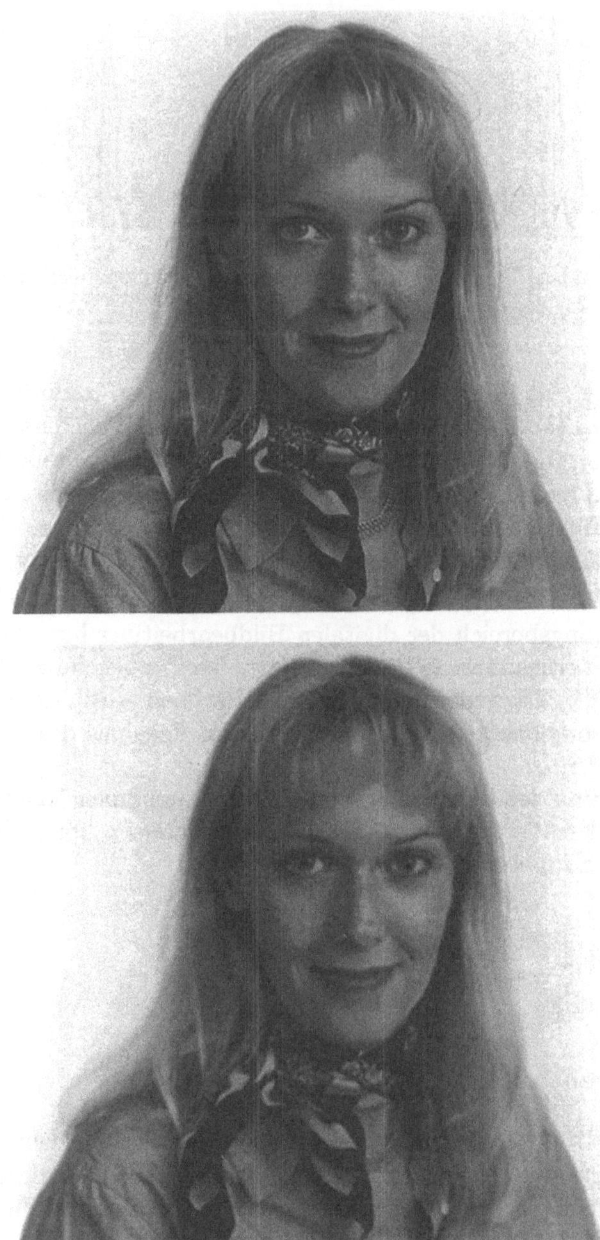

Abb. 10.4. Portrait vor/nach Anwendung des Binomialfilters

werden die jeweiligen Eigenschaften des linearen Systems beschrieben. In aller Regel ist $h(x)$ eine reellwertige Funktion, $h : \mathbb{R} \to \mathbb{R}$, so daß die Transformierte $H(u)$ vom Symmetrietyp hermitesch ist.

Die gebräuchliche Bezeichnung der Funktion $h(x)$ ist „Impulsantwort" oder „Impulsantwortfunktion" (englisch: impulse response function, IRF). Hiermit verbindet sich die Vorstellung, daß das Inputsignal $f(x)$ durch ein Black-Box-System in ein Outputsignal $g(x)$ überführt wird. Wählt man nun als Input die δ- oder Impulsfunktion, $f(x) = \delta(x)$, dann ergibt sich wegen $\delta(x) * h(x) = h(x)$ als Output gerade die (unbekannte) Funktion $h(x)$.

Die Funktion $H(u)$ als Transformierte zu $h(x)$ wird „Übertragungsfunktion" (englisch: transfer function, TF), gelegentlich auch „Systemfunktion" genannt[2].

Der Begriff der *Linearität* in einem durch (10.7) beschreibbaren System bezieht sich darauf, daß bei additiver Überlagerung zweier Signale $f_1(x)$, $f_2(x)$ wegen der Distributiveigenschaft der Faltung dasselbe für den Output gilt:

$$\begin{aligned} & g_1(x) = f_1(x) * h(x),\ g_2(x) = f_2(x) * h(x) \\ & \Rightarrow \big[Af_1(x) + Bf_2(x)\big] * h(x) = Ag_1(x) + Bg_2(x),\ A, B \in \mathbb{R}\,. \end{aligned} \tag{10.8}$$

Zusätzlich zur Linearität wird in der Systemtheorie meist auch die Eigenschaft der „Verschiebungsinvarianz" gefordert. Ein System heißt verschiebungsinvariant, wenn bei Orts- bzw. Zeitverschiebung des Input-Signals in der Form $f(x - x_0)$ der Output entsprechend in $g(x - x_0)$ übergeht. Die Impulsantwort $h(x)$ des Systems erfüllt also die Bedingung

$$f(x - x_0) * h(x) = g(x - x_0)\,. \tag{10.9}$$

Falls ein lineares System mit der Impulsantwort $h(x)$ durch (10.7) dargestellt werden kann, dann ist hiermit gleichzeitig auch die Eigenschaft der Verschiebungsinvarianz impliziert. Da die Faltungsoperation kommutativ und assoziativ ist, gilt mit (10.7) nämlich

$$\begin{aligned} f(x - x_0) * h(x) &= [f(x) * \delta(x - x_0)] * h(x) = [f(x) * h(x)] * \delta(x - x_0) \\ &= g(x) * \delta(x - x_0) = g(x - x_0)\,. \end{aligned} \tag{10.10}$$

Die zusammengefaßte Charakterisierung als „lineares, verschiebungsinvariantes System" führt über die englische Bezeichnung (linear shift-invariant system) auf die Abkürzung LSI-System.

In der Theorie der linearen Systeme werden die Impulsantwort $h(x)$ und die Übertragungsfunktion $H(u)$ häufig im Hinblick auf Filtereigenschaften

[2] Die Bedeutung dieser Begriffe ist in der Literatur der Nachrichtentechnik nicht einheitlich. Wir übernehmen für unsere Ausführungen die Beschreibung von Föllinger [14, S. 110].

untersucht. In der jüngeren Entwicklung mit der verstärkten Anwendung digitaler Signale steht die Behandlung ***diskreter Filter*** mit dem Formelzusammenhang (10.5) im Vordergrund. Das Filter h_j hat auch hier wegen $\delta_j * h_j = h_j$ die Wirkung einer Impulsantwort. Für die Folge der Werte $(H_k)_{k\in\mathrm{M}}$ bzw. H_k soll die Bezeichnung „Übertragungsfolge“ verwendet werden. Ebenso wie im kontinuierlichen Fall ist bei diskreten Filtern in der Regel $h_j \in \mathbb{R}$.

Ein diskretes System bzw. Filter mit der Darstellung durch (10.5) erfüllt außerdem die den Gleichungen (10.8) und (10.9) entsprechenden Eigenschaften der Linearität und Verschiebungsinvarianz (Aufgabe 2). Es ist jedoch zu beachten, daß zu einer algorithmischen Berechnungsvorschrift eines Filters wie etwa bei dem Tiefpaßfilter (10.1) immer auch Start- bzw. Randbedingungen gehören. Normalerweise wird die Linearität hierdurch nicht beeinflußt, während die Verschiebungsinvarianz verletzt werden kann. So bleibt das nr-Filter (10.4) in Verbindung mit den Randbedingungen (10.2) verschiebungsinvariant. Diese Berechnungsvorschrift führt daher zu derselben Folge g_j wie der Weg über die DFT: $g_j = \mathcal{F}_D^{-1}\{F_k H_k\}$. Dagegen ist die Verschiebungsinvarianz bei dem Algorithmus (10.1) zusammen mit den Randbedingungen (10.3) nicht mehr erfüllt. Zu den Indizes $j = -N$ und $j = N-1$ weicht nämlich die Berechnungsvorschrift von der Form $g_j = f_j * h_j$ mit h_j nach(10.4) ab.

Abschließend soll noch der Begriff des „symmetrischen Filters“ vorgestellt werden. Die Impulsantwort h_j besitzt diese Eigenschaft, wenn $h_{-j} = h_j$ ist, also gerade Symmetrie vorliegt. Nach (9.39), S. 267, ist dann auch die Übertragungsfolge H_k reellwertig und gerade. Das Tiefpaßfilter (10.4) ist ein Beispiel für ein symmetrisches Filter. Diese Impulsantwort läßt sich zu einem *nicht symmetrischen* Filter modifizieren durch

$$h_j := \frac{1}{4}\left[\delta_j + 2\delta_{j+1} + \delta_{j+2}\right] = \frac{1}{4}\left[\delta_{j-1} + 2\delta_j + \delta_{j+1}\right] * \delta_{j+1}\,. \tag{10.11}$$

Für die Übertragungsfolge ergibt sich dann mit (9.22)

$$H_k = \cos^2\left(\frac{\pi k}{2N}\right)\exp\left(\frac{2\pi \mathrm{i} k}{2N}\right)\,.$$

Hiernach wird zusammen mit der frequenzabhängigen Amplitudendämpfung auch die Phase beim Übergang $G_k = F_k H_K$ beeinflußt. Die Auswirkung dieser Phasenänderung als Verschiebung im Ortsbereich läßt sich nachweisen durch

$$\begin{aligned} g_j = f_j * \frac{1}{4}\left[\delta_j + 2\delta_{j+1} + \delta_{j+2}\right] &= \left[f_j * \delta_{j+1}\right] * \frac{1}{4}\left[\delta_{j-1} + 2\delta_j + \delta_{j+1}\right] \\ &= f_{j+1} * \frac{1}{4}\left[\delta_{j-1} + 2\delta_j + \delta_{j+1}\right]\,. \end{aligned}$$

Das Beispiel des Mittelwertfilters (9.112), S. 306, mit den negativen Werten der Übertragungsfolge H_k für $|k| > 2N/3$ zeigt, daß auch symmetrische

Filter zu Phasenänderungen führen können (vgl. (7.50), S. 192). Es wird daher in der Regel zusätzlich zur Symmetrie eines Filters h_j verlangt, daß für die Elemente der Übertragungsfolge $H_k \geq 0$ gilt (vgl. Aufgabe 3). Das Binomialfilter (10.4) erfüllt beispielsweise diese Bedingung.

Kaskadierte Filter

Wird der mit $g_{1,j}$ bezeichnete Output eines Filters $h_{1,j}$ als Input einem zweiten Filter mit der Impulsantwort $h_{2,j}$ zugeführt,

$$g_{1,j} := f_j * h_{1,j}, \quad g_j := g_{1,j} * h_{2,j} \,, \tag{10.12}$$

dann kann der gesamte Output g_j gebildet werden durch

$$g_j = f_j * h_{1,j} * h_{2,j} \,.$$

Die zusammengefaßte Impulsantwort läßt sich mit den entsprechenden Übertragungsfolgen zu

$$h_j := h_{1,j} * h_{2,j}, \quad H_k := H_{1,k} H_{2,k} \tag{10.13}$$

verbinden und daher wie ein einziges Filter in dem System (10.5) behandeln. Zusätzlich wird wegen der Kommutativeigenschaft in (10.13) deutlich, daß sich die Reihenfolge der Filteranwendungen $h_{1,j}$, $h_{2,j}$ in (10.12) vertauschen läßt, ohne daß das Auswirkung auf das Gesamtergebnis hat.

Die Zusammenfassung zweier oder mehrerer Systeme wie in (10.13) wird als „kaskadiertes System" bezeichnet; entsprechend ist auch von „kaskadierten Filtern" die Rede.

Als Beispiel wählen wir die n-fache Wiederholung des Binomialfilters (10.4), die mit der Kurzform ${}^n B$ notiert werden soll (vgl. Jähne [18, S. 96]). Das ${}^1 B$-Filter entspricht dann der ursprünglich eingeführten Form (10.4). Abweichend von der Schreibweise in (10.13) wollen wir hier die Impulsantwort des ${}^n B$-Filters entsprechend mit ${}^n h_j$ und die zugehörige Übertragungsfolge mit ${}^n H_k$ wiedergeben. Damit gilt für die Impulsantwort die Rekursivdefinition[3]

$${}^1 h_j := \frac{1}{4}\left[\delta_{j-1} + 2\delta_j + \delta_{j+1}\right], \quad {}^{n+1} h_j := {}^n h_j * {}^1 h_j, \; n \in \mathbb{N} \,.$$

Die geschlossene Formel hierzu lautet (Aufgabe 5)

$${}^n h_j = \frac{1}{4^n} \sum_{m=-n}^{n} \binom{2n}{n+m} \delta_{j+m} \,, \tag{10.14}$$

[3] Diese rekursive Definition der Impulsantwort darf nicht mit dem rekursiven Berechnungsalgorithmus des nächsten Abschnitts über „rekursive Filter" verwechselt werden.

und die Ähnlichkeit mit der Summenformel des Binomischen Satzes begründet die Bezeichnung Binomialfilter[4]. Der Faktor $1/4^n$ in (10.14) bewirkt, daß die Summe aller Gewichtungsfaktoren zu den δ-Folgen den Wert 1 ergibt (vgl. Aufgabe 5).

Für die zu ${}^nB$ gehörige Übertragungsfolge gilt wegen der Produktvorschrift in (10.13) (vgl. Abb. 10.5)

$$ {}^nH_k = \cos^{2n}\left(\frac{\pi k}{2N}\right) . $$

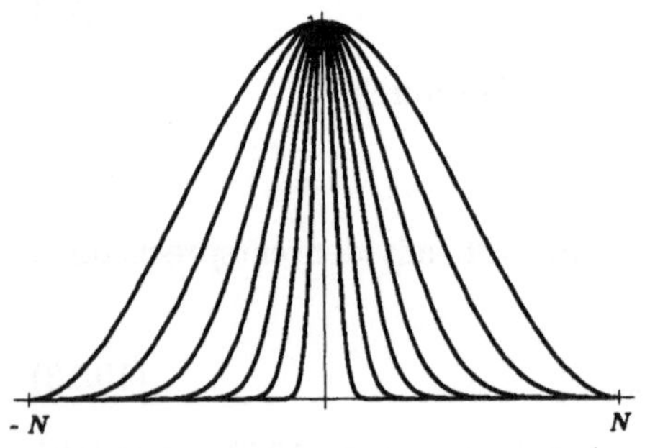

Abb. 10.5. Beispiele zu Übertragungsfolgen ${}^nH_k$ des ${}^nB$-Filters; von außen nach innen ist n = 1, 2, 4, 8, 16, 40, 160

Bei der wiederholten Anwendung eines Filters ist die Auswirkung der Entscheidung über die Randbedingungen in Betracht zu ziehen. Für das Binomialfilter ${}^nB$ ist der Effekt am Beispiel der abgetasteten Funktion $f_{\text{Dom}}(x-a)$ in Abb. 10.6 wiedergegeben. Die Verschiebegröße a ist dabei so gewählt, daß eine der Sprungstellen des Graphen mit der Ausschnittgrenze zusammenfällt.

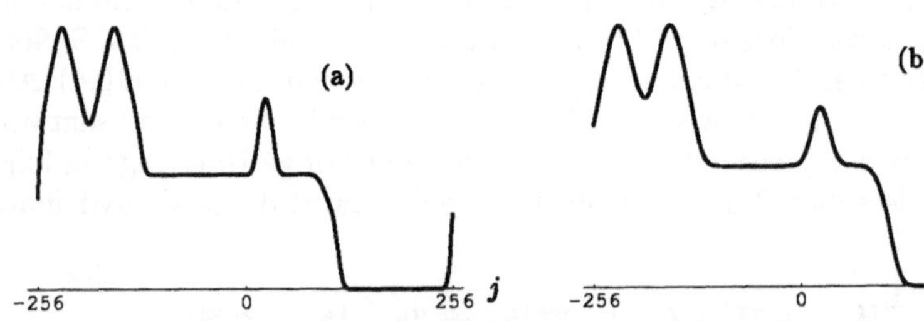

Abb. 10.6. Ergebnisse des Binomialfilters ${}^nB$ zu $f_{\text{Dom}}(x-a)$, abgetastet mit $2N = 512$; **(a)** n=40 und Randbedingungen (10.2), **(b)** n=160 und Randbedingungen (10.3)

Zunächst wird deutlich, daß das Filter ${}^nB$ erst für „große" Werte n eine erkennbare Tiefpaßwirkung hervorruft. Die Wahl der Randbedingungen

[4] Die Binomialkoeffizienten sind bekanntlich definiert durch $\binom{n}{k} := \frac{n!}{k!(n-k)!}$ für $n \in \mathbb{N}_0$ und $k = 0, \dots, n$.

(10.2) zeigt den Einfluß der periodischen Fortsetzung zu den Input-Daten $(f_j)_{j\in\mathrm{M}}$, der bereits im Zusammenhang mit der Abb. 5.6, S. 116, vorgestellt worden ist. Dieser Effekt der periodischen Anpassung an den Indexgrenzen des Samples läßt sich mit den Randbedingungen (10.3) vermeiden. Anders als bei dem idealen Tiefpaßfilter der Fourierteilsumme in der Abb. 5.6 treten jetzt beim Binomialfilter $^n\!B$ jedoch *keine* Überschwinger mehr an den Sprungstellen des Graphen auf.

Wenn wir den Output der n-fachen Wiederholung des Binomialfilters mit $^n\!g_j := f_j * {}^n\!h_j$ bezeichnen, dann bewirken die Randbedingungen (10.3), daß unabhängig von n immer $^n\!g_{-N} = f_{-N}$ und $^n\!g_{N-1} = f_{N-1}$ wird. Es gibt hierdurch also keinen Einfluß der periodischen Fortsetzung zu den Input-Daten auf das Filterergebnis. Der Graph b) in Abb. 10.6 legt es nahe, im Normalfall die Randbedingungen (10.3) zu wählen.

Als Maßzahl für den Tiefpaßeffekt eines Filters wird gelegentlich der Begriff der „Halbwertbreite", $\widehat{k}_{HW}$, benutzt. Hierzu wird vorausgesetzt, daß die Übertragungsfolge des Filters H_k von gerader Symmetrie ist und von $H_0 = 1$ auf den Minimalwert $H_{\pm N}$ abfällt. Der Wert $\widehat{k}_{HW}$ wird dann als derjenige Bruchteil der Maximalfrequenz N definiert, mit dem $H_{(\widehat{k}_{HW}N)} = 1/2$ wird. In der Regel ist das Produkt $\widehat{k}_{HW}N$ keine natürliche Zahl. Man muß dann zur Berechnung von $\widehat{k}_{HW}$ die Folge H_k durch die entsprechende Funktion $H(u)$ in Abhängigkeit von dem kontinuierlichen Argument $u \in \mathbb{R}$ ersetzen. Für das Binomialfilter $^n\!B$ läßt sich $^n\!H(u) = \cos^{2n}(\pi u/(2N))$ bilden mit $^n\!H(0) = 1$ und $^n\!H(\pm N) = 0$. Damit lautet die Bedingungsgleichung für dic Halbwertbreite

$$\frac{1}{2} = {}^n\!H\left(\widehat{k}_{HW}N\right) = \cos^{2n}\left(\frac{\pi\widehat{k}_{HW}}{2}\right) . \qquad (10.15)$$

Für die in der Abb. 10.5 vorkommenden Zahlen n ergeben sich die folgenden Werte $\widehat{k}_{HW}$ (Aufgabe 6):

n	1	2	4	8	16	40	160
$\widehat{k}_{HW}$	0,500	0,364	0,261	0,186	0,132	0,084	0,042

Das Produkt $\widehat{k}_{HW}N$ gibt die „Halbwertfrequenz" an, die für die Graphen in Abb. 10.6 den Wert 21,5 bzw. 10,7 annimmt. Damit kommt der Tiefpaßeffekt des Graphen b) dieser Abbildung etwa dem der Abb. 5.6, S. 116, nahe.

Der Vergleich der Halbwertfrequenzen läßt erkennen, daß der Wert von $\widehat{k}_{HW}$ als isolierte Maßzahl keine geeignete Charakterisierung der Tiefpaßwirkung darstellt. Diese Feststellung wird verstärkt durch die Abb. 10.7, in der dieselbe Wiederholungszahl $n = 160$ wie beim Graphen b) der Abb. 10.6 benutzt wurde, jedoch bei einem Sample-Umfang von $2N = 128$. Der Effekt dieser Abbildung wird verständlich, wenn wir uns an die Aussage der S. 260 erinnern (zusammen mit den Amplitudenspektren der Abbildungen 9.9, 9.10, S. 267). Danach stimmen bei Abtastungen eines Signals $s(x)$ mit differierenden Werten $2N$ die resultierenden DFT-Koeffizienten gleicher Frequenz k „im wesentlichen" überein.

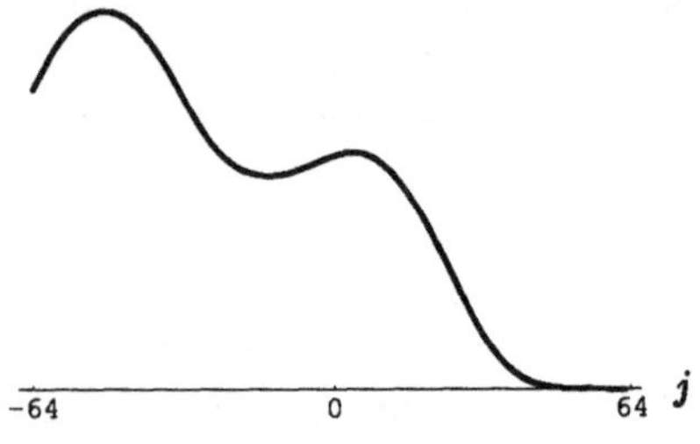

Abb. 10.7. Ergebnis des Binomialfilter ^{n}B zu $f_{\text{Dom}}(x-a)$, abgetastet mit $2N = 128$, n=160 und Randbedingungen (10.3)

Bei unterschiedlichen Tiefpaßsituationen ist daher die Größe der Halbwertfrequenz das zweckmäßige Vergleichsmaß. Die Halbwertfrequenz der Abb. 10.7 berechnet sich zu 2,7 und damit läßt sich erklären, daß selbst die Grobstruktur des Konturgraphen f_{Dom} kaum noch vorhanden ist[5].

Bei der Anwendung von Tiefpaßfiltern in der Praxis wird es meist darum gehen, einen Kompromiß zu finden zwischen den maximal gewünschten Frequenzen einerseits und der „Qualität" des Datenmaterials andererseits. Beispielsweise wird häufig der Filter-Input f_j durch stochastische Einflüsse überlagert. Solche zufälligen Störungen eines Signals werden auch als „Rauschen" (englisch: noise) bezeichnet. Abbildung 10.8 gibt ein Beispiel künstlich „verrauschter" Daten[6] zu dem Konturgraphen f_{Dom} zusammen mit dem Ergebnis einer Tiefpaßfilterung wieder.

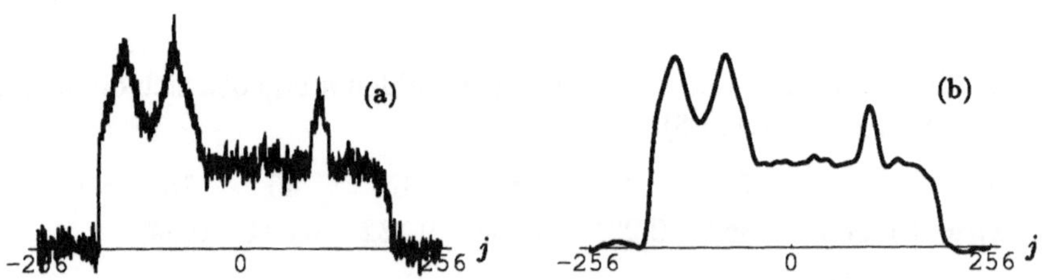

Abb. 10.8. (a) f_{Dom} „verrauscht", (b) nach ^{n}B-Filterung mit $n = 40$; $2N = 512$

[5] Die Abhängigkeit des Tiefpaßeffektes von dem Datenumfang ist auch bei zweidimensionalen Anwendungen in der Bildbearbeitung zu berücksichtigen. So gehört beispielsweise zu der Portraitdarstellung auf S. 320 die Information, daß das Tiefpaßfilter (10.6) auf einen Datensatz von 360 x 360 Pixel angewandt wurde.

[6] Es handelt sich um additiv überlagerte, normalverteilte (Pseudo-) Zufallszahlen mit der Standardabweichung $\sigma \max(f_j)$; hierbei ist $\sigma = 0{,}05$ und $\max(f_j) = 156$. Das bedeutet, daß etwa 90% dieser Zufallszahlen im Intervall $I = [-12{,}8\,; 12{,}8]$ liegen.

Wegen des großen Rechenaufwandes ist es bei praktischen Anwendungen sicher nicht zweckmäßig, Filterwiederholungen zu ${}^{n}B$ mit „großen" Werten n zu verwenden. Zur Erzielung eines stärkeren Tiefpaßeffektes läßt sich dagegen mit relativ geringem Aufwand der im nächsten Abschnitt beschriebene rekursive Filtertyp einsetzen.

Hochpaßfilter

Die Wirkung eines Hochpaßfilters war in Verbindung mit der Abb. 5.11, S. 122, und dem Begriff der „Restfourierreihe" (5.50), S. 124, erläutert worden. In dem hier vorliegenden Zusammenhang läßt sich die Hochpaßoperation aus dem Binomialfilter ${}^{1}B$ durch eine einfache Umformung gewinnen. Anders als beim Tiefpaßfilter wird es sich zeigen, daß das Hochpaßfilter in der kaskadierten Form von Wiederholungen nicht benötigt wird. Wir können daher als Notierungen zum Binomial-Hochpaßfilter die Bezeichnungen B_H, $h_{j,H}$, $H_{k,H}$ verwenden. Mit der Übertragungsfolge des Tiefpaßfilters ${}^{1}B$ wird für das Hochpaßfilter festgelegt:

$$H_{k,H} := 1 - {}^{1}H_k = \sin^2\left(\frac{\pi k}{2N}\right)$$

$$\Rightarrow \quad h_{j,H} = \delta_j - {}^{1}h_j = \frac{1}{4}\left[-\delta_{j+1} + 2\delta_j - \delta_{j-1}\right] . \qquad (10.16)$$

Die Übertragungsfolge der Abb. 10.9 zeigt, daß Dämpfung bzw. Durchlaß der niedrigen bzw. hohen Frequenzkomponenten im Vergleich mit dem Tiefpaßfilter der Abb. 10.1 gerade vertauscht sind.

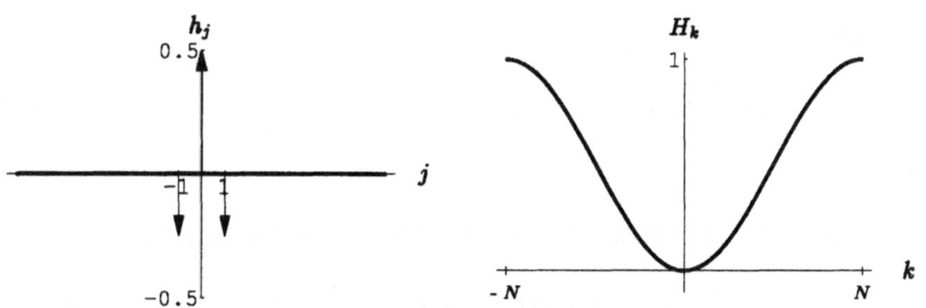

Abb. 10.9. Impulsantwort $h_{j,H}$ und Übertragungsfolge $H_{k,H}$ zu dem Hochpaßfilter (10.16)

Zur Anwendung des Hochpaßfilters ist daran zu erinnern, daß hiervon z.B. in der Bildbearbeitung bei der sogenannten „Kantendedektion" Gebrauch gemacht wird (vgl. S. 124). In der Praxis werden dabei verschiedene Varianten der zweidimensionalen Entsprechung zu der Vorschrift (10.16) benutzt (vgl. (10.6) und Jähne [18, S. 96]).

Der Effekt der Kantenerkennung ist am Beispiel des Konturgraphen f_{Dom} in der Abb. 10.10 für zwei verschiedene Werte $2N$ des Sample-Umfangs wiedergegeben.

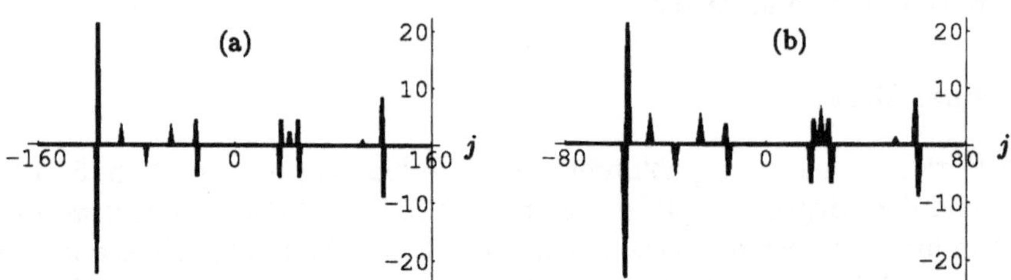

Abb. 10.10. Ergebnisse des Hochpaßfilters B_H zu $f_{\text{Dom}}(x)$; (**a**) abgetastet mit $2N = 320$, (**b**) abgetastet mit $2N = 160$

Zur Erläuterung der als „Peaks" bezeichneten Funktionsspitzen gehen wir auf das ursprüngliche kontinuierliche Signal $s(x)$ zurück. Unter Verwendung des Abtastabstandes $x_s = 1/(2N)$ übertragen wir die Filteroperation $g_j = f_j * h_{j,H}$ auf die Schreibweise für Funktionen:

$$g(x) = \frac{1}{4}\left[-s(x - x_s) + 2s(x) - s(x + x_s)\right] .$$

Falls $s(x)$ in x_0 eine Unstetigkeits- oder Sprungstelle besitzt, definieren wir die Sprunghöhe mit $D := s(x_0^+) - s(x_0^-)$. Damit läßt sich für $0 < \varepsilon < x_s$ jeweils näherungsweise ersetzen:

$$\begin{aligned} g(x_0 - \varepsilon) &= \frac{1}{4}\left[-s(x_0 - \varepsilon - x_s) + 2s(x_0 - \varepsilon) - s(x_0 - \varepsilon + x_s)\right] \\ &\approx \frac{1}{4}\left[-s(x_0^-) + 2s(x_0^-) - s(x_0^+)\right] = -\frac{1}{4}D , \end{aligned} \tag{10.17}$$

$$\begin{aligned} g(x_0 + \varepsilon) &= \frac{1}{4}\left[-s(x_0 + \varepsilon - x_s) + 2s(x_0 + \varepsilon) - s(x_0 + \varepsilon + x_s)\right] \\ &\approx \frac{1}{4}\left[-s(x_0^-) + 2s(x_0^+) - s(x_0^+)\right] = \frac{1}{4}D . \end{aligned} \tag{10.18}$$

Sprungstellen werden also in der Umgebung um x_0 angenähert durch $\mp D/4$-Peaks wiedergegeben und zwar (im wesentlichen) unabhängig von dem Abtastabstand x_s.

Bei Stetigkeit von $s(x)$ in x_0 verwenden wir die links- und rechtsseitige Taylorreihenentwicklung. Zusammen mit $D' := s'(x_0^+) - s'(x_0^-)$ wird

$$s(x_0 + x_s) = s(x_0) + s'(x_0^+)\, x_s + \frac{1}{2}s''(x_0^+)\, x_s^2 + \ldots ,$$

$$s(x_0 - x_s) = s(x_0) - s'(x_0^-)\,x_s + \frac{1}{2}s''(x_0^-)\,x_s^2 \mp \dots$$

$$\Rightarrow g(x_0) = \frac{1}{4}\Big\{\,[s'(x_0^-) - s'(x_0^+)]\,x_s - \frac{1}{2}\,[s''(x_0^-) + s''(x_0^+)]\,x_s^2 \pm \dots\Big\}$$
$$= -\frac{D'}{4}x_s - \frac{1}{8}\,[s''(x_0^-) + s''(x_0^+)]\,x_s^2 \pm \dots \,. \qquad (10.19)$$

Falls $s(x)$ in x_0 nicht differenzierbar ist, dann ergibt sich mit $g(x_0) \approx -D'\,x_s/4$ eine Peak-Höhe, die sich direkt proportional zu dem Abtastabstand x_s verhält. Eine solche „Knickstelle" des Graphen läßt sich also bei Bedarf dadurch lokalisieren, daß der Sample-Umfang, z.B. wie auf S. 260 beschrieben, halbiert wird (vgl. die entsprechenden Peak-Höhen der beiden Graphen in Abb. 10.10).

Es bleibt schließlich der Fall einer Funktion mit stetiger Ableitung in x_0 ($D' = 0$). Hier erhalten wir wegen des Faktors x_s^2 Werte von $g(x_0)$, die gegenüber den bisher beschriebenen Funktionswerten von g im allgemeinen kaum ins Gewicht fallen.

Insgesamt wird einsichtig, daß das kaskadierte Hochpaßfilter durch Wiederholungen von B_H keine verbesserten Informationen über Kanten in dem Sample f_j liefern kann.

Übungen

10.1.1 Bilden Sie zu der Impulsantwort des gegenüber (9.112), S. 306, erweiterten Mittelwertfilters

$$h_j = \frac{1}{5}\,[\delta_{j-2} + \delta_{j-1} + \delta_j + \delta_{j+1} + \delta_{j+2}]$$

die Übertragungsfolge H_k. Skizzieren Sie deren Verlauf, und vergleichen Sie das Ergebnis mit der Abb. 9.34.

10.1.2 Es ist zu zeigen: Falls Input und Output eines diskreten Systems mit der Impulsantwort h_j durch die Gleichung (10.5) beschrieben werden können, dann liegt ein diskretes LSI-System vor.

10.1.3 Bestätigen Sie, daß bei Elementen einer reellwertigen Übertragungsfolge mit $H_k > 0$ für die Phase zu Input f und Output g gilt: $\Phi_{k,g} = \Phi_{k,f}$.

10.1.4 Das Binomialfilter in (10.4) läßt sich durch zwei kaskadierte Filter entsprechend (10.12) bilden. Hierbei ist

$$h_{1,j} := \frac{1}{2}\,[\delta_j + \delta_{j+1}]\,, \quad h_{2,j} := h_{1,-j}\,.$$

a) Bestimmen Sie die Übertragungsfolgen $H_{1,k}$, $H_{2,k}$ zu den beiden Impulsantworten.

b) Bestätigen Sie, daß $h_{1,j} * h_{2,j}$ bzw. das Produkt $H_{1,k}H_{2,k}$ auf das Binomialfilter in der Form (10.4) führt.

c) Geben Sie $g_{1,j}$ bzw. g_j nach (10.12) formelmäßig unter Verwendung von f_j bzw. $g_{1,j}$ an, und bestätigen Sie, daß bei der Zusammensetzung die Berechnungsvorschrift (10.1) entsteht.

10.1.5 Der Beweis zu (10.14) in Analogie zu dem bekannten Induktionsbeweis des binomischen Satzes ist recht aufwendig. Als Beweisidee läßt sich daher die direkte Übertragung der binomischen Formel auf die Behauptung (10.14) vorstellen. Grundlage der binomischen Formel ist einerseits die additive Zusammenfassung gleichartiger Potenzgrößen, die entsprechend auch für δ-Folgen gilt. Andererseits läßt sich die Potenzregel $a^j a^k = a^{j+k}$ mit (9.106), S. 305, durch die Faltung von δ-Folgen ersetzen. Als Vorbereitung der Übertragung ist zunächst zu zeigen:

$$\frac{1}{4^n}\left(a^{-1/2}+a^{1/2}\right)^{2n} = \frac{1}{4^n}\left(a^{-1}+2a^0+a^1\right)^n = \frac{1}{4^n}\sum_{m=-n}^{n}\binom{2n}{n+m}a^m .$$

Mit der Ersetzung $\left(a^{-1}+2a^0+a^1\right)^n/4^n \to {}^n h_j$, $a^m \to \delta_{j+m}$ ergibt sich dann (10.14). Speziell für den Wert $a=1$ liefert die binomische Formel, daß die Summe der Gewichtungsfaktoren zu den δ-Folgen in (10.14) den Wert 1 ergibt.

10.1.6 Anwendung der Gleichung (10.15):

a) Bestätigen Sie die Zahlenwerte zu der Halbwertbreite $\widehat{k}_{HW}$ in der Tabelle auf S. 325.

b) Zu der Halbwertfrequenz $\widehat{k}_{HW}N = 20$ ist für einen Sample-Umfang von $2N = 200$ bzw. $2N = 400$ die Wiederholungszahl n des Binomial-Tiefpaßfilters zu berechnen.

10.1.7 Gegeben ist zu $2N+1=15$ das Sample

$$f_j = (0_{-7},\, 0_{-6},\, 0_{-5},\, 1_{-4},\, 2_{-3},\, 3_{-2},\, 4_{-1},\, 5_0,\, 4_1,\, 3_2,\, 3_3,\, 3_4,\, 3_5,\, 0_6,\, 0_7)$$

mit drei Knick- und einer Sprungstelle. Ermitteln Sie hierzu das Ergebnis des Hochpaßfilters (10.16), und bestätigen Sie die Übereinstimmung der resultierenden Peak-Höhen mit den Abschätzungen (10.17), (10.18), (10.19).

Wird der Sample-Umfang von f_j dadurch auf $2N=30$ verdoppelt, daß links 15 Nullelemente hinzugefügt werden, dann entstehen dieselben zusätzlichen Elemente auch in g_j, während die Peak-Höhen unverändert bleiben. Wie läßt sich dieses Ergebnis mit der Abschätzung (10.19) erklären?

10.2 EINFACHSTE FORM EINES REKURSIVEN FILTERS

Rekursive Filter bieten im Vergleich mit den nr-Filtern eine weitaus größere Vielfalt hinsichtlich der zu erzielenden Filtereffekte. Es wird daher nur die grundsätzliche Wirkungsweise am Beispiel des einfachsten Rekursivfilters vorgestellt.

Als charakteristisch für den rekursiven Filtertyp wird sich zeigen, daß die Übertragungsfolge zunächst von *nicht symmetrischer* Form ist. Bei ortsabhängigen Signalen ist es jedoch möglich, dieses Filter in zwei Stufen, nämlich in einem „Vorwärts- und Rückwärtsdurchgang" anzuwenden. Das Gesamtergebnis dieses kaskadierten Filters führt dann auf eine *symmetrische* Übertragungsfolge, durch die die Phasenwerte des ursprünglichen Signals unverändert bleiben. Diese zweistufige Filtervorschrift soll auch als „bidirektionales rekursives" Filter, abgekürzt br-Filter, bezeichnet werden.

Definition des br-Filters

Ausgehend von einem Sample $(f_j)_{j\in\mathrm{M}}$ wollen wir das Ergebnis zur ersten Stufe des br-Filters mit $(g_{1,j})_{j\in\mathrm{M}}$ bezeichnen. Die algorithmische Berechnungsvorschrift lautet dann für den

Vorwärtsdurchgang:

$$g_{1,-N} := f_{-N},\ g_{1,j} := \lambda g_{1,j-1} + \kappa f_j,\ j = -N+1,\ldots,N-1\ , \tag{10.20}$$

$$\text{mit } 0 < \lambda < 1 \text{ und } \kappa := 1 - \lambda\ . \tag{10.21}$$

In der allgemeinen Formel für $g_{1,j}$ wird der zuvor berechnete Wert von $g_{1,j-1}$ benutzt. Damit liegt die typische Situation für einen rekursiven Algorithmus vor, der diesem Filtertyp die Bezeichnung „rekursives Filter" gibt.

Mit der Notierung $(g_j)_{j\in\mathrm{M}}$ für das Gesamtergebnis des Filters sind die Formeln der zweiten Stufe im

Rückwärtsdurchgang:

$$g_{N-1} := g_{1,N-1},\ g_j := \lambda g_{j+1} + \kappa g_{1,j},\ j = N-2,\ldots,-N\ . \tag{10.22}$$

Für λ und κ sind dieselben Werte einzusetzen wie in der ersten Stufe. Insgesamt geht die Vorschrift (10.22) aus (10.20) (im wesentlichen) durch Spiegelung der Indizes an $j = 0$ hervor.

Es ist in Aufgabe 2 zu zeigen, daß der br-Algorithmus (10.20), (10.22) eine lineare Operation darstellt.

Die Abhängigkeit der Tiefpaßwirkung von der Dämpfungszahl λ wird im nächsten Unterabschnitt entwickelt. Es soll hier aber schon einmal der Vergleich mit dem Tiefpaßergebnis des ${}^nB$-Filter in der Abb. 10.8 vorgestellt werden. Um auf dieselbe Halbwertbreite von $\widehat{k}_{HW} = 0{,}084$ zu kommen, ist bei dem br-Filter der Wert $\lambda = 0{,}77$ zu wählen. Das Filterergebnis der Abb.

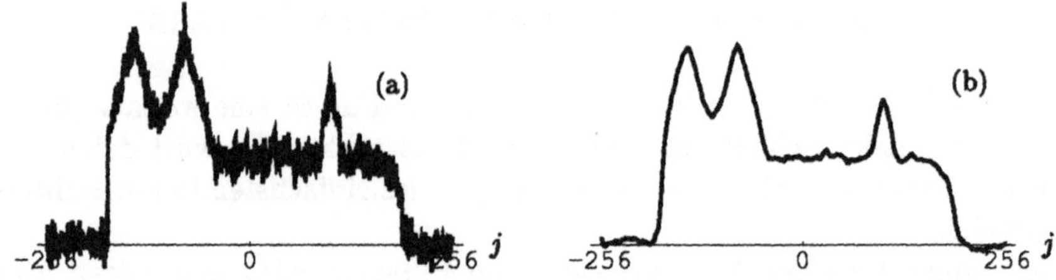

Abb. 10.11. (a) Filterinput wie in Abb. 10.8, (b) Ergebnis des br-Filters mit $\lambda =$ 0,77

10.11 zeigt, daß gegenüber dem der Abb. 10.8 kaum Unterschiede zu erkennen sind.

Die Übertragung der Filtervorschrift auf den zweidimensionalen Fall der Bildbearbeitung läßt sich einfacher mit Worten als durch Formeln wiedergeben. Im ersten Schritt des Vorwärtsdurchgangs ist der Algorithmus (10.20) auf jede einzelne Spalte und dann im zweiten Schritt jeweils auf sämtliche Zeilen der Bildmatrix anzuwenden. Entsprechend lautet beim Rückwärtsdurchgang die Anwendung von (10.22)) (vgl. Aufgabe 6).

Übertragungsfolge des br-Filters

Beim Binomialfilter konnte aus der Berechnungsvorschrift (10.1) sofort die Impulsantwort h_j und damit auch die Übertragungsfolge H_k in (10.4) gewonnen werden. Dieser Weg ist bei Rekursivfiltern nicht möglich. Statt dessen gehen wir von der Rekursionsvorschrift der ersten Stufe in (10.20) durch DFT zum Frequenzbereich über. Mit den üblichen Großbuchstaben für die Transformierten wird dann durch Anwendung von (9.41), S. 268,

$$g_{1,j} = \lambda g_{1,j-1} + \kappa f_j \;\leftrightarrow\; G_{1,k} = \lambda w^{-k} G_{1,k} + \kappa F_k \,.$$

Wir lösen nach $G_{1,k}$ auf und erhalten

$$G_{1,k}\left(1 - \lambda w^{-k}\right) = \kappa F_k \;\Leftrightarrow\; G_{1,k} = F_k \frac{\kappa}{1 - \lambda w^{-k}} \,.$$

Mit dem grundlegenden Zusammenhang (10.5), $G_k = F_k H_k$, den die Übertragungsfolge H_k generell zwischen den Input- und Output-Transformierten herstellt, gewinnen wir somit die Übertragungsfolge der ersten Stufe:

$$H_{1,k} = \frac{\kappa}{1 - \lambda w^{-k}} \,. \tag{10.23}$$

Für den Index $k = 0$ ergibt sich der für Tiefpaßfilter übliche Wert $H_{1,0} =$ 1. Daher erklärt sich der in (10.21) festgelegte Zusammenhang zwischen den Faktoren: $\kappa = 1 - \lambda$.

Der durch w abgekürzte Exponentialterm führt nach der Definition (9.7), $w = \exp(2\pi i/(2N))$, auf $w^{-k} \neq w^k$ (für $k \in \mathbb{M}$). Damit ist auch $H_{1,k} \neq$

$H_{1,-k}$, so daß es sich bei dem Ergebnis der ersten Stufe – wie bereits angedeutet – um ein ***nicht symmetrisches*** Filter handelt.

Völlig analog zu dem bisherigen Vorgehen entwickeln wir die Übertragungsfolge der zweiten Stufe und erhalten hierfür (Aufgabe 3):

$$H_{2,k} = \frac{\kappa}{1 - \lambda w^k} = H^*_{1,k} \,. \tag{10.24}$$

Das Gesamtergebnis der beiden kaskadierten Filterstufen führt nun mit dem Produkt von (10.23) und (10.24) auf die Übertragungsfolge des br-Filters (vgl. Aufgabe 3):

$$H_k = \frac{\kappa^2}{1 + \lambda^2 - 2\lambda\cos(2\pi k/(2N))} \,. \tag{10.25}$$

Hiermit erweist sich das br-Filter als ***symmetrisches*** Filter. Abbildung 10.12 zeigt die Graphen der Übertragungsfolge zu einigen charakteristischen Zahlen für λ.

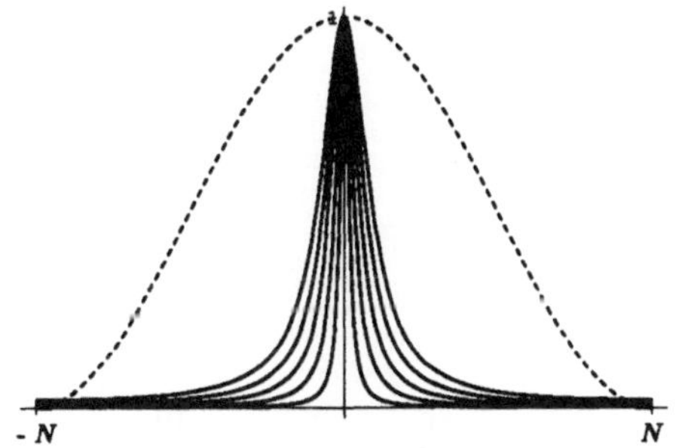

Abb. 10.12. Übertragungsfolgen des br-Filters; von außen nach innen ist $\lambda = 0{,}75$; $0{,}8$; $0{,}85$; $0{,}9$; $0{,}95$; (*gestrichelt:*) Übertragungsfolge des ${}^1B$-Filters zum Vergleich

Der typische Verlauf eines Tiefpaßfilters, nämlich von $H_0 = 1$ monoton fallend bis zum Minimalwert H_N, findet sich hier wieder. Anders als beim Binomialfilter ${}^nB$ geht die Filterdämpfung durch die Übertragungsfolge für $k = \pm N$ allerdings nicht bis auf Null zurück, sondern sie nimmt den Wert

$$H_{\pm N} = \left(\frac{1-\lambda}{1+\lambda}\right)^2 \,.$$

an. In der nachfolgenden Tabelle sind die hierzu gehörigen Zahlen für die λ-Werte der Abb. 10.12 zusammengestellt. Zusätzlich sind zur späteren Verwendung die Werte des Quotienten $\kappa/(1+\lambda)$ aufgenommen.

Aus der Abb. 10.12 wird deutlich, daß das br-Filter eine sehr starke Tiefpaßwirkung besitzt. Zur Präzisierung dieser Aussage sind in der Tabelle die entsprechenden Halbwertbreiten $\widehat{k}_{HW}$ aufgeführt (Aufgabe 4).

Der extreme Tiefpaßeffekt läßt sich z.B. für $\lambda = 0{,}95$ leicht überschlagen: Für einen Sample-Umfang von $2N = 512$ liegt die ***Halbwertfrequenz*** bei $k = \pm 4$, so daß bei der Anwendung dieses Filters auf ein solches Sample

Tabelle 10.1. Charakteristische Werte des br-Filters

λ	0,75	0,8	0,85	0,9	0,95
$\kappa/(1+\lambda)$	0,1429	0,1111	0,0811	0,0526	0,0256
$H_{\pm N}$	0,0204	0,0123	0,0066	0,0028	0,0007
$\widehat{k}_{HW}$	0,092	0,071	0,052	0,034	0,016

wenig mehr als der grobe Verlauf des ursprünglichen Signals zu erwarten ist. Im Anwendungsfall – etwa bei sehr stark verrauschtem Datenmaterial – wird der zweckmäßigste λ-Wert experimentell und in Abhängigkeit vom Datenumfang zu wählen sein. Wir wollen diese extreme Situation noch einmal am Beispiel des Konturgraphen f_{Dom} durch simuliertes Rauschen testen. In der Abb. 10.13 ist die „Streuung" der Zufallszahlen gegenüber der der Abb. 10.11 vervierfacht[7]. Es zeigt sich, daß trotz der sehr stark gestreuten Input-Daten durch das br-Filter zumindest ein Eindruck von der Grobstruktur des Konturgraphen wiedergewonnen werden kann.

Abbildung 10.14 bringt zum Vergleich das Ergebnis der idealen Tiefpaßfilterung zu derselben Halbwertfrequenz wie in Abb. 10.13, d.h. die Darstellung von $\mathcal{F}_D^{-1}\left\{\sum_{k=-4}^{4} F_k w^{jk}\right\}$.

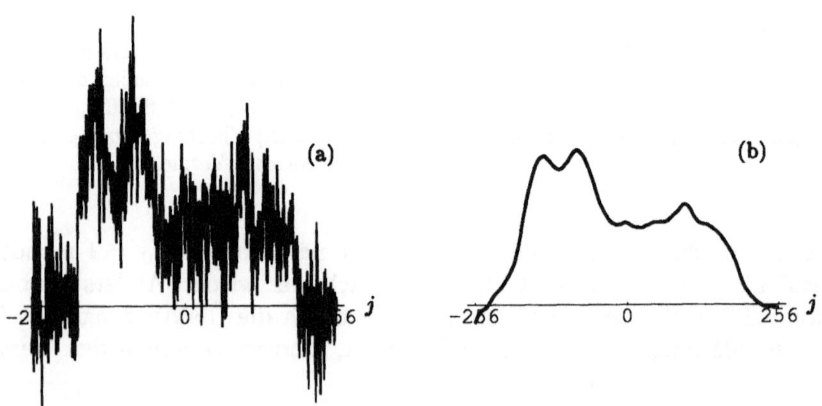

Abb. 10.13. (**a**) verrauschte, (**b**) br-gefilterte Daten, $\lambda = 0{,}95$, $2N = 512$

Am anderen Ende der oben angegebenen Tabellenwerte geht im Fall von $\lambda = 0{,}75$ die Maximaldämpfung für $k = \pm N$ nur bis auf 2% zurück. Der Verlauf der zugehörigen Übertragungsfolge in Abb. 10.12 läßt daher vermuten, daß von den Frequenzkomponenten zu $|k|$ oberhalb der Halbwertfrequenz

[7] Im Vergleich mit den Zahlenwerten der Fußnote auf S. 326 ist hier $\sigma = 0{,}2$ verwendet worden. Da der Begriff der „Streuung" in der statistischen Literatur nicht einheitlich benutzt wird, läßt er sich in unserem Zusammenhang zu einem umgangssprachlichen Verständnis der Standardabweichung verwenden.

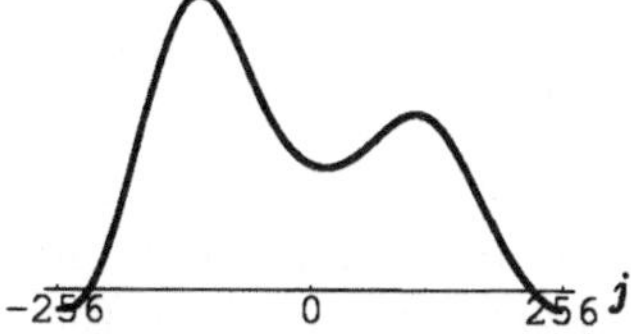

Abb. 10.14. Ergebnis des idealen Tiefpaßfilters zum Filterinput der Abb. 10.13 unter Berücksichtigung der Frequenzen $|k| \leq 4$

Überreste im Output des br-Filters anzutreffen sind. Um diesen Zusammenhang zu untersuchen, wollen wir einander entsprechende Ausschnitte der Abbildungen 10.8 (Binomialfilter ${}^nB$, $n = 40$) und 10.11 (br-Filter, $\lambda = 0{,}77$) in vergrößerter Darstellung miteinander vergleichen. Zu dem Sample-Umfang von $2N = 512$ wurde hierzu der Indexausschnitt $j = -40, \ldots, 85$ gewählt; zusätzlich sind die Filterergebnisse in Ordinatenrichtung entsprechend angepaßt. Abbildung 10.15 gibt außerdem den Vergleich der beiden zugehörigen Übertragungsfolgen wieder. Da es sich um symmetrische Filter handelt, genügt es, den Indexbereich $k = 0, \ldots, N$ darzustellen. Der Schnittpunkt der beiden Graphen im Ordinatenwert 0,5 läßt erkennen, daß die beiden Übertragungsfolgen dieselbe Halbwertbreite $\widehat{k}_{HW}$ besitzen.

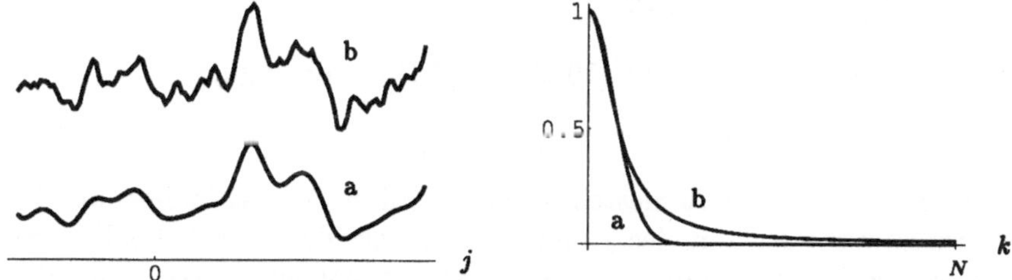

Abb. 10.15. Ausschnittvergleich der Filterergebnisse in Abb. 10.8 (a: ${}^nB$, $n = 40$) und Abb. 10.11 (b: br-Filter, $\lambda = 0{,}77$) sowie die zugehörigen Übertragungsfolgen

Es bestätigt sich in der Tat, daß bei dem br-Filter für den gewählten Wert $\lambda = 0{,}77$ noch Reste der höheren Frequenzkomponenten im Output – wenn auch stark gedämpft – vorhanden sind. Als Ergebnis dieser Untersuchungen bieten sich für die Anwendung des br-Filters λ-Werte mit $0{,}8 \leq \lambda \leq 0{,}95$ an, die allerdings – wie bereits erwähnt – unter Berücksichtigung des Sample-Umfangs zu wählen sind[8].

Für die *zweidimensionale* Übertragungsfolge des br-Filters zur Anwendung in der Bildbearbeitung ist in Aufgabe 6 zu zeigen, daß mit (10.25) gilt

[8] Als Erweiterung zu dem br-Algorithmus (10.20), (10.22) wird in [21] ein rekursives Filter vorgestellt, das größere Werte für die Halbwertbreite $\widehat{k}_{HW}$ mit einer stärkeren Dämpfung der Frequenzen $|k|$ oberhalb der Halbwertfrequenz verbindet.

$$H_{k,l} = \frac{\kappa^2}{1+\lambda^2-2\lambda\cos(2\pi k/(2N))}\frac{\kappa^2}{1+\lambda^2-2\lambda\cos(2\pi l/(2M))} . \quad (10.26)$$

Hierbei wird vorausgesetzt, daß die Input-Daten $f_{r,s}$ (vgl. (10.6)) zu dem ersten Index r mit $2N$ Abtastungen und zu dem zweiten Index s mit $2M$ Abtastungen vorliegen. Damit hat die Bildmatrix insgesamt also $4MN$ Elemente.

Die Abbildungen auf S. 337 geben ein Beispiel für die Anwendung des zweidimensionalen br-Filters mit $\lambda = 0{,}9$ wieder. Es handelt sich bei dem Filter-Input der oberen Abbildung um sogenannte „Speckle-Daten" der holographischen Interferometrie, die unter Anwendung der Phasenshiftmethode (vgl. S. 283) gewonnen wurden. Die scharf abgegrenzten „Phasensprünge" (vgl. S. 192) in dem Filterergebnis der unteren Abbildung wurden durch Verbindung des br-Filters mit einer zusätzlichen Transformation erreicht, die in [20] beschrieben ist.

Stabilität des br-Filters

Es soll gezeigt werden, daß zu einem Sample $(f_j)_{j\in\mathbb{M}}$ und

$$A := \min_{j\in\mathbb{M}}(f_j),\ B := \max_{j\in\mathbb{M}}(f_j) \quad (10.27)$$

das Filterergebnis $(g_j)_{j\in\mathbb{M}}$ mit (10.20), (10.22) die Bedingung

$$A \le g_j \le B \text{ für } j \in \mathbb{M} \quad (10.28)$$

erfüllt. Hierdurch ist sichergestellt, daß der Filter-Output immer innerhalb der Extremwerte der Samples f_j verläuft. Entscheidend für dieses Filterverhalten ist die Voraussetzung $0 < \lambda < 1$, denn es läßt sich zeigen, daß (10.28) für $\lambda > 1$ (d.h. $\kappa < 0$ wegen $\kappa = 1 - \lambda$) im allgemeinen nicht erfüllt ist. Aufgabe 7 zeigt an einem Beispiel, wie dabei die Output-Werte „dramatisch" von dem Filter-Input abweichen können.

Die durch (10.28) beschriebene Eigenschaft des br-Filters gibt eine der möglichen Formen wieder, mit der in der Nachrichtentechnik die sogenannte „Stabilität" eines diskreten Filters oder allgemeiner eines diskreten Systems definiert wird (vgl. Johnson, [19, S. 75]).

Zum Beweis von (10.28) zeigen wir zunächst, daß für zwei beliebige Zahlen $a, b \in \mathbb{R}$ mit $0 < \lambda < 1, \kappa = 1 - \lambda$ gilt:

$$\min(a,b) \le \lambda a + \kappa b \le \max(a,b) . \quad (10.29)$$

Wenn wir nämlich zur Vereinfachung der Notierung $c := \lambda a + \kappa b$ sowie $A' := \min(a,b), B' := \max(a,b)$ setzen, dann wird

$$\begin{aligned} c &= \lambda\,[A' + (a - A')] + \kappa\,[A' + (b - A')] \\ &= (\lambda + \kappa)A' + \lambda(a - A') + \kappa(b - A') \ge A' , \end{aligned}$$

Abb. 10.16. Speckle-Bild vor/nach Anwendung des br-Filters mit Zusatztransformation, 512 x 512 Pixel, $\lambda = 0{,}9$

$$\begin{aligned} c &= \lambda\,[B' - (B' - a)] + \kappa\,[B' - (B' - b)] \\ &= (\lambda + \kappa)B' - \lambda(B' - a) - \kappa(B' - b) \le B' \,. \end{aligned}$$

Hierbei wurde benutzt, daß $\lambda, \kappa, a - A', b - A', B' - a, B' - b \ge 0$ ist.

Wir wenden nun dieses Ergebnis auf die Vorschrift (10.20) des Vorwärtsdurchgangs zum br-Filter an. Als Induktionsanfang haben wir dann mit (10.27)

$$A \leq f_{-N} = g_{1,-N} \leq B \,. \tag{10.30}$$

Aus der Induktionsvoraussetzung $A \leq g_{1,j-1} \leq B$ ergibt sich durch Anwendung von (10.29) für $g_{1,j}$

$$A \leq \min(g_{1,j-1}, f_j) \leq g_{1,j} \leq \max(g_{1,j-1}, f_j) \leq B \,. \tag{10.31}$$

Das gesamte Filterergebnis der ersten Filterstufe $(g_{1,j})_{j\in\mathrm{M}}$ ist daher in dem Intervall $[A, B]$ eingeschlossen. Dieser Induktionsbeweis läßt sich entsprechend auf den Rückwärtsdurchgang übertragen (Aufgabe 8). Damit ist (10.28) bewiesen.

Aus (10.27), (10.28) können wir noch folgern: Zu einem Sample konstanter Werte $f_j = A \in \mathbb{R}$, $j \in \mathbb{M}$, ergibt sich für das Filterergebnis ebenfalls $g_j = A$, $j \in \mathbb{M}$, (vgl. Aufgabe 1).

Impulsantwort des br-Filters

Als Ergänzung zu den Eigenschaften des br-Filters soll die Impulsantwort dieses Filters entwickelt werden. Hierzu müssen wir die IDFT $h_j := \mathcal{F}_D^{-1}\{H_k\}$ auf die Übertragungsfolge (10.25) anwenden. Die Summenformel (9.30), S. 264, ist für diese Berechnung allerdings wenig geeignet, sondern es ist günstiger, von der diskreten Form der H_k zu deren Darstellung als Funktion überzugehen. Weiterhin werden wir von dem Zusammenhang zwischen Fourierkoeffizienten und DFT-Koeffizienten der S. 295 Gebrauch machen. Hierbei waren Fourierreihen für Funktionen im Ortsbereich benutzt worden. Wir beginnen daher die folgenden Überlegungen damit, daß wir das Frequenzspektrum (10.25) als 1-periodische Funktion $f(x)$ notieren:

$$f(x) = \frac{\kappa^2}{1 + \lambda^2 - 2\lambda\cos(2\pi x)} \,. \tag{10.32}$$

Um die Fourierreihe dieser Funktion zu gewinnen, überführen wir f in die Form zweier Partialbrüche (Aufgabe 9):

$$f(x) = \frac{\kappa}{1+\lambda}\left[\frac{\lambda\exp(-2\pi i x)}{1 - \lambda\exp(-2\pi i x)} + \frac{1}{1 - \lambda\exp(2\pi i x)}\right] \,. \tag{10.33}$$

Wegen $|\lambda\exp(\pm 2\pi i x)| < 1$ können die beiden Summandenbrüche als unendliche geometrische Reihe dargestellt werden (vgl. (2.8), S. 21). So erhalten wir für den ersten Bruch

$$\begin{aligned}\frac{\lambda\exp(-2\pi\mathrm{i}x)}{1-\lambda\exp(-2\pi\mathrm{i}x)} &= \lambda\exp(-2\pi\mathrm{i}x)\sum_{k=0}^{\infty}\lambda^k\exp(-2\pi\mathrm{i}kx)\\ &= \sum_{k=1}^{\infty}\lambda^k\exp(-2\pi\mathrm{i}kx)\,.\end{aligned}$$

Insgesamt ergibt sich damit als Fourierreihe

$$\begin{aligned}f(x) &= \frac{\kappa}{1+\lambda}\left[\sum_{k=1}^{\infty}\lambda^k\exp(-2\pi\mathrm{i}kx)+\sum_{k=0}^{\infty}\lambda^k\exp(2\pi\mathrm{i}kx)\right]\\ &= \frac{\kappa}{1+\lambda}\sum_{k=-\infty}^{\infty}\lambda^{|k|}\exp(2\pi\mathrm{i}kx)\,.\end{aligned}$$

Da f eine reellwertige gerade Funktion ist, sind auch die Fourierkoeffizienten

$$C_k = \frac{\kappa}{1+\lambda}\lambda^{|k|},\ k\in\mathbb{Z}\,, \tag{10.34}$$

reellwertig und gerade.

Wenn wir jetzt von (10.32) zur diskreten Form des Samples

$$f_j := \frac{\kappa^2}{1+\lambda^2-2\lambda\cos(2\pi j/(2N))},\ j\in\mathbb{M}\,, \tag{10.35}$$

zurückgehen, dann erhalten wir mit (9.96), S. 295, aus den Fourierkoeffizienten (10.34) die DFT-Koeffizienten

$$F_k = \mathcal{F}_D\{f_j\} = \frac{\kappa}{1+\lambda}\sum_{n=-\infty}^{\infty}\lambda^{|k-n2N|}\,.$$

Wir wollen diese unendliche Reihe noch in eine Summenformel überführen. Zu $k\in\mathbb{M}$ ist $k-n2N>0$ für $n\in\mathbb{Z}^-$ und $k-n2N<0$ für $n\in\mathbb{N}$. Daher ergibt sich für $k\in\mathbb{M}$

$$\begin{aligned}\sum_{n=-\infty}^{\infty}\lambda^{|k-n2N|} &= \sum_{n=-\infty}^{-1}\lambda^{k-n2N}+\lambda^{|k|}+\sum_{n=1}^{\infty}\lambda^{-k+n2N}\\ &= \left(\lambda^k+\lambda^{-k}\right)\sum_{n=1}^{\infty}\left(\lambda^{2N}\right)^n+\lambda^{|k|}\\ &= \left(\lambda^k+\lambda^{-k}\right)\left[\frac{1}{1-\lambda^{2N}}-1\right]+\lambda^{|k|}\,.\end{aligned}$$

Insgesamt lauten damit die DFT-Koeffizienten zu f_j in (10.35)

$$F_k = \frac{\kappa}{1+\lambda}\left[\lambda^{|k|} + (\lambda^k + \lambda^{-k})\frac{\lambda^{2N}}{1-\lambda^{2N}}\right], \; k \in \mathbb{M}\,. \tag{10.36}$$

Für die zahlenmäßigen Werte von F_k kann der zweite Summand in der eckigen Klammer normalerweise vernachlässigt werden, da für „größeren" Sample-Umfang $2N$ gilt: $\lambda^N \ll 1$.

Das ursprünglich gesuchte Ergebnis der IDFT läßt sich jetzt mit (9.43), $\mathcal{F}_D^{-1}\{f_k\} = 2NF_{-j}$, bilden. Da die F_k in (10.36) von gerader Symmetrie sind, erhalten wir für die Impulsantwort des br-Filters

$$h_j = \frac{2N\kappa}{1+\lambda}\left[\lambda^{|j|} + (\lambda^j + \lambda^{-j})\frac{\lambda^{2N}}{1-\lambda^{2N}}\right], \; j \in \mathbb{M}\,. \tag{10.37}$$

Mit Hilfe dieser Impulsantwort läßt sich verdeutlichen, wie der Filter-Output g_j durch die Faltung $g_j = f_j * h_j$ aus dem Input hervorgeht. Zu einem einzelnen Element g_{j_0} trägt in der Faltungssumme (9.103), S. 302, das Element f_{j_0} im wesentlichen mit dem Gewichtungsfaktor $\kappa/(1+\lambda)$ bei (vgl. hierzu die Zahlenwerte der Tabelle 10.1). Der Einfluß der benachbarten Elemente f_{j_0+n}, $n = \pm 1, \pm 2, \ldots$, in der Summe wird zusätzlich durch die Faktoren $\lambda^{|n|}$ mit dem Abstand $|n|$ kleiner. Außerdem verringert sich bei Vergrößerung des Wertes λ der Gewichtungsfaktor zu f_{j_0}, während das Gewicht der benachbarten f_j-Werte wächst. Wegen $h_j * 1 = 1$ (vgl. Aufgabe 1) ergibt die Summe sämtlicher Folgenwerte zu h_j das Ergebnis $2N$.

Entfaltung

Die Erörterung der Impulsantwort und der Übertragungsfolge legt es nahe, abschließend noch eine Verbindung zu dem Begriff der „Entfaltung" (englisch: deconvolution) herzustellen. Sinngemäß steht das Wort für „Rückgängigmachen einer Faltung", und demnach kann diese Operation auch als inverse Faltung definiert werden.

Die Entfaltung findet beispielsweise in der Bildbearbeitung Anwendung bei der Rekonstruktion von Bildern, die durch genau definierbare physikalische Vorgänge verfälscht sind ([4, S. 55]). Falls sich dieser Verfälschungsprozeß mathematisch als Faltung beschreiben läßt, dann führt die inverse Faltung – im Idealfall – zu dem ursprünglichen Bild zurück.

In der Regel wird die Operation der Entfaltung im Frequenzbereich durchgeführt. Der „Multiplikation mit der Übertragungsfolge" entspricht dabei als Inverse die „Division durch die Übertragungsfolge". Ausgehend von (10.5) ist also $F_k = G_k/H_k$ zu bilden.

Die Quotientenform macht unmittelbar eines der Hauptprobleme der Entfaltung deutlich, den Fall nämlich, daß die Übertragungsfolge H_k Nullelemente aufweist. Bei der Übertragungsfolge des br-Filters gilt allerdings wegen (10.25) $H_k > 0$ für $k \in \mathbb{M}$. Daher läßt sich mit dem br-Filter ein einfaches Beispiel zur Anwendung der Entfaltung vorstellen.

Die reziproke Form $1/H_k$ überführt die Graphen der Abb. 10.12 in den typischen Verlauf eines Hochpaßfilters (vgl. Abb. 10.9). Es ist Gegenstand der Aufgabe 10, für dieses Hochpaßfilter – als Entfaltung zum br-Filter – die Impulsantwort und damit die algorithmische Berechnungsvorschrift zu entwickeln, die sich im *Ortsbereich* durchführen läßt. Wenn wir diese Operation nun auf den *Output eines br-Filters* anwenden, dann ist es mathematisch zwangsläufig, daß das Resultat der *ursprüngliche Input des br-Filters* sein muß.

Die anschaulichen Ergebnisse der folgenden Abbildung erscheinen trotzdem überraschend. Die Graphen a) machen die br-Filterung der Abb. 10.13 rückgängig. Der Graph b_1) wurde durch Anwendung des br-Filters auf den unverrauschten Konturgraphen f_{Dom} erstellt ($\lambda = 0{,}95$). Hieraus geht dann b_2) durch die Berechnung der entsprechenden Entfaltung hervor. Obwohl sich die Graphen a_1) und b_1) nur unwesentlich voneinander unterscheiden, zeigen die Resultate der Entfaltung doch beträchtliche Abweichungen.

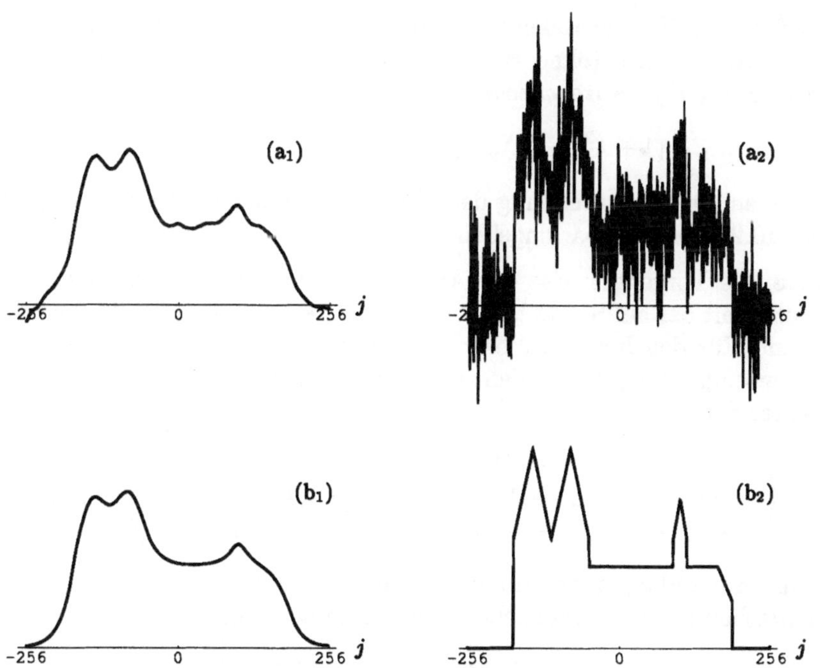

Abb. 10.17. Beispiele zur Entfaltung: **(a)** Inverse zur br-Filterung der Abb. 10.13, **(b)** Entfaltung des br-Filterergebnisses zu f_{Dom}, $\lambda = 0.95$

Übungen

10.2.1 Bestätigen Sie durch Anwendung der Filterformeln (10.20), (10.22), daß zu dem Input $f_j := 1$ für $j \in \mathbb{M}$ das Resultat des br-Filters $g_j = 1$ für $j \in \mathbb{M}$ lautet.

10.2.2 Zeigen Sie, daß die Formeln (10.20), (10.22) des br-Filters (einschließlich der Startwerte) die (10.8) entsprechenden Linearitätseigenschaften erfüllen. Würde man dagegen die Startvereinbarungen in $g_{1,-N} := A, g_{N-1} := B$ mit festen Werten $A, B \in \mathbb{R}\setminus\{0\}$ ändern, dann wären die entsprechenden Filtervorschriften nicht linear.

10.2.3 Überführen Sie die Algorithmusvorschrift der zweiten Filterstufe, (10.22), (ohne Berücksichtigung der Startvorschrift) in die Übertragungsfolge (10.24). Gewinnen Sie durch das Produkt der kaskadierten Filterstufen $H_{1,k}H_{2,k} = H_k$ die Übertragungsfolge (10.25).

10.2.4 Kontrollieren Sie die Werte der Tabelle 10.1.

10.2.5 Fassen Sie die Rekursivformeln der ersten und zweiten Filterstufe, (10.20) und (10.22), (ohne Berücksichtigung der Startvorschriften) zu der gemeinsamen *Differenzengleichung*

$$-\lambda g_{j-1} + (1+\lambda^2)g_j - \lambda g_{j+1} = \kappa^2 f_j$$

zusammen. Durch Anwendung der DFT läßt sich hieraus die Übertragungsfolge (10.25) unmittelbar angeben.

10.2.6 Die Vorgehensweise der Aufgabe 5 kann auf das zweidimensionale br-Filter mit der auf S. 332 beschriebenen Berechnungsvorschrift übertragen werden . Für den Input $f_{r,s}$ bzw. den Output $g_{r,s}$ ist die zweidimensionale Differenzengleichung der beiden zusammengefaßten Filterstufen in matrixangepaßter Form zu bestätigen ($\kappa = 1 - \lambda$):

$$\begin{pmatrix} \lambda^2 g_{r-1,s-1} & -\lambda(1+\lambda^2)g_{r-1,s} & +\lambda^2 g_{r-1,s+1} \\ -\lambda(1+\lambda^2)g_{r,s-1} & +(1+\lambda^2)^2 g_{r,s} & -\lambda(1+\lambda^2)g_{r,s+1} \\ +\lambda^2 g_{r+1,s-1} & -\lambda(1+\lambda^2)g_{r+1,s} & +\lambda^2 g_{r+1,s+1} \end{pmatrix} = \kappa^4 f_{r,s} \,.$$

Für die Anwendung der zweidimensionale DFT auf diese Gleichung wird die Entsprechung zu der Verschiebeformel (9.41) benötigt:

$$\mathcal{F}_D\{f_{r,s}\} = F_{k,l} \;\Rightarrow\; \mathcal{F}_D\{f_{r-n,s-m}\} = w_{2N}^{-nk} w_{2M}^{-ml} F_{k,l} \,.$$

Aus der zweidimensionalen Differenzengleichung ist hiermit die zweidimensionale Übertragungsfolge (10.26) zu entwickeln.

10.2.7 Berechnen Sie das Ergebnis $g_{1,j}$ der ersten Filterstufe (10.20) für die Werte $\lambda := 2 \Rightarrow \kappa = -1$ und $f_j := N + j$.

10.2.8 Der Induktionsbeweis mit (10.30) und (10.31) ist auf die zweite Stufe des br-Filters zu übertragen.

10.2.9 Bestätigen Sie die Gleichheit von (10.32) und (10.33).

10.2.10 Zu der reziproken Übertragungsfolge $1/H_k$ in (10.25) ist die Impulsantwort h_j^{-1} als Inverse oder Entfaltungsvorschrift des br-Filters h_j in (10.37) zu bestimmen. Hinweis: Es lassen sich zunächst jeweils die Impulsantworten zu $1/H_{1,k}$ in (10.23) und $1/H_{2,k}$ in (10.24) bilden. Als Randbedingungen für die Entfaltungsoperation liegt es nahe, die Vorschriften in (10.3) entsprechend zu übertragen.

Kontrolle zu h_j^{-1}: Wird der Faktor $1/\kappa^2$ durch $1/4$ ersetzt, dann stimmt für $\lambda = 1$ die zu ermittelnde Impulsantwort mit der des Hochpaßfilters $h_{j,H}$ in (10.16) überein. Außerdem muß natürlich die Gleichung $h_j^{-1} * h_j = \delta_j$ erfüllt sein.

Aufgabenlösungen

Im folgenden ist eine Auswahl von Lösungen zu den Übungsaufgaben zusammengestellt.

Kapitel 1

Die Ersetzung der in den Aufgaben 1.a), c) und 2.b), c) genannten Funktionen läßt sich durch Skizzen zu den Funktionsgraphen lösen bzw. verifizieren. Zusätzlich können die Zusammenhänge wie in dem folgenden Beispiel vertieft werden:

1.1 a) $a = 1$, $b = 1/2$, $c = -1$, $d = -1/2$, denn

$$\operatorname{step}\left(x + \frac{1}{2}\right) = \begin{cases} 0 \text{ für } x + \frac{1}{2} < 0 \Leftrightarrow x < -\frac{1}{2}\,, \\ 1 \text{ für } x + \frac{1}{2} > 0 \Leftrightarrow x > -\frac{1}{2}\,, \end{cases}$$

$$\operatorname{step}\left(x - \frac{1}{2}\right) = \begin{cases} 0 \text{ für } x - \frac{1}{2} < 0 \Leftrightarrow x < \frac{1}{2}\,, \\ 1 \text{ für } x - \frac{1}{2} > 0 \Leftrightarrow x > \frac{1}{2}\,, \end{cases}$$

$$\Rightarrow \operatorname{step}\left(x + \frac{1}{2}\right) - \operatorname{step}\left(x - \frac{1}{2}\right) = \begin{cases} 0 \text{ für } x < -\frac{1}{2}\,, \\ 1 \text{ für } -\frac{1}{2} < x < \frac{1}{2}\,, \\ 0 \text{ für } x > \frac{1}{2}\,. \end{cases}$$

$$x = -\frac{1}{2}: \ \operatorname{step}(0) - \operatorname{step}(-1) = \frac{1}{2} - 0 = \frac{1}{2}\,,$$

$$x = \frac{1}{2}: \ \operatorname{step}(1) - \operatorname{step}(0) = 1 - \frac{1}{2} = \frac{1}{2}$$

c) $\operatorname{sgn}(x) = -1 + 2\operatorname{step}(x)$

1.2 b) $|x| = x\operatorname{sgn}(x), \ \operatorname{sgn}(x) = \begin{cases} \dfrac{|x|}{x} \text{ für } x \neq 0\,, \\ 0 \text{ für } x = 0 \end{cases}$

1.3 c) Zur Vereinfachung wird f_G, g_G für gerade und f_U, g_U für ungerade Funktionen notiert. Nach (1.21), (1.22) ist

$$h_2(-x) = f_G(-x) + g_G(-x) = f_G(x) + g_G(x) = h_2(x): \text{ gerade,}$$

$$h_2(-x) = f_U(-x) + g_U(-x) = -f_U(x) - g_U(x) = -h_2(x): \text{ ungerade,}$$

$$h_2(-x) = f_G(-x) + g_U(-x) = f_G(x) - g_U(x): \text{ (i.a.) unsymmetrisch}$$

1.6 s. Abbildung $f(x/b)$, $g(x)$ mit (**a**), (**b**) zu $b = 1/2$ und (**c**), (**d**) zu $b = 2$.

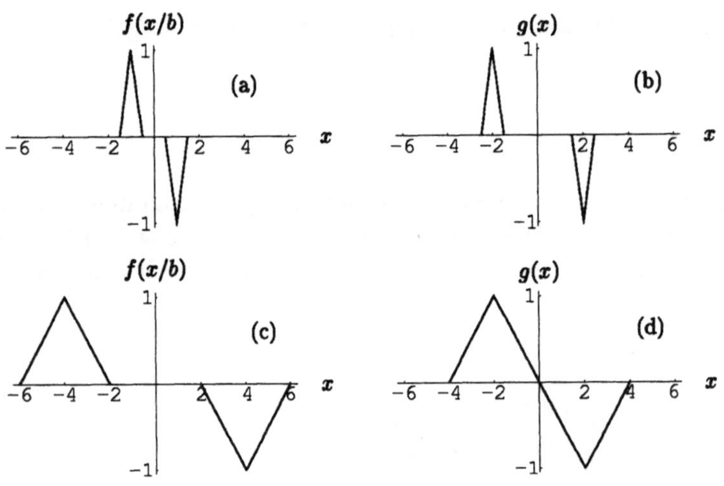

1.7 a) $b = 2k\pi$, b) $b = (2k-1)\pi$, $k \in \mathbb{Z}$, c) $a = -\exp(c|b|/2)$.

1.8 b) s. Abbildung (**e**) zu $f(x)$ und (**f**) zu $g(x)$ mit $\lim\limits_{x \to 0\pm} f'(x) = \pm\infty$ und $\lim\limits_{x \to 0\pm} g'(x) = \infty$

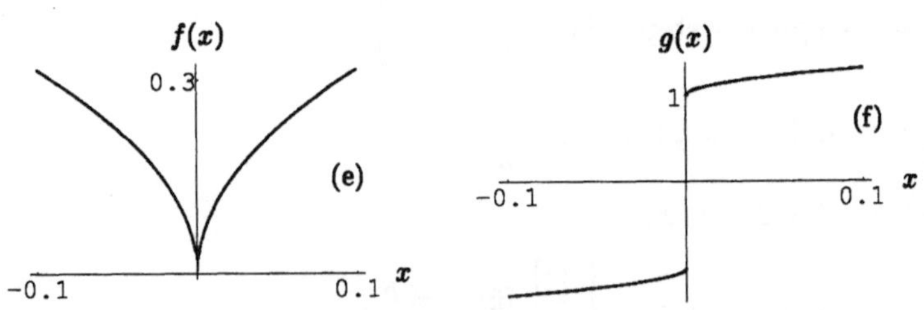

1.10 a) 0, da $f(x)$ ungerade, b) $b\,\mathrm{sinc}(b\nu)$, c) $2|\beta|\,[\exp(b/(2|\beta|)) - 1]$

1.11 b) $2|b|$

Abschnitt 2.1

2.1.3 a) Mit Satz 2.2 wird

$$\sum_{k=1}^{\infty} \frac{1}{k^2} = \sum_{k=1}^{\infty} \left[\frac{1}{(2k-1)^2} + \frac{1}{(2k)^2} \right] = \sum_{k=1}^{\infty} \frac{1}{(2k-1)^2} + \frac{1}{4} \sum_{k=1}^{\infty} \frac{1}{k^2} .$$

Daraus folgt die Behauptung. Ansatz zu b)

$$\sum_{k=1}^{\infty} \frac{(-1)^{k-1}}{k^2} = \sum_{k=1}^{\infty} \left[\frac{1}{(2k-1)^2} - \frac{1}{(2k)^2} \right] .$$

Abschnitt 2.2

2.2.1 c) Bekanntlich besteht für einen konstanten Wert c die Beziehung

$$\frac{\mathrm{d}}{\mathrm{d}x} \int_c^x f(s)\mathrm{d}s = f(x) \Rightarrow \frac{\mathrm{d}}{\mathrm{d}x} \int_x^c f(s)\mathrm{d}s = -f(x) .$$

Daraus ergibt sich

$$\frac{\mathrm{d}}{\mathrm{d}a} \int_{a-p/2}^{a+p/2} f(x)\mathrm{d}x = f\left(a + \frac{p}{2}\right) - f\left(a - \frac{p}{2}\right) = 0 .$$

Somit ist das Integral für eine p-periodische Funktion unabhängig von a.

2.2.3 Zunächst müssen p und q selbst keineswegs rationale oder ganze Zahlen sein, Beispiel: $f(x) = \sin(4x)$, $g(x) = \sin(6x) \Rightarrow p = \pi/2$, $q = \pi/3$, $p/q = 3/2$, $p_{ges} = \pi$. Mit $h(x) := f(x)+g(x)$ wird wegen $r, s \in \mathbb{N}$ unter Verwendung von (2.24)

$$h(x + p_{ges}) = f(x + sp) + g(x + rq) = f(x) + g(x) = h(x) .$$

2.2.5 Mittelwertverhalten: Mit (2.31), der rechts-/linksseitigen Stetigkeit von f, (2.29), (2.30) wird

$$\begin{aligned} \tilde{f}\left(-\frac{p}{2}\right) &= \frac{1}{2}\left[f\left(-\frac{p}{2}\right) + f\left(\frac{p}{2}\right)\right] = \frac{1}{2}\left[f\left(-\frac{p}{2}^{+}\right) + f\left(\frac{p}{2}^{-}\right)\right] \\ &= \frac{1}{2}\left[\tilde{f}\left(-\frac{p}{2}^{+}\right) + \tilde{f}\left(-\frac{p}{2}^{-}\right)\right] . \end{aligned}$$

Die restlichen Aussagen sind intuitiv ohne weiteres einsichtig. Formalbeweis zu f p-periodisch $\Rightarrow \tilde{f} = f$:

Wir setzen $\hat{f}_k(x) := \hat{f}(x - kp)$, $k \in \mathbb{Z}$. Für beliebiges x mit $-1/2 < x < 1/2$ ist dann

$$\tilde{f}(x + kp) = \hat{f}_k(x + kp) = \hat{f}_0(x) = \hat{f}(x) = f(x) = f(x + kp) .$$

An der linken Grenze des elementaren Periodenintervalls I_p ist

$$\widetilde{f}_0\left(-\frac{p}{2}\right) = \widehat{f}_{-1}\left(-\frac{p}{2}\right) + \widehat{f}_0\left(-\frac{p}{2}\right) = 2\widehat{f}_0\left(-\frac{p}{2}\right)$$
$$= 2\widehat{f}\left(-\frac{p}{2}\right) = 2f(x)\,\mathrm{rect}\left(\frac{x}{p}\right)\Big|_{x=-p/2} = f\left(-\frac{p}{2}\right),$$

und wegen der Periodeneigenschaft gilt dasselbe an den Stellen $-p/2 + mp$, $m \in \mathbb{Z}$.

Abschnitt 2.3

2.3.1 Die Mittelwertformel (2.36) läßt sich auf die grundlegenden Integralwerte

$$\int_{-1/2}^{1/2} \sin(2\pi kx)\mathrm{d}x = \int_{-1/2}^{1/2} \cos(2\pi kx)\mathrm{d}x = 0,\; k \in \mathbb{Z}\setminus\{0\},$$

zurückführen, die bei der Integrandenfunktion $\sin(2\pi kx)$ auch $k = 0$ einschließen. Für die ungerade Sinusfunktion folgt das Ergebnis sofort aus (1.28), S. 12. Der Fall der Kosinusfunktion läßt sich durch Berechnung des Integrals bestätigen. Ein anderer Weg hierzu lautet mit der Substitution $s = x+1/(4k)$, Anwendung von (2.32) und dem Sinusergebnis

$$\int_{-1/2}^{1/2} \cos(2\pi kx)\mathrm{d}x = \int_{-1/2+1/(4k)}^{1/2+1/(4k)} \cos\left(2\pi k\left[s - \frac{1}{4k}\right]\right)\mathrm{d}s$$
$$= \int_{-1/2+1/(4k)}^{1/2+1/(4k)} \sin(2\pi ks)\mathrm{d}s = 0\,.$$

2.3.2 Induktiv läßt sich zeigen

$$\lambda = 0:\; A_{k,n} = (2\pi k)^n A_k,\; B_{k,n} = (2\pi k)^n B_k \text{ (Beispiel: } n = 0),$$
$$\lambda = 1:\; A_{k,n} = (2\pi k)^n B_k,\; B_{k,n} = -(2\pi k)^n A_k \text{ (Beispiel: } n = 1),$$
$$\lambda = 2:\; A_{k,n} = -(2\pi k)^n A_k,\; B_{k,n} = -(2\pi k)^n B_k \text{ (Beispiel: } n = 2),$$
$$\lambda = 3:\; A_{k,n} = -(2\pi k)^n B_k,\; B_{k,n} = (2\pi k)^n A_k \text{ (Beispiel: } n = 3).$$

2.3.3 $\mathrm{rect}(x)$ erfüllt in $x = \pm 1/2$ nicht die Bedingung der rechts-/linksseitigen Stetigkeit, nach (2.26) wäre $\widehat{f}(x) \doteq \mathrm{rect}^2(x)$ mit $\widehat{f}(\pm 1/2) = 1/4$ und die 1-periodische Fortsetzung $\widetilde{f}(x)$ in (2.28) würde in $x = \pm 1/2$ nicht die Mittelwertbedingung erfüllen. Um die Übereinstimmung mit der Einsfunktion als Ergebnis der Fourierreihe (2.44) für $b = 1$ zu erreichen, ist es sinnvoll, $\mathrm{rect}(x)$ - wie auf S. 36 - 1-periodisch fortzusetzen, so daß sich $\widetilde{f}(-1/2) = \left[\mathrm{rect}(x) + \mathrm{rect}(x+1)\right]\Big|_{x=-1/2} = 1$ ergibt.

2.3.7 Die Fourierreihe (2.56) ergibt für $x = -1/4$ mit (2.11):

$$f\left(\frac{1}{4}\right) = -\frac{1}{\pi}\sum_{k=1}^{\infty}\frac{(-1)^k}{k}\sin\left(\frac{k}{2}\pi\right) = -\frac{1}{\pi}\sum_{k=1}^{\infty}\frac{(-1)^{2k-1}}{2k-1}\sin\left(\frac{2k-1}{2}\pi\right)$$
$$= \frac{1}{\pi}\sum_{k=1}^{\infty}\frac{(-1)^{k-1}}{2k-1} = \frac{1}{\pi}\frac{\pi}{4} = \frac{1}{4}.$$

Da f ungerade ist, folgt $f(-1/4) = -1/4$.

Abschnitt 2.4

2.4.1 Die Funktion (2.58) wird für $p = 1/m$, $m \in \mathbb{N}$,

$$g(x) = f(mx) = A_0 + 2\sum_{k=1}^{\infty}[A_k\cos(2\pi kmx) + B_k\sin(2\pi kmx)]$$
$$= A_0 + 2\sum_{k=1}^{\infty}[A'_k\cos(2\pi kx) + B'_k\sin(2\pi kx)]\ ,$$

$$A'_k = \left\{\begin{array}{l} A_{k/m} \text{ für } k = \lambda m\ , \\ 0 \text{ für } k \neq \lambda m\ , \end{array}\right\}\ \lambda \in \mathbb{N}\,.$$

2.4.3

$$\tilde{f}(x) + \tilde{f}(-x) = 2b + 2\sum_{k=1}^{\infty} 2b\,\mathrm{sinc}(bk)\cos(\pi bk)\cos(2\pi kx)$$
$$= 2b + 2\sum_{k=1}^{\infty} A'_k\cos(2\pi kx)\,.$$

Für die Fourierkoeffizienten A'_k ergibt sich

$$A'_k = 2b\frac{\sin(\pi bk)\cos(\pi bk)}{\pi bk} = 2b\frac{\sin(2\pi bk)}{2\pi bk} = 2b\,\mathrm{sinc}(2bk)\,.$$

$$b = \frac{1}{2}\ \Rightarrow\ A'_k = 0,\ k \in \mathbb{N}\,.$$

2.4.6

$$\tilde{f}(x) = -\frac{1}{\pi}\sum_{k=1}^{\infty}\frac{1}{k}\sin(2\pi kx)$$

Abschnitt 3.2

3.2.1

$$\text{a) } f(-a)\delta(-x-a) \quad \text{b) } f\left(-\frac{a}{\beta}\right)\delta(a-\beta x) \quad \text{c) } f(a_2-a_1)\delta(x-a_2)$$

$$\text{d) } f\left(-\frac{a}{b}\right)\delta(x+a) \quad \text{e) } f\left(\frac{a_2-a_1}{b_1}\right)\delta\left(\frac{a_2-x}{b_2}\right)$$

$$\text{f) } f\left(\frac{a_2\beta_1-a_1\beta_2}{\beta_1\beta_2}\right)\delta\left(\frac{\beta_2 x-a_2}{b_2}\right)$$

3.2.3

$$\text{a) } \frac{1}{|\beta|}f\left(-\frac{a}{\beta}\right) \quad \text{b) } f(-\beta x) \quad \text{c) } f\left(\frac{a}{b}\right) \quad \text{d) } f\left(\frac{x}{b}\right)$$

$$\text{e) } |b_2|f\left(-\frac{2a}{b_1}\right) \quad \text{f) } |b_2|f\left(\frac{2x}{b_1}\right)$$

3.2.5

$$\text{a) } b^2N(N+1) \quad \text{b) } 2\pi(2N+1) \quad \text{c) } -\pi(2N+1) \quad \text{d) } \frac{2}{3}\left(4^{N+1}-4^{-N}\right)$$

Abschnitt 3.3

3.3.1

$$\text{a) } \sum_{k=-\infty}^{\infty}\sin(k)\delta(x-k) \quad \text{b) } \frac{1}{2}\sum_{k=-\infty}^{\infty}(-1)^k\delta\left(x-\frac{k}{2}\right)$$

$$\text{c) } |b|\delta(x)+|b|\sum_{k=1}^{\infty}2^{-|b|k}\left[\delta(x-bk)+\delta(x+bk)\right]$$

3.3.5 $b\,\dfrac{2^b+1}{2^b-1}$

Kapitel 4

4.3 b)

$$f(x)=\exp(2\pi\mathrm{i}x) \Rightarrow f(-x)=\exp(-2\pi\mathrm{i}x)=[\exp(2\pi\mathrm{i}x)]^*=f^*(x)$$

$\Rightarrow f(x):$ hermitesch,

$$\begin{aligned} f(x)=\mathrm{i}\exp(2\pi\mathrm{i}x) \Rightarrow f(-x)=\mathrm{i}\exp(-2\pi\mathrm{i}x) &= [-\mathrm{i}]^*\,[\exp(2\pi\mathrm{i}x)]^* \\ &= -\left[\mathrm{i}\exp(2\pi\mathrm{i}x)\right]^* = -f^*(x) \end{aligned}$$

$\Rightarrow f(x)$: antihermitesch

e) Zusätzliche Notierung der Symmetrie hermitesch: f_H, g_H, h_H, antihermitesch: f_A, g_A, h_A; Produktergebnis $g := fh$ unsymmetrisch: g_{un}

	f_G	f_U	f_H	f_A
h_G	g_G	g_U	g_{un}	g_{un}
h_U	g_U	g_G	g_{un}	g_{un}
h_H	g_{un}	g_{un}	g_H	g_A
h_A	g_{un}	g_{un}	g_A	g_H

4.4 a) Zweifache partielle Integration:

$$\int \exp(\mathrm{i}x)\cos x\,\mathrm{d}x = \exp(\mathrm{i}x)\left[\sin x + \mathrm{i}\cos x\right] + \int \exp(\mathrm{i}x)\cos x\,\mathrm{d}x$$

$$\begin{aligned}\Leftrightarrow 0 &= \exp(\mathrm{i}x)\left[\sin x + \mathrm{i}\cos x\right] + C = \mathrm{i}\exp(\mathrm{i}x)\left[\cos x - \mathrm{i}\sin x\right] + C\\ &= \mathrm{i}\exp(\mathrm{i}x)\exp(-\mathrm{i}x) + C = \mathrm{i} + C \Rightarrow C = -\mathrm{i}\end{aligned}$$

Dagegen unter Verwendung von (4.4):

$$\int \exp(\mathrm{i}x)\cos x\,\mathrm{d}x = \int \frac{\exp(2\mathrm{i}x)+1}{2}\mathrm{d}x = \frac{2x - \mathrm{i}\exp(2\mathrm{i}x)}{4} + C$$

Abschnitt 5.1

5.1.1 Gemäß Voraussetzung gilt

$$C_k = |C_k|\exp(2\pi\mathrm{i}\Phi_k) \Rightarrow C_{-k} = C_k^* = |C_k|\exp(-2\pi\mathrm{i}\Phi_k)$$

$$\Rightarrow C_{-k}\exp(-2\pi\mathrm{i}kx) + C_k\exp(2\pi\mathrm{i}kx)$$

$$= |C_k|\left[\exp(-2\pi\mathrm{i}\left[kx + \Phi_k\right]) + \exp(2\pi\mathrm{i}\left[kx + \Phi_k\right])\right]$$

$$= 2|C_k|\cos(2\pi\left[kx + \Phi_k\right])$$

5.1.3 Fourierreihe zum 1-periodischen Geradenausschnitt

$$f(x) = -\mathrm{i}\sum_{\substack{k=-\infty\\k\neq 0}}^{\infty} b\,\frac{\operatorname{sinc}(bk) - \cos(\pi bk)}{2\pi k}\exp(2\pi\mathrm{i}kx)$$

Fourierkoeffizienten C_k: rein imaginär, Zähler gerade, Nenner ungerade $\Rightarrow C_k$ hermitesch

5.1.4 c)

$$C_k = \mathrm{i}b\left[\frac{\operatorname{sinc}(bk) - \cos(\pi bk)}{2\pi k} + \operatorname{sinc}^2(bk)\right]$$

ungerade und gerade Summanden: C_k unsymmetrisch

5.1.6 a)

$$C_{k,g} = -\frac{\mathrm{i}}{2}\left[C_{k-\nu} - C_{k+\nu}\right]$$

$$\begin{aligned}\Rightarrow C_{-k,g} &= -\frac{\mathrm{i}}{2}\left[C_{-k-\nu} - C_{-k+\nu}\right] = -\frac{\mathrm{i}}{2}\left[C^*_{k+\nu} - C^*_{k-\nu}\right]\\ &= \left(\frac{\mathrm{i}}{2}\right)^*\left[C_{k+\nu} - C_{k-\nu}\right]^* = \left[-\frac{\mathrm{i}}{2}\left(C_{k-\nu} - C_{k+\nu}\right)\right]^* = C^*_{k,g}\end{aligned}$$

Abschnitt 5.2

5.2.2 Fourierkoeffizienten der 1-periodischen Fortsetzung zu $\operatorname{tri}(x/b)\operatorname{rect}((x-b/2)/b)$, $0 < b \leq 1/2$ durch Berechnung des Integrals (5.18) und Überführung nach (2.71); $C_0 = b/2$, $k \in \mathbb{N}$:

$$\begin{aligned}C_k &= \frac{-\mathrm{i}}{2\pi k} + \frac{1-\exp(-2\pi\mathrm{i}bk)}{b(2\pi k)^2} = \frac{-\mathrm{i}}{2\pi k} + 2\mathrm{i}\frac{\sin(\pi bk)\exp(-\pi\mathrm{i}bk)}{b(2\pi k)^2}\\ &= \frac{-\mathrm{i}}{2\pi k} + \frac{\mathrm{i}\sin(2\pi bk) + 2\sin^2(\pi bk)}{b(2\pi k)^2} = \frac{b}{2}\operatorname{sinc}^2(bk) - \mathrm{i}\frac{1-\operatorname{sinc}(2bk)}{2\pi k}\end{aligned}$$

5.2.10

$$C_k = 2b(-1)^k\sinh\left(\frac{1}{2b}\right)\frac{1+2\pi\mathrm{i}bk}{1+(2\pi bk)^2},\ k \neq 0,\ C_0 = 2b\sinh\left(\frac{1}{2b}\right) - 1$$

Abschnitt 5.3

5.3.1 $f(x)$: $1/\nu$-periodisch ($\nu \in \mathbb{N}\setminus\{1\}$), dann ist mit $a_j := -1/2 + j/\nu$:

$$\begin{aligned}C_k &= \sum_{j=0}^{\nu-1}\int_{a_j}^{a_{j+1}} f(x)\exp(-2\pi\mathrm{i}kx)\mathrm{d}x\\ &= \sum_{j=0}^{\nu-1}\int_{a_0}^{a_1} f\left(x+\frac{j}{\nu}\right)\exp\left(-2\pi\mathrm{i}k\left[x+\frac{j}{\nu}\right]\right)\mathrm{d}x\\ &= \sum_{j=0}^{\nu-1}\int_{a_0}^{a_1} f(x)\exp(-2\pi\mathrm{i}kx)\exp\left(\frac{-2\pi\mathrm{i}jk}{\nu}\right)\mathrm{d}x\\ &= \int_{a_0}^{a_1} f(x)\exp(-2\pi\mathrm{i}kx)\left[\sum_{j=0}^{\nu-1}\exp\left(\frac{-2\pi\mathrm{i}jk}{\nu}\right)\right]\mathrm{d}x\,.\end{aligned}$$

Mit (4.21), S. 96, folgt die Behauptung.

5.3.2 Gleichung (5.54) führt auf

$$C_k = \sum_{n=-\infty}^{\infty} \operatorname{sinc}(n-k)$$

5.3.3 c) Mit

$$m_1 := \frac{2}{2a+1},\ m_2 := \frac{2}{2a-1},\ D := m_1 - m_2 = \frac{4}{1-4a^2}$$

ist $m_1 > 0$, $m_2 < 0$. Für $-1/2 \le x \le 1/2$ wird

$$f'(x) = m_1 \left[\operatorname{step}\left(x+\frac{1}{2}\right) - \operatorname{step}(x-a)\right] \\ +m_2 \left[\operatorname{step}(x-a) - \operatorname{step}\left(x-\frac{1}{2}\right)\right] .$$

Mit (3.43), S. 73, ergibt sich analog zu (5.51)

$$\begin{aligned} f''(x) &= m_1 \left[\Delta\left(x+\frac{1}{2}\right) - \Delta(x-a)\right] + m_2 \left[\Delta(x-a) - \Delta\left(x-\frac{1}{2}\right)\right] \\ &= D\left[\Delta\left(x+\frac{1}{2}\right) - \Delta(x-a)\right] \\ &= D \sum_{k=-\infty}^{\infty} [\exp(\pi \mathrm{i} k) - \exp(-2\pi \mathrm{i} k a)] \exp(2\pi \mathrm{i} k x) \end{aligned}$$

$$\Rightarrow C_k = \frac{1}{1-4a^2} \frac{\exp(-2\pi \mathrm{i} k a) - (-1)^k}{\pi^2 k^2} \text{ für } k \in \mathbb{Z} \setminus \{0\},$$

$$C_0 = \int_{-1/2}^{1/2} f(x) \mathrm{d}x = \frac{1}{2}$$

Abschnitt 6.2

6.2.1 $f(x)$ gerade $\Rightarrow$ $f(-x) - f(x) = 0$ (Nullfunktion) und $\mathcal{F}\{f(-x)\} = F(-u)$ $\Rightarrow$ $\mathcal{F}\{f(-x) - f(x)\} = 0 = F(-u) - F(u)$: $F(u)$ gerade

6.2.2 c) Mit Hilfe einer Skizze läßt sich bestätigen: $\operatorname{tri}(x) < f_N(x) < \operatorname{tri}(x) + 1/N$. Daraus folgt die Behauptung.

6.2.3 Nach Regel 1 und (6.27), (6.28) ist

$$\begin{aligned} &\cos(2\pi\nu u) - \mathrm{i}\sin(2\pi\nu u) \\ &= \mathcal{F}\left\{\frac{1}{2}[\delta(x+\nu) + \delta(x-\nu)] - \frac{1}{2}[\delta(x+\nu) - \delta(x-\nu)]\right\} \\ &= \mathcal{F}\{\delta(x-\nu)\} \end{aligned}$$

Abschnitt 6.3

6.3.3

$$\mathcal{F}\left\{f\left(\frac{x}{\nu_1/\nu_2}\right)\right\} = \left|\frac{\nu_1}{\nu_2}\right| F\left(\frac{\nu_1 u}{\nu_2}\right)$$
$$= \left|\frac{\nu_1}{\nu_2}\right| \frac{1}{2}\left[\delta\left(\frac{\nu_1 u}{\nu_2} + \nu_1\right) + \delta\left(\frac{\nu_1 u}{\nu_2} - \nu_1\right)\right]$$
$$= \left|\frac{\nu_1}{\nu_2}\right| \frac{1}{2}\left[\delta\left(\frac{u + \nu_2}{\nu_2/\nu_1}\right) + \delta\left(\frac{u - \nu_2}{\nu_2/\nu_1}\right)\right]$$
$$= \frac{1}{2}\left[\delta(u + \nu_2) + \delta(u - \nu_2)\right]$$

6.3.7

$$\mathcal{F}\left\{\sum_{j=-\infty}^{\infty} \delta(x - a - bj)\right\} = \frac{1}{|b|} \sum_{k=-\infty}^{\infty} \exp\left(-\frac{2\pi i a k}{b}\right) \delta\left(u - \frac{k}{b}\right)$$

Abschnitt 6.4

6.4.2 h) Nach Aufgabe 1 zu Abschn. 6.2 gilt: f gerade $\Rightarrow$ F gerade bzw. f ungerade $\Rightarrow$ F ungerade.

f gerade:

$$f(x) * \sin(2\pi\nu x) = \mathcal{F}^{-1}\left\{F(u)\frac{i}{2}\left[\delta(u+\nu) - \delta(u-\nu)\right]\right\}$$
$$= \mathcal{F}^{-1}\left\{\frac{i}{2}F(-\nu)\delta(u+\nu) - \frac{i}{2}F(\nu)\delta(u-\nu)\right\}$$
$$= F(\nu)\mathcal{F}^{-1}\left\{\frac{i}{2}\left[\delta(u+\nu) - \delta(u-\nu)\right]\right\}$$

f ungerade:

$$f(x) * \sin(2\pi\nu x) = \mathcal{F}^{-1}\left\{-\frac{i}{2}F(\nu)\delta(u+\nu) - \frac{i}{2}F(\nu)\delta(u-\nu)\right\}$$
$$= -iF(\nu)\mathcal{F}^{-1}\left\{\frac{1}{2}\left[\delta(u+\nu) + \delta(u-\nu)\right]\right\} = -iF(\nu)\cos(2\pi\nu x)$$

in Übereinstimmung mit der Aussage der Aufgabe 2 b).

6.4.4

$$\mathcal{F}\left\{\exp(2\pi i a_2 x) f\left(\frac{x - a_1}{b}\right)\right\}$$
$$= \delta(u - a_2) * \left[\exp(-2\pi i a_1 u)|b|F(bu)\right]$$
$$= \exp(-2\pi i a_1 [u - a_2])|b|F(b[u - a_2])$$

6.4.6

$$\mathcal{F}\left\{[\cos(2\pi\nu x)\,\mathrm{rect}(\nu x)] * \nu\Delta(\nu x)\right\}$$

$$= \frac{1}{2\nu}\left[\mathrm{sinc}\left(\frac{u+\nu}{\nu}\right) + \mathrm{sinc}\left(\frac{u-\nu}{\nu}\right)\right]\nu \sum_{k=-\infty}^{\infty} \delta(u-k\nu)$$

$$= \frac{1}{2}\sum_{k=-\infty}^{\infty}\left[\mathrm{sinc}(k+1) + \mathrm{sinc}(k-1)\right]\delta(u-k\nu) = \frac{1}{2}\left[\delta(u+\nu) + \delta(u-\nu)\right]$$

6.4.10

$$f(x) = \sum_{j=-\infty}^{\infty} \exp\left(2\pi\mathrm{i}\left[x-\frac{1}{4}\right]\right)\delta\left(x-\left[\frac{1}{4}+\frac{j}{2}\right]\right)$$

$$= -\mathrm{i}\exp(2\pi\mathrm{i}x)\frac{1}{1/2}\Delta\left(\frac{x-1/4}{1/2}\right)$$

$$\leftrightarrow -\mathrm{i}\exp\left(2\pi\mathrm{i}\frac{1}{4}\right)\exp\left(-2\pi\mathrm{i}\frac{1}{4}u\right)\Delta\left(\frac{u-1}{2}\right)$$

$$= -2\mathrm{i}\sum_{k=-\infty}^{\infty}(-1)^k\delta(u-1-2k)$$

Als Variante läßt sich die Exponentialfunktion in der ersten Zeile durch $\sin(2\pi x)$ ersetzen. Ansatz zu f ungerade:

$$f(x) = \sum_{j=-\infty}^{\infty}(-1)^j\left[\delta\left(x-\frac{1}{4}-\frac{j}{2}\right) - \delta\left(x+\frac{1}{4}+\frac{j}{2}\right)\right]$$

Abschnitt 6.5

6.5.3 a) Variante zur Anwendung der Regel von Bernoulli-de l'Hospital:

$$f_N(x) = \frac{\pi x}{\sin(\pi x)}\frac{\sin([2N+1]\,\pi x)}{[2N+1]\,\pi x}(2N+1) = \frac{\mathrm{sinc}([2N+1]\,x)}{\mathrm{sinc}(x)}(2N+1)$$

In dieser Darstellung ist $f_N(x)$ stetig in $x=0$ mit $\lim_{x\to 0} f_N(x) = f_N(0) = 2N+1$. Zusammen mit der Periodeneigenschaft des Aufgabenteils b) gilt dasselbe für $x \in \mathbb{Z}$.

6.5.4 a)

$$\frac{\mathrm{d}}{\mathrm{d}x}\left[\sin(2\pi\nu x)\,\mathrm{rect}\left(\frac{x}{b}\right)\right]$$

$$= 2\pi\nu\cos(2\pi\nu x)\,\mathrm{rect}\left(\frac{x}{b}\right) + \sin(2\pi\nu x)\frac{\mathrm{d}}{\mathrm{d}x}\mathrm{rect}\left(\frac{x}{b}\right)$$

$$= 2\pi\nu\cos(2\pi\nu x)\,\mathrm{rect}\left(\frac{x}{b}\right) - \sin(\pi b\nu)\delta\left(x+\frac{b}{2}\right) - \sin(\pi b\nu)\delta\left(x-\frac{b}{2}\right),$$

$$\frac{\mathrm{d}^2}{\mathrm{d}x^2}\left[\sin(2\pi\nu x)\,\mathrm{rect}\left(\frac{x}{b}\right)\right]$$

$$= -(2\pi\nu)^2\sin(2\pi\nu x)\,\mathrm{rect}\left(\frac{x}{b}\right) + 2\pi\nu\cos(\pi b\nu)\left[\delta\left(x+\frac{b}{2}\right) - \delta\left(x-\frac{b}{2}\right)\right]$$

$$- \sin(\pi b\nu)\frac{\mathrm{d}}{\mathrm{d}x}\left[\delta\left(x+\frac{b}{2}\right) + \delta\left(x-\frac{b}{2}\right)\right],$$

$$f''(x) = -(2\pi\nu)^2 f(x) + 2\pi\nu\cos(\pi b\nu)\left[\Delta\left(x+\frac{b}{2}\right) - \Delta\left(x-\frac{b}{2}\right)\right]$$
$$- \sin(\pi b\nu)\left[\Delta'\left(x+\frac{b}{2}\right) + \Delta'\left(x-\frac{b}{2}\right)\right]$$

Koeffizientenvergleich:

$$(2\pi\mathrm{i}k)^2 C_k = -(2\pi\nu)^2 C_k + 2\mathrm{i}2\pi\nu\cos(\pi b\nu)\sin(\pi bk)$$
$$-2\sin(\pi b\nu)2\pi\mathrm{i}k\cos(\pi bk),$$

$$C_k = \frac{\mathrm{i}}{\pi}\frac{k\sin(\pi b\nu)\cos(\pi bk) - \nu\cos(\pi b\nu)\sin(\pi bk)}{k^2-\nu^2}$$
$$= \frac{\mathrm{i}b}{2}\left[\mathrm{sinc}(b\,[k+\nu]) - \mathrm{sinc}(b\,[k-\nu])\right]$$

b) $$\frac{\mathrm{d}}{\mathrm{d}x}\left[\left(1-\frac{x}{b}\right)\mathrm{rect}\left(\frac{x-b/2}{b}\right)\right] = -\frac{1}{b}\mathrm{rect}\left(\frac{x-b/2}{b}\right) + \delta(x),$$

$$f''(x) = -\frac{1}{b}\left[\Delta(x) - \Delta(x-b)\right] + \Delta'(x)$$

Koeffizientenvergleich: Für $k \neq 0$ ist

$$(2\pi\mathrm{i}k)^2 C_k = \frac{1}{b}\left[\exp(-2\pi\mathrm{i}bk) - 1\right] + 2\pi\mathrm{i}k,$$

$$C_k = \mathrm{i}\frac{\mathrm{sinc}(2bk) - 1}{2\pi k} + \frac{b}{2}\mathrm{sinc}^2(bk) \text{ und } C_0 = \frac{b}{2}$$

Abschnitt 7.1

7.1.2 $F(u) = \mathcal{F}\{\,\mathrm{tri}(x)\}$; Anwendung von (4.27) ergibt für $u \neq 0$:

$$
\begin{aligned}
F(u) &= \int_{-1}^{1} \exp(-2\pi \mathrm{i} ux)\mathrm{d}x \\
&\quad + \int_{-1}^{0} x\exp(-2\pi \mathrm{i} ux)\mathrm{d}x - \int_{0}^{1} x\exp(-2\pi \mathrm{i} ux)\mathrm{d}x \\
&= 2\,\mathrm{sinc}(2u) - \int_{0}^{1} x\,[\exp(2\pi \mathrm{i} ux) + \exp(-2\pi \mathrm{i} ux)]\,\mathrm{d}x \\
&= 2\,\mathrm{sinc}(2u) - 2\frac{\cos(2\pi ux) + 2\pi ux \sin(2\pi ux)}{(2\pi u)^2}\bigg|_{x=0}^{1} \\
&= 2\,\mathrm{sinc}(2u) - 2\frac{\cos(2\pi u) - 1}{(2\pi u)^2} - 2\,\mathrm{sinc}(2u) = \frac{\sin^2(\pi u)}{(\pi u)^2}
\end{aligned}
$$

$$F(0) = \int_{-\infty}^{\infty} \mathrm{tri}(x)\mathrm{d}x = 1.$$

Mit $f(x) = \mathrm{e}^{-x}\,\mathrm{step}(x) \leftrightarrow F(u) = \dfrac{1}{1 + 2\pi \mathrm{i}u}$

wird $\mathrm{e}^{-|x|} = f(-x) + f(x) \leftrightarrow F(-u) + F(u) = \dfrac{2}{1 + (2\pi u)^2}$
und $\mathrm{e}^{-|x|}\,[\mathrm{step}(-x) - \mathrm{step}(x)] = f(-x) - f(x) \leftrightarrow F(-u) - F(u)$

7.1.4 b) Für $f(x) = \mathrm{e}^{-x}\,\mathrm{step}(x)$ ergibt sich nach der Produktregel der Differentialrechnung zusammen mit $\exp(-x/b)\delta(x) = \delta(x)$

$$\frac{\mathrm{d}}{\mathrm{d}x} f\left(\frac{x}{b}\right) = \frac{1}{b} f'\left(\frac{x}{b}\right) = -\frac{1}{b}\exp\left(-\frac{x}{b}\right)\mathrm{step}\left(\frac{x}{b}\right) + \frac{1}{b}\delta(x)$$

$$
\begin{aligned}
\Rightarrow\ \frac{\mathrm{d}}{\mathrm{d}x}\exp\left(-\left|\frac{x}{b}\right|\right) &= \frac{1}{b} f'\left(\frac{x}{b}\right) - \frac{1}{b} f'\left(-\frac{x}{b}\right) \\
&= \frac{1}{b}\exp\left(-\left|\frac{x}{b}\right|\right)\left[\mathrm{step}\left(-\frac{x}{b}\right) - \mathrm{step}\left(\frac{x}{b}\right)\right]
\end{aligned}
$$

$$
\begin{aligned}
\Rightarrow\ &\mathcal{F}\left\{\exp\left(-\left|\frac{x}{b}\right|\right)\left[\mathrm{step}\left(-\frac{x}{b}\right) - \mathrm{step}\left(\frac{x}{b}\right)\right]\right\} \\
&= \mathcal{F}\left\{b\,\frac{\mathrm{d}}{\mathrm{d}x}\exp\left(-\left|\frac{x}{b}\right|\right)\right\} = b\,2\pi \mathrm{i}u\frac{2b}{1 + (2\pi bu)^2}
\end{aligned}
$$

in Übereinstimmung mit der Anwendung von (6.18) auf (7.16).

Abschnitt 7.2

7.2.3 b) Beweisvariante unter Verwendung von (7.58) und (6.41)

$$F(u) \text{ hermitesch } \Rightarrow F(-u) - F^*(u) = 0$$

$$\Rightarrow 0 = \mathcal{F}\{F(-x) - F^*(x)\} = f(u) - f^*(u) \Rightarrow \operatorname{Im}\big(f(x)\big) = 0$$

7.2.8 zu (7.37); Ergebnisse z.B. des Fourierintegrals:

$$\mathcal{F}\{f(x)\} = \mathcal{F}\left\{\mathrm{e}^{-x}\,\mathrm{step}(x)\exp(2\pi\mathrm{i}ax)\right\} = \frac{1}{1+2\pi\mathrm{i}(u-a)} = F(u)$$

$$\mathcal{F}\{f^*(x)\} = \mathcal{F}\left\{\mathrm{e}^{-x}\,\mathrm{step}(x)\exp(-2\pi\mathrm{i}ax)\right\} = \frac{1}{1+2\pi\mathrm{i}(u+a)}$$

$$\Rightarrow\ F^*(u) = \frac{1}{1-2\pi\mathrm{i}(u-a)} = \frac{1}{1+2\pi\mathrm{i}(-u+a)}$$

$$\Rightarrow\ F^*(-u) = \frac{1}{1+2\pi\mathrm{i}(u+a)} = \mathcal{F}\{f^*(x)\}$$

7.2.11 $f(x) : \mathbb{R} \to \mathbb{R} \Rightarrow F(-u) = F^*(u) = F_R(u) - \mathrm{i}F_I(u)$; daraus folgt (die Funktion $\arctan\big(F_I(u)/F_R(u)\big)$ und damit $\arctan\big(F_R(u), F_I(u)\big)$ ist ungerade):

$$A(-u) = \sqrt{F(-u)F^*(-u)} = \sqrt{F^*(u)F(u)} = A(u),$$

$$\begin{aligned}\Phi(-u) &= \frac{1}{2\pi}\arctan\big(F_R(u), -F_I(u)\big)\\ &= -\frac{1}{2\pi}\arctan\big(F_R(u), F_I(u)\big) = -\Phi(u)\end{aligned}$$

Abschnitt 7.3

7.3.2

$$\text{a) } h(x) = \begin{cases} 0 \text{ für } |x| > \frac{3}{2}\,, \\ \frac{1}{2}\left(\frac{3}{2} - |x|\right)^2 \text{ für } \frac{1}{2} < |x| \le \frac{3}{2}\,, \\ \frac{3}{4} - x^2 \text{ für } |x| \le \frac{1}{2} \end{cases}$$

$$\text{b) } h(x) = \begin{cases} 0 \text{ für } x < 0\,, \\ 2 - 2\mathrm{e}^{-x} - x \text{ für } 0 \le x < 1\,, \\ (\mathrm{e}-2)\mathrm{e}^{-x} \text{ für } x \ge 1 \end{cases}$$

7.3.3

$$\text{c) } \bar{f}(x,b) = \begin{cases} 0 \text{ für } x < -\frac{b}{2}\,, \\ \frac{1}{b}\left[1 - \exp\left(-x - \frac{b}{2}\right)\right] \text{ für } -\frac{1}{b} \le x < \frac{1}{b}\,, \\ \frac{2}{b}\mathrm{e}^{-x}\sinh\left(\frac{b}{2}\right) \text{ für } x \ge \frac{b}{2} \end{cases}$$

$$\text{d) } \bar{f}(x,b) = \begin{cases} \frac{2}{b}\mathrm{e}^{-|x|}\sinh\left(\frac{b}{2}\right) \text{ für } |x| > \frac{b}{2}\,, \\ \frac{2}{b}\left[1 + \exp\left(-\frac{b}{2}\right)\cosh(x)\right] \text{ für } |x| \le \frac{b}{2} \end{cases}$$

7.3.7

$$H(u) = \frac{2}{1+(2\pi u)^2}\left[1 + \exp\left(-\frac{b}{2}\right)[2\pi u \sin(\pi b u) - \cos(\pi b u)]\right]$$

7.3.8 c)

$$\int_{-\infty}^{\infty} f(x)\Big[\int_{-\infty}^{\infty} g(u)\exp(-2\pi \mathrm{i} u x)\mathrm{d}u\Big]\mathrm{d}x$$

$$= \int_{-\infty}^{\infty} g(u)\Big[\int_{-\infty}^{\infty} f(x)\exp(-2\pi \mathrm{i} u x)\mathrm{d}x\Big]\mathrm{d}u$$

Abschnitt 8.1

8.1.4 Die Extremalbedingung $C'(\pm\nu) = 0$ führt auf die Gleichung $\tan(2\pi\nu) = 2\pi\nu$. Im Vergleich mit der Aufgabe 9 des Kapitels 1 sind die kleinsten Lösungswerte $\nu_0 = \pm 0,7151483$. Für den positiven Wert ν_0 fällt dabei das Maximum zu $\mathrm{sinc}(x - \nu_0)/2$ in $x = \nu_0$ mit dem ersten Minimum zu $\mathrm{sinc}(x + \nu_0)/2$ rechts von $x = -\nu_0$ zusammen.

8.1.5

$$C(u) = \sum_{k=-\infty}^{\infty} C_k \delta(u-k) * \mathrm{sinc}(u) = \sum_{k=-\infty}^{\infty} C_k \,\mathrm{sinc}(u-k)$$

$$C(u)\delta(u-j) = \sum_{k=-\infty}^{\infty} C_k \,\mathrm{sinc}(j-k)\delta(u-j) = C_j\delta(u-j)$$

$$C(u)\Delta(u) = \sum_{j=-\infty}^{\infty} C_j\delta(u-j) = F(u)$$

8.1.6 $\mathcal{F}^{-1}\left\{F(u) * [\mathrm{sinc}(u)\Delta(u)]\right\} = f(x)$

8.1.6

$$C_k = -\frac{3(-1)^k}{2\pi^4 k^4}$$

8.1.10 Zu $h(x)$ in (8.17) gilt $h(-1/2) = 0 = h(1/2)$ und $h'(-1/2) = 0 = h'(1/2)$. Mit der hierzu gehörigen Folgerung über periodisch fortgesetzte Ausschnittfunktionen auf S. 30 ergibt sich die Behauptung zu $\widetilde{h}$ und $\widetilde{h}'$. Weiter ist $h''(\pm 1/2) = 2\pi^2 f(\pm 1/2)$, so daß $\widetilde{h}''$ an den genannten Stellen i.a. unstetig ist.

Abschnitt 8.2

8.2.1 b)

$$\widetilde{f}(x) = \sum_{k=-\infty}^{\infty} \frac{2}{1+(2\pi k)^2} \exp(2\pi i k x) = 2 + 4\sum_{k=1}^{\infty} \frac{1}{1+(2\pi k)^2} \cos(2\pi k x)$$

8.2.3

$$\begin{aligned} f(x) &= \mathcal{F}^{-1}\{F_c(u)\} = \mathcal{F}^{-1}\Big\{ [F_c(u) * x_s \Delta(x_s u)] \operatorname{rect}(x_s u) \Big\} \\ &= \left[\sum_{j=-\infty}^{\infty} f(jx_s)\delta(x - jx_s) \right] * \operatorname{sinc}\left(\frac{x}{x_s}\right) \\ &= \sum_{j=-\infty}^{\infty} f(jx_s) \operatorname{sinc}\left(\frac{x}{x_s} - j\right) \end{aligned}$$

8.2.4 Auf $f(x) = \cos(2\pi\nu x)$ läßt sich nach den Überlegungen S. 237 zu $x_s = 1/(2\nu)$ die Kardinalreihe (8.31) anwenden. Für $2\nu x \neq j$ ist

$$\begin{aligned} \cos(2\pi\nu x) &= \sum_{j=-\infty}^{\infty} \cos(\pi j) \operatorname{sinc}(2\nu x - j) \\ &= \sum_{j=-\infty}^{\infty} (-1)^j \frac{\sin(2\pi\nu x - \pi j)}{2\pi\nu x - \pi j} = \frac{\sin(2\pi\nu x)}{\pi} \sum_{j=-\infty}^{\infty} \frac{1}{2\nu x - j} \end{aligned}$$

Abschnitt 8.3

8.3.1 Für den indirekten Beweis wird angenommen, daß $h = f + g$ eine r-periodische Funktion ist. Dann gilt mit Satz 8.1

$$\mathcal{F}\{f(x)\} = \sum_{k=-\infty}^{\infty} C_k \delta\left(u - \frac{k}{p}\right), \quad \mathcal{F}\{g(x)\} = \sum_{m=-\infty}^{\infty} \Gamma_m \delta\left(u - \frac{m}{q}\right),$$

$$\mathcal{F}\{h(x)\} = \mathcal{F}\{f(x)\} + \mathcal{F}\{g(x)\} = \sum_{n=-\infty}^{\infty} H_n \delta\left(u - \frac{n}{r}\right).$$

Für ein k_1 mit $C_{k_1} \neq 0$ bzw. m_1 mit $\Gamma_{m_1} \neq 0$ muß es dann ein n_1 bzw n_2 geben mit

$$C_{k_1}\delta\left(u-\frac{k_1}{p}\right)=H_{n_1}\delta\left(u-\frac{n_1}{r}\right)\;\Rightarrow\;\frac{k_1}{p}=\frac{n_1}{r}\quad\text{bzw.}$$

$$\Gamma_{m_1}\delta\left(u-\frac{m_1}{q}\right)=H_{n_2}\delta\left(u-\frac{n_2}{r}\right)\;\Rightarrow\;\frac{m_1}{q}=\frac{n_2}{r}\,.$$

Damit ergibt sich

$$\frac{p}{q}=\frac{k_1 r}{n_1}\,\frac{n_2}{m_1 r}=\frac{k_1 n_2}{n_1 m_1}\in\mathbb{Q}\,,$$

im Widerspruch zu der Voraussetzung über das Periodenverhältnis p/q.

Abschnitt 8.4

8.4.2

$$\begin{aligned}\frac{1}{p}\int_{-p/2}^{p/2} f(\alpha)g^*(\alpha)\mathrm{d}\alpha &= \sum_{k=-\infty}^{\infty}\frac{1}{p}C\left(\frac{k}{p}\right)\frac{1}{p}\Gamma^*\left(\frac{k}{p}\right)\\ &= \sum_{k=-\infty}^{\infty} C_k\Gamma_k^*\end{aligned}$$

Abschnitt 9.1

9.1.4 a) Aus $f_j\in\mathbb{R}$ folgt mit (4.18), S. 95,

$$\begin{aligned}F_{-k} &= \frac{1}{2N}\sum_{j=-N}^{N-1} f_j w^{jk}=\frac{1}{2N}\sum_{j=-N}^{N-1}\left[f_j w^{-jk}\right]^*=\left[\frac{1}{2N}\sum_{j=-N}^{N-1} f_j w^{-jk}\right]^*\\ &= F_k\,,\end{aligned}$$

$$|F_{-k}|^2=F_{-k}F_{-k}^*=F_{-k}F_k=F_k^*F_k=|F_k|^2\;\Rightarrow\;|F_{-k}|=|F_k|\,.$$

Wegen $\arg(z^*)=-\arg(z)$ (vgl. S. 89) gilt $\Phi_{-k}=-\Phi_k$. Da $\mathrm{Im}\,(F_{-N})=0$, sind (abhängig vom Vorzeichen zu $\mathrm{Re}\,(F_{-N})$) nur die Werte $\Phi_{-N}=0\;\vee\;\Phi_{-N}=-1/2$ möglich.

b) Für $f_{-j}=f_j$ gilt

$$F_k=\frac{1}{2N}\left[f_0+2\sum_{j=1}^{N-1} f_j\cos\left(\frac{2\pi jk}{2N}\right)+(-1)^k f_{-N}\right]\;;$$

damit folgt auch $F_{-k}=F_k$.

Abschnitt 9.3

9.3.5 Zu (9.68) wird nach (9.63) für $k = 1$

$$F_1 = \frac{1}{3}\left[I_0 + I_1 \exp\left(-\frac{2\pi \mathrm{i}}{3}\right) + I_2 \exp\left(-\frac{4\pi \mathrm{i}}{3}\right)\right]$$
$$= \frac{1}{3}\left[I_0 - \frac{1}{2}I_1 - \frac{1}{2}I_2\right] + \frac{\mathrm{i}}{3}\left[-\frac{1}{2}\sqrt{3}I_1 + \frac{1}{2}\sqrt{3}I_2\right] .$$

Hierin subtrahiert sich der Einfluß von A in (9.67) zu Null; gemeinsame Faktoren des Real- und Imaginärteils wie 1/3 oder B haben als Argumente zur arctan-Funktion wegen (4.8) keine Auswirkung auf die Phase Φ.

Abschnitt 9.4

9.4.4

$$F_{-1} = C_{-7} + C_{-1} + C_5 = \frac{1}{2}, \quad F_1 = C_{-5} + C_1 + C_7 = \frac{1}{2},$$
$$F_{-3} = F_{-2} = F_0 = F_2 = 0$$

Abschnitt 9.5

9.5.7 Mit (9.21), (9.20), (9.25), (9.26), (9.38), (9.44) ist

$$f_j * \cos\left(\frac{2\pi\nu j}{2N}\right) = \frac{1}{4N}\mathcal{F}_D^{-1}\left\{F_k\left[\delta_{k+\nu} + \delta_{k-\nu}\right]\right\}$$
$$= \frac{1}{4N}\mathcal{F}_D^{-1}\left\{F_{-\nu}\delta_{k+\nu} + F_\nu\delta_{k-\nu}\right\}$$
$$= \frac{1}{2}|F_\nu|\left[\exp(-2\pi\mathrm{i}\Phi_\nu)\exp\left(-\frac{2\pi\mathrm{i}\nu j}{2N}\right) + \exp(2\pi\mathrm{i}\Phi_\nu)\exp\left(\frac{2\pi\mathrm{i}\nu j}{2N}\right)\right] .$$

9.5.8 Mit der Notierung in (9.65) folgt aus dieser Formel $F_k^2 = G_k^2$.

Abschnitt 10.1

10.1.1

$$H_k = \frac{2}{5}\left[\cos\left(\frac{4\pi k}{2N}\right) + \cos\left(\frac{2\pi k}{2N}\right) + \frac{1}{2}\right]$$

10.1.6 Die gerundeten Werte zu n sind: $2N = 200$ ($\widehat{k}_{HW} = 0{,}2$), $n = 7$; $2N = 400$ ($\widehat{k}_{HW} = 0{,}1$), $n = 28$

10.1.7

$$g_j = (0_{-7},\, 0_{-6},\, -1/4_{-5},\, 0_{-4},\, 0_{-3},\, 0_{-2},\, 0_{-1},\, 1/2_0,\, 0_1,\, -1/4_2,\, 0_3,\, 0_4,\, 3/4_5,\, -3/4_6,\, 0_7)$$

An der Knickstelle in $j = 0$, $f_j = (\ldots, 4_{-1}, 5_0, 4_1, \ldots)$, ist mit $x_s = 1/15$: $s'(x_0^-) = 1/(1/15) = 15$, $s'(x_0^+) = -15 \Rightarrow D' = -30$ und $-D'x_s/4 = 1/2 = g_j$ für $j = 0$; an der Sprungstelle bei $j = 5$, $f_j = (\ldots,\, 3_3,\, 3_4,\, 3_5,\, 0_6,\, \ldots)$, ist: $D = -3 \Rightarrow \mp D/4 = \pm 3/4$.

Abschnitt 10.2

10.2.5 Nach der Rekursionsvorschrift in (10.22) gilt

$$\frac{1}{\kappa}(g_j - \lambda g_{j+1}) = g_{1,j} \text{ und } \frac{1}{\kappa}(g_{j-1} - \lambda g_j) = g_{1,j-1}\,.$$

Diese Ausdrücke in die Rekursionsvorschrift von (10.20) eingesetzt führen auf

$$g_j - \lambda g_{j+1} = \lambda g_{j-1} - \lambda^2 g_j + \kappa^2 f_j$$

und damit auf die Behauptung.

10.2.7 Für „größere" Werte n wird $g_{1,-N+n} \approx -2^{n+1}$.

10.2.10

$$h_j^{-1} = \frac{1}{\kappa^2}\left[-\lambda\delta_{j+1} + (1+\lambda^2)\delta_j - \lambda\delta_{j-1}\right]$$

Literaturverzeichnis

1. Abramowitz M., Stegun, I.A., Edited by. (1965) Handbook of Mathematical Functions. Dover Publications Inc., New York
2. Babovsky H., Beth T., Neunzert H., Schulz-Reese M. (1987) Mathematische Methoden in der Systemtheorie: Fourieranalysis. B. G. Teubner, Stuttgart
3. Bartsch H.J. (1991) Taschenbuch mathematischer Formeln, 14. Auflage. Fachbuchverlag Leipzig
4. Bates R.H.T., McDonnell M.J. (1989) Image restoration and reconstruction, First published in paperback (corrected and updated) Oxford University Press, New York
5. Bracewell R.N. (1965) The Fourier Transform and its Applications. McGraw-Hill Book Company, New York
6. Briggs W.L., Van Emden H. (1995) The DFT: An owner's manual for the discrete Fourier transform. SIAM, Philadelphia
7. Brigham E.O. (1974) The Fast Fourier Transform. Prentice-Haal Inc., Englewood Cliffs, New Jersey
8. Brigola R. (1997) Fourieranalysis, Distributionen und Anwendungen. Friedr. Vieweg & Sohn Verlagsgesellschaft mbH, Braunschweig/Wiebaden
9. Cooley J.W., Tukey J.W. (1965) An Algorithm for the Machine Calculation of Complex Fourier Series. Math Comput 19/2:297–301
10. Dirac P.A.M. (1930) The Principles of Quantum Mechanics. Oxford University Press
11. Dirschmid H.J. (1988) Mathematische Grundlagen der Elektrotechnik, 3. verb. Aufl. Friedr. Vieweg & Sohn, Braunschweig Wiesbaden
12. Doetsch G. (1967) Funktionaltransformationen. In: Sauer R., Szabó I. (Hrsg.) Mathematische Hilfsmittel des Ingenieurs, Teil I. Springer, Berlin Heidelberg New York
13. Fichtenholz G.M. (1964) Differential- und Integralrechnung, Band I bis III. VEB Deutscher Verlag der Wissenschaften, Berlin
14. Föllinger O. (1993) Laplace– und Fourier–Transformation, 6. Auflage. Hüthig Buch Verlag, Heidelberg
15. Gaskill J.D. (1978) Linear Systems, Fourier Transforms, and Optics. John Wiley & Sons Inc., New York
16. Goodman J.W. (1968) Introduction to Fourier Optics. McGraw-Hill Inc, San Francisco New York
17. Heidemann M.T., Johnson D.H., Burrus C.S. (1985) Gauss and the History of the Fast Fourier Transform. Arch Hist Exact Sciences 34:265–277
18. Jähne B. (1993) Digitale Bildverarbeitung, 3. Auflage. Springer, Berlin Heidelberg New York
19. Johnson J.R. (1991) Digitale Signalverarbeitung. Carl Hanser Verlag, München
20. Klingen B. (1995) Fourierapproximation ohne Berechnung der Fourierkoeffizienten, Teil 2. Z. angew. Math. Mech. 10:801–804

21. Knappmann M. (1994) Rekursive Tiefpaßfilter für die Bildbearbeitung, Diplomarbeit im Fachbereich Photoingenieurwesen der Fachhochschule Köln
22. Körner T.W. (1988) Fourier Analysis. Cambridge University Press
23. Kreyszig E. (1991) Statistische Methoden und ihre Anwendungen, 7. Auflage. Vandenhoeck & Ruprecht, Göttingen
24. von Mangoldt H., Knopp K. (1990) Höhere Mathematik, Band 1 – 4. S. Hirzel Wissenschaftliche Verlagsgesellschaft, Stuttgart
25. Niederdrenk K. (1982) Die endliche Fourier- und Walsh-Transformation mit einer Einführung in die Bildbearbeitung. Vieweg, Braunschweig Wiesbaden
26. Oberhettinger F. (1990) Tables of Fourier Transforms and Fourier Transforms of Distributions. Springer, Berlin Heidelberg
27. Papoulis A. (1962) The Fourier Integral and Its Applications, Reissued 1987. McGraw-Hill Book Company, New York
28. Schwartz L. (Tome I 1950, Tome II 1951) Théorie des distributions. Hermann et Cie, Paris
29. Shannon C. E. (1949) Communication in the Presence of Noise. Proc IRE 47:10
30. Stearns S.D. (1984) Digitale Verarbeitung analoger Signale, 2. Auflage. Oldenbourg, München Wien
31. Temple G. (1953) Theories and Applications of Generalized Functions. J Lond Math Soc 28
32. Titchmarsh E. C. (1952) The Theory of Functions, Second Edition. Oxford University Press
33. Whittaker, E. T. (1915) On the Functions which are Represented by Expansions of the Interpolation Theory. Proc Roy Soc Edinburgh, Sect. A, 35:181
34. Wolfram S. (1997) Das Mathematica Buch, 3. Auflage. Addison Wesley, Bonn
35. Zemanian A.H. (1965) Distribution Theory and Transform Analysis. McGraw–Hill, New York

Sachverzeichnis